自然科學概論
(修訂新版)

潘　永　祥　等 編著

陳忠照、吳　雄、高明智

楊繼正、鄧寶生、洪茂盛 審訂

五南圖書出版公司 印行

再 版 序

　　《自然科學概論》自 1986 年出版後，多次印行，至今累計已近 30 萬册，顯示社會上對此類書籍之需求。

　　這個版本除改正了一些明顯的錯誤之外，還作了如下一些變動：原有的章節有所增刪調整，全書由二十二章改爲二十章①，大多章節已全部改寫，補充了一些新的資料，知識性的內容略有擴充，各章之後均加上了一段評述性文字，書末又添了概括性的「結束語」，新增了「圖次目錄」，「人名譯名對照」也相應地重編了，中文譯名則儘量以《中國大百科全書》和《簡明不列顛百科全書》（中國大百科出版社中文版）爲準。

　　這個版本如果有一點進步的話，首先得感謝許多熱心的讀者以及各方同行好友，是他們給我們諸多鼓勵，既指出了不少不應有的錯訛，又提出了大量寶貴的意見。在這裡我們特別要感謝北京大學圖書館的同仁，要是沒有他們的竭誠幫助，我們簡直寸步難行。我們尤其要感謝張其蘇、丁有駿、朱芝仙三位研究館員，他們在繁忙之中認真地審閱過重編稿的一些章節，提出了許多很好的意見和建議；我們也同樣感謝高民副研究館員，她不厭其煩地閱讀了全部重編稿，也給了重編者很大的幫助。

　　由於重編者的功力所限，這個版本仍必有許多錯誤和問題，還望讀者和朋友一如既往地賜教，若有機會定當改正。

潘永祥　謹識

一九九六年六月

---

①重編本各章變動如下：原第十七章與第十五章合併成現在的第十五章，又新增了無線電電子學一節；原第十八章和第十九章合併成爲現在的第十七章；原第二十章改爲第十九章；原第二十一章改爲第二十章。

初版前言

　　當今之世，自然科學在人類社會中的影響和作用越來越大，科學的成果滲透到了社會生活中的一切方面，無論經濟、政治、文化、思想以及日常生活均無所不至，無所不在。科學的發展成了社會進步的重要內容和突出的標誌。科學修養亦已成爲現代社會成員不可或缺的基本素質。然而，科學發展到今天已經成爲門類繁多，結構複雜又十分龐大的知識體系，對於非專門從事自然科學工作的人來説，要求對它獲得一個較爲清晰的概貌殊爲不易。本書只是我們爲幫助非理工科學員學習自然科學基本知識的一個嘗試。

　　要在一門學時有限的課程裡學習全部科學知識，當然是不可能做到的事。因此在本書裡我們只述其要，即只選取一些主要學科，介紹其中的基本內容。又考慮到現代技術與現代科學非常緊密的關係，我們也用了一些篇幅來介紹現代技術的一些重要問題。爲了避免學習中的困難，我們儘量不用數學（尤其是中等以上程度的數學）推導和數學描述。

　　我們認爲，對於非理工科的學員來説，學習一些自然科學的基礎知識固然重要，同時追尋一下自然科學發展的歷史也大有好處。因爲學習一點科學發展的歷史，將有助於我們從宏觀上來認識科學。如關於科學知識的來源，科學與生產和技術的關係，科學與哲學以及其他意識形態的關係，科學的社會作用和社會功能等等，透過歷史的、動態的考察就比較容易得到具體的瞭解。以歷史爲線索，追隨人類認識自然的歷史進程，也有利於我們理解這些知識及其意義。所以本書基本上以歷史的順序來安排章節，把歷史發展作爲基本線索。本書共分二十二章，第一章爲古代人的科學知識，第二至第八章爲自然科學正式形成時期（十六～十九世紀）的概況，第九章至第二十二章爲十九世紀末至今的科學和技術。

編寫這樣一部教材對於我們來説是一件相當困難的事。我們的學識不夠，經驗又不足，缺點和錯誤必定很多，尚望同行和讀者不吝賜教。

　　本書的第一章和第八章由潘永祥執筆；第二章、第三章、第四章、第六章和第十二章由李慎執筆；第五章、第十一章、第十八章、第十九章和第十二章第二節由阮慎康執筆；第十四章、第十七章、第二十章第一節、第二十一章、第二十二章由王慶吉執筆；第七章、第九章、第十章、第十三章、第十五章、第十六章由陳慶雲執筆。全書由潘永祥統稿。人名譯名對照由高文學編製。

編　者

一九八六年六月

目　錄

圖　次

自然科學概論

第 1 章

自然科學知識的起源和前期狀況

　　現代意義的自然科學是十六～十七世紀才逐漸形成的。但是自然科學的出現並非是偶然的、突發的事件，而是必然的、漫長的歷史進程，只是到了十六～十七世紀後它才具備比較成熟的形態，成為今天我們所說的自然科學罷了。人類本來就是自然界的一部分，它既產生於自然界，又依賴自然界生存和發展，無時無刻不與自然界發生各種各樣的關係。人類是以持續地改造自然界區別於其他動物的，持續地改造自然界又以對自然界的一定的認識互為條件。改造自然和認識自然是同一過程的兩個方面，這個過程自有人類便開始了。改造自然與認識自然的同一性在人類的早期表現最為直接，最為明顯。人類在改造自然界的實踐中不斷地積累、加深和擴展自己關於自然界的知識，並且使感性知識逐步上升為理性知識，既要知其然又想知其所以然，從而進一步增強自己改造自然界的能力。在人類的智力發展到一定程度的時候，探索自然，追求真理也就成為人類的一種自覺的行動。這就是自然科學孕育、萌芽、發育與成長的過程。我們在窺探今日巍峨高聳的自然科學大廈之時，先考察一下這座大廈最早的基石是如何鋪墊的，它早期的磚瓦是如何造成的，這對於我們從根本上認識這座大廈自是有意義的事情。

第一節　自然科學知識的萌芽

　　人類出現在地球之上至少已經有 350 萬年了，其中 99％以上的時光是在原始社會中渡過的。在那數以百萬計的年頭裡，人類認識自然和改造自然的能

力逐步地在發展，但總的來說水準還是很低的。那時人類關於自然界的知識完全與人們的生產技能和生活本領結合在一起，知識越多，人類在自然界中就能夠得到越多的自由，人類的生存與發展就越有保障，生活就過得越好。

工具的發明和改進

人類沒有尖牙利爪或者厚鱗堅甲，與其他動物相比，在體能上也沒有什麼特殊的優勢，人類之所以能夠在自然界中立足並成為自然界的驕子，靠的是自己製造出來的工具。工具是人類腦力思考的產物，也是體力勞動的產物，它一旦出現，就使得人類的器官和能力得以延長和加強，從而具備其他任何動物都不具備的生存競爭能力。樹枝、石塊、骨角、蚌殼等都是人類最早用來製造工具的材料，其中猶以石塊製成的石器工具最為重要，這不僅因為石器工具的用途最廣泛，而且它可以成為製造工具的工具。

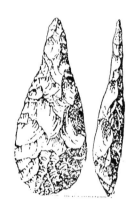 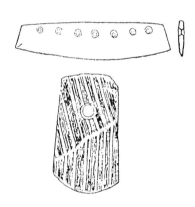

左：舊石器﹙在東非肯亞出土的手斧﹚　　右：新石器﹙我國江蘇出土的石刀和石斧﹚

圖 1　石器工具

初期的石器是撿來合適的石塊，經過敲打使其具有一定的形狀即成為工具。這種比較簡陋的石器，史學家稱之為「舊石器」。經過長期的實踐，舊石器形成了幾種比較固定的形式，後來人們又發明了由兩種或兩種以上的材料構成的複合工具﹙例如給石刀裝上柄﹚。在舊石器時期，弓和箭可以說是最偉大的發

明創造了。弓箭出現在一萬多年之前。製造和運用弓箭要熟悉多種材料的性能，還得涉及對諸如彈力、箭體飛行等多方面自然現象的認識，這些知識雖然還十分粗陋，但在那個時候確實也得來不易。直接打製而成的石器工具比較粗糙，尤其是最為重要的尖端和刃口不可能打得很完善，這就限制了它的效能。經過長期的摸索，人們又發明了石器的磨製技術。那就是把石塊打出粗坯後再仔細研磨加工，使它的尖端規整，刃口鋒利，表面光潔，更可以鑽磨出一些孔來以便於製作複合工具。這種經過研磨加工的石器工具，史學家稱為「新石器」。新石器時期也大約出現在一萬多年之前。新石器器形準確，效能好得多，製成的複合工具也更加好用。它標誌著那時的社會生產力出現了一次大的飛躍。

火的利用與取火方法的發明

由於火山爆發、雷電轟擊以及自燃等原因，自然界常有燃燒現象發生，這對於生物界來說是一種可怕的自然災害，它總要使許多動植物喪生。所有動物遇到火災都只能逃避，人類在最早的時候也莫不如此。但是，人類與其他動物不同，人類不僅躲避火而且觀察火，逐漸知道了火的用處從而利用火。這大約是發生在一百多萬年前的事。後來人們不僅會利用火，更進一步摸索出人工取火的方法。火於是成了人類不可缺少的伴侶。火的廣泛應用是人類發展史上的重大事件。火不僅使人類在黑夜中得到光明，在潮濕的洞穴裡得以安息，在荒野上能夠減少猛獸的危害，火還成了人類謀生的一種重要手段，狩獵活動和製造工具都少不了它。由經常用火而養成的熟食習慣更大大地增強了人類的體質和促進了人類大腦的發達，從根本上改造了人類自身。對於燃燒現象的道理，原始社會的人們當然還不可能認識。但是這樣一種原先那麼可怕的怪物竟然可以被馴服，既可以按照人的意志來加以利用，還可以用自身的力量把它製造出來，這對於人類思想的解放作用也是難以估量的。所以，火的利用和人工取火技術的發明的確是人類發展史上的劃時代的重大事件。

原始種植業與原始畜牧業的興起

人類早期是以採集和漁獵的方法來獲取自己的生活必需品的，一切都來自

自然界自有之物，是簡單的和直接的向自然界索取。大約一萬多年之前，人們發明了原始的種植技術和畜牧技術，於是出現了原始種植業和原始畜牧業。從此人類開闢了以自己的勞動生產自己生活所需的植物和動物產品的新紀元。這是人類認識自然和改造自然的又一重大進展。植物和動物的成長都需要相當的時間，涉及到地理環境、土壤狀況、季節交替、氣候變化、品種差異等多種因素，要期望獲得好的收成就必須善於長時間的、多因素的、反覆的觀察，還要善於累積和總結經驗，這就表明人類的觀察和思維能力都已經有了大幅度的提高。原始種植業和原始畜牧業的出現及其發展，使人類的生活有了比較可靠的保障，人類的歷史又從此邁上了一個臺階。

製陶技術的發明和原始手工業的出現

隨著原始種植業和原始畜牧業的興旺，人類的生活環境安定多了，生活水準也有了很大提高，生活需求也就日趨複雜化和多樣化。人們開始構築比較像樣的居室，開始利用植物纖維製造紡織品，多種手工藝技術應運而生。在這些技術中最重要和影響最大的要算是製陶技術。現已發現最早的陶器大約是一萬

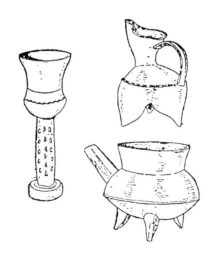

圖2　我國山東出土的新石器時期的陶器

年前的遺物。初期製造的陶器當然十分粗糙，不過到了四、五千年前製造的陶器就已達到相當高的水準了。在製陶技術發明之前，人類只能以改變物體的形狀，或是把不同物體結合起來的辦法製造器物，如今人們竟然以自己發明的方法製造出了一種自然界原來不存在的物質構成的器物。這在當時無疑是一項很了不起的發明，在人們的頭腦中所產生的影響至為深遠。

製陶技術涉及對土壤的認識，用火技術的熟練和火候的掌握等許多知識和技巧，並非任何人都能做得很好。於是逐漸出現了一些以陶器製造作為主要謀生手段的人群，原始手工業也就從此產生了，交換活動也逐漸發展了起來。原始手工業的形成以及隨之而來的交換活動的出現，是人類社會的又一大進步。

在製陶技術發展起來之後，原始冶金技術也出現了。原始冶金技術需要借助製陶技術以及在製陶中所得的知識之處甚多，可以說沒有製陶技術的發達就不會有冶金技術的發明。人們最早冶煉的金屬是銅。不過銅質較軟，只適合於製造裝飾物和小件器具，還沒有太多的實際用途。然而它的出現預示著廣泛應用金屬的時代即將來臨，人類社會又將走向新的紀元。

從上面的扼要敘述我們可以看到，在人類社會的早期，人們認識自然界與改造自然界就是這樣緊密地結合在一起，並且是互為因果的。人們對自然界所知越多，改造自然界的能力就越強；人們改造自然界的實踐越是發展，對自然界的知識就越深越多，人們認識自然界的能力也相應地得以提高。當然，那個時候人們認識自然和改造自然的能力都還十分低下，所獲得的知識也都還完全是經驗性的，還不可能明白其中的道理，不過這些知識確屬得來不易，那怕是一點點的進步都往往要經歷幾千年、幾萬年甚至更長時期的努力才能做到。

人類認識自然和改造自然的進程，也就是人類社會生產力不斷提高和發展的進程。到了原始社會後期，社會生產不但能夠維持人們的最低生活而且有了剩餘，這時經濟結構改變了，奴隸社會隨之到來，這是社會發展的表現。自此以後，人類認識自然和改造自然這兩個方面都發生了急劇的變化。

奴隸制社會在世界各地出現的時間有很大的差異，最早都出現在一些農業發達的大河流域。

第二節　古代兩河流域和古埃及的科學技術

幼發拉底河和底格里斯河都發源於今土耳其境內的山區，都向東南流入波斯灣。兩河的中下游（即今伊拉克一帶）曾是非常適宜於農業生產的地域。非洲東部的尼羅河中下游（即今埃及一帶）也曾是土地肥沃的宜農地區。早在公元前三千多年前，這兩個地區就都進入了奴隸社會，發展了自己燦爛的古代文化。延續了兩三千年後，至公元前六世紀，由於外族入侵等原因，這兩個地區自身文化的發展進程被迫中斷。自公元前三千多年至公元前五百多年期間的這兩個地區的文化可以作為早期奴隸制文化的代表。

農業和手工業技術的進展

古代兩河流域和古埃及奴隸制社會的經濟和文化基礎是比較發達的農業和相應的手工業。這時農業和手工業技術比起原始社會有了很大的進步。農作物已經有大麥、小麥、亞麻等許多品種。以牲畜牽犁耕地的方法亦已廣為應用，表明農業生產力有了相當大的提高。為保障農業生產而興建的水利設施已遍及各地，大規模水利工程的興建和管理甚至成為促成灌溉區域政治上統一的重要因素。在各種手工業技術中最重要的是冶金技術的進步。上文已經述及，原始社會後期人們已經能冶煉銅，不過銅質較軟，不適宜製造生產工具，但是如果加入一些錫煉成銅錫合——金青銅，情況就不同了。青銅冶煉技術在這兩個地區的出現大約是公元前十九～前十六世紀間的事。從此，金屬工具便正式登上歷史舞臺，標誌著社會生產力的又一次重大飛躍。其後，大約在公元前七世紀，人們又掌握了另一種更為重要的金屬——鐵的冶煉技術。煉鐵比起煉銅在技術上要困難一些，它要求有更高的溫度。那時採用的是「塊煉法」[1]，煉成

---

[1] 早期煉鐵由於爐溫不夠高，煉成的鐵成塊沉於爐底，待其冷卻後才能整塊取出，這種煉鐵方法稱爲塊煉法。以此法所煉成的鐵含雜質較多，結構較爲疏鬆，稱爲「海綿鐵」。海綿鐵需要經過反覆燒鍛才能製成器物。

的鐵質量雖然不太好，但比起青銅還是有很大的優越性。用鐵製成工具或者武器，其堅固銳利的程度遠遠超過青銅，鐵礦石又較為豐富易得。鐵器工具一旦登上舞臺便迅速取代了青銅工具。不過此時這兩個地區的自身文化已臨近結束。

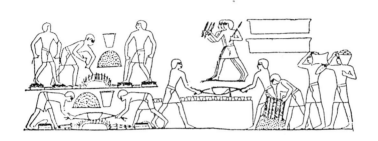

圖 3　古埃及人冶煉青銅的情景（墓中壁畫）

　　冶金技術的發展帶動了其他技術的進步。這時期這兩個地區比較發達的手工業技術門類有紡織、製革、製陶、釀酒、榨油等等。建築技術是一門綜合性的技術，它的水準能大體上反映一個時代的技術水準，在古代社會尤其如此。在這兩個地區我們現在還能看到不少那個時期的建築遺跡。古埃及人於公元前二十七至公元前十六世紀間建造了許多作為陵墓的規模宏大的金字塔，至今為人贊嘆不已。兩河流域的一些遺跡也表明那時人們的建築技術已經達到相當高的水準。

　　在早期奴隸社會之時，人們關於自然界的知識仍然只能主要反映在各種技術之中，不過高一層次的理論性知識已經萌發。文字的出現便是重要的標誌。兩河流域的人們用小棍在濕軟的泥板上斜壓上一些筆劃組成文字（現在人們稱之爲「楔形文字」），泥板乾了以後便可以長期保存。我們現在還能看到一些這樣的泥板。古埃及人則在草紙①上用草桿製成的筆蘸墨水寫字（基本上是象

────────────────────

①尼羅河三角洲盛產一種高桿草本植物—紙草，人們把它的莖切成小段剖開，取出其中白色的薄膜，分層橫直粘結成片，壓乾令平，即成草紙，可在上面寫字。

形文字），也有一些這樣的文獻保存到現在。這些留存的泥板書和草紙書給我們提供了不少古代的重要信息，讓我們看到了古人關於自然界的知識的大致面貌，現在我們摘要分述於後。數學所反映的不只是自然界的規律，不屬自然科學的範疇，但它對自然現象的認識至關重要，我們也在此一並介紹。

數學知識

「數」是物體數量以及物體形狀的抽象。在原始社會早期，人們還只有「多少」和「大小」這樣一些非常粗略的認識，後來才逐漸有簡單的數量和圖形的概念。進入奴隸制社會以後，人類的思維能力有了很大提高，生產和生活上又有許多實際的需要，如天象的觀測和記錄，歷法的計算，土地的測量，建築的設計和施工，產品的計量和賦稅，商品的流通和交換等等都需要運用數，於是就產生了最早的數學知識。計數首先得有記數的方法。古埃及人用十進制的方法記數。兩河流域的人們則採用一種十進制與六十進制並用的方法記數。有了記數方法，算術運算就隨之得到發展。這時人們也有了平面圖形和立體圖形的一些知識，他們已經能夠計算一些簡單幾何圖形的面積和體積。古代兩河流域的人們更有了比較精確的角度概念。他們把周角分為 $360°$，$1°$ 又分為 $60′$，$1′$ 分為 $60″$。我們現在用的實際上就是他們的方法。有些泥板書更表明兩河流域的人們已經開始運用代數的方法進行運算，他們不但能解一元一次方程，也能解多元一次方程，甚至能解一些一元二次方程和比較特殊的一元三次方程。

天文知識

天文知識是人類關於自然界知識中最早得到發展並形成為系統的知識，這也是由於生活的實際需要。農業生產與季節變化的關係重大，期望獲得好的收成就必須掌握氣候週期性變化的規律。人們很早就發現季節與天空中星象的變化相關，因此便開始了對日月和星辰的觀察，以此為依據制訂出了最早的曆法。兩河流域的人們以月亮的出沒和盈虧為依據制訂了自己的陰曆。他們定 1 年為 12 個月，每月 29 日或 30 日，大小相間，隔幾年設置閏月來調整月亮與

太陽的運行週期。他們還以 7 天為一個星期，此法一直沿用至今。在記時上他們把一天分為 12 個小時，每小時分為 60 分，每分分為 60 秒。我們現在實際上仍然沿用他們的方法，不過現在一天是 24 小時，因而分和秒都比那時縮短了一半罷了。古埃及人制訂的則是一種以太陽運行為基準的陽曆。他們把 1 年定為 12 個月，每月都是 30 日，年終再加上 5 日，1 年就是 365 日。他們也有自己的置閏方法。古時人們以為天上星象的變化與世上人事的變化有直接的關係，這是一種相當普遍的社會現象。所以占星活動在那時也是一件大事。占星也需要對天象進行認真的觀測，由此也累積了許多有用的天文紀錄和數據。

醫藥知識

為了保障人類自身的生存，醫療活動很早就開始了。有了醫療活動也就累積了醫藥知識。這兩個地區保存下來的文獻有一些就是專門記載這方面知識的。他們那時已經有了許多疾病的名稱，還有不少相應的治療方法和藥物的記載。在一部紙草書中記載的藥方竟有 877 個之多。人類早期的醫療活動也常常和巫術迷信攪在一起，這也是一種普遍存在的不足為怪的歷史現象。

最早發展起來的知識還有關於生物和地理等方面的知識，不過沒有達到上述知識那樣的程度。

早期知識分子的出現及其影響

從上文可以看到，在進入奴隸制社會以後，歷史顯著地加快了前進的步伐，人類創造了與原始社會大不相同的文化。雖然這個時候人類關於自然界的知識基本上還是經驗性的，不過人們的抽象思維和總結概括能力已經有了很大的進步，知識已經大大深化，這是一個非常重要的變化。社會生產力的大幅度提高，使得一些人可以不從事繁重的體力勞動並有一定的「閒暇」去思考蘊含在事物之中的道理，這些人中包括了一批以腦力勞動為業的人，也就是早期的知識分子。知識分子的出現是文字的產生和知識深化的必要的和重要的條件。雖然那個時期的知識分子主要是由祭司、僧侶這樣一些人組成的，探求知識與迷信活動常常攪在一起，然而科學知識總是會不斷地摒棄那些與它無關的東西，

一往直前地開闢自己的道路,不以任何人的主觀意志為轉移。沒有知識分子階層的形成,人類知識的深化,經驗性的知識上升為理論性的知識是不可能的。

第三節 古希臘的科學技術

希臘半島位於地中海東北,與兩河流域和埃及都相距不遠。這裡的古代文化從一開始就深受那兩個地區的影響。希臘半島的地理條件不大適宜農業生產,當社會發展到一定程度之後糧食便不能自給。不過,那裡的人們精於手工業技術,希臘半島海岸曲折,周圍島嶼眾多,便於與附近地區海上交通往來,於是手工業和商業就成了社會經濟的主要支柱。希臘人更大量移居周邊地域,形成了廣闊的文化圈,但沒有建立統一的國家。公元前五世紀古希臘奴隸制社會進入了它的鼎盛時期,至公元前一世紀他們的活動地域為羅馬人征服,從而結束了古希臘的歷史。古希臘人在這數百年間所創造的文化,達到了奴隸制社會文化的高峰,對後世有深刻的影響。

生產技術

由於自然條件的限制,古希臘農業生產的規模有限,糧食的相當一部分得

圖 4　位於希臘雅典衛城的帕特濃神廟遺址

自然科學概論

靠出口手工業產品來獲得。人們種植葡萄用來釀造葡萄酒，種植油橄欖用來榨製橄欖油。這些經過加工的農產品都是大宗的出口物資。製陶、製革、家具製作等技術部門也都相當興盛。為適應海上運輸的需要，造船技術也有較高的水準。古希臘的冶金技術是從外地傳入的，也經過冶煉銅、青銅和鐵的這些發展階段。古希臘的冶鐵技術相當發達，所運用的仍然是塊煉法。古希臘的經濟繁榮是和鐵製工具的廣泛應用分不開的。古希臘人留下了許多石砌建築遺址，它們的技術和藝術水準至今為人們所贊服，其建築風格在西方有很大影響。

自然哲學

當社會進步到一定程度，人們的思維能力發展到一定水準，知識的累積日益豐富的時候，人們對世上各種事物就會不滿足於只知其然，而總要探究它們之所以然，並且力圖對各種知識加以總結和概括，於是逐漸形成了一些哲學思想。古希臘人不僅在技術上成就豐碩，他們在理性思維方面的才華更為突出。古希臘哲學思想十分活躍，其中的自然哲學尤具特色。古希臘的自然哲學著重於研究自然界的本源和事物運動變化的規律諸方面的問題，是哲學與自然科學混為一體的一種學問，是人們從哲學的高度概括關於自然界的知識的初期嘗試。自然哲學的形成和發展既是哲學史上的大事，也是科學史上的大事，它使得人類關於自然界的知識提到一個新的高度，對後來哲學和自然科學的發展的影響至為深遠。下面我們對古希臘自然哲學的幾個主要派別作扼要的介紹。

古希臘最早出現的哲學派別是米利都派，這個派別首先提出了世界萬物本源的問題。他們認為世界上形態各異、千變萬化的萬物，其實都有共同的本源。米利都派的創始人是泰勒斯 (Thales of Miletos, 約公元前 625 ～ 前 547)。泰勒斯說，世界萬物的本源是「水」。這個派別的另一位學者則認為世界的本源是他稱之為「無定」① 的東西，又有一位學者認為是「氣」。自米利都派之後，探討萬物本源便成為古希臘自然哲學的主要課題之一。

---

① 「無定」的概念並無準確的說明，它是想像中的一種物質。因其性質「無定」，所以能夠轉化為任何一種形態和任何一種物質。

以一種單純的物質來說明複雜的世界萬物總有難明之處。由畢達戈拉 (Pythagoras of Samos, 約公元前 580 ～ 前 500) 所創立的派別則另有說法。他們認為，作為萬物本源的不是任何一種具體的物質，它應當是為萬物所共有的，十分確定的，可以被準確地認識的，又具有無限多樣性的東西，他們認為這樣的東西只能是「數」。他們所說的數，是指 1，2，3，4……這樣無窮無盡的一個一個數的系列。在他們看來，數不僅是萬物的本源，而且萬物的性質和狀態的規定，即萬物的存在和運動變化都決定於數，服從於數。數本來是物的抽象，這個派別顛倒了物和數的關係，把數神秘化了。但是他們重視一切事物中的數的關系，把自然界中的一切都看作存在著可以用數來表達的秩序，這在科學發展史上有著十分重大的意義。畢達戈拉派人數眾多，延續的時間又很長，是一個很有影響的派別。

　　稍後的赫拉克利特 (Herakleitos of Ephesos, 約公元前 540 ～ 前 470) 則仍然遵循米利都派的路線，即認為應當有一種物質是萬物的本源，他說那種物質是火，一切都由火變化而來，最後又都復歸於火。其實火只是物質的燃燒現象，不過古人都普遍以為火是一種物質。赫拉克利特既然把火這樣一種非常活潑的自然現象看作是萬物的本源，所以他也就認為「一切皆流，一切皆變」，萬物都處於永無止息的運動變化之中，萬物無窮無盡地生和滅。他的這些思想對於引導人們從運動中考察事物有重要的價值。

　　把某一種物質（如米利都派和赫拉克利特）或者把抽象的無窮無盡的數（如畢達戈拉派）看作是千變萬化而又實實在在的世界萬物的本源，都有不能令人滿意之處。於是人們又開闢了另外的思路。恩培多克勒 (Empedokles of Akragas, 約公元前 495 ～ 前 435) 提出了他的「四根說」。他認為世界萬物都是由水、火、土、氣這「四根」依各不相同的情況混合而成的，就像畫家以少數機種顏色便足以描繪出絢麗多彩的畫面那樣。四根說即是早期的元素說，它有明顯的機械論傾向。

　　大約與恩培多克勒同時的阿那克薩戈拉 (Anaxagoras of klazomenai, 約公元前 500 ～ 前 428) 則另創「種子說」。他說萬物都可以被無限分割成無限小的「種子」，種子的種類也無限多，一些物是同種類種子的結合，另一些物則

是不同種類種子的結合，萬物的運動變化就是種子的無窮無盡的結合和分離，實物有生有滅，種子則是永存的。阿那克薩戈拉的說法給了人們啓發，但又遭到一些人們的非難。那時人們普遍認為無窮小就等於零，無限小的種子即是一無所有，如果說它們組成了萬物，豈非等於說無中生有？許多人對此難以接受。

原子論可以說是古希臘自然哲學最大成就之一，它繼承了種子說而又避開了它的疑難，同時它也繼承了畢達戈拉派的以確定的無限多的東西作為本源的見解而又抹去了抽象的「數」的神秘色彩。原子論派也是一個人數眾多和延續時間很長的派別，它的主要人物有留基波 (Leukippos, 約公元前 500 ～前 440)、德謨克利特 (Demokritos of Abdera, 約公元前 460 ～前 370) 和伊壁鳩魯 (Epikouros of Samos, 約公元前 341 ～前 270) 等人。原子論派認為世界萬物都是由「原子」組成的。原子是肉眼不能見的物質微粒。原子自身是致密的，不可分割的，它在種類上和數量上都是無限的。永恆的運動是原子的本性，自然界中的一切變化的實質就是原子的聚散和原子的運動。德謨克利特認為原子的運動遵循著某種必然性，後來的伊壁鳩魯又補充說，除了必然性之外還存在著偶然性。原子論者們想像，世界是由原子和虛空組成的，原子絕對密實，其中沒有任何空隙；虛空是不包含任何東西的絕對的空，那是原子運動的場所。原子論派從這樣的世界圖景出發，在說明和解釋許多自然現象上作過努力。當然，原子論派的世界圖景與客觀真實仍然有很大的距離，他們對自然現象的解釋也並非都正確，不過其中的精闢思想以及他們處理自然現象的方法給了後人很大的啓迪，有關情形我們將在下文說及。

雖說原子論對後世有很大的影響，但是古希臘學者中反對原子論的大有人在，那個時代偉大的學者亞里士多德 (Aristoteles of Stageira, 公元前 384 ～前 322) 便是其中之一。按照他的看法，世界中到處都充滿著物質，根本不可能存在著空無一物的虛空。因此，原子論派的世界圖景在他看來是荒誕不羈。關於世界的物質構成，他持的也是一種元素說，但與上述的不盡相同。他把月亮以下（包括月亮和地球）和月亮以上（包括太陽、行星和恆星）嚴格地區分為兩個完全不同的世界。他說月亮以下的世界是由火、水、土、氣四種元素組成的。人們只能憑自己的感覺（或稱根據這些元素的性質）來認識這些元素。

人們的基本感覺有四種，它們可以分成兩對，即是熱和冷、乾和濕。這些感覺（或性質）的不同的組合就是火、水、土、氣四種元素，如熱和乾的組合就是火等等（參閱圖５）。要是某種元素的性質發生了變化，它就轉化為另一種元素。例如火中的熱轉化為冷，火便轉化為土。所以在他看來，組成我們這個世界的元素是由人們的感官所直接感知的性質來決定的，這些元素也是可以相互轉化的。至於月亮以上的世界則完全是另一回事。月亮以上的世界只有一種元素，那是聖潔的「以太」。月亮以上的天體都是由以太構成的。以太自身不會發生任何變化，所以天體也不會發生任何變化，因此它們是不朽的。亞里士多德也認為世界萬物處於永恆的運動之中，不過運動在兩個不同的世界裡也有嚴格的區別。在月亮以下世界，各物都有自己的「天然位置」，即重物在下輕物在上，若是由於某些外部原因使它們離開了自己的天然位置，重物向下和輕物向上的「天然運動」就要產生。這些運動在本質上都是趨向或背離宇宙中心（他認為地球中心就是宇宙中心），都是直線運動，其目的是為了恢復它們自己的天然位置，是有始有終的。天然運動不需要任何外力的作用，而非天然運動則必須要有外力的作用才能產生，外力作用一旦消失，非天然運動就立即停止。月亮以上的世界又是另一種情形。那裡的運動只有永恆的、無始無終的圓周運動，其動力來自「自身不動的第一推動者」，也就是神靈。亞里士多德的學說比他的前人更有系統，其中包含著許多謬誤，既有機械論的東西又充斥著神秘的臆想。亞里士多德在西方曾長期被視為不可侵犯的權威，因此他的錯誤

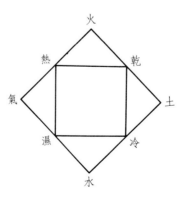

圖５　亞里士多德的性質
組合元素示意圖

曾經長期地束縛著人們的頭腦。不過亞里士多德留給後世的並非都是消極的東西，他是把古希臘理性主義發展到最高峰的人，他作為形式邏輯學的開拓者為自然科學提供了一種十分重要的思維方式，在其他一些學科上他也有重要的貢獻。

從上面的概述可知，古希臘人的自然哲學涉及極為廣泛的內容，特別是對物質觀、運動觀這些根本性的問題作了在那個時候來說是相當深入的探討，其中許多精辟的見解和天才的猜測意義極為深遠。我們在本書後面的一些章節裡可以看到，自然科學發展途程中的許多思想幾乎都可以在古希臘自然哲學裡找到它的胚胎和萌芽。

古希臘人的自然哲學既是他們對自然界的認識和概括，也是他們研究各種自然現象的指導思想和基本方法。下面我們就幾個主要方面簡要介紹古希臘人自然科學的主要成就。為敘述方便起見，我們也先說一下數學方面的情形。

數學

古希臘人在數學方面表現出很高的才能，取得了相當大的成就。他們的興趣特別是在幾何學方面。畢達戈拉派把數看作是世界的主宰。著名學者柏拉圖 (Platon, 公元前 427 ～ 前 347) 也是數學的積極的提倡者，據說在他所創辦的學園的入門處寫著這樣的字句：「不懂幾何學者不得入內」。古希臘人在幾何學上的成就相當程度上應當歸功於他們的推崇與鼓吹。

畢達戈拉派沒有留下任何數學著作，據傳他們在幾何學方面做過很多工作，他們證明了關於平行線、三角形、圓、球和多面體的許多定理，包括勾股定理在內，不過詳情我們已無法知曉，可以推斷他們不大可能作出了後來那樣嚴格的證明。

古希臘後期的歐幾里得 (Eukleides of Alexandria, 活躍於公元前 300 年前後) 是古希臘數學的集大成者。他的手稿現已無存，現在看到的他的著作《幾何原本》，是根據後人的記載整理而成的。這部著作包含幾何學和數論兩方面的內容，突出的貢獻是在幾何學方面。他的幾何學是建立在直觀經驗基礎上的，他從他認為不證自明的五條公理和五條公設出發，經過嚴密的演繹邏輯推

理，把初等幾何學知識組成了一個相當完整的理論體系。幾何學作為一門科學從此確立，成為古代發展最成熟的學科。這部著作在歷史上所產生的影響是罕見的，直至十九世紀，它仍然是歐洲數學的基本教材。

歐幾里得之後的阿基米德 (Archimedes, 公元前 287 ～ 前 212) 也是古希臘成就突出的著名學者。他的工作涉及數學、物理學、機械工程等許多方面。他的學術風格與前人不盡相同，他更關注實際應用的問題而不只是著眼於純理性的追求。他的邏輯推理又比前人更加嚴謹。他的學風對後人有重要影響。阿基米德研究過許多形狀較為複雜的幾何圖形的面積和體積的計算方法。他在計算圓面積和螺線 ($\rho = \alpha \theta$) 所圍面積時所用的窮竭法，是現代微積分方法的先聲。

比阿基米德稍後的阿波羅尼 (Apollonios of Perga, 約公元前 262 ～ 前 190) 數學方面的突出成就在於對圓錐曲線的深入研究。他的《圓錐曲線》一書是古希臘最傑出的數學著作之一。他的工作使得後人相當長時期內在圓錐曲線研究上幾乎無事可做。

天文學

和其他地區一樣，古希臘人也需要自己的曆法，同時他們也有自己的占星術，為此他們也很認真地觀測天象。但是在特別注重理性思維的古希臘人那裡，他們更有興趣的是對宇宙問題的探索，尤其是在宇宙模型問題上下了很大的功夫，取得了突出的成績。

最早思考宇宙模型的可能就是畢達戈拉派。出於把數的和諧看作是自然界的基本法則，他們認為一切天體都必定是圓球形，天體運行的軌道也必定是正圓形，運行的速度又必定是均勻的，因為只有這樣，一切才算「完美」。他們中的一些人曾經構想過一個共有 10 個天體的宇宙模型，這也是因為只有 10 這個數才是完美的。這個模型既不反映宇宙的實際情況，也沒有什麼理論價值，不久就被人們所拋棄。不過，他們所認定的那些「數的完美」的「原則」卻長期影響著後人。

歐多克索 (Eudxos of Cnidos, 公元前 408 ～ 前 355) 大概是第一個試圖建立與實測數據相吻合的宇宙模型的人。他設計了一個以地球為中心的同心殼層

球模型。他認為可以設想所有天體都是附著在一些透明球殼之上的，這些球以不同的速度以地球為中心而旋轉。日月視運動① 的不均勻和行星視運動的複雜狀況② 自然是他的大難題。為此，他設想，決定每一個天體的運動都有一組相關的同心球，每一組球中的外層球與恆星球同向同速運動，裡面的球的轉軸均固定在它外面的那層球上但位置各不相同，它們的轉速也不一樣，天體就附著在最裡面的那層球上（參閱圖 6）。他為日月各設計了三個球，為五大行星（當時人們只知道有水、金、火、木、土五個行星）各設計了四個球，所以他的模型總共有 27 個同心球之多。雖然他煞費苦心，但他的模型與日月運行的實際情況尚可大體符合，對行星運行的描述則很不成功。後來有不少人（包括亞里士多德在內）試圖改進這個模型，卻還是得不到比較滿意的結果。原先歐多克索只是把那些同心球殼看作是幾何學的構想，而亞里士多德卻把它們說成是真實的透明的球殼實體。

上文說到的數學家阿波羅尼也是一位出色的天文學家。他在研究宇宙模型時另闢蹊逕。他拋棄了那些實際上並不存在的透明同心球，提出了天體是自身懸浮在空中並按照各自的軌道運行的想法。這在當時無疑是個大膽的見解。可惜他所設想的模型我們現在已經不得而知，現在我們只能大致上知道他的後繼

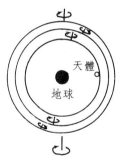

圖 6　歐多克索宇宙模型部分示意圖

者伊巴谷 (Hipparchos of Nicaea, 約公元前 190 ～ 前 120) 的模型的情況。在

①在地球上觀察日月和行星在天球上的運動（即這些天體相對於恆星的運動）稱爲視運動。視運動並不就是這些天體在宇宙中運動的真實情況，其中實際上包含了地球的公轉等複雜因素在內。在地球上觀察日月在天球上的運動也是不均勻的。

②行星的視運動情況比較複雜。它們總的趨向是由西向東移動，這叫做順行；有時會出現短暫停留的現象，叫做留；有些時候又由東向西移動，叫做逆行。這些現象是地球和行星都同時繞太陽運轉所造成的。

伊巴谷的模型裡，地球仍然被看作是宇宙的中心，日、月和行星被設想為沿著各自的圓形軌道（本輪）勻速運行，這些本輪的中心又各自在以地球為中心的圓形軌道（均輪）上圍繞地球勻速運行。對於太陽和月亮來說，它們在本輪上的運轉方向與這些本輪的圓心在各自的均輪上的運轉方向相反而速度相同；對於行星來說，它們在本輪上的運轉方向與本輪圓心在均輪上的運轉方向相同而速度各異（參閱圖7）。這就是在西方流行了很長時期的本輪—均輪宇宙模型，它比前述的透明同心球模型進了一大步。伊巴谷之後還有許多人繼續改進這個模型，最成功的是二百多年後羅馬人統治時期的托勒密 (Claudius Ptolemaios, 約公元 85 ～ 168)。在托勒密的模型裡均輪增加到 80 個之多，與實測數據相比符合的比較好。托勒密的模型為西方人信奉了一千多年，直至被哥白尼的日心地動模型取代為止。

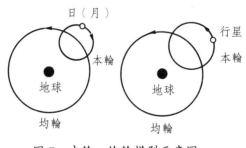

日（月）　　　　　　　行星
本輪　　　　　　　　本輪
地球　　　　　　　　地球
均輪　　　　　　　　均輪

圖 7　本輪—均輪模型示意圖

物理學

　　古希臘人對物理現象也多所研究，其中最系統的工作出自亞里士多德。他的《物理學》一書可稱是世界上最早的物理學專著，雖然他的物理學的含義與現代的物理學的概念不盡相同，所涵蓋的範圍要大許多。在這部著作裡他討論了月亮以下的世界裡時間、空間和力學的一些問題，提出了他自己的看法。關於時間，他說「一切變化和一切運動皆在時間裡」，「時間是使運動成為可以計數的東西」，「在任何地方，同時的時間都是同一的」。關於空間，他說

「空間乃是一切事物（如果它是這事物的空間的話）的直接包圍者，而又不是
該事物的部分」，「空間是不能移動的容器」。他之所以認為物體的非天然運
動必須有外力的推動，是因為他認定空間裡充滿著介質，不可能有絕對的虛
空，因此物體在空間中運動必須克服介質的阻力。他說物體運動的快慢與所受
外力的大小成正比而與它所受的阻力成反比。如果外力停止作用，物體的運動
也就立即終止。天然運動則是「天然的」，所以這種運動並不需要外力的作
用。大小不同的重物自由下落（天然運動）衝開介質的力量大小不同，所以較
重的物體下落較快，較輕的物體下落較慢。亞里士多德的這些說法純粹是他推
理的結果，並無實驗事實作為根據，他也不認為需要由實驗來檢驗。他的這些
觀點基本上是不正確的。由於他的威望以及一些人的推崇，他的錯誤長期禁錮
著許多人的頭腦，很久以後才逐漸被打破。不過，問題是由他提出的，他的想
法的確給了後人以啟迪，他的歷史作用不應當抹殺。

　　阿基米德在物理學方面的貢獻十分重要。他的研究方法與亞里士多德大不
相同。他既注重觀察和實驗，很認真地分析物理現象，又重視邏輯推理，力求
弄清楚物理現象中的數學關係。他的研究方法已經很接近現代的研究方法。他
經過一系列的努力，從理論上闡明了槓桿原理，發現了浮力定律，解決了形狀
複雜物體的求重心問題，達到了古代物理學的最高水準，被後人譽為「力學之
父」。當然，他所研究的主要是靜力學的問題，與亞里士多德面對的運動學和
動力學的問題相比要簡單一些。阿基米德著眼的是實用的問題，思路上與亞里
士多德也不相同。

　　古希臘人對光學現象也作過一些探討。歐幾里得認識到光的直進性，使他
得以運用幾何學的方法來研究光的現象，創立了幾何光學。他寫過兩部幾何光
學方面的著作，基本上搞清楚了光的反射定律，知道了光的反射角與入射角相
等。他對光的折射現象也有所研究，但他沒能弄清楚折射的規律。

地理學

　　古希臘人活動的地域廣闊，有利於他們積累地理方面的知識，同時他們也
有這方面的需要。那時人們遇到一個頗為困難的問題，即要知道兩個地點之間

的距離只能一小段一小段地在地面上測量，如果兩地相距頗遠或者地形複雜甚至有高山海洋的阻隔，測量就很難準確甚至不可能進行。熟悉天文學的歐多克索指出，可以運用天文測量的方法確定每個地點在地球上的位置然後再計算它們之間的距離的辦法來解決這個難題。把大地測量的問題轉化為天文測量的問題，這的確是大膽的創見，在理論上和實踐上都有重要的意義。

　　古希臘後期著名學者厄拉多塞 (Eratosthenes of Cyrene, 約公元前 273 ～前 192) 遵循這個想法做了許多工作。他曾試測過地球的周長，方法如圖 8 所示。假定 S 和 A 為地球同一子午線上的兩地點，當太陽正射 S 時，可在 A 點測得∠ Z，因∠ Z 等於∠ SOA，$\overset{\frown}{SA}$可由實測而知，這樣就可以求得每單位角度的弧長，地球的周長便可據此算出。他得到的地球周長之值為 39690 公里，與今測數據① 相當接近。有了地球周長的數據，同一子午線上兩地點距離的測量就可以轉化為此兩地緯度的測量了。但是那時對於測量經度還沒有好的辦法，估算誤差往往很大，所以不在同一子午線上兩地點的距離的測量仍很不準確。因此厄拉多塞的大地測量方法那時在實用上還存在難題。這個難題是很久以後才得以解決的。現在我們大地測量所運用的正是這種方法。

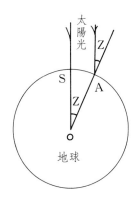

圖 8　厄拉多塞測算地球周長方法示意圖

---

①今測子午線周長為 39940 公里。

生物學

我們已經說過，亞里士多德的物理學研究從方法到結論都很不令人滿意，但是他在生物學的研究上卻富有成果。關於生物的系統的研究這時才剛剛開始，首要的事情是收集和整理各種感性資料，亞里士多德所做的正是這件事。他研究過大約 500 種動物，還至少對其中的 50 種作過解剖觀察，他對這些動物作了分類。他共有 8 種分類方法，其中的「級進分類法」是以動物的形態、胚胎和解剖學上的差異為標準，大體上按照從低等動物到高等動物的順序排列，還注意到了等級間的連續性。不過他完全沒有動物進化的思想，他甚至認為低等動物是高等動物的退化（他說的是「靈魂」的退化）。他的動物分類當然存在著很多問題，但是他的工作開了動物分類的先河。後來他的學生泰奧弗拉斯托斯 (Theophrastos of Eresos, 公元前 371 ～前 87) 繼續對許多植物作了分類。

醫學和人體生理學

古希臘醫學的一大特點是十分重視人體解剖學，把它作為醫療理論和實踐的依據，這對後來的西方醫學有深遠的影響。

屬於畢達戈拉派的阿爾克邁翁 (Alkmaion of Crotona, 公元前六～前五世紀間) 被後人稱為「醫學之父」。據說他作過許多解剖工作。他發現了視覺神經，發現了聯繫嘴和耳的咽鼓管（歐氏管），他認識到大腦是感覺和思維的器官等等。他說人體是一個小宇宙，是大宇宙的縮影。此說曾長期流行於歐洲。

希波克拉底 (Hippokrates of Cos, 公元前 460 ～前 377?) 是古希臘最負盛名的醫學家，他創立了後來在西方很有影響的「四體液說」。他認為決定人體生理狀況的是四種體液：黑膽液、黃膽液、血液和粘液。這四種體液調和則人體健康，失調便是生病。這顯然是元素說在生理學上的反映。

古希臘後期的埃拉西斯特拉圖斯 (Erasistratos of Ceos, 活躍於公元前 250 年前後) 從他的解剖知識出發構想了這樣一個人體生理模型：人吸進空氣之後，空氣經肺部進入心臟，在那裡轉變為「活力靈氣」，活力靈氣是人體活力

之所賴，它隨動脈血流向全身，進入大腦的活力靈氣又在那裡轉化為「靈魂靈氣」，這種靈氣則通過神經系統使人體各部分產生感覺並控制其動作。他的這些說法後來被羅馬人蓋倫 (Galenos, 129 ～ 199) 發展成為曾在歐洲很有影響的「三靈氣說」。蓋倫認為，人自食物中所攝取的營養至肝髒內變成靜脈血，靜脈血帶著「自然靈氣」經心臟右側流向全身又原路返回，流經心臟的靜脈血的一部分穿過心臟隔膜上的細微孔道進入心臟左側，從那裡流經肺部並與空氣接觸而帶上「活力靈氣」從而轉變成動脈血，動脈血從心臟左側流向全身也循原路返回，流經大腦的動脈血中的活力靈氣在那裡轉化成「靈魂靈氣」，靈魂靈氣通過神經系統支配全身的感覺與活動。他的三靈氣說充滿著神秘色彩，也沒有血液循環的觀念，與實際情況相去甚遠。但作為統觀人體生理的早期的嘗試也有其歷史價值。蓋倫的學說在歐洲長期流行，至十六～十七世紀血液循環發現之後才被人們所拋棄。

綜上所述，我們可以看到古希臘人在奴隸制社會時期創造了何等輝煌的科學文化。與過去相比，人類關於自然界的知識是大步向前推進了，在一些領域裡已經開始形成知識的體系，物質觀、運動觀這樣一些高度抽象的問題也已經有了一些有益的探索。就整體而言，自然科學尚未成熟，古希臘人的許多學說還很粗陋和幼稚，但一些學科確已取得很有價值的成果，在科學思想和科學方法上也為近代自然科學的誕生作了初步的準備。

古希臘學術在羅馬人統治下的衰退

古希臘社會是由許多城邦組成的，後期雖然也曾出現過較大的王國，但始終沒有形成過統一的希臘國家。羅馬人在意大利半島崛起之後，勢力日漸強大，他們征服了周圍大片地域，包括希臘人的疆土在內，古希臘的歷史從而結束。羅馬人征服了希臘社會，卻沒有繼承希臘人的科學文化。儘管古羅馬在技術上有不少進步，學術上的表現則是急劇的衰退。古羅馬幾百年的歷史是奴隸制度在歐洲由繁榮走向沒落的歷史，統治階級更關心的是自己的窮奢極欲以及千方百計地維護他們的統治，對文化科學的發展沒有什麼興趣。古羅馬在科學上有成就的人物寥寥無幾，上面提到過的托勒密、蓋倫的工作實際上都是希臘

人的工作的繼續，那只不過是古希臘文化的餘輝。在他們之後，連這樣一點點光輝也熄滅了。五世紀以後歐洲進入了封建制度的中世紀時期，古希臘的燦爛文化幾乎已被歐洲人所遺忘。不過下文我們將要說到古希臘文化在歐洲重現時所產生的巨大影響。

第四節　古代中國的科學技術

以黃河流域和長江流域為中心地帶發展起來的中國古代文化富有自己的特色。奴隸制社會在中華大地出現於四千多年前，起步比兩河流域和埃及地區都晚，技術和科學知識所達到的水準與那兩個地區相較也略為遜色。但是中國進入封建制社會比其他古代文明發達地區都要早，史學家一般認為春秋戰國時期（公元前八至前三世紀間，大致相當於古希臘奴隸制社會繁榮時期）是我國從奴隸制向封建制過渡的時期。經過封建制鞏固和發展的秦漢兩代，我國科學技術總的水準即躍居世界前列，並且在許多領域裡長期領先。此後的發展有起有伏，但發展的勢頭日弱，卻仍舊保持著自己的特色，直至十七世紀以後西方近代科學技術大量傳入才又發生較大的變化。

在古代世界裡，中國技術上的成就至為突出，許多重要的發明創造曾產生過廣泛而深遠的影響，對世界文明和人類社會的發展作出了非常重大的貢獻。

農業技術和農學

農業是中國古代社會的經濟基礎，農業生產技術和農學一向受到社會重視，「重農」早就成了中國的傳統意識。精耕細作，即千方百計地提高單位面積的產量，是我國古代農業技術的基本特點，也是農學研究的主要課題。圍繞這個目標，人們對時令、土壤、選種育種、耕作、用肥、灌溉、田間管理、農產品加工等都作了相當深入且細緻的研究，有許多重要的創造，積累了豐富的經驗。我國農具在古代世界裡也處於很先進的地位。我國古代農書之多為世界之最。據不完全統計，包括已散佚者在內約有 370 種。其中最著名的有西漢氾勝之（生卒年代不詳）的《氾勝之書》，南北朝賈思勰（生卒年代不詳）的《齊

民要術》、南宋陳旉（1076～1156) 的《農書》、元代王禎（生卒年代不詳）的《農書》、明代徐光啓（1562～1633) 的《農政全書》等等。這些著作基本上都是各個時期農業生產經驗的總結，包含著十分豐富的內容。

水利工程技術

水利工程建設與農業生產密切相關，因而在中國古代也倍受重視。中國古代水利工程技術也有相當突出的成就。早在春秋戰國時期就興起了水利建設的高潮，建立了許多有相當規模的水利設施。大約建立於公元前三世紀，位於四川成都平原的都江堰工程是古代水利工程的傑作，它既除水害又使得大片農田得以灌溉，至今兩千餘年仍然發揮著巨大的效益，這在古代工程中實屬罕見。隋代建立的貫通南北幾大水系的大運河，全長 2700 多公里，也是早已聞名於世的古代最偉大的水利工程之一。

冶金技術

我國的冶金技術起步不算早，但後來居上，進步很快。以冶鐵為例，現已發現我國最早的由冶鐵製成的器物是春秋晚期的製品，所採用的也是比較原始的塊煉法，但同在春秋晚期而稍後（約公元前六世紀），我們的先人便發明了先進得多的「熔煉法」①，這是冶鐵技術的突破性進展。熔煉法使鐵的產量大增，質量大幅度提高，並且可以直接成型。歐洲人掌握這種方法是十四世紀的事，比中國晚了約兩千年，我們可以推斷那是從中國傳過去的，雖然目前還沒有找到直接的證據。世界上現已發現的最早的鋼製品也是我國古人所造，亦為春秋晚期的產物。鋼鐵冶煉技術是一項具有關鍵性的技術，因為它與生產工具的生產直接相關，對於促進社會生產的發展有舉足輕重的意義。我國古代生產技術長期處於領先地位，顯然得益於鋼鐵冶煉技術的高度水準。

---

①熔煉法與塊煉法相比，需要有較高的爐溫，又要配用適當的爐料，技術上複雜得多，以此法煉成的鐵成熔液狀態沉於爐底流出，冷凝後即爲生鐵。應用此方法煉鐵，煉爐可長時間地連續生產，鐵的質量也好得多。現代普遍應用的正是這種方法。

能源開發與利用技術

　　能源問題在古代雖然沒有像現代那樣突出，但也是生產發展的重要問題之一。畜力是古代重要的一種動力，早為古人所利用。畜力的發揮有賴於較好的挽具。我國古代挽具在世界上是最先進的，國外專家對此早有結論。水力和風力的利用在我國古代也有不少重要成果。如以水力推動的「水排」即是古代一種非常有效的鼓風機械，我國古代冶金技術因此得益不淺。煤、石油和天然氣是現代能源的主要組成部分，它們的開發與利用最早也都出現在我國，大約都是從漢代開始的。現代開採石油和天然氣的深井鑽鑿技術，國外有學者認為也是從我國傳到西方去的。

圖 9　水排圖（據王禎《農書》而略加改正）

機械製造和紡織、造船技術

　　我國古代的能工巧匠曾經製造出了許多精巧的機械。大約在西漢時期出現了一種指南車。這種兩輪車在行進中不論如何轉彎，車上的指示器始終指示固定的方向。這是由設計巧妙的機械裝置通過反饋作用來實現的。北宋蘇頌（1029～1101）等人製成了一臺大型天文儀器水運儀象臺，它既可以用於觀測天象，又可由水力推動以演示天體的運行，還是世界上最早的機械鐘。歷代製

成的著名機械還有許多，可謂不勝枚舉。我國的絲織技術早已聞名於世，精美的絲織物有賴於先進的紡織機械。至遲在西漢時期我國就發明了提花織機。這種織機在人的操作下，可以依事先設計好的程序使經緯線交錯變化而織出預定的圖案來。它的設計思想與現代的程序控製思想有淵源關係。我國的造船技術長期在世界上領先。固定在船尾的船舵對較大的船舶的駕駛至為重要，這也是中國人的發明，至遲在東漢時期已經出現。明初鄭和 (1371 ～ 1435) 率領巨大的船隊七下西洋，是古代規模最大的航海活動。船隊中作為主要船型的「寶船」長約 150 米，張帆 9 至 12 面，是古代世界上最大的船舶。

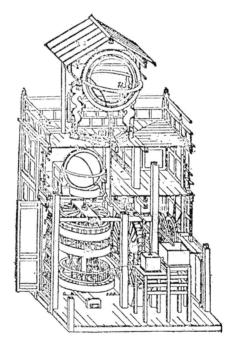

圖 10　水運儀象臺復原透視圖

製瓷技術

製瓷技術是在製陶技術的基礎上發展起來的。遠在商代時期我國人民就開

始製造青瓷器物。至漢代製瓷技術已趨成熟。到明清時期製瓷技術發展到了最高峰。瓷器在很長時期裡都是我國的特產，唐代時即開始出口。歐洲人是到了十五世紀後半期才學會製瓷的。

建築技術

我國建築技術很早就形成了自己的獨特風格，但真正的起步不算很早。漢代之前與世界先進地區相比有相當大的差距，例如商代的宮殿尚無磚瓦，與茅草房無異，後來才有了長足的進步。以木構架為特點的磚瓦建築技術至唐代大體形成。歷代先人為我們留下了不少建築物，有的以宏偉見稱，如萬里長城；有的以精湛的技術為後人所讚嘆，如保存至今的古代最高木構建築山西應縣木塔，技術上有許多重要創造的河北趙縣安濟橋（俗稱趙州橋）；也有的以豪華精緻為人們所欣賞，如明清的宮殿建築等。這些都在不同方面反映了我國古代建築技術的水準。

造紙和印刷技術

造紙技術和印刷技術是大家都知道的我國古代偉大發明。以植物纖維造紙大約發明於公元前二至前一世紀間。不過那時的紙還比較粗糙，不便書寫。後來經過東漢蔡倫 (？～ 121) 的改進，價廉物美的書寫用紙便迅速推廣。不久紙就成了我國特有的產品出口到世界許多地方。我國的造紙技術八世紀以後逐漸傳遍世界。雕版印刷技術大約發明於隋唐之際。現存最早的印刷品是 704 至 751 年之間所印製的。遠在唐代雕版印刷術就傳到了日本，後來又相繼傳遍東西方各地。活字印刷術最早見載於北宋期間（十二世紀）的著作，該著作說到那時有一位名叫畢昇（生卒年代不詳）的人發明了用泥製成活字用來印刷的事。其後活字印刷術逐漸普遍採用。歐洲人應用活字印刷技術則是十五世紀的事了。

中國古代技術上的重要成就還有許多，此處不再一一贅述。下文我們簡要介紹中國古代數學和自然科學知識的各方面狀況。

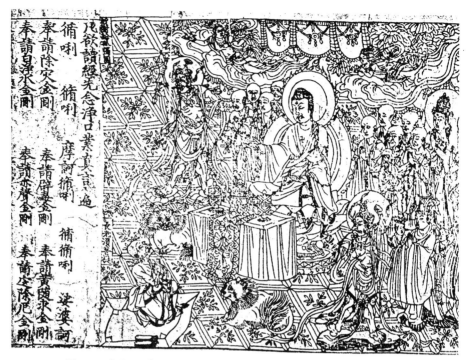

圖 11　出版於唐咸通九年 (公元 868 年) 的《金剛經》的一部分

數學

數學在我國古代也頗受重視，主要是出於實用上的需要。我國古代記數向用十進制，很早就有了十進制的全套符號，其中最重要的是零的符號，有了零這個符號才能形成完備的十進制位值記數法①。古代兩河流域、古埃及和古希臘的人們都是沒有零這個概念和符號的。在我國，零的符號大約出現在八世紀。漢代時出現的《九章算術》（當非一人一時之作）是世界數學史上的名著。這部著作載有 246 個應用問題的題解，內容涉及算術、代數、幾何等許多

①以一組數碼表示一個數值時，該數碼所代表的數值依其所處位置而定的方法稱爲位值法。如 1993，此處 1 代表 1000，第一個 9 代表 900，第二個 9 代表 90，3 代表 3，1993 即是 1000 ＋ 900 ＋ 90 ＋ 3。

自然科學概論

方面，其中正負數的概念和正負數加減法則的運用在世界上是最早的。三國時期魏人劉徽（生卒年代不詳）為此書作了詳注，對該書所運用的公式、定理給出了證明，他還運用窮竭法算得 π =3.1416。劉徽所作的注也成了世界古代數學著名的傑作。後來我國古代數學一直側重於實用性較強的代數學方面，至宋元時期發展到了最高峰。北宋賈憲（生卒年代不詳）所著《黃帝九章算法細草》（約 1050 年，已佚）提出了求任意高次冪的正根的方法和指數為正整數的二項式定理係數表，這在世界上都屬最早，是代數學的重大進展。南宋秦九韶（生卒年代不詳）在《數書九章》中對代數方程的解法作了相當深入的討論，他解了許多二次和二次以上的方程，甚至解了一個十次方程，這也是古代數學史上的突出成就。宋元以後，我國數學發展的勢頭突然消失，甚至許多重要的數學典籍在明代期間也大量散佚，這是一個值得注意的歷史現象，其原因學者們正在探究之中。我國古代代數學相當發達，但是幾何學沒有得到相應的發展；我國古人在數學的實際應用上下了很大功夫，對於理論性的問題卻缺乏深入系統的研究，這也是值得我們注意的問題。

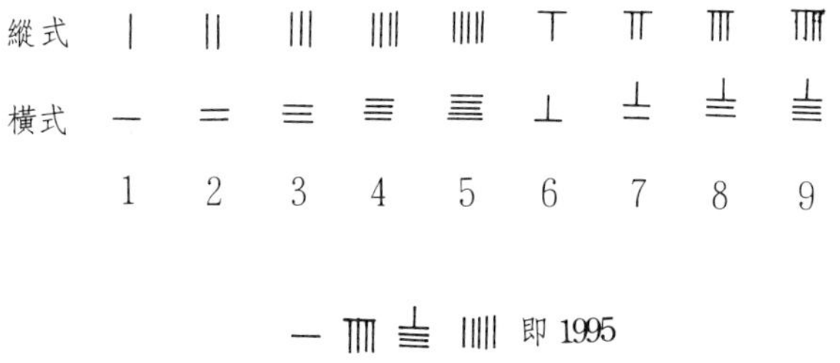

數碼有豎式和橫式兩種，相間使用，遇零空位。

圖 12　漢代的數碼和記數方法

天文學

天文學也是我國古代特受重視的學科之一，向為政府所支持而成為「官

學」，其原因一方面是為了製訂曆法，另一方面也是為了占星術，以為可以預測世事。已知我國古代曆法超過 100 種，曆法之多亦為世界之最。曆法的屢次修訂，主要都是為了使其更加精確。我國古代曆法的許多數據在古代世界長期處於領先地位。為了修曆就必須有系統與精確的天文觀測並有相應的觀測儀器。我國古代長期延續，既系統又相當精細的天象紀錄，已經成為現代天文學研究的十分難得和非常珍貴的資料。世界上最早的星表也出現在我國。戰國時期的甘德（生卒年代不詳）和石申（生卒年代不詳）分別著有《天文》和《天文星占》，其上各載有幾百顆恆星的方位，可惜原作已佚。後來我國也出現了許多星圖，載星之多也居古代世界的首位。我國古代天文學基本上是一門實用學科，人們對宇宙幾何模型這類問題雖有議論，但沒有進行過數理上的研究，這與前述古希臘人的情況大不相同。

物理學

我們的祖先在實際生活中當然也接觸到許多物理現象，也運用了不少物理規律（如槓桿原理應用古已有之），亦曾對一些物理現象作過比較細緻的考察研究，但沒有形成物理學這樣一門獨立的學問。春秋戰國時期的《墨經》一書據認為是墨翟（約公元前 468～前 376) 和他的弟子所作。這是一部載有較多物理知識的著作，其中有關於力的概念、槓桿、浮體平衡和一些簡單機械的描述；有關於光學的內容共 8 條，涉及光的直進性、光和影、平面鏡、凹面鏡成像等許多幾何光學的問題。不過，《墨經》對這些物理現象都只有定性的描述而沒有定量的分析。後來的著作在討論物理問題時亦大體如此，這不能不說是一大缺陷。大家都知道，指南針是中國古代最偉大的發明之一。我國古人關於磁現象多有發現，也多能設法加以利用，但關於原理性的探討就很不足。磁石的指極性質發現於何時，我們已難於考證。東漢王充 (27～？) 所著《論衡》一書中講到有一種「司南勺」，有學者認為這是以磁石琢成勺狀的用以指示方向的器具，即指南針的前身（參閱圖 13）。北宋沈括（1031～1095）所著《夢溪筆談》首次說到了指南針。這時人們已經發明了幾種人工磁化的方法，而且還發現了地磁偏角。指南針用於航海也自北宋始，不久就傳到了阿拉伯，

再經阿拉伯傳到歐洲。樂律的研究是古代聲學的重要課題，我國古人這方面的工作比較深入，成績很大。春秋戰國時期的著作《管子·地員》（作者不詳）即載有確定音律的「三分損益法」。後來研究音律的著作甚多，成績最著的是明代的朱載堉(1536～1611)。他在所著的《律呂精義》中論述了他的「新法密律」，即以公比為$\sqrt[12]{2}$的等比數列來確定音律，與現今世界通用的十二等程律相同。

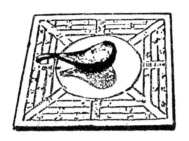

圖 13　司南勺想像圖

化學

　　古人都還沒有建立起現代意義的化學，但在實踐中積累了一些化學知識。這些知識有兩個來源，一是化學工藝，二是煉丹術。燒煉陶瓷、冶金、釀造等技術裡都包含了不少化學知識。煉丹術的用意則是要尋找使普通金屬轉變成為貴重金屬，或者是煉出能使人長生不老之藥的方法，實屬荒誕，在古代世界各地幾乎都有這種活動。煉丹術的目的當然不可能實現，但它使人們接觸到許多化學物質和認識到許多化學變化，成了科學化學的前身。現存世界上最早的煉丹術著作是東漢時期魏伯陽（生卒年代不詳）的《周易參同契》。這部書裡記載了許多化學變化，其中說到汞可與硫化合，這是世界上關於兩種元素合成化合物的最早記載。在煉丹的過程中有時也能得到一些重要的產品，如火藥的發明便是。火藥發明的時間已難於考證，大約是在唐代。那時的一部著作裡載有以硫磺、硝酸鉀和碳相混合的配方，這三者正是火藥的基本成份。火藥用於武器是宋代的事。到了明代火藥武器便種類繁多，並且還發明了多種火箭了。火

藥是經過戰爭傳播到世界各地的，歐洲人到十四世紀中期也學會了製造火藥。

地學

我國古代地學方面的知識也較為豐富，取得了一些曾在世界上領先的成就。與農業生產關係密切的土壤早就是人們的研究對象。春秋戰國時期的《管子‧地員》有相當篇幅就是研究土壤的分類和不同土壤所適宜生長的植物的，被認為是世界上最早的植物地理學著作。繪製地圖在幅員廣闊的我國自然是一件重要的事。本世紀 70 年代在湖南長沙馬王堆西漢墓出土的幾幅地圖曾引起國內外學者的廣泛注意。其中的「長沙國南境地圖」所繪，包括自湖南中部至珠江口的廣大地域，主要部分的精度很高，表明那時的地圖學已經達到很高的水準，不過那時測繪技術的詳情我們還不得而知。我國古代有大量頗具特色的地方誌，據統計現存有 9000 餘種之多。這些地方誌載有很多地學方面的資料，亦已成為地學研究的寶貴文獻。我國古代學者對地理和地質現象的一些細緻的觀察記錄和精闢的見解也非常有價值。如北宋沈括的「將今論古」的思想，他對一些現象的考察研究以及所得的結論，明代徐宏祖（號霞客， 1586～ 1641）對溶岩地貌的考察記錄等，在世界地學史上都有重要的地位。

醫藥學

我國傳統醫藥學自成體系，有自己獨特的理論和方法，在醫療實踐中也有獨特的效能。大約在春秋戰國時期成書的《黃帝內經》是中醫學理論的奠基性著作，它強調人體的整體性，重視人體與環境的關係，運用陰陽和五行這些樸素的思想與方法，創立了研究人體生理和病理的臟腑說和經絡學說。東漢名醫張仲景（張機，約 150～ 219）被後人尊為「醫聖」，他著有《傷寒雜病論》，提出了「辨證施治」的臨床醫學基本源則，著意於使醫學理論與醫療實踐很好地結合起來，為中醫臨床醫學打下很好的基礎。這兩部著作已經成為中醫學的主要經典。自此而後醫學著作甚多，據統計有近 8000 種，居古代世界各學科的首位。比較重要的著作有魏晉間王叔和（生卒年代不詳）等合著的《脈經》，魏晉間皇甫謐 (223～ 282) 的《甲乙經》，晉代葛洪（約 284～

364) 的《肘後救急方》，隋代巢元方 (生卒年代不詳) 等合著的《諸病源候論》，唐代孫思邈 (？～ 682) 的《備急千金要方》、《千金翼方》和王燾 (生卒年代不詳) 的《外臺秘要》，明末吳有性 (1592 ～ 1672) 的《瘟疫方》等。這些典籍的許多內容至今仍有實用價值。兩千多年來我國古代醫學理論不斷地得到豐富和發展，形成了各有千秋的許多學派。醫療實踐經驗的累積也非常可觀，這從現存大量藥方便可反映出來。宋代官修的《政和聖濟總錄》載方近兩萬個，而明代編成的《普濟方》載方更達到了 61739 個。

我國古代醫學有許多特有的發明，如明代時發明的接種人痘以預防天花的方法是人工免疫法的開端；針灸療法也為我國所獨創，現在已越來越受到世界各國醫學界的重視。我國古代大量利用天然藥物，藥學 (因所用植物類藥物較多故亦稱「 本草學 」) 的研究也碩果纍纍，專門著作甚多。漢代時成書的《神農本草經》(當非一人一時之作)是我國最早的藥學著作，其中載有藥物 365 種，已包括現代常用中藥。明代李時珍 (1518 ～ 1593) 的《本草綱目》是一部總結性的藥學巨著，載有藥物 1892 種，它出版後不久即被譯成多種文字流傳世界。

與我國古代其他學科相比，我國醫學更值得注意。其他學科在幾千年的發展歷史中固然取得了許多很有價值的成果，但在西方近代科學技術傳入之後便逐漸被它們所取代，唯獨中醫學不但沒有為西醫學所取代，並且還在繼續發展，前途未可限量。

自然觀

與古希臘相比，我國古代自然哲學不甚發達。我國古代的哲學家們不大關心自然界的問題，科學家們也不大重視哲學問題的探索，這種狀況對我國古代哲學和科學的發展都不利，遺憾的是這種不良傳統至今仍在起作用。我國古代哲學家們在對自然界的總的看法上，雖然也有不少有價值的見解，但往往過於抽象，與對具體的自然現象的考察研究聯繫不甚緊密。

商周之際在我國出現了「 陰陽說 」和「 五行說 」。陰陽說認為世界萬物都有陰陽之別，陰即是消極、柔弱、安靜等特性以及具有這些特性的事物；陽則是積極、剛強、活潑等特性以及具有這些特性的事物。陰陽是相對的，不是絕

對的。陰陽也是可以相互轉化的。萬事萬物都因陰陽交感而產生，萬事萬物的運動變化都是陰陽相互作用的表現。五行即水、木、火、土、金。五行說認為萬事萬物都有五行的屬性，五行之間有「相生」和「相剋」的關係，即它們之間有相互對立和相互轉化的關係。五行說是對萬事萬物之間的關係的又一層認識。陰陽說和五行說對後來我國古代自然觀的發展有很大影響。

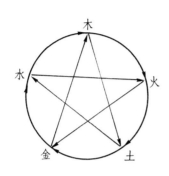

圓弧爲相生，直線爲相剋

圖 14　五行相生相剋示意圖

和世界上的其他地區一樣，我國的古人也曾有人把某些物質看作是世界萬事萬物的本源。例如《管子・水地》的作者就說：「地者，萬物之本源，諸生之根菀也。」又說：「水者，何也，萬物之本源也，諸生之宗室也。」此外也有人說萬物本源是「精氣」，至於這種精氣是什麼則沒有明確的解釋，只是說「其小無內」和「其大無外」，意即宇宙之間它無所不在。

關於物質是否無限可分的問題，我國古人曾有所爭論。戰國時期的《墨經》寫道：「非半弗斷則不動，說在端。」這是說不能再分為兩半的東西就叫做端，端即是不可再分割的物質單位。同一時期的公孫龍 (約公元前 330 ～ 前 242) 則說：「一尺之棰，日取其半，萬世不竭。」這是物質無限可分的見解。這個爭論沒有繼續發展。我國古代也沒有形成類似古希臘的原子論學說，後來占居統治地位的是主張物質連續分布的「元氣說」。

元氣說源於精氣說，此說成熟於東漢時期，其後不斷有所發展。元氣說認為世界萬物都是「元氣」（或稱「氣」）所構成，元氣是這樣的物質：它瀰漫於整個宇宙之中，不生不滅，並且永遠處於運動和變化之中。元氣的凝聚就成為人們可以感覺到的實物，元氣的瀰散就是人們所說的空間。世上一切事物的運動變化都是元氣的運動變化的表現，元氣的運動變化的原因是它自身所具有的陰陽兩種屬性的相互作用。這裡就包含了物質的守恆、物質的永恆運動、物質運動變化的原因在它自身、時間的永恆、空間是物質存在的一種形式等一系

列頗有價值的思想。但如前所述，關於這樣一些問題的討論和研究似乎完全只是哲學家們的理性探討，與具體自然現象的研究關係極少，因而這些討論就具有非常濃重的思辨性質，在自然科學知識的發展上沒有產生多大的實際作用，只有醫學例外。在元氣說的發展史中有過較大貢獻的學者是：戰國時期的荀況（約公元前 313 ～ 前 238）、東漢的王充、唐代的劉禹錫（772 ～ 842）和柳宗元（773 ～ 819）、宋代的王安石（1021 ～ 1086）和張載（1020 ～ 1077）、清代的王夫之（1619 ～ 1692）等。

我國古代科學技術發展的基本進程和三四百年來落後原因的探討

從上文的簡略敘述可以看到，我國古代的科學技術曾經取得過許多重要的成就，尤其在技術領域，貢獻至為突出。統觀我國古代科學技術發展的總進程及其在世界科學技術史上的作用與地位，我們又可以看到它曾有過較大的起伏。在奴隸社會時期我國並不比兩河流域和埃及那些地區先進，甚至許多重要領域都起步較遲。以春秋戰國時期（即從奴隸制向封建制過渡時期）為轉機，在不很長的時期內便迅速趕上當時的世界先進水準，並在許多方面躍居世界前列，為世界文明作出重大貢獻。後來的發展日趨緩慢，到了明代中期以後又由先進轉為落後了。明代中期以後三四百年間我國科學技術落後的原因是多方面的，這是目前國內外學術界正在研究的重要課題之一。

與世界上其他地區相比，我國進入封建社會的時間比較早，從這時起我國科學技術便邁開了較大的步伐。但是隨著封建制度發展的勢頭漸失以至於趨向衰落，社會生產力增長緩慢，統治階級對技術進步更無興趣，科學技術的發展便走向低潮。明代中期即十六～十七世紀間，資本主義制度在歐洲興起，近代科學技術隨而在那裡出現，中國的封建制度卻僵而不死，落後的局面不可避免。我國古代的科學技術也有自身的弱點。如上所述，我國古代技術發達，對一些自然現象的觀察也很細緻，但從總體上說偏重於實際應用，理論性不強，也沒有形成較為系統的科學方法，科學與哲學嚴重脫節也不利於使關於自然界的知識總結成為理論體系，即使像發展水準較高的天文學、農學亦是如此，數學的情況也差不多，只是醫學有些例外。若與古希臘的情形相比較，問題就十

分明顯。因此，中國的傳統科學轉化為比較成熟形態的條件相對來說較差。再有，我國歷史上曾經是一個長期封閉的大國，對外部世界似乎沒有多少需求，科學技術又自成一格，有相當強的保守性與排他性，不大注意也不大善於吸收外來的思想文化，這種狀況也嚴重地制約著我國科學技術的發展。明末西方近代科學開始傳入我國，但其後相當長的一個時期並沒有產生多大的迴響，又錯過了追趕世界潮流的時機。上述種種問題都需要我們進一步的研究和反思，其中的經驗與教訓更需要我們總結與記取。

第五節　古代阿拉伯的科學技術

阿拉伯人起步較晚，五～六世紀時大多還在阿拉伯半島上過著游牧生活。六世紀後期開始，阿拉伯人在伊斯蘭教的名義下逐漸地組織起來，形成為一股政教合一的勢力。經過不斷的征戰，他們占領了廣大地域，建成了強大的奴隸制帝國。至八世紀，阿拉伯人的勢力已囊括中東地區、北非地區以至西南歐洲，此時阿拉伯社會亦已向封建制過渡，成為強盛的雄據一方的龐大帝國。不久後分裂成為幾個國家。在外族武力和內部起義的打擊之下，阿拉伯的政治實力逐漸瓦解，至十五世紀以後便結束了這段歷史。

阿拉伯人的躍進和他們在科技史上的貢獻

古代阿拉伯的盛衰歷時不算長，他們在世界文明史上卻有特殊的重要的貢獻。阿拉伯人在急劇地擴張自己勢力的時候，曾以十分粗暴的態度對待和摧殘所有非伊斯蘭文化。不過事隔不久他們就醒悟了過來，他們意識到自己文化的落後而又不甘心自己的落後，如饑似渴地吸收比他們先進的外族文化，以其作為發展自己文化的起點。為此他們採取了一系列頗有膽略的政策和措施，不僅由政府有組織地去做，而且動員社會各方面力量奮力而為。阿拉伯的地理位置處於東西方之間。當時東方（首先是中國）的技術在世界上處於領先地位，阿拉伯人當然極感興趣；西方古希臘的學術也強烈吸引著他們，他們同時向東西兩方面學習他們所需要的一切。他們既採取請進來的辦法，也採取派出去的方式。那時有不少外國學者、專家以至工匠（包括中國學者、專家和工匠）被邀

請到阿拉伯工作，也從阿拉伯派出許多人不辭辛苦地去外國（也包括中國）尋求知識。經過兩三百年的不懈努力，大約到十二～十三世紀，原先兩手空空的阿拉伯人就追趕上了當時世界的先進水準，堪稱古代科技史上的奇蹟。

在阿拉伯人實現他們科學技術上的大躍進的同時，他們在世界科技史上也作出了十分重要的貢獻。

阿拉伯人同時向東西兩個方向學習，他們那裡也就成了溝通東西文化科學的橋樑。古代中國技術上的許多重要發明創造之所以能產生世界性的影響，很大程度上要歸功於阿拉伯人的傳播。如造紙、印刷、火藥和指南針等四大發明為歐洲人所瞭解和掌握，都在相當程度上與阿拉伯人有關。東方先進技術傳入歐洲後所產生的歷史性影響下文還要說到。

阿拉伯人為了學習和研究古希臘的學術，曾經花費了很大的氣力去收集和整理古希臘的學術文獻。我們已經說過，羅馬人統治歐洲大部分地區以後，古希臘學術已漸為人們冷落，在歐洲進入中世紀之時古希臘文化已被遺忘。正在這個時候阿拉伯人卻不遺餘力地收集和整理古希臘文獻，使他們那裡成了古希臘文化典籍的總彙。後來歐洲人對古希臘文化的重新認識，很大程度上正是得益於阿拉伯人。古希臘文化在歐洲重現所產生的影響以及對近代自然科學誕生的作用，我們也將在下文敘述。

阿拉伯人的技術成就我們不再贅述，下面簡要介紹一下他們在科學上的進展。

數學

阿拉伯人的數學是在引進古印度和古希臘的數學之後才開始的。他們在數學方面的一大貢獻是把古印度人的十進制記數法傳遍了歐洲，後來逐漸在歐洲演變成為現今世界上通用的「阿拉伯記數法」。原先歐洲人雖然也用十進制記數但一直都沒有位值法，這對數學的發展很為不利①。十進制記數法傳入歐洲在很大程度上應當

---

①歐洲人原先通用的是「羅馬記數法」。它以 I 代表 1，V 代表 5，X 代表 10，L 代表 50，C 代表 100，D 代表 500，M 代表 1000，1993 寫成 MCMXCIII，即 (1000) + (1000−100) + (100−10) + (1 + 1 + 1)=1993。這顯然是一種比較笨拙的，在運算上不大方便的記數法。

歸功於阿拉伯數學家花拉子密 (al-Khwārizmī？～ 805)，他的數學著作曾在歐洲廣泛流傳。我們知道代數學在歐洲原來不受重視，歐洲人真正研究代數學是從學習了阿拉伯人的數學著作以後才開始的。現今拉丁語系中的代數學 algebra 一詞就是由花拉子密一部著作的名稱轉變而來的。阿拉伯人在代數學方面有很好的成績，他們研究了許多代數方程的解法，包括一些三次和四次方程的解法。三角學在古印度和古希臘雖已萌發，但只是把它作為天文計算的一種工具，阿拉伯人則把三角學看作是數學的一個分支來研究，他們證明了許多三角學的基本公式，為三角學的建立與發展奠定了基礎。

天文學

　　阿拉伯人的天文學也是以學習古印度和古希臘人的天文學為開端，也曾有中國天文學家被邀請到那裡工作。阿拉伯人很重視天文觀測，在他們廣闊的疆土上建有許多國家的和私人的天文臺。他們的觀測結果主要反映在他們編製的許多天文表之中，如 1080 年編成的《托萊多天文表》在西方就曾有頗大的影響。十世紀的蘇菲 (al-Sūfī，930 ～ 986) 所編的《恆星圖像》是一部著名的星圖，在西方也很有影響（參閱圖 15）。阿拉伯人對宇宙理論也很有興趣。他們中的一些人對當時流行於西方的托勒密本輪—均輪模型提出了異議。如十一世紀的宰爾嘎里 (al-Zargālī, 1029

圖 15　蘇菲《恆星圖像》中的半人馬星座圖

自然科學概論

～ 1087) 取消了水星的本輪，把它的均輪改為橢圓形；稍早的著名學者比魯尼 (al-Bīrūnī 973 ～ 1048) 也曾提出過地球繞太陽旋轉的想法。不過阿拉伯人在宇宙模型的研究上未能取得進一步的成果。阿拉伯人不囿於成見的精神十分可取，他們的一些想法也給了後人以啓發。

物理學

阿拉伯人物理學方面的工作以對光學現象的研究最為突出，不少學者在幾何光學上做了許多工作。十～十一世紀間的伊本·海賽木 (ibn al-Haytham, 965 ～ 1039) 著有《光學》一書，這是古代物理學最重要的著作之一。他正確地認識到人之所以能看見物，是由於光線從該物進入人的眼睛所致，這就糾正了自歐幾里得以來在西方流行的錯誤觀點，那種觀點認為人們的眼睛發出一種類似觸鬚般的「視線」，視線與物相接觸才能看見物。伊本·海賽木確認了光線在發生折射時，光的入射線、折射線和入射點的法線在同一個平面上。他不同意托勒密所說折射角與入射角成正比的說法，不過他也沒有能找到正確的關係式。他還研究了球面鏡、拋物面鏡和球面像差的許多問題。《光學》一書問世後不久即傳入歐洲，成為其後相當一個時期內歐洲光學著作的藍本。

十二世紀的哈茲尼 (al-Hkāzinī, 1115 ～ 1130) 物理學方面的工作主要在力學方面。他研究過許多物質的比重，他認為阿基米德的浮力定律在空氣中同樣適用，他也知道空氣的密度與其離地面的高度有關，因而在不同高度稱量物體的重量有所差異。他據此提出，物體所含物質的量與它的重量固然有關但又不是一回事，這就在實際上把質量和重量這兩個概念區別開來，在物理學發展史上有重要的意義。

醫學

阿拉伯人也很重視醫學，他們廣泛地吸收了希臘、印度和中國的醫學知識，建立了有自己特色的醫學體系。古代阿拉伯出現了不少著名的醫學家和醫學著作。九～十一世紀間的拉齊 (al-Rāzi, 865 ～ 925) 據說有較大的醫學著作 130 種，還有較小的著作 128 種，不過大多已經佚失。他最重要的一部著作是內容豐富的百科全書式的《醫學大成》。這部著作很早就被譯成拉丁文在歐洲流傳。十～十一世紀間的伊

本·西那 (ibn-Sina, 歐洲人稱他爲阿維森納 Avicenna, 980 ~ 1037) 是一位十分博學的著名學者，據說他的著作也有 99 種之多。他的《醫典》是一部內容豐富的醫學巨著，也很快就流行於歐洲，在相當程度上取代了蓋倫和拉齊的著作的地位。阿拉伯學者對那時已長期流行於歐洲的蓋倫的學說提出了許多責難。如十三世紀的伊本·奈菲斯 (ibn al-Nafis, 1210 ~ 1288) 就認爲蓋倫所說的心臟隔膜上可以流通血液的小孔並不存在，血液是從右心室流向肺部再回到左心室的。這就在實際上提出了血液小循環（心肺循環）的意見。可惜他的見解當時沒有引起多少人的注意。

煉金術

西方的煉金術與中國人的煉丹術是一回事，只是西方人更看重「點石成金」，所以稱爲煉金術。煉金術在古希臘也曾流行，但在羅馬人的統治下則被禁止，不過它在阿拉伯人那裡又發展了起來。阿拉伯人的煉金術也是吸收了希臘和中國的煉金（丹）術之後才開始的，值得注意的是阿拉伯人很重視定量研究，並且有使它向實用化學發展的趨勢。阿拉伯的煉金術後來又傳入歐洲，成爲中世紀歐洲人煉金術知識的主要來源，對近代化學在歐洲產生有重要影響。

自然觀

我們已經看到，在具體學問上，阿拉伯人沒有成見，他們兼容並蓄，還有所發展。但在自然觀方面則由於爲伊斯蘭教義所束縛，一些與教義不盡相同的或稍爲新穎的思想都被統治者斥爲異端而遭禁止，所以阿拉伯人雖然善於學習和勇於創新，但在這方面卻沒有太多的建樹，未能取得多少系統性的成果。

古代阿拉伯人的崛起是驚人的，他們在歷史上的貢獻是獨特的和十分重要的。他們的業績值得後人贊揚，他們的經驗和教訓也值得後人學習和記取。

第六節　歐洲中世紀的科學技術

羅馬帝國於五世紀滅亡，自此以後至十五世紀間的歐洲，史學家稱爲歐洲的中世紀。這個時期是歐洲的封建制度自興起到衰落的時期。

歐洲中世紀科學技術的窒息狀態及其復甦

　　歐洲的中世紀大體上可以分為兩個階段。前五百多年自給自足的自然經濟占居主導地位，農業和手工業均以滿足地主莊園範圍內的需要為主，商品經濟很不發達，整個社會處於相當封閉的狀態。此時基督教會勢力強大，為首的羅馬教會不僅成了歐洲思想文化的最高統治者，而且也是各國政治上的主宰和封建領主的靠山。在這樣的情況下，歐洲的生產發展緩慢，科學技術也停滯不前，幾乎完全失去了生機。後來，農業生產逐漸有所發展，交換活動也慢慢活躍起來。十一世紀間，基督教會為了擴張自己的勢力，鼓動許多信徒組成十字軍向東地中海一帶發動遠征。東侵的行動進行了很多次，到十三世紀才告結束。這些掠奪性戰爭使參戰各方人民蒙受巨大的災難，但卻同時擴大了歐洲人商業活動的範圍，又使歐洲人瞭解並學會了許多東方先進的技術，更使歐洲人得以認識還保存在那一帶的古希臘文化。歐洲人從此眼界大開，一個封閉的歐洲轉化成為開放的歐洲。此時在歐洲逐漸形成了作為資產分子前身的市民階層，他們迫切需要一種能與封建體制和基督教會勢力相抗衡的思想文化，古希臘文化的旗幟就被他們高舉手中。十四～十五世紀在歐洲出現了標榜古希臘文化的文藝復興運動，十六世紀文藝復興運動達到了高潮，封建制度在歐洲的末日將要來臨，近代自然科學也將要在這裡誕生。

基督教會的思想統治和對它的反叛

　　東方的先進技術促進歐洲生產力的發展，主要保存在阿拉伯人那裡的古希臘學術文化開啓了歐洲人的思想。歐洲社會發生了急劇的變化。為了獲得新的知識，歐洲人曾掀起過學習阿拉伯語的熱潮，他們從阿拉伯人那裡學習古希臘的東西，也學習阿拉伯人的東西，其熱烈的狀況與當年阿拉伯人學習古希臘人的知識時相似，不過不是像他們那樣有組織地進行就是了。大約到了十三世紀，古希臘學術就已大體上為當時的歐洲人所知。這種形勢不能不引起教會的恐懼，他們不擇手段地採取高壓政策，殘酷地迫害「異端」。無可奈何之餘，他們又不得不接受和利用古希臘的一些東西，其中最主要的就是亞里士多德的學說。正如前述，亞里士多德雖不失為古希臘最偉大的學者之一，但是他的學說裡包含著許多謬誤，尤其是其中的「目的

論」和「靈魂說」正合基督教神學的說法。被扭曲了的亞里士多德的學說於是被教會奉為不可侵犯的聖物。教會至高無上，一切均以《聖經》為據，科學被貶為神學的奴婢，似乎已經完全喪失了生存和發展的餘地。

當時的環境是十分嚴峻的，但叛逆者還是不斷地出現，英國人 R. 培根 (Roger Bacon, 1219 ～ 1292) 就是其中出色的一員。培根曾在牛津大學就讀，後來又在巴黎大學從事教學和研究工作。他受到阿拉伯人著作的啓發，作過許多光學實驗，取得一些成果。他十分關心技術的進步，作過一些頗有意義的技術上的預言。他一反當時盛行的經院哲學的潮流，卓有見識地主張面向自然，研究自然，他還提倡運用實驗和數學的方法而不是純粹思辨的方法，認為只有這樣才能獲得自然界的真知。R. 培根的見解實為近代自然科學思想和方法的先聲。他的言行不可避免地使他受到教會的懲處。他先後被嚴格監視和投入牢獄共達 24 年之久，他的著作也被禁止流傳。

那些先行者所能做的事是有限的，但他們卻代表了新的思想和新的力量，歷史證明它們才是無敵的，不可戰勝的。

衝力學派的出現和對亞里士多德的抨擊

在此期間也有一些人從事過一些實驗活動，他們勇敢地向亞里士多德的思想方法和力學觀點發起衝擊。如有人指出，亞里士多德所說物體運動必須有外力的持續作用的說法是不對的，當外力撤除之後陀螺仍能繼續旋轉一段時間，這裡並沒有亞里士多德說的由於介質填補真空而造成的對物體的推力①。不過，此時人們還未能作更深入的研究，他們所能做的事只是動搖亞里士多德的力學的基礎。在一批人的努力下，在歐洲形成了持「衝力說」的一個學派。這個派別認為，只要給物體一個衝力，物體就能夠運動。物體運動的初始速度與衝力的大小成正比，並與其體積和密度有關。持衝力說的學者還把衝力的思想推廣到天上。他們認為只要上帝給天體

---

①亞里士多德在解釋被拋物體離開拋物者之後仍能運動一段時間時認爲：當被拋物體離開拋物者之後。因它衝開前面的介質而在後面造成真空，自然界是不允許真空存在的，其周圍的介質必定迅速填補這個真空，於是就產生一個推力使該物體繼續前進，直至這個推力被阻力耗盡爲止。

一個初始衝力，天體就能永遠運動下去，因為在那裡沒有阻力。值得注意的是，在這個學說裡上帝的力量雖然還是必須的，但只須要開始時那麼一下，以後就不必它來幫忙了。衝力學派的主要人物之一法國人奧勒姆 (Nicole Oresme, 1325～1382) 在研究運動時還有一項重要的創造，他以一條水平線的長度表示時間，線上每一點依序代表某一時刻，此點上的垂直線的長度代表該時刻物體運動的速度。他實際上是用直角坐標法畫出了時間——速度圖。這就在變量研究中引入了一種非常重要的數學方法。奧勒姆的這一發明對於解析幾何學的建立是重要的啓示。

科學在中世紀的歐洲似乎要完全被窒息了，但社會總是要前進的，科學也必定要擺脫任何桎梏而向前發展。中世紀歐洲的黑暗正預示著自然科學的黎明，近代自然科學就要以嶄新的面貌在這裡產生。

✻　　　　　✻　　　　　✻

本章所述，是自有史以來直至十五～十六世紀間人類關於自然界的知識的狀況，這段歷史也可以稱之為自然科學的前史。探討這段歷史有助於我們瞭解自然科學的由來，認識近代自然科學產生之前知識累積的過程以及思想和方法上的準備，明瞭世界各地區人民為此所作出的貢獻，鑒察古代各地區科學文化的興衰。

改造自然和認識自然都是人類的本性，是人類之所以成為人類的基本特徵之一。自人類存在那一天開始，人類就在改造自然的過程中認識自然，同時也在認識自然的過程中改造自然，人類就這樣一步一步地使自己遠離其他動物，走上獨立發展的道路。改造自然是為了保障自己的生存和謀求發展，其中最重要的是物質生產。物質生產是人類社會的基礎，人類社會的進步從根本上來說取決於物質生產的進步。物質生產的水準和深度又依賴於人類對自然界認識的水準和深度。認識自然有不同的層次，最早的時候人們只能有一些感性經驗，只知其然不知其所以然，後來才逐漸發展為理性知識，從知其然走向知其所以然。自然科學就是人類關於自然界的理性知識的體系。這個理性知識體系的建立經歷了漫長的過程，它的發展和完善永無止境。

自然科學知識既來源於改造自然的實踐，又不同於各種技能和技術。自然科學的知識體系既與哲學思考密切相關，又非哲學所能概括。不過在古代社會裡，人們關於自然界的知識還只是一方面反映在各種技術之中，一方面又融彙在哲學思維裡

面，這是古人關於自然界知識的主要形態，是自然科學還未成形時的表現，只有少數領域稍有例外。經過相當時期的累積和演化，關於自然界的知識才從技術和哲學中分化出來，成為獨立的知識體系，即自然科學，那是十六～十七世紀以後的事了。

自然科學知識作為理性思維的成果，它是腦力勞動的結晶，是人類精神的產物。人們的實踐經驗只有經過頭腦的加工，使之深化和系統化，才能上升為理性知識，才能發揮它作為知識的效用。我們看到，自從進入奴隸制社會，社會生產有了剩餘，出現了以腦力勞動為主的社會階層以後，人類關於自然界的知識有了多麼大的進步。因為只有到了這個時候，人們才能有更多的時間和精力從事腦力勞動，獲取精神產品。關於自然界的理性知識既來自社會實踐，又產生於理性的追求。許多時候它是為了實用上的需要，但也有時是為了理性上的滿足，正如人們追逐哲學上的真理那樣，不一定是想著解決哪一些具體問題，但它卻有更為廣泛、更為深刻的意義。關於自然界的理性知識一旦形成，就將按照自己的規律向前發展，一往無前。

既然認識自然和改造自然是人類的本性，是人類賴以生存和發展的基本條件，生活在地球上各個地區的人們都無不為構築科學知識的大廈作出自己的貢獻。那種認為科學知識起源於某一地區然後向外擴散，其他地區都只是受惠者的說法毫無事實根據。當然，各個地區發展的不平衡是必然的，一個時期某個地區在某些方面領先，另一個時期另一個地區在某些方面又居於前茅，這是普遍的歷史現象。相互交流，共同進步，是任何一種文化興旺發達的必然途逕。從歷史上看，善於取他人之長，補自己之短者興，閉守自負，故步自封者衰的事例屢見不鮮。古代如此，現代亦莫不如此。

科學知識是社會前進的動力之一，然而它的發展又不可避免要受到社會的制約。我們看到，在一些社會條件下它生機勃勃，有如繁花盛開，在另外一些社會環境裡，它又黯然失色，簡直遍地凋零。不過，不管遇到什麼樣的阻力甚至是摧殘，社會生產總是要發展，技術總是要進步，人們追求真理的本性也不會消失，因此，它的生命力永存，它作為推動社會前進的動力的本質也永遠不會改變。

古代已經遠離我們而去，我們不必發思古之情，我們所應當注意的是一些歷史

自然科學概論

現象在古代那裡往往會表現的最為直接，最為明顯，古人的成敗得失也比較容易判斷，以史為鑒，可以溫故而知新。

複習思考題

1. 試就原始社會的情況説明那時改造自然和認識自然是同一過程的兩個方面。

2. 試述早期知識分子階層的出現對人類認識自然進程所產生的影響。

3. 簡述畢達戈拉派和原子論派自然哲學的基本觀點。

4. 簡述古希臘數學和天文學的成就。

5. 簡述中國古代技術的主要成就。

6. 簡述中國古代科學技術發展的進程以及中國科學技術在世界上的地位的變化。

7. 試比較中國古代科學與古希臘科學的異同。

8. 試述你對中國在明代中期以後科學技術落後於世界先進水準的原因。

9. 簡述古代阿拉伯人在世界科學技術史上的特殊貢獻。

10. 試以歐洲中世紀的情況説明科學技術的發展不以人們的主觀意志爲轉移。

第 2 章

近代自然科學的誕生

　　近代自然科學一般指的是十六～十九世紀這一時期的自然科學，它大約有四百年的歷史，這是自然科學逐漸成長和成熟的時期。如果說在此之前自然科學還沒有成形，不過是棵小小的幼芽，那麼這個時期它已經長成為一顆枝葉茂密的樹，而且結出果實纍纍。也可以說，現代意義的自然科學是從這個時代才真正邁開自己的步伐的。

　　近代自然科學一方面繼承了古代人們關於自然界的知識及其思維方式的遺產，一方面又突破了前人的局限，在研究內容和研究方法上展現了新的飛躍。

　　我們已經看到，在研究目標和內容上，古代人們對自然界的考察探究是與技術的改進或哲學的思考交織在一起的，人們關於自然界的知識大多直接反映在技術之中，或者完全融合在哲學裡面，人們所追求的是技術上的進步，或者是自然界的本源和支配自然現象的普遍動因這樣一些哲學上的認識。在古代後期，自然科學除少數門類發展得比較成形之外，就整體而言還沒有成為獨立的知識體系。近代自然科學與古代的自然科學知識不同，它以考察自然事物的具體性質和具體規律為己任，並不刻意追求其在技術上的直接應用，也不只是純粹哲理上的探討，因此它不同於技術的改進，也有別於哲學的思索。雖然近代自然科學的發展與技術進步和哲學探索的關係至為密切，但它終究已經從技術和哲學中分化出來，成了獨立的知識體系，並且依照自己的規律向前發展。

　　古代人研究自然現象的方法，無非是一方面依賴於技術上的經驗總結，一方面以哲理思辨和邏輯推理為途徑。雖然人們也對一些自然現象作直觀的觀察，也對一些自然現象作過數理的思考，但實驗方法和數學方法的運用都尚處

於萌芽狀態之中。近代自然科學與此大不相同，溝通客觀自然界與人們主觀認識所依靠的主要是實驗手段。人們著意把自然過程置於人為控製的條件下加以分析研究，力求弄清楚其中各因素間的密切的關係，從而得到正確無誤的知識，一切結論也都只有通過實驗的檢驗才為人們所信服，才能得到社會的承認。近代自然科學並且不以對自然現象的定性描述為滿足，它還充分運用數學的方法，力求弄清楚自然現象中各因素間的量的關係，以達到準確地把握它的規律。在一定意義上可以說，有了科學的實驗方法和數學方法，人類關於自然界的知識才真正成為科學。科學的實驗方法和數學方法是近代自然科學之所以成為科學的主要依據和它的基本特徵。當然，近代科學研究還有其他多種方法，例如邏輯推理、類比、模擬等等，但其結果還得經過實驗的檢驗，最終目標還是要得出數學的表達。

近代自然科學的出現是人類社會發展的必然結果，是人類關於自然界知識的累積和深化的合乎邏輯的產物，也是人類思維能力向前邁進了一大步的表現。

近代自然科學不是從古代科學知識中平平靜靜地形成的，近代自然科學的誕生是一場悲壯而複雜的演變。

第一節　近代自然科學誕生的歷史背景

我們在前章說過，古代世界各地區的人民都以各自的方式研究自然，都得到了許多關於自然界的知識，但是自然科學只是到了十五世紀之後才誕生於歐洲的土地之上，這不是歷史的偶然，而是有多方面原因的。自然科學形成為獨立的知識體系需要有各方面的條件，只有那個時候的歐洲這些條件才完全具備。

手工工場與近代自然科學

隨著歐洲中世紀後期社會經濟日漸活躍，自十四世紀始，最早在意大利濱臨地中海的一些城市裡出現了各式各樣的手工工場。這是一種資本主義性質的

生產組織。與以往的生產作法不同，它把勞動者集中在同一地點，採取分工協作的形式，生產同種類的產品。這種生產組織把勞動過程分解為一些比較簡單的，可以使用專門生產工具的工序，這就為改進技術和使用機器開闢了道路，使生產力得以大幅度地提高。

　　十五世紀以後，歐洲的紡織業、冶金業、採礦業和機具製造業都先後部分地採用了機器。出現了新式紡車、新型鼓風機、礦石提升機、礦石粉碎機等等許多前所未有的機具。這些機具的動力除了使用人力和畜力外，更多是使用水力和風力。無論是機具的設計製造還是動力的有效利用，都涉及到許多有關自然現象和自然規律的知識的問題，首先是力學方面的問題。生產力發展的勢頭和激烈的市場競爭催促著人們對這些問題加以研究。如力的作用方式、作用效果、動力的傳動機制和合理的傳動結構、減少摩擦力以提高工作效率等等都成了人們急待解決的課題。此外，透鏡製造業的興起，漂染和造紙業的發展也促進了光學和化學的研究。

航海探險與近代自然科學

　　十五世紀以前，歐洲人與東方各國（主要是與印度和中國）的貿易往來一向都是通過經由地中海、小亞細亞和波斯灣等幾條陸路和海路進行的。後來，由於土耳其奧斯曼帝國的阻隔，傳統貿易通道被切斷了。這就迫使正在發展商品生產並渴求從東方得到財富的歐洲各國王室、新老貴族和商人競相尋找通往印度和中國的新航路。從十五世紀初開始，葡萄牙和西班牙王室就分別派人沿著由非洲西岸向南或者由地中海向西這兩個方向去探求前往東方的新航路。經過近一個世紀的努力，葡萄牙人達・伽馬 (Vasco da Gama, 1460? ~ 1524) 於 1497 年首先發現了通往印度的新航路。這條航路是自葡萄牙出發，沿非洲西海岸向南，繞過好望角，進入印度洋，一直向東到達印度西部的港口。出於大地為球形的猜測，人們提出了向西穿越大西洋前往印度的想法。 1492 年，意大利人哥倫布(Christopher Columbus,1446?~1506)受西班牙王室之命自地中海出發穿越大西洋，到達了中美洲東岸的島嶼，哥倫布以為那裡就是印度的土地。後來他的同胞亞美利哥・韋斯普奇 (Amerigo Vespucci, 1451? ~ 1512) 才

弄明白，與這些島嶼鄰近的陸地不是印度，而是歐洲人前所未知的「新大陸」。這一大陸後來便以他的名字命名為亞美利加洲。 1519 年葡萄牙人麥哲倫 (Fernão de Magalhães, 1480 ～ 1521) 在西班牙王室的支持下試探作環球航行。經歷了三年的艱難險阻，他的船隊終於回到了出發的港口，完成了航海史上的創舉。麥哲倫本人則於半途死在菲律賓島上。環球航行的成功是科學史上的一件大事，因為過去大地為球形的概念始終不過是一種推測，即使是很合理的推測，卻仍舊是思維中的產物，只是到了這個時候人們才以自己的實踐證實了大地的確是一個球體。

航海探險活動對近代自然科學的起步產生了重要的影響

1. 許多國家競相發展遠洋航行事業，就都需要建造堅固耐用又有較大載重量的適於遠洋航行的船舶，需要裝備精良的艦炮和其他兵器以保證安全甚而稱霸，這就推動了歐洲造船業、兵器製造業和其他相關工業的發展，而且向人們提出了大量急需研究和解決的課題。如為了按一定尺寸放大船舶，就需要相應的數學知識；要弄清楚造船材料的承受能力，就得有材料力學方面的知識；在茫茫的大洋上航行要準確確定船隻的方位，就需要有較好的羅盤以及星圖和星表，需要有較為精確的海圖和地圖；艦炮和其他兵器的製造和改進涉及到冶金、機械加工等多方面的技術，要提高遠程火炮的命中率還得研究彈道問題等等。這些方面的知識在競爭中都大大地向前發展了。

2. 大規模遠洋航行活動使歐洲人的目光從比較狹小的地域迅速擴展到整個地球，中世紀那種封閉狀態永遠不復存在了，歐洲人從此邁向整個世界，並且一發不可收，這在歐洲人的行為和意識形態上所產生的影響都是十巨大的。遠洋探險活動更使歐洲人得知許許多多他們過去見所未見，甚至是聞所未聞的自然現象，觸發了隨後長達幾個世紀的科學探險、科學旅行和科學考察活動，直接推動了近代地理學、地質學、氣象學、生物學等各學科的發展。

3. 由遠洋航海而開拓的殖民地以及與各國的貿易活動給歐洲社會帶來了巨大的財富。這些財富大都是靠榨取和掠奪得來的。然而，社會財富的增加有利於發展文化教育事業，為更多的人從事科學研究工作創造了有利的條件。

文藝復興與近代自然科學

如果我們把手工工場的興起和航海探險高潮看作是近代自然科學誕生的土壤，那麼這時在歐洲爆發的文藝復興① 運動便是為近代自然科學提供了不可缺少的空氣和陽光。

以振興思想文化為主要內容的文藝復興運動到十四～十六世紀達到了高潮。那時資本主義生產關係正在封建社會內部形成並迅速發展壯大，反映新興資產階級利益的知識分子為了擺脫封建制度及其意識形態的束縛，以復興古希臘文化為口號，向封建勢力和它的代表基督教會發起了猛烈的攻擊。他們宣揚個性解放，提倡尊重人、愛人，肯定人的價值等的人文主義思想，公開反叛封建勢力和基督教會的思想統治。這場轟轟烈烈的運動是歷史上的重大事件，它對世界歷史進程有深遠的影響，其要義之一便是它為近代自然科學的誕生從思想上掃除了障礙，打開了通道。

1. 文藝復興運動沉重地打擊了基督教會的權威，動搖了它的思想統治，解放了人們的思想，使科學得以擺脫只能作為神學奴婢的地位，給自然科學的發展創造了較為自由的意識形態環境，為它爭得了獨立發展的權利。

2. 文藝復興運動使古希臘豐富多彩的思想文化得以繼承和發揚，尤其是古希臘的理性主義給近代自然科學提供了十分有益的營養。畢達戈拉派重視數和數的和諧與美，原子論派的思想和方法，亞里士多德的演繹邏輯，歐幾里得的幾何方法，阿基米德的實驗方法等等，都成了近代自然科學思想和方法的起點。

3. 文藝復興運動造就了一批偉大的人物。那個時期湧現的文學家、藝術家和思想家中的一些人同時也在自然科學和工程技術方面作出了傑出的貢獻。如意大利著名畫家、思想家達‧芬奇 (Leonardo da Vinci, 1452 ～ 1519) 就是這樣的人物。他從事過人體解剖，發現了心臟瓣膜的作用，認真地觀察過人體中

----

①「文藝復興」的名稱源自意大利語 rinascenza，其原意是「復興」或「再生」，並非專指「文學藝術」的「復興」。

的血管分布；他研究過眼球的結構和視覺的道理；他考察過海浪和水流的運動狀況；他獨立地提出了液體壓力的概念；他還參加過一些軍事工程和城市建築的設計；他又構思過許多很巧妙的機械並繪出許多草圖等等。這樣一批富有創造性的人物，正是近代自然科學的早期開拓者。

從上面的簡要敘述中可以看到，近代自然科學之所以誕生在歐洲而不是誕生在東方文明古國，是有其深刻的社會原因和歷史原因的。自然科學是植根於社會環境中的機體，社會的經濟、政治、和思想文化狀況決定著科學的生存和發展。只有在那時的歐洲才具備近代自然科學產生和發展的充分條件。

第二節　哥白尼的學說及其歷史意義

我們已經知道，在古代世界裡發展最為系統的自然科學門類是天文學，近代自然科學正是從這裡突破而邁開自己的步伐的。十六世紀中期，哥白尼 (Nickolaus Copernicus, 1473 ～ 1543) 提出了日心地動說，這是自然科學擺脫舊的思想框架，特別是擺脫神學桎梏的里程碑。

日心地動說的產生

哥白尼是波蘭天文學家，他青年時代曾在意大利求學，在那裡深受文藝復興運動思潮的薰陶。那個時候流行歐洲的仍然是亞里士多德─托勒密的地球中心說。地球中心說的產生自有它的歷史理由。人類本來就生活在地球之上，從來就是在地球上觀察宇宙，把地球想像成為宇宙的中心是早期的直觀的必然。但是此說正與《聖經》所謂上帝創造人和為人創造了大地和宇宙之說相合，因此就被基督教會視為不可動搖的「真理」。另一方面，由於托勒密的宇宙模型與實測比較符合，它曾經為多數人所信服，因此也加強了它的「真理」的地位。不過經歷了一千多年之後，雖然作過一系列的修補，托勒密模型與實測的差距已越來越大。我們知道，阿拉伯人曾對這個模型有所抨擊，提出過異議，但還沒有動搖它的地位。在思想解放的浪潮中，哥白尼終於實現了突破。哥白尼是畢達戈拉派的數的簡單、和諧與完美原則的信奉者，他認為重疊著許許多

多本輪和均輪的托勒密模型已經與那些原則相悖，再增加一些均輪的修修補補的辦法更是背道而馳，必須另闢途逕才有出路。他設想，如果讓太陽居於宇宙的中心，把地球看作是一顆普通的行星，與其它行星一起圍繞太陽運轉，整個宇宙的秩序就能變得簡單、和諧與合理。基於這樣的想法，哥白尼經過 30 年的努力終於提出了他的日心地動說。 1543 年他的《天體運行論》一書出版，但是此時他已奄奄一息，處於彌留之際了。隨後的軒然大波他沒有能看到，也不一定是他所能料及的。

日心地動說的內容

　　哥白尼學說的核心是「日心」和「地動」。他認為，太陽處於宇宙的中心①，它是不動的。地球每天自轉一周，它同時與其它行星一起圍繞太陽公轉，地球公轉一周的時間就是一年。他說，在地面上看到的天體圍繞地球旋轉的現象（如太陽和星辰的東升西落），其實是地球自轉的表現；在地球上看到所有恆星都有為期一年的視運動，其實是地球公轉的結果，恆星本來是不動的。哥白尼為瞭解釋天體的視運動，他提出了相對運動的概念。他說，我們在地球上觀察天體的運動，有如我們在航行於河流中的船舶裡觀察岸上的景物，我們看到岸上的房屋和樹木都在後退，而緩慢行駛的馬車彷彿是靜止的不動的。我們在地球上觀察所有天體的運動狀況都受到地球自身運動（包括地球的自轉和公轉）的影響，都是「視運動」而並非該天體運動的真實情況。

　　從相對運動的觀點出發，哥白尼用心地說明了行星的順行、留和逆行現象，他指出那是地球繞太陽運動和行星繞太陽運動這兩種運動複合的結果。正如我們在一艘航速較快的船上觀察另一艘在我們前面的航速較慢的船隻，當我們還沒有追上那艘船時我們看到它與我們向同一方向運動（順行）；當我們追上它與它並行的一小段時間裡，它好像靜止不動（留）；當我們超過它以後又

---

①其實，哥白尼所說的「宇宙中心」只不過是太陽系的中心。在他的模型裡太陽也並非準確地位於他
　所說的「宇宙」的中心，而是位於稍爲偏離「宇宙」中心的位置上。因爲人們早已知道太陽與地球
　的距離是有變化的，如果把太陽置於「宇宙」的正中心便與實際不相符合。

看到它遠離我們而去（逆行）。如果我們把地球當作我們的航船，把行星看作是另一條航船，行星視運動的複雜狀況就十分清楚了。哥白尼這樣就成功地解決了長期困擾天文學家的大難題。

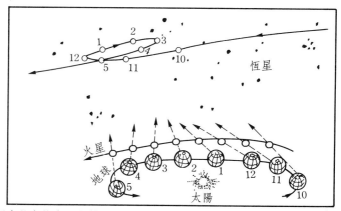

圖中數字均表示月份。1 和 2 爲逆行，3 和 12 爲留，其餘爲順行。

圖 16　火星視運動示意圖

根據他的想法，哥白尼重新安排了太陽系中各行星的位置。他依照那時知道的水星、金星、地球、火星、木星和土星公轉週期的長短依序排列在離太陽遠近不等的圓形軌道上。他認為離太陽最遠的行星是土星，它的公轉週期是30 年（今測約 29.46 年）；其餘由遠及近依序是：木星，公轉週期是 12 年（今測約 11.86 年）；火星，公轉週期是 2 年（今測約 1.88 年）；地球，它的公轉週期就是 1 年，月球是地球的衛星，它圍繞地球旋轉並與地球一起圍繞太陽旋轉；金星，公轉週期是 7.5 月（今測約 225 日）；水星，公轉週期是 80天（與今測值大約相符）。他說在所有行星之外則是恆星天球，所有恆星都附著在這個天球上面，它是永遠靜止不動的。其實，在太陽系裡還有許多行星，現在已知的是土星之外尚有天王星、海王星、冥王星等，它們的公轉週期分別是 84.01 年、146.79 年和 247.69 年；火星與木星之間還有為數眾多的小星球。不過這些星球當時還未為人所知。此外，恆星也不是靜止不動的，只是它們十分遙遠，我們不易覺察罷了，他所說的那個「恆星天球」事實上也並不存在；再有，他所說的「宇宙」，其實不過是太陽系，並不是整個宇宙。

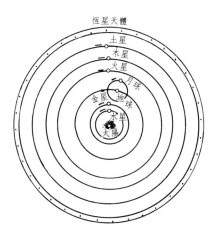

恆星天體
土星
木星
火星
月球
金星　地球
水星
太陽

圖 17　哥白尼宇宙模型示意圖

哥白尼學說的反響

《天體運行論》發表之後沒有立即引多大的反響，其原因是多方面的。

哥白尼的日心地動說與基督教會所奉為真理的地心地靜觀點直接對立，似乎會立即受到教會的責難。不過，哥白尼模型是作為托勒密模型的對立面出現的，托勒密模型基本上是一個數學模型，是為編製星表和計算歷法而存在和發展起來的。哥白尼模型走的也是這條路子。既然這個模型主要是一種人為的實用的數學設計，還沒有充分證據表明它是真實的物理模型，這就似乎並未觸及教義的問題。哥白尼本人是一位神父，他自己寫的前言即表明以此書獻給教皇保羅二世這一位較為開明的教主，這也使他的學說得以暫時避開教會鷹犬們的耳目。

其次，當時的天文學家儘管可以承認哥白尼模型比托勒密模型簡潔和合理，更符合傳統的數理原則，但是這個模型把計算天體運行的參考點置於太陽之上，而人們卻只能在地球上觀測，這就給計算帶來了許多不便，至少是人們不大能適應。所以那時的天文學家並非都樂意接收。

哥白尼學說與教會的矛盾的尖銳化是在有人把日心地動模型看作是真實的物理圖景以後才開始的。事情的發展經歷了一個過程。

雖然哥白尼以相對運動的觀點解釋了地動的道理，但在當時尚欠充分的說服力。其實，早在托勒密的年代人們已經思考過地動的可能，但是被否定了。在托勒密的著作裡即對此提出過指責。例如他說，若是地球在轉動，地面上的物體為什麼不會被拋到空中去呢？從地面向上垂直拋擲的物體為什麼還是落到原地而不是落到偏西的位置上？如此等等。這些問題在托勒密那個時代沒有人能夠回答。到了哥白尼這個時代，人們也還是回答不了。哥白尼強調他的模型的數學性質，也就有意無意地把問題避開了。解答這些問題從而使地動說成為完全的物理真實並與基督教會發生嚴重衝突的是伽利略 (Galileo Galilei, 1564～1642)，那是《天體運行論》問世大半個世紀以後的事。到了 1616 年，哥白尼學說才成了「異端邪說」而被禁止傳播。

哥白尼學說的歷史意義和它的局限性

日心地動說一旦被認為是宇宙結構的真實的描述，它便立即受到基督教會的堅決反對，因為那毫無疑問是對上帝的「褻瀆」。已經流行了一千多年的亞里士多德—托勒密地心說竟然被認為是不正確的，這也是對人們深信不疑的權威思想的嚴重挑戰。這不僅使教會受到沉重的打擊，給予人們思想上的震撼也是巨大的。它明白白地告訴所有人們：《聖經》並沒有囊括所有知識，它所說的並非都屬真實，教會的權威性是值得懷疑的，曾被人們認為是顛撲不破的真理其實可能是謬誤。

文藝復興運動的浪潮只是為科學的崛起掃除了障礙，科學還得自己衝出牢籠，歷史的發展正是如此。

當然，哥白尼的學說決非完美無缺。哥白尼把太陽看作是宇宙的中心，其實它只不過是太陽系的中心。他把所有恆星看作是固定在一個有確定大小的天球之上的，這也是沿用前人的不正確的說法。在科學思想和科學方法上哥白尼仍然囿於天體必作圓形勻速運動的舊觀念之中，並沒有創新。在他的模型裡也還沿用本輪、均輪那一套陳舊的辦法。他的時代局限性十分明顯。

歷史走到了這一步，近代自然科學從一場革命中誕生的形勢已日漸成熟。但是，要真正掀起這場風暴非哥白尼力所能及，還須待後人的努力。不過，發

其端的還是哥白尼。

第三節　血液循環的發現及其歷史意義

與人們的宇宙觀發生革命性變革的同時，在解剖學和生理學領域裡也出現了類似的變革。

上文已經說過，對人體生理這個關於人自身的問題古人已多所研究，在西方影響最大的是蓋倫的三靈氣說。這一學說流傳到中世紀，其命運與亞里士多德—托勒密地心說相似。基督教會把三靈氣與所謂的「天堂、人間、地獄」和「聖父、聖子、聖靈」的教義相附會，蓋倫的學說被披上了神學的外衣，同時也成為科學發展的障礙。到了十六世紀，在文藝復興思潮的推動下，從羅馬時代就被禁止的人體解剖工作得以恢復，似乎是不可動搖的蓋倫的學說也就岌岌可危了。

維薩里的工作

維薩里 (Andreas Vesalius, 1514 ～ 1564) 是比利時的一位醫生。還在求學時期他就勤於動腦和動手，除了經常解剖一些小動物外，他還利用一切機會觀察人體的構造，包括到墳地去考察裸露的人體屍骨，終於成為一位精通人體骨學的專家。從巴黎大學畢業後，他執教於著名的意大利帕多瓦大學，那正是文藝復興運動席捲意大利的年代。他一反過去的傳統，不迷信權威和書本，注重實際解剖所見，常常親自操刀解剖，進行現場教學，他的作為一時轟動了歐洲學界。在多年解剖研究的基礎上，他寫成了《人體的構造》一書，正好與哥白尼的《天體運行論》同在 1543 年出版。

《人體的構造》是西方醫學和生理學的經典著作。書中除了系統地描述人體各部分的構造外，還附有人體解剖的方法、步驟和器械圖。作為一部科學解剖學教材，這部書在歐洲流行達數百年之久。維薩里雖然還有一些陳舊的說法，如他認為呼吸的作用是使血液變冷等等，但他的解剖學研究給了蓋倫學說以沉重的一擊。他明確和尖銳地指出了蓋倫在人體解剖方面的許多錯誤，他特

別指出在心臟左右心室的膈膜上根本沒有可以流通血液的孔道，這無疑是對蓋倫學說的否定。他還根據解剖事實證實男人和女人肋骨的數目一樣多，人體中並不存在永不毀壞的「復活骨」，這就以事實駁斥了所謂上帝用男人的肋骨造出女人和「復活骨」可以使死者復生這一類說教，這也是對教會的沉重打擊。

血液小循環的發現

在維薩里發表他的著作十年之後，即 1553 年，曾與他同學的西班牙醫生塞爾維特 (Michael Servetus, 1511 ～ 1553) 發現了人體的血液小循環。他說，人體的動脈和靜脈不是通過左右心室間的膈膜溝通的，靜脈血是從右心室流向肺部然後再流進左心室的。靜脈血在肺部裡與空氣相遇，為空氣中的「靈氣」所淨化，其中的「煙氣」被清除後，它就變成了鮮亮的動脈血。我們知道，阿拉伯人也有過類似的說法，但不曾為人們所注意，也沒有他說得這麼清楚。塞爾維特更指出，事實上只存在一種「靈氣」，就是空氣中的靈氣，三種靈氣共存的說法沒有根據。塞爾維特雖然還有靈氣、煙氣這類含混的用語和說法，但是他的「靈氣」是存在於空氣之中的。塞爾維特向真理邁出了一大步。

到了十六世紀的後半期，人們繼續發現許多事實，進一步揭露出血液在人體中流動的真實情況。 1559 年 R. 哥倫布 (Realdus Columbus, 1516 ～ 1559) 通過解剖實驗再次證實左右心室之間的膈膜與心臟其他部分一樣緻密，絕對不可能使左右心室之間的血液溝通。 1574 年法布里齊烏斯 (Hidanus Fabricus, 1560 ～ 1634) 發現，人的靜脈血管中有一種小而薄的瓣膜，它只允許靜脈血向一個方向流動而不允許它向相反方向流動。這就更進一步否定了蓋倫所說的血液像潮汐般在血管中往復流動的觀點，為血液循環學說的建立奠定了基礎。

血液循環學說的確立及其歷史意義

在前人發現的基礎之上，英國醫生哈維 (William Harvey, 1578 ～ 1657) 又發現了人體血液大循環，從而建立了完整的人體血液循環學說。哈維於 1597 ～ 1602 年間在意大利帕多瓦大學攻讀博士學位，從他的老師法布里齊烏斯那裡知道了靜脈血管中的瓣膜的發現，又受到正在那裡執教的伽利略的不崇

尚書本而以自然為師的教誨的影響。他考察了大量冷血動物的心臟活動和胎兒
的血液流動狀況。經過計算，他發現人體在半小時內由心臟流出的血量約等於
全身血液的總量。於是哈維想到，血液在人體中必定是沿著封閉路線運行的，
蓋倫所說的往復式流動絕無可能。
1628 年他寫成《論心臟與血液的運動》
一文，全面闡述了他的觀點。他認為血
液在人體中是沿著這樣的路線循環運動
的：動脈自左心室流出，沿動脈血管流
向全身，動脈血管的末端必定有一些看
不見的細微通道與靜脈血管的末端相
通，動脈血從那裡進入靜脈血管並且轉
變為靜脈血，然後經過靜脈流向右心
房，再進入右心室，在右心室的推動下
靜脈血經肺動脈流入肺部，在那裡受到
空氣的作用變成了動脈血，再由肺靜脈
流入左心房並從那裡進入左心室。他
說，心臟在血液循環中處於中心的地
位，它是血液循環的動力。

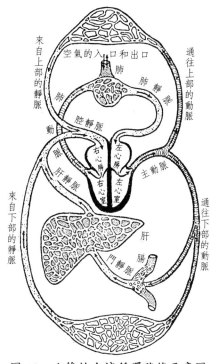

圖 18　哈維的血液循環路線示意圖

　　哈維的成就為科學的生理學奠定了
基礎，被後人譽為「近代生理學之父」。他的學說徹底地推翻了在歐洲流行了
一千多年的蓋倫的人體生理模型，又是對基督教會的神學囈語的無情批判。它
再一次向人們證明權威不可懼，科學再也不是神學的奴婢，它要依照自己的規
律向前飛奔了。

第四節　伽利略為近代自然科學開闢道路

　　當近代自然科學衝破教會和傳統觀念的羅網而獨立發展的時候，它不僅需
要有創造性的成果為自己開闢道路，而且需要有新的思想和方法來武裝自己。

伽利略正是在這些方面都作出巨大貢獻的人。

伽利略在天文學上的貢獻

十七世紀初，當哥白尼學說還剛剛在一部分學者中傳播開來的時候，伽利略就製造了一個望遠鏡並把它指向天空。他看到了月球表面高低不平，有如地面上的山和谷。他發現太陽上有一些黑點（黑子），表明天體並非前人所說那樣完美無缺①。他觀察到金星有盈虧的現象，就像月亮圓缺變化那樣，這只有依照哥白尼的宇宙模型才能解釋。他注意到木星有四顆衛星圍繞著它旋轉，證明了宇宙絕不是只有一個中心，過去人們把地球說成是宇宙唯一的中心毫無根據。他證實了天空中的銀河是由為數極多的恆星組成的②，這就說明這些恆星離我們極遠，以至於我們的眼睛不能把它們分辨開來。因此伽利略認為，因看不到恆星視差而否定哥白尼學說是沒有道理的。③伽利略的這一系列發現大大打開了人們的眼界，啓發了人們的思維。

1632年伽利略出版了《關於托勒密和哥白尼兩大世界體系的對話》一書。這部書不用當時歐洲學術界通用的拉丁文，而用一般市民能夠讀懂的意大利文書寫，文筆優美，論據充分，通俗易明，深受廣大讀者歡迎。伽利略經過深思熟慮，在這部著作裡闡明他的發現，運用運動的相對性原理，逐一駁斥了一些人對日心地動說的指責，有很強的說服力。這部著作在傳播哥白尼學說上起了非常重要的作用。事實上，哥白尼的日心地動說廣為人知在很大程度上是伽利略的功勞。

哥白尼的日心地動模型原先曾被申明只是一個數學模型，如今伽利略以無

---

①亞里士多德認為由「以太」構成的天體是完美無缺的。後來基督教會更稱天體是天使們的住所，那裡是絕對純潔的。

②古希臘人早就有這樣的猜測。現代天文學證明銀河系中的恆星數量達一千億顆之多。

③由於地球圍繞著太陽旋轉，當地球在它的軌道上不同位置時，在地球上觀察同一顆恆星在天球上的位置有所不同，這就是恆星視差。因為恆星離地球極遠，所以恆星視差的數值極小。那時一些天文學家觀察不到恆星視差而對哥白尼的學說有所非難。

可辯駁的事實說明這個模型是真實的物理模型，這就不僅沉重地打擊了舊的宇宙觀，更使哥白尼學說與基督教會處於異常尖銳的對立地位。

伽利略在物理學上的貢獻

在物理學方面，伽利略的主要貢獻在於他創立了相對性原理，發現了落體定律和拋物運動規律，提出了慣性運動的思想，他對擺動的研究也很有意義。這些工作為經典力學的建立奠定了基礎。

伽利略的物理學研究大多是圍繞地動說而展開的。他經過認真的觀察後指出：在一艘等速直行的船內，從艙頂落下的水滴不會因船的前駛而落到後方，它仍然落到與艙頂該點垂直相對的位置上；船艙內順航向飛行的蒼蠅與逆航向飛行的蒼蠅看起來沒有兩樣，它們飛得一樣遠；人若在船上跳遠，順航向與逆航向跳同樣遠時同樣費力。他認為這些現象都說明，等速運動系統內的力學現象與靜止系統內的力學現象並無區別。這就是伽利略的相對性原理。它表明我們考察地球上的物體運動時，可以把地球近似地看作是等速運動系統。根據相對性原理，在運動著的地球上所觀察到的力學現象與假定地球靜止不動時的情況完全一樣。這也就是說，自托勒密以來對地動說的非議並不足以否定地動的事實。

過去人們在思考力學問題時大多都不能超脫出亞里士多德的窠臼。伽利略為了糾正前人的錯誤，當然不能不觸及亞里士多德的學說。

我們說過，亞里士多德認為，物體從高處自由下落時重物下落的速度快而輕物的下落速度慢。在伽利略之前已經有人注意到，兩個重量懸殊的鐵球從同一高處下落時，似乎是同時到達地面的。伽利略經過深入的思考，以充分理由徹底地否定了那個流行了一千多年的，很容易使人相信，而實際上是錯誤的亞里士多德的說法。他的論證如下：設有 A、B 兩物，A 物比 B 物重。依亞里士多德的觀點，A 物自由下落的速度比 B 物快。如果我們把 A、B 兩物綑綁在一起，那麼這個結合體的自由下落將會是怎樣的情形？若仍按照亞里士多德的觀點，就可以得到兩種截然相反而結論：(1) A、B 兩物的結合體比 A 物和 B 物都重，所以它下落的速度比 A 物和 B 物單獨下落都快。(2)由於 B 物比 A

物的下落速度慢，因 B 物的拖滯，A、B 結合體的下落速度應當比 A 物單獨下落慢而比 B 物單獨下落快。這兩個結論在邏輯推理上都正確無誤，但相互矛盾。這只能說明推理的前提是不正確的。也就是說，不同重量的物體從同高處自由下落時，它們的速度應當是相同的。這樣，伽利略便以亞里士多德所倡導的邏輯推理方法最終擊敗了亞里士多德關於自由落體的錯誤觀點，使他一敗塗地。

為了找出物體自由下落時速度變化的規律，伽利略於 1604～1609 年間進行了一系列實驗。物體自由下落的速度太快，數據難於測量，他便以物體在斜面上的運動來代替。他把一個磨得盡可能光滑的青銅小球放在一個光滑平直的斜面之上，讓小球自由滾落，測量小球在每單位時間內滾過的距離，尋求它們之間的關係。伽利略最後得出：物體從靜止開始的自由滾落是一種等加速運動，它的速度 v 和運動所經歷的時間 t 成正比，即 v=gt，這裡 g 是一個常數。物體下落的距離 s 則與所經歷的時間的平方成正比，即 s=(gt^2)。伽利略把這個結論推廣到自由落體，認為自由落體也必定遵循這一規律，這就是現在大家所熟知的自由落體定律。根據這個定律，在忽略空氣阻力的情況下，從同一高度自由下落的物體應當同時落到地面，即物體的自由下落速度與它的重量無關。這就又以實驗事實為據批駁了亞里士多德的錯誤。

在研究小球滾落斜面的實驗過程中，伽利略還提出了物體慣性運動這一重要思想。實驗證明了小球滾落斜面時作等加速運動，如果小球落到最低點後又隨即滾上另一個斜面，由於重力的作用，它應當是作等減速運動，不論第二個斜面的斜度如何，它應能達到它從第一個斜面開始滾落時的那個高度，第二個斜面的斜度越小，它滾動的距離就越長。伽利略進一步推想，如果小球從斜面上滾落以後就在一個光滑的平面（斜度為零）上滾動又將如何？這時，既沒有使小球加速的因素，也沒有使小球減速的因素，小球必定是以它已經獲得的速度繼續向前滾動而不會停止。我們記得，亞里士多德認為一個物體如果沒有外力作用它是不會運動的。伽利略則說，一個正在運動的物體如果沒有使它加速或減速的因素，它是要以原來的速度繼續運動的，這是物體的慣性。伽利略雖然還沒有得到我們現在所說的慣性定律，但他的工作已為慣性定律的確立奠定

了基礎。這是他在經典力學上的又一大貢獻。

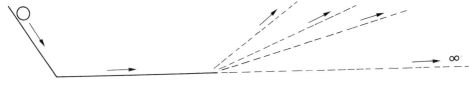

圖 19　伽利略斜面實驗示意圖

　　伽利略又進一步以慣性運動的思想來研究運動中的
物體下落的問題。他認為，在等速直線航行中的船艙裡
下落的水滴實際上同時存在著兩種運動，一是自由下落
運動，它因重力而起；二是它的慣性運動，與船行的速
度相同，水滴的下落運動是這兩種運動的複合。根據這
樣的想法，便可以通過計算得出水滴下落的軌跡是一條
拋物線。伽利略是第一個徹底弄清拋物運動的人。拋物
運動的闡明在當時有重要的實際意義，因為它與火炮的
操縱直接相關。經過計算，伽利略正確地得出火炮在仰
角為 45° 時射程最遠。

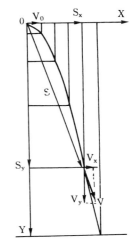

圖 20　平拋物體的水平
運動與自由下落
運動示意圖

　　伽利略還研究過擺的運動，注意到了擺動的等時
性。這不僅對於物理學的研究很有意義，而且導致了後
來以擺控制的機械時鐘的發明。

伽利略在近代科學方法上的貢獻

　　伽利略給後人留下的不僅僅是他的科學成果，他所開創的科學方法和學術
風格也是他給予後人的極為寶貴的財富，對近代自然科學的發展有十分重要的
影響。

　　1. 伽利略把科學實驗提高到了真正科學的水準，從而使它成為近代自然科
學的一種獨立的、經典的研究方法。以實驗方法研究自然現象自古即有，如古
希臘的阿基米德就運用過這種方法，不過那並非古人普遍應用的方法，也並不
都是現代意義的科學實驗。古人研究自然現象主要依靠的是推理，就像亞里士

多德所做的那樣。他們以為經過合理的推理所得出的結論就是真理。對於純粹推理的研究方法，歐洲中世紀的學者已多所非議。伽利略則以他令人信服的出色的工作作出了範例，向世界表明純粹推理不是唯一的可靠的方法，實驗方法更具重要的價值和普遍的意義，推理的結果必須經過實驗的檢驗，只有在實驗檢驗證明其無誤之後才是真理。科學實驗不是盲目的實踐，它有明確的指導思想，以一定的邏輯推理為依據，有意識地將實驗對象和操作過程加以理想化，通過人為的控制，盡可能地減少非必要因素的干擾，使自然過程以「純粹」的形態出現，以求充分暴露事物的真相，從而發現其中的規律或者驗證人們的想法。我們看到伽利略在研究落體運動時就是這樣做的。自由落體運動甚速，當時還缺乏測量它的手段，伽利略便以斜面來代替。小球與斜面之間的摩擦不可能消除，他就著意把他減少到最低限度，以使觀察到的現象盡可能地純化。然後他就努力尋找出速度、時間和距離這三個因素之間的關係。

特別值得注意的是伽利略還創造了現在稱之為「思想實驗」的方法。比如自由落體在「忽略空氣阻力」的情況下的表現如何，這樣的實驗在當時是無法進行的。但是根據已經獲得的相似實驗的知識，我們可以想像這樣一個實驗並推論它的結果，這就是思想實驗。又如小球從斜面上滾下以後在一個「光滑沒有摩擦」的平面上前滾的情形，也只有在頭腦中才能想像，因為光滑得沒有摩擦的平面在實際中也並不存在。思想實驗不是隨心所欲的胡思亂想，也不同於過去的純粹的推理，它必須有充分的相似的實驗事實作為依據，在這些實驗事實的基礎上去想象另外的還不可能做的實驗，並合理地推想其結果。科學發展的歷史告訴我們，思想實驗常常是一種非常有效的研究方法，它可以大大地開拓我們的思路，使我們能夠追索隱藏在現象背後的事物的本質。當然，思想實驗所得的結果終究還是推理的產物，它不能夠使我們確認真理，也不能起到檢驗或證明的作用，思想實驗所得結論的真實性還需要通常的科學實驗來認證。例如我們現在可以創造一個沒有空氣的真空的環境，在那裡是完全可以「忽略空氣阻力」的，我們可以很容易在真空的環境裡通過實驗證實伽利略的那個思想實驗的結論是正確的。思想實驗的方法已經成為現代科學研究的常規方法。

2.伽利略對自然現象的研究並不停留在一般的描述和定性分析的水準上，

他以力求找到與該現象有關的各種因素間的數的關係為己任，他認為「自然界的大書是用數學的語言書寫的」。他在研究自由落體運動時，運用推理的方法已經得出在忽略空氣阻力的情況下同一高度自由下落的物體同時到達地面的結論，但他並不以此為滿足，還想設法通過實驗找到其中各因素的數量關係，最後得到自由落體定律。他的這種思想和方法的淵源顯然來自古希臘畢達戈拉派。這種方法過去雖也偶為人用（如阿基米德）但不普遍，由於伽利略的倡導和身體力行，終於也成為普遍應用的科學研究的常規方法。把數學方法應用於自然現象研究，就使得人們對自然現象瞭解得更為準確和深入，更有利於人們掌握和運用自然規律。如果我們回顧一下我國古代的情形就可以看到，我們的古人研究自然現象也很細緻，但卻從來也不曾用數學的語言來表述。這不能不說是我國古代科學沒有能夠走上近代的臺階的重要原因之一。

伽利略的學術風格也表明了一個時代的來臨。在此之前，歐洲學者們所從事的研究與工匠們所從事的事情毫無相關。學者們關心的是事物哲理的探討，他們研究自然現象只是為了哲理上的滿足，對技術的發展和進步不關心，甚而鄙視技術。中世紀後期雖然有一些學者對技術表示關注，但與他們在學術上的探討還說不上有多大關係。伽利略與他的前人不大相同，他不但對技術中的問題表現了極大的興趣（如關於材料承重能力的研究，關於彈道的研究等），他還是一個樂於自己動手，勤於做原先只是工匠們所做的事情的人，如他自己就製造過望遠鏡、空氣溫度計等許多科學儀器，他是一位既善於動腦又善於動手的科學家。正是由於他具備了這樣的素質，他才有可能開創科學實驗的事業。

伽利略的歷史功績

如前所述，伽利略以他的勤奮和智慧使日心地動說的真實性得到了相當充分的證據，從而使科學與當時基督教會所堅持的教義尖銳對立，自然科學從此擺脫了神學的恭順奴婢的地位，由教義的桎梏中解放了出來。這是一場殘酷的歷史較量，伽利略為此付出了巨大的代價。伽利略等人宣傳日心地動說的真實性激起了教會的惱怒，1616 年宗教法庭便下令禁止哥白尼學說的傳播。伽利略對教會的禁令置之不顧，於 1632 年發表了他的《關於托勒密和哥白尼兩大

世界體系的對話》一書。次年 2 月被激怒了的教會宣布他有罪，但伽利略只是表面上低頭，心裡卻不曾屈服。 1634 年他又在受監視的十分艱難的情況下，寫成《關於兩門新科學的談話和數學證明》這部劃時代的著作，系統地闡述了他的物理思想。此書的手稿後來由他從前的一位學生秘密攜往國外，於 1638 年在羅馬教會勢力範圍之外的荷蘭的萊頓城出版。這時他因備受摧殘已雙目失明。四年之後伽利略便在極度困苦之中離開了人世。伽利略為爭取科學獨立地位而獻身的精神永留青史！

僅僅掙脫神學的牢籠，科學還未必能邁開自己的步伐，它還必須突破傳統的舊思想舊方法的束縛，發展自己的新思想和新方法。上文說過，那個時代在歐洲影響最大的是亞里士多德的學說，更何況教會已經把亞里士多德的學說與基督教神學合為一體。不打破已被奉為權威的亞里士多德的學說，科學還是沒有出路的。前已述及，中世紀後期已有一些學者對亞里士多德提出過種種指責，但終究未能摧毀它的根基。這個歷史使命由伽利略出色地完成了。伽利略為了論證日心地動說的物理真實性，就必須徹底捨棄和批判亞里士多德的物理思想，同時他還創造了與亞里士多德迥然不同的實驗方法。亞里士多德的權威地位終於被推倒了。連亞里士多德這樣的權威都可以擊敗，其他什麼權威自然也不在話下了。伽利略也不是盲目地不加分析地摒棄前人的思想和方法，而是在繼承了其中有用和有益的東西的同時拋棄其糟粕的，如畢達戈拉派的數的思想以及亞里士多德的邏輯方法等等都是他所推崇的。伽利略在科學思想和科學方法上為科學的發展打開了通道，功不可沒。

伽利略確立了運動的相對性原理，提出了慣性運動思想，發現了自由落體定律，以運動合成的方法闡明了拋物運動等等。這些成果為經典力學奠定了基礎，開創了力學大發展的時代。他不愧為近代自然科學的開路先鋒。

和任何歷史上的偉大人物一樣，伽利略也有他的局限性。例如他和哥白尼一樣錯誤地認為太陽是宇宙的中心，他還相信天球作為一個實體而存在，他仍然堅持行星繞正圓形軌道等速運行的原則等等。我們不應當過分責怪他，他的這些錯誤歷史自會為他糾正。

❀　　　　　　❀　　　　　　❀

綜上所述，我們看到一場波瀾壯闊的科學革命在歐洲的土地上展開了。這場革命發生在其時其地並非偶然，它有深刻的歷史和社會的原因。作為當時最先進的資本主義制度首先在歐洲出現，其勢猛烈。歐洲社會生產力得到解放，發展迅速。以文藝復興運動為代表的思想變革震憾著人們的心靈，古希臘的理性主義獲得了新的含義，煥發了人們的智慧，其中的先進分子吸吮著古代的乳汁又丟棄它的渣滓。近代自然科學誕生的條件成熟了。但這一切並不是平平靜靜地來臨的，而是在風風雨雨中開創的。激盪人心的時代造就了一批英雄人物，英雄人物推動時代的車輪卻往往要付出沉重的代價以至於包括生命在內的一切。正如歷史上所有新生事物一樣，近代自然科學一經出現，它就將按照自己的規律繼續為自己開闢道路，任何障礙都不能阻止它前進。

複習思考題

1. 簡述近代自然科學誕生於十六～十七世紀的歐洲的原因。

2. 簡述哥白尼學說的主要內容及其歷史意義。

3. 什麼是血液的小循環和大循環？血液循環的發現的歷史意義何在？

4. 伽利略對近代自然科學的產生和發展的貢獻何在？他的事蹟對你有何啟示？

第 3 章

經典力學的建立及其影響

十六～十八世紀，自然科學最先發展起來的是經典力學（亦稱牛頓力學），也只有經典力學發展得最為成熟。其原因除了工業生產發展的需要之外，也因為力學研究的對象最為簡單，同時也是天文學發展的必然結果，我們在前章對此已有所述及。

在經典力學中，最重要的成果是萬有引力定律和運動三大定律的發現。這些發現構成了經典力學的基礎。這是經過許多人的努力然後取得的。

第一節　萬有引力定律的發現

萬有引力定律是從研究天體運動的物理機制而逐漸為人們所認識的。在伽利略那個時代，人們開始相信日心地動模型是真實的物理模型，隨後的問題就是為什麼天體如此運動呢？伽利略雖不曾觸及這個問題，但把這個問題擺到了人們的面前。

開普勒和他的行星運動三定律

開普勒 (Johannes Kepler, 1571 ～ 1630) 是德國天文學家和占星家。還在青年時代他就贊同哥白尼的日心地動說。他也是畢達戈拉派的數理思想的信奉者。他曾經花費很大精力以純粹數理思想構思過一個日心宇宙模型，不過這個模型只是臆想的產物，沒有任何價值。十七世紀初，他被聘為丹麥天文學家第谷・布拉赫 (Tycho Brahe, 1546 ～ 1601) 的助手，從此走上了真正科學發現

的道路。

　　布拉赫是丹麥的宮廷天文學家，他的一生以天象觀測著稱，被譽為「星學之王」。他所觀測過的天象幾乎涉及當時所能觀測到的一切。如他在 1572 年發現了一顆新星①，並連續記錄了這顆新星長達 18 個月中的亮度變化；他觀測並記載了 719 顆恆星的方位；他認識到彗星是一種真實的天體，而不像當時一般西方人那樣以為是大氣裡的一種爆炸現象；他長期跟蹤觀測了太陽系五大行星的運動，詳細記錄了它們視位置的變化。他所得到的觀測資料既豐富又準確，達到了肉眼所能達到的最高限度。布拉赫觀測天象的主要目的之一是為了編製一個準確的星表，以供航海和修訂歷法之用，但他未能如願就去世了。開普勒接受了布拉赫遺贈的觀測數據，從這些數據著手研究行星運動的規律，他經過不懈的努力，於 1609 ～ 1619 年間陸續發現了行星運動三定律，即一般所說的開普勒三定律。

　　開普勒第一定律亦稱行星軌道定律。這一定律指出，行星運動的軌道不是正圓形而是橢圓形，它們圍繞各自橢圓軌道的一個焦點運行（橢圓有兩個焦點），而這些焦點都重合在一起，那就是太陽之所在。

　　開普勒第二定律又稱行星運動面積定律，它指出在相等時間內行星與太陽聯線所掃過的面積相等。

　　開普勒第三定律即行星運動週期定律，它指出任何兩顆行星公轉週期的平方與它們軌道長半徑的立方成正比。

　　上述三條定律合稱開普勒行星運動三定律。它的建立為萬有引力定律的發現開闢了道路。

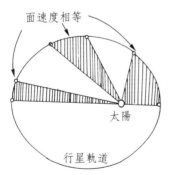

圖 21　開普勒第二定律示意圖

　　開普勒根據大量可靠數據所得出的行

---

①宇宙中有些恆星的亮度會突然增加到原來的幾萬至幾百萬倍，經過一段時間（如數年或數十年）之後又逐漸復原。這種星統稱爲新星，其中亮度變化幅度特別大的稱爲超新星。新星和超新星亮度的變化是它們突然爆發所造成的。我國商代時有世界最早的新星紀錄。

星運動三定律，打破了長期以來束縛著人們頭腦的，天體必沿圓形軌道作等速運動的傳統觀念，正確地描述了太陽系天體運動的狀況，這是天文學史上又一重大突破。開普勒以事實為據來探求行星的運行軌道，他只尊重事實（觀測數據）而不顧那些先驗的「原則」，這在思想和方法上對後人也是十分重要的啟迪，這正是近代自然科學研究方法形成的重要標誌之一。

伽利略使日心地動模型成為真實的物理模型，開普勒更進一步把天體運動的物理機制的問題擺到了人們的眼前。從前，亞里士多德說天體的運動是「天然」的，也就是說它的運動機理是不必問也不用回答的。基督教神學則宣稱那是「全能的上帝」的安排，似乎是人間不應當過問的。如今人們已經不理會那一套陳詞濫調了。即使他們中的大多數仍然相信「全能的上帝」，但也要看看上帝是怎樣安排這些行星的運動的。開普勒認為，只有弄清楚天體運動的物理原因，天文學才真正具有理論的意義。所以人們非要問到底：行星的運動為什麼如此有秩序？行星繞太陽運行的軌道為什麼是橢圓形？維持這種運動的力是什麼？如此等等。

在開普勒的同輩人中，已經有人指出地球自身具有磁性，有如一塊大磁石。也曾有人猜測太陽和行星可能是由於磁力的作用而聯繫在一起的。在他們的啟發下，開普勒提出了天體磁性引力假說。他想像，既然地球是一塊大磁石，太陽以及其他行星很可能也是大磁石，是太陽和行星之間的磁力作用使它們聯繫起來並且使行星圍繞太陽沿橢圓形軌道運行。開普勒的假說雖然並不正確，但他揭開了天體力學研究的序幕。

惠更斯和胡克等人的貢獻

惠更斯 (Christian Huygens， 1629 ~ 1695) 是荷蘭科學家，他也是經典力學的創建人之一。他對物體圍繞一個中心旋轉的問題進行了研究，於 1673 年弄清楚了繞中心作勻速圓周運動的力學問題。他確認，一個圍繞中心作勻速圓周運動的物體之所以不會沿切線方向飛去，是因為有一個向心力作用於該物體。這個向心力的大小與該物體的運動速率的平方成正比而與圓周的半徑成反比，即向心力 $F = \dfrac{mv^2}{r}$（這裡 m 是物體的質量，v 是物體的旋轉速率，r 是圓

周的半徑）。這就使人們認識到，必定是太陽給了行星一個引力，這個引力作用於行星，行星便圍繞太陽旋轉。英國科學家胡克 (Robert Hooke, 1635 ～ 1703) 就是這樣想的。1674 年他在一次演講中還說到，在太陽吸引行星的同時，行星也同樣吸引著太陽，明確地提出了物體之間有相互的吸引力的想法，他所說的這種引力與磁性無關。1680 年他更提出了這種引力的大小與距離的平方成反比的猜測。但是，引力與距離的平方成反比的猜測是否能與行星依橢圓形軌道繞太陽旋轉的事實相一致的問題一時難住了許多人。

牛頓確立萬有引力定律

到了這個時候，萬有引力定律是是呼之欲出了。最終完成這個任務的是英國科學家牛頓 (Isaac Newton, 1642 ～ 1727)。還在 1665 ～ 1666 年間，牛頓也獨立地提出了天體間的引力與其距離的平方成反比的想法。不過他不是從研究太陽與行星間的作用而是考慮地球對月球的引力問題開始的。他認為這個引力不是磁力，這個引力在本質上應當與地上的重力相同，它是地球的重力在空間裡的延伸。他認為可以這樣設想：假定在高山上架設一門大炮並沿地平方向發射炮彈，炮彈的初速度越大射程就越遠，如果炮彈的初速度達到某一程度，就可以想像它將不會墜落到地面上而是沿著一圓形軌道繞地球旋轉，維持這一圓周運動的向心力就是地球的重力。他認為，如果我們把月球比作從地球拋出去的物體，只要拋出的初速度足夠大，月球就會圍繞地球旋轉而不會墜落到地面上。他由此推想，維持月球圍繞地球旋轉的引力與地面上的重力應當是一回事，他又進一步推想所有天體間的引力與我們在地面上觀察到的重力都是相同的。他把這個力稱為「萬有引力」。他更進一步假定，任何兩個物體之間的引力與它們的質量的乘積成正比。於是，兩物之間的引力可以用下面的公式來表示：

$$F = G\frac{m_1 \times m_2}{r^2}$$

m_1 和 m_2 為兩物的質量，r 是兩物的距離，G 是一常數，稱為萬有引力常數。這就是萬有引力定律。爾後的科學實驗證明了萬有引力定律是正確的。經

自然科學概論

過科學家們的精確測定，我們現在知道 G=6.6732 × 10^{-8} 釐米 ^{3}/ 克・秒 2。後來牛頓又據此進一步證明，一星球圍繞它的中心天體旋轉的軌道為橢圓形，中心天體就位於這個橢圓的一個焦點之上。

　　萬有引力定律徹底打破了亞里士多德以來所嚴格劃定的天與地（即所謂月亮以上和月亮以下）的界線，第一次使人們認識到天上的物體與地上的物體具有共同的力學規律。萬有引力定律的建立，使天體力學成為科學。從此人們可以據此以探究天體運動的規律。天體運動的狀況再也不必像古人那樣構想一些模型來湊合，也不必像開普勒那樣只憑數據來推算了。萬有引力定律對拓展人們的思維也有重要的意義。

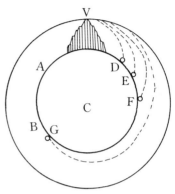

圖 22　牛頓所繪月球運動的動力學原因示意圖

第二節　運動三定律的建立與經典力學的成熟

　　牛頓不愧為力學的集大成者和經典力學理論體系的締造者。他不僅在前人工作的基礎上建立了萬有引力定律，而且還建立了運動三定律，從而使經典力學構成了比較完整的理論體系。運動三定律現在也常常稱為牛頓三定律。

運動第一定律

　　運動第一定律又稱慣性定律，它是在伽利略慣性運動思想的基礎上由牛頓發展而成的。伽利略雖然提出了慣性運動的思想，但是他相信宇宙是一個球形的封閉的空間，因此不能設想一個無限的平面。他所考慮的慣性運動是沿著地平面的運動，實際上是一個圓周運動，他對於向心力也還沒有認識，所以他不能建立起慣性定律。牛頓突破了伽利略的局限，終於發現了慣性定律。

　　慣性定律指出：如果沒有外力的作用，任何物體將保持其靜止狀態或勻速直線運動狀態。這就是說，力是改變物體運動狀態的原因，或者說，力是使物體的運動狀態發生變化，即產生加速度的原因。當我們發現一個物體從靜止變

為運動，或者在運動中有加速、減速（可看作是負的加速），或者是運動方向發生變化時，就可以斷定必有外力作用於這個物體。在自然界中，物體不受任何力的作用的情況實際上是不存在的，但只要它所受到的外力相互平衡，便可看作是外力為零，此時該物體或者是靜止不動，或者是保持原有的運動狀態。所以，如果我們看到一物體靜止不動或者作勻速直線運動，我們就知道它沒有受到外力作用或者作用在它上面的外力相互平衡（合力為零）。以往亞里士多德認為力是運動的原因，說是一物體只要處於運動狀態就必有外力作用於其上，這種說法是完全錯誤的，是由於他只憑直觀感覺而得出的錯誤結論，而且他也沒有加速度的概念，所以不能揭示力與運動的本質聯繫。在日常生活中，物體的運動必受阻力（如摩擦）的制約，要維持等速運動就得有一個力來克服阻力，這個力與阻力必定是大小相等而方向相反的，其實這時作用於該物的外力應視為零。人們往往只注意到要給物一個力來維持它的運動，卻忽視了這個力的作用只在於與阻力相抵消而使其總的外力為零。這就說明，只憑常識是不能正確地揭示事物的本質的，它甚至會把我們引入歧途。

運動第二定律

如果說運動第一定律使我們對力的概念有了定性的認識，讓我們知道了力是產生加速度的原因，那麼運動第二定律就給我們展示了力與加速度的定量的關係。

為了從量上考察力與加速度的關係，牛頓認真地研究了物體的碰撞運動。在他之前惠更斯對碰撞運動已多有研究，有了一些成果。牛頓繼續研究這個問題時得出這樣的看法：在碰撞運動中作用於一物體的外力與它的運動量的變化成正比。他把物體的運動量定義為該物體的質量與它的速度的乘積。在物體碰撞過程中，力所引起的運動量變化是在極短時間內所產生的效應，牛頓把這個過程表述為 $\vec{F} \cdot \triangle t = \triangle m\vec{v}$ ①，亦即 $\vec{F} = \dfrac{\triangle m\vec{v}}{\triangle t}$，也可以寫成 $\vec{F} = m\dfrac{\triangle \vec{v}}{\triangle t}$。

---

① $\vec{F}$、$\vec{v}$、$\vec{a}$ 這些量稱為「矢量」，這些量既有大小又有既定的方向。△表示很小的量，如△t即很短的時間。

（這裡 $\vec{F}$ 是碰撞時的作用力，$\triangle t$ 是作用的時間，$\triangle m\vec{v}$ 即運動量的改變量。）這個式子表明，物體運動量（亦稱「動量」）的變化與作用力的大小成正比，力作用時間越長，它所產生的衝量（$\vec{F} \cdot \triangle t$）越大，物體的動量改變量就越大，物體動量的改變量＝合外力的衝量，動量變化的方向與作用力的方向相同。對於勻加速運動，$\dfrac{\triangle \vec{v}}{\triangle t} = \vec{a}$，$\vec{a}$ 即單位時間裡速度的變化，這也就是伽利略所引入的加速度的概念。於是，運動第二定律又可以寫成 $\vec{F} = m\vec{a}$，這就是我們現在通常見到的表達方式①。

根據運動第二定律，我們就可以很容易解釋為什麼一切物體的自由下落都有相同的加速度了。對於自由落體而言，作用於該物體的力 F 就是地球對這個物體的萬有引力。由萬有引力定律，可知 $F = G\dfrac{M \times m}{R^2}$（M 是地球的質量，m 是該物體的質量，R 是地球的半徑。）依運動第二定律，$F = ma$，可得 $a = G\dfrac{M}{R^2}$。從這裡便可以看到，因為 G、M 和 R 都是常數，所以 a 也是一個常數。這就表明一切自由落體的加速度 a 都是相同的。通常我們用 g 來表示這個加速度，稱為重力加速度。

有了運動第二定律，只要我們知道作用於一物體上的力，我們就可以求出此物體所獲得的加速度，即可以知道這個力使該物體產生的運動狀態的變化（包括它的大小和方向）；反之，如果我們知道一個物體的運動狀態發生了某種變化，我們也就可以斷定必有一個力作用於該物體並且可以準確地計算出這個力（包括它的大小和方向）。力與物體運動狀態變化互為因果，它們之間的關係是確定無疑的。

運動第三定律

運動第三定律也是在碰撞運動的研究中弄清楚的。惠更斯已經發現，若兩個質量相等的小球以大小相等而方向相反的速度在同一直線上相向運動，在發

---

①需要注意的是，牛頓在這裡把物體的質量 m 定義為力改變該物體運動的比例常數，或者說是該物體的「慣性的度量」，而在萬有引力定律中牛頓又把質量定義為物體的「引力的度量」。這兩個來源不同的定義的內在聯繫是後來在廣義相對論裡才得到闡明的。

生完全彈性碰撞後，這兩個小球便以與原來大小相等的速率在該直線上相背運動。這就告訴我們，在碰撞前和碰撞後兩個小球動量的變化量在數值上是相等的。我們假定第一個小球運動量的變化：

$$\triangle m_1\vec{v} = m_1\vec{v_1}' - m_1\vec{v_1} ,$$

第二個小球運動量的變化為：

$$\triangle m_2\vec{v_2} = m_2\vec{v_2}' - m_2\vec{v_2} 。$$

已知 $m_1 = m_2 , \vec{v_1} = -\vec{v_2} , \vec{v_1}' = -\vec{v_2}'$

可知 $\triangle m_1\vec{v_1} = -\triangle m_2\vec{v_2}$

兩球碰撞時它們相互作用的時間是相同的，即 $\triangle t$ 相等。根據運動第二定律就可以得出它們之間的作用力大小相等而方向相反的結論。牛頓據此進一步指出：當物體 A 施力於物體 B 時，物體 B 同時也施一反作用力於物體 A，作用力與反作用力大小相等，方向相反，並且作用在同一條直線上。這就是牛頓所確立的運動第三定律。

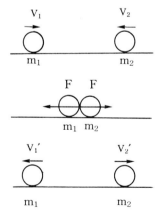

圖 23　兩小球完全彈性直線碰撞前後動量變化示意圖

　　運動第三定律告訴我們，自然界中沒有孤立存在的單個的力，一個孤立的

物體自身不能施力也不能受力，力總是存在於兩個相互作用的實體之間，不管力是通過直接接觸（如推力、拉力）還是不通過直接接觸（如磁力、萬有引力），它總是成對出現，同時出現，它們作用在一條直線上，大小相等，方向相反，這兩個力分別施加於相互作用的兩個物體之上，它們的力學效應並不互相抵消。

在日常生活中，我們很容易看到運動第三定律所描述的現象。例如我們用一根繩子牽一頭牲口，就會感覺到這頭牲口通過繩子在拉我們。但也有些時候我們容易產生錯覺。比如物體自由下落，我們知道這是因為地球的引力作用於該物體的原故。其實，與此同時該物體也對地球施加一個大小相等方向相反的引力，不過比較起來地球的質量大得很多，這個物體對地球的引力顯不出來罷了。月球圍繞地球旋轉是因為它受到地球給它的引力，月球同樣也有一個大小相等方向相反的引力施加於地球。海洋中的潮汐現象就是主要由月球引力所造成的。生活在海邊的人都知道潮汐的週期性漲落與月亮運行直接相關①。

牛頓的綜合與經典力學的成熟

在發現萬有引力定律和運動三定律的基礎之上，牛頓對已有的力學知識進行了系統的綜合。他倣效古希臘人的作法，把力學知識整理成為一個演繹知識體系。1687 年他出版了《自然哲學的數學原理》這部名著，標誌著經典力學的成熟。

在這部著作裡，牛頓首先闡述了一系列力學的基本概念，如質量、動量、慣性、力、向心力、時間、空間等，其中一些觀點上文已述及，這裡我們再作一些補充。

牛頓認為，我們日常所使用小時、日、月、年這些時間的概念，不過是借助運動來度量的事物的延續性，是一種表觀的、相對的時間，但不是真實的和

---

①事實上，除了月球的引力，太陽對地球的引力也是海洋潮汐的原因。不過太陽距離地球比月亮遠得多，太陽引力造成潮汐的作用小得多。由天體引力產生的潮汐現象，除了海洋潮汐之外其實還有大氣潮汐和地殼固體部分的潮汐，只是這些潮汐現象我們更難於覺察。

絕對的時間，雖然它在實用上可以代替真實時間。他說「絕對的、真正的和數學的時間自身在流逝著，而且由於其本性而在均勻地、與任何其他外界事物無關地流逝著，它又可以名之為『延續性』。」同樣地，牛頓認為我們平日以物體與物體的相對位置及其變化來度量的空間也只有相對的意義。「絕對的空間，就其本性而言，是與外界任何事物無關而永遠是相同的和不動的」。我們的感官不能看到絕對空間，不能把它的這部分與那部分區分開來，所以只能從具體事物的位置和運動來度量空間，我們所看到的其實只是相對空間而不是絕對空間。他還提出了「絕對運動」和「絕對靜止」的概念。他說「絕對運動是一個物體從某一絕對的處所向另一絕對處所的移動」，「真正的、絕對的靜止，是指這一物體繼續保持在不動的空間中的同一個部分而不動」。牛頓的絕對時間和絕對空間的概念把時間、空間與物質和物質的運動割裂開來，把它們看作是在物質和物質的運動之外的抽象的延續性和框架，他的看法並不正確。他的絕對運動和絕對靜止的概念同樣不正確，只不過是他想像中的產物。他的這些錯誤影響了許多後人。到本世紀初相對論創立以後，他的絕對時空觀和絕對動靜觀才被徹底打破。

在闡明了他的關於力學的基本概念之後，牛頓依次陳述了運動三定律，其基本內容上文已作過介紹。三定律之後牛頓列出了幾條推理，包括靜力學和動力學中力的合成和分解原則（矢量的合成和分解平行四邊形法則）[1]，動量守恆定律，運動的相對性原理等等。其中最值得注意的是動量守恆定律。

動量守恆定律是運用運動第二定律和運動第三定律，對碰撞運動加以分析然後推論出來的。我們可以作如下證明：依圖 23，A 球施於 B 球的力 $\vec{F}$ 使 B 球的動量發生了變化，

$$\vec{F} \cdot \triangle t = m_1 \vec{v_1}' - m_1 \vec{v_1}$$

---

[1]若有 A、B 兩力共同作用於一點但兩力的作用方向不同，可以 A、B 為兩邊作一平行四邊形，此平行四邊形對角線的方向即指示合力的方向，對角線的長度則代表合力的大小。

同樣，B 球也施一力 $\vec{F'}$ 於 A 球，使 A 球的動量發生變化，

$$\vec{F'} \cdot \triangle t = m_2\vec{v_2}' - m_2\vec{v_2}$$

由於 $\vec{F}$ 與 $\vec{F'}$ 是作用力與反作用力，它們的大小相等而方向相反，所以

$$\vec{F} \cdot \triangle t = -\vec{F'} \cdot \triangle t$$

即
$$m_1\vec{v_1}' - m_1\vec{v_1} = -(m_2\vec{v_2}' - m_2\vec{v_2})$$

亦即
$$m_1\vec{v_1} + m_2\vec{v_2} = m_1\vec{v_1}' + m_2\vec{v_2}'$$

這就證明了碰撞前後這個系統的動量不會改變。（請注意這裡的 $\vec{v_1}$、$\vec{v_2}$、$\vec{v_1}'$、$\vec{v_2}'$ 都是向量，$\vec{v_1}$、$\vec{v_2}$ 與 $\vec{v_1}'$、$\vec{v_2}'$ 的方向相反。）牛頓把這個結果推廣，就得到了動量守恆定律。動量守恆定律指出：在一個不受外力或所受外力的合力為零的系統內，不論其中發生何種力學現象，這個系統的總動量守恆。這也是經典力學的一條基本定律，有廣泛的實際用途。

　　牛頓在這部著作中隨後又討論了他所發明的微積分方法，然後又用大量篇幅闡述了關於流體靜力學和流體動力學、振動與波動的研究，關於萬有引力定律和行星運動、自由落體運動、拋物運動的研究等等。

　　牛頓的《自然哲學的數學原理》是自然科學史上最偉大的傑作之一，它對後世的影響巨大而深遠。這部著作系統地總結了前人和他自己的研究成果，使已知的力學知識形成為一個完整的理論體系，標誌著經典力學的成熟。當時人們所接觸到的各種力學問題基本上都可以在這個框架內加以解決。不過，牛頓力學的成果在當時也不是立即都為人們所接受，經過了三四十年的時間，在得到了許多事實的證實之後（有關的一些情況下文將要說到），人們才普遍地認識到它的正確性。

第三節　牛頓力學的意義及其對近代自然科學的影響

　　經典力學的成就在近代自然科學史上具有劃時代的意義。這不僅因為在十

六到十八世紀間自然科學只有力學達到如此成熟的程度，而且因為它把人類關於整個自然界的認識推進到一個新的階段。

牛頓力學的科學意義

(1)牛頓力學的意義首先表現在它徹底地打破了亞里士多德派嚴格區分月亮以上和月亮以下兩個世界的舊觀念，把天上和地上的運動統一了起來，證明了萬有引力定律和運動三定律是宇宙間一切機械運動（即物體位置的變化）的普遍規律，從力學的角度論證了自然界的統一性，實現了人類對自然界認識的一次偉大的飛躍和綜合。

(2)牛頓力學的成就把人們對機械運動的研究從運動學提高到動力學的水準。運動學只考慮物體運動的速度、加速度、時間、距離等因素及其關係，只能描述物體運動的狀態。動力學的任務則在於揭示物體運動的力學原因及其力學後果。在歷史上，雖然亞里士多德曾經探討過動力學的問題，但他走入了歧途。牛頓成功地完成了建造動力學的任務，從而使人們能夠全面地把握機械運動的規律。

(3)牛頓力學把對物體機械運動狀態的描述與研究提高到瞬時狀態的水準。過去人們只能把握運動的某一個過程，即物體運動在某一段時間內的起始狀態和結束狀態，這對於處理勻速運動、勻加速運動（如自由落體運動）或加速度的大小不變而方向均勻變化的運動（如圓周運動）這類比較簡單的運動尚可，對於加速度複雜變化的運動便無能為力了。如今牛頓引進了微積分的方法，原則上便可處理任何複雜的機械運動問題。

(4)牛頓力學把原來只能孤立地研究的力學事件聯繫起來，使它們成為因果的鏈條。運用牛頓力學，只要我們知道某物體的運動狀態以及它在某時刻所受的力，就可以得知這個物體的運動狀態所要發生的變化。反之，如果我們發現某物體的運動狀態發生變化以及它的變化的狀況，我們也就知道它受到一個力並且知道它受到的是什麼樣的力（包括它的大小和方向），而且也知道它必定對外界施加了一個力，同時也知道它對外界施加了什麼樣的力（包括它的大小和方向）。力與運動組成了一個無窮無盡的因果鏈條，這就大大地提高了我們

對物體運動前因後果的認識，提高了我們的預見與推想的能力。

牛頓的成就所產生的影響

　　牛頓的理論經過一系列事實的考驗，得到了前所未有的榮耀，它使人們看到了科學理論的威力，對人們思想上的影響巨大而深刻。從此自然科學作為一種獨立的學問依照自己的規律大踏步地前進了。牛頓力學的成就無疑是科學史上最光輝的篇章之一，它開闢了一個新的時代，史學家稱之為「牛頓時代」，這是在牛頓力學取得輝煌勝利的基礎上乘勝前進並且戰果纍纍的時代。

　　但是歷史還有另外一面。經典力學的空前成就，使得許多人產生了一種錯覺，以為運用經典力學的知識、思想和方法便可以處理自然界中的各種問題，因而又在相當程度上束縛了他們的頭腦，使他們難以發現新的科學事實，甚至使一些人在新的科學發現面前困惑迷茫，不能自拔。這種狀況持續了一百多年。

　　牛頓在《自然哲學的數學原理》的序言中寫道：「哲學① 的全部任務看來就在於從各種運動現象來研究各種自然力，而後用這些力去論證其他的現象。」他又說：「我希望能用同樣的推理方法從力學原理中推導出自然界的其他許多現象。」牛頓顯然不恰當地、過高地估計經典力學的方法，他以為他說明了力就解決了力學的問題，如果找到其他「力」，那麼其他方面的問題也就都將迎刃而解。這顯然是一種很片面的不正確的想法。事實上，自然界的現象十分複雜，有很多不同的運動形式，有各個不同的層次，其中的狀況並非都可以用某種「自然力」來概括的，它們的規律也不都是運用類似經典力學的方法就能描述和把握的。可是後來不少科學家總是企圖這樣做，因而堵塞了前進的道路。

　　牛頓是原子論的繼承者，他的科學思想和科學方法都帶有原子論的色彩。在他看來，任何物體都是許多極為細小的物質單元的集合，這些物質單元是實

───────────────

① 那個時候自然科學正在從哲學中分化出來，哲學一詞往往也包含自然科學在內。牛頓這部著作的名

　稱即是如此。

實在在的客觀的物，所有力學過程都是這些物質單元共同作用的結果，許多力學現象都可以看作是這些物質單元的分別作用的總和。牛頓運用這樣的方法順利地解決了力學的問題，這就使得一些人以為這是認識和理解所有自然現象的唯一正確的方法。因此在他之後的許多人研究各種自然現象時總是要尋找它們的實體，出現了形形色色的「實體說」。如在研究熱現象時出現了「熱質說」，研究燃燒現象時出現了「燃素說」等等，有關的情形下文也將要敘述。由於一些人過分地迷戀這種思維方式，也往往使他們在真理面前卻步。

經典力學的定律和原理給事物的因果性提供了很好的說明。但又使得一些人以為所有自然事物都具有如同機械運動一樣的因果關係，都像力學事件那樣具有十分精確的必然性，以為必須找到這樣的必然性才算認識了客觀規律。其實世上自然事物的因果關係往往比機械運動的因果關係複雜得多。例如事物的運動變化除了必然性之外還有偶然性的因素，有不少事物我們不能把握它們單個現象的狀態而只能把握它們的統計規律等等。機械的絕對決定論的思想也曾阻礙許多人接近科學的真理。

我們在這裡指出牛頓力學的成就所產生的一些消極的影響，絲毫沒有否定或者貶低牛頓力學的積極意義，後來所出現的種種問題也不應當都由牛頓來負責。這些現象本來也是因牛頓力學取得了偉大成功才會出現的。歷史上經常有這樣的情形，當一種理論被證明是正確的時候，人們會因此而產生錯誤的認識，會把自己的思想封閉起來，以為那就是唯一正確的東西，因此而拒絕接受新的事實、新的思想和新的觀念。事實上牛頓力學和其他任何一種理論一樣，它揭示了真理但沒有窮盡真理。它也和其他任何一種理論一樣都有自己的認識上的和歷史上的局限性，在一定條件、一定範圍之內它是正確的，超越了這些條件和範圍它就不一定正確或者需要作某些修正。在科學史上我們可以看到很多這樣的事例。但是，我們同時也看到很多因自覺或不自覺地把自己的頭腦封閉起來而不能接近真理、發現真理和發展真理的事例，歷史有時好象是在捉弄人。到了十九世紀末，自然科學又只有在突破了牛頓力學的框架之後才能邁開新的步伐。當然，後人並沒有否定已經經過實踐檢驗的牛頓力學，只不過弄清楚了它的適用範圍罷了。

❋　　　　　　　❋　　　　　　　❋

　　從伽利略、開普勒、惠更斯、胡克等人到牛頓，經典力學的基本框架建成了。這是自哥白尼以來自然科學革命的最重大的成果，它標誌著那場革命的目標已經實現。自然科學已經走上了獨立發展的道路，從此一往無前，它必將按照自己的規律繼續構築自己的大廈，使人類的物質生活和精神生活更加美好。

　　經典力學體系的建成也就是亞里士多德力學的終結。這不僅說明曾經長期占居統治地位的權威學說為謬誤，而且指出了舊學說所依據的思想和方法有嚴重缺陷，同時也表明新的科學思想和科學方法已逐漸成熟。不過正如前述，舊的枷鎖扔掉了，卻又有不少人重新給自己套上新的枷鎖，然後歷史又迫使他們把那些枷鎖一個個地砸碎，丟掉。

複習思考題

1. 試述開普勒在天文學上的貢獻及其意義。

2. 什麼是萬有引力和萬有引力定律？試述牛頓發現萬有引力定律的功績。

3. 什麼是運動三定律？這些定律的發現有何意義？

4. 試述牛頓力學的意義及其影響。

第 4 章

經典物理學體系的形成和發展

　　物理學是自然科學最重要的基礎學科之一，它所研究的是物質最一般的運動形式和物質結構等問題。物理學的發展與自然科學各學科的發展息息相關，與技術領域各方面的進步關係亦至為深切。經典物理學所涉及的是宏觀的、低速運動的（與光速相比較）物理現象，包括力學、光學、熱學、分子物理學、磁學、電學等許多分支。至十八世紀，只有經典力學已趨成熟，幾何光學已有一些輪廓，其他分支則還未成形，基本上還得從收集事實、積累材料做起。不過在經典力學取得輝煌成就的鼓舞下，發展都甚為迅速。到十九世紀，經典物理學各分支便都有有了巨大的進展，整個經典物理學體系逐漸完成了。經典物理學的許多成果轉化為前所未有的技術，深入到生產、生活各個領域，迅速地改變了整個人類社會的面貌，表現出了科學的巨大威力。正在欣賞和陶醉於物理學的成就之時，十九世紀末許多科學家以為物理學的大廈已經建成，往後所要做的事情只不過是在這座大廈內部作些裝修工作，使它更加完美罷了。這樣的想法很不切合實際。當物理學繼續向前發展，超越了經典物理學的範圍的時候，一場似乎是突然出現的「物理學危機」使許多科學家驚慌失措，好像是剛剛建成的大廈就要倒塌。其實物理學本身沒有什麼危機，這只是一場認識上的危機，它預示著新的物理學革命的來臨。物理學又將以新的姿態大步向前。

第一節　從幾何光學到波動光學

　　力學現象之外，光學現象便是古人研究得最多的物理現象了。我們在本書

第一章曾述及中國古人對光學現象有過許多研究，取得了不少成果。但是作為科學的光學是在歐洲發展起來的。幾何光學是基於對光的直進性的認識而運用幾何學的方法來研究光學現象的學科，它起源於古希臘的歐幾里得，後來阿拉伯人又做了許多工作，不斷有所進展。玻璃製造業在中世紀的歐洲頗為興旺，大約在十二世紀歐洲人發明了以玻璃磨製眼鏡。十七世紀初人們又發明了望遠鏡和顯微鏡。玻璃透鏡的廣泛應用更加推動了光學的研究。

折射定律的確立

早在古代，人們就已經知道了光的直進性和弄清楚了光的反射定律（光線的反射角與入射角相等，入射線、反射線與入射點上的法線在同一平面上），但對光的折射現象的研究還處於較低的水準上。雖然從歐幾里得開始就有許多人測定過不少折射數據，卻一直沒有找到折射的規律。透鏡製造業的興起和各種光學器具越來越廣泛的應用，迫切要求人們解決這個長期困惑人們的問題。

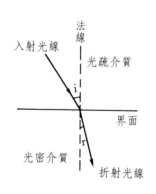

圖 24　光的折射示意圖

難題終於在 1621 年由荷蘭科學家斯涅耳 (Willebor Snell ,1591 ～ 1626) 解決了。光的折射定律指出：光線在經過兩種不同介質的界面發生折射時，折射線位於入射線與入射點的法線所決定的平面內，入射角 i 的正弦與折射角 r 的正弦之比對於給定的兩種介質來說為一常數，可用下列公式表示：$n_{21} = \dfrac{\sin i}{\sin \gamma}$。$n_{21}$ 通常稱為第二種介質對於第一種介質的相對折射率。斯涅耳的研究成果當時未曾發表，過了多年尚不為人知。首次公布此項成果並表達為上述形式的是法國學者笛卡兒 (René Descartes, 1596 ～ 1650)。他在 1637 年發表的《折射光學》一文中論述了這個問題。

有了反射定律和折射定律，幾何光學的基本理論也就大體上齊備了。幾何光學理論體系的建立使得光學儀器的設計與製造走上了新的階段。性能較好的望遠鏡和顯微鏡的出現，對於天文學、生物學等等學科的促進作用之大自是不

言而喻的了。

光學現象的新發現

十七世紀以後，光學研究在歐洲出現了一個高潮，人們相繼發現了一系列引人思考的現象。

意大利科學家格里馬爾迪 (Francesco Maria Grimaldi, 1618～1663) 在實驗中注意到，當一束陽光經過一根細棒時，細棒的影子要比實物略為寬一些，而且影子的邊沿有彩色的影帶；一束光穿過一個小孔時形成的光斑也比按幾何光學所預計的要大一些，同樣出現彩色的邊沿。格里馬爾迪的發現是在他去世後的第三年（即 1665 年）才公諸於世的。他的發現與原先人們所確認的光的直進性相矛盾，事實表明光在這種情況下不是直線前進的，它在物體邊沿上發生彎曲。這種現象被稱為光的「繞射現象」。牛頓後來也作過類似的實驗，觀察到同樣的現象。繞射現象與人們當時對光的認識相違，引起了物理學家的廣泛關注。

日光透過玻璃稜鏡時產生彩色光帶的現象，早在中世紀時已為歐洲人所知。牛頓在 1672 年發表的一篇論文中，記述了他所作的著名的稜鏡實驗。他使一束陽光穿過一小孔進入暗室，在小孔的內側置一稜鏡，陽光經稜鏡折射後投射到暗室內牆壁上，這時在牆壁上看到了彩色光帶。他又在此稜鏡與牆壁之間置一帶有小孔的隔板，小孔的後面再放置另一稜鏡，令隔板小孔對準經過第一個稜鏡折射後得到的某一種顏色的光，他發現不同顏色的光偏折的程度各不相同，

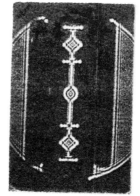

圖 25　一束光經過刀片邊緣時所產生的繞射圖像

紫色光偏折最大，紅色光偏折最小。他又撤去兩稜鏡間的隔板，使經第一個稜鏡分出的各種顏色的光全部經過第二個稜鏡會聚到牆壁上，這時他又看到不同顏色的光合成為原來的白光（參閱圖 26）。牛頓由此得出結論：白光是由多種顏色的光合成的，不同顏色的光的折射率各不相同。牛頓還據此解釋了天上虹霓的成因。

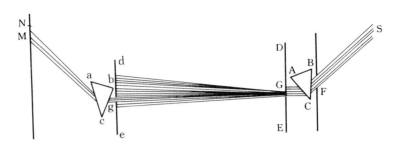

圖 26　牛頓的稜鏡實驗示意圖

1669 年丹麥科學家巴托林 (Eramus Batholinus, 1625 ～ 1698) 在實驗中發現，當一束光通過冰洲石（亦稱方解石）晶體而折射時，竟被分成兩束，即出現了「雙折射」的現象。隨後人們又發現這兩束光線中的一束遵循已知的折射定律，另一束則不遵循通常的折射定律。人們稱前者「尋常光」，稱後者為「非尋常光」。

這一系列發現以及其他一些發現，都超出了原先的幾何光學所能說明的範圍，促使人們對光現象作深入一步的探討。光究竟是什麼，或者說光的本性是什麼的問題成了一個時期物理學家們的熱門話題。

關於光的本性的爭論

關於光的本性，古人早已有所猜測。以古希臘原子論派為代表的人們主張「微粒說」，他們認為光是一種非常細小的微粒。以亞里士多德為代表的另一派人們則主張光是宇宙中的某種媒質的運動形式。這兩種各不相同的看法一直延續到近代，重新引起了人們的爭論。

英國物理學家胡克於 1665 年提出，光是一種充滿空間的媒質的振動。他借用了古人的詞彙，稱這種媒質為「以太」。他認為，光之所以有不同的顏色，是因為以太的振動方向不相同的緣故。胡克的說法很含糊也不大正確，但對人們有所啓發。

荷蘭科學家惠更斯是近代光的波動說的主要倡導者。在 1678 年完成的《論光》一書中他闡述了光的波動說。他說光是由發光體發出而在媒質以太中傳播

的波，以球面波的形式向四面傳播，不
同源的光波在傳播過程中互不妨礙。他
設想，在光波的傳播過程中，波陣面上
的每一個點都是子波的中心，這些子波
的包絡便形成新的波陣面。這就是曾經
很有影響的「惠更斯原理」。他以這個
原理成功地解釋了反射和折射定律。不
過他的理論還不完備，也存在著一些漏

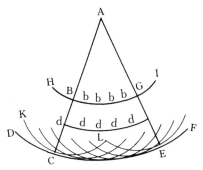

圖 27　惠更斯對光波傳播的解釋

洞，還只是為光的波動說打下了基礎。這裡需要說明的是，他認為光波在光密
介質（如水）中的傳播速度比在光疏介質（如空氣）中的傳播速度慢，這是日
後波動說戰勝微粒說的重要論據。

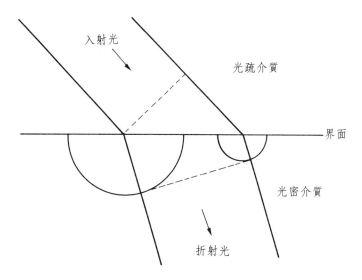

圖 28　惠更斯對光的折射的解釋

　　近代學者中最先力主微粒說的是笛卡兒。他認為光是由大量彈性微粒所組
成的。他說光的反射即是光的微粒依照力學的原理從彈性界面上的反彈，有如
彈性小球在堅硬的地面上反彈那樣。他對光的折射同樣以力學的方式來解釋。
他設想，光線從光疏介質進入光密介質時，就像運動的小球穿過一層薄布，它

的水平分速度不發生變化而垂直分速度則因光密介質的吸引力而增加，因此而發生折射。他的這個解釋意味著，光在光密介質中的傳播速度比在光疏介質中的傳播速度要快。他的這個說法與事實並不相符，不過那時人們還沒有找到測定光速的方法，對笛卡兒的假說無從定論。

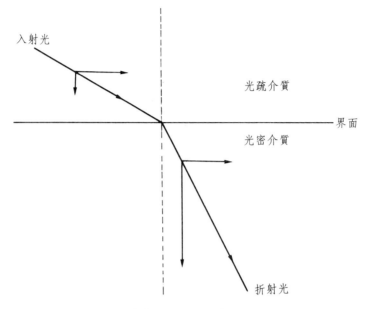

圖 29　笛卡兒對光的折射的解釋

　　牛頓也是傾向於微粒說的，這與他深受古代原子論的影響有關。他堅信光是一種實體，而且也考慮到當時的波動說對光的直進性不能作出令人滿意的解釋。不過牛頓注意到那些與光的直進性有違的光學現象，所以他並沒有完全執拗於微粒說，也說過光的微粒激發了以太的振動等等。他心目中的以太是某種比光微粒更加細微的充滿空間和萬物孔隙的粒子。他動搖於微粒說和波動說之間但更傾向於微粒說，並為此與胡克等人展開爭論。

　　光究竟是什麼？是某種物質的運動形式波動，還是某種實物微粒？這個古老的問題在那個時候還難有公認的答案。以胡克、惠更斯等人為一方和以牛頓及其支持者為另一方為此爭論不休。不過在後來的一百多年裡還是微粒說占了

上風。這是因為那個時候人們正在為經典力學的勝利而歡欣鼓舞，經典力學的思維模式深入人心，人們也都大多習慣於對一類物理現象尋求一種實體加以說明的思路，微粒說在他們看來顯然更有說服力，牛頓的崇高威望也深深地影響著人們。不過，到了十九世紀，事情又發生了變化。

波動說的復興

十九世紀開始的時候，多才多藝的英國學者楊 (Thomas Young, 1773 ～ 1829) 發表了一系列光學論文，把關於光的本性的爭論再次激發起來。人們早已知道聲音不是某種實物而是物體的振動，楊認為光的性質與聲音相類似，不過光不是別的什麼物體的振動而是以太的振動，不同顏色的光就在於它們的振動頻率各不相同。楊作過許多實驗，其中最著名的實驗之一是他發表於 1802 年的雙縫實驗。他使一光源發出的光通過兩條相距很近的狹縫然後投射到一屏幕之上，這時在屏幕上看到的不是一片光而是一系列明暗相間的條紋。這種現象後來稱為光的「干涉現象」。光的干涉現象無法用微粒說來解釋，而用波動說就能加以說明。他說，同一光源發出的光波在兩狹縫處分別形成了以狹縫為中心的子波，這兩個子波的振動情形完全相同（後來人們稱這樣的波為「相干波」），它們到達屏幕時，兩子波的波峰相遇或波谷與波谷相遇而疊合增強即為最明亮處，波峰與波谷相遇波動相互抵消便為暗紋。楊對干涉現象的解釋很有說服力。他在 1803 年還以同樣的道理說明了微粒說無法解釋的光的繞射現象。

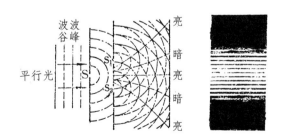

圖 30　雙縫實驗所見光的干涉條紋和楊的解釋

法國科學家菲涅耳 (Augstin Jean Fresnel, 1788 ～ 1872) 在不知道楊的成果的情況下，在 1815 年發表的科學報告裡也提出了他的關於光波干涉的思想。當他得知 13 年前楊已有言在先時十分懊喪。不過他們兩人並沒有因此而發生爭執，倒是彼此謙讓，互相支持，成為科學史上的佳話。楊的工作偏重於實驗，他的思維方法主要是類比，許多科學家對此不大能接受。菲涅耳也很重視實驗，但他更注重數學推理，因而更具說服力。不過楊和菲涅耳的工作還沒有使波動說取得最後的勝利，人們只認為菲涅耳的理論是對一些光學現象的很好的描述，但不一定能據此說明光的本質。況且從楊到菲涅耳都把光當作一種縱波① 來對待的，他們也都無法解釋其他一些光學現象。

光波不是縱波而是橫波，這是人們在研究光的偏振現象時才確認的。上文曾提及冰洲石的雙折射現象。 1808 年的一天傍晚，法國工程師馬呂 (Étienne-Louis Malus, 1775 ～ 1812) 透過冰洲石觀察不遠處玻璃窗所反射的日光時，他意外地發現，當轉動冰洲石至某一角度，原先看到的兩個日光像中的一個突然消失。後來他又透過冰洲石觀察經水面反射的燭光，也看到了同樣的現象。這種現象後來被稱為「偏振現象」。馬呂是微粒說的擁護者，他力圖以微粒說來加以解釋。其後，馬呂還發現這種現象同光線與反射面的夾角（入射角）有關，他的這個發現不久亦為英國物理學家布儒斯特 (David Brewster, 1781 ～ 1868) 所證實。布儒斯特於 1811 年經由實驗證明，若以自然光照射透明介質，當反射線與折射線成 90°角時，反射光即為全偏振光。布儒斯特也是微粒說的支持者和波動說的反對者。馬呂和布儒斯特的工作

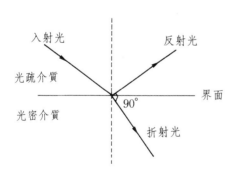

圖31　布儒斯特實驗示意圖

①縱波是指振動方向與前進方向一致的波動，如聲波即是。光波實際上是橫波，即它的振動方向與前進方向相垂直。

看起來對於波動說來說無異是沉重的打擊。然而事情又發生了戲劇性變化，真正弄清楚偏振現象道理的卻還是持波動說的楊和菲涅耳，偏振現象的正確解釋還成了波動說取得最後勝利的重要一步。

1816～1818 年菲涅耳對雙折射所分出的尋常光和非尋常光進行了一系列實驗研究。他使透過冰洲石所產生的兩束光重新會合，發現這兩束光並不發生干涉。由於他把光波看作是縱波，對此他無法加以解釋。這似乎使波動說陷入了更加困難的境地。楊進一步思考這個問題，他覺察到光波可能不是縱波而是橫波。菲涅耳經過三年的沉思之後，終於修正了原先的波動說，於 1821 年發表了光是橫波的見解。他說，光波的振動方向與它的前進方向相垂直，自然光的振動在與前進方向相垂直的平面內任意取向，偏振光則在與前進方向相垂直的平面內有確定的取向。自然光經過冰洲石折射後所形成的兩束光都是偏振光，它們的振動方向相互垂直，因此這兩束光不發生干涉。雙折射現象是冰洲石的晶體結構所造成的。這類晶體對通過它的光波的振動方向有限制作用，即某些方向只允許某種取向的振動通過而不允許其他取向的振動通過。馬呂看到的一個像消失現象，是由於某一取向的偏振光被晶體完全阻擋所致。

菲涅耳的橫波理論對偏振現象作出了比較合理的解釋，它改造了光的波動說，對光的波動說起到了起死回生的作用。不過，波動說的最終勝利還有待後人的工作。

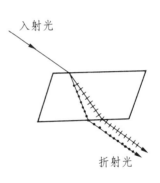

←→表示振動方向在紙面上

•表示振動方向與紙面垂直

圖 32　自然光通過冰洲石形成兩束光示意圖

光速的測定與波動說的勝利

光的傳播是否需要時間，古人對此曾有過不同的看法。有人認為光的傳播是即時的，不需要時間的，也有人認為是需要時間的。到了近代，科學家們都

認識到光的傳播是需要時間的，於是就產生了光速測定的問題。光的速度極大，測定其數值自是十分困難。十七世紀時伽利略就作過光速測定的嘗試，但沒有成功。到了十九世紀，科學家們又在新的構思和新的實驗條件下重新進行這項工作。1849 年法國物理學家菲索 (Armand Hipplyte Louis Fizeou, 1819 ～ 1896) 首次測得較好的數據，光速 c=315300 ± 500 千米／秒。隨後，法國科學家傅科 (Jean-Bernard-Léon Foucault, 1819 ～ 1868) 改進了測量方法，於 1850 年測得 c=298000 ± 500 千米／秒。這些數據都是光在大氣中傳播的速度。後來又有許多人繼續從事這項工作，所得數據日益精確。光速的數值是物理學的一個基本數據，至今人們仍然在追求它的更加精確的數值。在 1983 年的國際會議上，光在真空中的速度被定為 c=299792.458 千米／秒。

上文已經說及，波動說和微粒說對光在光疏介質和光密介質中的傳播速度有不同的看法。前者認為在光密介質中光速較慢，後者則認為在光密介質中光速較快。因此，弄清楚光在不同介質中的傳播速度對解決光的本性的爭論關係至為重大。這個任務終於在 1850 年由傅科完成了。他通過實驗測得光在空氣中的速度與在水中的速度之比接近於 4:3，證明了光在光密介質中的傳播速度較慢。這是對微粒說的致命的打擊。傅科的實驗成了科學史上的著名的判決性實驗，它宣告了波動說的勝利和微粒說的終結。

不過，由波動說引出的問題並沒有結束。那時主張波動說的學者都認為光波是充滿宇宙的以太的振動，可是人們還都沒有辦法證實以太的存在。日後的研究還發現，光的傳播雖然是連續的，但它的能量卻是不連續的。有關問題我們將在下文討論。

第二節　從熱現象研究到熱力學和分子物理學

人類從遠古起就知道冷熱的現象，也學會了一些應用熱能的技術，如在日常生活中用火以至於燒製陶瓷，冶煉金屬等等，但在很長的年代裡人們對熱現象還都只有一些十分粗淺的經驗性的知識。關於熱的知識的理論化和系統化是從近代才開始的。

熱學的早期進展

對於熱，原先人們只有冷一點、熱一點這樣粗略的概念。要弄清楚冷熱的程度，就需要有確定溫度和測量溫度的方法。熱脹冷縮的現象早為人知，最初人們就是利用這種現象來測溫的。

歷史上首次製造溫度計的人是伽利略。大約在 1593 年，他利用水和酒精的熱脹冷縮現象製成了溫度計。不過他的溫度計還只能大致地測出冷熱的程度，不可能有準確的數值測量，但是他的工作啓發了後人。又經過一百多年的努力，人們終於研製成以汞或酒精作為基本材料的實用的溫度計，這樣的溫度計一直使用到現在，這種類型的溫度計雖然不很精確，但已能滿足日常生活的需要。現在人們又有了更多更先進和更準確的測溫方法。

為了溫度的計量，就需要有標示溫度的方法。現在日常通用的有華氏溫標（通常以 °F 表示）和攝氏溫標（通常以 °C 表示）。華氏溫標是德國人華倫海特 (Daniel Gabriel Fahrenheit 1686 ～ 1736) 於 1714 年製定的。他把水、冰和鹽的混合物的溫度定為零度，把健康人血液的溫度定為 96 度[1]。攝氏溫標則是瑞典人攝爾西烏斯 (Anders Celsius, 1701 ～ 1744) 於 1742 年製定的。那時他把水的沸點定為零度，把水的冰點定為 100 度[2]。後來他的同事把水的沸點和冰點的度數倒轉過來，即定水的冰點為零度，水的沸點為 100 度[3]。這就是現時常用的攝氏溫標。若以華氏溫標計量，水的冰點為 32°F，沸點為 212°F，由此可得這兩種溫標的換算關係：$F=\frac{9}{5}C + 32$ 或 $C=\frac{5}{9}(F-32)$。華氏溫標和攝氏溫標現在都只作為日常一般使用的溫標，科學上現時普遍採用的是國際實用溫標，這是 1887 年國際計量委員會規定的，通常以 K 表示。 1986

---

[1] 依此法確定的溫度當然很不準確，現在人們實際上已不採用這種辦法。

[2] 其實水的冰點和沸點都與大氣壓力有關，當時人們對此還不瞭解。後來人們又重新規定，在一標準大氣壓下水的冰點爲零度，沸點爲 100 度。

[3] 事實上，對於同一種物質來説，它的比熱在不同的條件下（如不同溫度、不同壓力等）也稍有不同，不過當時人們還沒有認識到。

年該委員會公布的數據是，水在一標準大氣壓力下的沸點為 373.15K。國際實用溫標的一度與攝氏溫標的一度相當，這兩種溫標的換算有如下關係： C ＋ 273.15=K。

　　有了可供應用的溫度計人們便可以測定溫度。人們在經驗中知道，溫度高的物體可以使溫度低的物體升溫。這也就是說，物體的熱可以從一物轉移到另一物中去。為了弄清楚這類現象，十八世紀間科學家們作了許多實驗研究。1760 年英國科學家布萊克 (Joseph Black, 1728 ～ 1799) 指出，同重量而不同溫度的兩種物質間的熱傳遞達到平衡時，它們的溫度變化並不相同。比如說，其中一種物質的溫度降低了一度，另一種物質的溫度不一定就升高了一度。對於一種確定的物質，它的溫度升降的狀況則總是相同的。據此，布萊克和他的學生確立了「比熱」的概念。他們認為，物體的溫度固然與它所含的熱量有關，但物體的熱量與它所表現出來的溫度並不是一回事。或者說，溫度相同的物體所含熱量並不相同。同等重量的物體每升溫（或降溫）一度所吸收（或放出）的熱量，因它們各不同的物質構成而異。把各種物質升溫（或降溫）一度所吸收（或放出）的熱量與同重的水升溫（或降溫）一度所吸收（或放出）的熱量相比較，發現它們都有固定的比值。這個值就是這種物質的比熱①，不同的物質有不同的比熱。有了比熱的概念，物體之間熱量傳遞的問題就比較容易弄清楚了。

　　1761 年前後布萊克又發現，當物態發生變化時，如冰化為水或水化為汽時，物質不斷地吸收熱量而它的溫度卻不發生變化。他說，顯然是有些熱量「潛藏」到該物質裡面去了。當上述變化顛倒過來的時候，這些「潛藏」的熱量又釋放出來，在這個過程中該物質的溫度同樣也不發生變化。他把這部分「潛藏」於物質中的熱量稱為「潛熱」。

　　溫度、熱量、比熱、潛熱這一系列概念的建立，表明人們對熱現象的研究已經大為深入。

①事實上，對於同一種物質來說，它的比熱在不同的條件下（如不同溫度、不同壓力等）也稍有不同，不過當時人們還沒有認識到。

關於熱的本性的研究

熱究竟是什麼，這自然也是科學家們很關心的問題。十五世紀以來許多學者都認為熱是物質中某種微粒的劇烈運動，例如牛頓即持這樣的見解，不過那個時候人們還都不能對此作出科學的說明。但是到了十八世紀，把熱看作是一種實體的「熱質說」占居了主導地位。對熱學作出重要貢獻的布萊克就是力主熱質說的學者。熱質說認為熱是一種「無重的流體」，這種流體可以在各種物質中自由流動，某物體所含熱質的多少也就是它所含的熱量的多少，物體溫度的變化即該物體吸收或放出熱質，熱在物體間傳導就是熱質在物體間的流動，在熱傳導過程中熱質的量守恆，潛熱就是潛藏於物質中的熱質，如此等等。運用熱質說的觀點的確能夠解釋當時已知的大部分熱現象。熱質說對早期熱學的發展有過積極的作用，但它畢竟是一種錯誤的學說，到該世紀末，它就被徹底否定了。

1798 年美國人崙福德 (Benjamin Thompson Rumford, 1753 ~ 1814) 報告了他所作的一個實驗。他曾用一個很鈍的鑽頭去鑽浸泡在水中的炮筒，炮筒和水都迅速升溫，持續了一段時間之後，水便沸騰起來。他考慮，如此大量的熱不可能來自周圍的空氣或者其他物體，只會來自刀具的運動。因此，他認為熱其實不過是物質粒子振動的宏觀表現，所謂的「熱質」是不存在的。次年，即 1799 年，英國科學家戴維 (Humphrey Davy, 1778 ~ 1829) 作了另外一個實驗。他把兩塊冰放到真空容器裡，利用鐘表機械使它們在容器裡面相互摩擦，不久兩塊冰就化為水。他說，外部的「熱質」不可能進入真空容器，兩塊冰所得到的熱量沒有別的來源，只能是它們相互摩擦所造成的。這就表明「熱質」其實並不存在。這兩個實驗也是科學史上著名的實驗，它們使熱質說遭到了十分沉重的打擊。

蒸汽技術的早期發展

從十八世紀中期到十九世紀上半葉歐洲經歷了一場影響深遠的技術革命，它是以蒸汽機的廣泛應用為標誌的。人們對熱現象的探討促進了蒸汽技術的進

圖 33　薩弗里的蒸汽泵示意圖

步，蒸汽機的研製又推動了熱學的進一步發展。

1690 年法國人帕潘 (Deis Papin, 1647 ～ 1712) 首次提出了以汽缸和活塞構成蒸汽機的設想，並且製造出了一個實驗模型。其後，英國工程師薩弗里 (Thomas Savery, 1650 ～ 1715) 於 1698 年製成了一臺可用於礦井抽水的蒸汽泵，這是世界上第一臺可供實用的蒸汽裝置。如圖 33 所示，由於蒸汽在容器內冷卻而造成容器部分真空，大氣壓力使井下的水進入容器，這時再令高壓蒸汽進入容器，容器內的水即可從高處排出。不難看出，這臺裝置的工作效率很低，它需要很大的蒸汽壓力也容易造成爆炸事故，而且對深度超過 10 米的礦井它也就無能為力，因此它的實用性不大好。

首先製成實用性能較好的蒸汽機的是英國工匠紐科門 (Thomas Newcomen, 1663 ～ 1729)，他的機器於 1712 年投入使用。他的設計吸取了帕潘和薩弗里的裝置的優點。如圖 34 所示，蒸汽進入汽缸後把活塞推向上方，此時噴入少量冷水使缸內蒸汽冷凝以造成部分真空，大氣壓力便把活塞推回下方，活塞與帶有重物的平衡樑相連而牽動水泵。這種機器不需要太高的蒸汽壓便能連續工作，一時很受歡迎，在英國礦區廣為應用。

在蒸汽機的發展史上英國人瓦特 (James Watt, 1736 ～ 1819) 占有很重要的地位。他原是格拉斯哥大學的儀器修理工，與布萊克同在一所大學裡工作，兩人交往頗密。他在修理紐科門機的演示儀器時，想到了有許多應當改進的地方。他根據當時的熱學知識，認為紐科門機讓蒸汽在汽缸中冷凝損失了大量潛熱，也浪費了許多時間。於是他製造了一個獨立的冷凝器，使蒸汽在冷凝器內冷凝，汽缸則始終保持較高的溫度。他改進後的機器的熱效率提高了很多，於

1769 年獲得了專利。後來瓦特繼續研究蒸汽機。 1781 年他和他的助手一起發明了行星式齒輪，以連桿與曲軸配合的方式把活塞的直線運動轉化為圓周運動； 1782 年他又發明了使活塞在兩個運動方向上都能作功的方法； 1788 年他還發明了自動控製機器轉速的離心調速器。瓦特這一系列工作不僅大大地提高了蒸汽機的工作效率，更重要的是使蒸汽機成為可以帶動其他機器工作的真正的動力機。

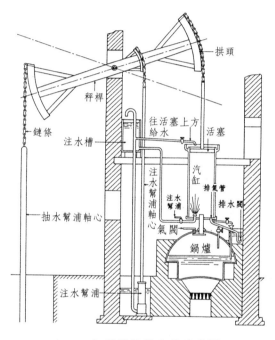

圖 34　紐科門蒸汽水泵示意圖

　　蒸汽機的發明、改進及其在生產中的大量應用意義重大。它表明人類又掌握了一種可供利用的動力，引發了一場規模空前的技術革命，使社會生產力躍上了一個新的臺階。

　　前面我們已經說到熱學的發展對蒸汽機的改進所起的作用，下面我們再看看蒸汽機技術的進步促進熱學研究的情形。

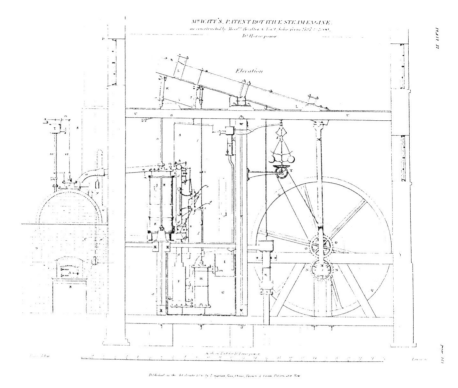

圖 35　瓦特蒸汽機示意圖

能量守恆與轉化定律的確立

　　遠在古代人們已經有過運動不滅的猜測。近代最早明確地提出運動守恆的思想的是笛卡兒，不過那依然還是思辨的產物，並沒有科學上的證據。十八世紀末，人們相繼發現了許多不同物質運動形式相互轉化的事例。上文說到過的崙福德和戴維的實驗證明了機械運動可以轉化為熱運動，蒸汽技術則是把熱運動轉化為機械運動的實際應用。 1800 年人們發現電解水得出氫和氧，知道了電運動可以產生化學變化；同年發明的伏打電堆（一種原始電池）又表明化學變化能夠產生電。 1805 年人們知道了電流經過導體會產生熱， 1821 年德國人塞貝克 (Thomas Johann Seebeck, 1770 ～ 1831) 製成溫差電偶①，又說明熱

可以轉化為電。摩擦（機械運動）生電的現象是人們早就知道了的，1820 年人們又知道電和磁可以相互轉化，次年更知道了電與磁的聯合作用能夠產生機械運動。這許許多多的事例都告訴人們，過去看起來似乎是各不相關的、不同的物質運動形式之間必定存在著某種內在聯繫。這個問題引起了十九世紀中葉一大批科學家的興趣，最終導致了能量守恆與轉化定律的確立。

　　最早把能量守恆與轉化看作是自然界的普遍規律，並試圖得出熱功當量的是德國醫生邁爾 (Julius Robert Mayer, 1814 ～ 1878)。1840 年他曾作為隨船醫生去海外航行，注意到了一些物質運動形式轉化的事例，便著意研究這個問題。1842 年他發表論文指出，「力② 是不滅的、可轉變的和不可稱量的東西。」1845 年他又在一篇論文中說：「無不能生有，有不能變為無。」「在死的和活的自然界中，任何地方，沒有一個過程不是力的形式的變化。」邁爾還進一步論證了機械運動中的勢能、動能與熱量的轉化和守恆關係，他利用他人的實驗數據，經過計算先後得出 1 卡=365 克‧米和 1 卡=367 克‧米這兩個數值③。這些數據雖然都不大準確，但有開創性的意義。邁爾的工作當時沒有得到科學界的承認，因為他以哲學推理為主的研究方式不受科學家們的歡迎。邁爾因為遭受冷落而痛苦萬分，甚至憤而自殺，幸而未死，後來又曾被送入瘋人院接受治療。直到該世紀 50 年代末他的工作才逐漸為人們所賞識，並因此得到了一系列榮譽。

----

①塞貝克在實驗中發現，把甲乙兩種不同金屬連接成如圖所示的情形
　　時，若使兩種金屬的結合處 a 和 b 保持不同的溫度，AB 兩端即產
　　生一電動勢，如果使 AB 兩端相接成閉合回路，回路中將出現電
　　流。

②這裡的「力」實即「能量」。那時還沒有能量的確切概念，一般科學家都把能量稱作「自然力」或
　　者「力」，到十九世紀 50 年代才統稱為能量。

③「卡」是熱量單位。現代的定義是：在一標準大氣壓下使 1 克純水溫度升高 1°C 所需的熱量為 1
　　卡。

對能量守恆與轉化定律作出重要貢獻的另一位人物是英國業餘科學家焦耳 (James Prescott Joule, 1818 ～ 1889)。他是一位啤酒廠的廠主,從少年時代起就對科學有濃厚的興趣,一生在家裡做過許多實驗,取得了不少有價值的成果。 1840 年他通過實驗發現了電流通過導體產生熱量的規律,即我們現在所說的焦耳定律,通常表示為 $P=I^2R$。(P 為熱功率, I 為電流強度, R 為該導體的電阻。)焦耳的另一重要貢獻是他對熱功當量的測定。從 1843 年首次公布他的實驗結果,到 1878 年他發表最後一批報告為止,焦耳孜孜不倦地為此工作了 30 餘年,以多種方法進行了 400 多次實驗,意在使所得數據愈加精確。他最後公布的數據是 1 卡=424.71 克·米,這個數據已相當精確。(目前國際公認的數值是 1 卡=427.14 克·米。)他的工作也曾受到持熱質說的學者的反對,不過由於焦耳運用了多種測定方法,重複性又相當好,他的結果令人不得不信服。

熱功當量的測定是科學史上的重大事件,它使人們認識到熱量和機械功有著嚴格的對等的關係,熱質說從此退出歷史舞臺。過去人們只是以思辨的方式推斷能量的守恆與轉化,如今有了電熱轉化的定量關係,又有了機械能熱轉化的定量關係,這就使能量守恆與轉化從純粹的猜測推向科學的認知的階段。作為自然界的普遍規律的能量守恆與轉化定律已在逐步形成。

能量守恆與轉化定律的最終確認還經過許多科學家的努力,這裡既需要理論思維的概括,也需要多方面的實驗檢驗與證明。德國科學家亥姆霍茲 (Hermann von Helmholtz, 1821 ～ 1894)、克勞修斯 (Rudoff Julius Emanuel causius, 1822 ～ 1888),英國科學家 W. 湯姆遜 (William Thomson,即開爾文勳爵, Lord Kelvin, 1824 ～ 1907) 等人都為此作出了貢獻。至十九世紀 60 年代,科學界便公認能量守恆與轉化定律是自然界的普遍規律。「能量」這個概念是 W. 湯姆遜提出來的,用以取代過去「力」的含混的說法,很快便得到大家的認可。「能量守恆與轉化定律」這樣一個完整的提法則源自恩格斯 (Friedrich Engels, 1820 ～ 1895)。

能量守恆與轉化定律的確立,在哲學上和科學上都有重大意義。從哲學上說,它為人們對物質世界運動形式的多樣性及其統一性的認識,對物質運動在

量上和質上的守恆性的認識，都提供了科學的依據。在科學上，它被稱為物理學的「最高定律」（法拉第），「宇宙的普遍的基本定律」（克勞修斯）。恩格斯則稱之為十九世紀三大發現之一。

我們知道，在此之前的年代都曾有過許多人試圖製造不消耗能量又能作功的「永動機」，搞過許許多多甚至可以說是十分精巧的設計，雖然沒有人能夠成功，但仍有不少人在作這種努力。1775 年法國科學院正式聲明不再受理審查任何有關「永動機」的設計方案，認為它根本違背了能量守恆與轉化定律，表明這個定律已為科學界所確認。

能量守恆與轉化定律的確立給了科學家們很大的鼓舞。它幫助人們弄清楚了許多問題，得到了許多重要的發現。運用這個定律研究物質運動種種問題的時候，常常可以只從起始狀態和終結狀態的能量變化作總體上的把握，不必考慮變化過程的具體途逕和細節，這就給了人們很大的方便。

熱力學第一定律

熱力學是熱學的一個分支，它的主要任務是從能量轉化的觀點來研究熱現象，它的產生和發展與人們對蒸汽機的研究直接相關。蒸汽機的社會效益廣泛地引起了人們的關注，如何提高蒸汽機的效率問題，一時成了許多人的研究課題。工程師們著意於從技術上加以改進，科學家們則主要從理論上進行探討，這就產生了熱力學。熱力學的研究雖然始自蒸汽機，但作為一種理論卻又有普遍的意義，它後來的應用領域遠遠超出蒸汽機以至一般熱機的範圍，有關情況我們在下文將會看到。

熱力學第一定律其實就是能量守恆與轉化定律的一種特殊形式，它對人們確認能量守恆與轉化定律有過重要作用。對此作出貢獻的是一批科學家，其中最主要的人物是克勞修斯。

在前人工作的基礎上，克勞修斯於 1850 年第一次提出了熱力學第一定律。他指出，當一個系統的工作物質無論以任何方式從某一狀態過渡到另一狀態時，該系統對外作功與傳遞熱量的總和守恆。這就是熱力學第一定律。若以公式表示，可以寫成

$$\triangle U = A + Q$$

公式中的 $\triangle U$ 表示系統內能（當時克勞修斯稱爲「潛熱」）的增加，A 表示系統所作的功（A 爲正值時表示外界對系統作功，爲負值時表示系統對外界作功），Q 表示系統與外界的熱量傳遞（Q 爲正值時表示系統從外界吸收熱量，爲負值時表示向外界釋放熱量）。換一種說法，熱力學第一定律也可以表述爲：一個物質系統與外界之間所傳遞的熱量等於該系統內能的增加與系統所作的功之總和。用公式可以寫成

$$Q = \triangle \overline{U} + （-A）$$

上述兩種表述是完全等價的。克勞修斯贊成熱是一種運動的觀點，他所說的「潛熱」指的就是物質系統內部的運動所包含的能量，不過他用語含混，後來人們改用「內能」這一科學表述，內能這個概念對於進一步揭示熱現象的本質有重要意義。

我們原先已經有了熱功當量的概念，它準確地告訴我們機械功→熱能轉化的關係。現在我們又有了熱力學第一定律，它告訴我們機械功←→熱能轉化的雙向關係，並且更加深入地揭示了能量轉化過程的內部聯繫，告訴我們在處理熱能和機械功轉化的問題時，還得考慮到系統的內能的變化。

熱力學第一定律實際上是能量守恆與轉化定律在熱能與機械能轉化上的特殊形式，它現在已經成爲熱機研究以至於其他許多學科（如化學）研究的理論基礎之一。

熱力學第二定律

熱力學第二定律所表述的是一個孤立系統中熱功轉化的問題，它不考慮系統爲何種工作物質，也不涉及系統內部的功能轉換，所關心的只是該系統變化前後的溫度的關係。最早思考這個問題的是法國人卡諾 (Nicolas Leonard Sadi Carnot, 1796 ～ 1832)。

卡諾曾是一位軍事工程師，對熱機有著濃厚興趣，從軍隊退役後更潛心於熱機理論的研究，意在提高熱機的效率。爲了深入地揭示熱機的本質，他於 1824 年提出了「理想熱機」的概念。所謂理想熱機，是不管它的工作物質是

什麼，也不管它是什麼樣的機器，只考慮它是靠熱來作功的機器。這完全是思維中的抽象，是對熱機的高度概括。抽象出理想熱機的概念，標誌著熱機研究的理論化達到了新的高度。這樣一種稱為「理想模型」的研究方法對後人也很有啓發。那時大多數人仍然相信熱質說，卡諾原先也是熱質說的信奉者。他認為可以想像熱機有如瀑布，熱從高處流向低處，熱能便轉化為機械功，熱質的總量並沒有變化，同量的熱量產生同量的功。由此他得出一個結論：熱機必須工作在高溫熱源和低溫熱源之間。比如說，蒸汽機必須工作在高溫蒸汽和被冷卻的蒸汽這兩種物質狀態之間。熱機的效率取決於兩個熱源的溫度差，溫差越大，熱機的效率越高。他的另一個結論是：在兩個固定熱源之間工作的熱機以「可逆機」的效率最高。所謂可逆機也是一種想像中的熱機，這種熱機經過一個循環之後，熱機系統和外界都完全恢復原狀，這是不可能做到的。也就是說，熱機效率的提高是有上限的，我們不可能使熱量全部轉化為機械功。

　　卡諾這些看法為熱力學第二定律的建立奠定了基礎，但是他以熱質的觀點作為思考的出發點和論證的根據是錯誤的，不過他的結論對於提高蒸汽機的效率有積極的意義。歷史上常有這樣的事，思考問題的基點並不正確卻得出了有價值的結論，卡諾的工作便是一例。其實卡諾後來也拋棄了熱質說而轉向運動說，可惜他英年早逝，有關這個問題的手稿到了 1878 年才為人們所發現，對於熱力學的進程已經沒有什麼影響了。

　　建立熱力學第二定律的功勞屬於反對熱質說而主張熱是一種運動的學者。克勞修斯於 1850 年發表了一篇論文，他既吸收了卡諾思想的合理成份，又批判了卡諾所持熱質說的錯誤，首次提出了熱力學第二定律的基本思想，他說：「熱到處都表現為這樣的企圖：要使所出現的溫差消失並因而要從較熱的物體轉移到較冷的物體。」1854 年克勞修斯又在一篇論文中闡明他的觀點，並把熱力學第二定律表述為：「熱永遠不可能由冷體傳到熱體，如果沒有與之相聯繫的、同時發生的其他變化的話。」

　　克勞修斯的工作並沒有到此為止，他還提出了「熵」的概念，這個概念後來成為熱力學的重要概念之一。

　　克勞修斯指出，在卡諾理想熱機循環中，若工作物質的溫度為 T_1 和 T_2，

它們所吸收和放出的熱量為 Q_1 和 Q_2，則

$$\frac{Q_1}{T_1} + \frac{Q_2}{T_2} = O$$

（吸收熱量時 Q 為正值，放出熱量時 Q 為負值。）

理想熱機的效率 η 可以表示為

$$\eta = \frac{Q_1 - Q_2}{Q_1} = \frac{T_1 - T_2}{T_1}$$

這個式子表明熱機的效率僅為兩個熱源的溫度所決定而與工作物質無關。

克勞修斯將他的理論推廣至任意可逆循環，得到

$$\oint \frac{dQ}{T} = 0$$

其後他又把這個公式推廣至一般循環，得

$$\oint \frac{dQ}{T} \leq 0$$

在可逆循環的情況中，這個積分等於 0，在不可逆循環的情況則小於 0。接著，克勞修斯令 $dS = \frac{dQ}{T}$，並把 S 稱為熵。熵是表徵物質系統熱學狀態的物理量，它只與物質系統的熱學狀態有關，而與工作物質的種類無關。某一物質系統的熱學狀態為一定時，它的熵為定值，其熱學狀態發生變化時，熵值也發生相應的變化。在不可逆循環中熵的值總是增加的。他說，熵「表明在一個物體中由熱所促成的它最小組成部分之間的分散與遠離已發生到何種程度，並且我稱它為物體的離散度」，「在所有的自然現象中，熵的值只能增加而不能減小。」因此，熱力學第二定律也可以稱為「熵增加原理」。熵的概念後來更被推廣到熱力學以外的廣闊領域，成為一個重要的科學概念，有關情況我們將在下文說到。

與克勞修斯同時，W.湯姆遜也在研究這個問題，他比克勞修斯晚一年，於 1851 年也獨立地提出了相同的結論。W.湯姆遜指出：不可能從單一熱源吸取熱量使其轉變為有用功而不產生其他影響。他們兩人的說法雖然不同，但是所表達的意思則是一致的。他們的表述即是現今通常所說的熱力學第二定律的兩種表述方式。W.湯姆遜一再表示，發現熱力學第二定律的優先權屬於克

勞修斯而不屬於他自己，其實應當認為他們兩人同樣作出了貢獻。

　　熱力學第二定律給人們指示出熱運動過程的方向，同時表明了熱運動過程的不可逆性。它告訴我們，熱總是從高溫物體傳向低溫物體，要改變這個傳向必須有外界的作用。在一個封閉系統內（即無外界作用的情況下）這個過程是不可逆的，即在一個封閉系統中總是存在著熱耗散（熵增加）的過程，其結果將是該系統內的熱平衡。在熱平衡的狀態下，一個系統若無外部作用便不可能作功。熱力學第二定律的意義超出了熱機研究的範圍，成為處理熱運動以至於其他運動形態的普遍適用的基本原理。

　　熱力學第二定律的建立，無疑是人類對熱現象研究的重大成就，然而有些時候人們也會因自己的成就而自尋煩惱。克勞修斯和 W. 湯姆遜就是這樣。W. 湯姆遜在 1852 年發表的一篇論文裡說，由於能量總是處於不斷耗散（熵增加）的趨勢，「在一段時間以後地球也一定是不適於人類像現在這樣地居住」。克勞修斯在 1865 年的論文裡更說，「如果最後完全達到了這個狀態（指能量不斷耗散以至於達到熱平衡的狀態），也就不會再出現進一步的變化，宇宙將處於死寂的永恆狀態」。這就是所謂的「宇宙熱寂說」。一個時候一些人因此而惶惶然，以為看到了宇宙的末日。不過也有不少科學家對此說予以批判，他們正確地指出熱力學第二定律只適用於封閉系統，人類生活的環境並非封閉系統而是開放系統，對於宇宙整體來說熱力學第二定律是否適用也是一個尚待探究的問題，不能據此得出結論。當然，就宇宙總體而言，它所遵循的究竟是什麼樣的規律，這些問題的科學結論還需要科學家們的努力。

低溫現象的研究與熱力學第三定律

　　隨著熱學研究的逐步深入，低溫現象引起了許多科學家的興趣。十八世紀末，荷蘭人范‧馬魯姆 (Martin van Marum, 1750 ～ 1837) 首次以增大壓力的方法使氣態氨轉變成液態氨。英國科學家法拉第 (Michael Faraday, 1791 ～ 1867) 從 1823 年開始，也設法使多種氣體轉變為液體，但是有一些氣體如氧、氮、氫等的液化卻沒有成功。因此一些科學家認為這些氣體是「永久氣體」，即不可能轉變為液態的氣體，也有一些人試圖以繼續增大壓力的辦法來

使空氣液化，但即使壓力加大到 3000 個大氣壓仍然不能奏效。 1869 年英國物理學家安德魯斯 (Thomas Andrews, 1813 ～ 1885) 在研究二氧化碳的氣液相變時終於發現了相變的「臨界溫度」。其後的研究判明，不同氣體有不同的臨界溫度，只有在臨界溫度以下氣體才有可能液化，如果氣體的溫度超過其臨界溫度，無論壓力多大它都不可能液化。人們這才弄明白，那些所謂「永久氣體」其實是臨界溫度極低的氣體，如氧的臨界溫度為 90.2K，氫為 33.19K，氦為 4.1K。隨著這些「永久氣體」的液化研究，科學家們開始了向低溫領域進軍的歷程。

對低溫現象的進一步研究和熱力學第三定律的建立，是二十世紀以後的事。為敘述方便起見，我們在此提前略作介紹。

首次成功地使氦液化，是荷蘭萊頓大學低溫物理實驗室的科學家們在 1908 年實現的。 1911 年這個實驗室的領導者開默林—昂內斯 (Heike Kamerlingh-Onnes, 1853 ～ 1926) 在實驗中發現了一個令人十分驚異的現象：當汞、鉛、錫這些金屬導體在 10K 以下時，它們的電阻會突然變得非常小，其數值幾乎接近零。這種現象稱為「超導現象」。 1913 年開默林——昂內斯因此榮獲諾貝爾物理學獎金。 1937 年蘇聯物理學家卡皮察 (1894 ～ 1984) 和英國物理學家阿倫 (John Frank Allen, 1908 ～)、邁申納 (Austin Donald Misener, 1911 ～) 差不多同時而獨立地發現了液氦的「超流性」，這也是一種十分奇特的現象，液氦在 2.2K 以下時可以無摩擦地從毛細管中流出。這些低溫現象的機理物理學家們尚在研究之中，超導現象有廣闊的應用前景，尤為科學家們所關注。

在電能輸送過程中，由於輸電線路上存在著電阻，總要使部分電能轉化為熱能而損耗掉，電流越大損耗越大，根據焦耳定律，損耗功率 $P=I^2R$。如果能研製出一些在溫度不太低的條件下即具備超導性能的材料，那將使電技術出現新的局面。為此，各國科學家正在展開一場激烈的競賽，中國物理學界的成績一直居於前列。最近有報導稱，美國得克薩斯超導中心的研究小組取得了在 153K （即 -120℃ ）時實現超導的最好記錄。人們都在期待不久的將來出現根本性的突破。

當低溫現象為許多科學家所關注之時，德國物理化學家能斯脫 (Walther Hermann Nernst, 1864 ～ 1941) 在研究極低溫度下化學反應性質的過程中，於 1906 年提出了熱力學第三定律。後來他在 1912 年的著作中作了這樣的表述：「不可能通過有限的循環過程使物體冷到絕對零度。」這就是我們現在通常採用的熱力學第三定律的表述方式。熱力學第三定律不能夠由任何其他物理定律推導而得，只能看成是根據實驗事實所作出的經驗性總結。能斯脫因他在熱力學上的貢獻而榮獲 1920 年度諾貝爾化學獎金。

氣體分子運動論與熱現象的微觀解釋

早在古希臘時期就有人提出過熱是微粒運動的看法。十七世紀，牛頓等人也曾認為熱是微粒的運動。其後也有一些人發表過類似見解。但在熱質說盛行之時，這些比較正確的看法被湮沒了，當人們否定熱質說，知道了熱是一種運動以後，自然又要回過頭來探討熱究竟是什麼東西在運動的問題。十九世紀初原子－分子學說出現以後，人們很容易就把熱運動與組成物質的分子聯繫起來。從 1857 年開始，克勞修斯陸續發表了一系列文章，提出了氣體分子運動論。他認為，氣體分子由於相互碰撞而作無規則運動，大量氣體分子的這種無規則運動的宏觀表現就是氣體的種種熱性質。在忽略氣體分子的大小和分子間的作用力的情況下（即所謂「理想氣體」）[1]，氣體分子運動的激烈程度（準確些說是氣體分子的平均動能）決定著氣體的溫度；氣體分子碰撞容器壁而在單位面積上給予器壁的平均衝量表現為該氣體的壓強大小；不同密度或不同狀況的氣體分子由於碰撞而產生的相互混亂或占據盡可能大的空間的現象就是氣體的擴散。上述這些就是氣體分子運動論的基本內容。氣體分子運動論對氣體的熱性質從微觀的角度作出了全面的解釋，它說明氣體的熱現象是氣體分子運動的宏觀表現。如果我們把氣體分子的碰撞看作彈性小球式的碰撞，那就可以根據牛頓力學推算出氣體分子的平均速度、平均動量和平均動能，可以說明氣體的溫度、壓強、氣體的擴散與分子運動速度、單位體積內分子的數目等因素

---

[1]這樣的氣體實際上是不存在的，只是爲考慮問題方便而假想出來的，這是科學上常用的方法。

之間的關係。

統計物理學的興起

氣體運動論的建立，為人們研究熱現象開拓了新的思路，物理學從此產生了一個新的分支──統計物理學。

我們說可以運用牛頓力學來處理氣體中分子運動的問題，並不是說可以運用牛頓力學來處理氣體中每一個分子的運動然後加以綜合，就能把握氣體的狀況。因為氣體包含著大量分子，其中每個分子的運動狀態都具有隨機性，即對於每一個分子來說，它的運動狀態受到偶然性的支配。分子間和分子與器壁之間不斷地發生隨機性的碰撞，分子在碰撞中交換能量和改變運動方向，這都是我們無法逐一把握的，不過就其總體而言，分子的運動狀態又是必然的，因此我們可以運用統計的方法把握分子運動的總體狀況。統計物理學就是運用統計方法研究由大量微觀粒子所組成的物質系統的學科。

英國物理學家麥克斯韋 (James Clerk Maxwell, 1831 ～ 1879) 是分子運動論的統計理論奠基者之一，他不贊成克勞修斯的「分子以相同的速率運動」的假設，認為「氣體分子具有相同的速率是不大可能的」，據此以建立他的理論。他運用統計的方法研究氣體分子的速率分布，從而開創了統計物理學。1859 年他從大量分子雜亂運動的假設出發，得到這樣的結論：氣體分子經過大量碰撞而相互交換能量之後，並非使這些分子具有相同的速率，而是導致它們的速率呈現出一種統計分布規律，各種速率都會以一定的機率出現。經過運算，他得到在某一溫度時氣體分子速率的機率與速度的關係：

$$\frac{dN}{Ndv} = 4\pi \left(\frac{m}{2\pi KT}\right)^{\frac{3}{2}} e^{-\frac{mv^2}{2KT}} V^2$$

（式中的 dN/N 即速率間隔 dv 內的分子數 dN 在全部分子數 N 中所占的比率；v 為分子的速率；m 是分子的質量；k 現在稱為玻耳茲曼常數，其值為 k=1.38 × 10^{-23} 焦耳／度；△ T 是氣體的絕對溫度。）

這個關係可用曲線表示如圖 36。其中的縱坐標表示出現某種速率的氣體分子

的機率，橫坐標表示氣體分子的速率。如果把曲線下的面積分成若干個相等的區間 (△ v)，我們看到分子出現在各個區間的機率並不相等，包含 V_p 的區間面積最大，即分布在此區間的分子最多。

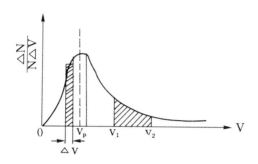

圖 36　在某一溫度時氣體分子速率的機率分布曲線

　　麥克斯韋的公式表明這一分布曲線與氣體溫度有關，同一氣體在不同溫度下的分子速率機率分布曲線可以圖 37 表示。比較兩條曲線可知，當氣體的溫度升高時，曲線的峰值右移，速率小的分子數目減少，速率大的分子的數目增加，曲線趨於平緩。

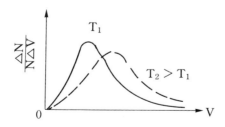

圖 37　不同溫度下氣體分子速率的機率分布曲線

　　德國物理學家玻耳茲曼 (Ludwig Eduard Boltzmann, 1844 ～ 1906) 在麥克斯韋的影響下繼續運用統計方法研究氣體問題，從 1866 年開始陸續發表他

的研究成果。他推廣和改善了麥克斯韋所導出的結果，繼續運用統計方法按分子運動論的觀點闡明了熱力學的許多問題。玻耳茲曼指出，自然界中的自發傳熱過程之所以總是從高溫到低溫的方向傳遞，從系統有溫差向無溫差（溫度均衡）的方向變化，即從有序狀態向無序狀態變化，或者說熵總是處於增加的趨勢，是因為分子的碰撞完全是隨機的，碰撞的結果使分子的動量趨於平均化的機率最大，即大多數分子的運動狀態（速率、動量、動能）趨於一致的可能性最大，雖然也會有一些分子在碰撞後的速率、動量、能量增加了，但這樣的機率很小，所以總的趨勢還是從有序走向無序，熵值增加，它的溫度趨於均衡。

麥克斯韋和玻耳茲曼的工作表明了分子運動論的徹底勝利，熱質說至此已完全成為歷史陳跡。

麥克斯韋和玻耳茲曼早期的工作是把單個粒子作為統計對象來處理的，這種方法對於具有複雜相互作用的粒子系統無能為力，因此他們又進一步考慮以系統作為統計個體的問題。美國理論物理學家吉布斯 (Josiah Willard Gibbs, 1839～1903) 繼承和發展了他們的思路，以系統為統計對象，引進了「系綜」的概念，建立了「統計力學」，使經典統計物理學的理論體系最終完成。本世紀以來，統計物理學更發展到量子統計物理學的階段。有關這些問題本書不準備敘述。

統計物理學的研究表明，一個系統的熱現象不取決於單個分子的運動狀況而取決於大量分子的運動狀況，它不遵循單個分子的運動規律，只遵循大量分子的統計規律。事實上，無論自然現象還是社會現象，許多時候我們都只能運用統計規律來描述大量單個事件的集合體的狀態，這是我們認識這類事物的唯一正確的方法。單個事件在這類事物中的狀況具有隨機性，它不能代表這類事物的總體規律，只有大量事件的統計規律才能反映這類事物的必然性。麥克斯韋和玻耳茲曼等人把統計學的方法引入物理學，不僅成功地解釋了熱現象從而創立統計物理學這一學科分支，更重要的使人們認識到一種新的、十分有效的、具有普遍意義的研究方法。

第三節　從電磁現象研究到電磁場理論

人類對電和磁現象的認識歷史久遠。我國還在春秋戰國時期即有「玳瑁吸
裙」① 和「慈石召鐵」② 的記載。古希臘人也早就發現經過摩擦的琥珀能吸引
細小的物體，也知道磁石能夠吸鐵。我們在上文已經介紹過中國古人關於磁現
象的一些知識。但是作為科學的電學和磁學還是從十七世紀才開始的。

吉伯對電磁現象的研究

1600 年，當時任英國女皇禦醫的吉伯 (William Gilbert, 1544 ～ 1603) 發
表了他的一部著作，記載了他對電磁現象的實驗研究。他經過實驗，認定地球
具有磁性，有如一塊大磁石；他認識到磁石有兩個磁極，若把一塊磁石從中間
截斷，切口處又會形成新的磁極；他知道了同名磁極相互排斥，異名磁極相互
吸引；他推測磁石之間的作用力與兩磁石之間的距離成反比③。吉伯的這些工
作顯然是指南針傳入歐洲並為歐洲人廣泛應用以後的反映。關於靜電現象，吉
伯也作了一系列實驗研究。他發現除了琥珀之外還有許多物質經過摩擦可以吸
引其他物體，如金剛石、水晶、硫磺、火漆、玻璃等，金屬類物質則沒有這種
性質。他的工作旨在弄清楚各種事實，體現了那個時代的實驗精神，為近代電
磁學的研究揭開了序幕。

電學的早期進展

靜電和靜磁現象有很多相似之處，中國古人就不大能分得清楚。吉伯則指
明這是兩種不同的現象，這對人們得以分別研究這兩種現象大有好處。

---

①裙指細小的物體。這句話的意思是：經過摩擦的玳瑁能夠吸引細小的物體。此語載於《春秋緯‧考
　異郵》。

②「慈石」即磁石。這句話的意思是：磁石吸鐵。見載於《呂氏春秋‧精通》。

③現在我們知道，磁極之間的作用力與兩磁極強度的乘積成正比，與兩磁極間的距離的平方成反比。

到十八世紀，人們對電現象的實驗研究有如下發現：

(1)發現自然界中有兩種不完全相同的電。一種是以毛皮摩擦玻璃、水晶等物所產生的電，當時稱之為「玻璃電」，後來叫做「正電」；另一種是以絲綢摩擦琥珀、樹脂等物所產生的電，當時稱之為「樹脂電」，後來叫做「負電」。這兩種電之間同名相斥，異名相吸。

(2)發現了電的傳導和電的感應現象。原先人們只知道電在摩擦中產生，通過直接接觸可以使另一物帶電，後來在實驗中發現，利用一根金屬線就能夠使電從一物傳至另一物，即電可以通過金屬線來傳導；人們又發現使一不帶電物體與一帶電物體靠近但不與其接觸時，也能使該物帶電，這就是靜電感應現象。

(3)發現了火花放電現象。天空中的雷電早就引起了人們的注意，但它的道理過去人們無法知曉。人們在實驗室中注意到，當兩個帶有足夠多電荷的物體靠近到一定的距離時，兩個物體之間會發生放電現象，這時可以看到火花和聽到啪的聲響，與天空中的雷電現象十分相似。 1752 年美國政治家兼科學家富蘭克林 (Benjamin Franklin, 1706 ～ 1790) 冒著生命危險在雷雨天裡用風箏把空中的電引入室內，證明了它與由摩擦而生的電完全相同，從而弄清楚了雷電產生的機理。

(4)發現了靜止電荷間相互作用的規律。這是 1785 ～ 1786 年間法國物理學家庫倫 (Charles Augustin de Coulomb, 1736 ～ 1844) 完成的，稱為庫倫定律。庫倫定律指出，兩個靜止的點電荷① 間作用力的大小與它們所帶電量的乘積成正比，與它們之間距離的平方成反比，可用代數式表示為：

$$f = \frac{1}{\varepsilon} \times \frac{q_1 q_2}{r^2}$$

這裡 f 表示兩電荷之間的作用力， q_1 和 q_2 分別表示兩點電荷的電量， r 為它們之間的距離， ε 稱為介電常數，其值因電荷間介質的不同而異。

___

①不考慮帶電物體的大小和幾何形狀，假定其電荷集中於一幾何點。這也是為處理問題方便而作的抽象。

(5)發現了電流。其實,以金屬絲使電從一物傳至另一物就產生了電流,不過那時人們還沒有想到這個問題。 1780 ～ 1791 年間,意大利醫生伽伐尼 (Luigi Galvani, 1737 ～ 1789) 作了大量電學實驗。 1780 年間他發現,當兩種不同金屬分別與蛙腿的肌肉和神經相接觸,金屬的另外兩端又相連時,便有電從那裡流過,蛙腿的肌肉因電流作用而不斷抽搐。他誤以為電是生物體產生的。伽伐尼的工作引起了他的好友、意大利科學家伏打 (Alessandro Giuseppe Antonio Anastasio Volta, 1745 ～ 1827) 的注意。伏打經過反覆實驗後指出,電流的產生是由於兩種不同的金屬同時插入液態導體中所致,不論這種導體是否是生物體都會產生電流。根據他的發現,伏打於 1800 年製成了名為「伏打電堆」的最早的電池。有了電池,人們就可以獲得持續的電流,使電學的研究推向了新的階段。

與上述種種發現的同時,人們也在考慮電的本質的問題。法國人迪費 (Charles François de Cisternay dufay, 1689 ～ 1739) 於 1733 年提出了電的兩流體說,他認為電是流體,兩種不同的電分別是兩種不同的流體,物體帶電即是在該物體中的兩種電流體在數量上不平衡的原故,若是兩種電流體處於平衡狀態,電性中和,物體便不顯電性。富蘭克林也於 1750 年提出了另一種電流體說。他認為電是無重量的流體,但只有一種而非兩種。任何物體都應含有一定量的電流體,如果它所含電流體超過應含量,便表現為帶正電,如果它所含電流體少於應含量,則表現為帶負電。這些說法都不大正確,只是人們試圖對電作出科學的解釋的初期嘗試。

電流及其效應的研究

靜電沒有太大的實際效用,與人們的生產和生活關係密切的是電流。對電流的研究是從十九世紀才開始的,因為只有在發明了電池之後,人們才有可能研究電流。隨後的三四十年間對電流的研究得到了一系列重要的成果。

英國人尼科爾森 (William Nicholson, 1753 ～ 1815) 在得知伏打製成伏打電堆後,立即與他的朋友卡萊爾 (Authong Carlisle, 1768 ～ 1840) 組裝自己的電池組,一個月後便成功。他們用他們的電池組進行實驗,幾天後又取得發現

電解現象這一重大成果。他們把從兩電極引出的金屬絲置於水中並保持一定的距離，發現電流使水分解為氫和氧。他們的發現給了人們很大的鼓舞。

1826 年，原先是一名中學教師的德國人歐姆 (Georg Simon Ohm, 1787～1854) 發表了一篇著名論文，報告了他發現的、後來以他的名字命名的歐姆定律。他引入了電動勢、電流強度、電阻等等這些現在常用的概念，並給出了精確的定義。歐姆定律現在通常表示為： $I=\dfrac{V}{R}$。這裡 I 代表電流，通常以「安培」為單位；V 代表加於電阻兩端的電壓，通常以「伏特」為單位；R 則代表電阻，通常以「歐姆」為單位。歐姆定律是電學的基本定律之一。歐姆定律的發現是科學史上的重要事件，但在當時它並未引起科學界的重視，甚至受到一些人的非難，十多年以後人們才認識到它的意義，歐姆至此時也得到了很高的榮譽。

1833～1834 年間，書籍裝訂工出身，後來自學成才的英國科學家法拉第對電解現象進行了深入的研究，發現了電化學當量定律，即電解定律，這是電學研究的又一項重要成果。電解定律指出：電解時所通過的電量與析出（或溶去）物質的重量成正比，如果通過的電量相等，則析出（或溶去）的不同物質的克當量① 相等，電解 1 克當量化學物質所需的電量約等於 96500 庫倫② 。電化學當量定律定量地表達了電運動與化學運動間的關係，在理論上和實用上都有重要意義。

上述一系列重要發現以及上文已述及的 1840 年焦耳發現的電能轉化為熱能的焦耳定律等等，表明電學在數十年間已經逐漸形成了自己的學科體系。不過，電學在十九世紀更為重要的成就還在於人們弄清楚了電和磁之間的關係。

電與磁相互轉化的研究

把靜電和磁現象區別開來有利於對電現象和磁現象研究的深入。然而，電

---

① 克當量即以克表示的化學元素或化合物在相互反應時的重量比例的一種數值。例如硫酸 (H_2SO_4) 的分子量是 98.08，它的克當量則是 98.08 ÷ 2=49.04 克。

② 庫倫為電量單位，1 庫倫等於 1 安培電流通過導體時，在 1 秒內流過導體任一截面的電量。

學和磁學的進展又促使人們思考電和磁之間的關係。十九世紀初科學家們就開始了對這個問題的探索。此時，一些科學家深受德國古典哲學的關於自然界統一性的思想的影響，他們堅信各種自然現象之間必有某種內在聯繫，並為尋找這些聯繫而努力。

　　丹麥科學家奧斯特 (Hans Christian Oersted, 777 ～ 1851) 從 1807 年起就專門從事電磁轉化問題的研究，經過不懈的努力，終於在 1820 年取得了重要成果。他發現，當在通電導線近旁平行放置一磁針時，磁針會因導線通過電流而發生偏轉，表明電流具有某種磁效應。他的發現轟動了整個歐洲。

　　法國物理學家安培 (And Marie Ampere, 1755 ～ 1836) 得知奧斯特的成果之後，隨即進行了一系列實驗，又有了許多新的發現。他於同年就報告了他所發現的電流方向與磁針轉動方向關係的右手定則①。緊跟著他又作了兩平行載流導線的相互作用的實驗，結果表明，若兩導線的電流同向則兩導線相吸，反向則相斥。他經過反覆的實驗和理論思考，更進一步揭示出兩導線間的作用力與它們的距離的平方成反比，這就是著名的安培定律。從奧斯特公布他的成果到安培定律的發現僅歷時四個多月，這既是安培的敏感和他的才能的表現，也反映了科學進步的速度大大地加快了。安培在實驗中還發現用導線繞成的線圈通過電流時就象磁石那樣呈現出兩極性。 1821 年 1 月前後，安培提出了分子電流假說。他想像，物質的磁性產生於其內部的分子電流，每個分子都表現為一個小磁體，當這些小磁體的取向雜亂時，該物體就其整體而言不表現磁性，如果受到外部磁力作用的影響使其內部小磁體取向趨於一致時，它就表現出磁性。安培的假說很好地解釋了人們已經知道了的磁化現象，統一了人們對天然磁性和電流所產生的磁性的認識。

　　法拉第也是十九世紀在電磁學方面作出最重要貢獻的科學家之一。他考慮，既然電流有磁效應，那麼磁會不會也有電效應？磁能不能產生電？從 1820 年他就開始研究這個課題，經過 10 年的反覆實驗和思考，他終於解決了這個問題。他發現，如果在一塊軟鐵上纏繞兩個線圈，當其中一個線圈上的電

———————————————

①假想用右手握住導線，使姆指指向電流方向，其餘四指的指向即爲磁力線方向。

流發生變化時（即接通或斷開電路時和電流大小發生變化時），另一個線圈就會出現瞬間電流，又如果使放置於線圈中的條形磁鐵與線圈發生相對運動時，線圈也會出現瞬間電流。這兩個實驗都表明，產生感生電流的原因不在於線圈附近是否有電流或者磁場，而在於線圈附近的電流或磁場是否發生變化。如果電流或磁場的變化是短暫的，所感生的只是瞬間電流，要是設法使電流或磁場持續地變化，我們就能得到持續的感生電流。這正是發電機的工作原理。他根據這個想法所設計的第一臺試驗裝置終於在 1831 年 10 月 28 日產生出了持續的電流。法拉第的成功具有劃時代的意義。數年之後可供實用的發電機問世，隨後依據同樣的原理人們又製成了電動機。發電機和電動機的發明標誌著電氣時代的來臨。

場與力線的概念

實驗所取得的成就並沒有使法拉第感到滿足，他更進一步努力探究其中的機理。經過多年的思索，他在 1851 年提出了場和力線的概念。

早年牛頓提出萬有引力的概念時，他所想像萬有引力作用是一種超距作用力，就是說這種力的作用是不需要媒質傳遞的，是即時發生的。這與牛頓崇尚古希臘原子論思想直接相關。對電學和磁學作出過重要貢獻的富蘭克林、庫倫、安培等人受牛頓的影響，也都深信電力和磁力也是超距作用力。然而法拉第的想法和他們不一樣。法拉第認為宇宙間應當充滿介質，電和磁的作用是通

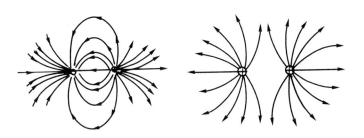

左：兩個等值異名電荷之間的電力線　　右：兩個等值同名電荷之間的電力線

圖 38　法拉第想像中的電荷之間的電力線分布圖

過介質在空間裡傳遞而發生的，並非是超距的。他把電和磁發生作用的空間場

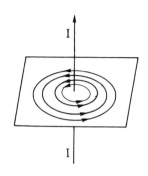

所稱為「場」。電有電場，磁有磁場。電和磁的作用都是通過電場和磁場所發生的作用。法拉第發揮了驚人的想像力，他想像電場和磁場都由「力的線」（或「力的管子」）所組成。他說，場的作用是沿著力線發生的，電力線出發於正電荷而終止於負電荷，磁力線則出發於北極而終止於南極。異名電荷（或磁極）之間的力線有橫向拉緊縱向擴張的趨勢，同名電荷（或磁極）之間的力線的情形恰恰相反。異名電荷或磁極的相

圖 39　電流所產生的磁力線示意圖

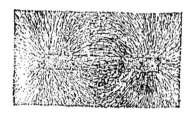

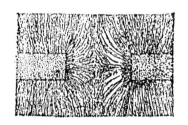

左：條形磁鐵周圍的鐵粉排列　　　　　右：兩同名磁極間的鐵粉排列

圖 40　鐵粉在條形磁鐵作用下的排列

吸，是力線把它們拉在一起；同名電荷或磁極的相斥，是力線使它們相互推開。一根通電導線周圍的磁力線是在垂直於電流的平面內形成的，它是一組以電流為中心的環形力線，力線的方向與電流方向服從右手定則。據此我們便可以說明為什麼電流可以使磁針發生偏轉並且知道磁針如何偏轉。空間中的場強

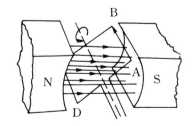

圖 41　導體切割磁力線產生感應電流示意圖

以該處力線的密度來表示，場的方向以力線的方向來表示。他在一張紙上撒滿鐵粉，讓磁鐵在其下輕輕抖動，於是看到了鐵粉的有序排列，反映出磁場分布的狀況。

法拉第認為他所說的力線具有真實的物理含義，但作為實體的力線事實上並不存在。不過力線的確是一種可供實用的物理模型，利用它來考察電和磁的作用有許多方便之處。

法拉第在建立了場和力線的概念之後，成功地以此描述了電磁感應定律。他說，感生電流的產生在於該導線切割磁力線，感生電流的強度正比於該導線單位時間內切割磁力線的數目。

場的概念的提出在科學上有重要意義。以往人們對非接觸物體間的相互作用難於解釋，因此而有超距作用的想法，現在有了場這樣一個物理模型，人們研究這類問題的思路從此大開，頭一個直接後果就是導致電磁波的發現，我們即將在下文說到。後來的科學實驗證明場的確是一種物理實在。

過去人們只知道實物是物質存在的形式，現在人們認識到場也是物質存在的一種形式。這是人們關於物質的觀念的重大突破。現代科學表明，自然界中不僅有電場、磁場，還存在著引力場等等許多與實物相聯繫的場。

電磁場理論與電磁波的發現

法拉第既勤於實驗又勇於思考，但是他的數學功底不太好，他發現了許多自然現象和提出了一些重要的概念，而嚴密的電磁場理論則是由其他科學家建

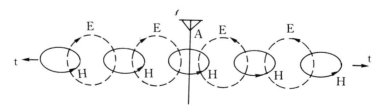

（圖中 H 表示磁場，E 表示電場，t 為傳播方向。）
圖 42　電磁波傳播示意圖

立的，其中貢獻最大的是麥克斯韋。麥克斯韋吸收了許多人的研究成果，潛心研究電磁理論的問題，從 1855 年起發表了一系列有關電磁學理論的論文，至 1873 年他的名著《論電學和磁學》發表，電磁學理論框架便基本建成了。

　　麥克斯韋最大的功績是他對原先已經發現的電磁理論加以推廣，使之適應變化著的電場和磁場。他經過認真的研究，列出了兩組表徵變化著的電場與磁場的偏微分方程組，即通常所說的麥克斯韋方程組。從方程組進一步思考，他認為，不僅在導線中通過的電流可以產生磁場，在空間中變化著的電場也可以在其周圍產生變化的磁場。同樣，不僅變化著的磁場可以在導線中產生電流，

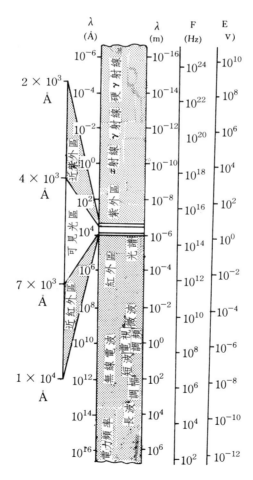

圖 43　電磁波譜圖

即使沒有導線存在，在空間中變化著的磁場也可以在它的周圍產生變化的電場，不過這種電場的電力線與由點電荷所產生的電力線不同，它不是從一點向外發散的直線，而是在變化著的磁場周圍形成的漩渦狀的封閉曲線，與電流周圍的磁力線的情形相似。據此，麥克斯韋提出了電磁波的概念。他說，如果空間某處存在一個變化的電場，它將在周圍激發出一個變化的磁場，這個變化的磁場又在周圍激發出一個變化的電場，這樣一來，就會出現一連串交替產生，相互激發，連續出現的電場和磁場的振動，以原先的變化電場為中心向四面八方傳播，這就是電磁波。電磁波的傳播方向與電場的振動方向和磁場振動方向相互垂直。通過選取適當的單位，麥克斯韋推算出電磁波傳播速度等於光速，這個數值是一個常數。他還預言電磁波也具有如同光一樣的反射和折射等性質，光在本質上也就是電磁波。

麥克斯韋從理論上預言了電磁波的存在，但那時一些科學家還不大習慣以場的概念來處理物理圖像，接受他的理論很是費勁，也有一些科學家因其未經過實驗的檢驗而抱有懷疑態度，結論只能由實驗作出。德國人赫茲 (Heinrich Rudolf Hertz, 1857 ～ 1894) 在他的老師亥姆霍茲的影響和要求下從事這個問題的實驗研究。經過幾年的艱苦努力，終於在 1888 年初證實了麥克斯韋的預言完全正確。麥克斯韋的理論令人信服。麥克斯韋的工作使電、磁和光這些從前看來相異的現象得到了理論上的統一，他因此被譽為牛頓以後最偉大的數學物理學家，不過此時麥克斯韋已離開人世將近十年了。

電磁波的存在原先完全只是理論上的推測，爾後才為實驗所證實，這又一次表明了科學理論的特殊價值，同時也充分表明科學已經大大地走在技術的前頭，成為推動技術進步的主要槓桿。電磁波理論的創立及其證實，為無線電技術奠定了堅實的基礎，無線電技術的發展使人類社會生活的各個方面都進入了一個新的時代。

※　　　　　　　※　　　　　　　※

自從伽利略以他的獻身精神研究和宣傳日心地動說，把物理學推到了科學的前沿，並為新的科學思想和科學方法開闢道路之後，經過了將近三百年的時間，經典物理學的體系基本建成了。三百年的途程並不都是平坦和寬闊的，一

些科學家為此付出了沉重的代價，更多的人不知花費了多少心血，我們所敘述的只是取得成功的事跡，事實上不少人走過了許許多多彎路，也有過許許多多的失敗和沮喪。他們的努力是值得的，三百年的成就遠非過去千萬年可比，他們給後世所展現的是科學的進步和人類社會美好的前景。

我們說過，在自然科學領域裡，古代世界發展水準最高的學科是天文學，它在製訂曆法方面有很大的實用價值。但是古代天文學立足於天象觀測和數學運算的基礎之上，主要的目標是求得比較精確的數據以製定曆法，既不能也難於涉及其中的機理。當物理學成為人們關注的焦點以後的情形就不同了。物理學不僅要運用邏輯推理和數學方法，還必須並盡可能進行實驗，以求得其中的物理機制為目標，所得的結論大多是確定無疑的。可以這樣說，有別於古代科學知識的、現代意義的自然科學實際上是從物理學起步的。

物理學所研究的是物質和物質運動的最基本的規律，它之所以在近代自然科學各學科中起步最早，發展最快，既有社會歷史的原因，也有人類認識史上的原因。物理學一旦起步就迅速成為自然科學的帶頭學科，這是說，其他各學科的進展大多都在不同程度上與物理學的進展相關。這不僅表現在物理學知識在其他領域的運用上，也反映在隨著物理學發展而開拓的科學思想和科學方法的運用上，由物理學發展而出現的種種科學儀器也為其他各學科提供了前所未有的、無可替代的研究手段。經典物理學最早起步也最早成熟，它成了帶動了整個自然科學的火車頭，發揮了十分突出的作用。

古人尋求技術上的進步主要依靠的是經驗的總結。總結不可避免要落在經驗的後面，雖有創新但往往帶有偶然性。以經典物理學為代表的近代科學形成以後情況就大不相同了。毫無疑問，技術的進步和技術上的需求從來就是物理學發展的動力之一，但是，自然科學不是技術經驗的簡單的總結，而是自然現象的本質及其內在機理的探求，它所獲得的真知往往要超越經驗，走到技術的前頭。科學越是向前發展，這種現象就越為突出。從經典物理學形成和發展的過程中，我們看到科學對技術進步的影響是越來越顯著了。蒸汽機之所以能發揮那麼大的效用，得歸功於熱力學的成果；發電機和電動機是電學和磁學理論建立之後才能夠想象的事；無線電技術更是起源於完全沒有任何經驗依據的、

似乎與技術毫不相關的電磁理論。技術的進步固然仍然有賴於經驗的總結，但在更大的程度上則是依靠知識的進步了。可以這樣說，由經典物理學的發展而促進和帶動起來的技術創造，從根本上改變了人類社會的面貌。這在古代是不曾有過也無法想像的。

物理學所研究的是物質世界最基本、最普遍的現象，它與哲學有著千絲萬縷的聯繫。我們看到，物理學要取得獨立存在的地位和創造發展的環境，就不得不衝破包括傳統哲學思想在內的舊的意識形態的束縛，這曾經是一場激烈的鬥爭。物理學與哲學這種複雜的關係我們不僅在古代看到，進入近代社會以後同樣可以看到。牛頓力學本來是自然科學得到了獨立地位的標誌，可是它的成就卻使許多人迷惑，機械論思潮因此泛濫一時，又成了一種新的思想桎梏，可見在哲學上保持清醒的頭腦多麼重要。不過，科學總會以自身的活力不斷地排除種種干擾，包括錯誤的哲學思潮的干擾，給人們展示一幅幅更加清晰、更加準確的物質世界圖景，同時也給哲學提出更多的新材料和新問題，推進哲學的發展，在更高的層次上與哲學相融匯，反過來又促進科學自身的進步。

從經典物理學所表現出來的自然科學的社會功能和社會作用，既令世人驚訝也使人們信服，自然科學至此已經取得了完全獨立的地位，科學作為一種必要的和重要的社會活動得到社會的普遍承認。十六世紀英國學者 F. 培根 (Francis Bacon, 1561 ～ 1626) 曾經大聲疾呼「知識就是力量」，是因為那時許多人還沒有意識到知識的力量，還不理解科學的意義和價值。到了這個時候人們不再以為自然科學是可有可無的了。發展科學是社會進步的必要條件，已成為人們的共識。

經典物理學得以建立，無疑受惠於古代許多有用和有益的東西，包括光、熱、電和磁的原始知識，也包括古人的一些思想和方法，但是經典物理學取得如此輝煌的成就則更在於人們勇於創新。我們看到一大批傑出人物正是既善於吸取前人和他人之所長，又善於發揮自己的聰明才智而為科學開拓道路的精英。不過我們又看到，當某些理論取得重大成就的時候，往往會有一些人因此而沉醉，以為某些方面的問題已經完全解決，或者是某種思想和方法已經至臻完美，由此自覺或不自覺地給自己套上了一些枷鎖。這種情況在歷史上一再反

覆地出現，以至於在十九世紀末經典物理學的框架基本建成之後，又有不少人以為物理學的任務已經完成，再沒有多少事情可做了。其實，經典物理學所涉及的只是人們日常接觸到的物理現象，屬於宏觀和低速運動的範疇，當科學踏進微觀和高速運動領域的時候，經典物理學的許多理論以及它的許多思想和方法便不適用或者不夠用了。一大批科學家不能立即意識到這些變化，反而驚呼「物理學危機」的來臨，似乎剛剛建成的物理學大廈就要倒塌。歷史當然不會出現這樣的事情，它只會嘲弄那些頭腦不大清醒的人們。後來的事實表明，物理學的大廈不但沒有倒塌，而且是建設得更加輝煌了。人們對物理現象的認識從經典物理學上升到現代物理學的水準，更加絢麗多彩的物理世界便展現在人們的眼前。有關情形我們將在下文說到。

複習思考題

1. 試述光的波動說的基本內容和從波動說與微粒說之爭說明科學爭論在科學發展中的重要意義。

2. 什麼是能量守恆與轉化定律？試述能量守恆與轉化定律的科學意義和哲學意義。

3. 簡述熱力學第二定律的基本思想。

4. 簡述分子運動論的基本思想。

5. 試從熱力學的發展簡述統計理論的科學意義和哲學意義。

6. 試述電磁轉化現象的發現的理論意義和實際意義。

7. 試從電磁理論到電磁波的發現說明科學理論的價值。

第 5 章

科學化學的建立和近代化學的發展

　　化學科學的任務在於揭示和研究客觀世界物質的組成、結構、性質及其變化的規律。古人從生產技術中和煉金（丹）術裡雖然得到了一些化學知識，但是化學作為獨立的知識體系而存在，化學之成為科學，則是近代的事，這是和資本主義社會的萌芽、興起和發展聯繫在一起的，也是與近代科學思想和科學方法的形成分不開的。

　　十六世紀以後，資本主義生產方式在歐洲興起，許多生產領域（尤其是金屬冶煉和藥物製造部門）都接觸到了關於化學方面的問題，大量新的事實、新的情況擺到了人們的眼前，迫切需要人們加以研究和說明。但是，當時的化學知識還十分淺薄和零亂，多數學者仍然信奉古希臘人的四元素說和古代藥物學家的三要素說，離開作為科學的化學還很遙遠。歷史提出的任務歷史必定要完成。到了十七世紀，化學終於以嶄新的姿態出現，其後經過一百多年的時間便發展成為枝葉繁茂的知識體系。

第一節　科學化學的建立

　　雖然從遠古時候起人們就接觸到許多化學現象，並且積累了許多經驗（例如用火、人工取火、製陶、冶金、釀造以至於藥物的製造和運用等），但是單純的經驗還不能形成為科學，必須有深層次的理性思維才能把握各種化學現象的本質，才能逐步地建立起理論體系，這是一個十分漫長而曲折的歷史過程。

歷史的回顧

源於古希臘的四根說在歐洲曾經深入人心。四根說認為萬物都是由火、氣、水、土四種元素所構成，後來又摻合了亞里士多德的思想。我們在上文已經說過，亞里士多德認為元素由可感覺的性質所決定，元素是可變的。他還認為，萬物自身都有趨向完善的本性。這就成為一些人沉迷於煉金術的理論依據。這些人相信那些「不夠完善的」普通金屬具有向「完善的」貴重金屬轉化的本性。他們想像，在自然界裡這個轉化過程在地下的深處進行，要經歷漫長的歲月，如果人為地創造一些條件，這個過程必能大大地縮短。煉金術士們因此深信，經過他們的努力必定能夠找到適當的方法使普通金屬變成黃金。他們為此花費了不知多少精力。也曾有人煉出過一些外貌有些像黃金的東西，其實這是一種合金，被人們稱為「偽金」。由於偽金進入市場擾亂金融秩序，公元292年羅馬皇帝不得不下令禁止煉金術。煉金術因而曾在歐洲失去了合法的地位。後來煉金術在阿拉伯又一度興旺，人們雖然還是煉不出黃金，卻得到了製取酒精和一些無機酸、無機鹽的方法，實驗技術的水準也有了不少的提高。隨著阿拉伯文化在歐洲傳播，煉金術在歐洲又有所恢復。

十五～十六世紀間歐洲疫病猖獗，大批人口患病死亡，人們迫切需要各種新的有效的藥物。原先的動植物和礦物藥物不能完全滿足人們的需要，於是出現了一批藥物化學家，他們主要是借助煉金術所獲得的一些知識和技術來製造各種藥物。其中最著名的人物是瑞士醫生帕拉切爾蘇斯 (Paracelsus, 原名 Philippus Theophrastus Bombastus von Hohenheim, 1493 ～ 1541)。他自成一派，是蓋倫和伊本·西那的激烈反對者。他極力主張應用化學藥物治病。在理論上他相信四元素說，但他認為在機體內實際上起作用的是鹽、硫和汞三種要素。按他的說法，鹽是不揮發性、不可燃性、可溶於水和「實體」的要素，硫是可燃性、不溶於水和「靈魂」的要素，汞則是可熔性、揮發性和「精神」的要素。硫和汞本來就為煉金術士所常用，鹽則是帕拉切爾蘇斯列為應當受到特別重視的物質。他說機體內存在著一些特殊種類的鹽、汞和硫，是這些物質決定著機體的生理和病理。他追隨古人把人體看作是小宇宙，認為它是大宇宙的

縮影。他把自然界中的一切物質都看作是「活」的，還把他的三元素說推廣到整個宇宙。他也和煉金術士一樣相信煉金術並且從事「煉金」活動。帕拉切爾蘇斯的理論與古代的煉金術一脈相承，充滿著神秘的色彩，然而他的活動卻開闢了西方醫學化學的道路，在相當程度上使得本來毫無意義的煉金術偏離了原先的目標而走上實用化學的軌道。

從上述的粗略回顧可以看到，直至十六世紀，人們的化學知識仍然處於很低的水準，雖然技術上有所進步，理論上還沒有脫出古代的框架，依然籠罩在煉金術的迷霧之中。

玻意耳把化學推向科學的軌道

玻意耳 (Robert Boyle, 1627 ～ 1691) 是英國著名科學家，他在物理學和化學領域都有重要貢獻。在物理學方面他作過許多實驗，他觀察到在稀薄空氣條件下水的沸騰等現象，更重要的是他於 1662 年發現了一定量的氣體在保持溫度不變時它的壓力與體積的變化成反比，這就是著名的玻意耳定律。因 1676 年法國科學家馬略特 (Edmé Mariotte, 1620 ～ 1684) 也獨立地發現了同一定律，他的表述更為完整，後來這個定律就被稱為玻意耳——馬略特定律。在化學方面，玻意耳堪稱近代化學的開路人，他的工作使化學走上了科學的軌道。

玻意耳認為過去人們只是把化學當作一種「煉金」或者製藥和冶金的工藝技術，他則明確地主張把化學作為一門理性科學來看待。他明確地指出，化學的目標在於發現化學變化的一般原理。他還認為科學化學的基礎是實驗和觀察，他有一句名言：「空談無濟於事，實驗決定一切」。既重視理性思維，又強調科學實驗，這正是那個時代的科學精神的表現。

1661 年，玻意耳發表了科學史上的名著《懷疑的化學家》一書。這部書倣效伽利略的著作，以對話的方式寫成。玻意耳所懷疑的不是別的，就是亞里士多德的四元素說和帕拉切爾蘇斯的三要素說。玻意耳深受古希臘原子論思想的影響，他相信世界上所有物質都是由一種細小緻密的、不可分割的「原初物體」所組成，這些「原初物體」結合成各種「微粒」，然後微粒又以不同的形

式結合成各種物質，微粒的運動、形狀和配置的狀況決定這些物質的物理和化學性質，微粒是這些物質參加化學反應的基本單位。基於這樣的想法，玻意耳認為沒有必要認定某機種物質為「元素」或「要素」。玻意耳的說法雖然不完全正確，但是他的見解十分重要，它使人們得以從一直占統治地位的「四元素說」和「三要素說」中解脫出來。他在這部著作中所表述的元素概念對於化學成為科學起了重要的作用。他寫道：「……我現在所談的元素，如同那些談吐最為明確的化學家所談的要素，是指某些原始的、簡單的物體，或者說完全沒有混雜的物體，它們由於既不能由其他任何物體混成，也不能由它們自身相互混成，所以它們只能是我們所說的完全結合物的組分，是它們直接複合成完全結合物，而完全結合物最終也將分解成它們。」這裡需要注意的是，當時人們還沒有「化合」的概念，玻意耳把「化合」稱為「複合」或者「混合」，把「化合作用」稱為「混成」，把「化合物」稱為「複合物」或者「完全結合物」，這也反映了他的機械論傾向。儘管玻意耳的說法有些含混，但這是拋棄了古人那些「元素」、「要素」的猜測，驅散了神秘的迷霧，第一次以比較明確的語言區分了化合物和構成化合物的單質，因此被認為是化學元素概念的最早的科學描述。

玻意耳既反對把化學當作純粹的工藝技術來對待，又反對以純粹思辨的方式研究化學，他重新確定了化學研究的目標，強調以科學實驗作為研究化學的手段，並且以他的元素概念以及把粒子團看作參加化學反應的基本單位等思想影響著後人，這一切使得玻意耳成為科學化學的開路人。

玻意耳的思想給了當時的學術界以新鮮的氣息，使人們耳目一新。不過他的粒子說並不都為那時的科學界所接受，只有同樣深受原子論影響的牛頓全盤接受了他的看法。不過，即使是反對他的人也都受到了他的元素概念的影響。

玻意耳的化學實驗

玻意耳不僅從理論上強調實驗對化學研究的重要性，而且身體力行。他改進了許多當時常用的化學儀器，一生設計和親自做了成百上千個化學實驗。

玻意耳發現了提取磷的方法，研究過酸和鹼的性質。他試驗過多種動植物

浸液對酸鹼的顏色反應，注意到所有酸都能使紫羅蘭汁液變成紅色，而所有鹼都能將紫羅蘭的汁液變成綠色。由此，他引進了用有機試劑作化學定性分析的重要手段。他描述了許多檢驗物質的方法，除了過去常用的火法檢驗之外，他更注重以物質的水溶液來檢驗的方法，這就使化學分析以利用物質的物理性質為主向以利用物質的化學性質為主轉變。玻意耳被公認為是化學定性分析方法的奠基人。

　　火雖然是人類利用得最早、最熟悉和最廣泛的化學變化，但是人們對火的本質的認識卻是十分迷茫。第一個以實驗方法研究燃燒現象的人是玻意耳。他曾把一些金屬密封在玻璃瓶裡煅燒，在金屬變成金屬灰（即金屬的氧化物）後開瓶稱量它的重量。他發現金屬灰的重量大於原先的金屬，他以為這是火透過玻璃壁進入金屬內部所致，並進而得出火有重量的結論，他想像火是又一種粒子組成的。其實，在煅燒過程中，金屬與瓶內空氣中的氧化合，因而金屬的氧化物比原先的金屬重。玻意耳被他自己所崇尚的粒子說所迷惑，竟然忽略了瓶中的空氣與金屬的作用。他雖然十分認真地作他的實驗，取得了不少數據，但他還是犯了嚴重的錯誤，丟失了有可能到手的真理。

第二節　從燃素說到氧化理論

　　我們在上文說過，古人普遍把火看作是一種物，但那都只是人們的猜測。隨著牛頓力學取得巨大的成功，微粒說在歐洲十分盛行。玻意耳又通過他的實驗「證實」了火微粒的存在，似乎很有「說服力」，更使原先的猜測帶上了「科學性」。「燃素說」因而得以出現和盛行。自十七世紀下半葉至十八世紀中葉燃素說在歐洲占據著統治地位。然而，化學作為一門科學卻正是從突破燃素說而邁開大步的。

燃素說的興起

　　燃素說起源於曾經隨同玻意耳研究燃燒現象的德國化學家貝歇爾 (Johannes Joachim Becher, 1635 ~ 1682)，他在 1667 年出版的一部著作中認為，一

切可燃物質之所以能夠燃燒，都是因為其中含有「油土」，當這些物質燃燒時，其中的油土便被釋放出來，或者說是被燒掉。

貝歇爾的學生，後來成為教授的施塔爾 (Georg Ernst Stahl, 1660～1734) 十分推崇他的老師的學說，他於 1703 年再版了貝歇耳的著作，大大發揮了貝歇耳的觀點，形成了系統的燃素說。他把貝歇耳所說的「油土」改為「燃素」，認為所有可燃物質和金屬都含燃素，燃素是火的原質和火的要素，燃燒過程即燃素從可燃物或金屬裡逸出，同時發出光和熱，這就是火。含燃素越多的物質燃燒時火就越旺。煅燒金屬時，燃素從金屬裡逸出，煅渣就是失去了燃素的金屬。如果把這些煅渣與木炭一起焙燒，煅渣便從木炭中吸收燃素而還原為金屬。施塔爾不僅以燃素說來解釋燃燒現象，他還力圖以燃素說來說明一切物質的化學性質以及各種化學變化，例如他認為各種物質的顏色之所以不同，是因為它們所含燃素多寡各異，它們的顏色變化則是由於它們吸收或釋放燃素所致；富含燃素的硫和磷燃燒時，燃素逸出，它們便轉變為硫酸和磷酸；石灰石與煤炭一起焙燒，它便從煤炭中吸取燃素而成為具有苛性的石灰，如此等等。由於施塔爾的工作，燃素說似乎足以說明當時人們所知道的大多數化學現象，雖然在某些場合不免有些牽強附會。這裡需要注意的是，施塔爾的燃素說與玻意耳的火微粒說雖有共同之處但有重大差別。玻意耳認為火微粒是有重量的，他的依據是金屬的煅渣吸收了火微粒，因此比原來的金屬重。施塔爾則認為煅渣是失去了燃素的金屬，至於燃素是否有重量以及燃素自身的形態，他卻沒有加以說明。

後來的科學發展證明，無論火微粒或者燃素都是不存在的，不過化學卻借助著火微粒說和燃素說從煉金術中解放了出來。這是一種由不正確的理論起到推動科學發展作用的又一事例，不過科學的發展也必定會把那些與它不相容的東西拋棄掉。

隨著化學定量研究的深入，燃素說自身的矛盾終於暴露了出來。煅燒金屬所得到的煅渣比原先的金屬重，而有機物燃燒後的灰燼卻比原先的有機物輕。這不僅火微粒說無法加以解釋，自以為能說明所有化學過程的燃素說也無能為力。再有，如果燃素是某種實體，通過實驗的方法應當能把它找出來，科學家

們為此耗費了巨大的精力卻一無所穫。越來越多的事實使燃素說陷入了難以自拔的困境，人們不得不另謀出路。

一些重要氣體的發現

對於燃燒現象的正確認識是伴隨著氣體化學性質的研究而前進的。十八世紀下半期，化學知識的累積和化學實驗的發展使人們相繼發現了多種氣體，認識到空氣有複雜的成分，為科學的燃燒理論打通了道路。

其實，玻意耳已經發現燃燒需要空氣，但他沒有抓住這一重要事實。與他同時代並且是他的摯友的胡克在實驗中也注意到了燃燒與空氣中的某種成分有關，但他沒能從空氣中分析出這部分氣體來。關於空氣中各種成分的分析研究是十八世紀中葉才展開的。

1755 年，英國科學家布萊克通過加熱鹼性碳酸鎂得到一種氣體，他還發現加熱石灰石或者用酸直接處理石灰石時也能得到同一種氣體。他的發現有某種氣體可以固定在某些固體物質之中，布萊克把它叫做「固定空氣」，這種氣體其實就是我們現在所說的二氧化碳 (CO_2)。「固定空氣」的發現打破了前人認為空氣與固體物質不發生化學反應的看法，進一步推動了關於氣體的研究。

1766 年，英國學者卡文迪什 (Henry Cavendish, 1731 ～ 1810) 用稀酸分別作用於鋅、鎂等金屬製得同一種氣體，他發現這種氣體能夠自燃，因此稱之為「可燃空氣」。這就是我們現在知道的氫 (H_2)。卡文迪什還曾以為這種氣體就是純粹的燃素。在他之前其實已經有人發現過這種氣體，不過沒有引起人們的特別關注。卡文迪什經過反覆實驗，測得「可燃空氣」的重量比普通空氣輕 11 倍（實際上是 14.4 倍）。他還注意到「可燃空氣」燃燒後生成水，因此他又認為「可燃空氣」是燃素與水的化合物。燃素說也成了卡文迪什的障眼物，使他不能再前進一步。

1772 年，布萊克讓他的學生 D. 盧瑟福 (Daniel Rutherford, 1749 ～ 1819) 研究普通空氣經過燃燒又除去「固定空氣」後所剩餘的部分，導致了「濁氣」（即氮 N_2）的發現。

1768 ～ 1773 年間，瑞典化學家舍勒 (Carl Wilhelm Scheele, 1742 ～

1786) 對空氣的化學性質作了大量實驗研究，取得了一系列成果。他確認「濁氣」是普通空氣的組成部分，約占空氣的 4/5。他用加熱某些硝酸鹽或金屬氧化物等方法得到一種氣體，經過實驗證明，燃燒時消耗掉的就是這種氣體，他稱之為「火氣」，這就是我們今天所說的氧氣 (O_2)。遺憾的是舍勒也迷信燃素說，即使他發現了氧，卻還是未能揭示燃燒現象的本質。

1774 年，英國化學家普里斯特列 (Joseph Priestley, 1733 ～ 1804) 利用聚光透鏡聚集陽光加熱密封於玻璃容器中的氧化汞得到一種氣體，這種氣體不易溶於水，有很強的助燃能力，當他吸入這種氣體時頓時感覺輕鬆舒暢，他把這種氣體稱為「失去燃素的空氣」。其實是他也獨立地發現了氧。可惜普里斯特列和舍勒一樣也是燃素說的信奉者，他也失去了唾手可得的真理。

一系列氣體的發現，尤其是氧的發現仍舊沒能揭開燃燒現象的秘密，實在令人遺憾。舊的思想框架使人們陷得太深了。真是當真理碰到鼻尖上的時候人們還是沒有得到真理。氧這種本來可以推翻全部燃素說觀點並使化學發生革命的元素，在他們手中卻沒有能結出果實來。

拉瓦錫的燃燒學說與燃素說的終結

最終地擺脫燃素說的束縛，科學地揭示燃燒現象與空氣的聯繫的是法國科學家拉瓦錫 (Antoine Laurent Lavoisier, 1743 ～ 1794)。拉瓦錫善於運用天平，他在研究化學現象時非常注重量的測定。1744 年他用錫和鉛做了著名的金屬煅燒實驗。他把經過精確稱量的錫和鉛分別放在曲頸瓶中，封閉後再準確地稱量金屬與瓶的總重量，然後分別加熱使錫、鉛煅燒成灰。他發現加熱前後的總重量並沒有變化，但是煅灰卻重於原來的金屬。這就表明煅灰所增加的重量既非來自火，亦非來自瓶外的任何物質，只能來自瓶內空氣的某些成份。他還注意到，當打開封閉的瓶子時，就有空氣衝進瓶內，此時再稱量煅灰和瓶子的總重量就比原先的總重量要重，所增重量與金屬經煅燒後增加的重量恰好相等，這與他上述想法一致。為要證實他的推想，最有說服力的辦法就是從煅灰中再把那種氣體分解出來，然而他為此而作的實驗一時未能成功。

正當拉瓦錫的研究工作遇到困難的時候，普里斯特列完成了以聚光鏡使氧

化汞分解而得到「失去燃素的空氣」的實驗。拉瓦錫得知後重覆了普里斯特列的實驗，把所得氣體命名為 Oxygene（即氧）。拉瓦錫雖然不是第一個發現氧的人，但他是第一個真正理解這個發現的人。他認識到氧作為一種元素的本性，並且通過精巧的實驗建立起正確的燃燒理論，徹底解決了長期困擾人們的燃燒問題。

　　拉瓦錫使氧化汞分解而得到氧，又使氧與汞化合而生成氧化汞。他精確地測得，45 份重的氧化汞分解後，得到 41.5 份重的金屬汞和 3.5 份重的氧。反之，3.5 份重的氧與 41.5 份重的汞化合，又得到 45 份重的氧化汞。這樣，他便以準確的實驗證實物質的燃燒是該物質與氧化合的過程，自然界中根本不存在什麼燃素。他的實驗還證明，在化學變化中參與反應的物質的總量，在反應之始和反應之終是相同的。這也就是物質不滅定律在化學變化中的表述。

　　拉瓦錫對建立他的學說持十分謹慎的態度，他繼續做了大量燃燒實驗以驗證他的想法。他燃燒過磷、硫、木炭和鑽石，燃燒過錫、鉛和鐵，還燃燒過許多有機物，對所產生的和剩餘的氣體都逐一加以研究。直至 1777 年他才在題為《燃燒通論》的著名論文中提出他的燃燒學說，其要點如下：

　　(1)燃燒時有火焰和光；

　　(2)物質只能在純粹空氣（實即氧）中燃燒；

　　(3)燃燒時有純粹空氣（即氧）的破壞或分解，燃燒物質重量的增加精確地等於被破壞或分解的純粹空氣（即氧）的重量；

　　(4)已燃物質由於加上了使其重量增加的物質（即氧）而變成酸。

　　(5)純粹空氣（即氧）是火或光和一個基的化合物，燃燒的物體在燃燒時取去這個基，把與這個基結合的熱質釋放出來，表現為火焰、熱和光。

　　需要注意的是，當時還沒有「氧」的名稱，氧這個詞是後來才出現的，拉瓦錫此時還把它稱為「純粹空氣」；拉瓦錫的表述不是我們現代所運用的科學語言，其中也有含糊之處，例如他還說到「熱質」，但他指明了燃燒是「純粹空氣」與物質的結合，從而揭示了燃燒現象的本質，這就表明了燃燒氧化學說的確立。拉瓦錫的學說徹底地驅散了自古以來籠罩在燃燒現象上的迷霧，使人們知道氧（純粹空氣）是具有確定性質的、可採集的、可度量的氣體物質，與

神秘莫測的燃素毫無共同之處。

　　拉瓦錫之所以能夠取得劃時代的成就，首先在於他尊重事實，重視實驗，尤其是重視定量研究。他曾說：「假如有〈燃素〉這樣的東西，我們就要把它提取出來看看。假如的確有的話，在我的天平上就一定能覺察出來。」近代科學的實驗方法和數學方法在拉瓦錫的工作中充分地體現了出來。拉瓦錫的成功還在於他勇於反對傳統觀念，重視理論思維，善於透過現象看到事物的本質。拉瓦錫的成就既是他聰明才智的表現，也是那個時代科學精神的充分反映。

　　1778 ～ 1780 年間，拉瓦錫完成了他的《化學概要》一書，對當時已知的各種化學現象提出了他的解釋。關於化學的目標，他說，「化學以自然界的各種物體為實驗對象，旨在分解它們，以便對構成這些物體的各種物質進行單獨的檢驗。」他的說法比玻意耳前進了一大步。拉瓦錫又說，元素是「化學分析所達到的極限」。這已經很接近現代的元素定義了。現代化學認為：元素是這樣一種物質，人們不可能用普通化學方法把它分解為更簡單的物質，它是物質的基本構成。拉瓦錫還把當時已知的 33 種元素排列成表。《化學概要》一書是近代化學形成時期最重要的典籍，對化學科學的發展有著重大的影響。它在化學史上的地位和作用可與牛頓的《自然哲學的數學原理》在物理學史上的地位與作用相媲美。

　　1787 年拉瓦錫還與他人共同受命組成「巴黎科學院命名委員會」，合作出版了《化學命名法》一書，這部書規定了化合物的命名原則，對後世有深遠的影響，現在世界上通用的還是那時他們所規定的原則。和任何歷史上的人物一樣，拉瓦錫也有他的局限性。例如，他把所有酸都看作是氧化物，其實有許多酸並非氧化物（例如鹽酸 HCl）；他對元素的認識也有不少模糊以至錯誤之處，如他把光和「熱質」都看作是元素等等。

　　1789 年法國爆發了大革命，拉瓦錫被誣陷為與法國的敵人有來往，極左派於 1794 年 5 月 8 日悍然把他送上了斷頭臺。當時許多科學家都因失去這一位傑出的科學家而十分悲痛和非常惋惜。例如著名數學家拉格朗日 (Joseph Louis Lagrage, 1736 ～ 1813) 說：「他們可以一瞬間把他的頭割下，而他那樣的頭腦一百年也許長不出一個來。」

第三節　化學基本定律的建立與原子—分子學説的誕生

拉瓦錫建立了燃燒的氧化學説，不僅排除了燃素説的障礙，使化學科學找到了正確的方向，並且使人們認識到實驗方法和定量分析在化學研究中的重要意義，從而引導人們對物質和物質變化的研究由定性階段走向定量階段。化學作為一門科學從此大踏步地前進了。

化學基本定律的建立

關於化學反應中物質守恆的思想，在拉瓦錫之前已有人提到過，一些化學家在思考他們的實驗時也在實際上運用了這一思想，但是把它確立為一條普遍定律則應歸功於拉瓦錫。拉瓦錫不僅對此作出了明確的表述，而且以他的實驗令人信服地證明了這一定律的正確，從此，化學反應中物質守恆定律便確立為化學的一條基本定律。

1792 年，德國科學家里希特 (Jeremias Benjamin Richter, 1762 ～ 1807) 從「化學是數學的一個分支」的思想出發，通過對大量酸鹼中和反應的測定，明確地提出這樣的看法：化合物都有確定的組成，在化學反應中，反應物之間必有定量的關係，「如果兩種元素生成一種化合物，因為元素的性質總是保持不變的，因此發生化學反應時，一定量的一種元素總是需要確定量的另一種元素。」這就是化學反應當量定律的最早的表述，雖然里希特説的只是酸鹼的中和反應，其實它在化學反應中具有普遍的意義。不過當時並非所有化學家都認識到這一點。

十七世紀末以來，人們在化學實驗中已經逐步地認識到每種化合物都有確定的組成，里希特就發表過這樣的意見。 1799 年法國藥劑師普魯斯特 (Joseph-Louis Proust, 1754 ～ 1826) 更明確地指出：「兩種或兩種以上元素相化合成某一化合物時，其重量之比是天然一定的，人力不能增減。」這就是化學定組份定律的原始表述。原先普魯斯特以為確定的兩種或兩種以上的元素只能生成一種確定的化合物，後來有人指出，確定的兩種或兩種以上元素化合

時也可能生成不只一種化合物，組成這些化合物的各元素的比例並不相同。不過，對於某一種確定的化合物而言，它的組成還是確定無疑的。普魯斯特還是第一個科學地區分化合物和混合物的人。他指出，混合物的各種成分可以用物理方法分離開來，而化合物中的各成分只能靠化學方法來分解。正確地區分混合物和化合物在化學發展史上有重要的意義。

1789 年，愛爾蘭化學家希金斯 (William Higgins, 1762 ～ 1825) 提出了倍比定律的模糊想法，這個定律的確立則是英國化學家道爾頓 (John Dalton, 1766 ～ 1844) 的貢獻。他於 1804 年分析了沼氣（甲烷，CH_4）和油氣（乙烯，$CH_2=CH_2$），瞭解到其中碳與氫之比分別為 4.3:4 和 4.3:2，由此得知與同量碳相化合的氫重量之比為 2:1。根據這些實驗結果，道爾頓指出：「當相同之元素可生成兩種或兩種以上的化合物時，若其中一元素之重量恆定，則其餘一元素在各化合物中之相對重量有簡單倍數之比。」這就是化學倍比定律。後來還有許多化學家繼續就此作實驗研究，其結果都表明道爾頓所提出的這個定律是化學物質的普遍規律。

除了上述關於化學物質和化學反應的幾條重要定律之外，關於氣體的幾條定律的發現在化學發展史上也有重要影響。

氣體膨脹定律的確立經過許多人的努力。1787 年左右，法國科學家查理 (Jacques-Alexandre-César Charles, 1746 ～ 1823) 最早提出：在壓力不變的情況下，氣體的體積與溫度成正比。後來道爾頓和法國科學家蓋—呂薩克 (Joseph Louis Gay-Lussac, 1778 ～ 1850) 等人也都得到了同樣的結論。這一定律現在一般稱為查理定律或蓋—呂薩克定律。

氣體分壓定律是道爾頓於 1802 年得出的。這一定律指出：混合氣體的總壓力是其中每一種氣體單獨存在時各自壓力的總和。

道爾頓的原子學說

化學定組份定律表明了所有化合物都有確定的組份，化學反應當量定律和化學倍比定律又指出了化學反應中元素間有某些簡單的量的比例關係，氣體膨脹定律和氣體分壓定律也隱約地向人們提示了氣體可能都是一些粒子，這一切

都促使人們進一步地思考元素的組成的問題。此時，物質微粒的思想又正流行於歐洲。近代化學原子學說的出現已是順理成章。確立近代化學原子學說的就是道爾頓。

道爾頓經過深思熟慮，把元素說與原子論的思想結合了起來。他首先考慮的是氣體的物理性質。他注意到，若是假定氣體都是由小球般的原子所組成，不同的原子組成不同的氣體，上述那些氣體定律便都能夠加以解釋。他又進一步思考化合物的問題。他想到，如果設想元素都是由原子所組成，那些已經發現的化學定律也就都一目了然。於是他假定，凡是由兩種元素組成的化合物的最小微粒都是由兩個原子組成的，這樣他便很容易地得出不同元素的原子重量之比。道爾頓於 1803 年公布了他的第一張原子量表，這個表於 1805 年正式出版，後來又屢經修訂，多次出版發行，產生了很大的影響。

道爾頓的原子學說是有缺陷的，如他假定由兩種元素組成的化合物微粒都由兩個原子組成，這並不符合事實。他把水看作是一個氫原子和一個氧原子的化合物也是錯誤的，其實水是兩個氫原子和一個氧原子的化合物。儘管如此，道爾頓原子學說的出現，標誌著近代化學新時期的開始。

道爾頓原子學說的要點是：

(1)化學元素由非常微小的、不可再分割的物質粒子——原子所組成，原子在所有化學變化中均保持自己的獨特性質；

(2)同一種元素原子的形狀、性質、質量都完全相同，不同元素的原子質量不同，原子量是每一種元素的特徵性質；

(3)不同元素的原子以簡單數目的比例相結合形成為化合物。化合物的「複雜原子」（當時還沒有「分子」的概念，道爾頓把化合物的分子稱作「複雜原子」。）的質量為所含各種元素的原子質量的總和。

化學作為自然科學的基礎學科，它所要說明的自然現象的本質就是原子的化合和分解，道爾

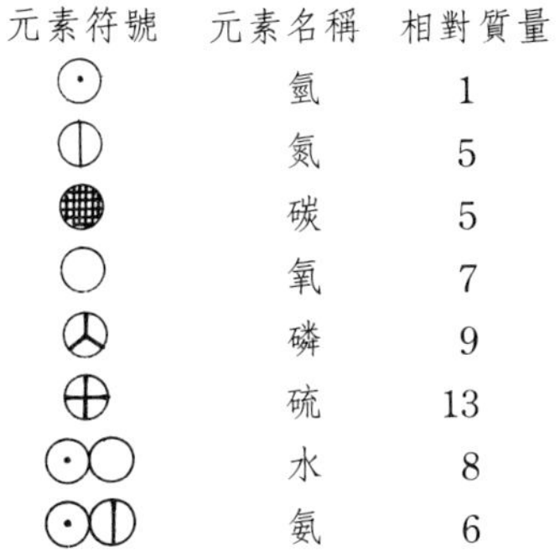

元素符號	元素名稱	相對質量
⊙	氫	1
①	氮	5
⊕(碳)	碳	5
○	氧	7
⊗	磷	9
⊕	硫	13
⊙○	水	8
⊙①	氨	6

圖 44　道爾頓的元素符號和他所測定的原子量

頓的原子學說正是抓住了化學這一學科的核心和最本質的問題。道爾頓的原子學說經過不斷的完善，終於成為說明各種化學現象的統一的理論，它在化學發展上的意義無論從深度到廣度上都超過了燃燒的氧化學說。毫無疑問，化學中的新時代是隨著原子論的建立而正式開始的，所以人們說近代化學之父不是拉瓦錫而是道爾頓，這是恰如其分的評價。道爾頓出身於一個紡織工人的家庭，不曾受過高等教育，他是靠自己堅強的毅力自學成才的，他把自己的成就歸結為他的「不屈不撓」。

蓋—呂薩克的氣體化合比定律

在道爾頓提出他的原子學說之後不久，蓋—呂薩克在研究各種氣體物質的化學反應時，發現它們的體積有簡單的整數比關係。例如，氫與氧化合成水時，它們的體積比為 2:1；一氧化碳與與氧化合時，體積比為 2:1；氮與氫化合時，體積比為 1:3 等等。蓋—呂薩克綜合了他的實驗結果，作出了如下結論：「各種氣體在彼此起作用時，常以最簡單的體積比相結合。」他想，他的這個結論與道爾頓所說的「化學反應中各種原子以簡單的數目比相化合」必有內在聯繫。他從此進一步推論：同等體積的不同氣體中所含的原子數目應該有簡單的整數比。於是他提出了這樣一個假說：在同溫同壓下，相同體積的不同氣體（無論它是單質或是化合物）含有相同數目的原子。他認為，如果他的這個假說是正確的話，不同氣體的比重之比就應當等於它們的原子量之比，人們就可以據此以測定各種氣體物質的原子量和確定氣體化合物中各種原子的數目，這比道爾頓主觀地規定原子化合數更為合理。因此，蓋—呂薩克把自己的假說看作是對道爾頓的原子學說的有力支持。從蓋—呂薩克的推理可以看出，道爾頓所規定的水分子（當時稱為「複雜原子」）HO 是不對的。然而，道爾頓本人卻反對蓋—呂薩克的假說。他認為，已知 1 體積氯與 1 體積氫化合生成 2 體積的氯化氫，如果依照蓋—呂薩克的假說，則一個氯化氫「原子」（實為分子）就只含半個氯原子和半個氫原子，這與原子不可分割的概念不相容。其實這是當時人們還沒有建立起「分子」的概念所造成的混亂。道爾頓堅持自己的觀點，硬說蓋—呂薩克的實驗結果不可靠。不過後來的事實證明，道爾頓的實

自然科學概論

驗技術遠不如蓋—呂薩克，蓋—呂薩克的假說與事實相符，而道爾頓的學說則必須加以修正和補充。

阿伏伽德羅的分子假說與貝爾利烏斯的電化二元論

使上述道爾頓原子學說的疑難得以最終解決的是意大利科學家阿伏伽德羅 (Amedeo Avogadro, 1776 ～ 1856)。阿伏伽德羅於 1811 年發表了一篇論述原子量和化學式問題的論文，他以蓋—呂薩克的實驗為基礎，進行合理的推理，引入了「分子」的概念。他認為，原子是參加化學反應的最小質點，單質的分子是由相同元素的原子組成的，化合物的分子則是由不同元素的原子組成的。他根據氣體物質反應時具有簡單整數比的事實，提出「一切氣體在相同體積中含有相等數目的分子」的看法。他認為，只要假設每種單質氣態分子都含有兩個原子，蓋—呂薩克的氣體反應簡單整數比定律和道爾頓的原子學說就能統一起來並得到圓滿的解釋。

阿伏伽德羅以原子—分子假說為依據，測定了氣體物質的原子量和分子量，並確定了許多化合物中各種原子的數目。他根據氣體反應時的體積比，確定了氨分子的組成為 NH_3，水分子的組成為 H_2O，這些結論都是正確的。

但是，阿伏伽德羅的正確思想並未為當時的化學界和物理學界所承認和重視，被冷落了差不多半個世紀。其原因之一是當時的科學發現還不足以對分子作出系統的、明確的論證，阿伏伽德羅的假說也有不完善的地方；另一個重要原因是，在當時化學界中貝爾利烏斯 (Jons Jocob Berzelius, 1779 ～ 1848) 關於分子構成的電化二元論占據著主導地位，而阿伏伽德羅的分子學說與電化二元論有不相容之處。

1814 年，瑞典皇家科學院研究員貝爾利烏斯發表了他論述電化二元論的專著，他主張原子化合成分子是正負電荷相吸引的結果。他想像，各種原子都有正負兩極，但兩極的強弱並不相同，因此就原子整體而言，它們外部所表現的電性也各不相同，如他認為氧是「絕對負性」的，鉀則是「絕對正性」的等等。不同原子因其不同的電性而有選擇地相互吸引，從而形成各種化合物。他舉例如下：

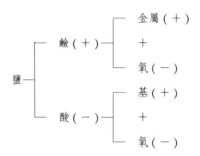

他還提出鹽一般是：

按照電化二元論的觀點，由於兩個同種原子的電性完全相同，它們絕對不可能結合成為一個分子。這時，電學的一系列發現正使科學家們十分振奮，貝爾利烏斯又以他在原子量的測定以及分析化學和物理化學等方面的傑出工作而享有崇高的威望，人們普遍接受他的觀點是很自然的事。阿伏伽德羅的分子假說因與電化二元論相矛盾而被擱到一邊沒有引起多少人注意。

坎尼扎羅的分子學說

十九世紀 20 年代以後，人們累積了更多的化學知識，實驗技術也達到了更高的水準，原子量數據的測定更加精密，然而新發現的許多事實運用電化二元論卻無法加以解釋，尤其是有機化學的發展，更是不斷地衝擊著貝爾利烏斯的學說。

那個時候對於如何確定化合物中的原子組成，人們還沒有找到公認的合理的辦法，原子量的測定仍然沒有統一的標準，化學式的運用也是眾說紛紜，例如 HO 既可以代表水也可以代表過氧化氫，說法相當混亂。這種狀況使得當時有些化學家對於測定原子量的可能性都發生了懷疑，甚至有人認為原子學說

是否正確也成為問題。在這種情況下，許多國家的化學家於 1860 年 9 月在德國的卡爾斯魯希舉行國際會議，希望在原子量、原子價和元素符號上取得一致的意見。會上化學家們爭論得很激烈，有人力主一種元素只能有一種原子量，但也有人認為有機化學和無機化學是兩個截然不同的學科，應當各有各的原子系統，爭論毫無結果。會議最後的結論是：「科學上的問題不能勉強一致，只好各行其事！」但是事情發生了戲劇性的變化。當會議散會時，與會的意大利化學家坎尼扎羅 (Stanislao Cannizzaro, 1826 ～ 1920) 散發了他的論證分子學說的小冊子。由於他據理分析，論證充分，條理清晰，方法嚴謹，為確定原子量提出了一個非常合理的，令人信服的途徑。坎尼扎羅的意見很快便得到化學界的一致贊許和承認。

坎尼扎羅指出，只要把分子和原子區別開來，並承認阿伏伽德羅早就提出的假說，即等體積氣體無論是單質還是化合物，都含有相同數目的分子，而不是含有相同數目的原子，那就可以使測定原子量、分子量和分子組成所得的結果與已知的物理和化學定律相符合。坎尼扎羅採用一系列化合物中某一種元素的最低相對量為該元素的原子量，使原子量的確定有了統一的、合理的標準。

坎尼扎羅的工作使原子——分子學說得以確立，對化學的發展起了很大的促進作用。

第四節　有機化學的起步

與原子—分子學說建立的同時，有機化學也逐漸發展成為化學科學的一個重要分支。有機化學的研究對象是有機化合物。有機化合物主要是指碳氫化合物和它的衍生物，由於這些化合物最初都是從動植物等有機體中獲取的，因此人們把這類化合物統稱作有機化合物。

早期的有機化學研究

有機化學的起步是從有機物的精煉、有機物的分析和有機物的合成開始的。人們早就在實踐中學會從動植物裡提取、分離和製造某些有機物，例如釀

酒、製糖、製醋等等都是，但是人們對有機物的面目卻知道得很少。到了十八世紀後期，以科學實驗為目的的分離和純化有機物的工作取得了不小的成績，對有機物的組成也累積了不少知識。

舍勒從蘋果中析離了蘋果酸，從檸檬中析離了檸檬酸，從酸牛奶中得到了乳酸，從尿中得到了尿酸等等。

拉瓦錫以燃燒的方法分析有機物，他燃燒過酒精、糖、橄欖油等許多有機物，發現這些物質燃燒後都產生二氧化碳和水。他經過進一步的分析，認識到一般取自植物體的物質都含有碳、氫和氧，取自動物體的物質還含有氮。

後來，蓋—呂薩克、貝爾利烏斯和李比希 (Justus von Liebig, 1803 ～ 1873) 等人通過對蔗糖、乳糖、澱粉、蛋白、明膠等許多有機物的分析，逐步知道了它們是由什麼元素和以什麼比例組成的，還初步寫出了這些有機物的化學式。

尿素的合成

1824 年，德國著名化學家維勒 (Friedric Wöhler, 1800 ～ 1882) 首次用無機物合成有機物——尿素，這是有機化學發展史上的里程碑。在此之前，生物學界和化學界都廣泛地流行著「活力論」，以為有機物只能在生物體內產生，它具有某種神秘的「活力」，而無機物本身是沒有「活力」的，人們不可能從無機物製造出有機物來。可是維勒在研究氰作用於氨水時，發現除了生成草酸外，還有一種白色的結晶物，經過實驗研究，證明它是有機物尿素。後來維勒又分別用不同的無機物通過不同途徑合成了尿素。維勒在 1828 年發表的論文中說：「尿素的人工製成是特別值得注意的事實，它提供了一個從無機物製成有機物的例證。」

尿素的合成，表明無機物與有機物之間並沒有不可踰越的鴻溝，這對於活力論無疑是沉重的打擊，同時也為有機物的合成開闢了廣闊的前景。在維勒之後，人們又相繼合成了醋酸、葡萄酸、檸檬酸、蘋果酸以及油脂類、糖類等許多重要的有機化合物。

有機結構理論的發端

　　人們所認識的有機物越來越多，累積起來的材料越來越豐富，就希望從理論上給予加工和概括。而且，人們要製造更多更好的有機物產品，也迫切需要理論的指導。這時僅僅知道一些有機物質的成份和組成已經遠遠不夠了，需要回答的是：有機物質有哪些種類，有機物中的各個成份為什麼要以一定的比例結合，以及有機物的構成等等這樣一些問題。

　　十九世紀初，貝爾利烏斯把電化二元論推廣到有機化學，他說「化合物必須是二元的，必須由荷正電組份和荷負電組份組成，這對有機化合物也必定是適用的」。

　　其後，李比希和維勒在多年研究有機化合物的基礎上，提出有機化合物是由「基」（或稱爲「基團」）組成的看法。李比希給「基」下了如下定義：(1)基是一系列化合物中不變的組成部分；(2)基可以被其他簡單物所取代；(3)基與簡單物的結合符合當量定律。

　　基團理論歸納了當時已知的一些有機化學事實，它能夠解釋一些已知的化學反應。在基團理論的影響下，許多化學家都在致力於尋找新的基，研究製備基的反應，為有機化學的發展累積了更多的材料。

　　進一步的研究發現，有機物的基團在一些化學反應中並不是不變的，尤其是在取代反應中，一些基團中的氫可以被其他元素或基團所取代。1834 年，法國化學家杜馬 (Jean-Baptiste-Andre Dumas, 1800 ～ 1884) 比較系統地研究了有機化合物的取代反應，他以氯取代了碳氫化合物中的氫，發現「正電性」的氫被「負電性」的氯所取代，產物的性質卻沒有多大改變。這無疑是對貝爾利烏斯的電化二元論的沉重打擊。杜馬在取代理論的基礎上提出了有機物的「類型論」。他把化學性質相似、化學式也相似的有機化合物列入同一「化學類型」，把化學式相似但化學性質不相似的有機化合物列入同一「機械類型」。

　　杜馬之後，當時還很年輕的法國化學家熱拉爾 (Charles-Frederic Ger-hhardt, 1816 ～ 1856) 在前人工作的基礎上於 1839 年把當時已知的有機化合

物分為四個基本類型：水型、氫型、氯化氫型和氨型，使類型論發展到比較系統的地步。他分類的概況如下：

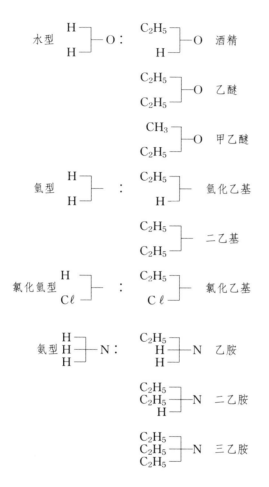

原子價概念的建立

「原子價」是化學的基本概念之一，類型論為原子價概念的建立奠定了基礎。人們既然知道化合物可有如下一些類型，

$$\text{氫} \quad \left.\begin{array}{c} H \\ H \end{array}\right| \qquad \text{氯化氫} \quad \left.\begin{array}{c} H \\ Cl \end{array}\right| \qquad \text{水} \quad \left.\begin{array}{c} H \\ H \end{array}\right|{-}O \qquad \text{氨} \quad \left.\begin{array}{c} H \\ H \\ H \end{array}\right|{-}N$$

從此很容易看出：一個氯原子可以和一個氫原子結合，一個氧原子可以和兩個

氫原子結合，一個氮原子可以和三個氫原子結合。類型論的研究雖然沒有直接地提出原子價的概念，但為這個概念的建立提供了重要線索。

　　比較明確地提出原子價概念是在 1852 年，那時英國化學家佛蘭克蘭 (Edward Frankland, 1825 ～ 1899) 在研究了許多金屬和準金屬的有機化合物後發現，每一種金屬的原子都只能和完全確定數目的有機基團化合，這個數目他稱為該元素的「化合能力」。他把各種元素劃分為「單原子元素」和「多原子元素」，以區分它們化合時的原子數目比。他說氫、碘、氯為單原子元素，氮、磷、砷為多原子元素。

　　1857 年，德國化學家凱庫勒 (Friedrich August Kekule von Stradonitz, 1829 ～ 1896) 認真地總結和歸納已知的各類化合物，他把佛蘭克蘭所說的「化合能力」改為「原子數」，提出了含義更為明確的「親和力單位」概念。他認為不同元素的原子相化合時總是傾向於遵循親和力單位數等價的原則，這是原子價概念形成過程中的重大突破。凱庫勒把氫的親和力單位數（實際上就是我們現在所說的「原子價」）確定為 1，因氯、溴等與氫以 1:1 相化合，所以它們的親和力單位數也是 1；同理，氧、硫是 2；氮、磷、砷為 3；碳為 4。他還認定碳與碳之間可以相互結合成鏈狀 (−C−C−C−C−) 結構。凱庫勒的工作奠定了原子價理論的基礎，在化學結構理論的發展上也作出了重大貢獻。

　　原子價學說揭示了元素化學性質的一個重要方面，闡明了各種元素相化合時在數量上所遵循的規律，為原子量的正確測定和化學元素週期律的發現提供了重要的依據，大大地推動了有機化合物結構理論以至整個化學科學的發展。

立體有機結構理論和苯環結構學說的提出

　　立體有機結構理論的創立是有機結構理論的又一重要進展。有機化合物的立體結構首先是在研究旋光異構現象時發現的。 1848 年法國科學家巴斯德 (Louis Pasateur, 1822 ～ 1895) 研究了 19 種酒石酸鹽的結晶，用人工方法分離出了左旋酒石酸和右旋酒石酸①。這兩種酒石酸的化學成份是完全一樣的，但是它們的旋光性能卻不相同，這就表明它們的分子結構有異。巴斯德推想，它們的分子排布有可能像人的左右手那樣處於鏡面對稱狀態而不能平移疊合。

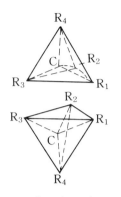

圖 45　范託夫對碳的四面
體結構的推想

受到巴斯德等人的工作的啓發，荷蘭化學家范託夫 (Jacobus Henricus van′t Hoff, 1852 ～ 1911) 於 1874 年提出碳的四面體構型學說。他設想，碳的四個價鍵② 不在同一平面上，而是指向一個四面體的四個頂點，碳原子本身居於四面體的中心。他依此假設所推得的有機化合物的異構體數目便與當時已知的實驗事實相一致。碳的四面體結構為爾後的結構測定所證實。范託夫當時只根據有限的事實而作出如此大膽的推想實為不易。

　　十九世紀以後，煤焦油工業有了很大的發展，人們從煤焦油中提取了大量芳香族有機化合物，如苯、萘、蒽、甲苯、二甲苯等。測定這些有機化合物的結構就成為化學家的迫切任務。

　　凱庫勒原先提出的鏈狀結構對於芳香族有機化合物顯然不適用。他經過多次試驗和反覆的思考，於 1865 年提出了苯的環狀結構的看法，使芳香族有機化合物的結構也大白於世。苯的環狀結構的提出，對於芳香族有機化合物的利用和合成都有重要的指導作用。

圖 46　凱庫勒提出的
苯的環狀結構

到十九世紀下半葉，有機化學已經有了比較完整的結構理論，在實踐上又製造出了成千上萬種有機化合物，為人類社會提供了各種各樣的藥品、染料以及許多工業原料。有機化學在社會生活中發揮了越來越重要的作用。

①當一束偏振光通過酒石酸晶體時，偏振平面發生發生旋轉現象，左向旋轉的稱爲左旋酒石酸，右向旋轉的稱爲右旋酒石酸。

②分子或原子團中原子間相互吸引而連結稱爲鍵。

自然科學概論

第五節　化學元素週期律的發現

　　自道爾頓建立化學原子學說以來，化學科學有如虎添翼，進展更加迅速。人們通過對各種物質和元素的分析測定，不僅對已知元素有了進一步的認識，許多前所未知的元素及其性質也相繼為人們所瞭解。從十八世紀中葉至十八世紀末，化學家一共發現了 17 種化學元素，而十九世紀前五十年就發現了 27 種，平均每兩年即發現一種。到 1869 年人們已知的元素達到 63 種，對這些元素的物理和化學性質的研究亦已積累了相當豐富的資料。不過這些材料還很零散和雜亂，缺乏系統性。一系列問題促使著人們思考：地球上究竟有多少種元素？怎樣去尋找未知的元素？各種元素之間是否存在著一定的內在聯繫？這些都等待著人們去解答。

早期的元素分類工作

　　上文曾述及，早在十八世紀拉瓦錫就作過元素的分類工作。十九世紀以後，原子量的測定日益精確，原子量已被公認為元素最重要的特徵之一。1829 年德國化學教授德貝賴納 (Johann Wolfgang Dö bereiner, 1780 ～ 1849) 以原子量為依據，對已知的 54 種元素進行分類，把它們分為三組。十九世紀50 年代以後，以元素的原子量和它們的性質為依據而進行分類的工作做得很多。

　　1862 年，法國地質學家德尚庫託瓦 (Alexandre Êmile Béguyer de Chancourtois,1819 ～ 1886) 提出元素的性質隨原子量數的變化而週期性地變化的觀點，他把 62 種元素按原子量的大小標記在一個圓柱體的螺線上，畫出了一個螺旋圖。從這個圖上可以清楚地看出，那些性質相近的元素都出現在同一條母線上。

　　接著，英國化學家奧德林 (William Odling, 1829 ～ 921) 於 1864 年發表了按原子量順序排列的元素表，他也注意到了元素的性質隨原子量的遞增而出現週期性變化的現象，因此他在表格的適當地方留下空格給一些尚未發現的元

素。他認為：「在表中出現的某種算術上的關係可能純屬偶然，但總起來說，這種關係在很多方面清楚地表明，它可能依賴於某一迄今尚不知道的規律。」

同年，德國化學家 J.L. 邁爾 (Julius Lothar Meyer, 1830 ～ 1895) 也發表了一個「六元素表」，他指出，「在原子量的數值上具有一種規律性，這是無疑的。」

也是在同一年，英國工業化學家紐蘭茲 (John Alexander Reina Newlands, 1837 ～ 1898) 同樣把已知元素按原子量大小順序排列，他發現從任一種元素算起，每到第八種元素，它的性質就與第一種元素相近。紐蘭茲熟識音樂，他借用音樂上的術語，把他所發現的規律叫做「八音律」。不過這些工作當時並非都為化學家們所賞識。當紐蘭茲在倫敦化學學會上宣讀他的論文並展示他的表格時，就有人嘲笑地問他有沒有試過按元素名稱的字母順序來排列他的表格。事實上，紐蘭茲的工作表明，這個時候發現化學元素週期律的時機已經成熟。二十多年後，即到了 1887 年，紐蘭茲終於因他的發現受到了英國皇家學會的肯定並且受到了獎勵。

門捷列夫與元素週期律的確立

在元素週期律的確立上起決定性作用的是俄國化學家門捷列夫 (1834 ～ 1907)。他認真地考察了前人的工作，緊緊地抓住原子量這個元素的基本特徵，努力探索原子量與元素性質之間的關係。他將元素按原子量大小順序排列，既注意到元素的性質經過一定週期所顯示的明顯的週期性，還注意到每一週期元素性質的變化也顯示一定的規律性。經過反覆的研究和核實，他於 1869 年發表了《元素屬性和原子量的關係》一文，發表了他第一個化學元素週期表，並論述了他的元素週期律的基本觀點：

(1)「按照原子量的大小排列起來的元素，在性質上呈現明顯的週期性」。

(2)「原子量的大小決定元素的特徵，正像質點的大小決定複雜物質的性質一樣」。

(3)「元素的某些同類元素，將按它們的原子量大小而被發現」。

(4)「當我們知道了某元素的同類元素以後，有時可以修正該元素的原子

量」。

門捷列夫化學元素週期表（發表於 1871 年 12 月）

最高氫化物 最高氧化物	I族 R_2O	II族 RO	III族 $(RH_5?)$ R_2O_3	IV族 RH_4 RO_2	V族 RH_3 R_2C_5	VI族 RH_2 RO_3或R_2O_6	VII族 RH R_2O_7	VIII族 RO_4或R_2O_8
	H=1	−	−	−	−	−	−	−
典型元素	Li = 7	Be = 9.4	B = 11	C = 12	N = 14	O = 16	F = 19	
第一周期 1類	Na = 23	Mg = 24	Al = 27.3	Si = 28	p = 31	S = 32	Cl = 35.5	Fe = 56 Co = 59
第一周期 2類	K = 39	Ca = 40	− = 44	Ti = 50?	V = 51	Cr = 52	Mn = 55	Ni = 59 Cu = 63
第二周期 3類	(Cu = 63)	Zn = 65	− = 68	− = 72	As = 75	Se = 78	Br = 80	Ru = 104 Rh = 104
第二周期 4類	Rb = 85	Sr = 87	(?Yt = 88?)	Zr = 90	Nb = 94	Mo = 96	− = 100	Pd = 104 Ag = 108
第三周期 5類	(Ag = 108)	Cd = 112	In = 113	Sn = 118	Sb = 122	Te = 128?	I = 127	
第三周期 6類	Cs = 133	Ba = 137	− = 137	Ce = 138?	−	−	−	
第四周期 7類	(−)	−	−	−	Ta = 182	W = 184	−	Os = 199? Ir = 198?
第四周期 8類	−	−	−	−	−	−	−	Pt = 197 Au = 197
第五周期 9類	(Au = 197)	Hg = 200	Tl = 204	Pd = 207	Bi = 208	−	−	
第五周期 10類	−	−	−	Th = 232	−	Ur = 240	−	

　　又經過兩年的思考，門捷列夫於 1871 年以《化學元素的週期性依賴關係》為題，發表了他的第二個化學元素週期表。他再一次明確地指出，元素（以及由元素形成的單質或化合物）的性質與元素的原子量有週期性的依賴關係，元素的性質是元素原子量的週期的函數。門捷列夫按元素週期律大膽地修正了一些元素的原子量，並為未知元素留下了空位。他認為，元素在週期表上的位置應當體現元素特性的總和以及該元素同其他元素的聯繫。根據未知元素在週期表中的位置及其上下左右元素的性質，門捷列夫預言了它們的物理和化學性質。他留有空位的未知元素有「類硼」、「類鋁」、「類矽」等 6 個。

　　1875 年，法國化學家布瓦博德朗 (Paul Émile Lecoq de Bisbaudran, 1838 ~ 1912) 在研究閃鋅礦時用光譜分析法發現了鎵 (Ga)，並測定和公布了他所得到的鎵的各種數據。遠在千里之外的門捷列夫得知此事後，立即致信巴黎科學院。他說：「鎵就是我預言的類鋁，它的原子量接近 68，比重是 5.9上下而不是 4.7，請再檢驗以下。」布瓦博德朗於是重新測定數據，果然出鎵

的原子量是 69.9，比重為 5.7。事後他極為敬佩地說：「我以為沒有必要再來說明門捷列夫這一理論的巨大意義了。」其後，1879 年瑞典化學家尼爾松 (Lars Fredrik Nilson, 1840 ～ 1899) 發現鈧 (Sc)，1885 年德國化學家溫克勒爾 (Clemens Alexande Winkler, 1838 ～ 1904) 發現鍺 (Ge)，他們所測定的這兩種元素的原子量和比重，與當年門捷列夫所預言的「類硼」、「類矽」幾乎完全符合。從此，門捷列夫的化學元素週期律受到了普遍的重視，他的偉大發現終於為世界所公認。

化學元素週期律的發現，是人類關於自然界的知識的又一個層次的偉大綜合。它把原先彼此孤立的各種元素的大量知識綜合起來，形成為有內在聯繫的統一的體系，為研究化學元素和化學變化過程提供了重要的理論依據，是化學發展史上的重大事件。元素週期律更使人們意識到原子必有內部結構，為日後人們進一步揭開原子內部的秘密作了必要的思想準備。

我們知道，遠在原始社會時期人類就在實際上應用許多化學現象，例如用火以至後來的釀酒、製陶、冶金等技術也都是化學變化在技術上的應用。但是，人類對化學變化的認識長期處於朦朧狀態。雖然人們總結了許多經驗，生產技術有了不少進步，但是實際上人們並沒有得到多少真正的化學知識。古人所有的一點點化學知識則主要來自虛妄的煉金（丹）術。煉金術士們追求不可能實現的目標，卻又累積了一些零碎的化學知識和開發出一些研究化學的手段，就像我們說到過的古代占星術與天文學的關係那樣。不過，煉金術士把那些化學知識搞得更加神秘，他們故弄玄虛，用語晦澀，為的是隱藏他們賴以發財致富或者是長生不老的秘密，同時也反映他們因不明其理而任意附會的心理。但是，隨著科學時代的到來，理性主義以及科學實驗和數理的思想與方法進入了化學領域，煉金術的幽靈也就煙消雲散了。從十七世紀中期到十九世紀後期的一百多年間，人類在化學領域裡所獲得的知識超過了以往數以千計的年月。

燃素說是作為煉金術的取代物而出現的，這是牛頓力學以後盛行一時的微粒說在化學領域裡的表現，是那個時代科學思潮的反映。燃素說雖然是錯誤

的，但它作為一種過渡性的學說，也幫助人們得到一些新的知識，並且導致它的對立物氧化學說的產生。燃燒是人類最早接觸到的化學現象，人類正是從研究燃燒現象出發，才使自己零碎的、膚淺的化學知識逐步地發展成為科學的。

　　關於萬物的本源的探討曾使許多古人絞盡腦汁，他們為此有過許許多多爭論，以至學派林立，但是他們都只立足於理性思維，以思辨的方式來尋求他們的真理。到了這個時代，人們已經不滿足於此，實驗的方法和數學的方法終於幫助人們科學地認識了元素和原子，元素和原子這些十分古老的概念從此獲得了新的科學的含義。當然，現代意義的分子和原子在那個時代還是肉眼所不能及之物，還都只能靠思維來把握。不過，它們已經不是純粹思維的產物，而是以科學實驗所得出的事實為依據，運用數學方法推理之後所得到，而且為科學實驗所證實的科學結論了。

　　一些古人曾經有過「萬物有靈」的看法，在這些人的心目中，有機物與無機物（或者說生物與非生物）並沒有本質上的區別。後來更多的人又認為它們有本質上的不同，所謂不同，指的是生物具有某種「活力」，而非生物則是沒有「活力」的。由此人們以為取自生物體的有機物與來源於非生物體的無機物也有本質上的不同。尿素的合成卻使人們驚奇地發現，用人工的方法竟然可以在生物體之外合成有機物，有機物與無機物之間原來並沒有不可踰越的鴻溝。填平這一道鴻溝並非回復到「萬物有靈」的境界，而是在科學的高度上使它們得到了新的統一。這不僅擴展了人們認識自然界各種物質的範圍，使有機物合成逐漸發展成為十分重要的化工技術，而且把人們對生命現象的認識推向新的階段，有關情況我們將在下文述及。

　　這個時期是以撥正化學的航向為起點的，其後人們開始為化學科學建立一些基本概念和基本規律，累積大量的材料和事實，發展各種研究手段和方法，元素週期律的發現可以說是這一百多年化學知識的總結。有了元素週期律，人們對組成物質的元素的知識就再也不是一堆雜亂無章的材料，而是有著內在聯繫的知識的體系了。元素性質依原子量大小的週期性變化，又向人們提示了原子不是「不可分割」的，它必有內部結構。元素週期律以它的科學預見性贏得了科學界的贊譽，它為人們糾正以往關於元素的不正確的知識以及為發現未知

元素提供了科學的依據，成為化學科學進一步發展的基礎。這一切都表明化學作為一門科學已經成熟，它必將以新的姿態走向新的階段，幫助人們更加深入、更加準確地認識物質世界，並且在更廣泛的領域裡發展化工技術提供理論指導。

複習思考題

1. 為什麼說玻意耳把化學確立為科學？
2. 試述拉瓦錫建立燃燒學說在化學發展史上的重大意義。
3. 試述道爾頓化學原子學說的要點以及它在化學科學發展上的地位和意義。
4. 試述維勒合成尿素的科學意義。
5. 簡述有機結構理論發展的大體線索。
6. 試述元素週期律確立的意義和門捷列夫的貢獻。

第 6 章

近代生物學沿革

在自然現象中，生命現象遠比物理現象或者化學現象複雜。雖然人類自遠古時代起便時時刻刻與各種植物和動物（包括人類自身）打交道，然而對於生命現象的認識還是最為膚淺，而且經常被蒙上種種神秘的色彩。雖說古人也積累了一些有關生物的知識，但生物學作為一門科學，它的起步還是近代的事情。

上文已經說到過，在近代的早期，歐洲解剖學逐漸復興，曾經在人體生理學上長期占居統治地位的，以蓋倫為代表的人體生理模型在大量實驗事實面前崩潰了。人體血液循環的發現不僅是對蓋倫學說的衝擊，而且對於逐漸吹散那些籠罩著生命現象的迷霧有重要的作用，科學精神從此進入生命科學領域，使人們對生命現象的研究有了轉機。近代生命科學的起步，應當說是從解剖學的復興開始的。

同其他任何一門科學一樣，生物學要真正成為一門科學，首要的任務還是整理和分析已經累積起來的感性材料。古人在這方面固然也做過一些工作（如亞里士多德及其後人的分類工作），但科學的生物分類學到了近代才有可能逐漸形成。

對大量生物的分類，使人們看到生物物種之間必然存在著某種聯繫。經過許多人的研究和探索，終於建立了生物進化學說，實現了生物物種知識的大綜合。

除了從個體和物種的角度來考察生物之外，人們也從更小的物質層次上來考察生物。顯微鏡的發明和在生物學上的應用，幫助人們發現了微生物和細胞，並且促進了胚胎學的研究。人們關於生物的知識迅速地擴展了，微生物學

的進展使人們認識到了許多疾病的病源，大大地推動了醫學的進步。細胞學說的產生使生物學的研究深入到細胞水準，人們對生物界的認識在深一個層次上得到了統一。胚胎學的成就使人們對生物的發育以及物種之間的親緣關係獲得了更多的知識。

生物科學迅速地成長了起來。

第一節　生物分類學的興起

人類對生命現象的研究是從認識物種的多樣性開始的。五彩繽紛的植物界中有草本和木本的，有落葉的和不落葉的，有開花的和不開花的，有結果的和不結果的，各種植物的莖、葉、花、根的形態也各不相同。千奇百怪的動物界也有水生與陸生、飛禽與走獸、卵生與胎生等等差別，它們的外形、器官、行為也都有明顯的不同，這種種現象早就引起了人們的注意。為了種植業和畜牧業的需要，人們也早就積累了不少物種方面的知識。我們知道，古代兩河流域的人們就曾對動物作過粗略的分類。亞里士多德及其後繼者對動物和植物的分類堪稱古代偉大的嘗試，亞里士多德的動物分類竟然並列八種分類法之多，表明他對自己的分類尚無把握，還沒有形成比較明確的指導思想。我國明代李時珍的名著《本草綱目》雖是一部藥學著作，但他對生物藥物的分類排列無疑地反映了他對生物界類別的看法。古代歐洲也有不少類似的藥物學著作，其中也表現了一些生物分類的思想。在一定程度上可以說，古代生物學方面的工作主要就是分類的工作。不過，真正的、科學的分類法只是到了近代才形成的。

生物分類學的兩個派別

隨著資本主義在歐洲興起，遠洋航行和探險活動使人們接觸到了更多的生物物種，重視自然、研究自然的科學精神更加深入人心。到了十六～十七世紀，生物分類便成了生物學家們的重要課題，許多人都在為此而努力工作。這時期生物學家們由於生物分類原則的分歧，形成了兩個相互對立的派別。以意大利解剖學家切薩皮諾 (Andrea Cesalpino, 1519 ～ 1603) 和馬爾皮基 (Marcello Malpighi, 1628 ～ 1694) 為代表的一派認為物種是不連續的，因此可以用一個或少數幾個人為選擇的標準把生物區分成界限分明的類群，例如根據花的形狀或者子葉的數目來給植物分類。這種分類法叫做「人為分類法」，自亞里士多德以來的許多生物分類所用的都是這種方法。另一派以法國植物學家洛貝爾 (Matthias de L'Obel, 1538 ～ 1616) 和瑞士解剖學家、植物學家鮑欣 (Gaspard Bauhin, 1560 ～ 1624) 為代表。這一派認為物種是連續的，人們所應當做的事情，是把生物物種分為「自然的種」，為此要盡力對一切能夠找到的動植物的特徵進行研究，從而確認某一個種內各亞種的親緣關係，然後據此分類。這種分類法叫做「自然分類法」。鮑欣除了積極主張自然分類法之外，他還是生物命名法「雙名法」的始創者，他用屬名和種名並用的方法為植物命名，以避免植物的同物異名和同名異物的混亂現象，這對於分類學有重要的意義。

林奈的人為分類法

到了十八世紀，人為分類法為瑞典科學家林奈 (Carl von Linne, 1707 ～ 1778) 所繼承和發展。林奈知識廣博，他是醫生、解剖學家、生物學家和礦物學家，曾擔任瑞典皇家科學院第一任院長、烏普薩拉大學教授、系主任、校長等許多職務。 1735 年他的《植物種誌》一書出版，其中收錄了 7000 多種植物。同年他還出版了《自然系統》的第一版，這部書的這個版本只有 7 頁，記載了他的動物、植物和礦物的分類提綱。後來每出版一次都增加了新的內容，到第十版時全書已有 2500 頁之多。林奈在世時此書總共出了十二版。他在書中寫道：「知識的第一步，就是要瞭解事物本身。……通過有條理的分類和確切的命名，我們可以區分並認識客觀物體。……分類和命名是科學的基礎。」他的這些意見對於當時的生物學來說無疑十分重要。林奈是人為分類法的集大成者，他把大自然分為礦物界、植物界和動物界三界。他把相似的植物或動物歸並成種，相似的種歸並成屬，相似的屬歸並成目，相似的目歸並成綱，於是形成了界→綱→目→屬→種這樣的分類系統①。對於植物界，他以花為分類的

①後來，生物學家把分類系統擴展爲界→門→綱→目→科→屬→種，形成現時通用的分類系統。

依據，用花的雄蕊的數目區別綱，用雌蕊的數目區別目，用花果的性質區別屬，用葉的特徵區別種。對於動物界，他則根據動物的心臟、血液、呼吸、生殖器的形態和狀況來分類。林奈發展了鮑欣的雙名法，把它推廣到動物界，並且一律採用拉丁文，使雙名法更為規範。他給近 8000 種植物和 4200 多種動物定了名。

林奈分類的目的只在於認識事物，他所著眼的是分類的可行性和實用性。他的分類並不能充分揭示物種的內在聯繫，這是他自己也意識到的。林奈的分類不可避免地存在著許多問題，如他根據雄蕊數目相同把單子葉植物綱的禾本科植物春茅與雙子葉植物綱的木樨科植物紫丁香歸入了同一綱，根據牙齒的特點把穿山甲、樹獺、海象列為同一目等等。儘管如此，林奈的功績是巨大的。他在世時就被譽為「分類學之父」，他的分類學說得到了當時學術界的廣泛承認。

林奈是物種不變論者。他說：「物種的數目和上帝當初創造出的各種形式的數目是相同的。」他認為他所做的事情只不過是認識上帝的創造物。不過他晚年思想上有了一些變化，他在《自然系統》的最後一版（第十二版）裡承認雜交可能產生新種，同時刪去了「物種不變」的說法。

布豐的自然分類法

雖然林奈的分類法為多數生物學家所認許，但不同意他的觀點的也大有人在。與他同年出生的法國皇家植物園園長、博物學家布豐 (Georges-Louis Leclerc de Buffon,1707 ～ 1788) 就是其中之一。布豐是牛頓的信徒，非常崇拜牛頓的思想和方法。他於 1749 ～ 1804 年間陸續出版了共有 44 卷的巨著《自然史》。他所論述的範圍涉及自然界所有領域，包括宇宙、太陽系、地球以及地球上的非生物和生物。布豐的文筆優美，他所表述的思想表明他堪稱當時的激進派。雖然他語言巧妙而隱晦，但還是觸動了基督教會的神經。1751 年他曾被警告犯了教規，主要指的是：布豐認為地球的年齡不是《聖經》上所說的 4004 年，而是在 10 萬年的數量級（事實上地球的年齡比他的估算還要大得多）；他說行星是太陽與彗星相碰撞的產物；他認為真理只能從科學中得出等

等。布豐不敢與教會正面對抗，卻仍然堅持他的觀點，只是在後來的寫作中更為謹慎、更加隱蔽罷了。例如他承認自然界一切變化的動因都是上帝，但是他的那個「上帝」形同虛設。布豐原先也是相信物種不變的，後來他改變了自己的看法，認為生物物種具有可變性，他說「生物的變異基於環境的影響」。他把生物發展的歷史和地球演變的歷史聯繫起來，對後人有重要的啓示。

　　布豐注意到不同物種雜交一般是不育的，由此他接受了一個物種是一群可以相互受胎的生物的見解。布豐指責人為分類法是人們從頭腦中想出一些框框，然後把它強加給自然界，他認為人為分類法的錯誤在於它不能揭示自然的真實過程。他說自然過程是循序漸進的，我們可以看到不同物種之間有許多中間物種，還有些一半屬於這一類，一半屬於那一類的物種。依據物種連續變化的觀點，布豐和他的助手以比較解剖學的方法研究動物的親緣關係。他把他所知道的 200 種四足獸類按其解剖構造的相似性分為 40 種原始類型，由此推斷所有四足獸大約都是從這 40 種原始類型變化而來的。他推想，既然大自然能夠從 40 種原始類型中產生出 200 種四足獸，只要有足夠的時間，大自然也完全有可能從一對親體中發展出一切動物。這裡需要注意的是，布豐雖然主張物種變化，但是他並不是主張生物進化，甚至有生物退化的思想。他說生物的變種是因遷徙和隔離造成的，所有物種都是從同一祖先退化而來的。例如騾子是馬的退化，猿猴是人類的退化等等。

　　布豐所提倡的自然分類法從理論上來說固然比較合理，但是要建立一個普遍的自然分類體系在那個時候實際上是不可能做到的。

生物分類學的進展

　　從指導思想上來說，自然分類法比人為分類法優越，因為自然分類法能夠反映出物種之間的內在聯繫，但從分類工作的實際上來說，人為分類法則更為方便和實用。分類的目的首先在於區別和鑒定物種，因此以固定的、唯一的和明顯的特徵作為依據來分類最有利，而自然分類法則必須事先弄清楚物種之間的內在聯繫才有可能進行分類，這並不是很容易做到的事。所以自林奈以來，生物學界所通行的仍然是人為分類法。不過，後來生物學家在選取一些界限分

明和穩定不變的特徵作為類別標準時，都注意到不把這些特徵絕對化，即既承認生物物種間非此即彼的界限，又看到它們亦此亦彼的聯繫，既承認分類標準的穩定性，又看到隨著自然界的進化和人類認識的進步，分類標準也必須不斷地更新。

隨著生物學的發展，現在生物分類的方法已經有了很大的變化。生物學家們所選取的分類標準已越來越接近生物的本質屬性。人們除了從形態上選取分類標準之外，還從構造上、生活習性上找出一些更具本質性的標準，例如根據生物的生殖行為，把雜交不育（或稱生殖隔離）作為分類的標準等等，這就比單從形態上分類更能反映生物的親緣關係。至於現代分子生物學把生物體的某種蛋白質（如細胞色素 C）的組成作為分類的標準，就有可能在更深層次上揭示物種的親緣關係了。在生物學的發展史中，探索新的分類標準，使分類更為合理，到現在仍然是生物分類學者為之奮鬥的目標。

第二節　生物進化學說的發展

古希臘學者阿那克西曼德（Anaximenes of Miletus, 約公元前 610 ～ 前 545）曾經提出過生物進化的模糊的看法，他說人是從魚變來的。不過後來生物退化的思想在學術界中占了上風。從柏拉圖、亞里士多德直到十八世紀的布豐都是生物退化論者。生物退化的想法不過是人們的主觀臆斷，並無事實依據，更不是歷史的真實。隨著人們關於生物的知識越來越豐富，反映自然界歷史真實面貌的生物進化學說經歷了一場複雜的鬥爭之後，逐漸為學術界所承認和接受。

拉馬克的生物進化學說

在近代科學史上，第一個提出生物進化學說的是法國生物學家拉馬克（Jean-Baptiste de Monet, chevalier de Lamarck, 1744 ～ 1829）。拉馬克是布豐的學生，他的生物進化思想是從他的分類學研究工作中衍生出來的。他原是一位植物學家，50 歲那年因法國國立自然博物館讓他負責無脊椎動物館的工

作，使他有機會深入地從事脊椎動物的研究。通過對當時已知的無脊椎動物化石的比較和分類，他發現無脊椎動物的十個綱在構造和組織的複雜程度上表現出一定的等級和次序。從此他想到動物界是一個由低等到高等、由簡單到複雜的進化序列。1802 年他將這個序列排列成一個線性進化階梯，每一個階梯代表構造程度相似的一類生物，整個階梯表示從最簡單的物種一直上升到高等動物。後來生物進化學說的發展告訴我們，生物進化的序列不是線性的，而是樹狀的。拉馬克的想法過於簡單，但他畢竟是第一個描寫生物進化自然序列的人，生物進化的思想在他那裡獲得了早期的科學形態。

　　為解釋生物進化的原因，拉馬克提出了兩點看法：(1)生物自身有一種內在的、主動的、向上的要求，它使生物為適應環境而改變自己的生活習性，由此發生物種的變異，變異是緩慢地進行的；(2)生活習性的改變使得生物的某些器官被較多地使用，另一些器官則較少使用，於是前者進化，後者退化，出現了「用進廢退」的現象。他認為，生物體因生活環境改變而引起的後天獲得的習性或器官的變異都是能夠遺傳給後代的，這叫做「獲得性遺傳」。

　　現在我們知道，拉馬克的生物進化思想是對的，但是他關於生物進化動因的解釋則缺乏根據。生物都有適應環境的能力，但這並非出於生物內在的、向上的、主動的自我適應，他的說法不過是沿襲古人的「目的論」的思想罷了。生物的變異對於環境也不是天然適應的，事實上常有不適應的情況。用進廢退是生物進化過程的客觀事實，但在這一事實背後起作用的因素是「自然選擇」。至於獲得性遺傳，至今仍然沒有找到令人信服的證據。

生物進化學說與生物物種不變論的論戰

　　拉馬克之後，生物進化學說一方面得到來自胚胎學和比較解剖學的一些成果的支持，另一方面又遭到傳統的物種不變論的反對。十九世紀 20 ～ 30 年代，在法國出現了一場物種進化論與物種不變論的論戰。這場論戰是從比較解剖學領域裡產生的，其結果是進化論思想受到了打擊。

　　十八世紀末，法國在比較解剖學方面取得了一些成就。通過對成年生物體結構的比較，科學家們發現脊椎動物這一大類動物在結構上有相當大的相似

性。於是一些人以為大自然似乎是按照一個總體方案來構造不同物種的。這種思想在德國也很有影響。 1795 年，德國文豪兼學者歌德 (Johann Wolfgang von Goethe, 1749 ～ 1832) 據此提出，植物界和動物界應當各有一種原型方案，自然界中所有物種都由這兩種原型方案衍生而來。 1807 年，歌德的朋友，德國博物學家和自然哲學家奧肯 (Loronz Oken,1779 ～ 1851) 則進一步假定一種抽象的脊柱作為動物界的原型，認為所有動物都是按照這種原型構成的。他們關於動物體結構和演化的思想曾經激勵了許多年輕科學家去研究生物體的「原型」。

　　布豐的另一位學生，法國動物形態學家聖提雷爾 (Etienne Geoffroy Saint-Hilaire, 1772 ～ 1844) 的理想是建立一種純粹的形態學。他經過解剖比較，發現了動物的「同源器官」。例如脊椎動物的前肢有不同的功能，有的能跑，有的只能爬，有的可用於游泳，有的則用於飛翔，但是這些器官在骨骼構造以及在身體中的部位相似，它們與脊骨相連接的部位也相同，這就是同源器官。同源器官的發現，證明了生物體在構造上具有某種統一性。但是聖提雷爾把這種統一性推向了極端。他認為，「大自然傾向於以相同的數目和相同的關係去重複相同的器官，而僅僅無窮無盡地變化其形狀。從這一觀點看來，不存在不同的動物。……好像只出現了一種生物似的。這是一種抽象的生物，蘊藏在動物性裡面，以各種不同的形狀接觸我們的感官。」聖提雷爾設想所有動物在骨骼構造上都是由一塊塊骨頭作為組成單元，按照脊椎骨這種構造方案組成形體的。例如他認為龍蝦和幼蟹殼的有分節的構造在本質上與脊椎動物的脊椎骨分節無異，只不過蝦和蟹是骨在外肉在內，而一般脊椎動物則是骨在內肉在外罷了。

　　聖提雷爾的過於簡單化的觀點遭到法國比較解剖學權威居維葉 (Georges Leopold Chreeien Frédéric Pagobert Baron Cuvier, 1769 ～ 1832) 的激烈反對。居維葉以熟知脊椎動物的構造而聞名於世。他提出了著名的「生物器官相關律」，他認為：動物要求具備與它的習性和機能相適應的身體構造，因此依據動物的一部分器官就有可能得知它的其他器官以至它的全貌。例如有自我運動能力的動物要求有一個能裝載食物的胃和能收集、捕捉食物的器官以及能消

化食物的器官，不能運動的植物就不需要胃而由根來代替它；動物除了要有消化器官，還要求有分配養分的循環系統，而循環系統又要求有呼吸系統，如此等等。據說居維葉從器官相關律出發，根據一塊骨頭化石就能復原整個動物。

　　器官相關的思想給自然分類法提供了幫助。既然器官之間的功能相互關聯，顯然不是所有器官都具有同等重要的意義。因此居維葉認為自然分類法不必考察所有器官，只需考察執行動物軀體基本機能的器官就行。根據動物的循環系統和神經系統，居維葉把動物分為四種類型：脊椎動物型、軟體動物型、有關節動物型和輻射狀動物型。他認為這四種類型彼此毫無關聯。他反對聖提雷爾所說動物體結構只有一種原型方案的觀點，主張動物不是按一種原型方案而是按四種原型方案構造起來的。儘管同一類型中的各個物種有所不同，但它們都是同一原型方案的個別變化，方案本身則有其規定性和保守性，它確定了物種變化的限度。他又認為，在地球的歷史上，地殼曾發生過幾次大的災變，每次災變都使某些動物物種滅絕，但自然界重新創造物種時仍然遵守這四種方案，所以雖然再次創造出來的物種與原來的物種不同，而它們的類型則是相同的。例如，地殼經過四次大災變，先後創造出魚類、爬蟲類、鳥類和哺乳類的不同物種，但它們都是按照脊椎動物的方案構造起來的。在他看來，物種的變化不是漸變的過程，而是經過災變之後的重新創造，因此是一種突變。

　　居維葉的這些觀點顯然屬於物種不變論，但是在解釋動物界構造上的多樣性和統一性之間的關係上有合理之處，並且在當時易為人們所接受，所以當1830 年聖提雷爾和居維葉就上述問題展開論戰的時候，居維葉取得了勝利。居維葉的勝利使得由拉馬克所提出的生物進化的思想在法國沉寂了十年之久。

達爾文的進化論

　　正當進化論思想在歐洲大陸上遭受打擊而趨沉寂的時候，它卻在英國悄然興起。 1830 年，英國地質學家賴爾 (Charles Lyell, 1797 ～ 1875) 發表了《地質學原理》一書。他用將今論古的方法論述了地殼緩慢變動的歷史。這部著作給了當時還很年輕的英國博物學家達爾文 (Charles Robert Darwin, 1809 ～ 1882) 以深刻的影響。 1831 ～ 1836 年間達爾文隨英國海軍測量艦貝格爾號環

游南半球以考察那裡的生物和地質狀況，這時他讀到了賴爾的著作，成了賴爾的信徒。達爾文這樣想：變動不已的地殼表面難道能夠容許不變的物種存在麼？

達爾文的祖父也是一位博物學家，曾提出過類似拉馬克的進化論思想，但是達爾文原先並不贊同他祖父的見解。他曾被送進劍橋大學神學院學習神學，雖然他不喜歡神學，不過他相信包括物種在內的整個世界都是神創造的，物種是不變的。當他登上貝格爾艦時，他仍舊是一個神創論者。然而，賴爾的學說一下子就打動了他的心，使他的思想發生了根本的變化，考察中所得到的大量材料更徹底改變了他原來的信仰，他從此深信物種是可變的。

促使達爾文思想變化的主要事實是：(1)在南美洲地層中發掘出一種體形巨大的哺乳類動物化石，化石表明這種已經滅絕的動物與現存南美洲的體形較小的犰狳非常相似，這一事實使他想到古今動物存在著某種聯繫；(2)南美洲大陸一些非常相近的物種在地理分布上呈現出由南到北逐次代替的狀況。例如有一種家鼠共有 27 個品種，將它們由北而南逐種排列，可以看出相鄰兩個地區家鼠品種的差異很小，但南北兩端品種的差異就十分明顯以至於可以認為是完全不同的品種。這一事實使達爾文聯想到，在漫長的歷史過程中，不同物種之間也會有同樣的連續更替和間斷後形成新種的情況。(3)加拉帕戈斯群島上的生物大都具有南美洲生物的性狀，而群島中各島嶼上的物種彼此又有微小的差異。這一事實又使達爾文想到物種的差異和它所生活的環境之間必有內在的聯繫。這些事實綜合起來，使達爾文產生了這樣的看法：物種不是不變的，不是分別創造出來的，物種是逐漸變異的，一個物種只能由原有的一個物種演變而來。

當達爾文結束考察回到英國的時候，他的頭腦中已經形成了生物進化的思想。但是要說明生物界存在著如此巧妙地適應環境的能力和說明物種變化的原因，他還缺乏充分的證據和完整的理論。為此，達爾文又進行了一系列研究。他收集了在家畜情況下生物變異的許多材料，注意到人工選擇是造成家畜品種變化並使之適合人類需要的原因。他進一步思考，在自然界裡是否也存在著這種選擇的力量？如果存在，它又是如何在物種演變中起作用的？一個偶然事件解開了他的疑團。達爾文在他的日記中寫道：「1838 年 10 月間，也就是開始

我的系統探索的十五個月之後，我為了消遣偶然讀到了馬爾薩斯①的人口論，而我由於長期不斷觀察動植物的習性，對於這種到處都在進行著的生存鬥爭，思想上早就容易接受，現在讀了這本書，立即使我想起，在這些情況下，有利的變異往往易於保存，而不利的變異則往往易於消滅，其結果就會形成新種。這樣我終於得到了一個能說明進化作用的學說了」。達爾文的這段自述，表達了他關於物種起源理論的形成過程。

達爾文進化論的基本內容如下：

(1)生物界與生物界、生物界與自然環境之間普遍地存在著生存鬥爭。根據多年的觀察，達爾文瞭解到，在自然狀態下生物的繁殖能力是驚人的，但是在一定的環境裡保存下來的個體的數量卻是相對穩定的，這就是說生物中有大量繁殖少量生存的現象。這種狀況說明，每一種生物為了生存和繁殖都需要爭取食物、陽光和生存空間，因此在同種生物的不同個體之間，不同物種的個體之間都存在著激烈的鬥爭；生物體與生存環境也有適應或者不適應的問題，這也可以看作是生物與環境之間的鬥爭，亦即生物界與自然界的鬥爭。

(2)生物界普遍存在著變異。同種生物的不同個體之間總是存在著這樣或那樣的差異。例如長頸鹿就存在著高矮、大小參差不齊的個體，這就是變異現象。變異在生物體中具有普遍性。

(3)生存鬥爭是在不同個體之間進行的。由於個體存在著差異，在生存鬥爭中，那些具有有利變異的個體將有更多機會保存下來並繁衍自己的後代，而那些具有不利變異的個體則容易被淘汰，不容易繁衍自己的後代。自然界的這種留優汰劣作用就是天擇。

達爾文於 1859 年出版了《論通過天擇或生存鬥爭保存良種的物種起源》（簡稱《物種起源》）一書，詳細地論述了他的觀點。這是他經過 20 多年的努力，研究了大量資料並經過深思熟慮之後的結晶。

在這部著作中，達爾文舉出了許多事例來闡明他的學說。例如：在北大西

---

①馬爾薩斯 (Thomas Robert Malthus, 1766 ~ 1834) 是英國經濟學家、牧師和教授，因研究人口問題而著名。

洋東部的馬德拉群島上，共有 500 多種甲蟲，其中有約 200 種的翅膀發育不全，不會飛。當風暴來臨時，它們隱匿得相當好，直到風和日麗時又再出來活動。另外 300 多種甲蟲的翅膀則特別強勁，抵禦大風的能力特別強。達爾文解釋說，這就是自然選擇的一個例證。本來生活在這個島上的甲蟲有的善於飛翔，也有的翅膀發育不全或者習性怠惰很少飛翔，每當海上風暴驟起時，那些善於飛翔但翅膀不特別強勁的甲蟲便被刮入海中，而那些不善於飛翔以及翅膀特別強勁的甲蟲則保存了下來。經過世世代代的傳遞，每次通過選擇的大都是那些不會飛的和翅膀特別強勁的甲蟲。不使用自己翅膀以及翅膀特別強勁都成了保存下來的有利條件。被保存下來的不會飛的和翅膀特別強勁的甲蟲將其特徵遺傳給下一代，久而久之這些特徵得以累積、鞏固和發展，於是形成了上述那種狀況。關於長頸鹿的長頸，拉馬克曾以用進廢退來解釋。拉馬克認為，由於長頸鹿需要不斷伸長脖子去吃樹上越來越少的葉子，它自身所具有的適應自然的本性就使得它們的脖子長得越來越長。達爾文不同意這種說法。達爾文認為，當環境發生變化，樹上的葉子越來越稀少的時候，那些肢體和脖子都較長的個體能夠吃到高處的樹葉而被保存了下來，而那些個子矮小的個體則被淘汰，因此逐漸形成了現在的長頸鹿。達爾文說，大自然每日每時都在檢查著生物體的最細微的變異，排斥壞的，保留好的並把它們累積起來。這種累積是一個緩慢的過程，經過很長時間就能看到從一個物種演變成另一個物種。那些通過選擇而形成的新種必然與它生活的環境相適應。適應是選擇的結果，不是變異的原因，環境的變化通過選擇對生物的進化產生影響。至於生物為什麼會發生變異，達爾文討論得很少。他只把變異作為出發點，力圖找出使變異固定下來並獲得久遠意義的合理形式。他闡明了進化的動力和結果，對於進化的內在機制和過程則沒有給予說明。在那個時候，人們對遺傳和變異的規律還很不清楚，達爾文所能做的也只能如此。

《物種起源》第一版印行了 1250 冊，很快就銷售一空，引起了一場轟動，支持他的和反對他的都大有人在。1871 年他又出版了《人類的由來》一書。在這部著作裡，達爾文推測人類的祖先與大猩猩、黑猩猩有親緣關係。他寫道：「人類和其他物種同是某一種古老、低等而早已滅絕了的生物類型同時

並存的子孫」。他的這些看法更遭到許多人的反對，包括不少科學家和哲學家在內。一些人宣稱人類起源的問題是科學所不能解決的。對此，達爾文說道：「無知比有知識往往使人更容易產生自信之心，那些斷言宣稱科學將永遠不能解決這一問題或那一問題的人大都是一知半解之輩，而不是富有知識之人。」由於達爾文的學說打擊了神創論，它發表之後更是立即遭到基督教會的激烈反對，在歐洲引起了軒然大波。

十九世紀後半期，歐洲各國圍繞著生物進化和人類起源的問題都發生過激烈的爭論。

在英國，自學成才的青年學者赫胥黎 (Thomas Henry Huxley, 1825 ～ 1895) 挺身而出，同以名聲顯赫的大主教韋伯弗斯 (B. Wilberforce) 為代表的教會勢力展開了激烈的論戰。在 1860 年 6 月的一次辯論會上，韋伯弗斯以侮辱性的口吻對赫胥黎說：「請問這位宣稱自己是猴子後裔的先生，您是通過祖父還是通過祖母接受了猴子的血統的呢？」赫胥黎針鋒相對地回敬說：「一個人沒有任何理由因為他的祖先是猿猴而感到羞恥。我以為應該感到羞恥的，倒是那些慣於信口開河，不滿足於在自己的活動範圍內的可疑的成功，而要粗暴地干涉他所一竅不通的科學問題的人。」最後，他說，他寧願「要一個可憐的猿猴作為自己的祖先」，也不要一個運用自己優厚的天賦和巨大影響，卻把「嘲諷奚落帶進莊嚴的科學討論」的人作祖先。赫胥黎據理力陳，經過脣槍舌劍的較量，以他的論辯和才智使達爾文學說贏得了許多青年學者的同情。

在德國，博物學家海克爾 (Ernst Heinrich Philiopp August Haeckel, 1843 ～ 1919) 是達爾文學說的最熱烈的支持者。當他剛接觸到達爾文的學說時便為之傾倒。他說達爾文「用一個偉大的統一的觀點來解釋有機界的一切現象，並且用可以理解的自然規律來代替不可理解的奇跡」。海克爾把分類學、胚胎學和形態學的成就與進化論結合起來，論述了生物個體如何從一個受精卵發展成成體，以及整個生物界如何從低等的、簡單的生物發展到高等動物的過程。他認為，個體發育（胚胎發育）過程重演了系統發育（物種演化）的過程，前者是後者的縮影。當然，這種說法也過於簡單化了。海克爾把已知的動植物按進化關係編排成一個樹狀系統，即「進化譜系樹」，這個系統較好地體

現了生物的親緣關係。 1877 年，在德國慕尼黑召開的德國自然科學家和醫生
代表大會上，海克爾與病理解剖學家、醫生菲爾紹 (Rudolf Carl Virchow,
1821 ～ 1902) 展開了嚴肅的辯論。會後海克爾發表了轟動一時的小冊子《自
由的科學和自由的講授》，批評菲爾紹禁止在學校內講授進化論的錯誤立場。

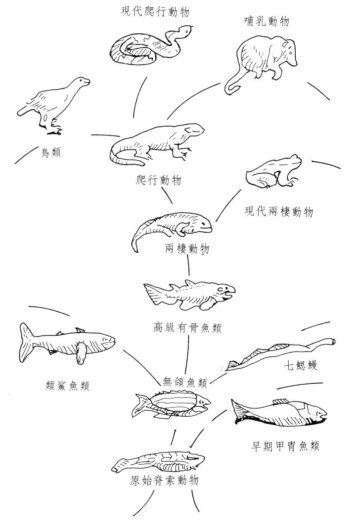

現代爬行動物

哺乳動物

鳥類

爬行動物

現代兩棲動物

兩棲動物

高級有骨魚類

類鯊魚類

無頜魚類

七鰓鰻

早期甲冑魚類

原始脊索動物

圖 47　脊椎動物的樹狀進化路線圖

　　由於許多人的努力，達爾文的生物進化學說終於在歐洲取得了勝利。

　　達爾文學說的建立標誌著生物進化論的基本完成。進化論的確立，實現了生物學知識的一次大綜合，表明生物學已經提高到了一個新的水準，對整個生物學的發展都有深遠的影響。它以自然界本身的作用說明生物進化的事實和生物適應環境的原因，這是對生物學中的目的論、物種不變論和神創論的沉重打擊，在哲學上也有重大意義。不過，達爾文的進化也不是無懈可擊的，至今有許多問題仍在研討之中，有關情況我們將在本書第十二章裡介紹。

第三節　微生物學、胚胎學和細胞學說的建立與發展

　　如果說分類學和進化學說是從人的肉眼所及的範圍內研究生物的話，那麼，微生物學、胚胎學和細胞學說便是從人的肉眼所不及的層次上來研究生物學，它們的出現表明了生物學研究領域的開拓。微生物學、胚胎學和細胞學說都是由於顯微鏡在生物學上的應用才得以建立和發展起來的。

微生物學的興起

　　微生物的應用歷史非常久遠，還在原始社會時期人們就會釀酒，製醋和製作麵包至少也有幾千年的歷史，這些技術都在實際上都利用了微生物。不過那時人們只憑經驗，並不明其理，甚至不知道微生物的存在。古羅馬曾有人說到過一種「微小動物」造成疫病的話，不過當時沒有引起人們的注意。十七世紀初顯微鏡問世之後，第一個使用顯微鏡觀察生物的人可能是伽利略，他用顯微鏡觀察過昆蟲的複

圖 48　胡克所使用的顯微鏡

眼。後來英國物理學家胡克用顯微鏡看到了軟木的細胞，從此顯微鏡便開始用於生物學研究。

那時曾有一批生物學家組成了一個團體，他們借助 5 ～ 10 倍的放大鏡來觀察各種物體，有了許多發現。其後，意大利人馬爾皮基、荷蘭人列文虎克 (Antoni van Leeuwenhoek, 1632 ～ 1723) 和斯旺麥丹 (Jan Swammerdam, 1637 ～ 1680)、英國人格魯 (Nehemiah Grew, 1641 ～ 1712) 等科學家的一系列工作為顯微生物學打下了很好的基礎。他們之中成就最突出的是列文虎克。列文虎克的觀察範圍非常廣泛，使人們獲得了不少新的知識。 1675 年他從積水中看到了單細胞生物，他稱之為「活原子」。 1681 年他發現了人的牙垢中的細菌，還仔細地描述了它們的形狀、大小和活動方式。 1688 年他又觀察到蝌蚪尾巴上的微血管，證實了哈維所預言的溝通動脈和靜脈的通道的存在，從而最終證實了血液循環學說。此後還有許多人繼續利用顯微鏡對細菌進行觀察研究。

在此期間，圍繞著生命起源的問題，在學術界裡進行著一場爭論。那時有一種頗有影響的「自然發生說」。此說認為生物能從非生命物質中突然地產生出來。腐肉生蛆就是持此說的學者最有「說服力」的證據。微生物的發現似乎更給自然發生說提供了新的例證。人們在顯微鏡下看到微生物以驚人的速度繁殖，有些微生物在不到 48 小時裡竟能產生出 100 萬個後代，一些人相信這些微生物就是從非生命物質中自然地產生出來的。自然發生說受到另外一些學者的反對。這些學者認為，有生命的東西只能從有生命的東西中產生，無生命的物質不能產生生命。兩派都作過一些實驗研究，各持己理，爭論不休，誰也說服不了誰，重要原因之一是他們對微生物都還缺乏深刻的認識。

法國科學家巴斯德的研究工作原先主要在化學方面，並已取得了卓越的成就，後來他轉向微生物學的研究。巴斯德意識到，只有擊敗自然發生說，微生物學和醫學才有可能得到發展。他說：「在觀察領域內，機遇只偏愛那些已有所準備的頭腦」。 1860 年，他以一系列精心設計的實驗和令人信服的證據證明，空氣中微生物的存在是引起腐敗的原因。他最著名的實驗是這樣的：他把肉汁經過高溫處理後與空氣嚴格隔絕，證明這樣的肉汁並不會腐敗變質，也就

是說沒有微生物在這樣的肉汁裡生長。巴斯德的工作給了自然發生說以沉重的打擊，1862 年他因此而獲巴黎科學院的獎金。但是爭論並沒有就此結束，爭論對於進一步揭露微生物的奧秘和探討生命起源也都大有好處。

有人從實驗中發現，有些微生物具有耐熱性，它們的孢子在沸水中浸泡 1 小時後仍能存活，這就是說巴斯德的實驗仍然存在著疑問，也許巴斯德經過高溫處理的肉汁還是有細菌的，只是由於某些未知的原因肉汁才沒有腐敗。又一些持自然發生說的學者認為，既然地球上的生命不是從來就有的，所以它必然是在某種情況下自然地產生的，亦即提出了地球上生命起源的問題。巴斯德也認識到他的實驗只證明了經過滅菌的有機汁液不會自然產生生命，但不能說明地球上生命起源的機理。

巴斯德的工作對醫學產生了重大影響。1864 年法國農業部要求他研究蠶病，隨後他找到了兩種使蠶致病的微生物，由此而發明了使蠶防止感染的方法。後來他繼續尋使高等動物（包括人）致病的微生物，並且研究成功多種防疫疫苗，包括狂犬病疫苗，從而征服了這些長期令人們束手無策的嚴重疾病。

為微生物學奠定基礎的另一位重要人物是德國醫學博士家科赫 (Heinrich Hermann Robert Koch, 1843 ～ 1910)。他的主要貢獻是在病源菌學說的研究和微生物學基本研究技術方面。那時炭疽病在法國流行，造成大批馬、牛、羊死亡並且殃及人類。人們雖把染此病死亡的動物屍體埋於地下，卻還是未能完全阻止炭疽病的蔓延。科赫經過研究發現，患炭疽病死亡的牲畜雖然埋於地下，但它所帶的病源體——炭疽桿菌並未死亡，而是轉化為孢子長期保持著生命力，一旦這些孢子進入牲畜體內，炭疽桿菌又能大量繁殖而導致牲畜死亡。結核病曾經長期人們認為是一種遺傳病，1882 年科赫找到了結核病菌，從而揭開了結核病的秘密。1883 年他又找到了霍亂病的病源體，使這種可怕的流行病得到控制。在他的妻子的協助下，科赫發明了用海藻提煉而成的瓊膠作細菌培養基的方法，此法沿用至今。他還於 1884 年建立了確定病源體與非病源體的方法，被稱為「科赫準則」。科赫因他的一系列成就於 1905 年榮獲諾貝爾生理學醫學獎。

細胞學說的建立

人類第一次觀察到細胞是在 1665 年。那時英國科學家胡克用自製的顯微鏡觀察各種細小的物體，當他觀察軟木的切片時，看到上面有許多蜂巢狀的小孔，他把它們稱為「細胞」（原文為 cell，即小孔之意）。緊跟著又有幾位科學家在顯微鏡下看到了細胞。不過那時人們都不理解這種顯微結構的意義。此後大約過了 150 年，隨著比較解剖學和胚胎學的發展，人們逐漸弄清楚動植物的機體構造上的統一性以及動物胚胎發育中器官形成的過程之後，才慢慢地認識到細胞在生物體中的地位和作用。

十九世紀初，德國自然哲學家奧肯提出有機體是由草履蟲① 般的粘液囊泡所組成的觀點。奧肯不是經過實驗研究而提出他的觀點的，而是以哲學思辨的方式，從自然界的統一性出發而產生他的看法的。這在注重理論思維的德國人那裡不難被人接受。經過對植物的解剖研究，德國生物學家特雷維拉努斯 (Gottfried Reinhold Treviranus, 1776 ～ 1837) 和貝爾 (Karl Ernst von Baer, 1792 ～ 1876) 於 1805 年和 1827 年，先後認識到細胞是植物構造的基本單位。 1824 年法國生理學家杜特羅歇 (René-Joachim-Henri Dutrochet, 1776 ～ 1847) 指出，細胞是有獨立生命活動的單位，有些生物只有一個細胞，較大的生物則由許多細胞互相協作而構成。他更進一步說，「所有的組織，所有的動植物器官，實際上只是經過不同修改的細胞組織」。有機體的統一性在於細胞結構的思想在他的話裡已經比較明確。 1831 年英國植物學家布朗 (Robert Brown, 1773 ～ 1858) 在顯微鏡下觀察到植物的細胞核。 1835 年捷克生理學家普金葉 (Jan Evangelista Purkin je, 1787 ～ 1869) 又用顯微鏡觀察到動物的細胞核。其後不久，普金葉和其他生物學家相繼發現了細胞中存在著有生命的質塊，這種質塊（現在稱為細胞質）把細胞核裹在當中。這一系列發現使人們逐漸瞭解了細胞的基本結構。

在上述發現的基礎上，德國植物學家施萊登 (Jacob Mathias Schleiden,

---

① 草履蟲是一種單細胞微生物，生活於水中，以水中的細菌和其他有機物為食料。

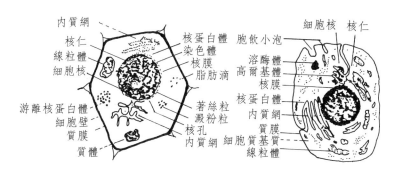

左：植物細胞結構　右：動物細胞結構

圖 49　細胞結構模式簡圖

1804 ～ 1881) 於 1838 年提出了他的看法：細胞是一切植物結構的基本單位，它是植物賴以發展的根本實體。第二年，即 1839 年，德國動物學家施旺 (Theodor Ambrose Hubert Schwann, 1810 ～ 1882) 把施萊登的思想擴大到動物界，從而正式建立了細胞學說。細胞學說認為：細胞是一切有機體構造和發育的基本單位。細胞學說的建立實現了生物學知識的又一次綜合。

　　為了說明細胞的分化和形成，施萊登和施旺都提出了細胞由細胞產生的設想。他們的說法儘管是幼稚的、不正確的，但畢竟是從細胞水準上對生物發育的早期解釋。

　　細胞學說出現以後，菲爾紹於 1855 年正式提出一切細胞來自細胞的命題。他說生命活動的基礎在於細胞，細胞是自主的活的實體。他更把細胞學說應用於病理學的研究，認為病變細胞是由正常細胞變化而來的，人體的病變與細胞結構的異常變化有關。他所開創的細胞病理學已經成為現代醫學的重要理論基礎。

胚胎學的進展

　　1677 年，荷蘭一位醫學院學生在顯微鏡裡看到了人的精子。他的叔父，一位醫學院教授帶領他去請教科學家列文虎克以證實他的發現。隨後，列文虎

克於是年 11 月寫成一篇論文，宣稱他看到了兩種精子，它們分別代表微型的男孩和微型女孩。荷蘭物理學家哈特索克 (Nicolaas Hartsoecker, 1656 ～ 1725) 也緊跟著宣稱他看到了精子裡面的「微型小人」，並且畫出了一張「微型小人」圖。類似的說法在那個時候還有一些。那時顯微鏡的質地不太好，透鏡所造成的像差和色差① 還相當嚴重，這些人所公布的觀察結果，一方面是出於他們的主觀想像，另一方面也是由於他們看不大清楚而強作猜測。

哺乳動物的卵的發現要複雜一些。雖然早在 1651 年哈維就提出了一切動物來自卵的觀點，他說卵是「某種具有潛在生命的物質或者某種本來就存在的物體」，但他這些說法並無實驗事實作為依據。發現了細胞以後，人們便力圖在顯微鏡下找到哺乳動物的卵。 1672 年，荷蘭醫生、解剖學家格拉夫 (Regnier de Graaf, 1641 ～ 1673) 觀察到了兔子的卵巢濾泡，以為這就是它的卵。其實這是未成熟的卵細胞及其周圍細胞的複合體，真正的哺乳動物的卵細胞是一百多年之後的 1827 年才發現的。

在上述那些並不準確的「發現」的基礎之上，十七世紀的歐洲出現了生物「預成論」的思想。持此說的學者認為，在動物的生殖細胞裡包容著所有它的後代的微型個體，個體的一切特徵和構造都預先存在於生殖細胞之中，胚胎發育不過是這些微型個體的量上的擴大。這些人又分為兩派，一派持「精源說」，一派持「卵源說」，前者主張那些微型個體在精子裡，後者則主張在卵子裡。預成論的觀點還似乎在昆蟲的生活史裡得到證明，因為人們很容易發現蝴蝶的蛹已具有蝴蝶的雛形。胚胎學中的預成論實是物種不變論和物種神創論的一種表現，也是機械論思潮在生物學中的反映。

到十八世紀下半葉，正當預成論者在拼湊他們自以為無可辯駁的理論證據時，在德國出現了與此相反的觀點「漸成論」。德國生物學家沃爾夫 (Caspar Friedrich Wolff, 1734 ～ 1794) 通過觀察雞的胚胎發育時發現，雞卵原是沒有

---

① 像差是物體通過透鏡以後所造成的像的畸變，色差是物體通過透鏡時因色散現象所造成的像的邊緣的彩色光帶，這些都影響人們辨別真實的圖像。後來人們利用折射率不同的玻璃構成複合透鏡才消除了色差，這是 1758 年的事。

任何結構的透明的質體，在發育過程中，這些同質成份逐漸出現腔和管，然後又逐漸形成雞的各種內臟。他認為，動物的器官不是預先就存在於生殖細胞裡面，而是在胚胎發育的過程中逐漸形成的。沃爾夫明確地指出，一個科學家唯一追求的是真理，他不應以神學為根據預先判斷材料的正確程度，而應由科學為根據來作出判斷。1759 年沃爾夫完成了他的博士論文《發生理論》，系統地闡明他的觀點。這篇著名的論文被後人認為是胚胎學史上的里程碑。不過他在世時他的工作並未得到學術界的承認。

　　直到十九世紀之始，漸成論與預成論之爭仍然在繼續。這既因為那時還沒有建立起細胞理論，也因為人們的思想還深受機械論思潮的束縛。漸成論取得最後勝利是貝爾的功績。

　　1827 年，貝爾第一次準確地描述了哺乳動物的卵，從此他開始研究由卵發育成為一個完整的機體的過程和方式。貝爾經過研究，明確地提出了他的胚層理論。這個理論認為：動物的相似的器官都由胚胎上相似的胚層所形成，完全不同的器官則是由不同的胚層所形成的。例如，中樞神經系統是由卷曲成管狀的外胚層形成的，皮膚和肌肉是由外胚層和中胚層形成的，腸道則是由內胚層形成的等等。

　　貝爾比較了不同的脊椎動物的胚胎發育過程，提出了著名的「生物發生律」。這一規律的基本內容是：高等動物的胚胎發育要經過與低等動物的胚胎發育相似的階段。所有脊椎動物的胚胎都有一定程度的相似性，親緣關係越近，相似程度越大。在胚胎發育的過程中，首先出現的是門的特徵，其後相繼出現綱、目、屬的特徵，然後才出現種的特徵。例如在獼猴胚胎的發育過程中，最早出現的是脊椎動物門的特徵，這時獼猴的胚胎與魚、蛙等脊椎動物的胚胎十分相似，隨後相繼出現哺乳動物綱的特徵、靈長目的特徵、猴科的特徵，獼猴的胚胎才逐漸與其他哺乳動物區別開來。

　　貝爾的胚胎學工作基本上是描述性的。在他之後，實驗胚胎學取得了不少進展，科學家們在探索胚胎發育的機理方面作了許多工作。胚胎學的進展對於遺傳學以及生物進化學說的研究都有密切的關係。

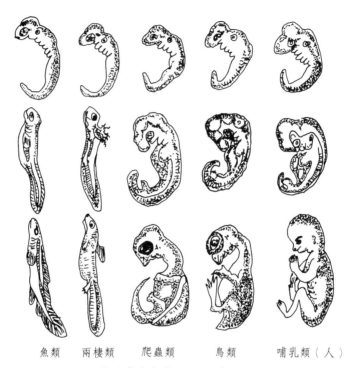

魚類　兩棲類　爬蟲類　鳥類　哺乳類（人）

圖 50　幾種脊椎動物胚胎發育過程的比較

　　地球上的生物種類繁多，已經滅絕的物種估計在 1500 萬以上，而且還可能比這個數大得多，現存的生物物種估計在 200 萬～ 450 萬種之間。在自然界裡和在人為的條件下，現有的生物物種還在不斷地發生變化。一些已有的物種會相繼消失，一些新的物種又會不斷地產生。整個生物界，從物種到個體都處於動態過程之中。

　　生命現象的特點在於它有生命，每一個生物都是一個活的機體。對於一般的物理現象和化學現象，人們可以在實驗室裡設法使它重現，或者對它們作靜態的觀察研究，而對於生命現象，就得考慮到研究手段對生命過程所產生的不可避免的干擾。生物又總是以群體而存在，同種個體也都有各自的特點，群體的現象也不是個體現象的簡單的總和。這些都給生命現象的研究帶來更大的難度和許多不同於物理和化學研究的特點。

　　由於生命現象的複雜性，生命現象的研究必須更多地運用理性思維。古人對於生命現象難於理解，因而給它抹上許多神秘的色彩，這是可以理解的。亞里士多德就認為生物都有靈魂，靈魂也有不同的等級，人類的靈魂處於最高的級別，其他生物的靈魂則是人類靈魂的退化狀態。蓋倫的人體生理模型的核心是他的「靈氣說」，「靈氣」也是一種神秘的非物質的存在。後來這類說法逐漸被人們摒棄，取而代之的則有「活力論」（或稱「生機論」）。活力論認為，生物體之所以有生命，之所以不同於非生命物質，是因為它具有「活力」（或「生機」），至於這種活力（或生機）是什麼，人們仍然無法給予回答。當牛頓力學取得巨大成功之後，機械論自然觀盛行，在生物學界裡又出現了「機械論」。持機械論觀點的學者以為生命現象都可以用已知的物理和化學原理來解釋，有所謂「人是機器」的說法，從而走到了另一個極端。我們看到，生物學每前進一步幾乎都伴隨著各種各樣的爭論，甚至出現相互對立的派別，這是不可避免的、正常的狀態。不同見解以至派別的爭論，對於深入揭示生命現象的秘密有著十分積極的意義，是生物科學發展的動力之一。

　　生物科學的進展與物理學、化學這些基礎學科的進步分不開。廣泛地運用物理學和化學的知識和實驗手段是近代生物學的主要特徵之一。如果沒有顯微鏡的應用就不會有細胞學說，不會有微生物學，後來的電子顯微鏡以及其他新型實驗、觀察手段的出現也都一步一步地把生物學推上新的臺階。化學實驗技術和手段的應用對於生物學的發展也同樣重要。

　　進化論和細胞學說的建立，實現了生物學知識的兩次大綜合，表明生物學作為一門科學，在近代的三四百年間已經奠定了堅實的基礎。生物科學的興起，在種植業、畜牧業、食品工業、製藥工業等許多生產部門都發揮了積極的作用，對醫學發展的重要影響更自不待言。不過它還遠沒有達到物理學、化學那樣的成熟程度，基本上仍處於收集和整理資料的階段，關於生命現象的許多機理的探索還有待時日。

複習思考題

1. 簡述什麼是人爲分類法和自然分類法以及這兩種分類法在指導思想上的差異。

2. 簡述達爾文生物進化論的要點。

3. 試述細胞學說的基本內容及其意義。

4. 簡述什麼是胚胎學中的預成論和漸成論以及這兩種學說差異的實質。

第 7 章

近代天文學的進展和地質學的建立

　　十八～十九世紀，人類對天體和天體運動狀況的瞭解有了很大的進步。在牛頓發現萬有引力定律之後，人們據此以解釋新觀察到的天體運動的資料，證實了萬有引力定律的普遍適用性。同時，天文學家們運用萬有引力定律又得到了更多的新發現。天體力學作為一門科學從此建立了起來。隨著觀測工具的進步和物理學、化學的發展，人們開拓了天體物理學和天體化學這些新的領域，天文學的研究發展到了新的階段。天體起源與天體演化這些古老的問題也在新的基礎上展開了。

　　地質學是從礦物學裡分化出來的。原先人們對地質現象只有一些零碎的知識，十八世紀以後，採礦業、冶金業在歐洲迅速發展，提出了大量有關地質的問題，同時也為地質學的建立累積了大量材料。關於地層層序的排布規律、岩石的成因和地殼演化的理論相繼地建立了起來，地質學從此奠定了基礎。

第一節　近代天文學的進展

　　我們已經知道，古人研究天文現象在相當程度上是實用的需要，如製訂曆法、測定方位等等，人們研究宇宙的數理模型也主要出於這方面的需求。從伽利略和開普勒開始，人們所關心的就不僅僅是「是什麼」的問題，而更多是「為什麼」的問題了。天文學的發展進入了探求天文現象的機制新時期。

太陽系研究的新進展

伽利略應用望遠鏡觀察天象得到一系列發現，激發了許多天文學家把望遠鏡指向天空，人們又有了更多的發現。

1871 年英國天文學家赫歇耳 (William Frederick Herschel, 1738 ～ 1822) 用望遠鏡仔細地觀察天空的時候，注意到了一顆星的特殊情況，他認定這顆星不是一顆恆星。經過仔細的觀測和研究之後，又確認它不是一顆彗星。後來經過許多天文學家的工作，終於認識到這是太陽系中的又一顆行星，它的軌道位於土星之外，命名為天王星。隨後天文學家們對它進行了系統的觀測，同時又反覆查核前人的記錄。人們發現早在 1690 年就開始有這顆星的記錄，只是從前誰也沒有想到太陽系中還有未知的行星，就把它當作一顆恆星而輕易地放過了。然而， 1821 年天文學家在編製天王星運行表的時候注意到， 1690 年至 1781 年間的數據與 1781 年以後的數據不能綜合在一起以計算天王星運行的橢圓形軌道，於是只得丟棄從前的數據。可是 1830 年以後的觀測數據又與 1821 年的計算值不一致。這種奇特的現象使天文學家和數學家們大為疑惑。過去運用牛頓力學的原理計算各個行星運行軌道都與實測數據符合得很好，唯獨天王星出現了這種不尋常的情況。究竟是牛頓力學的原理不適用於天王星，還是天王星的怪異行為另有原因？天王星的行徑向天體力學的基礎理論提出了嚴重挑戰。

1840 年德國天文學家貝賽耳 (Friedric Wilhelm Bessel, 1784 ～ 1846) 提出，也許在天王星附近還有一顆未知行星，由於它的引力干擾而使天王星「越軌」。又有天文學家認為，可以假定那顆未知行星的軌道與天王星的軌道在一個平面上，並且它的軌道與太陽的距離遵循一般行星與太陽距離的規律。這些想法引起了法國年輕天文學家勒威耶 (Urbain Le Verrier, 1811 ～ 1877) 和英國劍橋大學學生亞當斯 (John Couch Adams, 1819 ～ 1892) 的極大興趣。他們都以牛頓力學為依據，從天王星的數據推算那顆未知行星的軌道數據。亞當斯首先得出結果，他於 1845 年 9 ～ 10 月間分別向兩位頗有名望的英國天文學家，即劍橋大學天文臺臺長查裡士 (James Challis, 1803 ～ 1882) 和格林威治

天文臺臺長艾里 (George Biddell Airy, 1801 ～ 1892) 提出報告，請求他們以他所得出的數據為基礎，組織人員進行觀測以尋找那顆未知行星。可是這兩位學者都對那個年青大學生的工作將信就疑，他們都沒有採取相應的措置。不久之後，勒威耶於 1846 年 6 月和 8 月先後兩次公布了他所計算出的那顆未知行星可能出現的位置。德國柏林天文臺臺長伽勒 (Johann Gottfried Galle, 1812 ～ 1910) 聞訊後立即組織觀測，果然在預期位置上找到了這顆行星，命名為海王星。

　　天王星和海王星的發現，豐富了人們對太陽系的認識。海王星的發現充分體現了科學的預見性，再一次證明了牛頓力學的正確，引起了學術界的轟動，它標誌著天體力學已經完全成熟。

　　後來人們又繼續尋找海王星之外的行星，終於在 1930 年又找到了一顆行星，那就是冥王星。現在有人認為冥王星之外還可能有一些未知行星，不過至今尚未有新的發現。

　　十八世紀太陽系研究的另一重要成果是小行星的發現。 1776 年德國人提丟斯 (Johann Daniel Titius, 1729 ～ 1796) 提出對太陽系各行星軌道的比較，發現從金星向外，各行星與太陽的平均距離有如下關係： $0.4 + 0.2 \times 2^n$ 天文單位（太陽與地球的平均距離為一天文單位，約 1.4960×10^8 公里）。

	0.4	0.4	0.4	0.4	0.4	0.4	0.4
(0.2×2^n) +)	0.0	0.3	0.6	1.2	2.4	4.8	9.6
		(n=0)	(n=1)	(n=2)	(n=3)	(n=4)	(n=5)
	0.4	0.7	1.0	1.6	2.8	5.2	10.0
實測值	水	金	地	火	？	木	土
	0.39	0.72	1.00	1.52		5.20	9.54

　　1772 年，柏林天文臺臺長波德 (Johann Elert Bode, 1747 ～ 1826) 公布了這一規律，後來人們把它稱為提丟斯—波德律。提丟斯—波德律公布後，一些

天文學家立即注意到火星與木星之間的空隙非常大，在 n=3，即距離太陽 2.8 天文單位處出現空缺。正在此時傳來了赫歇耳發現天王星的消息。按照提丟斯—波德律，天王星的軌道與太陽的平均距離應為 19.6 天文單位，而實測值為 19.18 天文單位，這兩個數據非常接近，使人們相信提丟斯—波德律的有效性。於是一些天文學家堅信在距離太陽 2.8 天文單位處應當另有行星，他們都為此而努力尋找。 1801 年意大利天文學家皮亞齊 (Giuseppe Piazzi, 1746 ～ 1826) 宣布在該天區發現了一顆小行星，它與太陽的平均距離為 2.77 天文單位。這是人們發現的第一顆小行星，命名為谷神星。次年，德國天文學家奧伯斯 (Heinrich Wilhelm Matthaus Olbers, 1758 ～ 1840) 又在同一天區發現了另一顆小行星，命名為智神星。到 1850 年，在該天區發現的小行星已達 13 顆。至十九世紀末，已知的小行星在 400 顆以上。現在已準確判明軌道參數並編號的小行星超過了 5000 顆，其中有 6 顆是以中國天文學家的名字命名的，如 1802 號命名為張衡 (78 ～ 139)， 1888 號命名為祖沖之 (429 ～ 500)， 2012 號命名為郭守敬 (1231 ～ 1316)， 2027 號命名為沈括等。在尋找小行星的工作中，我國南京紫金山天文臺也作出了自己的貢獻，先後發現了多顆小行星，其中兩顆已被正式編號命名。

小行星是位於火星與木星間的天區裡的一個很大的家族，人們知道小行星大約有 50 萬顆之多，它們的質量都很小，據估算其總質量僅及地球的萬分之四。導致小行星發現的提丟斯—波德律是一個純粹經驗公式，沒有任何理論作為依據。事實表明，這類經驗公式在科學探索中有時也能發揮重要的作用。

赫歇耳的恆星研究

赫歇耳是十八世紀最偉大的天文學家之一。他在天文學上的成就幾乎涉及當時所能涉及的一切領域，其中最重要的是他對恆星的觀測研究，因此被譽為「恆星之父」。

赫歇耳為了更好地進行天文觀測，他花費了很大的精力來製造望遠鏡。他畢生所製造的望遠鏡有數百臺之多，其中一臺口徑為 1.22 米的反射望遠鏡是當時世界上最大的望遠鏡。在他的一生中，經他觀測和分類的恆星達三百多顆。

圖 51　赫歇耳的口徑為 1.22 米的反射式天文望遠鏡

　　赫歇耳觀測恆星的主要目的之一是研究恆星在天空中的分布狀況。從 1783 年開始，他用自己發明的儀器計數天空中的恆星，他發現恆星在天空中的分布是很不均勻的，有一些天區恆星密集，而另一些天區則十分稀疏。據此他假定，某天區的恆星密度大即為該天區恆星在空間上向外延伸得遠。他又假定，恆星的發光強度本來大致相同，在地球上看到它們之間的亮度的差別，是由於它們與太陽系距離遠近不同所致。赫歇耳據此得出結論說：銀河系① 是由一層恆星組成的，這個恆星層的形狀有如一塊邊緣有裂縫的透鏡，太陽系位於銀河系中心的附近。

────────────────────

①在晴朗的夜空裡很容易看到由大量恆星所組成的銀河，現在人們知道這些恆星是一個龐大的星系的
　一部分，這個星系就稱爲銀河系，它包含 1000～2000 億顆恆星。

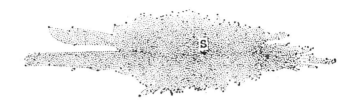

圖中 S 所示爲太陽所在的位置

圖 52　赫歇耳所繪的銀河系側面圖

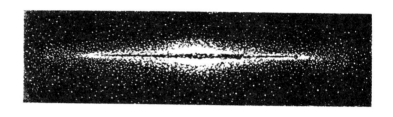

若從正面看，銀河系是一個漩渦星系，太陽位於圖中右方的一個旋臂上。

圖 53　根據現代數據所描繪的銀河系側面圖

　　在赫歇耳之前，人們已經知道恆星在宇宙中有自己的固有的運動，即恆星的「自行」，它表現為恆星在天球上相對位置的變化。赫歇耳仔細地比較太陽和其他恆星相對於銀河系中心的位置變化，發現太陽也有自行。

　　十七世紀中葉以來，天文學家便注意到有一些恆星由肉眼看去是一顆星，而在望遠鏡中看到的則是兩顆靠得很近的星，人們稱這種星為「雙星」。起先大家以為雙星只不過是在空間視位置上靠近的兩顆星，即不過是看起來靠得很近的兩顆星，它們之間並無實際的聯繫。赫歇耳經過長期觀測，發現許多雙星是圍繞著它們的共同質心而旋轉的兩顆星，這種狀況表明這兩個星體之間存在著引力作用。後來人們把只是由於視位置靠近而形成的雙星稱為「光學雙星」，把因引力作用而聯結起來的雙星稱為「物理雙星」。物理雙星的發現，說明在太陽系以外的空間裡萬有引力定律也起作用，從而擴展了萬有引力的適用範圍。

光行差和恆星視差的發現

哥白尼學說的要點之一是地球繞太陽運動。如果事實如此的話，那麼在地球上不同季節和不同時間觀測遠處的恆星時，應當能看到它們在天球上的視位置有微小的變化，這就是「恆星視差」。此後，很多人都為尋找恆星視差而努力，但都沒有成功。有些天文學家甚至因此而懷疑哥白尼學說的正確性。

1725 年英國天文學家布拉德雷 (James Bradley, 1693 ～ 1762) 在尋找恆星視差時，發現一顆恆星有微小的視位移，他以為這就是恆星視差。但是經過仔細的核對之後，又發現這一位移方向與恆星視差所應有的方向不符。於是他又系統地觀測其他一些恆星，注意到實際上所有恆星都有同樣位移，並且位移的大小隨地球在軌道上運行的方向而變化。經過仔細的研究，他終於弄明白這種現象並不是恆星視差，而是恆星的「光行差」，它是光自恆星向地球運動與地球的公轉運動這兩種運動綜合的結果。儘管來自恆星的光的方向沒有變化，但是由於地球在運動著，因此在地球上看起來，恆星的方位似乎是改變了。有如我們坐在一輛行進中的車子裡觀看車窗外的雨滴，本來雨點垂直落下，我們卻看到它們斜向落於我們的後方。布拉德雷雖然沒有發現恆星視差，不過光行差的發現也很有意義，因為它既證實了哥白尼的地動說，也證實了光的傳播是需要時間的。

布拉德雷以後仍然有許多天文學家繼續為尋找恆星視差而努力。一百多年後的 1864 年俄國天文學家斯特魯威 (? ,1793 ～ 1864) 終於找到了織女星的視差，這個角度極小，它的數值為 0″.125 ± 0″.065，約相當於在十幾公里之外觀察一枚五分硬幣所張開的角度。不久以後，德國和英國的天文學家又分別測出了另外兩顆恆星的視差。由於恆星視差的數值極小，天文學家們為了尋找它真不知花費了多少精力。他們堅持不懈，不達目的決不罷休的精神令人敬佩。證實了恆星視差的存在，也就使哥白尼學說有了最充分的證據。

天體物理學和天體化學的興起

當天體力學接連取得一個又一個勝利的時候，人們便渴望瞭解天體的物理

狀況和化學組成，不過採取什麼樣的方法和手段來研究那麼遙遠的天體的物理和化學性質卻是個大難題。一些學者甚至以為天體的物理和化學性質是根本不可能為人們所知曉的。例如法國哲學家孔德 (Auguste Comte, 1798 ～ 1857)就說過：「恆星的化學組成是人類絕不可能得到的知識。」不過，物理學和化學的發展實際上已經為人們探測遙遠天體的物理和化學性質做了準備。

我們已經說過，牛頓曾經運用稜鏡把太陽光分解為一個連續光譜。 1814年德國科學家夫郎和費 (Joseph Fraunhofer, 1787 ～ 1826) 使太陽光通過一條狹縫然後再經稜鏡折射，以小型望遠鏡來觀察被折射的光。他發現在明亮的太陽光譜中有數百條暗線。他以同樣的方法觀察月亮和恆星的光譜時，也發現了許多暗線。對於這些暗線的成因，科學家們一時感到頗為困惑。首先對這種現象作出合理解釋的是德國物理學家基爾霍夫 (Gustav Robert Kirchhoff, 1824～ 1887)。 1859 年，基爾霍夫與德國化學家本生 (Robert Wilhelm Eberhard

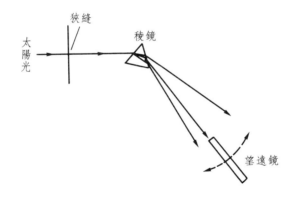

圖 54　夫郎和費分光鏡實驗示意圖

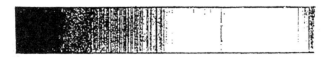

可見其上有很多暗線

圖 55　太陽光譜圖

Bunsen, 1811 ～ 1899) 合作研究火焰和金屬蒸氣的光譜時，他弄清楚了光譜中出現暗線的原因，那就是太陽光球所發出的光的一部分被太陽自身大氣層蒸汽吸收所造成的。

經過基爾霍夫和其他科學家的研究，揭示出如下規律：(1)每一種化學元素都有其本身所具有的特殊的光譜；(2)熾熱的固體或液體發出連續光譜；(3)熾熱的普通壓力下的氣體發出不連續的明線光譜，熾熱的高壓下的氣體發出連續光譜；(4)氣體能夠吸收透過它的光，這時在那些明線的位置上出現暗線。這些結論表明，人們完全可以利用光譜分析的方法來確認某物中所含的化學元素。於是，一種研究物質世界的新的手段——光譜分析法從此誕生了。光譜分析法對於研究發光物體的化學構成是一種十分方便和有效的方法，現在已被人們廣泛應用。夫郎和費所運用的儀器——分光鏡已成為現時常用的分析儀器。

光譜分析方法對於研究遙遠的天體顯然是極為有用的手段，所以它一出現就立即為天文學家所關注。運用光譜分析的方法，人們很容易就知道太陽上有在地球常見的鈉、鐵、鈣等元素，第一次證實了天體具有與地球同樣的化學組成。特別值得一提的是，氦這種元素是 1868 年首先在太陽光譜上發現，直到 1895 年才從地球上找到的。

基爾霍夫宣布了他對太陽光譜研究的結果之後，激發了許多天文學家運用分光方法研究恆星的熱潮。 1868 年意大利天文學家發表了含有 4000 顆恆星的星表，這個星表按光譜將恆星分為白色星、黃色星、橙色和紅色星、暗紅色星四類，並猜想恆星顏色的不同與它們的表面溫度的差異直接相關。 1874 年德國天文學家又提出了更為細緻的恆星光譜分類法。

1868 年，英國天文愛好者哈根斯 (William Huggins, 1824 ～ 1910) 借助多普勒效應，用分光鏡測出了恆星的視向速度① 。多普勒效應是奧地利科學家多普勒 (Johann Christian Doppler, 1803 ～ 1853) 在研究聲學想像時於 1842 年發現的。當發聲物體與收聽者有相對運動時，收聽者收聽到的聲音頻率會發生變化，聲源與收聽者相向運動時頻率變高，聲源與收聽者相背運動時頻率變

---

①恆星的視向速度是指恆星走向我們或遠離我們的速度。

低，這就是多普勒效應。人們推想多普勒效應對於光來說也同樣存在。哈根斯以多普勒效應為依據，測得天狼星大約正以每秒 46 公里的視向速度遠離我們而去。運用多普勒效應測算恆星視向速度的方法在天文學上有十分重要的意義，現時已在天文學中廣泛應用。

依賴於光譜學而興起的天體物理學和天體化學，為天文現象的研究開闢了更加廣闊的領域，標誌著天文學的發展進入了新的階段。

太陽系起源與演化的研究

古代人就對地球、太陽以至整個宇宙的起源和演化作過種種猜測，到了近代這同樣是學者們熱衷於探討的問題。 1644 年法國哲學家笛卡兒提出了太陽系起源的漩渦假說。 1745 年法國博物學家布豐認為，彗星與太陽曾經在某個時候相撞，太陽被撞出了一些碎片，這些碎片後來形成了行星。這兩個假說都沒有充分的天文觀測材料作為依據，只不過是思辨的產物。牛頓的萬有引力定律為人們進一步確認後，天文學家們認為，任何天體演化假說如果沒有考慮到萬有引力的作用都不能令人信服。

第一個提出具有真正科學價值的天體起源假說的是德國哲學家康德 (Immanuel Kant, 1724 ～ 1804)。 1755 年他發表了《宇宙發展史概論，或根據牛頓定律試論證整個宇宙的結構及其力學起源》一書，提出了他的星雲假說。從這部書很長的題名上就可以看到，康德既運用他的哲學思想也試圖利用牛頓力學的知識來探討宇宙起源的問題。

康德認為，太陽系中的天體，包括太陽在內，都是從原始星雲演化而來的。他說，形成太陽系的原始星雲由許許多多粒子所組成，這些細小的粒子不均勻地分布於宇宙空間之中，並且不停地運動著。由於引力的作用，「密度較大而分散的一類微粒，憑借引力從它周圍的一個天空區域裡把密度較小的所有物質聚集起來；但它們自己又同聚集的物質一起，聚集到密度更大的質點所在的地方，而所有這一些又以同樣方式聚集到質點密度更為巨大的地方，並如此一直繼續下去」。粒子在引力最強的地方逐漸凝聚成為中心天體，這就是太陽。其餘較輕的粒子在向中心天體聚集的過程中並不都是垂直下落的，它們會

發生偏斜，當某個方向的運動占了優勢的時候，它們便在中心天體的周圍形成一個大漩渦，這些粒子又逐漸聚集成為大致在同一平面上旋轉的大大小小的粒子團，粒子團最後又凝聚成為各個行星。康德更進一步把他的原始星雲假說推廣到恆星世界，並且認為宇宙間的天體既不斷地生成，又不斷地毀滅，整個宇宙處於生生不息的發展變化狀態之中。

　　稍後，法國著名數學家和天文學家拉普拉斯 (Pierre-Simon Laplace, 1749～ 1827) 於 1796 年也提出了他的星雲假說。他的想法與康德略有不同，他認為構成太陽系的原始星雲是熾熱的氣體雲，其體積要比現在的整個太陽系大得多。這個氣體雲的中心密度大，外部密度小，從一開始就在緩慢地自轉。由於逐漸冷卻，整個星雲也在逐漸地收縮。因動量守恆，星雲在收縮的同時便加速旋轉。當星雲外部物質的離心傾向與中心部分的吸引力相平衡時，這部分物質就停止收縮並從星雲中分離出來，形成為一個環繞中心旋轉的氣體環。第一個氣體環形成後又因同樣的作用形成第二個氣體環。這樣的過程一次一次地重演，最後形成若干個氣體環。氣體環中的物質是不均勻的，較密的部分把附近的物質吸引過來，最終導致氣體環斷裂並逐漸形成為行星。星雲中心部分的物質則逐漸聚集而成為太陽。

　　拉普拉斯假說的一些基本思想與康德大體一致，後人往往把兩者統稱為康德—拉普拉斯星雲假說。拉普拉斯的假說比起康德的假說有更多的合理成分，但這兩種假說也都存在著許多問題。

　　康德—拉普拉斯星雲假說淵源於古希臘原子論派，又運用了當時已知的物理學知識，是探索宇宙起源的又一次嘗試。星雲假說的意義不在於它是否描繪了宇宙起源的真實圖景，而在於它再次引導人們思考自然界演化的問題。既然天和地都是演化而來的，那麼地球上的一切，包括地質的、地理的、氣候的、植物的和動物的種種現象也必定都是逐漸生成的，都有自身演變的歷史。這對於開拓人們的眼界和思路都有積極的意義。宇宙起源的問題至今仍然是科學家們熱心探討的課題。

第二節 近代地質學的建立及其發展

地質學是地球科學的一個分支，它以固體地球的外層——岩石圈為研究對象，包括岩石圈的結構、它形成的歷史和變化規律，地表形態的變化特徵及其規律，岩石圈的物質成份及其分布和變化規律，岩石圈中的古生物的演化特徵，礦產資源調查和探勘的理論與方法等等。古人雖然也曾描述過一些地質現象，但並沒有建立起系統的知識。作為科學的地質學是十七世紀以後才逐漸形成的。

地層學的建立

化石的存在早就為人們所知，但是化石究竟是什麼東西卻長期沒有公認的答案。在古希臘學者中，認為化石是埋藏在地層裡的古代生物遺骸所形成者大有人在，如克塞諾芬尼 (Xenophanes, 公元前 580 ～ 前 478)、希羅多德 (Herodotus, 公元前 484 ～ 前 430)、斯特拉波 (Strabo, 公元前 64 ～公元 25) 等人都是。我國古人也有過類似的看法。如唐代著名書法家顏真卿 (709 ～ 785) 就曾說：「高山猶有螺蚌殼，或以為桑田所變。」北宋的沈括也認識到化石是古代生物的遺跡，並以此來說明地層的變化。南宋的朱熹 (1130 ～ 1200) 也發表過同樣的見解。但是，這些正確的認識在那時並非都為人們所接受。十六～十七世紀間歐洲人對化石的成因問題曾展開過爭論，有些學者相信化石是「大自然創造力」的直接產物，與任何生物體無關。到了十七世紀後期，人們才普遍接受化石是由古代生物體遺骸變化而成的看法。為此作出重要貢獻的是丹麥醫生斯蒂諾 (Nicolaus Steno, 1638 ～ 1686)。斯蒂諾精通解剖學。他經由解剖現代動物與化石相比較，以確鑿的事實證明了化石是遠古動物的遺跡。

1669 年，斯蒂諾發表了他在意大利考察旅行後寫成的著作，這部著作堪稱是地質學史上的里程碑。他在該書裡指出：化石生物與現代生物的生存方式應當是相似的。他認識到有多種岩石是沉積而成的，而山則是地殼變動所造成的。他認為，若發現某地層的化石生物與現代海洋生物相似，就足以證明該地

層為海洋沉積，若與現代陸地生物相似就是陸地沉積。這就是說，地殼裡包藏著地質事件的編年史，只要細心地研究地層和化石，就可以把這部歷史解讀出來。這樣，斯蒂諾就把化石的研究與地質的研究直接地聯繫起來，使地層的研究立足於科學的基礎之上。斯蒂諾不僅是科學地層學的奠基人，他還是構造地質學的奠基人。他認真地研究了意大利托斯卡納地區的地質發展史，描述了那裡地殼的演變過程，為構造地質學開闢了道路。

英國地質學家史密斯 (william Smith, 1769 ～ 1839) 原是一位土地測量員，他出身貧寒，社會地位卑微。他利用工作之便，經過多年細心的野外考察，認識到地層的「每一層都含有獨特的生物化石」，從化石便可以判斷地層並確認它們的順序。史密斯的看法很有見地，但他的工作成果卻長期得不到發表的機會。經過很長時間後，到 1816 年他的《用生物化石鑒定地層》一書才得以出版，這也是一部地層學的奠基性的著作。此後又過了十多年，他的工作才得到學術界的完全承認，後來他被人們譽為「英國地質學之父」。

自此以後，地層學的研究有了很大的發展。有許多地質學家在探討地層的年代、構造和分布規律。各國的地質學家依據不同區域的地質調查，紛紛對已知的地層進行分類和排序，但是大家所採用的標準並不一致。這種狀況對於地質學的發展十分不利。在 1881 年召開的第一屆國際地質學會議上，統一地層的劃分標準和確定它們的相對年代便成為會議的重要議題。會議完成了這項任務，確定了通用的地質年代表。百年來這個年代表的細節雖然不斷有所變動，但基本內容無大變化，一直沿用至今。

地層學的建立標誌著地質學已經逐漸發展成為一門科學。

地槽學說的興起

在地層學取得許多成就之後，區域地質調查逐漸由河谷和盆地擴展到山脈，探討山脈的成因及其變化的歷史成為許多地質學家的研究課題。開始的時候人們只能從一些表面現象來推測山脈的成因，到十九世紀下半葉地槽學說興起，才逐步形成系統的理論。

美國地質學家達納 (James Dwight Dana, 1813 ～ 1895) 經過長期的考察

地質年代表（1975）

代	紀	世	持續期 （百萬年）	距今年齡 （百萬年）
新 生 代	第四紀	全新世	接近最後	0.01
		更新世	2.5	
	第三紀	上新世	4.5	── 2.5
		中新世	19	── 7
		漸新世	12	── 26
		始新世	16	── 38
		古新世	11	── 54
中 生 代	白堊紀		71	── 225 ── 136
	侏羅紀		54	── 190
	三疊紀		35	── 225
古 生 代	二疊紀		55	── 280
	石炭紀 賓夕法尼亞紀		45	── 325
	密西西比紀		20	── 345
	泥盆紀		50	── 395
	志留紀		35	── 430
	奧陶紀		70	── 500
	寒武紀		70	── 570
先寒武紀			4030	
地殼形成於 4,600,000,000 年以前				

（據〈不列顛百科全書〉）

研究，於 1873 年發表了《論地球冷縮的某些結果，兼論山脈成因及地球內部性質》一文，提出了地槽學說。他推測地球生成以後便處於逐漸冷卻的過程之中，地殼是在冷卻過程中形成的，最早形成的是大陸腹地。由冷卻收縮而產生的側壓力使地殼彎曲，下彎處形成沉積盆地，上彎處則形成為山脈。地槽原是巨大而窄長的沉積盆地，經過長期的沉積，其中積聚了巨量的沉積物。後來沉積層因側壓力的作用而摺皺、破碎和斷裂，地殼內部的岩漿乘虛而入，同時發生區域性隆起。這樣的過程持續地進行，就是地殼上的造陸運動和造山運動。

達納的地槽學說發表之後迅速為地質學家們所接受。後來又經過一些人的發展，成為大地構造理論中很有影響的學說。

地質學其他分支的形成

地層學和大地構造理論都是從宏觀的、動態的角度來研究地質現象，而礦物學和岩石學則是對地質現象的細節作靜態研究的地質學的分支。

地質學的建立和發展在很大程度上是採礦業發展的需要。礦物學的出現早於地質學，我們在上文說過，最早的地質學是從礦物學分化出來的，但當地質學發展起來之後，礦物學便只被看作是地質學的一個分支了。礦物學之所以能成為科學，是物理學、化學的理論和技術應用於礦物研究的結果，許多物理學家和化學家都參加了這方面的工作。礦物是自然界中的化學元素在一定條件下形成的天然物體。礦物學所研究的是礦物的化學組成、內部結構、外表形態和它們的物理、化學性質，礦物在地質作用中形成和變化的條件以及礦物的分類、命名等等。現在已知的礦物大約有 3000 種。礦物的絕大部分是結晶體，十九世紀最初的幾十年，科學家們仔細考察了礦物的晶體，確立了礦物晶體的分類方法。與此同時，科學家們也從化學入手研究礦物，建立了礦物的化學分類方法。從此礦物學迅速地發展起來。

岩石是地球中地殼和地函① 的固體部分，是礦物的有一定結構的天然集合

---

① 地球表面的地殼與當中的地核之間的部分稱為地函，其平均深度在地面以下 30 公里～ 3000 公里之間。

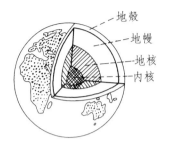

圖 56 地球內部結構示意圖

體（有一些岩石本身就是礦物），要弄清楚礦物在岩石中的分布狀況就必須研究岩石，岩石學因而興起。岩石學所研究的是岩石的分布、產狀、成份、結構、構造、分類與命名、與其相關的礦產以及岩石成因、演化等問題。對岩石的研究與尋找礦產的關係極大，與建築物、橋梁、道路的設計施工等也直接相關。岩石是地球發展過程中地質作用的產物，被認為是地球發展演化歷史信息的「數據庫」，從這個角度上說它也深為地質學家所重視。

礦物學和岩石學的發展在十九世紀是與顯微技術的進步息息相關的，尤其是偏光顯微鏡①的應用，使得人們對礦物和岩石的研究深入到一個新的層次。二十世紀以後更有 X 射線以及其他更加先進的研究手段的應用。技術手段的每一次進展都推動著礦物學和岩石學走上一個新的臺階。

隨著人們對於地球的知識的進展，十八～十九世紀興起了一門新的學科——地球物理學，地球物理學所研究的是地球的各種物理性質，這些知識與地質學的關係十分密切。

十六世紀的遠海探險證實了地球是球形之後，牛頓根據力學的原理，認為旋轉中的地球應為橢球形，即它的赤道半徑要比南北半徑大。我國清代康熙年間，於 1708 ～ 1718 年曾進行過一次大規模的大地測量，測量所得數據已在實際上證明了牛頓的個觀點的正確，但是當時並沒有引起國際學術界的注意。十八世紀 30 年代，法國科學院為了徹底弄清地球的形狀，先後派出測量隊分赴北極圈和南極洲進行大地測量，終於以精確的數據完全證實了牛頓的推論，這是牛頓力學的又一曲凱歌。

關於地球重力的測定也是當時學術界十分關心的問題。伽利略原先以為地球重力加速度 g 是一個恆定值，但到十八世紀以後人們發現它在不同地域有

①偏光顯微鏡是在普通顯微鏡上加裝兩塊偏振片（或偏振稜鏡）而成，是研究晶體的有力工具。

微小的差異。人們因而想到，每個地點的 g 值顯然與附近地面上的山脈和地下的地質構造有關。從此，測量各地的 g 值也就成為地質探測和研究的一種重要手段。

地磁研究也是一個古老的課題。十七世紀間人們發現了同一地點的地磁偏角會隨時間而變化的現象，引起了許多科學家的關注。到了十八世紀，不少物理學家也參加了地磁的研究，人們在地球上許多地點設立了地磁觀測站，記錄地磁場變化的情況。那時觀測地磁的主要目的是為了利用地磁準確地判定方向。後來地磁的研究也成了地質研究的重要手段並且對地質學的發展產生重要的影響，有關情況我們將在下文介紹。

地震歷來是人類的巨大災害。關於地震的成因古人只能作一些猜測。在地質知識發展起來以後，十九世紀科學家們認識到有些地震是火山活動造成的，有些則是地層塌陷造成的，也有些是地殼運動的結果，但是其中許多問題至今也還沒有弄清楚。地震的成因以及地震災害的預防一直是科學家們所關心的重大研究課題。人為地在限定區域內製造小規模的地震現在亦已成為地質探測的重要手段之一。

地球化學也是與地質學關係密切的地球科學的一個分支。從十九世紀中葉開始就有一些科學家認識到研究地質過程的化學現象的重要性，因為岩石和礦物的形成除了物理作用之外還有諸多化學因素。地球化學的研究對象是化學元素在地球中的遷移、富集及其在時間、空間上的分布規律，弄清楚這些規律不僅有理論上的意義，對於尋找礦床無疑也有重要的價值。地球化學在十九世紀起步，到二十世紀以後才有長足的發展。

關於岩石成因的水成論與火成論之爭

在岩石成因的問題上，十七世紀末以來逐漸形成了水成論和火成論兩個對立的派別，持不同觀點的學者展開了激烈的爭論。

最早提出水成論假說的是英國學者伍德沃德 (John Woodward, 1665 ～ 1728)。他於 1695 年發表了《地球的自然史》一文，以《聖經》裡的記載為據，認為地球在歷史上曾經出現過大規模的洪水，導致地球上的生物大部分死

亡，洪水還帶走了地表上的大量砂石和泥土，死亡的生物和砂土等物在洪水中混雜，重者下沉，輕者上浮，緩慢地沉積成地層，形成岩石，其中的生物遺骸也漸漸地變成化石。伍德沃德的水成論能夠說明一些地質現象，但是有些地質現象他卻無法加以解釋，例如人們早就發現陸地的高山上也有化石。

四十多年後，意大利地質學家莫羅 (Antonio-Lazzaro Moro, 1687 ～ 1764) 提出了與水成論完全相反的假說。他於 1740 年發表了題為《論在山裡發現的海洋動物》的論文，表明了他的火成論觀點。莫羅研究過火山，深知火山爆發所造成的後果。他認為，高山上存在水生動物化石的事實絕對不可能用遠古的洪水來解釋，只能表明那是火山的作用。他設想，原始地球有一個光滑的石質表面，其上覆蓋著一層不深的淡水。由於地下火山的作用使陸地隆起並升出水面，同時把地球內部的物質如粘土、泥沙、鹽等排放到地面上來，經過長時期的作用，泥沙等物與被埋藏的生物遺骸一起石化，這才是在高山上看到水生動物的原因。火成論固然也有它的道理，但同樣不能令人完全信服。

自伍德沃德和莫羅之後，水成論和火成論兩派逐漸形成，從此開始了長期的論爭。

到十八世紀後期，水成論逐漸占據上風。把水成論推到登峰造極地步的是德國礦物學家和地質學家維爾納 (Abraham Gottlob Werner, 1749 ～ 1817) 和他的一些學生。維爾納對他家鄉附近的地層作過調查研究，他發現那裡的地層都和水的沉積作用有關。據此，他想像地球的整個表面和世界上所有的山脈都和他家鄉的情況一樣。他這樣描述岩石的形成過程：原始地球是由固體的核和包圍著它的洋水所組成，洋水的深度至少有現在的山脈那樣高，這些洋水與現在的海洋不同，它含有大量組成岩石的物質的成份。後來，洋水中的物質逐漸結晶沉析，出現了過渡性的原始岩層。在某個時候曾有大於地球的星體靠近地球掠過，它的引力吸走了部分洋水從而使水面下降，這樣的事件可能發生過多次，最後使得大洋下面的山脈和高地露出洋面而成為陸地。在他看來，固體的地球自身是不存在任何運動的，火山所噴發的岩漿並非來自地球內部，而是埋藏在地裡的煤層自燃使得周圍的岩石熔化所成，因此火成岩不過是水成岩的派生物。

　　由於維爾納的學術威望和他學生眾多，十八世紀下半葉到十九世紀初，水成論在歐洲地質學界裡成為主流。不過，正當維爾納的假說為大多數地質學家所承認之時，他的學生布赫 (Leopold von Buch, 1774 ～ 1853) 和洪堡 (Friedrich Wilhelm Heinrich Alexander von Humboldt, 1769 ～ 1859) 卻從水成論的最忠實的信仰者轉變成為最激烈的反對者。他們在詳細地考察了法國和意大利火山地區的地質狀況之後，發現了與維爾納的假說相違背的事實，從而拋棄了水成論的觀點而轉向火成論。

　　這個時期火成論的主要代表人物是英國學識廣博的學者赫頓 (James Hutton, 1726 ～ 1797)。他與同時代的許多科學家有交往，既善於觀察，也長於哲理上的探討。他反對以《聖經》的記載作為立論的依據，他說：「在科學中，一切自然現象必定表現出它是在構成上不受超自然力量影響的自我控製系統。」這就是說，必須把任何非自然界的因素（包括「神」的因素）排斥在外，自然界裡的現象只能由自然界自身來解釋。他又說：「根據自然過程的均一和不變這一前提，我們發現，在自然現象中我們看到的有效事件的發生過程，在時間歷史的任一階段也必然發生過。」在地質年代所發生的事件與我們今天所見的事件遵循著同一的規律，亦即地質年代的事件只能以我們現在所認識的自然界的規律來解釋，或者簡單地稱為「將今論古」，這就是他的地質學思想。

　　水成論者不承認地下存在著熔融物質（岩漿），也不承認地殼曾經有過隆起和沉降。赫頓則強調地下熱的作用和火山活動對地殼隆起的影響。赫頓是這樣設想的：原始地球由一個固體的核和包圍著它的洋水組成，固體的外殼包容著溫度很高的熔融狀態的岩漿。當地下的能量聚集到一定程度時，熔岩衝破地殼，通過火山口噴流而出，形成玄武岩的結晶構造。在火山爆發的過程中，原先處於洋底的地殼隆起，於是形成了陸地和山脈。赫頓也承認水的作用，他認為陸地上的岩石被風化成碎屑後，河水會把它們帶進海洋，然後在沉積作用和地球內部熱量的作用下轉化為沉積岩，一層一層地覆蓋在海底。上述這些過程不斷地重演，就造成了今日我們所見到的複雜的地質構造。赫頓還說，地球的歷史相當久遠，不能因為人類歷史和測量尺度的有限而將它估計得過短。由於

「人類沒有足夠大的尺度以觀測地球的歷史」，所以從現在的地質現象中，我們沒有找到它開始的踪跡，也無法展望它的結束。

赫頓的思想和學說雖然也有不全面的地方，但是他既承認地球有漫長的歷史，又承認地殼演化中火與水的共同作用，比他的前人進了一步，尤其是他排斥一切非自然因素和「將今論古」的思想對地質學的發展有重要的影響，因此他被後人譽為「近代地質學之父」。

水成論和火成論是地質學史最早出現的相對立的理論。這兩個學派的爭論曾經達到十分激烈的「水火不相容」的地步。據說十八世紀末在英國舉行的一次辯論中，持這兩種不同觀點的學者竟然大打出手，不歡而散。時至今日，雖然關於岩石成因的許多問題已經逐步弄清，但主要是水成還是火成的問題還沒有答案，兩派爭論並沒有結束，不過所持的論據和爭論的內容已經大不相同了。

關於地殼運動變化的災變論與漸變論之爭

地質學史上的另一對相互對立的理論是地殼運動變化的災變論和漸變論。

十九世紀初，關於地殼是逐漸形成的以及地面上的生物是不斷變化的思想，已為多數科學家所接受。但對於地質歷史上這種變化是如何發生的，它們是突然地發生的還是緩慢地發生的，這在地質學家和古生物學家中存在著相反的認識，形成了災變論和漸變論兩個對立派別，這兩個派別的爭論也一直延續到現代。

災變論的主要代表人物是法國古生物學家、比較解剖學家居維葉。那時拉馬克的關於生物在環境的影響下可能發生變異的思想已為人所共知，但是居維葉認為這種變異不足以改變物種。他在巴黎附近的不同地層裡看到不同的脊椎動物化石，地層越深，那裡的動物化石與現代動物的差異就越大。居維葉認為這不是環境的緩慢變化所造成的，而是表明地球在歷史上必定發生過突發性的災變。居維葉想像，地球上的陸地曾經發生過升降，海水因而曾退曾進，氣候也隨之變化，這些都不是緩慢地發生的，而是突然地發生的，並且發生過不只一次。每當海底上升轉變為陸地時，那裡的海生動物因海水乾沽而死；陸地下

沉為海洋時，那裡的陸生動物則被海水淹沒而亡，發生這些災變的地區的物種因此而滅絕。後來，其他地區的生物逐漸向那裡遷移，於是那裡又出現了與原先的生物完全不同的生物。這樣的災變發生過不只一次。因災變而死亡的生物遺骸經過沉積、石化過程，產生了含有化石的地層。因為每次災變死亡的生物物種不同，所以不同地層的生物化石也就不同。那時在西伯利亞雪原裡發現過皮膚、毛髮和肌肉都保持完好的四足獸的屍體，居維葉認為這是他的災變假說的很好的證據。他說，這種獸類是生活於溫暖地帶的動物，表明該地本是比較溫暖的地方，由於地殼的突然變化，那裡一下子變得很寒冷，這些獸類來不及遷徙就被凍死在那裡。他對許多化石進行研究之後認為，生物物種是不連續的，在不同物種之間沒有中間類型，因此他是進化論的反對者，有關情況我們在前章已有所述及。1825 年他的《地球表面災變論》一書出版，在這部著作裡他闡述了他的觀點。

英國人賴爾本來也是支持災變論的地質學家，1827 年他讀到了拉馬克的著作，深受他的影響，逐漸改變了自己的觀點。1830 ～ 1833 年他陸續出版了《地質學原理》的 1 ～ 3 卷。這部著作的副標題是：「試以現在仍然在起作用的各種原因去說明過去地球表面的諸多變化」。從這個副標題就可以清楚地看到他的地質學思想。賴爾的思想與赫頓一脈相承，他堅持只用現在已知的自然法則來解釋自然現象，認為地質營力古今是一致的，「現在是認識過去的鑰匙」。他說，通過化石所反映出來的物種變化是環境變化所造成的，環境變化的原因則是地殼的運動變化。地殼的運動變化不是突發的，而是十分緩慢地發生的，微小變化累積的結果就是全球的面貌的明顯的、巨大的變化。地殼緩慢變化是各種自然力長期作用的結果，這些自然力既包括風、雨、雪以及溫度變化等「外力」，也包括地震、火山爆發等「內力」。賴爾特別強調地殼的升降是地球的自身運動，他認為「事實上它們都是內部作用，如熱力、電力、磁力和化學反應等的結果」。賴爾的說法雖然也過於簡單，但是他的思想和方法對動態地質學有重要的影響。

當然，賴爾不承認地球歷史上出現過災變性的地質現象，他把地質營力看作是「始終如一的均勻地起作用的力」的觀點是片面的，他把現代人還不完全

認識的自然現象都說成是「超自然」而加以排斥也有失偏頗。他既承認地殼運動變化，卻又不願意正視由此必然得出的生物進化的合乎邏輯的結論。這些都是他的問題。不過，賴爾是一個注重實踐和尊重事實的學者，經過大量地質考察，他也認識到地球上確曾發生過造山運動，地殼有過激烈的變化。當達爾文提出生物進化論之後，在大量證實物種進化的事實面前，賴爾也終於接受了生物進化學說。

災變論與漸變論之爭到現在也沒有結束。當代許多科學家認為地球在歷史上很可能出現過突發性的巨大的災變，災變的結果使得許多生物滅絕。有人推測恐龍的滅絕便與災變有關。地球的存在已有約 46 億年的歷史，相對來說，人類的存在只不過是短暫的瞬間，很難說地球在幾十億年裡所發生的變化及其原因與人類所經歷過的自然環境的變化和原因必定完全相同，反而應當認為人類所直接經歷過和已經認識的事物是十分有限的。有關問題科學家們仍然在探討之中。

❊　　　　　❊　　　　　❊

天和地一向為古人所敬仰，以為這是萬物之母，然而古人並不知天有多「高」地有多「厚」，充其量只能有一些猜測性的想法。古人雖然研究天象，但那只是描述性的，他們所作的努力僅在於尋找天體運行的數理模型，以求製定較好的曆法。人們雖然也都腳踏實地，並且都想方設法要盡地之利，但對地的認識卻十分膚淺，連描述性的知識也都是很零碎。到了近代，情況就很不相同了，人們已經不滿足於對天地的一般性的描述，而是要想方設法求其理了。這既是這個時代科學精神的體現，也是這個時代的科學方法所使然。同時我們也看到作為基礎學科的物理學和化學的進展所起到的推動作用。尤其是物理學所揭示的自然界的普遍規律，使人們得到探尋一般自然現象的機制的知識和方法。物理學和化學的進展所提供的每一種新的實驗手段和技術也往往成為天文學和地質學走上新的歷程的契機。

天文現象和地質現象的考察研究有其自身的特點。天體距離我們十分遙遠，天體上所發生的物理、化學過程不可能於實驗室裡在人為控制的條件下重演。地質變化過程也有類似的情況，海陸山川的變遷，岩石礦脈的形成也斷非

人力之所能及。這並不是說在天文學和地質學的研究領域中實驗方法無從發揮作用，而是它的情形與物理或者化學實驗不盡相同罷了。比如天文學研究中大量應用光譜分析的方法，在地質學裡也常常作一些模擬實驗等等。但是，天文學和地質學更加需要的是推理思維，在更多時候不得不求助於假說。這些推理和假說是否成立，還得通過種種手段檢驗它是否與事實相符。例如海王星的存在原先只是推理的結果，後來人們真的找到了海王星便證實了推理的正確，同時也證明了牛頓力學在更大範圍上的適用性。康德—拉普拉斯星雲假說也是經由推理而形成的，後來科學家們指出了它的不少缺點和錯誤，以至於為人們所摒棄，不過現在又有許多人認為它的基本思想還是正確的，至於它是否正確仍然有待科學事實的檢驗。當一些假說尚未為事實所證實時，不同學派的出現以至於展開激烈的爭論，不僅不可避免，而且對科學的發展大有好處。正如我們見到的關於岩石成因的水成論與火成論之爭和關於地殼運動變化的災變論與漸變論之爭那樣，這些爭論有利於啟發思路、深化認識和克服片面性，大多時候這是科學家們對真理執著追求的表現，是科學進步的一種形態。

複習思考題

1. 試簡述海王星的發現過程及其意義。

2. 試簡述康德和拉普拉斯關於太陽系起源的星雲假說的內容及其意義。

3. 簡述關於岩石成因的水成論與火成論之爭。

4. 簡述關於地殼運動變化的漸變論與災變論之爭。

5. 你從地質學中的學派之爭的歷史得到什麼啟示？

第 8 章

十六～十九世紀的數學

　　如前所述，古代數學知識的增長是與自然科學知識的增長同步的，或者說是交織在一起的。古人在算術、代數和幾何學等方面已經積累了相當的知識，尤其是初等幾何學已形成了比較完整的學科體系。不過後來數學的發展出現了停滯的現象。中國古代數學在宋元後進入了低潮。歐洲自羅馬人統治到中世紀時期，數學也衰落了。只有阿拉伯人在代數的研究方面有了不少的進展。數學作為一門科學重新起步是在經過文藝復興運動衝擊以後的歐洲。

　　文藝復興的浪潮滌盪著人們的思想，重新展現的古希臘的數學成就和數理思想給了人們很大的啓發，許多歐洲人逐漸認識到基督教神學並不就是真理。東方數學（主要是阿拉伯人的數學）的傳入又打開了人們的眼界。於是，在一些人看來，似乎只有數學和數理才是亙古不變的，才是最可靠的。雖然大多數人並不放棄對上帝的信仰，但是與其信仰神學的說教不如相信上帝以數理來構造世界更有說服力。當然，揭開數學史新篇章的主要動力來自歐洲經濟的發展與社會的進步，來自自然科學發展的需求，特別是天文學、力學這些當時的前沿學科的迫切需求。在古希臘人那裡，研究數學主要是為了滿足理性上的追求，這時的歐洲人卻在很大程度上是為了描述客觀現象和規律以及實用上的需要。因此在近代初期，歐洲數學的實用色彩強烈，經過一個時期的發展之後，人們又把注意力轉向理論上的問題。十六～十九世紀是數學發展史上十分重要的時期，這時期的主要貢獻是歐洲人作出的。

對數的發明

遠洋探險的一系列發現激發了歐洲的航海事業。那個時候在茫茫的大洋上確定船隻的方位只能靠觀星，因此編製比較精確的星表就十分重要。編製星表要作大量球面三角的數字計算。在多位數數字計算中，乘法和除法既非常麻煩又非常容易出錯。為瞭解決這個困擾人們的問題，1594 年左右英國人耐普爾 (John Napier, 1550 ～ 1617) 發明了「對數法」。耐普爾可能是受到如 2sin α sin β =cos($\alpha - \beta$)−cos($\alpha + \beta$) 這樣一些三角學公式的啟發，從而尋找把乘法運算轉化為加法和把除法轉化為減法運算的方法。經過努力，耐普爾取得了成功。他曾把他的初步成果送給天文學家布拉赫以徵求意見。後來他編製成了一部七位數字的 0 ～ 90 間每隔 1′ 的正弦和它的對數的數值表。耐普爾所用的對數和我們現在所用的對數不完全相同，在這裡我們不準備多說，總之是把乘法轉化為加法和把除法轉化為減法的計算方法由耐普爾找到了。耐普爾的成果立即引起了數學家的關注。牛津大學教授布里格斯 (Herny Briggs, 1561 ～ 1630) 與耐普爾合作，共同研討進一步完善這種計算方法的問題。1617 年，布里格斯的《一千個數的對數》一書出版，這是歷史上第一個可供實際應用的 14 位的以 10 為底的對數表，從此確立了後來通用的對數計算方法。在那個時候對數表的計算完全只能憑手工進行，工作量極大，布里格斯和他的合作者為此耗費了不知多少精力，然而他們的工作卻使後人節省不知了多少精力。

按我們現在的認識，對數的原理並不複雜。若以 10 為底的對數為例。設 A、B 為兩個已知數，則必有 a、b 可使 A=10^a，B=10^b。我們現在把 a 稱作以 10 為底的 A 的對數，寫作 $\log_{10}A$=a。同樣，b 稱作是以 10 為底的 B 的對數，寫作 $\log_{10}$ B=b。

那麼 $$A \times B = 10^{(a + b)}$$

而 $$\log_{10} (A \times B) = \log_{10} A + \log_{10} B = a + b$$

A 和 B 的對數 a、b 都可以由對數表查得，即很容易得出 $\log_{10}(A \times B)$ 的值，然後再反查對數表便可得出 A × B 的值。於是 A × B 這樣比較麻煩的計算就轉化為 a + b 這樣比較簡單的計算了。同理，A ÷ B 也可以轉化為

a−b。不過這裡所說的都是我們現在的認識,在發明對數的時候人們對冪指數還沒有充分的理解,還不懂得分數指數和無理數指數,小數指數也還不會運用。在那樣的情況下發明對數運算方法實為不易。

對數運算方法的發明給了數學家和天文學家極大鼓舞。拉普拉斯就說過,對數的發明使得天文學家的壽命加倍。其實因對數運算而受益的何止天文學家,一切需要從事複雜運算的科學家和工程技術人員都莫不因此而大大提高了工作效率。對數發明之後不久,又有人應用對數的原理製成計算尺,它可以省去查表的麻煩,在計算上能夠準確到 2 ～ 3 位,這是在現代計算機發明之前科學家和工程技術人員普遍使用的十分方便而有效的計算工具。

代數學的進展

古希臘人對於數學的興趣集中在演繹推理的幾何學方面,代數學並不發達。歐洲人對於代數的真正認識始於東方的代數學傳入之後。代數學的實用價值引起了當時一些務實的歐洲學者的注意,從此代數學作為數學的一個分支便在歐洲邁開了前進的步伐。

上文已經述及,古代印度人和阿拉伯人都已經能解一般的一元二次代數方程,這些知識隨著阿拉伯人的數學傳入了歐洲,而中國古人解代數方程的許多技巧歐洲人尚無所知。

當時歐洲人還受到古希臘人對於數的理解的束縛。我們曾經說過,古希臘人只把數理解為一個一個數得出來的數,數不出的數只能用比例來表示,或者用一根直線的長度來表示,這正是古希臘幾何學發達而代數學落後的原因。歐洲人深受這種觀念的影響,所以他們不懂得負數,對於無理數作為一個數也大多不能接受,至於虛數(即負數的平方根)就更難於接受了。這樣,在解二次方程時出現負根和含有無理數或虛數的根,對於歐洲數學家們來說就是很大的難題。古代東方的代數學側重它的實用性,在數理的問題上也沒有作太多的探討,因而並不存在這種障礙。在歐洲人那裡情況就不同了,他們的許多人為此傷透了腦筋。直到十六世紀,意大利人篷貝利 (Rafael Bombelli, 1526 ～ 1572) 給出了負數的明確定義,承認它是一個數,其後荷蘭人斯蒂文 (Simon

Stevin, 1548 ～ 1620) 才表明接受負根的存在。斯蒂文也是最早承認無理數是數的人。負根和含有無理數的根，到這時才算取得了「合法」的地位。至於含有虛數的根，是首先為意大利人卡爾達諾 (Girolamo Cardano, 1501 ～ 1576) 所確認的。到了這個時候，解二次方程的問題才算完全解決了。

　　解決瞭解二次方程的問題之後，人們自然就想到解三次、四次以至於更高次方程的問題。對於一些比較特殊的三次和四次方程古人已有了解決的辦法，那麼一般的三次和四次方程是不是都能解呢？直到十五世紀末，人們還認為這是不可能做到的事情。但是在實際問題中又常常會出現三次、四次甚至更高次的方程。於是，三次和三次以上方程求解的問題就成了數學家們的重要課題。卡爾達諾，還有義大利人塔爾塔利亞 (Niccolo Tartalea, 1499 ～ 1557) 和法國人維埃特 (Francois Viete, 1540 ～ 1603) 對三次方程進行了比較深入的研究，他們弄清楚了三次方程應當有三個根，同時也解了更多類型的三次方程。對四次方程的研究也取得了類似的成績。但是對於一般的三次方程和四次方程還是束手無策，四次以上方程更是毫無頭緒。這種狀況促使數學家們更加著力研究三次以上一般方程的解法，於是產生了代數方程論這一研究領域。

　　n 次方程有 n 個根，這最早是由法國數學家吉拉爾 (Albert Girard, 1765 ～ 1836) 和笛卡兒提出的，被稱為代數學的基本原理，不過他們都沒有給出證明，只能說是一種猜測罷了。這個基本定理的證明是經過了許多數學家的努力之後，才在十八世紀末由德國科學家高斯 (Carl Friedrich Gauss, 1777 ～ 1855) 完成的。高斯於 1799 年發表了他的賭博士論文，為這個定理提出了四種證明。雖然從現在的觀點來看他的一些證明還不夠嚴格，但是高斯的貢獻是重大的。十六～十七世紀期間，卡爾達諾、笛卡兒和牛頓等人對一般代數方程的各項係數與該方程的根的關係作了大量的研究。卡爾達諾發現，n 次方程各個根之和等於這個方程的 x^{n-1} 項的係數的負值。笛卡兒和牛頓又弄清楚了一個方程的正根、負根和複根（即含有虛數的根）的個數與這個方程各項係數的正負號的關係。他們的成果使數學家們為解決這個難題所作的努力前進了一大步。

　　又經過許多人工作，到了十八世紀 70 年代，法國數學家拉格朗日找到了

一種方法，這種方法對解一般的二次、三次和四次方程都很有效，但是對於一般的五次和五次以上方程還是無能為力。高斯在 1801 年發表的一篇文章中宣稱，一般的五次和五次以上方程求根式解的問題也許是永遠不可能解決的了。不過，高斯又證明了某些形式的 n 次方程求解的可能性。挪威數學家阿貝耳 Niels Henrik Abel,1802 ～ 1829) 繼續研究這個問題，他終於證明了高於四次的一般方程是不可能用根式來求解的。緊跟著，法國數學家伽羅瓦 (Evariste Galois, 1811 ～ 1832) 又著手研究可以用根式求解的 n 次方程的類型問題。他的工作卓有成效。伽羅瓦還由此開闢了代數學的一個新的領域群論的研究。

　　一般高次方程求根式解已被證明是不可能的事，數學家們就從另外的途逕去研究這個問題。對於一般的實際問題，常常只要求得實根的近似值即可滿足，並不需要求得所有的根和它們的準確值。於是數學家們又朝這個方向努力。這個任務於 1819 年由英國數學家霍納 (William George Horner, 1786 ～ 1837) 完成了。他所發明的方法被稱為「霍納方法」，有很高的實用價值。其實，霍納方法與我國十三世紀的秦九韶所運用的方法是相同的，不過那時的歐洲人並不知道秦九韶已經走在他們的前頭。

　　以解方程為基本任務的古典代數學到了十九世紀上半葉大體上完成了。從此代數學的發展進入了抽象代數學（或稱近世代數學）的階段，群論的出現就是重要的標誌。此後人們更加關心的是代數結構的問題，而不是解方程的問題了。除了群論之外，代數數論、超複數系、線性代數、環論、域論等等許多新的分支相繼出現，代數學的研究領域更加寬闊。這個時代之始，代數學以其解決實際問題的效能吸引著人們，現在它又朝著比較抽象的理論的方向發展了。

解析幾何學的創立

　　在古希臘人那裡，幾何學是數學之王，一些代數上的問題也是用幾何學的方法來解決的。到了近代，當代數學取得了很大成功的時候，人們又反其道而行，試圖用代數學的方法來解決幾何學的問題，由此便產生瞭解析幾何學。

　　我們在第一章裡曾說及，法國人奧勒姆在研究運動學的問題時採用了坐標的方法，這對解析幾何學的建立是一個重要的啓示。在解析幾何學的創立上貢

獻最大的是奧勒姆的同胞費馬 (Pierree Format, 1601 ～ 1665) 和笛卡兒。

　　費馬在代數學的研究上很有成就，他又十分熟悉古希臘人的幾何學。他在研究曲線軌跡的問題時，想到把代數學運用到幾何學之中。他開創了在一個坐標系中以一系列的數值表示一條曲線軌跡的方法。不過他的坐標系與我們現時通用的坐標系不大相同，他的坐標不是直角坐標而是傾斜坐標，而且沒有負數。這雖然不完善，但意義重大，因為從此人們認識到，在一個平面上的一條曲線可以由含有兩個未知量的代數方程來表示了。不過他關於這個問題的著作《平面和立體的軌跡引論》是在他去世以後才公開發表的。

　　笛卡兒學識淵博，他的工作涉及到許多學術領域。他的《幾何學》是作為他的重要著作《方法談》的一篇附錄於 1637 年發表的。《方法談》是一部哲學著作，它的副標題是「更好地指導推理和尋求科學真理的方法」，所述的是認識的方法，從此可見他對他所提出的解析幾何學的看法。《幾何學》是他唯一的數學專著，是他在不知道費馬的工作的情況下寫成的。我們已經說過，古希臘人習慣於用線條和圖形來表示數。在他們那裡，如果一條直線的長度代表某數 a，那麼以這條直線為邊長所構成的正方形便代表 a^2，以這條直線構成的立方體便代表 a^3，至於更高次的變量他們便無能為力了。笛卡兒打破了這個既定的框框，他改為，a^2 既可以用一個正方形來表示，也可以用一條長度為 a^2 的直線來表示，同樣，a^3、a^4、a^5……以至任何一個數都可以用線段的長度來表示。這樣，在由兩條直線構成的平面坐標系裡的幾何圖形都可以轉化成一個二元方程，或者說任何一個二元方程都可以在這個坐標系裡描繪成一個圖形。由於有了這種方法，幾何學的問題就都可以用代數學的方法來解決了。

　　笛卡兒的《幾何學》問世的時候，費馬說，類似的工作他已經在七年以前就完成了。他們兩人曾為自己發明的先後而發生爭執。其實，解析幾何學出現的時機成熟了，它是數學發展的必然產物，他們兩人也都為此作出貢獻。費馬從代數方程出發來尋找其軌跡，笛卡兒則從軌跡出發來尋找其代數方程，這是殊途同歸。他們的解析幾何也都未臻完善，如他們的坐標系都還沒有負數等等。

　　解析幾何學是代數學與幾何學結合的產物。它所帶來的好處，一方面是使

得一些代數問題形象化了，另一方面是幾何學的問題從此可以用代數學的方法來解決了。過去人們解決幾何學上的難題，主要是通過邏輯推理，憑借的是智慧和技巧，如今只要用比較容易掌握的、簡單得多的代數運算就行。更為重要的是解析幾何學為物理學提供了一種非常有用的數學工具。

那個時候物理學研究的主要領域是力學和光學，探討運動學和幾何光學的問題都離不開幾何學，而物理學的研究總是要以獲得某些物理量間相互關係的代數式為目標。解析幾何學的發明給了物理學一種描述運動變化的極好的手段。笛卡兒在思考他的解析幾何時對此有充分的認識。

過去的數學所能做到的只是描寫一些確定的、不變化的量，雖然笛卡兒自己並沒有使用變量這個詞，解析幾何學使得變量的描述成為可能，表明數學的應用領域大大擴展了，這的確是數學發展史上的一次質的飛躍。

變量進入數學領域之後，隨之而來的是函數概念的產生，這是經許多數學家的思考然後逐漸明確的。有了函數的概念，描述變量的數學工具更進一步完備了。例如，我們說 y 是 x 的函數，那就是說 y 的值是隨 x 的變化而變化的，可以寫作 y=f(x)。y 隨 x 變化可以有各種各樣的情況，只要我們找到它們之間的數學關係，x 和 y 的函數關係也就清楚了，假定有這樣一個函數關係：y=2x＋6，y 隨 x 的變化便有這樣的情形：

x	－4	－3	－2	－1	0	1	2
y	－2	0	2	4	6	8	10

在直角坐標系中，這個函數關係就表現為如圖所示的直線。

有了這樣的方法，物理量之間的函數關係就可以表示成清晰的幾何圖形。反過來說，如果我們測得相關的物理量並且以圖形表示出來，我們也有可能找到這些量之間的

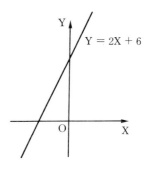

$Y = 2X + 6$

以代數式表示的函數關係。這對於物理學的研究的確是太有用了。其實，這種方法的效用遠不只在物理學範圍之內。

數學這些進步的意義重大，但是對於變量的研究來說僅僅是邁開了第一步，接著人們又發明了微積分。

微積分學的產生

上文說過，解析幾何學是費馬和笛卡兒差不多在同一個時候創立的，微積分學的情形也是如此。微積分是微分和積分的合稱，是牛頓和德國科學家萊布尼茲 (Gottfried Wilhelm Leibniz, 1646 ～ 1716) 幾乎在同一個時候建立的，他們和他們的門徒也曾為發明權的問題而爭吵，並且延續了相當一個時期，對數學的發展產生了不利的影響，實應為後人訓。其實，這時微積分學出現的條件已經成熟，從古代的窮竭法到後來的解析幾何學已為它作了充分的準備，物理學上的需求更催促它的誕生，不少學者也已為此做了許多工作，即使不是牛頓或者萊布尼茲，其他學者也必定會完成這個任務。

在物理現象中，物理量的變化常常不是均勻的。比如在自由落體運動中物體下落的速度時時刻刻都在變化，不過它的加速度 g 是恆定的，我們要知道其中某一時刻該物體的運動速度，以往的數學工具也還夠用。但是，如果某物體運動中加速度的大小和方向也時刻發生複雜的變化，我們要知道這個物體某一時刻的速度（一般稱為「瞬時速度」或「即時速度」），原先的數學工具就大多不能處理了，這時就得借助於微積分的方法。

假定我們已知一物體運動的時間 (t) 與距離 (s) 的函數關係，即 s=f(t)，如

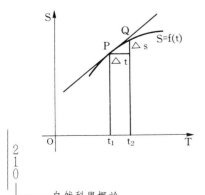

圖所示。設當 t_1 時物體到達的距離為 s_1（即 P 點）。經過 △ t 這段時間之後（即 t_1 ＋△ t 時），物體到達 s_1 ＋△ s（即 Q 點）。如果 △ t 的數值很小，△ s 的數值必定也很小，物體在這一小段時間內的運動可以看作是等速的，即在這段很短的時間裡，它的速度 $v=\dfrac{\triangle s}{\triangle t}$。若 △ t 趨於無限小，△ s 也趨於無限小，Q 點便趨近於 P 點，這時的 v 值

自然科學概論

就是該物體在 P 點時的速度了。

試舉一例。設 s 和 t 有這樣的函數關係：

$$s = at^2 + bt + c \ (a,b,c \text{ 都是已知常數 })\tag{1}$$

$$s + \triangle s = a(t + \triangle t)^2 + b(t + \triangle t) + c$$

$$= at^2 + 2at \cdot \triangle t + a\triangle t^2 + bt + b \cdot \triangle t + c\tag{2}$$

(2)減去(1)，則有

$$\triangle s = 2at \cdot \triangle t + a\triangle t^2 + b \cdot \triangle t\tag{3}$$

因為 $\triangle t$ 是一個非常小的數，比較起來 $\triangle t^2$ 就更小，所以(3)中的 $\triangle t^2$ 項可以略去，於是得

$$\triangle s = 2at \cdot \triangle t + b \cdot \triangle t\tag{4}$$

兩邊除以 $\triangle t$，得

$$\frac{\triangle s}{\triangle t} = 2at + b\tag{5}$$

當 $\triangle s$ 和 $\triangle t$ 趨向無窮小時，可以寫成

$$\frac{ds}{dt} = 2at + b\tag{6}$$

(6)式中的 $\dfrac{ds}{dt}$ 就是該物體在 t 這個時刻的速度 v（ 瞬時速度 ）。採用這樣的方法，我們便可以求得這個物體在任一時刻 t 的瞬時速度 v。由 $s = at^2 + bt + c$ 經過演算得出 $ds = (2at + b)dt$，這就是微分的方法。

對於最一般的代數方程而言，微分的運算方法如下：

設函數方程為

$$y = a_n x^n + a_{n-1} x^{n-1} + \cdots\cdots + a_1 x + a_0$$

$$dy = [a_n n x^{n-1} + a_{n-1}(n-1) x^{n-2} + \cdots\cdots + a_1] dx$$

從上圖還可以看出，$\dfrac{\triangle s}{\triangle t}$ 實際上就是通過 P 和 Q 這兩點的割線的斜率。當 $\triangle s$ 和 $\triangle t$ 都趨向無限小時，亦即 Q 點無限接近 P 點時，$\dfrac{ds}{dt}$ 也就是通過 P

點的切線的斜率。因此，運用微分的方法也可以求得曲線上任何一點的切線的斜率，亦即可以確定曲線上任何一點的切線。這對於幾何光學的研究無疑也十分有用。因為無論是研究反射現象還是折射現象，確定光線與物質界面的入射角、反射角或折射角，都需要以入射點的法線作為參考，該點的法線正是該點的切線的垂直線，切線的走向清楚了，法線的走向也就清楚了。

需要說明的是，我們上面的表述已經不是牛頓或者萊布尼茲的原始表述的形式，而是我們現在所用的數學語言，這也是經過許多人的努力才逐漸完善的。

積分方法是微分方法的逆運算，它的發明也是出自實際的需要。譬如要知道一已知曲線所圍的面積問題，這在實踐中就常常會遇到。過去人們所用的窮竭法是一種很麻煩的方法，並且難於得到準確的數值。運用積分方法問題就變得簡單了。

假定我們已知一變速運動的速度 (v) 與時間 (t) 的函數關係，$v = F(t)$，如下頁圖所示，要求出某一時間間隔（自 t_1 至 t_2）中該物體所經的距離。我們可以把 t_1 至 t_2 這段時間分為許多很小的時間間隔 $\triangle t$，這樣，物體自 t_1 至 t_2 所經距離就近似地等於圖中各小矩形面積之和。若 $\triangle t$ 趨於無限小，這些矩形的面積之和即是自 t_1 至 t_2 間曲線下的面積。換句話說，該物體自 t_1 至 t_2 所經距離可以用積分來表示：

$$S = \int_{t_1}^{t_2} F(t)\, dt$$

舉例如下：

若該函數關係為 $v = at^2 + bt + c$

則

$$S = \int_{t_1}^{t_2} (at^2 + bt + c)\, dt$$

$$= \frac{1}{3} a(t_2^3 - t_1^3) + \frac{1}{2} b(t_2^2 - t_1^2) + c(t_2 - t_1)$$

對於最一般的代數方程而言，積分法的運用如下：

設函數方程為 $y = a_n x^n + a_{n-1} x^{n-1} + \cdots\cdots + a_1 x + a_0$ 則在 $x_1 x_2$ 區間內曲線下面的面積

$$S = \int_{x_1}^{x_2} (a_n x^n + a_{n-1} x^{n-1} + \cdots\cdots + a_1 x + a_0)\, dx$$

$$= \frac{1}{n+1} a_n (x_2^{n+1} - x_1^{n+1}) + \frac{1}{n} a_{n-1} (x_2^n - x_1^n) + \cdots\cdots + \frac{1}{2} a_1 (x_2^2 - x_1^2) + a_0 (x_2 - x_1)$$

這裡也需要說明，我們所表述的也是現時所用的形式，它與當年牛頓或者萊布尼茲的表述並不相同。

曲線所圍面積可以用積分的方法求得，曲面所圍體積同樣也可以用積分的方法求得。牛頓在研究地球與月球之間的萬有引力時，運用積分的方法計算，得出了可以把分布於地球整個體積之內的質量看作集中於地球中心一個點上的結論，從而使得計算萬有引力的問題得以大大簡化。

微積分一出現，人們就充分認識到它的實用價值，然而它在創立的時候，理論上是不夠嚴密的。如我們在上面所說例子中曾經消去了 $\triangle t^2$ 項，又如 $\dfrac{\triangle s}{\triangle t}$ 在 $\triangle t$ 和 $\triangle s$ 都趨近於 0 時，出現了 $\dfrac{0}{0}$ 這樣難於解釋的分數。因此，在微積分出現之後，它也受到許多數學家的責難和非議。向以邏輯嚴密著稱的數學出現這樣的問題許多學者都難以接受。究竟如何看待這些問題，學者們從不同的角度作過很多探究。後來數學家們又引入了一些新的數學概念，終於使問題逐步得到澄清。

微積分現在已經成為研究各種實際問題時普遍運用的、非常有效的數學工具。

概率論的出現

以往數學的目標都在於求得某些量的精確數值，但是實際存在的量有些時候並不表現為精確的數值而只有統計的意義。概率論就是研究這類問題的一個分支。

概率論的思想在古代已經萌發，它正式形成為數學科學的一個分支，則是

近代的事，這首先應當歸功於費馬和法國科學家巴斯卡 (Blaise Pascal, 1623～ 1662)。說起來也許有點怪，概率論的研究是從考察一些有關遊戲和賭博的問題開始的。以骰子作遊戲至少已經有三四千年的歷史，後來它也是一種賭博用具。骰子有六個面，上面的點數從一點到六點。如果拋擲一顆骰子，要是只擲一次，出現一至六點的可能性是完全相等的，至於實際上出現那一個點數就完全是偶然的了。要是拋擲的次數很多，出現某一個點數的次數就將接近 $\frac{1}{6}$，拋擲的次數越多越是接近這個數值，表現為一種統計上的必然性。在大量帶有偶然性的事物中尋找其統計上的必然性，或者說尋找其中出現某些事件的概率，就需要運用概率論。

實際上，許多內含眾多事件的客觀現象，包括自然現象和社會現象在內，我們都不可能以準確的數來描述其中的某些事件，而只能以概率來描述它們。例如在對熱現象的研究中，人們知道熱現象實際上是大量分子運動的表現，我們不可能弄清楚其中每一個分子的運動狀態，因為對每一個分子來說，它的運動狀態都具有偶然性，但是我們能夠知道在某一種情況下有多大比例的分子的速率處於某一個數值範圍之內，這就表現為必然性。又如我們說吸煙可能導致肺癌，但是我們不能說某一個吸煙的人必定得肺癌或者必定不得肺癌，我們只能通過一定的辦法計算出吸煙的人得肺癌的可能性，即計算出吸煙的人得肺癌的概率，或者更具體一點，計算出平均每天吸多少支煙的人得肺癌的概率，通常以一個百分數來表示。

概率論的應用範圍正在迅速擴展，它已經深入到國民經濟、生產技術、商品流通等等許多領域。拉普拉斯就曾說過，雖然概率論是從考慮低級的賭博開始的，卻已成為人類知識中最重要的領域。

非歐幾何學的問世

十九世紀之前，人們所知道的幾何學都屬於歐幾里得幾何學，即以歐幾里得的《幾何原本》為代表的幾何學，人們也都深信它是現實的物質空間的真實反映。歐幾里得在總結和整理古希臘幾何學的時候，首先列出了五條公理和五條公設。所謂公理是適用於一切科學的真理，公設則是幾何學中的真理，他認

為這些真理都是不證自明的，因而也是無需證明的。從這些公理和公設出發，經過一系列邏輯推理和演算，就能夠產生各個具體的定理和推論，構成整個幾何學體系。

　　歐幾里得幾何學在邏輯上的完美一向為人們所欣賞。但是很早就有人注意到歐幾里得的第五公設存在著一點問題。第五公設是這樣說的：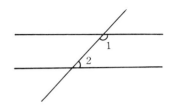「若一直線與兩直線相交，且若同側所交兩內角之和小於兩直角（即右圖中的∠1＋∠2＜180°），則兩直線無限延長後必相交於該側的一點。」這條公設也被稱為平行線公設。那時人們並沒有懷疑這條公設的真理性，只是感到這條公設不像其他公理和公設那樣具有明顯的說服力，問題在於是否可以假定物質空間中存在能夠無限延長的直線。人們還注意到第五公設在表述上不如其他公理和公設那樣明瞭和簡潔。出於對歐幾里得幾何學的愛護，人們力圖消除這些「瑕疵」。自托勒密開始，不少人都曾設法以其他公理和公設來證明第五公設，但都沒有成功。經歷過許許多多失敗之後，人們不得不懷疑證明第五公設的可能性。這條公設既不那麼「不證自明」而又無法證明，它的真理性也就動搖了。人們終於弄明白了第五公設不過是純粹經驗性的假設罷了。第五公設發生了問題，歐幾里得幾何學作為一個整體也就有問題了。這是到了十八世紀數學家們才想到的。

　　既然歐幾里得幾何學建立在一組自身不會導致邏輯上的矛盾的假設之上，由此可以演繹出一個幾何學體系，那麼如果有另外一組也不會導致邏輯上的矛盾的假設，是否也有可能演繹出另外一種幾何學體系呢？這個十分大膽的想法最早是十八世紀德國數學家朗伯 (Johann Heinrich Lambert, 1728 ～ 1777) 提出來的。對歐幾里得幾何學的真正的突破則是十九世紀初的事了。

　　1817 年高斯在給友人的一封信中說到歐幾里得幾何學並不具有必然性。這時他已經在試圖建立一種新的幾何學，他相信這種新的幾何學也必有其實用價值。可是，高斯對於發表他這方面的工作成果過於謹慎，非歐幾何學創建者的榮譽卻落到了受到過他影響的另外兩個人身上，他們是俄國人羅巴切夫斯基

(1792～1856) 和匈牙利人博耶 (Janos Bolyai, 1802～1860)。

從 1826 年開始，羅巴切夫斯基發表了一系列關於非歐幾何學的論文。他想，歐幾里得的平行線公設實質上是說，通過一直線外的一點在一平面上只能作一條平行線。如果把它改為可以作無數條平行線，其他公理和公設則仍舊，那將又會是怎樣的情況呢？他發現，從這樣一組更改過的公理和公設出發，經過演繹推理，同樣能夠建立一個幾何學體系，在這個體系內並沒有發生邏輯上的矛盾。於是，一種與歐幾里得幾何學不相同的非歐幾何學便誕生了。這樣的幾何學純粹是由假設和邏輯推理構成的，沒有任何實踐的、經驗的基礎，它在實際的物質空間中有沒有應用價值？也許它只不過是一種數學上的遊戲？這些疑問的產生是十分自然的。羅巴切夫斯基設想，在尺度很大的空間裡，有可能滿足他的平行線假設的條件。在 1829～1830 年間發表的文章中，他提出他的非歐幾何學在比地球半逕大 50 萬倍的空間裡有可能適用。羅巴切夫斯基的創新在當時沒有引起人們太多的關注，他本人曾為此而慨嘆。

博耶關於非歐幾何學的工作是他獨自完成的，大約在 1825 年左右他便確立了他的幾何學思想。他的父親也是一位數學家，博耶關於非歐幾何學最早的論文是作為一個附錄刊載於他父親的一部數學著作中，於 1832～1833 年間出版的。他的成果與羅巴切夫斯基所完成的工作十分相似。

當博耶第一次讀到羅巴切夫斯基的著作時非常惱火，以為那是抄襲了他的東西。而在高斯知道了博耶的非歐幾何學時也十分生氣，說那不過是他的工作的翻版。其實高斯、羅巴切夫斯基和博耶三人都各自為非歐幾何學的創立作出了貢獻，羅巴切夫斯基和博耶受到過高斯以及其他一些學者的啓迪也是事實。幾何學發展到了這一步，非歐幾何的出現也是瓜熟蒂落的事情了。

非歐幾何學的出現是數學史上的一件大事。但當它剛剛出現的時候並不為人們所賞識。一般人仍然相信歐幾里得幾何學是物質空間的唯一真實的描述，非歐幾何學不過是出於獵奇而主觀構造出來的玩意兒，沒有任何實質意義，相當一個時期內繼續對它進行研究的人並不多。

後來德國數學家黎曼 (Georg Friedrich Bernhard Riemann, 1826～1866) 對第五公設提出了另外一種修改，他認為也可以假定在一平面上的任何兩條直

線延長必定相交，即不存在無限延長而不相交的平行線。他由此又創立了另外一種非歐幾何學。 1854 年黎曼發表了他的研究報告，報導了他的研究成果。黎曼還提出了一個重要的觀點，他認為不應當把物質和空間彼此孤立起來，物質和空間是相互聯繫的。在本書的第九章裡我們將要看到，愛因斯坦 (Albert Einstein, 1879 ～ 1955) 所創立的相對論就是把物質和空間聯繫起來考慮的，而黎曼的非歐幾何學正是廣義相對論的數學工具。到了那個時候，非歐幾何學的意義和它的實用價值才為人們所真正認識。

✳　　　　　✳　　　　　✳

古希臘人研究數學所注重的是數理的追求，與實際應用的關係不緊密。雖然他們取得了令人矚目的成果，但是後來的發展停滯了。注重實用的東方數學傳入歐洲之後，加上歐洲社會經濟和文化所發生的變化，數學在歐洲重新獲得了良好的土壤和氣候，於是它又以新的姿態大踏步地前進了。

近代數學在歐洲起步首先是由於實用上的需要，人們努力尋找各種有實際效用的數學工具，從而使得數學生機勃勃，並產生了許多新的數學分支。不過，數學也同其他科學一樣有其自身發展的規律，一旦起步它就要循著自己的規律向前走。原先人們的目標是實用，在理論的思考上並不那麼周密，後來人們注意到了這些問題，想設法使它在理論上完善起來，整個數學科學便又提高到了一個新的層次。新的思想產生了，新的理論出現了，又形成了新的分支，新的領域，又會發展出新的實際效用。十九世紀下半世紀以後，數學的發展有越來越走向純理論探討的趨勢，從表面上看它離開實際越來越遠，在相繼出現的許多分支裡，其中一些甚至很難預測它們會有什麼實際效用，然而數學還是要按自己的規律發展下去的，這既是人類智能進步的一種表現，也是人類知識的一種重要儲備，這些知識一旦有了實際的落腳點，它又會發揮意想不到的效用。例如非歐幾何學乍看起來好像是數學遊戲，然而黎曼幾何學卻在大尺度的宇宙空間的研究裡發揮了實際的效用。這種現象是我們在考察純理論研究的問題時所應當充分注意到的。

十六～十九世紀是數學史上的大豐收時期，數學科學的整個面貌從此改觀。按這個時期所取得的成就而言，比起以往幾千年的成果不知超出了多少

倍。本章所述只是其中主要分支的狀況，實際的情形還要豐富得多。這幾百年所取得的輝煌成果，曾使得數學家們過分欣喜，由此又導致了「數學危機」的出現，有關情形我們將在本書第十四章裡看到。

複習思考題

1. 簡述近代數學在歐洲興起的歷史背景。
2. 試從十六～十九世紀數學發展的情況説明數學與自然科學的關係。

第9章

十九世紀末～二十世紀初的物理學革命

　　到十九世紀末，物理學似乎已經達到相當完善的地步，對於一般的物理現象人們都有了相應的理論來給予說明。牛頓力學概括了物質的宏觀和低速運動的規律；幾何光學和波動光學已經建成了相當完整的理論體系；熱現象有了熱力學和分子運動論來加以解釋；電磁理論已被總結為麥克斯韋方程組。這些理論無疑都十分成功，也發揮了很大效用。在這樣的情況下，許多人以為物理學的大廈已經建成，餘下的事情只是把一些物理常數測得更準確一些和把一些物理學的定律應用到各種具體問題中去罷了。著名物理學家 W.湯姆遜於 1900 年 4 月 27 日的演說中說：「在已經建成的科學大廈中，後輩物理學家只要做一些零碎的修補工作就行了。但是，在物理學晴朗天空的遠處，還有兩朵小小的令人不安的烏雲。」W.湯姆遜看到了遠處的小小的烏雲，這是他的明智，但是他過於樂觀了，這兩朵小小烏雲隨後給物理學界帶來的是一場暴風驟雨，它猛烈地衝刷著物理學的地基，竟然使得一些人又以為剛剛建成的物理學大廈就要坍塌。W.湯姆遜所說的兩朵烏雲，指的是運用已有的物理學理論無法解釋的兩個十分重要的實驗事實。後來的事態發展表明，這兩朵烏雲分別與相對論和量子論的創立直接相關。正是相對論和量子論的建立導致了物理學的一場革命，物理學的基礎從此更加深厚和堅固。與這兩朵烏雲出現的同時，十九世紀末在物理學領域裡還接連發生了三個重大事件，這就是電子、X 射線和放射性的發現。

第一節　電子、Ｘ射線和放射性的發現

電子、Ｘ射線和放射性的發現多少都帶有一點偶然性，但也是物理學發展的必然。雖然許多物理學家都以為物理學大廈已大功告成，但是他們並沒有就此止步。力圖發現前所未知的現象，不斷地尋求新的知識，這是科學家們的習慣。不過三大發現成為經典物理學向現代物理學過渡的前奏，則是他們沒有想到的。

電子的發現

十九世紀中期以後，電的應用在西方各國日益廣泛，電力逐步取代蒸汽，成為工業生產動力的主要來源，電燈照明越來越普遍，電報、電話也開始在社會上應用。人們對電的研究也愈加深入。

1858 年，人們用放電管① 研究低壓氣體中的放電現象時，發現在放電管內的氣體足夠稀薄的情況下，它的陰極便發出一種輻射，這種輻射與管壁相撞就產生綠色的螢光。這種由陰極發出的，肉眼看不見的輻射被稱為陰極射線。陰極射線究竟是什麼東西？這個問題引起了物理學家們很大的興趣。

1871 年，英國物理學家瓦利 (Cromwell Fleetwood Varley, 1828 ～ 1883) 注意到陰極射線在磁場的作用下發生偏轉的事實，提出陰極射線是由帶負電的微粒所組成的想法。他的意見得到他的本國同胞克魯克斯 (William Crookes, 1832 ～ 1919) 等人的支持。但是許多德國學者並不同意這種看法，包括赫茲在內的一批學者堅持認為陰極射線是一種電磁波而非實物粒子。兩派就此爭論不休，也各有所據。

徹底解決這個問題的是英國劍橋大學物理學教授 J.J. 湯姆遜 (Joseph John Thomson, 1856 ～ 1940)。他主張陰極射線為帶電微粒所組成，並決心

---

①在一玻璃管內裝置兩個有一定距離的電極，抽出管內氣體使其形成低壓狀態，在兩極上分別加上正負電壓，此時在玻璃管內出現放電現象。這個裝置稱為放電管。

以實驗給予確鑿的證明。從 1890 年起他就帶領他的學生進行這方面的實驗研究。他們以不同形式的裝置反覆實驗，經過幾年的辛勤努力，終於取得了令人信服的成果。 1897 年 J.J. 湯姆遜公布了他們的研究工作及其結論。他們既確認了陰極射線是帶負電的微粒子流，還以圖 56 所示的裝置測得這些微粒子的運動速度以及它所帶電荷與其質量之比 (e/m)。從圖可知，陰極發出的射線穿過 A 和 B 兩狹縫可直射到螢光屏上，我們在那個位置上可以看到一個亮點。若在 D、E 兩板上加上電壓，可見陰極射線發生偏轉，如果在 D、E 間再加上一個強度相當的、與紙面相垂直的磁場（圖中未畫出），又可使陰極射線恢復它原先所到達的那個點上。根據在 D、E 所加電壓以及在該位置上所加磁場的數值，便可經過計算得出組成陰極射線的微粒子的速度和 e/m 的數值了。這的確是一個設計周密的，十分巧妙的實驗。經過反覆的實驗，他們還發現這些微粒的荷質比 (e/m) 與管內所含氣體的種類以及製造陰極的材料無關，這就是說，無論放電管內曾經充填何種氣體，陰極以何種金屬製成，它們所產生的陰極射線的微粒都是相同的。

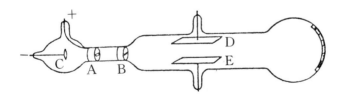

C 爲陰極，A、B 爲與陽極相連的開
有縫隙的插塞，D、E 爲金屬極板。

圖 57　J.J. 湯姆遜陰極射線實驗裝置的一種

自 1833 年法拉第提出了電解定律之後，科學家們就想到電荷可能存在著最小單位，或者說電應當由「基本電荷」組成。 1874 年英國物理學家斯托尼 (George Johnstone Stoney, 1826 ～ 1911) 認為，原子所帶電荷必定是基本電荷的整數倍。 1891 年，斯托尼提議用「電子」(electron) 這個詞來為基本電荷命名。

J.J. 湯姆遜確認陰極射線為帶電微粒子所組成以後，自然想到這些微粒子所帶電荷的問題。他把實驗所得荷質比與在電解過程中測定的氫離子的荷質比相比較，注意到前者比後者大得多，它們相差上千倍。 J.J. 湯姆遜考慮，這可能是因為陰極射線中的微粒子的質量 m 很小，或者是這種粒子的電荷 e 很大，或者是兼而有之。經過仔細的研究，他認定構成陰極射線的微粒子的質量比氫離子小得多。他起先把這種粒子稱作「微粒」，後來更認定它就是基本電荷的負載者，改稱為「電子」。

緊跟著的任務就是測定電子所帶電荷的數值。 J.J. 湯姆遜於 1898 年首次測得 e 值為 3.3×10^{-10} 靜電單位[①]。其後美國物理學家密立根 (Robert Andrews illikan, 1868 ～ 1953) 經過數年努力，於 1914 年公布了他所測得的 e 值為 $(4.770 \pm 0.005)10^{-10}$ 靜電單位，這個數據已經相當精確。密立根還以實驗證明 e 確實是電荷的基本單位，其他所有荷電物體的電量都是 e 的整數倍。

電子電荷 e 是物理學中的基本常數之一。現時國際公認的電子電荷值為 e=$(4.8065676 \pm 0.0000092)10^{-10}$ 靜電單位。

測得電子電荷 e 的數值之後，電子質量 m 就很容易算出。現在國際公認的電子質量（靜止質量）的數值為 m=$(9.1093897 \pm 0.0000054)10^{-28}$ 克。

由於 J.J. 湯姆遜發現電子的重大貢獻，他於 1906 年初被授予諾貝爾物理學獎，獲得了很高的榮譽。

X 射線的發現

十九世紀末葉，陰極射線是許多物理學家熱心研究的課題。 1895 年 11 月間，德國物理學家倫琴 (Wilhelm Rötgen, 1845 ～ 1923) 在研究陰極射線時偶然發現一種奇特的現象。他把放電管用黑紙包裹起來在暗室裡做實驗時，忽然注意到離放電管幾十釐米遠的螢光屏出現了亮光。他取來書本、木板、鋁片等多種物件，把它們分別放到放電管與螢光屏當中，他看到其中有些東西能使螢光屏停止發光，有些東西則毫無影響。人們已經知道陰極射線是不能穿透玻璃

[①]靜電單位是一種釐米（長度）—克（質量）—秒（時間）製中的電和磁的單位。

壁的。倫琴於是斷定，放電管在工作時除了產生陰極射線之外，必定還發出一種穿透力很強而又看不見的射線。為了確證他的發現和進一步瞭解這種射線的特性，他連續幾個星期廢寢忘食地重複他的實驗，在這年的年末公布了他的發現，稱這種射線為「X射線」（「X」通常用於表示「未知」的意思），表明他對這種射線的本質尚無所知。他的發現立即轟動了世界。

其實，在倫琴之前不少人（包括克魯克斯和 J.J. 湯姆遜等人在內）在做放電管實驗時都發現過放在放電管附近的、用黑紙嚴密包封的照相底片感光的現象，這種現象也是 X 射線作用的結果。但是這些事實都沒有引起他們的注意。有些人以為那是底片的質量不好，便隨意地把底片扔掉，或者把底片退還

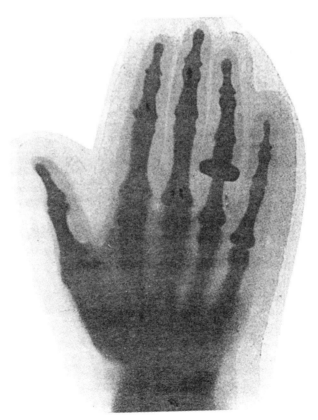

圖 58　倫琴所拍他夫人的手的 X 射線照片
（骨骼和手上所戴戒指均清晰可見）

廠家了事。他們都錯過了重大發現的機會，直到倫琴公布了實驗結果之後他們才恍然大悟。

倫琴的實驗報告發表之後，許多國家的科學家們立即對 X 射線展開廣泛的研究。僅在 1896 年一年間，全世界發表的有關 X 射線的研究和應用的論文就有近千篇之多。在倫琴的報告裡，有他所拍攝的他夫人的手的 X 射線照片，這些照片特別引人注目，它使人們想到 X 射線有可能用於醫療診斷。三個月後維也納醫院便以 X 射線照片來作外科診斷的手段了。

1901 年倫琴因他的發現榮獲首屆諾貝爾物理學獎金。

倫琴發現 X 射線之後，科學家們馬上就提出了 X 射線的本質是什麼和產生 X 射線的機理等一系列研究課題。

放電管在工作時，它的兩極必須加上高電壓。當時倫琴在兩極間加上了幾千伏電壓（現時的 X 射線管兩極間一般加上幾萬伏甚至幾十萬伏電壓）。電子從陰極逸出後，其中一部分在電場的作用下以非常高的速度打到陽極上。經典電磁理論已告訴人們，高速運動的電子突然受阻（即出現負的加速度）時必然要產生電磁波。於是人們想到 X 射線可能是一種電磁輻射。然而，倫琴在實驗中既沒有觀察到 X 射線的折射現象，也沒有觀測到它的繞射現象，因此他以為 X 射線不是電磁波。直到 1912 年德國物理學家勞厄 (Max von Laue, 1879 ～ 1960) 拍攝到了 X 射線的繞射圖像，才證實它的確是一種波長很短的電磁波。後來人們又弄明白 X 射線是原子的內層電子躍遷所產生的電磁輻射。

現在我們可以很容易地以高速電子轟擊重金屬製成的靶而獲得 X 射線，這是一種波長為 0.01 ～ 10 埃① 的電磁波。波長比 1 埃短的通常稱為「硬 X 射線」，波長比 1 埃長的通常稱為「軟 X 射線」，它們各有不同的效用。 X 射線的發現擴展了人們對電磁波的認知範圍。

X 射線現在已經廣泛應用於醫學，在科學研究上（尤其是晶體結構的研究）和工業上（如金屬製品的探傷）以及在其他許多領域裡也有廣泛而重要的用途。

---

① 1 埃 = 10^{-8} 釐米。

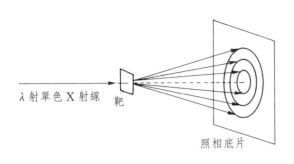

X 射線繞射示意圖

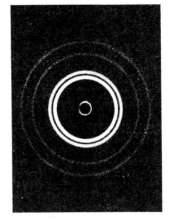

鋁箔的 X 射線繞射圖像

圖 59　X 射線繞射

放射性的發現

倫琴是在做放電管實驗時發現 X 射線的。放電管產生陰極射線時面對陰極的玻璃壁要發出螢光。那時有不少人誤以為螢光是 X 射線的來源，法國自然史博物館館長、巴黎工藝學院教授貝可勒爾 (Antoine－Henri Becquerel, 1852 ～ 1908) 也是其中之一。 1896 年 2 月的一天，他把一種能夠發出螢光物質硫酸鉀鈾醯（$K_2UO_2[SO_4]\cdot 2H_2O$ ）置於用黑紙嚴密包封的照相底片上，一並放在陽光下照射幾個小時，其目的是使硫酸鉀鈾醯發出較強的螢光，用以觀察螢光對底片的作用。當他隨後檢驗那些底片時，看到它們上面都有暗影，表明它們是感光了。這樣的實驗他重做了兩次，都得到同樣的結果。他因此以為可以證實他的猜測，即 X 射線由螢光產生，伴隨著螢光而出現的 X 射線使底片感光。但幾天以後的事實卻表明他的想法是錯誤的。那時巴黎連續兩天陰天，太陽很少露面，他無法繼續他的實驗，便把那些密封的底片放到黑暗的抽屜裡，硫酸鉀鈾醯也順手放在底片上面。又過了幾天，他想，那些硫酸鉀鈾醯未經陽光長時間照射，所發螢光不強，底片上的暗影必定很淡，於是便把它沖出來看個究竟。事實與他的想像並不相符，他看到底片上暗影的顏色依然很深。他於是想到，使底片感光的輻射與螢光沒有聯繫，只與硫酸鉀鈾醯這種物

質有關。他抓住這個偶然發現的事實，經過反覆的實驗研究。幾天之後他就弄明白了所有鈾鹽都能自發發出某種輻射，這種輻射不僅能在照相底片上留下痕跡，並能使氣體離子化而成為導電體。現在我們把這種能發生輻射的物質叫做放射性物質。

貝可勒爾的發現在當時沒有引起科學界太大的反應。他雖然還在繼續做他的實驗，但他只想到鈾這種元素具有這種性質，他的工作沒有涉及到其他元素，他打開了一個缺口而沒有擴大戰果。開拓放射性研究局面的是他的後繼者，法國科學家居禮 (Pierre Curie, 1859 ～ 1906) 和他的夫人 (Marie Curie, 1867 ～ 1934，原名 Maria Sklodowska，原籍波蘭)，那是貝可勒爾發現放射性兩年以後的事了。

1897 年秋天，居禮夫人在她丈夫的建議下選擇放射性現象作為她的博士論文的題目，從此他們兩人開始了這個課題的合作研究。居禮夫人決心檢驗一切元素，目的是要弄清楚自然界裡除了鈾以外是否還有其他元素能自發發生輻射。她很快發現釷 (Th) 也有這種性質。當她檢驗一種含鈾和含釷的天然礦石時，驚奇地發現它們的放射性強度竟比鈾化合物和釷化合物高出三、四倍。她判斷在這些礦物裡必定含有比鈾和釷具有更強放射性的元素。於是她為尋找這種元素而費盡心機。她們夫婦兩人經過一年的艱苦工作，終於在礦石裡分離出一種放射性很強的元素。為紀念她的祖國波蘭，她把這種元素命名為釙 (Polonium，其詞根取自法語波蘭 Pologne 一詞，元素符號為 Po)。他們兩人繼續努力，不久又找到一種放射性更強的元素，命名為鐳 (Radium，其詞根取自法語 radier，意為輻射，元素符號為 Ra)。為了研究這種放射性極強的元素，他們在一間由木板棚屋改造成的非常簡陋的實驗室裡，夜以繼日地苦幹了 45 個月，直到 1902 年才從 8 噸鈾瀝青的廢礦渣裡分離出了 0.12 克純氯化鐳。這輕如毫毛的 0.12 克在科學家們的心裡真比泰山還要重。就靠這一點點鐳化物，她測得鐳的原子量為 225 (現在國際公認的數據是 226.0254)。

鐳的發現立即引起科學界的廣泛關注。醫生們很快就知道鐳的放射性在治療癌這種頑症上有特殊的效用。

由於鐳的製備十分艱難，當時鐳成了世界上最昂貴的物質，時價為每克

75 萬金法郎（此時居禮夫婦的月工資都只不過幾百法郎）。居禮夫人說：
「物理學家總是把研究全部發表的。我們的發現不過偶然有商業上的用途，我
們不能從中取利。再說，鐳將在治療疾病上大有用處，……我覺得似乎不能借
此求利。」「我們不能這樣辦，這是違反科學精神的。」居禮夫婦毅然決定不
申請專利以保護他們能獲得極為豐厚收入的發明。他們為科學獻身的精神和高
風亮節堪為科學界的楷模。

　　居禮夫婦為製備這些放射性元素耗盡了他們的精力，他們的身體也因長期
受到放射性的照射而遭到嚴重的傷害。在他們去世四五十年後，人們發現他們
當年所用過的菜譜還有放射性！

　　居禮夫婦的工作和他們的貢獻使他們深受世人的崇敬。他們和貝可勒爾一
起被授予 1903 年諾貝爾物理學獎。

　　放射性受到廣泛注意之後，科學家們就著手從
各方面研究它的性質。 1898 年英國科學家盧瑟福
(Ernest Rutherford, 1871 ～ 1937) 發現，放射性
物質的輻射流中至少有兩個組成部分，其中只能穿
透薄紙片的部分他稱為「α射線」，穿透力較強的
部分則稱為「β射線」。 1905 年，盧瑟福根據實
驗結果，認為 α 射線可能是由氦離子所組成，他的
想法終於在 1908 年得到證實，α 射線的確是氦離
子 He^{2+}（即氦核）流。 1900 年，居禮夫婦以實
驗事實指出 β 射線帶有負電荷。同年貝可勒爾確認

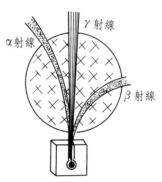

╳表示該處磁場自後方直指前方

圖 60　鐳射線在磁場的作用下
被分為三部分示意圖

β 射線就是高速的電子流。也是在這一年，法國物理學家維拉爾 (Paul Vil-
lard, 1860 ～ 1934) 發現了不受磁場影響而且穿透力極強的第三種射線，這種
射線被稱為 γ 射線。到 1914 年，γ 射線被確認是一種電磁波，這項工作是由
盧瑟福等人完成的。

　　1902 年盧瑟福與英國化學家索迪 (Frederik Soddy, 1877 ～ 1956) 發表了
他們合作的論文《放射性的原因和本質》，公布了他們的研究結果。他們認為
放射性的產生是一種元素的原子蛻變為另一種元素的原子時所發生的現象，這

些原子放出 α 粒子或 β 粒子後便自發地轉變成為另一種元素的原子，直至不再發生蛻變，不再具有放射性時為止。原先近代科學家都認為一種化學元素是絕對不會變成另一種化學元素的，盧瑟福和索迪的假說是對這個人們已確信無疑的觀念的衝擊，使科學界大為震驚。隨後幾年，許多物理學家和化學家合作研究，相繼發現了許多放射性元素，元素蛻變假說為大量實驗事實所證實。

1905 年德國科學家施威德勒 (Egon von Schweidler, 1873 ～ 1948) 在研究氡的放射性時發現，它的放射強度大約每四天（準確一點說是每 3.85 天）減小一半。如果經過 n × 3.85 天，它的放射性強度就只有原來的 $(\frac{1}{2})^n$，3.85 天這個數值稱作氡的半衰期。後來人們發現所有放射性元素都各有確定的半衰期，它們的數值差別很大。如 $^{238}_{92}$U 的半衰期是 4.5×10^9 年，$^{220}_{86}$Rn 的半衰期是 52 秒。這就是說，前者經過 4.5×10^9 年之後它才蛻變了一半，而後者只要經過 52 秒它就蛻變一半了。

到 1910 年，分離出來和經過研究的具有放射性的元素已近 30 種。人們注意到它們之中有些化學性質完全相同，但是半衰期卻不相同。索迪據此提出了「同位素」的概念。所謂同位素是指它們在元素週期表中占有同一個位置，即它們的原子序數相同，化學性質相同，但是它們的原子量和放射性並不相同。已經發現的許多放射性「元素」，其中不少實際上是某些元素的具有放射性的同位素。

現在我們知道，在自然界的物質中存在著三個放射系列，即釷系、鈾系、鋼系和錒系。以鈾系為例，其蛻變過程如下：

我們看到，鈾放射系從放射性元素 $^{238}_{92}$U 開始，至穩定元素 $^{206}_{82}$Pb 結束。因為 α 粒子就是氦核，它的原子量數是 4，所以每放出一個 α 粒子，原子量數就減去 4；因為 β 粒子就是電子，所以每放出一個 β 粒子，原子序數就增加 1。

放射性的發現和放射性元素性質的研究，不僅在物理學發展史上有重要意義，也開創了後來放射化學研究的新領域。

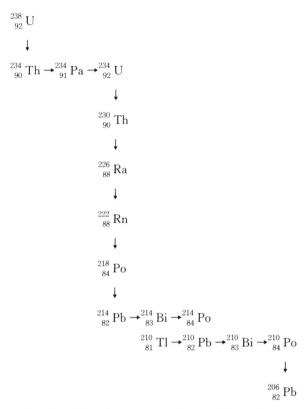

（其中的字母是元素的名稱：U 鈾　Th 釷　Pa 鏷　Ra 鐳　Rn 氡　Po 釙　Tl 鉈　Pb 鉛
Bi 鉍，字母左上角的數字表示其原子量，字母左下角數字表示其原子序數，↓表示放出一
個 α 粒子，表示→放出一個 β 粒子）

第二節　物理學「危機」與物理學革命

　　電子、X 射線和放射性本是世紀之交令人十分振奮的重大發現，然而它
們卻使當時的物理學界十分困惑。物理學本來就是以研究物質的存在和物質運
動的形式為己任，過去物理學家們都把元素不變和原子不可分作為物質存在的
基本出發點，現在突然發現這是不正確的，一種元素會轉變為另一種元素，原
子也不是不可分的，原先的物質概念發生問題了。那麼物質究竟是什麼？許多
人糊塗了。於是有人驚呼「物質消滅了」！物理學大廈的基石似乎動搖了。問

題還不止此，還有一些更為嚴峻的事實擺到了物理學家的面前。那就是 W. 湯姆遜所說的那兩朵小小的烏雲，它們竟然在轉眼之間發展成為狂風暴雨，猛烈地衝擊著物理學大廈。

「以太飄移」檢測的「零結果」

在本書第四章中我們已經說過，關於光的本性的爭論在十九世紀中期以波動說的勝利而告終。當時的波動說的實質是一個力學模型。人們想像有一種叫做「以太」的東西充滿所有空間，包括真空和所有物體內部它都無所不在，光波以至一切電磁波都是以太的振動，它們的傳播就是在以太中傳播。因此人們相信通過適當的實驗手段必定能夠檢測到以太的存在。不少科學家為此作過許多努力，但是都毫無所獲。美國物理學家邁克耳遜 (Albert Abraham Michelson, 1852 ～ 1931) 從 1881 年開始做的實驗更使人們驚愕異常。

依照當時所有人都不懷疑的牛頓的空間觀念，宇宙中存在著一個絕對的、靜止的空間，任何物體的運動都可以它作為參照系。以太充滿於絕對空間。相對於這個空間，以太必定是不動的。地球在絕對空間中運動，它和以太之間必定存在著相對運動。如果設法檢測出地球與以太的相對運動，以太的存在就有確鑿的證據。為此，邁克耳遜設計了一個十分精巧的實驗。經過一番努力，他實驗所得的卻是「零結果」，即沒有能檢測出地球與以太之間的相對運動，深信以太存在的邁克耳遜大失所望。在科學家們的鼓勵下，他與美國科學家莫雷 (Edward Williams Morley, 1838 ～ 1923) 合作，精心改進他的實驗儀器，於 1887 年重新進行實驗，所得結果依然是「零」。他們所作的實驗簡述如下：

邁克耳遜所設計的是一臺靈敏度極高的裝置。如圖所示，a 是一面半鍍銀鏡，它能同時反射一部分光和透過一部分光；b 和 c 都是反射鏡，e 是用於觀察的小型望遠鏡。當一束光自光源 S 發出後，被 a 分為兩束相互垂直的、相干的光，這兩束光分別經 b 和 c 反射到達 e 處，如這兩束光有一光程差，在 e 處便可以看到干涉條紋。為了保持穩定，整套裝置浮置在一個水銀槽裡。邁克耳遜的想法如下：地球在繞太陽的軌道上的運行速度大約是 30 千米／秒，由於地球與絕對靜止的以太的相對運動，應當有速度為 30 千米／秒的「以太

風」刮過地球。那就是說，即使 ab 與 ac 的長度相等，但因以太在運動，光往返 ab 和 ac 的所走的路程並不相同。如果以 a 為軸轉動整套裝置，在望遠鏡裡應當能看到干涉條紋的移動。這樣的實驗他在白天和黑夜（考慮到地球的自轉）以及一年四季（考慮到地球的公轉）都做過。

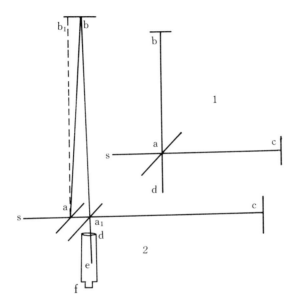

圖 61　邁克耳遜—莫雷實驗示意圖

（載於他們聯名發表的論文）

　　邁克耳遜的實驗思想和他的實驗裝置都無可挑剔，但是實驗的結果卻沒有看到所預期的干涉條紋的移動。對實驗結果唯一合理的解釋只能是沒有「以太飄移」，根本不存在什麼「以太風」。

　　邁克耳遜－莫雷的實驗是科學發展史上又一個著名的判定性實驗。實驗的結果使得科學家們不得不重新考慮本來已確信無疑的一些觀念。以太是否存在？「絕對空間」和「絕對運動」這些牛頓力學的基本概念難道是不對的？科學家們疑惑了。W. 湯姆遜面對這個實驗結果也不得不說：「恐怕我們仍然必須把這一朵烏雲看作是非常稠密的。」

「紫外災難」

熱輻射現象的研究從十八世紀就開始了。十九世紀初人們注意到光的傳播必有熱輻射伴隨。人們又發現比紅光波長更長一些的不可見的電磁波也有熱效應，這個範圍的電磁波一般稱為「紅外線」。人們還發現比紫光波長更短的不可見的電磁波也有類似光的效應，這個範圍的電磁波一般稱為「紫外線」。

曾被 W. 湯姆遜稱為另「一朵小烏雲」的，就是所謂的「紫外災難」。這個「災難」是由研究黑體輻射引起的。我們知道，一個物體在光線照射下之所以呈現某種顏色，是因為它反射表現該種顏色的電磁波之故。一個物體吸收所有色光而不反射，它就顯現為黑色。如果一個物體能夠吸收照射到它上面的所有輻射而全無反射和透射，我們就把它叫做「黑體」。絕對的黑體在現實中並不存在，只是想像中的東西，但人們可以把一個物體做得儘量「黑」。人們在研究黑體的性質時發現，如果把黑體加熱到它發出輻射時，它的發射本領比同溫度下的任何非黑體都強。

1896 年，德國物理學家維恩（Wilhelm Carl Werner Ottoritz Franz Wien, 1864 ～ 1928) 通過半理論半經驗的方法，推導出一個描述黑體輻射的能量分布公式。這個公式未盡人意。因為它雖然在高頻（波長較短）部分與實驗結果比較符合，但是在低頻（波長較長）部分則與實驗結果顯著不符[1]。

幾年後，1900 年 6 月英國物理學家瑞利 (Lord Rayleigh, 即 John William Strutt, 1842 ～ 1919) 也推導出一個公式，1905 年另一位英國物理學家金斯 (James Hopwood Jeans, 1877 ～ 1946) 糾正了瑞利公式的一個錯誤，改進了這個公式，後人把這個公式稱為瑞利—金斯公式。這個公式也出現了非常不合理的情況。與維恩的公式恰恰相反，瑞利—金斯公式在低頻部分與實驗結果比較符合，高頻部分則差距很大，而且隨著頻率的增高，輻射能量將增至無窮大，這顯然是十分荒唐的。高頻部分即紫外部分。瑞利—金斯公式在這裡遇到了無法克服的困難，簡直是理論上的一場災難，因此被稱為「紫外災難」。

---

[1]電磁波譜中 3 ～ 30 兆赫（1 兆赫=10^6 赫）頻段為高頻，30 ～ 300 千赫（1 千赫=10^3 赫）為低頻。

　　瑞利—金斯公式是嚴格地按照經典物理學理論推導出來的。紫外災難的出現又一次使物理學家們意識到，原先以為已經相當完美的經典物理學理論的確存在著問題，這就是物理學的天空中的又一朵烏雲，後來這朵烏雲也迅速發展成為一場雷雨。

　　面對電子和放射性的發現以及「兩朵烏雲」的形成及其擴展這些接二連三的事實，物理學家們幾乎弄不清楚究竟發生了什麼事。一些人非常沮喪，似乎是由他們辛辛苦苦地建造起來的大廈就要毀滅。這就是世紀之交的「物理學危機」。

　　其實，物理世界自身並不存在什麼危機，只不過是人們的思想上出現了危機罷了。人們把物理學一步一步地推向前，當它進展到微觀、高速領域的時候，原先那些觀念、理論和方法，那一切人們十分熟悉的、習慣了的東西不夠用或者不適用了，但人們對此沒有思想準備，因此而驚慌失措。後來，物理學恰恰就從那兩朵烏雲所形成的暴風雨裡衝出來，分別建造了相對論和量子論這兩個全新的理論，物理學從此又到達了新的境界。

第三節　相對論的誕生

　　我們在本書第三章裡介紹過牛頓的絕對時空觀，它已經成為經典物理學的重要基礎概念之一。牛頓的絕對時空觀既與人們日常生活經驗相一致，在以往的實驗事實中也沒有發現它有什麼問題。如今，它卻成為問題了。經過許多人的努力，絕對時空觀的舊觀念終於被打破，產生了相對論的一系列新的觀念。

相對論的孕育

　　牛頓的絕對時空觀雖然與常識和過去的實驗事實並無相悖之處，向為科學界所公認，不過十九世紀後期已經有人對它發生過懷疑。德國科學家和哲學家馬赫 (Ernst Mach, 1838 ～ 1916) 在 1883 年發表的一部著作中指出，牛頓的絕對時空是先驗的，人們沒有辦法給以證實。

　　在「以太飄移」的檢測毫無結果之後，一些物理學家仍然試圖在牛頓力學

的框架之內給予解釋。愛爾蘭物理學家菲茨杰拉德 (Geoerge Francis FitzGerald, 1851 ～ 1901) 和荷蘭物理學家洛倫茲 (Hendrik Antoon Lorentz, 1853 ～ 1928) 就此作了一系列工作。他們的工作無非是在牛頓的基本理論的基礎上設法湊合實驗事實罷了，然而卻成了突破牛頓力學，向相對論邁出的重要一步。

菲茨杰拉德於 1889 年發表了一篇文章，提出了這樣的想法：如果物質都是由帶電粒子所組成的，一個物體的長度就應取決於構成該物的帶電粒子的平衡狀況。當這個物體在以太中運動時，那些帶電粒子的平衡狀況發生變化，因而就改變了該物體在運動方向上的長度，使它變短。他說，一物體在它運動方向上縮短的程度「取決於物體的運動速度對光速的比率的平方」，即

$$L' = \frac{L}{\sqrt{1-\dfrac{V^2}{C^2}}}$$

（L 是該物與以太處於相對靜止時的長度；L′ 是該物與以太有相對運動，其速度為 v 時在這個方向上的長度；c 是光速。）

他認為，邁克耳遜—莫雷的整個實驗裝置在運動方向上變短了，變短的程度剛好與光程長度的變化抵消，所以就看不到干涉條紋的變化。由於刊登菲茨杰拉德文章的那家雜誌不久就停刊了，他論述這個問題的文章到 1892 年才引起人們的注意。

1892 年，洛倫茲也獨立地提出了長度收縮假說。他意識到原先描繪力學運動的框架與電磁運動（電磁場運動）有矛盾，便著手對它加以改造，設法把它們協調起來。他也得到與菲茨杰拉德相同的公式。

在牛頓力學中通常選取慣性坐標系作為描述運動的參照系。在選取了慣性坐標系作為參照系以後，相對於這個參照系作勻速直線運動的另一個參照系也是慣性系。假如一個事件發生在 S 慣性系中的 P 點，S 系中的觀察者可以用一組空間坐標 x、y、z 與時間坐標 t 來描述它。當另一個慣性系 S′ 相對於 S 以勻速 v 運動時，S′ 中的觀察者又可以另一組空間坐標 x′、y′、z′ 和空間坐標 t′ 來描述同在 P 點發生的事件。按照當時的認識，時間在所有情況下都是

相等的,即 $t' \equiv t$。也就是說,不論在 S 還是在 S',當它們處於相對靜止狀態時校準其中的兩個時鐘,在進入相對運動狀態以後,這兩個時鐘的讀數和快慢是始終一致的。這兩個坐標系中的時空坐標關係可用下式表示① :

$$x'=x-vt$$
$$y'=y$$
$$z'=z$$
$$t'=t$$

毫無疑問,這個變換關係是以絕對時空觀為基礎的。由這個變換關係可以得知,如果在 S 和 S' 裡觀測同一個運動的話,所看到速度並不相同,這兩個速度有這樣的關係:

$$u'=u-v$$

（ u 為在 S 中的觀察者所觀測到的速度,
u' 為在 S' 中的觀察者所觀測到的速度。 ）

這就是經典力學中的速度合成法則。如果我們對上述關係式作進一步的處理還可以看到,在 S 和 S' 裡所觀測到的加速度則是相同的,即

$$a'=a$$

在經典力學裡,物體的質量與參照系毫無關係,

所以 $$ma'=ma$$

即 $$F'=F$$

這表明牛頓力學所有定律的形式在一切慣性系裡都是不變的。這就是力學的相對性原理。前已述及,早在十七世紀,伽利略就確立了這個原理。這個原理後來被稱為伽利略相對性原理。上述變換關係被稱為伽利略變換。

洛倫茲根據他的長度收縮假說改造了伽利略變換關係,他的變換關係如下:

---

①為了分析簡便起見,我們假定這兩個慣性系只在 X 軸方向上有相對運動,在 Y 與 Z 軸方向上無相對運動。

$$x' = \frac{x - vt}{\sqrt{1 - \dfrac{V^2}{C^2}}}$$

$$y' = y$$

$$z' = z$$

$$t' = \frac{t - \dfrac{vx}{C^2}}{\sqrt{1 - \dfrac{V^2}{C^2}}}$$

這個變換關係被稱為洛倫茲變換。我們知道，光速 c 是一個很大的數，在一般的力學中所處理的問題，其中的 v 的數值與 c 相比甚小，這時的 $\frac{v^2}{c^2}$ 和 $\frac{v}{c^2}$ 都是極小的一個數，在計算中可以忽略不計，洛倫茲變換也就還原成為伽利略變換。洛倫茲變換表明，伽利略變換只適用於低速運動，在考察可與光速相比較的高速運動時，伽利略變換是不適用的。洛倫茲變換無疑還是以絕對靜止的以太作為基本參照系的，從思路上說並沒有離開牛頓絕對時空觀的框架。

相對論的建立

開闢全新的思路而創建相對論的是在德國出生的科學家愛因斯坦。據他自己說，他從十六歲起就時常思索這樣一個問題：「如果我以光速追隨光波將會看見什麼？」這個問題他一直思索了十年，到 1905 年時他終於認識到：「時間是值得懷疑的！」「時間不能絕對定義，時間與速度之間有不可分割的聯繫。」接著他用了五個星期就完成了著名的第一篇關於狹義相對論的論文。

我們在上文說到過經典力學裡的速度合成法則，那似乎是十分淺顯的人所共知的事實。可是，如果我們把它運用到光的傳播的問題上時，又會出現什麼樣的情形呢？我們可以舉一個簡單的例子來看一下。

我們都知道，我們之所以能看見一件東西，是因為有光從那裡傳播到我們的眼睛裡，而光的傳播是需要時間的。假定在我們前面某個距離的地方有一輛汽車，它發動之後，面對我們開過來，汽車的速度是 v。依照經典理論的速度

合成法則，我們將看到些什麼呢？當汽車還處於靜止狀態時，光以 c 的速度傳過來，而當汽車發動後並以 v 的速度向我們開過來的時候，光從汽車傳到我們眼睛的速度則是 c ＋ v。因為 c ＜ c ＋ v，所以光從靜止的汽車到達我們的眼睛所需要的時間長，而從開動了的汽車傳到我們的眼睛所需要的時間短。這也就是說，我們應當是先看到開動了的汽車，後看到尚未開動的汽車。這顯然與客觀事實相違，有悖於因果規律。結論必定是經典理論的速度合成法則不適用於處理光的傳播的問題。我們在上文所說的描述經典力學運動的框架與光的傳播有矛盾，指的就是這個問題。

如果說在上述的例子裡，因為 v 比 c 小得很多，汽車離我們又不會太遠，所以這種現象顯示不出來。那麼，大量的速度極高，距離我們又十分遙遠的天文現象同樣告訴我們，經典物理學的速度合成法則對於光的傳播來說是不適用的。唯一合理的解釋只能是：無論是與觀察者有無相對運動的物體，從它們那裡向外傳播的光（電磁波）的速度都是相同的，亦即光的速度是一個常數。這裡指的當然是光在真空裡傳播的速度，我們已經知道光在介質裡傳播的速度與在真空裡傳播的速度並不相同。

面對從「以太飄移」檢測的「零結果」到光的傳播與經典力學相矛盾這一系列事實，愛因斯坦並沒有簡單地沿著前人的思路去追尋。他認為，力學裡的相對性原理與描述電磁現象的電動力學原則上應當是一致的；光速不變過去只是作為經驗性的事實而被接受（如上面所舉事例），實際上它應當是自然界的普遍原則。那麼問題究竟出在哪裡？他認為，根本的問題在於「同時性」，亦即伽利略變換中的 $t'=t$。

我們在第一章裡曾說到過亞里士多德提出的「同時」的概念，從根本上來說，它是建立在「絕對時間」這個概念的基礎之上的，似乎宇宙中有那麼一個走時絕對準確的時鐘，其他時鐘都可以與它相比較，並且所有時鐘的走時都是一致的。這個想像中的鐘當然並不存在，人們只能相互校準實際的鐘。可是，即使我們在一個系統內校準了兩個完全相同的鐘，要是後來這兩個鐘產生了相對運動（即不在同一個系統之內），我們分別在這兩個系統裡讀這兩個鐘，它們究竟是不是「同時」的呢？對此我們沒有任何辦法可以判斷。所以，愛因斯

坦說：「同時性是值得懷疑的。」

基於這一系列思考，愛因斯坦提出了兩個基本假設。這兩個基本假設是：

(1)凡對力學方程適用的一切坐標系，對電動力學和光學也同樣適用；或者說，物理學定律在所有慣性系中都是相同的，不存在一種特殊的慣性系。這就是伽利略相對性原理的推廣，亦稱「相對性原理」。

(2)在所有慣性系內，光在真空中的速度與發射體的運動狀態無關，亦稱「光速不變原理」。

從這兩個基本假設出發，他經過一番數學推導，得出了聯繫兩個慣性坐標系的方程組，它的形式與上述的洛倫茲變換完全相同。這裡需要注意的是，我們說愛斯坦與洛倫茲所得結果在形式上完全相同，並不是說它們的含義也是一樣的。事實上他們的思路完全不同，對這個方程組的認識和理解也完全不一樣。洛倫茲只是在舊的框架裡做他的工作的，雖然得出了 $t' \neq t$，但他根本不能理解其中的涵義。愛因斯坦卻由此創立了全新的概念和理論。

愛因斯坦的結論要點如下：

(1)一個物體相對於觀察者靜止時，它的長度的測量值最大。如果它相對於觀察者以某一速度運動，它的測量長度要縮短，速度越大縮短越多。或者簡單地說：相對於靜止的觀察者，運動著的尺子要縮短。

假定一把長度為 L 的尺子以 v 的速度沿著它的長邊運動，由洛倫茲變換可得

$$L' = \frac{L - vt}{\sqrt{1 - \frac{V^2}{C^2}}} \quad < L$$

(2)一個時鐘相對於觀察者靜止時，它走得最快。如果它相對於觀察者以某一速度運動，它的走時要變慢，速度越快走得越慢。或者簡單地說：相對於靜止的觀察者，運動著的時鐘要變慢。即洛倫茲變換中的

$$t' = \frac{t - \frac{Vx}{C^2}}{\sqrt{1 - \frac{V^2}{C^2}}} \quad < t$$

　　上述兩個結論所闡明的都是時空的基本屬性，與物質的內部結構毫無關係。我們在上文說過，菲茨杰拉德和洛倫茲都曾經認為運動中物體的縮短是由於物體的內部結構發生了變化，那都是以絕對靜止的以太（也就是絕對的空間）為出發點來思考的。愛因斯坦與他們完全不同，他根本不考慮以太（實際上就是揚棄了以太），也不以為運動中的物體內部結構有什麼變化。他這兩個結論的根本涵義是：時間和空間都不是絕對的，它們都只有相對的意義，時間和空間與物體的運動直接相關。

　　如今愛因斯坦結論的正確性已為許多實驗事實所證明。例如來自太空的宇宙射線在地面之上約 20 公里處產生大量 μ 子（一種基本粒子），μ 子的固有壽命極短，即使它以光速運動，至多也只能走完幾百米的路程。但是實際觀測表明，有相當多的 μ 子到達了海平面。如果以相對論的時空觀來解釋，這種現象就不難明白。這是因為從我們的角度來觀察高速運動的 μ 子，它的壽命變長了，因而它能走過較長的路程。

　　(3)在慣性系中，任何物體的運動速度都不能超過真空中的光速。光速是物體運動速度的極限。

$$m' = \frac{m}{\sqrt{1 - \dfrac{V^2}{C^2}}}$$

若 $V > C$
則

$$\sqrt{1 - \frac{V^2}{C^2}} \quad < 1$$

m′ 就成為虛數，這顯然是不可能的。

　　(4)如果物體運動的速度比光速小很多，相對論力學就還原為牛頓力學。

　　由洛倫茲變換可見，若 v 比 c 小得很多，$\dfrac{v^2}{c^2}$ 就是一個非常小的數，此時洛倫茲變換就還原成為伽利略變換。在我們的日常生活中所接觸到的物體運動的速度，比起光速來都小得很多很多，所以我們看不到相對論所描繪的效應。

在這個範圍裡，牛頓力學也就夠用了。

從前人們總被自己想像出來的以太所迷惑，如今人們再也不需要那個無論如何也說不清楚的以太了。經典力學與電動力學的矛盾也從此煙消雲散。

循著這個思路繼續推導，愛因斯坦又有進一步的驚人的發現。 1906 年他發表了另一篇論文，討論了這樣一個關係式：

$$E=mc^2$$

（ E 是能量，m 是質量，c 是光速。）

這個公式表明質量與能量有對應的關係，它是合乎邏輯的推理結果，卻又使人一時難於理解。以往人們認為質量所表徵的是物質，能量所表徵的是物質的運動，似乎說的完全是兩回事。現在人們才知道這兩個量之間還存在著一定的轉換關係，這就是說一定的質量與一定的能量直接相等，或者說一定的質量可以轉化為一定的能量。後來的核能利用正是運用了這個關係。在發生核分裂或核融合的時候，都出現了質量虧損的情況。雖然虧損的質量數值很小，但是光速 c 的數值極大，因此而產生出巨大的能量。如果沒有愛因斯坦推導出來的這個質能轉換關係的啟發，人們不會想到核能會有如此驚人的威力，也就不會有後來的核能利用了。這是科學理論的巨大意義和作用的又一典型事例。

我們前面所敘述的，是愛因斯坦在研究慣性系（ 即兩個系統間有勻速的相對運動 ）之間的，既適用於經典力學也適用於電動力學的相對性原理，由此而得出的結論及其推論，這就是狹義相對論的基本內容。

在完成了這些工作之後，愛因斯坦又進一步思考：為什麼相對性原理只能以慣性系為前提？為什麼不能把它推廣到非慣性系（ 即兩個系統間有非勻速、非直線的相對運動 ）之間呢？又經過多年的努力， 1916 年他終於完成廣義相對論。

廣義相對論的研究是從引力這個人們熟知的問題入手的。愛因斯坦原先想把引力現象也納入狹義相對論的範疇，但是他很快發現此路不通。牛頓發現了萬有引力定律，但是引力是什麼的問題他並沒有回答。愛因斯坦抓住「 在引力場中一切物體都具有同一加速度 」這個似乎很普通的問題深入思考，從而把狹義相對論推廣為廣義相對論。

　　廣義相對論涉及大量比較複雜的數學，我們在這裡不打算作更多的討論。引用愛因斯坦的原話簡要地說，廣義相對論的基本原理是：

　　(1)「引力場同參照系（即坐標系）的相當的加速度在物理上完全等價。」

　　(2)「在過程發生的地點的引力越大，在時鐘中所發生的過程──一般說來是任何物理過程──也就進行得越快。」

　　(3)「光線被引力場所彎曲。」

　　廣義相對論的創立是愛因斯坦更為驚人的成就，但在當時它並非都為人們所接受。愛因斯坦在提出廣義相對論時作了一些預言，這些預言後來相繼為實驗所證實，這才深為學術界所信服。廣義相對論把引力場看作是時空的性質，從理論上論證了物質與運動，物質與時間和空間的相互聯繫的和不可分割的性質，這是人類對自然界的認識的重大突破。

相對論的意義及其影響

　　相對論的建立是物理學革命的重大成果之一，是科學發展史上的一個重要里程碑，它的意義是多方面的。

　　牛頓力學曾以其科學威力震憾著人們，推動了整個科學事業，使人們為它而陶醉。然而牛頓力學所能夠處理的僅是低速運動的現象和規律，對於電磁運動這樣的高速運動它就無能為力了。許多人力圖在牛頓力學的框架裡解決電動力學的問題，但都沒有成功，甚至是陷入了困境。相對論的建立徹底地否定了絕對時空的傳統觀念，否定了時空與物質不相聯繫的傳統觀念，揭示了時間和空間的統一性，物質與運動的統一性，時間、空間與物質的統一性，使人豁然開朗。相對論並沒有否定牛頓力學，而是包容了牛頓力學而又高於牛頓力學，在更高的層次上實現了綜合。相對論衝出了人們自己造成的濃雲密雨，把人們對客觀世界的認識推向了新的天地。

　　基本理論的突破意味著科學的突破。在此之前，牛頓力學的建立實現了力學現象的綜合，電磁理論的建立又實現了磁、電、光現象的綜合，這些都是基本理論的突破，對整個科學的以至整個社會的促進作用曾經使人們目瞪口呆。相對論的建立使引力場與電磁場得到統一，力學理論和電磁理論在更高的層次

上實現了綜合，對科學的促進作用更是難以估量。由相對論所導致的核能的開發與利用已經在改變著人類社會的面貌，不過我們今天要全面評價相對論的科學價值及其社會作用似尚為時過早。

相對論所論及的一系列問題，例如對於物質、運動、時間和空間等的認識，都涉及到許多帶有根本性的哲學問題，使哲學家們不得不重新審查許多傳統的概念、理論和方法。對那些前所未知的事實作出正確的回答，這對於哲學來說也是很大的推動。許多問題至今仍然在探討之中。

愛因斯坦的貢獻是劃時代的。他的成就為世人所崇敬。但僅僅因為他是猶太人，便遭到了德國法西斯分子的無端誹謗和攻擊。他們把相對論說成是「猶太精神的江湖騙術」，是「猶太人的物理學」。一些極端分子甚至搞了一個專門從事反對愛因斯坦和相對論的組織。這些人既狂熱又愚昧，演出了一場歷史鬧劇，為世人所不恥。愛因斯坦不堪種種迫害，不得不離開他的家鄉而移居美國。後來他一直是一位孜孜不倦地追求真理的科學家和維護世界和平的積極的國際戰士。 1955 年 4 月 8 日愛因斯坦病逝於美國，遵照他的遺囑沒有舉行葬禮，不築墳墓，不立紀念碑，骨灰撒在永遠對人保密的地方。

第四節　量子論與量子力學的建立

上文說到人們驅散了神秘的以太所造成的烏雲，導致了相對論的誕生。「紫外災難」這片烏雲的消除又促成了量子論的建立。危機正是突進的前兆，危機轉化為革命，事情就要發生根本性的變化。

普朗克的能量子假說

德國物理學家普朗克 (Max Karlrnst Ludwig Planck, 1858 ～ 1947) 長期從事熱力學研究， 1899 年他在黑體輻射的研究中也推導出了維恩公式。他的思想與維恩不盡相同，他的出發點是使熱力學理論與電動力學理論聯繫起來。正當他宣稱他的工作是嚴密推導的結果時，卻傳來維恩公式在低頻區域與實驗結果不符的消息。普朗克決心找到一個與實驗事實相符的公式。經過努力，他

終於得到了這樣一個公式，在 1900 年 10
月的德國物理學會的會議上，普朗克宣布
了他的研究結果。其後的實驗很快就證明
普朗克的公式與實際情況完全符合。不
過，這個公式是他僥倖地揣測出來的，並
沒有理論上的依據。為了尋找這個公式的
物理解釋，他後來回憶說，「在生平少有
的幾個星期緊張研究工作之後」「終於窺
見了一線光明」。這一線光明在於他明白
了想從已有的物理學知識去解釋這個公式

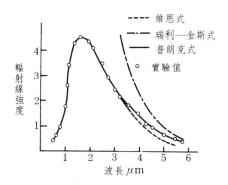

是根本不可能的，必須提出新的假說。他因此大膽地提出了能量子假說。這個
假說認為，物體在發出輻射和吸收輻射時，能量不是連續地變化的，而是跳躍
地變化的，即能量是一份一份發射和一份一份地吸收的，每一份能量都有一定
的數值，這些能量單元稱為「能量子」或「量子」。量子的能量為 $\varepsilon = h\nu$，其
中 ν 是輻射的頻率，h 是一個常數。這個常數後來稱為「普朗克常數」，經
過許多學者歷年的測定，現在國際通用的數值是 $h = 6.626176 \times 10^{-27}$ 爾格·
秒。

　　普朗克的公式雖然與實驗事實符合得很好，但是理論上不為當時的人們所
接受，所以它並沒有得到人們的認真對待，包括普朗克本人在內。量子假說難
於為人接受不足為奇。以往人們把物質看作是由不連續的原子所組成的，而表
徵物質的運動的能量則被斷定是連續的，在日常生活裡也從來沒有見到過能量
不連續的現象。能量不連續（或稱量子化）的觀念與傳統的知識格格不入。因
此，不少人仍然遵循傳統的物理學思想去研究黑體輻射的問題。正如前述，金
斯於 1905 年改正了瑞利的一個錯誤，使它成為瑞利—金斯公式，這個公式所
造成的「災難」使物理學家們不知所措。普朗克對自己的工作也非常不滿意，
甚至對他所發現的公式抱著懷疑態度。他回憶說，他從提出他的公式的那一天
起，「即致力於找出這個等式的真正物理意義」，也就是致力於使他的公式找
到合乎傳統物理學思想的解釋。 1911 年他改變了他的假說，只假定黑體發出

輻射是量子化的，而吸收輻射則是連續的，據此重新推導出了他的那個公式。1914 年他更完全放棄輻射能量量子化的假說而作其他假定，再一次推出他的那個公式。普朗克可以說是一步比一步後退。

在這個問題上取得突破性進展的還是愛因斯坦。

愛因斯坦的光量子概念

愛因斯坦在分析了維恩和普朗克的工作之後，十分敏銳地指出光具有「粒子性」。他與普朗克不同，他並不把這種粒子性看作是權宜之計，而看作是光的一種本質屬性。他於 1905 年在《關於光的產生和轉化的一個啟發性觀點》這篇著名論文中說：「……在我看來，關於黑體輻射、光致發光、紫外光產生陰極射線，以及其他一些有關光的產生和轉化現象的觀察，如果用光的能量在空間中不是連續分布的這種假說來解釋，似乎就更好理解。」這就是說，愛因斯坦認為，建立在連續性基礎上的麥克斯韋電磁理論不適用於描述光的能量。愛因斯坦並不否定光的波動說，他說，「用連續空間函數來運算光的波動理論，在描述純粹的光學現象時，已被證明是十分卓越的，似乎很難用別的理論來替換。」但是如果考察光與物質相互作用而發生能量交換的時候，則必須認為光的能量是不連續的，或者說是量子化的。愛因斯坦的光量子假說指出：不僅在光發射和吸收的瞬間，而且在光傳播過程中，光的能量分布都是不連續的。

隨後，愛因斯坦從多種物理現象對他的思想加以闡明，其中之一就是光電效應。光電效應是在光的照射下電子從物體表面逸出的現象，這是赫茲於 1887 年發現的。按照波動說的觀點，光的能量取決於電磁波的振幅，振幅越大，能量越大，光的強度也就越大。那麼，以強度較大的光照射金屬時逸出電子的速度是不是也越大呢？事實並非如此。1902 年德國物理學家勒納 (Philipp Lenard, 1862 ～ 1947) 發現，逸出電子的最大速度只由照射光的頻率來決定而與照射光的振幅（強度）無關。實驗還表明，對於每一種物質來說都有一個確定的臨界頻率，如果照射光低於這個頻率，電子便不會逸出，光強度再大也無能為力。要是照射光的頻率大於臨界頻率的話，光的強度雖弱也能使電子

逸出。這一現象以傳統的波動說無法加以解釋。

　　愛因斯坦運用光量子的概念，以很簡潔的語言就說清楚了這個問題。他說，頻率為 ν 的光是由能量為 $h\nu$ 的一群微粒（他稱之為「光子」）所組成，當它們撞擊到物體表面的時候，金屬中的電子可以獲得它們的全部能量，即能量為 $h\nu$ 的光子被電子吸收，使得電子既能克服物體表面對它們的障礙，又得到一定的動能而逸出。可寫成公式如下：

$$h\nu = w_0 + \frac{1}{2}mv^2$$

（這裡的 $h\nu$ 為光子的能量；為 W_0 電子克服物體表面障礙而作的功，稱為逸出功；$\frac{1}{2}mv^2$ 為逸出電子的最大動能。）

　　顯然，電子要獲得動能，則光子的能量 $h\nu$ 必須大於 W_0。對於一定的物質來說，W_0 是一個定值，這就要求入射光的頻率必須大於某個定值 v_0($hv_0 = W_0$)。若 $h\nu$ 小於 W_0，即使光輻射的強度再大，電子也不可能從物體表面逸出。

　　普朗克率先提出量子概念，但是他只把這看作是一種純粹湊合的假說，他根本不相信量子的客觀存在，好像是他請來了一個魔鬼，於是又千方百計地驅除它。愛因斯坦不同，他一開始就把量子作為物理的真實，並以此來說明許多物理現象，這正是他的高明之處。所以，真正的量子概念的建立應當是愛因斯坦的功勞。量子概念衝破了傳統物理學中的連續觀念的束縛，是人類認識史上的又一次飛躍。雖然愛因斯坦的量子論並不完善，所能解釋的物理現象也很有限，但它打開了人們的思路，給了後人極大的啟發，成為物理學革命的又一標誌。

　　關於光的本性的粒子說和波動說經過長時間的較量之後，波動說取得了決定性的勝利，事情看來好像是結束了。可是如今人們又發現波動說仍然存在著問題，光其實具有粒子和波動的雙重性格，在認識上這似乎又是一種復歸，不過現在所說的光的粒子性不同於以往人們所想像的那種粒子性，光的能量的量子性與光的運動的波動性並存而不悖。這在人類認識史上是一個頗為有趣的事

例。

海森伯與矩陣力學

我們在本書第七章中曾述及原子的光譜，我們知道每一種元素的原子都有自己特定的光譜，這就表明光譜反映了不同原子的內部結構。因此，光譜的研究成了打開原子的大門的鑰匙。有關情況我們在下一章還要敘述。我們在這裡只稍提一下丹麥物理學家玻爾 (Niels Henrik David Bohr, 1885 ～ 1962) 的工作。電子發現之後人們自然想到原子光譜與原子內部的電子運動直接相關。量子論出現以後，玻爾敏感地覺察到分立的光譜譜線表明了原子內部的電子必定存在著不同的能級。於是他根據這樣的想法建立了他的原子結構模型，被稱為玻爾模型。

玻爾模型的確能夠說明許多問題。然而德國物理學家海森伯 (Werner Karl Heisenberg, 1901 ～ 1976) 考慮，原子內部的電子運動是不可能直接觀察到的，他認為應當「建立一個僅僅以那些在原則上可觀察的量之間的關係為根據」的理論。他以此為奮鬥目標開始這方面的研究工作。他從可觀察的原子譜線的頻率和強度這些光學量出發，運用量子論的思想，經過比較複雜的數學運算和推導，創立了一個描述電子運動規律的力學體系。 1925 年 5 月海森伯完成了《關於運動學和動力學的量子論的重新解釋》一文，闡述了他所創立的理論。但是海森伯對自己的工作不是很有信心，他就此請教德國物理學家玻恩 (Max Born, 1882 ～ 1970)。玻恩十分敏感地意識到海森伯這項工作的重要性，馬上推薦發表這篇論文，他還弄清楚了海森伯所運用的數學方法就是代數學中的「矩陣運算」。玻恩隨即與當時還很年輕的德國數學家約丹 (Ernst Pascual Jordan, 1902 ～ 1980) 合作，很快就完成了題為《論量子力學》的著名論文。緊跟著由他們三人通力合作完成的《論量子力學》也於該年年底發表，最後完成了「矩陣力學」的理論體系。

矩陣力學涉及比較複雜的數學，我們在此不多作討論。它的建立標誌著從此有了描述微觀粒子運動的理論，這是人類認識史上從宏觀領域進入微觀領域所邁出的重要一步。 1932 年的諾貝爾物理學獎授予了海森伯以表彰他創立量

子力學的重大貢獻。

德布羅意的物質波假說

差不多同一個時候，法國物理學家德布羅意 (Louis-César-Vitor-Mauric de Broglie, 1875 ～ 1960) 也為量子論的思想而振奮，尤其是光既具波動性又有粒子性的新的觀念深深地打動了他的心。經過一番思考， 1923 ～ 1924 年間他連續發表論文，更大膽地提出了一個假設：既然已知為一種波動的光具有粒子性，那麼被認為是粒子的實物（如電子）也應當具有波動性。他說，每個能在空間中自由運動的粒子都同時具有與它相聯繫的「物質波」。他以量子論和相對論的一些結論為出發點，推導出粒子的能量 (E)、動量 (P) 與其相應的物質波頻率（ν）、波長（λ）有如下關係：

$$\varepsilon = h\nu,\ P = \frac{h}{\lambda}\left(\ 或\ \nu = \frac{h}{p}\right)$$

德布羅意的物質波只是一種類比推理的產物，它是否真實只能依靠實驗的檢驗。德布羅意在 1923 年發表的一篇論文中寫道：「一束電子穿過非常小的孔，可能產生繞射現象，這也許是從實驗上驗證我們想法的方向。」愛因斯坦讀到德布羅意的論文後稱讚道：「厚幕的一角被德布羅意揭開了。」1925 ～ 1927 年間科學家們依循德布羅意的思路分別進行實驗，他們得到了電子繞射圖像，證實了德布羅意的想法，按繞射理論計算所得的電子波的波長與德布羅意公式給出的波長完全一致。後來許多實驗更進一步證實，不只是電子，凡是在空間中運動的質子、原子、分子等都具有波動性，波動性是運動中的物質粒子所普遍具有的性質。

過去我們談論某個粒子，總意味著那是有一定質量的、具有不可入性的客體，它在運動時有一定的軌道，在與其他粒子相遇時能發生碰撞等等。當我們

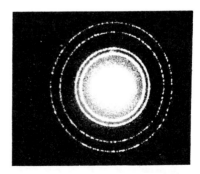

圖 62　電子穿過鋁箔的繞射圖像

說到波，就總意味著那是某種東西在空間中以某種形式連續分布並有某種週期性的變化，能夠產生干涉和繞射現象等等。實物和波這兩個樣完全不同的概念怎麼能統一到一個客體上呢？

首先我們應當弄清楚，我們這裡所討論的是微觀現象而不是宏觀現象。物理學上所謂宏觀現象，一般指的是其大小大於 $10^{-6} \sim 10^{-4}$ 釐米的物體的各種現象，我們日常生活所直接接觸到的都是宏觀現象；小於 $10^{-6} \sim 10^{-4}$ 釐米的物體的各種現象，包括分子、原子、電子以及其他基本粒子的各種現象都是微觀現象。德布羅意所描述的物質波是微觀世界裡的現象，所涉及的是微觀粒子的運動狀況。我們現在知道，與宏觀物體不同，微觀粒子在運動中沒有確切的運動軌道，運用量子力學我們也不可能準確地指出它的位置。描述物質波的函數所表徵的不是我們所熟識的聲波、水波、光波那樣的波動，而是一種「概率波」，它所表徵的是該粒子某時在某處出現的概率（或稱機率）。微觀世界裡的這種現象稱為「波粒二象性」，一切微觀客體都具有波粒二象性。

為什麼只是微觀客體才具有波粒二象性而宏觀客體就沒有這種性質呢？我們試舉一個例子來考察一下宏觀客體的情況。假定有一顆子彈的質量為 0.01 千克，它的飛行速度是 500 米／秒，依德布羅意的公式計算，可知它的波長約為 1.3×10^{-34} 米，這是一個非常小的數值，與子彈的大小相比完全可以忽略，它的波動性表現不出來。因此，我們看到這顆子彈的飛行軌跡是十分確定的。再來看一下微觀客體的情況。通過計算我們可以知道，電視機顯像管內電子束中電子的波長約為 1.2×10^{-10} 米，我們又知道電子的半逕約為 $(2.8179380 \pm 0.0000070)10^{-15}$ 米，這兩個數值比較接近，這些運動中的電子的波動性就不能忽略了。從 $\lambda = \dfrac{h}{P}$ 這個公式也可以大略看出，微觀客體的質量很小，所以它的動量 P 也必定很小，波長 λ 相對來說就比較大。宏觀客體的質量比較大，動量 P 也比較大，因此波長 λ 相對來說就很小以至於完全可以忽略。這就是為什麼宏觀客體不顯現二象性的原因。

薛定諤建立波動力學

德布羅意的思想給了物理學家們很大的啓發。奧地利物理學家薛定諤

(Erwin Schrödinger, 1887 ～ 1961) 考慮，經典力學與幾何光學在結構上相似，既然幾何光學是在波長很短的情況下的波動光學的近似，那麼經典力學也可能是一種「波動力學」的近似。他說：「我們必須嚴格地依據波動理論，即從波動方程入手，並由此去包括所有可能的過程，而不是從力學的基本方程開始。力學基本方程在解釋微觀力學過程中，正如用幾何光學去解釋繞射現象一樣是無效的。」薛定諤的努力取得了成功，他於 1926 年發表了描述物質波的運動方程，現在這個方程被稱為薛定諤方程。他所建立的描述微觀世界運動規律的力學被稱為「波動力學」。薛定諤方程涉及比較複雜的數學，我們在這裡也不打算詳細介紹。

薛定諤的思路與海森伯並不相同，他們所得到的方程在形式上也不一致，但都是描述微觀世界的運動的，也都通過了一些實驗的檢驗。這就產生了一個問題，它們究竟是兩種對立的理論還是同一理論的兩種表現形式呢？開始的時候他們都覺得他們的理論是相互排斥的，並因此而發生爭吵。後來薛定諤發現他的波動力學與海森伯的矩陣力學其實是一致的，只不過所運用的數學工具各不相同罷了。由於大多數物理學家比較熟悉薛定諤所運用的數學，後來比較通用的還是波動力學。

經過許多人的努力，描述微觀世界的量子力學從此確立了起來。現在通用的薛定諤方程在微觀物理學中的地位與牛頓的方程在經典力學裡的地位一樣，已經成為物理學的基礎理論之一，在研究微觀世界物質運動中得到了廣泛的應用。量子力學不是經典力學的簡單的否定，有了量子力學我們也就明確了牛頓力學只適用於宏觀的、低速的領域，對於微觀的、高速的運動就只能運用量子力學來處理。我們也可以把牛頓力學看作是量子力學的極端形態，假定所描述的粒子很大，量子力學也就還原為經典力學。

測不準原理及關於量子力學的爭論

量子力學雖然一出現就很快為學術界所承認，但物理學家們對其中一些概念的解釋卻有許多異議。海森伯感到有必要對量子力學所涉及的概念作深入的分析。他在 1927 年初發表的一篇論文中提出了「測不準原理」：不可能以實

驗的方法同時準確地測定微觀粒子的位置和動量。若以△x表示粒子在x方向上的位置的不確定量，以△P$_x$表示粒子在x方向上的動量的不確定量，則有

$$\triangle x \cdot \triangle P_x \approx \frac{h}{4\pi} \quad （這裡的 h 是普朗克常數）$$

從這個式子可以看到，無論△x或是△P$_x$都不可能為零，△x越大則△P$_x$越小，反之△x越小則△P$_x$越大。微觀粒子的能量和時間的測量也有類似的關係。這兩對量之所以不可能同時測準，並非儀器的精度或者測量技術的限製所致，而是微觀粒子的性質所決定的。

海森伯對測不準原理作出這樣的解釋：在宏觀領域裡，我們觀測物體的運動狀態時，不會因觀測者的測量而改變物體的運動狀態。在微觀領域裡情況就大不相同。我們要對某粒子某一時刻的位置或速度進行測量，並且希望測量的誤差比較小，就必須加強測量裝置對粒子的作用，這時我們的裝置就不可避免地給粒子傳遞較大的能量，從而改變了它的動量和速度，也就是改變了它的運動狀態，對它的位置和速度的測量反而更不準確了。總而言之，對微觀粒子的測量不可能避免儀器裝置對它的干擾。

測不準原理意味著我們不可能用經典力學的概念來確切地描述微觀粒子的運動，這與波粒二象性的觀念其實是一致的。在宏觀世界裡，只要我們知道某物體的初始狀態，根據經典力學的運動方程就可以確知它經過一定時間以後的狀態，它遵循著嚴格的因果關係。但是在微觀世界裡，粒子的運動只能以統計的方法來描述，它並不遵循嚴格的因果規律。

測不準原理的提出在科學和哲學上引出了一系列問題。「測不準」與嚴格的因果圖像相矛盾，究竟應當如何認識微觀世界裡這種現象？玻爾就此提出了他的「互補原理」。所謂互補原理是說，在微觀世界裡客觀上存在著兩種相互排斥現象的互補關係。他認為互補原理是一種新型的邏輯關係，它不僅反映在描述微觀客體運動的問題上，而且反映在描述微觀客體本身的問題上，如粒子的波粒二象性即是。但是，愛因斯坦反對這些說法，他一向主張科學上必須遵

循嚴格的因果性，認為玻爾的互補原理不過是掩蓋矛盾，是「綏靖哲學」，並且相信科學終將有一天要揭示出微觀現象的嚴格的因果性。玻爾和愛因斯坦都早已離開人世，愛因斯坦的預言至今還沒有實現，兩種觀點的爭論現在也還沒有結束。

❋　　　　　　　❋　　　　　　　❋

　　十九世紀末到二十世紀初對於物理學世界來說的確是一個極不平靜的時代。經典物理學的輝煌成就曾使物理學家們沾沾自喜，以為是已經攀登到了物理學的顛峰，遺憾的只是天空中還有那麼兩朵小小的烏雲，有點煞風景罷了。誰知石破天驚，兩朵小小的烏雲傾刻間竟帶來了暴風驟雨，一時天昏地暗，地動山搖，物理學的山峰好像就要崩潰。一些人以為這是物理學世界末日的來臨，另一些勇者則繼續奮力攀登，物理學的新天地卻是更加壯麗，更加寬闊了。

　　物理學史中的這一幕是人類認識史上不足為怪的情景，自也有其內在原因。以往的物理學所面對的都是低速的、宏觀的現象，那些現象比較直觀，人們對物理現象的認識也只能從那裡開始，即使人們也曾思考過一些超出宏觀領域的問題（如原子），還只是作過一些猜測，未及深究。物理學的發展把人們的認識推向高速和微觀領域，這些領域遠離人們的感觀和直接經驗，只有靠理論思維才能夠把握。到了這時候，不僅人們原有的知識不夠用了，人們原有的思想和方法也不夠用了。於是出現了所謂的危機。有人企圖以舊的思想和方法來擺脫危機，卻無法走出自己所設置的怪圈。如在物理學上很有成就的洛倫茲雖然得到了有名的洛倫茲變換，他的鼻尖已經碰到了真理，還是讓它從眼前溜走了。奇怪的是在愛因斯坦完成了建立相對論的任務之後，洛倫茲竟然無法接受，以至於說出了這樣一段話：「在今天，人們提出與昨天所說的話完全相反的主張，在這樣的時期，已經沒有真理的標準，也不知道科學是什麼了。我很悔恨我沒有在這些矛盾出現的五年前死去。」洛倫茲這些話既反映了他對他所從事的科學事業的癡情，同時也表明他是時代的落伍者。普朗克的情況也好不了多少。他以提出能量子假說這一輝煌成就載入史冊，然而他不但不理解他自己提出的能量子，反而好像遇到惡魔似地千方百計地要把它驅除。曾致力於尋

找以太的邁克耳遜也曾不無懊悔地對愛因斯坦說，他想不到自己的工作會引出相對論這樣一個怪物。為科學開闢通途的，是那些不抱殘守缺，不為過去已經習慣了的思想和方法所束縛，敢於改革和創新的勇者。時代需要這樣的人，歷史就必定會造就這樣的人。物理學在這些勇者的推動下終於走出了困境，打開了新的局面。

科學的發展有時候表現為新理論的建立和舊理論的否定，有時候則不是舊理論為新理論所簡單地取代，而表現為舊理論被新理論所包涵。如相對論力學並非是經典力學的簡單的否定，它不過表明了經典力學的適用範圍，如果我們描述比光速低很多的運動狀態，經典力學是完全合用的，這時的相對論力學也就還原為經典力學。量子力學的情況也是如此，經典力學不過是量子力學的極端情形，當我們描述宏觀物體的運動狀態時，經典力學也完全夠用了。經典力學已經經過無數實驗事實的考驗，人們沒有理由懷疑它的正確性。物理學革命並不否定經典物理學，只不過表明它僅僅適用於低速和宏觀領域罷了。

物理學的發展進入了高速和微觀領域，離開我們的直觀的、感性的認識越來越遠，物理學越來越理論化和數學化，這已成為現代物理學的重要特徵。不過物理學家們沒有忘記，推理盡可以嚴密，但它的結果能否得到承認，僅僅取決於實驗的反覆檢驗，並沒有其他途逕。如果它為實驗事實所證實，人們就認為它反映了客觀真實，要是又發現它與某些實驗事實不符，就必須做出相應的修正甚是至重新建立另一種理論。一種假說的出現，只要它的推理是合理的、合乎邏輯的，如果它沒有被實驗所否定，也都有存在的權利。這些正是科學精神之所在，也是現代物理學的生命力之所在。

物理學作為最重要的基礎學科之一，它的發展可以說是牽一線而動全局。物理學這一場波瀾壯闊的革命所帶來的影響我們現在仍然深深地感受到。現代科學和技術的飛速發展在很大程度上就是這場革命的恩惠，有關的一些問題我們將在下文敘述。

物理學革命所掀起的哲學上的浪濤，現在也還在激盪不已。它所涉及的哲學問題既深刻又廣泛，許多問題仍然在等待著人們去思考和解決。物質、能量、時間、空間、運動、因果性等等都屬於哲學的基本範疇，相對論和量子力

學在這些方面提出了一系列新的認識和看法，並且已為實驗所證實，以往的一些哲學概念和結論無疑必須加以充實或者修正。事實又一次告訴人們，人類對客觀世界的認識永遠不會完結，哲學同其他學問一樣需要發展和更新，不斷地研究和吸收科學的最新成果，正是哲學的活力之所賴。值得注意的是有些死抱著陳腐觀念的人竟然不接受科學發展所帶來的進步，反而以過時的哲學觀點對科學發起攻擊。例如 20 年代的一些受到官方支持的蘇聯哲學家就妄稱相對論是「唯心主義」、「相對主義」，說什麼「既然運動著的物體的大小由於運動而改變，那就意味著我們之外客觀存在的空間和時間是沒有的」！在我國大陸「史無前例」的「文化大革命」中也曾發動過類似的批判相對論的運動。這是以對科學的無知來反對科學，只能認為是一種愚昧了。

複習思考題

1. 試簡述十九世紀末至二十世紀初物理學三大發現的科學意義。

2. 試比較經典力學的時空觀和相對論的時空觀。

3. 簡述狹義相對論的基本假設和主要結論。

4. 簡述普朗克的能量子假說和愛因斯坦的光量子概念。

5. 試從微觀粒子的波粒二象性簡述微觀現象與宏觀現象的區別。

6. 你對物理學危機到物理學革命這段歷史有什麼看法和感受？

第10章

從原子結構的探索到基本粒子的研究

　　十九世紀 60 年代元素週期律的發現，已經向人們暗示了原子有內部結構。十九世紀末，電子、X 射線和放射性的發現，更直截了當地告訴人們原子不是物質結構的最小單位。一系列事實推動著人們揭開原子的秘密。當人們的認識進入原子內部之後，又發現原子核內部還有結構，人類對物質結構的認識更深入一個層次。本世紀三十年代初以來，人們接二連三地發現了許多基本粒子，它們組成了一個龐大的家族，又啓示人們基本粒子還有內部結構，人類對物質結構的認識再次進入一個新的層次。魔盒一旦被打開，一個又一個奇妙的世界便展現在人們的眼前。物質結構自古以來就是人類孜孜以求的課題，到二十世紀才取得真正的突破。

第一節　原子結構模型的探索

　　我們知道「原子」一詞的原義就是「不可分的東西」，科學的進展卻使人們不得不背離它的原義，把它看作是可分的東西了。電子的發現及其性質的研究確鑿無疑地表明它是原子的一個組成部分，原子的外部表現呈電中性，它的一個組成部分既然是帶負電的電子，那麼它的內部必定還有帶正電的部分，其電荷的數值與其中所有的負電相等。那麼，這些帶正電的東西是什麼呢？電子與這些帶正電的東西在原子內部又是如何分布的呢？原子結構模型的探索就從回答這些問題而展開。

　　從十九世紀末開始，不少物理學家就致力於探尋原子結構的秘密。人們不

可能看見原子，只能根據一些實驗事實對原子結構作出某種猜測，然後再用實驗事實來驗證，要是發現原先設想的模型與實驗事實有矛盾，或者推翻原先的設想，或者對它加以修正，一步步地走進原子的大門。因此，在歷史上出現過多種原子結構模型不足為怪，我們看到的是它們一個比一個更加符合實際。

J.J. 湯姆遜的「葡萄乾蛋糕模型」

在本世紀開始的時候，最有影響的原子結構模型是 J.J. 湯姆遜的「葡萄乾蛋糕模型」。J.J. 湯姆遜是發現電子的主要人物，他對原子結構的問題極感興趣是很自然的事。他經過分析估算，於 1904 年提出了他的原子結構模型。他是這樣設想的：原子是一個小小的球體，正電荷像流體般均勻地分布在這個球體內部，球內還有帶等量負電的若干個電子，這些電子鑲嵌在帶正電的球體之中，它們等間隔地排列在與正電球同心的圓周上，並以一定的速度在圓周上旋轉從而發出電磁輻射，原子光譜所反映的就是這些電子的振動頻率。由於這個模型酷似葡萄乾蛋糕，因而被稱為「葡萄乾蛋糕模型」。

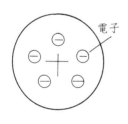

圖 63　J.J. 湯姆遜原子結構模型示意圖

J.J. 湯姆遜更進一步提出了一種利用 X 射線來檢測原子內部所含電子數目的方法。1911 年他的學生巴克拉 (Charles Glover Barkla, 1877 ～ 1944) 運用這個方法測得碳原子中有六個電子。J.J. 湯姆遜隨後作出結論，認為原子中電子的數目等於門捷列夫元素週期表中的原子序數。他的這個意見是正確的，這對於人們從理論上理解元素週期律有重要的意義。

J.J. 湯姆遜的模型不過是人們猜測原子結構的初步嘗試，過了不久這個模型就被實驗所推翻了。

盧瑟福的有核模型

盧瑟福在 1908 年弄清楚了 α 射線就是氦離子之後，他又與德國物理學家蓋革 (Hans Johannes Wilhelm Geiger, 1882 ～ 1945) 和青年學生馬斯登 (Ernest Marsden, 1889 ～ 1970) 合作進一步研究 α 射線的散射現象。他們使

高速的 α 射線轟擊金屬箔，觀察 α 粒子穿過金屬箔後的分布狀況。按照葡萄乾蛋糕模型，組成金屬箔的原子的質量和它的正電荷均勻地分布於球形的原子之內，α 粒子穿過這些原子時因受正電荷的排斥會發生偏轉，其偏轉狀況必定是均勻的，因為原子裡沒有什麼東西能使質量較大的、帶正電荷的並且有一定速度的 α 粒子發生太大的偏轉，即使 α 粒子與電子相碰撞，由於 α 粒子的質量比電子大 7000 多倍，有如大象碰上了貓，也不會對它發生多大影響。但是實驗的結果卻令他們大出所料。大部分 α 粒子固然是穿過了金屬箔同時有小角度的偏轉，但也有少量 α 粒子出現了示意圖大角度的偏轉，其中甚至大約有 1/8000 的 α 粒子發生大於 90° 角的偏轉，更有少量 α 粒子竟然被反彈了回來。盧瑟福說：「那簡直不可思議，這如同你用直徑十五英寸的炮彈向一張紙發射，這炮彈居然被彈了回來擊中你自己。」

　　實驗表明葡萄乾蛋糕模型與事實有矛盾。盧瑟福想，原子內部必定是有一個質量較大，所占的體積又很小，而且是帶正電荷的東西，是它使少量 α 粒子發生大角度偏轉甚至反彈。據此，他在 1911 年 2 月提出了他的原子結構模型。

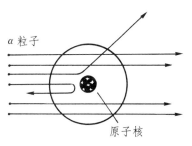

圖 64　α 粒子被原子核散射示意圖

　　盧瑟福所設想的模型是這樣：原子內部並非是充滿的，它的大部分空間是空虛的，中心有一個體積很小、質量較大、帶正電的核，原子的全部正電荷都集中在這個核上，帶負電的電子則以某種方式分布於核外的空間中。這就是原子結構的「有核模型」。

　　有核模型能夠很好地解釋 α 粒子散射現象。我們可以這樣想像，因為原子內部大部分空間是虛空的，所以大多數 α 粒子可以從中通過，由於 α 粒子帶正電，它們受到帶正電的核的靜電斥力作用而發生偏轉，然而必有少量 α 粒子從離核很近的地方經過，它們受到核的較強的斥力，就造成較大角度的偏轉，還會有更少量的 α 粒子正對著核進入原子內部，它們就要被反彈回來。

　　那麼，原子中的電子又是如何分布的呢？盧瑟福把他所設想的模型與太陽

系模型相類比。在太陽系裡，太陽位於中心，它占有太陽系的絕大部分質量，行星依各自的軌道繞太陽運行，行星和太陽之間靠與距離平方成反比的萬有引力相聯繫。在原子內部，原子核位於中心，它占有原子的絕大部分質量，原子核帶正電，電子帶負電，它們之間依靠與距離平方成反比的靜電作用相聯繫，因此，電子很可能是繞核旋轉的，有如行星繞太陽旋轉那樣。

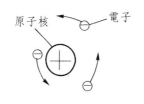

原子核　電子

圖 65　盧瑟福的原子結構
有核模型示意圖

現在我們知道，原子的直徑很小，原子核的直徑更小，大約只有原子直徑的萬分之一至幾萬分之一。一般說來，原子核的直徑大約在 10^{-12} 釐米範圍內，而電子則分布在核外大約 10^{-8} 釐米的區域內。不過，原子核雖小，它卻占有原子質量的 99.9% 以上並帶有全部正電荷。

盧瑟福推斷原子有一個帶正電的、集中了原子絕大部分質量的核，這是對的，但是關於電子在原子內部如何分布的問題，盧瑟福並沒有真正解決，他的想法過於簡單了。

玻爾的原子結構模型

玻爾關於原子結構的研究，我們在上章曾經提到過。當盧瑟福的原子結構模型發表之後，物理學界一時沒有很大的反響。那時玻爾正在盧瑟福的實驗室工作，他相信原子有核結構的猜想是符合客觀實際的，但他又想到盧瑟福的模型在理論上存在著一些難於解釋的問題。

根據經典物理學的電磁理論，帶正電的核與帶負電的電子之間有一個靜電引力，這個力給電子施加一個向心加速度，使電子繞核運動，而電子在獲得加速度的情況下必定發出電磁輻射。發出電磁輻射就要消耗能量，能量不斷消耗的結果將使電子的運動軌道越來越小，最後它將不可避免地落到核上面與核合為一體，如果發生這樣的情況，這個原子就要消失。這就是說，盧瑟福的模型不能保持一個穩定的原子結構系統，而事實上原子是十分穩定的客觀存在。

盧瑟福的模型與人們關於光譜的知識也有矛盾。電子繞核運動，因有加速度而發出電磁輻射，這無疑是原子光譜的來源。電子發出輻射的頻率與其繞核

運動的週期直接相關。當它們的軌道逐漸變小的時候，電磁輻射的頻率就會逐漸增高，從光譜上看應當形成連續光譜。但是我們所看到的原子光譜卻由許多分立的譜線所組成，這些譜線所表明的電子輻射頻率對任何一種元素來說都是確定和穩定的。

　　上述問題都說明按照經典物理學理論無法解釋電子穩定地繞核旋轉的問題。這時玻爾想到了普朗克的能量子假說，他把有核結構的思想與能量子假說結合起來，對盧瑟福的模型加以修正，於 1912 年提出了他的原子結構模型。

　　玻爾認為，可以假定原子內部的電子只能在具有一定能量的特定軌道上運行而不能在任意軌道上運行。電子在這些軌道上運行時，既不吸收能量也不輻射能量。電子所處的軌道不同，它的能量也不一樣。在離核近的軌道上它的能量較低，在離核遠的軌道上它的能量較高。或者說，在原子內部，表徵電子能量的電子運動軌道不是連續變化的，而是量子化的。

　　玻爾的假定使上述有核模型的兩個矛盾都得到了妥善的解決。既然原子裡面的電子的軌道不是任意的，它們的能量也不是任意的，電子只能在特定的軌道上運行，電子的能量變化只能在特定的能級之間跳躍，那麼原子的穩定性和原子的線狀光譜也就都是合理的了。玻爾模型的建立是原子結構研究的重大進展，也是量子理論發展的重要里程碑。它的出現立即引起物理學界的關注。

　　現在我們知道，原子裡面的電子在受到外界的擾動時，它們可以在不同軌道之間跳躍。電子從外層軌道跳躍到內層軌道上，原子便發出電磁輻射，同時失去能量。相反，原子吸收電磁輻射而獲得能量時，電子便從內層軌道跳躍到外層軌道上。考慮到普朗克的公式 $\varepsilon = h\nu$，假定 ε_m 和 ε_n 分別代表兩個不同能級的能量（即電子在 m 和 n 這兩個軌道運行時的能量），便可以得出電子在這兩個能級間跳躍時放出或者吸收的電磁輻射的頻率。

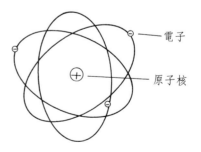

電子

原子核

圖 66　玻爾原子結構模型示意圖

$$\upsilon = \frac{|\,\varepsilon_n - \varepsilon_m\,|}{h}$$

頻率使我們不難從光譜中測出，這樣我們就有可能知道不同元素的原子內部電子能級的狀況，從而進一步揭開原子的秘密。

玻爾的工作使他獲得了榮譽，他因此成為 1922 年的諾貝爾物理學獎金的得主。

1916 年德國物理學家索末菲 (Arnold Johannes Wilhelm Sommerfeld, 1868 ～ 1951) 進一步考慮到，維繫帶負電的電子和帶正電的核的力是與它們的距離平方成反比的庫倫力，電子的運行軌道應當是橢圓形，核位於這個橢圓的一個焦點上。他還把電子運動軌道推廣到三度空間，並且提出了空間量子化的概念。這就使得玻爾所創立的模型更加完善。

玻爾的原子結構模型引入了量子概念，這是突破經典物理學而取得的成就，但是玻爾還是沒有完全擺脫經典物理學概念的束縛。他把電子與宏觀世界中的粒子等同看待，以為它們在運動中有完全確定的軌道，這與實際情況並不相符。我們在前章已經說過，電子同其他微觀粒子一樣具有波粒二象性，它們的運動軌道我們不可能確切地知道，我們只能知道它們在某區域出現的概率。若以圖像表示，我們可以用濃淡的不同來代表電子在某區域出現概率的大小，其結果有如在原子核的外圍形成環狀的雲霧，有些地方的「雲霧」比較濃密，另一些地方的「雲霧」則較為淡薄。這種圖像被比喻為「電子雲」。

儘管玻爾的模型並不完全真實，但它基本上能說明原子內部的圖像，而且比較直觀，現在物理學家們也還是常用它來描述原子內部的電子運動狀況。

圖 67　幾種電子雲圖像

自然科學概論

第二節　原子核的研究和質子、中子的發現

人們知道了原子內部有一個帶正電的核，不同元素的區別在於它們的原子核各不相同，同時又知道一些元素具有放射性以及一種放射性元素會蛻變成另一種元素，也就是說一種原子核會轉化為另一種原子核，這些事實都表明原子核也是有結構的。原子核裡面究竟是什麼樣的情況，這自然就是科學家們下一個研究焦點之所在。

人工核反應的實現和質子的發現

在原子核研究方面邁出第一步的人又是盧瑟福。要想得到原子核內部的信息就得變革原子核，盧瑟福就是這樣入手的。他想，既然重元素的原子會發生自發蛻變，那麼輕元素的原子在外界的作用下是否也會發生蛻變呢？能不能用放射性元素釋放出來的高能粒子使輕元素的原子核產生某種變化呢？盧瑟福求助於實驗來回答這些問題。

1919 年 6 月盧瑟福發表了一份報告公布了他的研究結果。他以 α 粒子轟擊氮，發現由此產生了另外一種粒子。經過研究，確認這種粒子就是氫的原子核，它所帶電荷與電子電荷數值相等而符號相反，質量約為電子的 1836 倍。這是人類第一次有意識地完成的核反應。他所得到的那種粒子後來稱為「質子」。

盧瑟福的報告引起了許多科學家的注意，不少人重複做他的實驗。 1924 年盧瑟福的助手布萊克特 (Patrick Maynard Stuart Blackett, 1897 ～ 1974) 最終證實，在上述實驗中，氮受到 α 粒子碰撞後轉化為氧同時釋放出質子，其反應可以寫成下列方程式：

$$_{2}^{4}\text{He} + _{7}^{14}\text{N} \rightarrow _{8}^{17}\text{O} + _{1}^{1}\text{H}$$

元素名稱左上角數字表示原子核的質量數，左下角數字表示其原子序數，$_{1}^{1}\text{H}$ 就是氫核即質子。

此時盧瑟福也還在繼續做他的實驗，至 1924 年他已發現有十幾種輕元素都可以在 α 粒子的**轟擊**下發生蛻變。

　　古代的煉金術士夢想把一種元素轉化成另一種元素，最終能得到黃金，他們的努力全都枉費心機。如今人們終於認識到真的可以用人工的方法使一種元素轉化為另一種元素，煉金術的夢幻竟成現實，不過這是建立在現代科學基礎之上的現實。人們的確用現代的方法得到了黃金，不過它比從礦物中提煉而得的黃金還要昂貴得多。

中子的發現

　　既然以 α 粒子**轟擊**多種輕元素都能夠得到質子，這就表明質子必定是原子核的組成部分。原子就其整體而言是呈電中性的，那麼原子核中的質子數應當與核外的電子數相等。科學家們曾經猜想原子核就是由質子組成的。如果原子核只是由質子組成，則原子核的質量就是這些質子的質量的總和。例如我們知道 α 粒子就是氦核，它的電荷為 $+2e$，表明氦核中有兩個質子，這樣氦核的質量就應當是單個質子的 2 倍，但實際上氦核的質量大約是單個質子的 4 倍。實驗又表明，除了氫原子之外，原子核中質子質量的總和都不等於原子的質量數，只有質量數的一半或者更小，在元素週期表中靠後的元素（即質量較大的元素），這種現象更為突出。例如，鈾原子核有 92 個單位正電荷（即電荷數為 92），但鈾 ^{238} 原子核的質量卻相當於 238 個質子的總和。這就說明原子核由質子組成的猜測是不正確的。

　　又有人從放射性元素放出由電子組成的 β 射線的事實得到啓發，想到原子核中可能還有電子，由此而提出原子核結構的「質子—電子」假說。與質子相比，電子的質量小得可以忽略不計；電子的電量與質子相同而符號相反，它們可以中和部分質子的電荷。這樣就有可能解決原子核的質量數與電荷數的矛盾。比如，可以想像氦核中有 4 個質子和 2 個電子；鈾 ^{238} 有 238 個質子和 146 個電子等等。質子—電子假說曾經在物理學界流行一時。

　　但是後來人們從理論上和實驗上都證明了原子核內部不可能存在電子。如果核內真的存在電子，它的能量要比實際觀察到的 β 粒子（即電子）的動能大

很多，由此可以斷定組成 β 射線的電子並非是從原子核內部釋放出來的。

同位素的大量發現也促使人們思考。同種元素的同位素原子核的電荷數完全相同，而它們的質量數卻不相同。例如氫的原子序數是 1，即它的原子核的電荷數是 1。對普通的氫來說，它的質量數也是 1。但是氫還有兩種同位素，它們的電荷數仍然是 1，質量數卻分別是 2 和 3。為什麼同一種元素會有不同質量的同位素呢？同位素之間在原子核結構上有什麼不同呢？ 1920 年 6 月盧瑟福提出了一個想法：原子核內可能存在著質量與質子相同的一種中性粒子。隨後有人把這種尚未發現的粒子稱為「中子」，通常以 n 表示。

1930 年德國物理學家博特 (Walther Wilhelm Georg Bothe, 1891 ～ 1957) 等人利用天然放射性元素釙所發出的 α 射線**轟擊**多種輕元素，當他們以 α 射線**轟擊**鈹時產生出一種穿透力極強的未知射線。次年 1 月，居禮夫人的女兒、物理學家 I. 約里奧—居禮 (Iréne Joliot-Curire, 1897 ～ 1956) 和她的丈夫 F. 約里奧—居禮 (Frédéric Joliot-Curie, 1900 ～ 1958) 也做了類似的實驗，同樣檢測到這種不帶電的粒子流。他們還發現，當這種粒子流通過含有大量氫原子的石蠟時，得到了能量很大的質子。他們從經驗出發，以為那些中性粒子是光子，把他們所發現的現象解釋為光子與氫原子核碰撞使其釋放出質子。但是人們注意到，若是由光子通過碰撞而獲得高速質子，則這些光子必須有極大的能量，這似乎是不大可能的，約里奧—居禮夫婦的看法在理論上存在著疑難。

盧瑟福的學生查德威克 (James Chadwick, 1891 ～ 1974) 早就相信他的老師「可能存在中性粒子」的想法，曾多次進行實驗以尋找這種粒子但都沒有成功。當他得知約里奧—居禮夫婦的實驗結果後，立即重複了他們的實驗。他發現這種中性射線與 γ 射線很不相同，組成 γ 射線的光子是沒有靜止質量的，而組成這種射線的中性粒子則有靜止質量，它的運動速度也比光速小很多。查德威克由此得出結論，約里奧—居禮夫婦的實驗所得到的並不是光子，正是人們苦苦尋找了十年的中子。 1932 年 2 月查德威克發表了他的研究報告，宣告盧瑟福的預言已經得到證實。中子的發現是繼放射性發現之後核物理學的又一重大成果。

在查德威克之後，許多人的實驗進一步證明，**轟擊**多種元素的原子核都能

得到這種中性粒子，表明它的確是原子核的一個組成部分，從而最終確認原子核是由質子和中子所組成。

中子發現後，海森伯和蘇聯物理學家伊萬年柯 (1904 ～) 於 1932 年分別獨立地提出原子結構的「質子—中子」假說。按照這一學說，一種元素的原子如果有 Z 個質子和 N 個中子，則這種元素的原子序數等於質子數 Z，質量數則等於核內質子數和中子數之和 (Z ＋ N)。一種元素的同位素之所以有相同的原子序數和不相同的質量數，是由於它們的質子數相同而中子數不同。例如，在氫的三種同位素中，原子核僅有一個質子而沒有中子的是普通的氫 ($_1^1$ H)；原子核由一個質子和一個中子組成的是氘 ($_1^2$ H)；原子核由一個質子和兩個中子組成的則是氚 ($_1^3$ H)。又如，鈾有兩種主要同位素，即鈾^{235} 和鈾^{238}，它們的原子核都含有 92 個質子，但分別含有 143 個中子和 146 個中子。

中子的發現以至質子—中子假說的建立，是對原子核結構的認識的一個飛躍。從中子發現的歷史中我們可以看到一個合理的假說是多麼的重要，它常常能引導人們發現新的事實和揭示出前所未知的規律，沒有或者不注意這些假說，唾手可得的成果也可能失之交臂。

核結構的進一步研究

對中子的進一步研究，人們瞭解到中子的質量與質子十分接近。現在國際通用的數值是：中子質量為 $1.6749286 \times 10^{-24}$ 克，質子的質量為 $1.6726231 \times 10^{-24}$ 克。它們的主要區別在於質子帶一個單位正電荷而中子不帶電荷。由於中子和質子同是組成原子核的要素，因此通常把它們合稱為「核子」。核子能夠結合在一起，表明它們之間存在著一種力，這種力稱為「核力」。核力克服了核內質子之間的靜電斥力使核解體的趨向，並且把中子和質子牢固地結合在一起。核力是一種「短程力」，即它的作用範圍非常小，但在此範圍內它的作用力很強。

在穩定的原子核中，核子的總數就是這種元素的原子質量數，它應當是一個整數，但是我們在元素週期表中所看到的原子量數卻大多不是整數。這是因為自然界裡的元素通常都有多種同位素，週期表所列的原子量實際上是這種元

素的同位素按天然比例組成的平均質量。例如氯的原子質量數是 35，它有兩種天然同位素，一種是氯 35，另一種是氯 37，它們分別占天然氯元素的 75.53% 和 24.47%，因此天然氯元素的原子量就是 35.45。

關於核內中子和質子的空間結構的問題，物理學家們也作了許多探討，提出過多種結構模型，這些模型都能說明一些現象，但也都存在各種各樣的問題，至今也還沒有完全解決。影響最大的模型有下列機種：

(1)液滴模型。液滴模型是玻爾等人最先提出的。這個模型把原子核看作有如密度極大的、不可壓縮的液滴。它在解釋核分裂、核的穩定性等方面都比較成功，但在描述核內單個核子的行為、狀態等方面還有許多困難。

(2)殼層模型。這是物理學家們根據一些實驗事實與原子結構相類比而提出來的。這個模型著重單個核子行為的研究，它也能解釋許多核現象，不過也有許多問題不能說明。

(3)綜合模型。這個模型是殼層模型的發展，它既注意單個核子的行為，也考慮到核子的集體行為，玻爾也為這個模型的建立作出過貢獻。這個模型能夠說明比較多的核現象，但也仍有許多問題尚待研究。

到目前為止科學家們還未能建立起一個公認為比較完善的核結構模型，探索核結構仍然是核物理學的重大課題之一。

第三節　人工放射性的發現和核分裂、核融合的研究與利用

人工放射性的發現開闢了核物理學研究的新領域，也打開了利用重核分裂和輕核融合所釋放的巨大能量的途逕。重核是指在元素週期表中排列較後的元素（亦即原子量較大的元素）的原子核，輕核則指在元素週期表中排列較前的元素（亦即原子量較小的元素）的原子核。重核分裂和輕核融合所釋放出來的巨大的能量已經成為現代人類社會的重要能源，受到人們越來越大的關注，其發展前途未可限量。

人工放射性的發現

1934 年，約里奧—居禮夫婦重復盧瑟福曾經做過的用 α 粒子轟擊鋁的實驗，他們注意到鋁^{27}受 α 粒子轟擊時放出質子和中子。使他們驚訝的是，當停止了 α 粒子的轟擊之後，鋁^{27}竟然還有放射性，它這時發射的是正電子。（正電子的質量與電子相同，所帶電荷亦與電子等量而符號相反，是人們在 1932 年發現的，下文將述及。）這就是以人工的方法使得一種非放射性元素轉變為放射性元素。約里奧—居禮夫婦的實驗結果一公布就引起了物理學家們的激烈爭論，不少人認為他們的實驗不可靠。他們夫婦倆繼續做他們的實驗，終於以無可辯駁的事實得到大家的承認。他們實現了以人工方法使一種穩定的元素轉變成放射性元素，這是核物理學的又一次突破。他們二人因此榮獲 1935 年諾貝爾化學獎金。

約里奧—居禮夫婦所實現的核反應如下：鋁^{27}的原子序數是 13，它的原子核含有 13 個質子和 14 個中子，它與含有兩個質子和兩個中子的 α 粒子結合，又放出一個中子後，形成了新的原子核，這時它的原子序數轉變為 15，這正是磷這種元素。不過，自然界中的磷的質量數是 31，即磷^{31}，其原子核含有 15 個質子和 16 個中子，而此時生成的磷則有 15 個質子和 15 個中子，即磷^{30}，它是磷的同位素。磷^{30}很不穩定，它隨即放出一個正電子而轉變為硅^{30}，硅^{30}的原子核含有 14 個質子和 16 個中子，這是一種穩定的元素。這個反應可以方程表示：

$$^{27}_{13}\text{Al} + ^{4}_{2}\text{He} \rightarrow ^{30}_{15}\text{p} + ^{1}_{0}\text{N}$$

$$^{30}_{15}\text{P} \xrightarrow{\beta^{+}} ^{30}_{14}\text{Si}$$

人工放射性的發現給了科學家們很大鼓舞，促使許多人更加熱心地從事這方面的實驗研究。人們已經知道用 α 粒子轟擊輕元素會發生核反應，要是用 α 粒子轟擊較重的元素情況就不大相同了。重元素的原子核所含質子較多，所帶的正電荷也就較多，α 粒子本身帶有兩個單位正電荷，當它接近重核時要受到相當大的靜電斥力，因此很難擊中重核，以 α 粒子轟擊重核的實驗總是不能成

功。中子發現以後，人們就想到能否用中子代替 α 粒子當作「炮彈」來轟擊重核的問題。人們考慮，中子不帶電荷，不受靜電斥力，也許易於進入重核內部。為此，人們製造了能夠產生中子的中子源，用所得的中子轟擊各種原子核，實現了許多核反應，特別是得到了重核分裂這一重大發現。

　　義大利物理學家費密 (Enrico Fermi, 1901 ～ 1954) 從約里奧—居禮夫婦公布他們的人工核反應實驗後便立即動手做他的實驗，他和他的助手從原子序數最小的氫做起，以中子逐一轟擊它們的原子核。他們依次試驗了許多種元素都毫無結果，費密決心堅持做下去，當試到氟元素時便得到了人工放射現象。短短的幾個月裡他們轟擊了 63 種元素，得到了 37 種放射性同位素。

　　在轟擊銀的實驗中，費密和他的助手們發現，如果在中子源和銀靶當中放置一塊石蠟，銀的放射性就提高了 100 倍。費密對這個現象作出了這樣的解釋：石蠟中含氫，氫核即是質子，由中子源發出的中子在到達銀靶之前與石蠟中的質子會有多次碰撞，它們的速度因而減慢，速度較慢的中子與速度較快的中子相比，它們更容易被銀原子核俘獲，因為慢中子經過原子核附近的時間比較長。為了驗證他的想法，費密和他的助手到一個養魚池裡做實驗，利用水的阻隔產生慢中子，得到了同樣的結果。費密這一發現對後來的研究工作有很重要的價值。

　　中子不帶電荷，它的質量數是 1，在多數情況下，一種元素的原子核吸收一個中子後仍然還是這種元素，只是它的質量增加了，成了這種元素的同位素。但是有些元素的原子核吸收中子以後變得不穩定，其中的一個中子會轉變為質子，同時放出一個 β 粒子（電子），這時它的原子序數便增加 1，即轉變為另一種元素了。例如銦 ^{115} 的原子序數是 49，它的核有 49 個質子和 66 個中子，它俘獲一個中子後變成銦 ^{116}，銦 ^{116} 的核含有 49 個質子和 67 個中子，是不穩定同位素，其中一個中子隨即放出一個 β 粒子並轉變成為質子，這個核即含有 50 個質子和 66 個中子，這就是錫 ^{116} 的原子核，錫 ^{116} 是十分穩定的元素。

　　在費密所進行的實驗中，對後世影響最大的還是用中子轟擊鈾的實驗。鈾的原子序數是 92，費密設想，如果鈾核俘獲一個中子後也放出一個 β 粒子，它的原子序數增加 1，那麼它就將轉變為當時元素週期表中還沒有的，即尚未

發現的第 93 號元素。 1934 年的春天，費密用中子轟擊鈾^{92}，中子果然被鈾核吸收並且放出了 β 粒子，他以為真的得到第 93 號元素了。費密是一位物理學家，他對分析化學不很內行。德國化學家諾達克夫人 (Ida Noddack, 原名 Ida Eva Tacke, 1896 ～ 1978) 得知費密的結論後指出，費密所說的「第 93 號元素」的化學性質不像是真正的第 93 號元素，鈾核在中子的轟擊下很可能是分裂成為較輕的、不穩定的已知元素的核。但是費密對她的批評毫無反應。

重核分裂反應的發現與利用

當諾達克夫人對費密的工作提出批評的時候，德國著名放射化學家哈恩 (Otto Hahn, 1879 ～ 1968) 對她的意見也很不以為然，他聲稱諾達克夫人的批評「純粹是謬論」。可是，四年之後證明諾達克夫人的意見完全正確的恰恰也是這位哈恩。

當費密公布他發現了「第 93 號元素」的時候，哈恩和奧地利物理學家邁特納 (Lise Meiter, 1878 ～ 1968) 正在柏林威廉研究所從事類似的工作。為了驗證費密的發現，他們重複了費密的實驗，他們的發現比費密多。他們宣稱不僅發現了「第 93 號元素」，而且還發現了「第 94 號元素」以及其他元素。當時的德國正處於納粹政權的統治之下，猶太人受到殘酷的迫害，邁特納是猶太人，她不得不跑到瑞典的斯德哥爾摩避難，哈恩則與他的助手、物理化學家斯特拉斯曼 (Fritz Strassmann, 1902 ～ 1980) 繼續在柏林工作。 1938 年秋天，哈恩等人在做慢中子轟擊鈾的實驗時，發現了一種其化學特性與鐳非常相似的物質，起初他們以為那就是鐳。為了把這種「鐳」分離出來，他們採用了過去通常使用的方法，即在生成物中加進與鐳的化學性質相似的鋇作為載體，使它把鐳從混合物中帶出來，然後再使鋇與鐳分開。經過了多次精心的實驗，他們始終不能把鋇與他們所說的「鐳」分開。哈恩因此想到，核反應的生成物也許並不是鐳而正好是鋇。這個實驗及其結果使他們困惑異常。鈾的原子序數是 92，鐳的原子序數是 88，它們彼此相近，而鋇的原子序數是 56，鈾若不是分裂成大小相近的兩半，就不可能生成鋇。 1938 年 12 月他們正式公布了他們的實驗結果。

　　哈恩在公布他們的實驗結果之前，曾把全部疑難告訴了邁特納。在長期的合作中邁特納深知哈恩工作的嚴肅性。經過認真的思索，邁特納作出了大膽的結論：鈾核在俘獲一個中子後分裂為大致相等的兩個核。其實，諾達克夫人對費密的批評不僅哈恩知道，邁特納也是知道的，不過早先誰也沒有想到諾達克夫人的意見的重要性。

　　邁特納與她的流亡於丹麥的侄子、物理學家弗里施 (Otto Robert Frisch, 1904 ～ 1979) 在瑞典認真地研究了哈恩的實驗結果。他們從液滴模型出發，設想一個鈾核可能有如細胞分裂那樣分裂成為兩個核。他們把反應前後的物質從原子量上加以比較，發現反應後的質量比反應前的質量減小了。他們敏感地想到，由相對論的質能關係式馬上就可以推出，鈾核的裂變反應必定會產生巨大的能量。他們的研究結果發表於 1939 年初。

　　在他們的論文還未發表的時候，弗里施便返回丹麥。他當即把邁特納和他的想法告訴玻爾，這時玻爾正準備啟程去美國參加物理學的學術討論會。隨後，玻爾在這個會議上宣布了邁特納和弗里施的想法，物理學家們聞訊後都激動萬分。費密建議立即通過實驗加以驗證。幾小時後，美國好幾個大學的實驗室都證實核分裂釋放出能量。愛因斯坦完全從理論所推導出的質能關係式得到了實驗的驗證，人類社會從此進入利用原子能的新紀元。

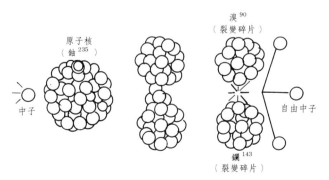

圖 68　鈾^{235}分裂反應示意圖

費密非常懊悔自己錯過了發現重核分裂的機會，但他一點都沒有怠慢，還是抓緊時機繼續前進，在驗證邁特納—弗里施的實驗時，他想到要獲得巨大能量的關鍵在於有更多的慢中子使更多的鈾核在短時間內發生分裂。他注意到鈾^{235}分裂時不僅分為大致相同的兩半，而且還放出中子，這些中子又有可能引起其他鈾核分裂。鈾核分裂的類型有多種，所放出的中子數目也不相同。如果假定一個鈾核分裂時放出兩個中子，這兩個中子使兩個鈾核發生分裂並產生四個中子，再而使四個鈾核分裂，產生更多的中子，如此下去，鈾核分裂就將自發地繼續進行，形成了「鏈式反應」。核分裂是非常迅速的，要是能夠實現鏈式反應，一瞬間就會有千萬個鈾核分裂，它們幾乎同時放出能量，這能量將巨大無比。其實，這時約里奧—居理夫婦和當時流亡在美國的匈牙利物理學家西拉德 (Leo Szilard, 1898 ～ 1964) 也有類似的想法。他們通過各自的研究都獨立地論證了實現鏈式反應的可能性，並且也都在 1939 年的春天發表了他們的研究成果。

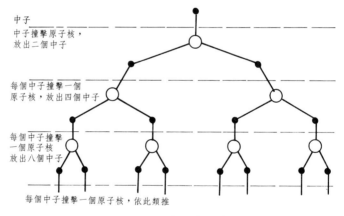

圖 69　鏈式反應示意圖

第二次世界大戰爆發前夕，有消息說法西斯德國正在組織人力進行核鏈式反應的研究。西拉德敏銳地警覺到鏈式反應的實現有可能被利用來製造威力巨大的殺傷武器，要是這種武器掌握在法西斯德國手中，其後果將不堪設想。由於他的努力，在美國的科學家們聯合採取緊急措施，共同保守有關核分裂與鏈

式反應研究的全部秘密。為了搶先一步，科學家們紛紛要求美國政府立即利用重核分裂和鏈式反應的知識研製原子彈以遏製法西斯德國。西拉德想到愛因斯坦是當時聲望最高的科學家，如果讓他給美國總統寫信將最有說服力。1939年8月2日愛因斯坦簽發了致美國總統的信。兩個月後，這封信經由一位總統私人顧問送到了羅斯福 (Franklin Delano Roosevelt, 1882 ～ 1945) 總統手中。當年 10 月 11 日羅斯福下令成立「鈾顧問委員會」，12 月又批準了為保密而取名為「曼哈頓工程」的計劃，組織力量研製原子彈。

製造原子彈在理論上雖然已經沒有太多的問題，但要把它變成現實則有大量技術問題需要解決。自然界中的鈾主要有兩種同位素，即鈾 ^{235} 和鈾 ^{238}，鈾 ^{235} 只占 0.7%，而鈾 ^{238} 卻占 99.3%。在一般能量的中子作用下，鈾 ^{235} 會發生分裂，但鈾 ^{238} 只有在能量很高的中子的作用時才能發生裂變。通常情況下，鈾 ^{238} 不但不發生分裂和放出中子，相反地它還能吸收中子而轉變成不會裂變的鈾 ^{239}。因此，為了保證鏈式反應得以進行，就必須對鈾加以精煉，即設法提高鈾 ^{235} 的含量，這就是一件艱難而複雜的工作。除此之外，還有其他一系列複雜的技術難題需要解決。

在第二次世界大戰的後三年裡，美國政府為了保證「曼哈頓工程」的實施，動用了十分巨大的人力、財力和物力。1945 年初，科學家們確知法西斯德國並沒有研製原子彈時，他們擔心美國政府以原子彈去傷害他國人民，為此又聯名上書，奔走呼吁，希望美國政府停止研製這種威力巨大的殺人武器，但已無濟於事了。1945 年 7 月 16 日美國成功地試爆了第一顆原子彈。8 月，美國在日本的廣島和長崎這兩個人口稠密的城市先後投下了兩顆原子彈，造成了極其嚴重的人員傷亡。戰後，美、蘇、英、法等國相繼建立了本國的原子能工業，既展開原子武器的軍備競賽，也開始了原子能和平利用的研究和試驗。原子能發電現在已經成為人類普遍應用的能源的重要組成部分，至 1993 年已占

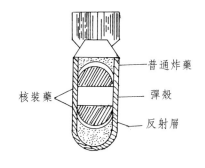

普通炸藥

核裝藥

彈殼

反射層

圖 70　一種原子彈結構示意圖

全世界總發電量的 1/6。以原子能為動力的艦船和潛艇亦已大量投入使用。1964 年 10 月 16 日中國也成功地試爆了第一顆原子彈。現在中國自行設計建造的原子能發電站亦已並網發電，中國製造的核動力潛艇也早已服役。

作為大規模殺傷武器的原子彈已遭到世人的普遍譴責，人們沒有理由看到人類的智慧轉化成為毀滅人類自己的手段。原子能這一種強大的能源應當也必定能為人類創造更加美好的生活。

輕核融合反應的發現

當輕原子核在極高的溫度和極大的壓力下非常靠近時，它們會聚合在一起而形成新的原子核並釋放出能量，這就是「輕核融合」。輕核融合的想法開始時並非產生於實驗室而是來自對太陽的研究。太陽時時刻刻都向外界輻射巨大的能量，如此巨大的能量究竟從何而來？英國文學家愛丁頓 (Arthur Stanley Eddington, 1882 ～ 1944) 早在 1920 年便猜測這些能量很可能產生於太陽內部某些粒子的相互作用。 1929 年美國天文學家 H.N. 羅素 (Henry Norris Russell, 1877 ～ 1957) 經過研究，認識到太陽總體積的 60% 是氫（現在知道是 78% 左右）。當人們對核反應有所認識之後，自然就想到太陽能是由核反應而產生的。既然太陽上的物質大部分是氫，還有不少的氦，人們於是猜測太陽上是否進行著氫融合變為氦核的過程。 1938 年，德裔美國物理學家貝特 (Hans Albrecht Bethe, 1906 ～) 和德國物理學家魏茨澤克 (Carl Fried-rich von Weizsäcker, 1912 ～) 分別獨立地論證了太陽輻射靠氫核融合為氦核來維持的可能性。

從理論上來考慮，比較典型的核聚變可以是：

$$_1^2 \text{H} + {}_1^3 \text{H} \rightarrow {}_2^4 \text{He} + {}_0^1 \text{n}$$

$_1^2 \text{H}$ 即氫的同位素氘，$_1^3 \text{H}$ 為另一種同位素氚，$_2^4 \text{He}$ 就是氦

這樣的反應只有在非常高的溫度（ 10^7K 以上）時才會發生，所以也叫做「熱核反應」。

科學家們據此想到是否有可能利用核融合所產生的能量的問題，但是怎樣

才能獲得產生核融合所必須的高溫？原子彈爆炸給人們提供了一種可能性。循此思路，1952 年 11 月 1 日美國以原子彈引發了第一個熱核裝置，也就是爆炸了第一顆氫彈。隨後各國競相研製氫彈，展開了新的軍備競賽。中國為了防禦目的而研製氫彈也獲得了成功，1967 年 6 月 17 日爆炸了自行研製的第一顆氫彈。氫彈的殺傷力比原子彈大得多，愛好和平的人民都期望它永遠不成為真正的殺傷武器。

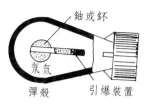

鈾或鈈

氘氚

彈殼　　引爆裝置

圖 71　一種氫彈結構示意圖

　　氫彈爆炸所釋放的能量無法控制，因此也就無法加以利用。但是核融合所釋放的巨大無比的能量極其誘人，所以「受控熱核反應」迅速成為各國科學家們所面臨的重大研究課題。首先遇到的一個極大難題就是人們不可能找到一種能耐超過百萬度甚至更高溫度的容器。1954 年蘇聯科學家研製成一種稱為「托卡馬克」（TOKAMAK）①的裝置。其後各國也製成了類似的裝置，中國的托卡馬克裝置（「中國環流器 1 號」）亦已運轉多年，研究工作也取得不少成果，但要真正實現熱核融合的和平利用仍有許許多多問題需要人們解決。1989 年春天有科學家宣稱在室溫條件下實現了核融合，但後來遭到另一些科學家的反對，認為此說沒有理論根據，在實驗室裡所觀察到的可能是另一種現象，並非核融合。有關這個問題的爭論現在還沒有結束。要是真的從理論上和在實驗裡找到室溫核融合的方法，核能的利用又將是另外一番情景了。

第四節　基本粒子的研究

　　古人曾經把原子看作是物質的基本單元。當電子、質子、中子這些粒子被發現之後，人們知道了還有比原子更為基本的物質單元，又以為這些粒子就是

① TOKAMAK 是俄文「環流磁真空室」的縮寫。這種裝置利用電磁感應產生的環電流所形成的磁場與縱向磁場相配合的方法，使由氘、氚等輕原子核和自由電子組成的等離子體約束在一個真空室內並且不與室壁接觸，同時通過多種方法令等離子體獲得極高的溫度。

物質的基本單元，於是把這些粒子稱為「基本粒子」。海森伯就這樣說過：「追問基本粒子的組成問題是沒有意義的。」不過，後來又有很多事實表明，基本粒子並不「基本」，基本粒子還有它們的內部結構。基本粒子這個名稱只是反映了人們曾經以為它們就是物質的最基本的層次，正像人們曾經以為原子是不可再分的物質最小層次那樣罷了。近年來，物理學界已傾向於把「基本粒子」改稱為「粒子」，但一般仍按習慣稱它們為基本粒子。

人類發現的第一種基本粒子是電子。到 1930 年，人們還只知道有電子、質子和光子這三種基本粒子。 1932 年人們又發現了中子。從此以後人們更發現了許多種類的基本粒子，它們組成了龐大的基本粒子家族。早期發現的粒子有許多都是先有理論上的預言，然後由實驗加以證實的。

反粒子的發現

1928 年，英國物理學家狄拉克 (Paul drien Maurice Dirac, 1902 ～ 1984) 把相對論與量子力學結合起來，建立了相對論電子波動方程。他在解這個方程時得出了一個結論：必有一種「反電子」的存在。 1932 年 8 月美國物理學家安德森 (Carl David Anderson, 1905 ～) 從宇宙線② 中發現了一種前所未知的粒子。這種粒子帶一個單位正電荷，其他性質與電子完全相同，這正是狄拉克所預言的「反電子」。當時安德森並不知道狄拉克的預言，把它命名為「正電子」。現在人們把凡是質量、壽命等性質與某種粒子完全相同，但電荷以及一些量子數與這種粒子異號的粒子，統稱為這種粒子的「反粒子」。正電子就是電子的反粒子。反粒子的存在是粒子物理學的一個重要發現。

其實，早在正電子發現之前，科學家們就在考慮這樣一個問題：對稱性在自然界普遍存在，可是，為什麼只有帶負電的電子而沒有帶正電的電子？為什麼只有帶正電的質子而沒有帶負電的質子？正電子的發現部分地解答了這些問

---

①來自宇宙深處的輻射（粒子）在到達地球大氣層時與其中的物質發生核反應產生了一些次生粒子，這些原始粒子和次生粒子大多是能量極高的粒子，它們的穿透力極強，甚至能進入地球深部，這就是宇宙射線。

題，同時也啓發人們去尋找其他反粒子。

　　1955 年，美國物理學家張伯倫 (Owen Chamberlain, 1920 ～) 和他從前的老師、意大利出生的物理學家賽格雷 (Emilio Gino Segre, 1905 ～) 合作，共同發現了反質子。次年，人們又發現了反中子。 1959 年，中國物理學家王淦昌 (1907 ～) 所領導的小組也發現了「反西格瑪負超子」(Σ －)。現在，物理學家們已相繼發現了許多種類的反粒子。事實表明，自然界中的一切粒子都有與其相對應的反粒子。 1965 年，美國物理學家萊德曼 (Leon Max Lederman, 1922 ～) 等人更用反質子和反中子合成了反氘核，這就使人們進一步思考，宇宙中會不會存在著完全由反粒子所組成的「反物質」世界的存在呢？這當然不過是一種猜測，直到現在人們還沒有進一步的發現。

　　依照狄拉克的理論，一定能量的光子在重核的作用下會轉化為一個正電子和一個負電子，一個正電子與一個負電子相遇時會湮滅而轉化成兩個或三個光子。他的預言爾後也為實驗所證實。 1933 年法國物理學家蒂博 (Jean Thibaud, 1901 ～ 1960) 和約里奧—居禮夫婦分別觀察到了正負電子相遇而湮滅並產生光子的現象。隨後，布萊克特、安德森和約里奧—居禮夫婦又都分別觀察到 γ 射線（ 即光子 ）消失而產生正負電子對的現象。其實，當時在國外工作的中國物理學家趙忠堯 (1902 ～) 在 1930 年發表的論文中已經公布了同樣的現象，不過他那時沒有意識到他的發現的重要意義，他的發現也沒有引起人們的特別注意。

中微子和介子的發現

　　中微子的存在也首先出自理論上的預言。我們在上文曾說過，穩定的重核吸收中子後就處於不穩定狀態，其中的中子會轉變成為質子同時放出一個 β 粒子，這種現象稱為 β 衰變。 1930 年，奧地利物理學家泡利 (Wolfgang Ernst Pauli, 1900 ～ 1958) 在研究這種現象的時候注意到，如果 β 衰變遵守能量守恆定律的話，在衰變過程中應當還有一種質量極小又不帶電荷的粒子存在。1933 年費密在此基礎上提出了 β 衰變理論，他把泡利預言的那種粒子稱為「中微子」（ 通常以 V 表示 ），他認為， β 衰變實際上是中子轉變為質子、

電子和中微子的過程。（後來人們知道，費密所說的中微子其實是「反中微子 $\overline{\nu}$」而不是中微子。）

中微子的質量既小又不帶電荷，尋找它的工作非常困難。在還沒有找到它的時候，人們只能認為它是一種假想存在的東西，不過科學家們還是千方百計地努力去尋找它。直到 1956 年，美國物理學家萊因斯 (Frederick Reines, 1918 ～) 等人才從鈾裂變過程中探測到反中微子 $\overline{\nu}_e$。1962 年人們又發現了另一種中微子 $\overline{\nu}_\mu$。

中微子的發現說明了一個重要的理論問題，那就是能量守恆定律在微觀領域裡也是完全適用的。

非放射性元素的原子核非常穩定，這就是說核子之間的作用力「核力」——是一種很強的力。日本物理學家湯川秀樹 (1907 ～ 1981) 為瞭解釋這種力的性質，於 1934 年預言有一種傳遞核力的粒子的存在。湯川推斷這種粒子的質量介於電子與質子之間，因而稱它為「介子」。後來，他的同胞、物理學家坂田昌一 (1911 ～ 1972) 等人於 1942 年又提出存在著兩種介子的假說。到了 1947 年，英國物理學家鮑威爾 (Cecil Frank Powell, 1903 ～ 1969) 終於從宇宙線中發現了湯川所預言的介子，命名為 π 介子。

π 介子發現之後，人們曾以為基本粒子的種類已經差不多齊全了。許多粒子的發現也都表明人們關於基本粒子的理論大體上是成功的。物理學家們都為此而感到滿足。然而事實的發展卻使他們大出意外，因為緊接著他們又發現了一大批基本粒子。這就告訴人們，有關基本粒子的知識遠非大功告成，許多問題還得重新加以研究。人們現在通常把到這個時候已經發現的粒子稱為第一代基本粒子。

基本粒子家族

研究基本粒子的一種重要方法是使粒子與粒子或粒子與核相碰撞，觀察它們之間相互作用時所產生的各種現象，從而發現未知事實或驗證各種假說和理論。因此，觀察高能量的粒子與其他粒子或核相互作用最為有利。從 1947 年到 50 年代末所發現的基本粒子大多數是在宇宙線裡得知的。宇宙線來自太

空，是太空裡所發生的核反應的產物。海水，在礦井裡和海底也能夠探測到。運用一些儀器設備探測和分析宇宙線的粒子，或者觀察宇宙線粒子轟擊原子核所產生的核反應，就成為研究基本粒子的重要手段之一。但是，宇宙線的密度不大，又不能人為地加以控制，利用它來研究基本粒子不免受到相當大的限制。所以人們又製造了各種高能加速器，以人工方法加速各種粒子，使它們與核或者其他粒子相碰撞，從而研究粒子的性質或尋找未知粒子。數十年來許多國家都相繼建成了耗資巨大的高能加速器，取得了不少研究成果。中國的高能加速器亦早已投入使用。不過，現在已經製成的高能加速器所加速粒子的能量比起宇宙線粒子的能量還相差甚遠。因此人們一方面在努力研製能量更高的加速器，另一方面仍然千方百計地利用那些從宇宙中來的高能粒子。

1947 年，英國物理學家羅徹斯特 (George Dixon Rochester, 1908 ～) 和巴特勒 (Clifford Charles Butler,1922 ～) 在宇宙線中發現了一種粒子，命名為 θ 粒子 (後來改稱 κ 介子)。 1949 年鮑威爾領導的小組又發現了另一種粒子，命名為 θ 粒子。這些發現引起了科學家們很大的興趣，人們紛紛從宇宙線中尋找未知粒子，不久之後人們又發現了 Λ^0、 ε^+、 ε^-、 Ξ^+、 Ξ^-、 Ξ^0 等多種粒子。這些粒子的許多性質與過去已知的粒子不同，其中最奇特的是它們都「生得快，死得慢」。這些粒子產生於其他粒子的碰撞過程之中，碰撞所經歷的時間約為 10^{-24} 秒數量級，而碰撞中所產生的這些粒子的壽命的數量級則約為 10^{-10} 秒。 10^{-24} 秒和 10^{-10} 秒似乎都是微不足道的極小的數字，但是兩者比較相差為 10^{14} 倍，這就是很大的數字了。所謂粒子的壽命，是指它們產生以後發生衰變，最後變成過去已知的粒子的過程。由於它們有這種奇特的現象，這類粒子後來就統稱為「奇異粒子」，也就是所謂的第二代基本粒子。

1960 年前後，人們又發現了另一類粒子。這類粒子的共同特點是它們的壽命極短，其數量級為 10^{-24} ～ 10^{-23} 秒。它們的運動速度即使接近光速，在它們的壽命期內也只能走完 10^{-13} ～ 10^{-11} 釐米這樣短的路程。這類粒子統稱為「共振態粒子」，亦即所謂第三代基本粒子。

到目前為止，已經發現的基本粒子達到了三百多種，新的發現還層出不窮。

基本粒子的相互作用

基本粒子之間有相互作用，或者說存在著「力」。我們已經知道宏觀物體之間的相互作用力有萬有引力和電磁力。基本粒子之間除了萬有引力和電磁力之外，還有「強相互作用」和「弱相互作用」這兩種力。因為基本粒子的質量都很小，它們之間的萬有引力常常可以忽略不計。萬有引力和電磁力的作用範圍都比較大，它們都屬於「長程力」。強相互作用和弱相互作用力則是「短程力」，它們的作用範圍都很短，強相互作用力的力程大約只有 10^{-13} 釐米，弱相互作用力的力程更短，它的力程大約只有 10^{-15} 釐米，就是說它們「力所能及」的範圍約只相當於原子半徑的十萬分之一和千萬分之一。

當人們知道了粒子之間存在著這四種相互作用之後，馬上又提出了這四種相互作用之間有什麼聯繫的問題。我們知道，從本世紀初開始，愛因斯坦就致力於在理論上統一引力場和電磁場的工作。美國物理學家溫伯格 (Steven Weinberg, 1933 ～) 於 1967 年，巴基斯坦物理學家薩拉姆 (Abdus Salam, 1926 ～) 於 1968 年，分別獨立地提出了弱相互作用和電磁相互作用的統一理論。他們的理論除了能夠解釋已知的這兩種相互作用的基本規律之外，還給出了一系列新的預言，其中一些已為後來的實驗事實所證實。他們的工作使物理學家們大受鼓舞。是否能把四種相互作用在理論上都統一起來構成大統一理論，已經成為當代物理學界普遍關心的重大課題之一。目前已有人提出多種各不相同的大統一理論，但至今還沒有任何一種大統一理論通過了實驗的判定。

宇稱不守恆的發現

在粒子物理學研究中有一個重要概念「宇稱」。宇稱可以粗略地解釋為左右對稱。對稱的現象在自然界事物中普遍存在，事物運動變化的規律左右對稱也是人們的普遍認識。在粒子物理學中人們一向認為，粒子體系和它的「鏡像」（意思是有如它在鏡子中的像）體系必定遵循同樣的變化規律，這就是「宇稱守恆定律」。人們運用這一定律曾有效地說明過不少現象。

1954 ～ 1956 年間人們在粒子物理研究中遇到了一個難題，即所謂「 τ 一

θ 之迷」。τ 和 θ 同屬介子，它們的質量、電荷、壽命都完全相同，看起來很像是同一種粒子，但是它們的衰變情形卻不相同，表現為宇稱並不相同，如果承認宇稱守恆定律，τ 和 θ 就不是同一種粒子。美籍華裔物理學家李政道 (Tsung−Dao Lee, 1926 ～) 和楊振寧 (Frank Yang, 1922 ～) 在研究這個問題時，仔細地考察了關於宇稱守恆的所有實驗。他們發現，至少在弱相互作用下宇稱是否守恆的問題從未得到過實驗的驗證。因此，揭開「$\tau - \theta$ 之迷」可以有兩種考慮，或者是承認宇稱守恆定律在這裡也成立，那麼 τ 和 θ 就不是同一種粒子；或者是認為宇稱守恆定律在這裡不成立，那麼 τ 和 θ 就是同一種粒子。經過詳細的理論分析之後，他們於 1956 年 4 月發表了研究結果，認為後者可能是正確的。他們還為此提出了驗證他們思想的實驗方法。事隔一年，美籍華裔物理學家吳健雄 (Chien-Shiung Wu, 1915 ～) 等人循著他們的思路以實驗徹底地解決了這個難題，證明了 τ 和 θ 實際上是同一種粒子，現在改稱為 κ 粒子。李政道和楊振寧因此榮獲 1957 年諾貝爾物理學獎金。

弱相互作用下宇稱不守恆的發現，否定了存在於人們頭腦中幾十年的，被視為「神聖」的宇稱守恆定律，在物理學界產生了巨大反響。它在科學方法上也給了人們有力的啟示，使人們更清楚地認識到物理學定律總有它的適用範圍，絕對不能把沒有經過實驗檢驗的理論隨意地加以推廣。

強子內部結構的研究

人們已經知道原子有結構，原子核也有結構，那麼基本粒子是否也有內部結構呢？過去一二十年的實驗事實間接地顯示出，至少強子是有內部結構的。在基本粒子家族中，那些直接參與強相互作用的粒子統稱為「強子」，它們約占已發現基本粒子總數的 95%，質子和中子都屬於強子。種類眾多的強子可以按其性質排列成一個有規則的表，有如眾多的化學元素可以排列成元素週期表那樣，這顯然是強子內部有某種結構的表現。人們首先需要弄清楚的問題是組成強子的是什麼東西。

最早探討這個問題的是費密和楊振寧，他們於 1949 年提出 π 介子的「費密—楊振寧模型」，認為 π 介子是由核子與反核子組成的。

坂田昌一也是比較早就研究這個課題的學者之一。他認為：「把基本粒子看成是物質的始原的觀點一開始就是不正確的。」他於 1956 年率先提出了強子的複合模型，亦稱「坂田模型」。這個模型認為，可以把質子、中子和 Λ 子看作是強子的基礎粒子，所有強子都是由這三種基礎粒子和它們的反粒子構成的複合體。坂田模型有它的成功之處，但也遇到了很多困難。儘管如此，坂田的工作對推動強子內部結構的研究起到了很好的作用。

1964 年美國物理學家蓋爾—曼 (Murray Gell-Mann, 1929～) 發展了坂田模型，提出了「夸克模型」。他把構成基本粒子的物質單元稱為「夸克」。蓋爾—曼以具有一定對稱性的三種夸克即「上夸克 (u)」、「下夸克 (d)」和「奇異夸克 (s)」取代坂田模型中的三種基礎粒子，提出所有強子都由這三種夸克和它們的反粒子組成的看法。夸克模型能較好地說明不少現象，還預言了一些前所未知的粒子，不過也有一些難題未能解決。後來一些物理學家繼續發展這個模型，又為這個模型增加了三種夸克，即「粲夸克 (c)」、「底夸克 (b)」和「頂夸克 (t)」。現在人們所提出的夸克已有 6 種 18 類，它們的性質也顯示了類似化學元素週期表的排列，很可能表明夸克還有內部結構。不過迄今為止，夸克仍然只是一種理論上的假設，它們的存在還沒有事實上的證據。

夸克模型現在已為許多粒子物理學家所接受，尋找獨立存在的、即不組成基本粒子的自由夸克，就成了物理學家們的重要目標。以往人們認識的粒子所帶電荷總是基本電荷的整數倍，而夸克則帶有分數電荷，這就成為尋找自由夸克的有利線索。儘管人們已為此作了很大的努力，自由夸克至今也還沒有找到。不少人認為這是「夸克禁閉」所造成的。正如帶電粒子之間通過交換光子發生作用（電磁相互作用）一樣，夸克通過交換「膠子」（膠子的存在目前也只是一種推想，自由膠子至今也還沒有在實驗上發現）而發生作用。與電磁相互作用不同的是夸克的距離變大時它們之間的相互作用也變大，這就造成了「夸克禁閉」。夸克模型現在仍處於繼續研究和完善的過程之中。

中國物理學家在基本粒子物理學方面也有許多很有成效的工作。1965 年由中國物理學家組成的「北京基本粒子理論組」獨立地提出了「層子模型」。這個模型認為強子是由若乾種「層子」組成的。層子這個名稱的取意表明它們

並非物質結構的最終組成部分，它們只不過反映物質的一個層次罷了，層子還可能有它們的內部結構。這表明了我國科學家關於物質結構的基本思想。層子模型在解釋強子的物理現象上也取得了很大的成功，同樣引起了國際物理學界的關注。

　　基本粒子雖然極小，卻也是十分廣闊的世界，現在還只能說是掀開了它的帷幕的一個小小的角落，探覓它的全部真相還有待後人的努力。

　　　　　　　　＊　　　　　　　　　　＊　　　　　　　　　　＊

　　自從世紀之交物理學取得三項偉大發現，又經歷了一場深刻的危機和振撼人心的革命之後，物理學又生機勃勃地走上新的征途，它的研究領域迅速拓展，取得了一系列從前難以想像的成就，對整個自然科學都產生了不可估量的影響，一些理論上的成果轉化為技術，正在急劇地改變著人類社會的面貌。迄今為止，物理學仍然是自然科學和技術科學中的帶頭學科。有關的情況我們在下文還要說及。

　　我們看到，本世紀以來物理學的發展是越來越數學化和理論化了。我們看到越來越多的物理知識是先有理論上的預言然後才有實驗上的證實，令人不得不信服科學理論的越來越大的威力。當然，物理學的發展並非僅僅依靠理論上的探討，如果沒有相應的實驗方法和實驗手段，理論上的預言終究不過是一種假說，它並不為物理學家所肯定。例如愛因斯坦從相對論推導出 $E=mc^2$ 這個質能關係式，它只有在實現了核能的轉化之後才為人們所確認。但是反過來說，要是人們還不知道有那麼一個質能轉換關係，至少在那個時候是不會想到原子能的利用的，核能的利用也就無從談起。

　　從另一方面說，實驗方法和實驗手段對於理論的發展也常常起著舉足輕重的作用。物理學家們必須依靠實驗來檢驗他們的理論，或者給予證實，或者作出修正，或者予以推翻，或者從新發現的事實中發展新的理論。例如李政道和楊振寧之所以能夠提出在弱相互作用下宇稱不守恆的思想，就在於他們仔細地研究了大量實驗事實，他們還要構想出驗證他們的思想的方法，最後得到了實驗的證實而取得了巨大的成功。當今的物理實驗設備與過去也有很大的不同，它們往往需要投入很大的資金和物力，需要很多人共同協作才能夠進行。目前

世界上許多國家都不惜代價地建設自己的大型物理實驗基地，都是希望自己在作為科學前沿的物理學上處於領先的地位，這也是國際間激烈競爭的一種表現。科學上的競爭是好事，它最終將為人類社會創造更加美好的前景。

物質世界無窮無盡，人類對物質世界的認識也無窮無盡。從分子、原子到基本粒子和夸克或層子，人類對物質結構的認識步步深入，這個過程永遠不會終結。人類對物質和物質運動變化的規律的認識越是深入和全面，人類在物質世界中就能夠獲得更大、更多的自由。

從十九世紀末到二十世紀初的物理學革命至今一百年，物理學的面貌發生了何等巨大的變化！不過人們注意到，自本世紀中葉以來，物理學的進展似乎又回復到在既定的物理學大廈框架內進行裝修和完善的工作上來。現人們所關注的是，作為最重要的基礎學科的物理學是否又在呼喚著新的突破。

複習思考題

1. 簡述盧瑟福原子結構模型以及提出這個模型的基本思想。

2. 簡述玻爾原子結構模型及其基本思想。

3. 簡述中子的發現過程和說明什麼是同位素。

4. 簡述什麼是重核裂變和鏈式反應以及它們的發現過程。

5. 簡述什麼是基本粒子以及基本粒子研究的意義。

6. 你從上世紀末以來物理學的發展進程得到什麼啟示？

第11章

二十世紀化學的進展

　　自玻意耳、拉瓦錫到門捷列夫，化學已經建成了自己的科學體系，取得了許多重要成果。不過那個時候的化學如同其他學科一樣深受機械論的影響，「元素不可變」，「原子不可分」這些觀念根深蒂固，一些人甚至以為這正是化學作為科學的基礎。這些觀念對於化學科學的建立無疑有過積極的作用，但終究是過於狹隘了。當十九世紀末至二十世紀初物理學的一系列發現擺到化學家眼前的時候，化學也不可避免地要經歷一場「危機」。

　　對於那些新發現的科學事實，不少化學家，甚至包括一些作出過重大貢獻的化學家在內，都曾經有過懷疑，甚至抵制的態度。門捷列夫這位傑出化學家就是其中的典型的人物之一。他所建立的元素週期律本身就暗示了原子有內部結構，他本人早年也曾預言過「原子並不是真正不可分割的」。可是當人們發現了電子，表明了原子真的可分之後，他卻說「我們應當不再相信我們已知的單質（引者按他指的是原子）的複雜性」，電子「沒有多大用處」，承認電子「只會使事情複雜化」。他原先也曾說過元素可能轉化的話，然而當放射性的發現揭示了元素蛻變的事實之後，他反而說「關於元素不能轉化的概念特別重要」，這是「整個世界觀的基礎」。

　　不過，這些都只是暫時的現象，當大多數人們理解了那些新發現的重要意義之後，化學又在新的基礎之上大踏步地前進了。正是電子、放射性的發現以及量子力學的創立等一系列新的思想和理論為化學打開了一個新的局面。物理學所提供的新的實驗方法和實驗手段，更使得化學的發展如虎添翼。所以有人說，世紀之交化學也經歷了一場革命，事實正是如此。

經過了這場變革，化學的理論基礎更加穩固，化學更加成熟，化學在科學與技術中的地位和作用也更顯重要了。

第一節　元素週期律的新認識與現代無機化學的發展

物理學的進展迫使人們改變了以往對元素、分子、原子這些基本概念的看法，對元素週期律也不得不重新加以認識，其結果是這一原先純粹經驗性的規律得到了理論上的闡明，人們對它的認識深入了。對元素週期律認識的更新，為無機化學的進步創造了十分有利的條件，近數十年來無機化學得到很大的發展，在人類社會各個方面發揮著越來越大的作用。

元素週期律的重新認識

當門捷列夫完成他的元素週期表的時候，那個表上有許多空缺，表明他預言了許多未知元素的存在。還在他生前，一些空缺已經為科學家們所填補。不過，門捷列夫創立元素週期表並沒有理論上的依據，他的預言也並非都是成功的。這些問題都表明，門捷列夫的成就固然巨大，然而他的週期表還缺乏牢固的科學基礎。電子的發現和原子結構的揭露，問題才得以逐步地澄清。

前章已經述及，人們在研究原子核時發現，一種元素的原子序數就等於這種元素的原子核的電荷數，亦即等於它的核外電子數。進一步的研究表明，核外電子的層次分布有一定的規律，最外層的電子不能超過8個。最外層電子的數目越少，元素的金屬性質越活潑。外層電子的數目越多，元素的非金屬性質越為顯著，外層電子達到8個的元素最為穩定。氫只有一個外層電子，氦有兩個外層電子，如此等等。各種元素外層電子的數目以8為週期而變化。這就幫助人們弄清楚了元素週期律實際上是原子的外層電子數的週期性的表現，元素週期表應按原子序數排列而不是按原子量的大小排列。按原子序數排列與按原子量排列，有些地方有顛倒的情況，這個問題在發現了同位素之後也完全清楚了。我們在前章亦已說過，有些元素在自然界中存在著好幾種同位素，它們有一定的比例，我們平常所測得的原子量實際上是該元素幾種同位素按天然比例

的混合物的數值。這些問題都弄清楚了之後，元素週期律就不是經驗性的規律，而是建立在堅實的理論基礎之上的科學規律了。反過來也可以說，元素週期律在理論上的確認也是對物理學新理論的極好的驗證。

現在科學家們不僅已經完全填補了原先週期表中的空缺，而且繼續發現了許多前所未知的元素。門捷列夫的週期表到第 92 號元素鈾為止，從第 93 號元素開始，都是後來人們以人工方法製造出來的，所採用的基本方法就是用中子轟擊重元素的原子核，使吸收了過量中子的重核處於不穩定狀態而發生 β 衰變，從而形成新核，轉化為另一種元素。這些重元素的核也是不穩定的，所以這些人工合成的元素都是放射性元素。其中一些後來在自然界中也找到了。例如第 94 號元素鈽 (Pu) 後來在鈾瀝青礦中找到了，第 96 號元素鋦 (Cm) 則是在月球上的塵土中找到的。現在第 110 號元素 (Uun) 也已經由人工合成了。科學家們還在繼續尋找原子序數更大的元素，並且有人預言原子序數大到一定程度時可能會出現穩定元素。自然界所展現的越來越多的複雜性，正越來越吸引科學家們為揭示其奧秘而作出自己的努力。

無機化學產品製備技術的進步

人類自古以來就利用和生產多種無機化學產品，例如食鹽即是。進入近代社會之後無機化學產品的生產逐漸工業化，除食鹽之外，最重要的要算是無機酸和鹼的生產，因為它們是近代化學工業的基礎原料。二十世紀以後，硫酸和鹼的生產技術都有了很大的發展，開創了全新的局面。此外，作為化學肥料的合成氨的生產對於農業的發展有舉足輕重的作用，也是本世紀興起並正在蓬勃發展的最重要的化工門類之一。

世界上第一個製造硫酸的工廠於 1740 年在英國開始生產，不過它的規模很小。 1746 年，英國醫生和化學家羅巴克 (John Roebuck, 1718 ~ 1794) 發明了使硫磺和硝石在鉛室內加熱而生產硫酸的「鉛室法」，硫酸製造業因而得到較大的發展。其後鉛室法經過不少人的改進，流行了一百多年。 1831 年英國化學家又發現可以不用鉛室，而是使二氧化硫氣體與空氣同時通過作為催化劑的鉑絲，便可以得到硫酸，這種方法稱為「接觸法」。接觸法使硫酸的產量

大為提高。然而鉑的價格昂貴，而且它在反應過程中很快便失去活性，消耗量較大，接觸法在理論上也沒有搞清楚，因此它長期沒能得到推廣。到了上世紀末人們才逐漸澄清了過去理論上的錯誤，同時也找到了催化劑活性降低的原因。本世紀初，人們又找到了價格便宜的催化劑，接觸法才得以在生產中廣泛應用，從而使硫酸的產量大增。現在世界上的硫酸產量仍在迅速增長，它的一半以上都用於化學肥料的生產。

十八世紀以後，由於紡織、肥皂、造紙、玻璃和火藥等工業的發展，天然鹼已經遠遠不能滿足生產上的需要， 1775 年法國科學院曾懸賞 12,000 法郎以徵求利用食鹽製取碳酸鈉 (Na_2CO_3) 的方法。 1790 年法國化學家呂布蘭 (Nicolas Leblanc, 1742? ～ 1806) 終於找到了這種方法，他被認為是第一位把化學發現直接應用於工業生產的化學家。可是當時法國正處於大革命時期，呂布蘭不但沒有得到獎金，反而受到了不公正的對待，以至他晚年貧窮潦倒，最後以自殺了結其一生。呂布蘭發明的方法沒有使法國人受益，卻使英國人大獲其利。英國政府於 1823 年採取了特殊政策，鼓勵推廣呂布蘭法製鹼，隨後許多國家也都採用了呂布蘭法，製鹼工業從此勃興。呂布蘭法有一些令人不滿意之處，如不能連續生產，產品質量不高，設備腐蝕嚴重等等，雖然後來不斷有所改進，但人們仍然希望找到更好的製鹼方法。 1862 年比利時工業化學家索爾維 (Ernest Solvay, 1838 ～ 1922) 發明了以氨和二氧化碳、食鹽作用而製成純鹼的方法，此法後來被命名為「索爾維法」。索爾維法克服了呂布蘭法的許多缺點，到本世紀 20 年代已完全取代了呂布蘭法。我國的製鹼工業起步雖晚，但也有自己的貢獻。 1924 年，天津永利製鹼公司在總工程師侯德榜 (1890 ～ 1974) 的主持下運用索爾維法生產出了第一批純鹼，比日本人生產出同類產品還早三年。抗日戰爭爆發，日本侵略者渴望得到他們早已垂涎三尺的永利工廠，但在侯德榜的主持下，永利廠迅速遷入內地並繼續生產純鹼。然而內地鹽價昂貴，致使純鹼成本過高。侯德榜又決心另尋製鹼方法。當時條件的艱難可想而知，然經數年的努力，在六百多次實驗之後，侯德榜領導下的研究工作於 1941 年終於成功。侯德榜改造了索爾維法，使索爾維法製鹼工業與氮氣工業結合起來，同時生產出純鹼和氯化氨，食鹽的利用率高達 95%，從而

大大降低了成本。他所發明的方法被命名為「侯氏製鹼法」，在世界化學工業史上留下了令人欽佩的篇章。

合成氨工業是無機化學工業的又一重要門類。十九世紀中期人們對植物的生長機理已有一些認識，知道氮元素對植物的生長十分重要。大氣中存在著大量氮，如果能使這些游離的氮轉變成能夠為植物所吸收和利用的含氮化合物，那無疑是農業生產的福音。因此，固定氮的研究就成為二十世紀初化學家們最為關注的課題之一。德國化學家哈伯 (Fritz Haber, 1868 ～ 1934) 經過多年的研究找到了一種方法，他使氫氮混合氣體在高溫、高壓和適當的催化劑作用下合成氨 (NH_3)，1912 年末第一個合成氨工業裝置在德國投產，所得到的氨大部分再製成硫酸銨 (NH_4SO_4)，這就是早期的化學肥料。從此化學肥料工業便邁開大步，化肥的品種也越來越多。現在以合成氨製成的尿素在氮肥中亦已占了相當的比重。中國向為一個農業大國，近幾十年來化肥工業發展十分迅速，1993 年中國大陸化肥產量已達 2,016 萬噸，居世界第二位。化肥工業對農業生產產生了難以估量的作用，這是科學進步使人類受益的典型事例。固定氮的實現也為製取各種氮化合物開闢了廣闊的前途。

現代無機化學新領域的開拓

無機化學所研究的是一切元素和無機化合物的性質、結構、化學變化的規律及其應用，它的研究範圍非常廣闊，元素週期表中的一百多種元素和它們的化合物，除了碳的衍生物（即有機化合物）之外，都是它研究的對象。但是在本世紀的上半期，人們注意較多的是無機化學工業中的技術問題，無機化學自身的研究反而不甚活躍，第二次世界大戰之後，由於理論上的進步和實際上的需要，情況才逐漸發生變化，有人說這是「無機化學的復興」。現代無機化學研究的新發展主要是許多新型無機化合物的合成和應用以及一系列邊緣學科的開拓。

在新開拓的無機化學領域中，生物無機化學占有重要的地位。生物無機化學所研究的就是把無機化學的原理應用於解決生物化學中的問題。人們已經發現，在許多生命活動過程中金屬元素有著關鍵性的作用，如氮的固定、光合作

用、氧的輸送和儲存、能量的轉換等等。人們還注意到生物體內有多種金屬生物酶，它們的功能涉及金屬元素與生物體內物質的化學反應。在這類反應中，金屬的狀態，金屬與生物物質結合而形成的結構，金屬在其中發生作用的機理等大量問題都需要研究，這些問題的解決必能加深對生命現象的認識，對生產技術的發展也必將有重要的作用。

　　現代無機化學的另一重要領域是處於無機物與有機物之間的金屬有機化合物（亦稱有機金屬化合物）的研究，這就是有機金屬化學。金屬有機化合物是金屬原子與有機離子或分子成鍵相連而形成的有機化合物，它們大都具有活潑的反應性能，在實驗室中和工業生產上有廣泛而重要的用途，許多化學染料、化學試劑和催化劑都是金屬有機化合物。這類化合物在一百多年前雖然已經為人們所發現和利用，但對它們的結構和成鍵機理則是經過很長時期的研究才陸續有了些眉目。為了說明這類化合物的結構，1893 年瑞士化學家韋爾納(Alfred Werner, 1866 ～ 1919) 提出了配位學說。他的學說可以金屬原子簇錯合物為例略加說明。錯合物是由一定數量的負離子或分子（稱爲「配位體」）通過鍵（稱爲「配位鍵」）與中心離子或原子相結合而成的化合物，金屬原子簇錯合化合物的中心離子為金屬離子，如 $CoCl_3 \cdot 6NH_3$，其結構式為：

$$Co \begin{cases} NH_3 - Cl \\ NH_3 - NH_3 - NH_3 - NH_3 - Cl \\ NH_3 - Cl \end{cases}$$

因其結構式有如簇狀，故稱金屬原子簇錯合化合物。韋爾納認為原先的原子價概念不足以解釋這類化合物的結構，一些金屬的原子價除了「主價」以外還可以有「副價」（亦稱「配位數」）。例如在 $CoCl_3 \cdot 6NH_3$ 中，Co 的主價為3，副價為 6。不過由於當時的理論水準所限，他對副價的本質未能作出明確的解釋，這個問題是到了本世紀初才得以解決的。運用配位學說不僅能夠說明簇狀化合物，對於籠狀、穴狀、夾心狀等類型化合物也可以說明。韋爾納因他的貢獻而榮獲 1913 年諾貝爾化學獎金。

　　無機固體化學是現代無機化學的又一個重要領域。近年來發展迅速的電子技術、自動控製技術、激光和光通訊技術、遙感技術、航天技術等等都需要許多性能特殊的元器件，如光敏、熱敏、氣敏、濕敏等敏感元件，又常常要求它們具有耐老化、耐高溫、耐腐蝕、高純度、高強度、高韌性等等特性，這些元件所需材料多為無機物質，它們的研製都離不開無機固體化學的研究。無機固體化學所研究的主要是各種材料的製備過程，如擴散、燒結、熱壓、高溫冶煉等過程中的變化和控制機理以及晶體生長、固體腐蝕、氧化、電化學過程等，固體中的原子、電子和晶格運動，固體中的缺陷和雜質對其性能的影響等也是無機固體化學的研究內容。固體無機材料的製備往往需要一些比較特殊的條件，如高壓、高溫、高電場等。 1955 年人們在 70000 個大氣壓和 1727℃的高溫下，以鎳為催化劑使石墨轉化為金剛石，開闢了人造金剛石的途徑。後來人們又在 70000 個大氣壓和 3000℃的高溫下合成了結構與金剛石類似硼氧聚合物，它比金剛石還要堅硬。 70 年代，人們用氣相生長法使碳氧化合物在 1200℃的高溫條件下分解成為碳纖維，這些纖維的直徑小於 0.2 毫米，長度可達 25 釐米，其抗張強度比同粗的鋼絲高出好多倍。半導體器件的製造需要純度特別高的矽和鍺， 50 年代人們便製得純度為 99.9999% 的矽， 70 年代又製得純度為 12 個 9 的鍺，即純度為 99.9999999999% 的超純鍺。要製備不同的、有特定要求的材料，就需要研究這些材料的結構及其機理，還需要尋找製備這些材料的途徑和方法，無機固體化學的前途未可限量。

　　此外，現代無機化學還涉及同位素化學、稀土元素化學以及礦物冶煉、能源的開發利用技術等許多科學和技術領域。現代無機化學正面臨大發展的形勢。

第二節　物理化學的建立與分析化學的發展

　　物理學的進展給人們提供了許多更為深刻地揭示物質運動變化的基本原理，人們對物質結構的認識逐步深入，許多化學現象的機理一層層地揭開，化學理論隨之得到了很大的發展。物理化學亦稱理論化學，這是以物理學的理論

和方法來研究化學現象和化學過程的一個分支學科，包括結構化學、化學熱力學、化學動力學、膠體化學等多方面內容。

分析化學的發展雖然已經有一個時期了，但過去只限於一般的定性和定量分析，進入二十世紀以後，分析化學的理論和手段都因物理學和化學理論的進步而推進到了新的水準，進入了儀器分析的新階段，化學分析的內容也發生了很大的變化，除了傳統的定性和定量分析，人們更加關注的是物質的結構分析。

化學熱力學的研究

人們很早就在利用化學反應中的熱效應，如燃燒過程所產生的熱在遙遠的古代即為人類所利用，不過，只有在人們弄清楚了燃燒現象的本質是氧化過程之後，才徹底明白這是一種化學過程的熱效應。當熱力學第一定律和第二定律確立後，科學家把它們與化學反應的研究結合起來，於是形成了化學熱力學。

化學熱力學所研究的是化學變化進行的方向和限度，所要解決的是化學反應的可能性和平衡條件的問題。早在上世紀 60 年代，法國化學家貝特洛 (Pierre Eugene Marcellin Berthelot, 1827 ～ 1907) 就以熱力學的觀點研究過化學反應方向的問題。把熱力學第一和第二定律推廣到化學平衡問題的研究，則主要是理論物理學家吉布斯的功績。從 1873 年開始的數年間，他接連發表了一系列論文論述有關問題，不過當時並沒有引起科學界應有的注意，這與他的論文所運用的抽象和簡樸的數學語言不無關係。將近二十年後，他的論文於 1892 重新發表，才使化學界震動。著名德國物理化學家奧斯特瓦爾德 (Friedrich Wilhelm Ostwald, 1853 ～ 1932) 指出，吉布斯的工作「將決定未來一個世紀化學的形式和內容，從此化學家們可以對化學進行多方面的和精確的描述」。他的話是對的，不過吉布斯的工作也有不完善之處，許多科學家後來繼續發展了化學熱力學。

德國科學家能斯脫所建立的熱力學第三定律我們已在第四章有所敘述，熱力學第三定律所闡述的是絕對零度和接近絕對零度時物質的熱力學和與其有關的性質和規律。用能斯脫的話概括地說就是：「設想出一臺能完全吸盡一個物體的熱量的機器，也就是能將其冷卻到絕對零度，是不可能的。」熱力學第三

定律在化學研究上也有重要意義。

　　不過，經典熱力學所研究的現象是以平衡和可逆過程為前提的，而自然界中的物理和化學現象往往表現為不可逆和遠離平衡態。 1967 年比利時物理化學家普裡戈金 (Ilya Prigogine, 1917 ～) 和他的合作者經過研究，把熱力學理論推廣到遠離平衡態的不可逆過程，提出了著名的「耗散結構理論」。普里戈金因此而榮獲 1977 年諾貝爾化學獎金。耗散結構理論的建立是熱力學的突破性的進展，對於化學、物理學、生物學以至於其他許多學科都有重大的意義。耗散結構理論的應用範圍廣闊，已經引起科學界的很大的關注。有關的一些問題在本書的第二十章裡還要敘述。

化學動力學的建立

　　化學熱力學只研究化學過程的起始狀態和終止狀態，它從靜態的角度上來考察化學過程，只解決化學過程能否發生以及化學過程的方向和它的最大限度等問題，至於從動態的角度研究化學過程諸因素，如化學反應的速度和影響反應速度的種種因素，以及由此而進一步探討化學反應的機理，則是化學動力學的任務。化學動力學對於揭示化學反應過程的本質和化學工業技術的研究關係至為重大。化學動力學一些問題的探討也是從上世紀就開始了的，本世紀以來由於人們對物質世界的認識深入到微觀領域，化學動力學作為理論化學的一個分支，發展十分迅速。現在科學家們已經建立了碰撞理論、過渡態理論、鏈式反應理論等多種理論，在實踐中發揮了重要的作用。化學動力學的許多問題現仍在研究之中。

催化現象的探究

　　早在十八世紀末，人們就發現了催化現象，但那時對它的機理一無所知。在化學反應過程中，催化劑能夠起到加速或減緩反應速度的作用，而它自身在反應後則不發生什麼化學變化。催化劑的運用在化工生產中的重要性顯而易見。例如上文說到本世紀初人們利用催化劑在一定壓力和溫度下使空氣中的氮合成氨，促成了合成氨工業的大發展。關於催化理論，幾十年來已有了不少進

展，不過催化劑種類繁多，催化作用也各有特點，還有大量問題尚在研究之中，它們的共同規律也仍待進一步探討。

膠體化學的研究

自然界中有許多物質處於膠體狀態，人類早就接觸到各種膠體，如乳液、泥漿等等，但是對於膠體的性質和形成膠體的機理以往人們並不瞭解。膠體與溶液不同，膠體的形成也不是溶解的過程，它是一些細微的顆粒（這些顆粒可以是固態、液態或者氣態物質）懸浮在由另外一些物質構成的介質中而形成的。在科學研究和生產技術中人們越來越需要處理各種各樣有關膠體的問題，例如油漆、農藥、化裝品和一些食品的生產都需要解決膠體形成的問題，在浮選礦物時需要製備穩定的懸浮液，為保證飛行的安全又需要驅除機場上空的霧氣等等。這些都促使人們設法弄清膠體的機理。本世紀以來對膠體的研究形成為一個專門的學科領域即膠體化學。膠體化學的研究涉及物質的表面結構、吸附作用等諸多問題，它在理論上和實踐中都已取得很大進展。

物理化學的研究範圍還包括溶液理論、酸鹼理論、電化學、光化學等很多方面，並且還在不斷地擴展。物理化學在化學研究以至生產技術上的地位正越來越顯其重要性。

結構化學的創立

當物理學家們發現了電子，人們的眼界深入到原子內部，並且創立了描述微觀現象的量子力學之後，人們對化合物結構的探討也就隨之逐步展開了。結構化學是從化學鍵的研究而開始的。我們在第五章裡說到過原子價學說對化學發展的重大意義，化學家們以一短線表示原子間的按一定比例的結合，如Na-Cl（氯化鈉）、H-H（氫）、H-O-H（水）等等，其中的短線稱為「化學鍵」。但是那時原子價學說的基礎只有大量實驗事實，至於原子間為什麼要以一定的原子價相結合的問題並沒有得到理論上的闡明，因而人們對化學鍵的含義並不清楚。電子的發現和量子力學建立之後，人們才徹底地瞭解了它們的實質。

1916 年，德國物理學家科塞爾 (Walther Ludwig Julius Paschen Heinrich Kossel, 1888 ～ 1956) 受到玻爾的原子結構模型的啟發，提出了原子價的電子理論。他認為，原子因失去電子或奪得電子而成為穩定離子，那些失去電子的原子顯正電性即正離子，那些奪得電子的原子呈負電性即負離子，帶正電的正離子與帶負電的負離子因靜電引力的作用而結合。科塞爾把這種因靜電庫倫力而形成的正負離子間的價鍵稱為「電價鍵」或「離子鍵」。以氯化鈉為例，鈉的外層電子數為 1，處於不穩定的狀態，鈉失去 1 個電子成為正離子後，它的有 8 個電子的第二層成了最外層，於是它轉化成穩定的正離子；氯的外層電子數為 7，也處於不穩定的狀態，它從鈉原子那裡奪得 1 個電子後，它的外層電子數變成 8 個，也轉化成為穩定的負離子，帶 1 個正電荷的鈉離子與帶 1 個負電荷的氯離子因庫倫力的作用而結合，這就形成為氯化鈉。科塞爾的理論能夠解釋離子型化合物，但是無法解釋非離子結合型的分子，例如由同類原子組成的氣體分子 H_2、O_2 等等。

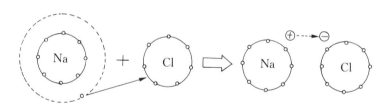

圖72　科塞爾所設想的鈉原子與氧原子結合示意圖

同在 1916 年，美國化學家路易斯 (Gilbert Newton Lewis, 1875 ～ 1946) 也提出了他的看法。他認為可能存在兩種類型的化合物，一種靠電極性鍵結合，另一種則以非電極性鍵結合。 1919 年，另一位美國化學家朗繆爾 (Irving Langmuir, 1881 ～ 1957) 進一步認為，兩個或多個原子可以共有一對或多對電子，從而形成穩定的分子。這種共有電子的情況就是分子的「共價鍵」，被稱為路易斯—朗繆爾共價鍵。他們的理論對非離子結合而形成的分子也能作出令人比較滿意的解釋。科塞爾的圖像是平面圖像，而路易斯的圖像則是立體圖像，也是各有千秋。

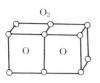
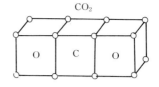

左：兩個氧原子的結合(O₂)　　　右：一個碳原子和兩個氧原子的結合(CO₂)

圖73　路易斯所設想的原子結合示意圖

　　但是無論科塞爾還是路易斯、朗繆爾，他們的構思都是以電子處於靜止狀態為基礎的，而人們已經知道電子在原子內部處於高速運動狀態。人們又發現，有些化合物，特別是有機化合物原子的共價鍵是有一定的方向性的，共價鍵理論對此也無法加以解釋。

量子化學的誕生

　　量子力學建立以後，人們便開始了運用量子力學的原理來研究分子的微觀結構的工作，由此而產生了又一個新的學科分支——量子化學。

　　量子化學一開始就以化學鍵的研究為中心，展開了從較簡單的分子到較複雜的分子的研究。 1927 年美籍德國物理學家海特勒 (Walter Heinrich Heitler, 1904 ～) 和倫敦 (Fritz London, 1900 ～ 1954) 從薛定諤方程出發來研究氫分子，建立了嶄新的化學鍵理論。他們弄清楚了兩個氫原子之所以能結合成一個穩定的氫分子，是由於分子中的電子運動區域主要集中在這兩個原子核之間，在那裡形成了一個「電子橋」，正是這個「電子橋」把兩個原子緊緊地拉到一起。或者說，兩個氫原子的「電子雲」的分布集中在兩個原子核之間，從而形成了化學鍵。他們從理論上計算出破壞氫分子化學鍵所需要的能量與實驗值幾乎完全一致。他們的理論被稱為「軌域理論」。

　　海特勒和倫敦的成功給了化學家們很大鼓舞，人們繼續研究多原子分子化學鍵的問題。 1931 年美國化學家泡令 (Linus Carl Pauling, 1901 ～) 和物理學家斯萊特 (John Clarke Slater, 1900 ～ 1976) 從波可以疊加的思想出發，考

慮到一些化學鍵應當是電子軌道疊加的結果，提出了「混成軌域理論」。這個理論圓滿地解釋了甲烷 (CH_4) 四面體結構的價鍵狀態，也很好地解釋了乙烯 ($CH_2 = CH_2$) 分子以及其他許多分子的構型。

近幾十年來，量子化學的化學鍵理論發展十分迅速。科學家們又相繼提出「前線軌域理論」和「分子軌域對稱性守恆原理」等一系列理論，人們對物質的化學結構的認識越來越深入了。目前，量子化學的研究已經進入研究化學反應的新階段，取得了許多重要的成果，尤其是對立體定向反應有指導作用，如維生素 B_{12} 的人工合成就是以分子軌域對稱性守恆原理為指導而完成的。

現在，分子軌域的計算已發展到定量和半定量的水準，尤其是電子計算機的運用更使這方面的研究工作如魚得水。在 30 年代時以人工定量計算一個氫分子的軌域大約需要一年的時間，現在運用電子計算機用不了一分鐘便可完成，定量計算幾十個原子組成的分子結構也只需要幾分鐘罷了。

晶體結構的研究

人們早就知道，無論是無機物還是有機物，許多物質是以晶體狀態存在的，例如雪花、食鹽、蔗糖、大多數礦物和金屬都是如此。它們之所以成為晶體狀態，是由於它們內部的原子、離子或分子都是有規律地在立體空間裡週期性地重複排列所造成的。弄清楚它們內部的空間結構自然是科學家很感興趣的課題之一。X 射線的發現為晶體結構分析提供了十分有效的實驗手段。

我們在本書第九章第一節裡曾說到勞厄於 1912 年進行 X 射線繞射實驗，證明了 X 射線是波長很短的電磁波。同年，英國物理學家 W.H. 布喇格 (William Henry Bragg, 1862 ～ 1942) 和 W.L. 布喇格 (William Lawrence Bragg, 1890 ～ 1971) 父子以 X 射線繞射的方法研究了氯化鈉和氯化鉀這兩種典型的無機鹽，研究清楚了它們的晶體結構，從此開創了以 X 射線繞射方法研究晶體結構的新領域。現在，X 射線繞射已經成為研究晶體結構的基本方法。到本世紀 50 年代中期，凡屬有代表性的無機物和有機物晶體結構的資料都已有相當充分的積累。近年由於精密儀器的進步和電子計算機的應用，晶體結構測定的精度和效率更大大地提高了。

分析化學的新階段

我們在第五章曾經說過，玻意耳使化學分析從以物理性質為主發展到以化學性質為主，把化學分析方法向前推進了一大步，本世紀以來人們又借助物理學的理論與方法，使分析化學提高到了新的水準。從表面上看來，這似乎是某種回歸，實際上化學分析卻是大大地深入了。從前，分析化學所要解決的是一般的化學成份的定性和定量分析的問題，現在所面臨的問題就複雜得多。例如，在製備半導體器件時，對半導體材料常量成份的測定要準確到 10^{-6} 的數量級，材料中雜質成份的測定更要準確到 10^{-8} 的數量級。在工業生產自動化過程中，要求分析方法快速和自動化，並且不能破壞分析樣品。現代分析還往往不僅要弄清楚樣品的元素及其組成，還要提供其結構、價態、元素的空間分布等等許多方面的信息；不僅僅要求給出樣品整體的狀況，還要求給出微區或表面、薄層的狀況；不僅僅要給出靜態的資料，還要求得到動態的資料。這些都不是傳統的化學分析方法所能勝任的了。現代化學分析方法已經逐漸發展成為以儀器分析為主要手段的方法。

現在常用的儀器分析方法主要有下列一些：(1)光譜分析。自發現光譜之後，光譜分析很快就成為一種廣泛應用的分析方法。運用現代光電技術的光譜分析既可以作定性分析也可以作定量分析，所需試樣少，快速便捷，靈敏度高，但是樣品中的任何雜質都會造成干擾，這反而成了它的一大缺點。(2)比色分析。許多化合物的溶液都有顏色，比較它們的顏色也是一種有效的分析方法，差不多所有金屬元素和大部分非金屬元素都可以用比色的方法來進行分析。引進了光譜技術和光電技術之後，人們更可以運用紅外線、紫外線這些非可見光來進行分析。比色分析法也是現在常用的一種快速而準確的分析方法。(3)極譜分析。不同溶液在電解過程中，其電流和電壓的變化關係各不相同，利用特定的電極，以儀器記錄其電流—電壓曲線，可同時對溶解在溶液中的樣品進行定性和定量的分析。這種方法稱為極譜分析法，常用於痕量分析① 。(4)質

---

① 對所測定成份在物質中的含量在百萬分之一以下的測定稱爲痕量分析。

譜分析。這是利用穩定磁場或交變電場使帶電的離子按它們的荷質比 (e/m) 分離出來的辦法，運用這種方法可以對樣品的同位素豐度和化學成份進行分析，並可確定其分子式和結構。首次確認核反應中的質量虧損運用的就是這種方法，許多同位素也是在質譜分析中發現的。(5)核磁共振分析。物理學家們發現，原子核自身有一種旋轉運動，稱為原子核的自旋，它與核外電子和周圍的原子、分子的狀況都有直接的關係，測定原子核自旋的變化從而瞭解物質結構的信息，這就是核磁共振分析法。現代分析化學還有許多其他方法。分析化學的迅速發展對於化學研究的意義無待多言，它也大大地推動了生產技術的進步。

第三節　有機化學的新時代

有機化學在上世紀前半葉已經起步，但它進入發展高潮還是在上世紀的後半期，尤其是在本世紀人們對物質結構有了進一步的認識之後。現在它已是枝繁葉茂，在人類社會生活中發揮著十分重要的作用。高分子化合物大多數是有機化合物，高分子有機化合物的人工合成現在已經成為國計民生的重要支柱。

有機化學合成的新局面

有機化學作為化學的一個分支剛剛出現的時候，人們主要關心的是有機化合物的組成、結構等問題，後來才逐步轉向有機化合物人工合成的研究。上個世紀人們致力於合成自然界本來就存在的有機物，現在人們則以合成自然界原來並不存在的有機物為主要目標了。

自 1824 年維勒首次以無機物合成有機物（尿素 CO · 2NH$_2$），便開創了有機合成的時代，不過他的工作還只是實驗室裡的事情，並沒有投入工業生產。隨著鋼鐵工業的興起，為煉鐵所需的煉焦技術不斷進步，煉焦的副產品煤焦油的利用便引起了人們的注意。 1856 年英國化學家珀金 (William Henry Perkin, 1838 ~ 1907) 從煤焦油中得到一種黑色的粘稠體，當把它加進酒精裡時便成為非常美麗的紫色溶液。他發現這種煤焦油提取物經過處理後可以作為

染料，這就是人類所使用的第一種有機合成染料苯胺紫。他隨即取得了專利並開始工業化生產，有機化學合成工業從此邁開了步伐。緊跟著許多化學家相繼利用煤焦油的提取物製成各式各樣的染料。不過開始時人們對有機化學合成的機理並不大瞭解。凱庫勒提出了苯的環狀結構後給了人們啓發，對有機合成是一大促進。化學家們隨後合成了茜素 (1869 年)、靛藍 (1890 年) 等過去早就在使用但只能從植物中提取的染料。茜素和靛藍的合成與先前的有機合成不同，它們是在其結構被人們弄清楚之後才合成的，這就表明有機合成達到了嶄新的水準。除了染料之外，十九世紀後半期科學家們還利用煤焦油的提取物合成了多種藥品（ 如水楊酸、阿斯匹林 ）、香料（ 如香豆素 ）和糖精、炸藥等。總之，這個時期形成了以煤焦油為主要原料的有機化學合成工業，並且有了很大發展。 1888 年人們用焦炭製成電石，又由電石製造乙炔，利用乙炔也可以合成多種有機化工產品。從此，煤便不只是一種燃料，同時也是一種十分重要的合成化工產品的原料了。過去人們只能從動植物的機體中獲取有機產品，現在人們能夠從礦物裡得到大量有機合成產品，這就使有機合成工業有了廣泛的物質基礎。

石油是多種碳氫化合物的組成物。石油煉製的工業化生產始於上世紀中期，那時主要是為了得到煤油以供點燃煤油燈使用。本世紀初石油製品大量用作工業燃料，石油煉製工業因而急速發展起來。為適應各種技術發展的需要，人們對石油製品的要求越來越高，也越來越複雜，煉油技術也就成了化學家們的重要課題之一。化學家們更注意到石油也可以作為化工原料，用以生產各種化工產品。 1919 年美國人建立了第一個利用石油生產異丙醇的裝置，這是石油化學利用的開端。後來人們又發現，在煉油過程中所產生的廢氣其實也可以作為化工原料。還有，天然氣是埋藏於地下的碳氫化合物並常與石油共生，它也同樣可以作為化工原料。從此，石油化學工業的路子更加寬闊了。第二次世界大戰之前，人們就已經以石油為原料生產一些醇類、殺蟲劑、合成樹脂和合成橡膠等。二次大戰期間，隨著塑料、合成纖維製造業的興起，逐漸形成了以石油和天然氣為原料的石油化學工業大發展的趨勢。到 60 年代末，國外有機化工產品中以石油和天然氣為原料的已占 80 ～ 90%。

在有機合成產品中，藥物占有重要的位置。合成藥物的研究，上個世紀已經開始，如 1883 年合成了安替比林，1887 年合成了非那西丁，1899 合成了阿斯匹林等等。進入二十世紀以後，人們對藥理和有機物結構都有了進一步的認識，合成藥物的研究於是提高到了新的水準。磺胺類藥物的合成是一項重大成果，研製工作是從 1932 年開始的，30 年代中期以後便普遍在臨床中應用。抗生素的提取成功是合成藥物的又一重大成就。1928 年人們便發現了青黴素，後來經許多人的研究，1943 年開始在臨床應用，發現它的效果良好。從此各類抗生素紛紛湧現。抗生素原先都是微生物（黴菌）的培養產物，即是利用微生物合成而得，40 年代以後開始了人工化學合成的研究，現在一些抗生素已經進入半人工合成或全人工合成的階段了。維生素的合成也是藥物化學的重大成果。自本世紀初發現維生素以來，已被確認的維生素在 40 種以上，現在維生素的生產所採用的也有全人工合成和半人工合成的方法。

本世紀有機化學合成技術的飛速發展，是與物理化學的進展、有機化合物結構的研究的深入以及有機化學分析的理論和方法的進步緊密地結合在一起的，前者是後者的推動力量，後者又為前者不斷地開闢新的境界，如判斷合成的可能性、確定合成的路線、合成技巧的運用等等，前者都離不開後者，它們相互促進，互為因果。

天然有機物化學的進展

天然有機物指的是生物的機體及其營養物質和代謝產物，天然有機化學所研究的就是這些物質的性質、組成、結構和合成等有關的問題，它又逐漸形成了醣化學、蛋白質化學和核酸化學等分支，與食品科學、醫藥學、生命科學的關係至為密切。

醣類亦稱碳水化合物，包括葡萄糖、果糖、蔗糖、麥芽糖、澱粉、纖維素等等，它們構成了生物體的主要能源，也是植物和一些動物的支持物和保護物的主要組分（如植物的枝幹和某些動物的甲殼等）。早在十八世紀人們就開始對醣類進行研究，這是與製糖、食品、發酵、造紙和紡織工業的發展直接相聯繫的。十九世紀以來人們已經逐步弄清楚許多醣類的化學組成及其結構，在這

方面貢獻最大的首推德國化學家費歇爾 (Emil Fischer, 1852～1919)，他經過長期研究，至 1894 年揭示了 20 多種醣類的結構，合成了葡萄糖、果糖和甘露糖等多種醣類，因此而榮獲 1902 年諾貝爾化學獎金。諾貝爾獎金委員會評價費歇爾的工作時這樣稱讚他：「在十九世紀的最後幾十年裡，有機化學研究工作中的那種獨有的風格，在費歇爾關於醣的研究工作中達到了光輝的頂峰。」

　　現在人們知道，醣類可以分為三大類：(1)單醣，即不能水解① 的最簡單的碳水化合物，包括葡萄糖、果糖、核糖等。單醣都是無色晶體，易溶於水，有甜味；(2)雙醣，如蔗糖、麥芽糖、乳糖等，它的性質與單醣相似，一個雙醣分子水解後便生成兩個單醣分子；(3)多醣，即由許多單醣分子組成的醣類，大都不溶於水，一般無味，如澱粉、纖維素等。

　　碳水化合物化學著重研究這些醣類的結構和性質，從而推動醣類進一步的開發與利用，現在已經取得很大的進展，同時又衍生出許多下一個層次的學科，各方面的研究現仍在迅速發展之中。

蛋白質化學和核酸化學的研究

　　蛋白質和核酸都是生物體所特有的物質，因此蛋白質化學和核酸化學也屬於生物化學的研究範圍。古代人們就已經知道蛋白質對於生物體的重要性，也找到了一些從動植物中提取蛋白質的方法。從十九世紀中期開始，人們在蛋白質的水解物中發現了多種氨基酸，但是氨基酸是怎樣合成蛋白質的問題在上世紀裡始終沒有能弄清楚。1902 年費歇爾提出了蛋白質的多肽鍵結構學說，他認為蛋白質是許多氨基酸以肽鍵② 結合而成的長鏈高分子化合物，由一個肽鍵使兩個氨基酸結合而成的稱為二肽，由兩個肽鍵使三個氨基酸結合而成的稱為三肽，如此等等。隨後，費歇爾於 1907 年合成了由 16 個不同種類的氨基酸構成的多肽，他的成就一時轟動了整個科學界。後來人們又著眼於蛋白質多肽鏈中氨基酸的順序的測定的研究。

---

①水解是化合物與水反應而分解的現象。

②肽鍵即醯胺鍵，它具有如下結構： $-\overset{O}{\underset{\parallel}{C}}-\overset{H}{N}-$

1945 年英國化學家桑格 (Frederick Sanger, 1918 ～) 和他的合作者開始研究胰島素的化學結構，胰島素是現時已知的蛋白質分子中最小的一種，被認為是揭示蛋白質奧秘的最佳對象。經過十年的努力，他們終於在 1955 年弄清楚了由 49 個肽鍵鏈接而成的牛胰島素的氨基酸的排列順序。中國科學家在這個領域裡也取得了令世人注目的成果。 1958 年，中國化學家鄒承魯 (1923 ～)、邢其毅 (1911 ～) 和汪猷 (1910 ～) 等人開始了牛胰島素的人工合成的研究，在他們的領導下許多單位通力合作，經過七年的艱苦努力，終於在 1965 年 9 月首次人工合成了結晶牛胰島素，生物活力試驗證明它與天然牛胰島素的特性一致，這是中國科學界的一項重大成就。 1971 年中國科學家又完成了分辨率為 2.5 埃和 1.8 埃的牛胰島素晶體結構的測定工作，為繼續研究胰島素的結構和功能創造了有利條件。

核酸是一種結構複雜的十分重要的生命物質，它存在於生物的細胞之中，是細胞核的主要成份。 1868 年瑞士生物化學家米舍爾 (Johann Friedrich Miescher, 1844 ～ 1895) 從細胞核中分離出一種含磷的酸性物質，他稱之為核素，其實這是核酸和蛋白質的複合體。不久之後人們在不同的動植物的組織裡都找到了這種物質，並且使之分離而得到了核酸。核酸也是一種高分子化合物，構成核酸的單體是核苷酸，核苷酸是由核苷和磷酸組成的，核苷則由戊糖和嘌呤鹼或嘧啶鹼縮合而成。進一步的研究表明，嘌呤鹼主要有兩種，即腺嘌呤和鳥嘌呤；嘧啶則主要有三種，即尿嘧啶、胞嘧啶和胸腺嘧啶。 1930 年前後，美籍俄國生物化學家列文 (Phoebus Aaron Theodor Levene, 1869 ～ 1940) 從酵母中分離出一種核酸，這種核酸經水解後生成腺嘌呤、鳥嘌呤、胞嘧啶、尿嘧啶和一種醣，這種醣被定名去氧核糖；他又由胸腺分離出另一種核酸，這種核酸經水解後生成腺嘌呤、鳥嘌呤、胞嘧啶、胸腺嘧啶、磷酸和另一種醣，這種醣被確認為去氧核糖。列文把這兩種核酸分別稱為核糖核酸（ RNA，即 ribonucleic acid 的縮寫 ）和去氧核糖核酸（ DNA 即 desoxyribonuclecic acid 的縮寫 ）。 1953 年，美國化學家沃森 (James Dewey Watson, 1928 ～) 和英國晶體學家克里克 (Francis Harry Compton Crick, 1916 ～) 用 X 射線繞射的方法測定 DNA 的結構，提出了 DNA 雙螺旋結構模型，對分子

生物學的發展有十分重大的意義，有關情形我們將在下章介紹。50 年代以後，生物化學家又繼續發現了多種核糖核酸，核糖核酸結構的測定也取得了進展，隨之而來的就是核糖核酸人工合成的研究，這方面工作現在也已經有了一些眉目。

我們知道，從無機物到有機物，從一般有機物到蛋白質和核酸這些生物高分子，再從生物高分子到生命現象，這是自然界物質運動漫長的發展過程，也就是生命起源的途徑。生命起源是科學研究的重大課題之一。在人類探尋生命起源秘密的途程中，尿素的合成是一個里程碑，胰島素的合成又是一個里程碑，可以預期，總有一天人類將會揭開一個又一個謎底，使生命起源的真相大白於天下。

第四節　高分子化學的興起

高分子化合物是指以共價鍵結合而形成的高分子量的化合物，其分子量通常都大於 10000。一般高分子化合物由一種或幾種簡單的低分子化合物聚合而成，所以又稱為高聚合物。由於它們是大量低分子化合物聚合所成，其分子的內部作用力很強，因而高分子化合物都具有較強的機械性能，這是它與低分子化合物顯著不同之處。

很早以來人類就在利用各種高分子化合物，如食用的澱粉、蛋白質，穿著用的棉、毛、絲以及用途廣泛的天然橡膠等等都是高分子化合物。隨著化學的進展和生產技術的進步，人們對高分子的認識越來越深入，從十九世紀中葉開始，科學家們便著手進行天然高分子化合物的化學改性研究，為的是使它們更適合人們的需求，二十世紀 30 年代以後又發展到人工合成高分子化合物的新階段，高分子化學與化工生產技術比翼雙飛。

高分子化學的建立

人類對於高分子化合物雖然並不陌生，但是對高分子的本質和它的結構的真正的認識是二十世紀 20 年代以後的事。在此之前，化學家們曾經把高分子

化合物看作是某些小分子的物理集合體。20 年代初期，德國化學家施陶丁格 (Hermann Saudinger, 1881 ~ 1965) 在他的論文中開始使用「高分子」這個詞，他指出，高聚合物並非小分子的物理的集合，而是小分子依靠化學鍵結合所形成的長鏈大分子。他的正確觀點當時並未得到大多數化學家的承認，甚至遭到了激烈的反對。有人好心地勸他：「離開大分子這個概念吧！根本就不可能有大分子那樣的東西。」但是施陶丁格沒有因此而動搖。激烈的爭論促使雙方都更加深入地從事實驗研究，其結果是越來越多的事實證明了施陶丁格的正確。1932 年施陶丁格發表了他的重要著作《高分子有機化合物》，總結了關於大分子的爭論，高分子的概念從此為化學界所普遍接受，高分子化學作為一門學科亦由是而確立。為了表彰施陶丁格的開創性的傑出貢獻，他被授予 1953 年度諾貝爾化學獎金。

天然高分子化合物的化學改性研究

據現在所知，大約在十一世紀人類已經開始利用天然橡膠。十九世紀橡膠工業逐漸興起，但它一起步就遇到了難題。當時人們把天然膠乳煉製成固體的生膠，再用石腦油使之溶解，然後加工成型，但是這種橡膠製品總是遇熱發粘和遇冷變脆，這就影響了橡膠製品的適用性，限制了橡膠工業的發展。1838 年美國一家小型橡膠廠廠主古德伊爾 (Charles Goodyear, 1800 ~ 1860) 試著把硫磺加到橡膠中鎔煉，偶然找到使橡膠硫化的改性工藝。不過這種工藝實際上到了 1885 年才為人們所廣泛採用。到 1916 年人們又發明了以炭黑作為橡膠的補強劑，更大大地改善了橡膠製品的強度和耐磨性。現在這些都是橡膠工業的常規工藝了。

天然纖維素的改性研究也是天然高分子加工工藝的重大課題之一。1845 年間，瑞士化學家舍恩拜因 (Christian Friedrich Schonbein, 1799 ~ 1868) 發明了用硝酸和硫酸混合處理纖維素從而得到火藥棉（即硝化棉）的方法，經過他人的改進，硝化棉迅速取代了黑色火藥的地位，成為通用的炸藥。隨後人們又發現，將硝化棉的酒精—乙醚溶液蒸發後，可以得到一種堅硬而有彈性的、角質狀的物質，但它的質地過硬，難於加工，其後人們找到了以樟腦作為增塑

劑的方法，這就製成了一種漂亮的塑料賽璐珞，它可以用來製造多種輕工產品，後來也用來製造照相和電影用的膠片。但是賽璐珞容易著火，曾經釀成不少事故。到 1927 年人們又找到一種以醋酸纖維和硝酸纖維混合並加入適當的增塑劑而製成的塑料，主要用於製造安全的照相和電影用膠片。改性纖維素也大量用於製造人造絲。 1855 年人們以桑樹枝為原料製造出第一根人造絲，後來人們利用棉花也製成了人造絲， 1891 年世界上第一家人造絲工廠在法國投入生產。 1892 年化學家又發明了利用從木材漿提取的纖維素製造人造絲的方法，這就是黏膠纖維，它的原料來源豐富，價格也便宜。 1900 年英國建成了年產 1000 噸黏膠纖維的工廠，黏膠纖維工業從此便迅速發展起來。我國俗稱的「人造棉」就是黏膠纖維的一種。

高分子化合物的人工合成

天然高分子化合物的改性能夠得到許多前所未有的產品，有很大的發展前途，但在原料上總還有一定的限制，因此人工合成高分子化合物的研究隨之興起。最早由人工合成的高分子化合物是 醛樹脂（我國俗稱「電木」），這是 1907 年美國人發明的， 1910 年便投入工業化生產。酚醛樹脂可以製成電絕緣材料，也可以製造油漆等多種產品，它一推出市面便得到迅速的發展。

天然橡膠資源有限，發展也很緩慢，而汽車工業的勃興又迫切需要大量橡膠輪胎，人工合成橡膠於是成了化學家們的重大課題。這項研究是從天然橡膠的化學組成及其結構分析開始的，本世紀初化學家們就完成了這項任務，緊跟著又進行橡膠人工聚合的研究， 1912 年德國人首先製成了人工合成橡膠汽車輪胎，但是它的質量存在著一些問題，價格也比較昂貴。後來人們對橡膠的結構作了更加深入的研究，又解決了一系列比較複雜的工藝問題， 1932 年蘇聯人開始了丁鈉橡膠的大規模生產，同年美國的杜邦公司也開始了氯丁橡膠的工業化生產，合成橡膠工業從此進入了大發展的階段。後來人們更合成了多種性能各異的橡膠以滿足各方面不同的需要。有人估計，目前世界上的橡膠製品大約有 70% 以上都是由合成橡膠製成的。

人工合成高分子化合物研究的另一大成就是合成纖維的發明。據估計，現

在世界上合成纖維製品已占全部纖維製品的 $\frac{1}{3}$ 以上。 1912 年德國化學家製成了第一種合成纖維，不過這種纖維的性能不好，合成纖維並沒有因此而發展起來。合成纖維的真正起步是從美國化學家卡羅瑟斯 (Wallace Hume Carothers, 1896～1937) 和他的助手於 1930 年合成聚醯胺纖維尼龍－66 開始的（尼龍的商品名稱又稱為「錦綸」）。尼龍－66 一投產就引起了廣泛的注意，其他類型的聚醯胺纖維於是紛紛湧現，如尼龍－6、尼龍－7 等等。另一種重要的合成纖維是聚酯纖維（商品名稱又稱「滌綸」、「特多龍」），它是兩位英國化學家於 1941 年發明的，美國杜邦公司購買了專利權並於 1950 年投產。再一種重要的合成纖維是聚丙烯纖維（商品名稱又稱為「晴綸」），這是 1942 年發明， 1950 年由杜邦公司最先投產的，它的性質類似於羊毛。第四種重要合成纖維是聚丙烯纖維（商品名又稱為「丙綸」），它發明於 1954 年， 1957 年在意大利實現了工業化生產，它能耐比較高的溫度（熔點為 170℃），也有廣泛的用途。第五種重要合成纖維是聚乙烯醇縮甲醛纖維（商品名又稱為「維尼綸」），它是 1939 年由日本人研製成功的，於 1941 年在日本開始投產，目前中國大陸是這種纖維的最大生產國。許多性能不同、用途各異的合成纖維新品種仍在不斷地問世。合成纖維已經成為人們生產和生活不可缺少的重要材料。近年中國大陸化學纖維工業發展十分迅速，產量已占居世界第二位。

　　人工高分子合成的第三大類重要產品是合成塑膠。聚乙烯是當今世界產量最大的塑膠品種，它是 1935 年英國化學家在化學實驗中偶然發現的， 1939 年英國帝國化學公司首先投入生產。聚乙烯有很好的電絕緣性，早期大量用作電纜的絕緣材料。聚乙烯原先的生產工藝，是使乙烯在 1500～3000 個大氣壓和 150℃ 的溫度下聚合而成，當它已廣泛應用後人們便試圖尋找在低壓下合成的方法。德國化學家齊格勒 (Karl Ziegler, 1898～1973) 於 1953 年運用一種金屬有機化合物 $Al(C_2H_5)_3$ 作為催化劑，使乙烯在常壓下聚合成功，科學界和工業界都為之歡欣鼓舞，聚乙烯的生產量從此大增，應用領域也更加廣闊。受到齊格勒工作的啟發，意大利化學家納塔 (Giulio Natta, 1903～1979) 運用另一種金屬有機化合物為催化劑合成了聚丙烯，這也是一種用途廣泛、性能優良的合成塑膠，尤其引人注意的是丙烯的原料價格低廉，他的成功同樣轟動了世

界。齊格勒和納塔因他們傑出的成就而榮獲 1963 年諾貝爾化學獎金。由於齊格勒－納塔型催化劑的問世，大大地推動了合成塑膠工業的發展。屬於聚乙烯型和聚丙烯型的重要塑膠產品還有多種，如聚氯乙烯、聚苯乙烯、聚四氟乙烯、聚甲基丙烯酸甲酯（俗稱「有機玻璃」）等等。如今塑膠製品的使用已遍及一切領域，深入到人類生活的每一個角落，塑膠工業已經成為現代社會的基礎材料工業之一。

合成橡膠、合成纖維和塑膠並稱當代三大合成材料，它們在現代社會中的作用和地位越來越重要，它們的技術水準和發展程度已經成為衡量一個國家的技術進步和經濟實力的基本依據之一。

❀　　　　　　　❀　　　　　　　❀

近一個世紀以來，化學的面貌發生了深刻的變化，它的進展是驚人的。以往的化學的基礎，一方面是一些帶有猜測性的概念（如元素、原子這些概念），另一方面是一些經驗性的規律（如元素週期律），從整體上來說，理論上的根基並不十分牢固。當人們對物質的認識進入到微觀領域之後，情況便發生了急劇的變化。不僅過去的一些基本概念和經驗規律得到了理論上的闡明，而且又建立了一系列新的概念和原理，數學在化學中的運用也越來越廣泛。從價鍵理論、分子軌域理論、配位學說到化學熱力學、化學動力學，都說明化學在理論上更加成熟了。化學已經從經驗性和描述性的學科過渡為推理性學科，實現了深刻的變革。

二十世紀化學飛速進展的另一個重要因素是實驗方法和手段的改觀。光學技術、電子技術、自動化技術以至電子計算機技術的引進，使化學實驗的基礎與以往相比發生了根本性的變化。化學實驗已經完全擺脫了從前的手工業作坊式的狀態，進入了以現代儀器操作的新階段。這些變化不僅表現在實驗的精確度和速度上，更表現在它所揭示物質結構和化學過程的廣度和深度上。過去一些猜測性的看法如今可以利用實驗手段給予證實或者證偽，一些新的思想和觀念也能夠較快地得到實驗的驗證。人們依賴這些前所未有的實驗手段不斷地發現更多前所未知的事實。這無異於給化學插上了一對強勁的翅膀。

本世紀以來，化學的進步使社會更加認識它的價值和意義。現在人們已經

無法設想，如果沒有了化學，沒有了化工產品，農業、能源、衣著、醫療衛生、居住條件、環境保護、交通運輸以至於一切社會生活將會是個什麼樣子，也很難想像如果沒有化學和化工技術的進一步發展，人類社會是否還能持續地進步。化學作為一門能較迅速開拓新技術從而轉化為生產力的學科，它給了人們太多的好處，這也成為推動化學前進的巨大的動力。

　　現代化學已經發展成為內涵龐大，分支學科眾多的一門基礎學科。據有人統計，到目前為止已知的單一物質已超過 800 萬種，化學家們還在以每週 6000 ～ 7000 種的速度合成各種化合物，即大約每隔一分多鐘就有一種新的化合物問世。這就是說，化學的研究對象仍然在高速擴展。大量邊緣學科的出現更給化學增添了無比的活力，如計算化學、生物化學、醫藥化學、能源化學、環境化學、地球化學等等。電子計算機在化學研究中的應用更為化學創造美好的前景。在電子計算機的幫助下，分子工程學作為一門學科正在形成。人們希望透過理論計算，像設計房屋那樣按照人們的意願設計並合成新的分子，製成新的材料、新的藥物、新的元件、新的催化劑等等，以滿足社會各方面越來越多、越來越複雜的需求。可以預期，到本世紀末，化學將能夠達到實現分子工程的境界，化學的前途將更加廣闊。

複習思考題

1. 簡述二十世紀以來對元素週期律的新認識。

2. 試簡述對化學鍵本質的認識過程以及其意義。

3. 簡述本世紀以來有機化學合成技術的進展。

4. 試簡述高分子合成技術的進展及其意義。

5. 簡述你對化學科學的發展與其他科學的關係的認識。

6. 試簡述化學科學在國民經濟中的作用與意義。

7. 你從二十世紀以來化學科學的進展得到什麼啟示？

第12章

現代生物科學的成就及其前景

　　本世紀之前，生物學雖已逐漸形成了自己的學科體系，但是它基本上是經驗性的和描述性的，生物學家們的主要精力還在於整理和綜合以往累積起來的資料，實驗的方法和數學的方法在生物學中的應用並不普遍，人們的研究工作還未能深入到生命現象的本質。二十世紀以來，由於生物學的研究逐步深入，由於物理學和化學以及其他學科進步的推動，也由於來自各方面的實際需要，生物科學的面貌發生了深刻的變化。我們看到，生命現象的研究已由細胞領域進入了分子領域，在生物科學的分支越來越細的同時又出現了高度綜合的研究方向，實驗方法在生物學研究中廣泛應用，實驗手段也越來越進步，數學在生物學中的運用日漸普遍，生物工程的出現更表明了人類對生命現象的認識達到了前所未有的深度。

第一節　遺傳規律及其細胞學基礎的研究

　　人類在遙遠的古代就知道「種瓜得瓜，種豆得豆」，也就是說知道任何生物都能產生與其自身相似的後代，把自己的特性傳遞給它們，並使後代要求跟自己相似的生活條件，這就是生物的遺傳性。人們正是利用生物的遺傳性才得以從事種植業和畜牧業生產。然而事情還有另外一面，人們也發現生物的後代與它們的親代有不完全相似的情況，對於人類的需要來說，這些後代的有些性狀可能優於親代，有些性狀可能劣於親代。人們早就利用這種現象進行選種和育種的工作，以求得到更有利於人類的生物品種。從前這一切只能憑經驗來

做，並不明其理。生物的遺傳究竟有無規律可尋？親代如何將其性狀等遺傳給後代？影響遺傳的因素都有那些？這些問題早就擺在了人們的面前。從上世紀中期到本世紀 50 年代，人們對這些問題的探索才逐漸有了一些眉目。

孟德爾的豌豆實驗

雜交是人們經常用以改良品種的方法。十八世紀以後，一些生物學家開始利用植物雜交來研究生物的遺傳，提出過一些看法。十九世紀奧地利人孟德爾 (Johann Gregor Mendel, 1822 ～ 1884) 的工作對後世有很大的影響，我們在這裡不得不先回顧一下他所作的貢獻。孟德爾因家境貧窮，在他 21 歲的那年為了生計而進入修道院。當時歐洲的一些修道院實際上也是文化和學術中心。他在修道院期間得以進入維也納大學學習並且成為物理學和博物學教師，同時他還是修道院的神父，後來更擔任了修道院的主教和院長。雖然他是一位神職人員，不過他的興趣主要還是在遺傳學的研究上。他選用豌豆作為他的實驗對象，因為豌豆的一些性狀在遺傳中具有穩定的、易於區分的特點以及它具有嚴格自花授粉① 的生殖過程，透過人工去雄而進行異花授粉，就能有效地防止外來花粉的干擾，可以對它們的後代的七種性狀（種皮或花的顏色、花的位置、莖的高矮、種子的形狀、子葉的顏色、豆莢的顏色和豆莢的形狀）逐一加以研究。他運用數學的方法對雜交後代性狀作統計和分析，提出了他的遺傳理論。

「血統」曾是歷史上流行的對遺傳現象的看法，人們把雜種說成是「血統」的混合，所謂「混血」、「混血兒」就是這個意思，似乎後代的性狀應當是親代性狀的「混合」。還在十七世紀已經有人指出這種看法與事實不符。比如說，自然界中有白貓和黑貓，按「混合」的觀念，白貓與黑貓所生的後代必定只能是灰貓，灰貓的後代則還是灰貓，那就再也不會有白貓或者黑貓了，事實並非如此。孟德爾透過他的豌豆實驗令人信服地否定了混合的遺傳思想。

孟德爾選擇一對可明確區分性狀的、不同品種的豌豆來進行雜交實驗。他發現，如果用純種的紅花豌豆與純種的白花豌豆雜交，雜交後所得的第一代種

---

① 自花授粉即由同一朵花的雄蕊給雌蕊授粉的生殖過程。小麥、大豆和豌豆等都是自花授粉的植物。

自然科學概論

子長成的植株（生物學上稱爲子一代）全部開紅花。如果用高莖豌豆（莖高約 6 ～ 7 英尺）與矮莖豌豆（莖高約 1/2 ～ 3/4 英尺）雜交，所得子一代全部都是高莖豌豆。這就是說，子一代豌豆只具有一個親本的性狀（如紅花、高莖），另一個親本的性狀（如白花、矮莖）卻隱藏了起來，並不顯現。他把在子一代顯現出來的親本性狀稱作「顯性性狀」，把在子一代不顯現出來的親本性狀稱作「隱性性狀」。實驗表明，具有不同性狀的親本植物雜交後，子一代所有個體都表現出顯性性狀的現象具有普遍性。後來人們把這一事實稱為「顯性律」。

上述實驗所得的子一代紅花豌豆已非純種。若使它們自交①，所得的子二代種子長成的植株的性狀就要產生分化，出現紅花豌豆和白花豌豆兩種類型，紅花豌豆植株與白花豌豆植株的數目之比大致是 3:1。從具有其他性狀（如高莖和矮莖）的子一代來考察也是一樣，其表現顯性性狀和隱性性狀的植株數目之比也都接近 3:1。這種在雜交後代出現的一對性狀分別得到表現的規律，稱為「分離律」。

孟德爾又繼續觀察兩對和兩對以上性狀的遺傳狀況。他發現，如果讓純種紅花高莖豌豆與純種白花矮莖豌豆雜交（即同時觀察兩對性狀），它們的子一代全都是紅花高莖，子一代自交所產生的子二代則出現了紅花高莖、紅花矮莖、白花高莖和白花矮莖四種類型，它們的植株數目接近於 9:3:3:1。如果同時觀察三對性狀，則子二代有八種類型，其植株數目比為 27:9:9:9:3:3:3:1。孟德爾曾在一些實驗中做到第五代和第六代，也都得到類似的結果。這一事實不僅證明分離律的正確，同時還表明雜交子代的性狀在遺傳中出現了分離和隨機組合的現象。生物學家把這種現象稱為「獨立支配律」或「自由組合律」。

為了說明這些遺傳現象，孟德爾提出了遺傳因子假說。他認為在生物的生殖細胞中含有代表其性狀的相互獨立的成份，他把這些成份稱作「遺傳因子」，這些因子的一半來自父本，一半來自母本。如果來自父本和來自母本的代表某種性狀的遺傳因子相同，這就是同質結合，所得子代為純種；如果不

---

①自交是同一株植物上雌雄交配（即授粉）的生殖方式，包括自花授粉和同株的雄花與雌花授粉兩種情形。

同，即為異質結合，所得子代為雜種。

　　以上述豌豆實驗為例，若用 C 表示紅花因子，c 表示白花因子（在遺傳學上一般以大寫字母表示顯性性狀，以小寫字母表示隱性性狀），則純種紅花豌豆的生殖細胞中的這個性狀的遺傳因子為 CC（同質結合），雜種中為 Cc（異質結合），它們在外部表現上雖然相同，即都是紅花，但遺傳因子的狀況卻不相同。在生殖過程中，代表這對性狀的遺傳因子彼此分離又重新組合成對。如果父本和母本都是純種紅花，那麼兩對 CC 分離後不論如何組合，其結果都是 CC，即仍為純種紅花。如果父本和母本都是雜種紅花，那麼兩對 CC 分離後重新組合後則有 CC、 Cc、 cC 和 cc 這四種情況，其中 CC、 Cc 和 cC 表現為紅花，而 cc 則為白花。這樣就圓滿地解釋了在實驗中所得的 3:1 的現象。（參閱圖 74）

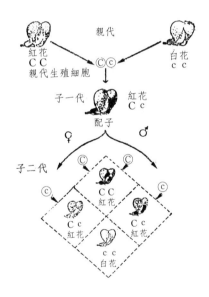

圖74　紅花豌豆與白花豌豆一對因子的分離和重組示意圖

　　運用遺傳因子的概念，對於兩對和兩對以上性狀的遺傳現象同樣可以得到很好的說明。例如由純種的種子為黃色和飽滿型的豌豆與純種的種子為綠色和瘤皺型的豌豆雜交，所得子一代全部是黃色飽滿型，子二代則有黃滿、黃皺、

綠滿和綠皺四種類型，它們的植株比例為 9:3:3:1，其遺傳因子的分離與重新組合的情形可以圖 75 示意。

我們記得，在關於物質構成的認識上，人們曾經有過「元素混合」的猜測（如古希臘的恩培多克勒），十九世紀道爾頓的原子論指出，物質是由代表不同元素的原子以簡單比例相結合所構成，從而徹底地澄清了這個問題。孟德爾在遺傳學上的工作與道爾頓在化學上的工作非常相似。不同的是道爾頓的工作很快便得到學術界的承認，而孟德爾的工作於 1865 年發表後卻被埋沒了 35 年。事情之所以如此，其原因是多方面的。生物現象比化學現象要複雜得多，「混合」的觀念在遺傳學界中影響較深，孟德爾所運用的數學統計方法對當時的生物學家來說很不習慣，那時研究植物雜交的權威學者對他的工作不予重視，孟德爾的實驗在某些植物上不大成功等等，都使得他的歷時七年、涉及植株 30000 個以上的、具有開創性的工作遭到令人遺憾的冷落。

孟德爾學說的重新發現和基因論的提出

孟德爾逝世十多年後，在 1900 年春天的幾個月間，一位荷蘭植物學家、一位德國植物學家和一位奧地利植物學家分別宣布自己發現了遺傳的規律，而在查核文獻的時候都才知道孟德爾早就走在他們的前面。這件事情似乎有點戲劇性，卻也表明揭示遺傳規律的各方面條件到這時是完全成熟了。孟德爾的工作為人們重新發現之後，立即產生巨大的影響，遺傳學從此進入一個大發展時期。

這時候生物學的狀況與孟德爾所處的時代已不大相同，人們對細胞的構造和細胞的生殖行為已經有了比較多的認識，從生殖細胞的變化中尋找與孟德爾所說的遺傳因子相對應的成份及其機制，自然就成為遺傳學家們所關注的課題。

早在上世紀中期，生物學家們便開始研究細胞分裂的現象。1879 年，德國生物學家弗勒明 (Walther Flemming, 1843 ～ 1905) 發現細胞核中有一種絲狀物質，這種物質很容易被鹼性染料（如洋紅、蘇木精等）著色，因此稱為「染色絲」。隨後，弗勒明和另一位德國生物學家斯特拉斯布格 (Eduard Adolf Strasburger, 1844 ～ 1912) 分別研究了動物和植物細胞的有絲分裂過

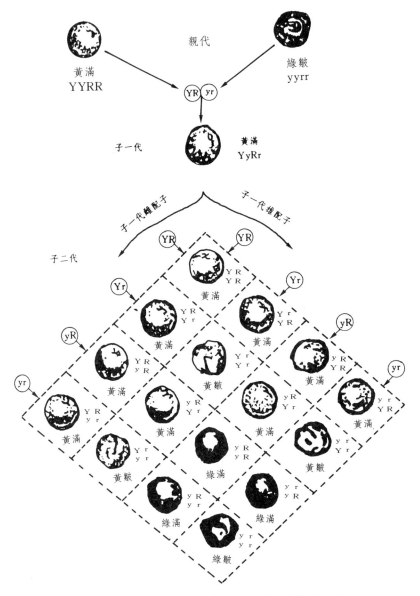

親代

黃滿
YYRR

綠皺
yyrr

YR yr

子一代

黃滿
YyRr

子一代雌配子 子一代雄配子

子二代

YR YR

Yr Yr

黃滿
Y R
Y R

黃滿
Y r
Y R

黃滿
Y r
Y r

yR

yR

黃滿
Y R
y R

黃皺
Y r
y r

黃滿
y R
Y R

黃滿
Y R
Y r

yr

yr

黃滿
Y R
y r

黃滿
y R
Y r

黃滿
y R
Y r

黃皺
Y r
y r

黃皺
y R
y r

綠滿
y R
Y R

綠滿
y R
y R

綠滿
y r
y R

綠皺
y r
y r

圖75 黃色飽滿型豌豆與綠色縐皺型豌豆兩對因子的分離和重組示意圖

程。他們觀察到這樣的情形：當細胞行將分裂時，染色絲便變短和變粗，轉變為「染色體」，然後每一條染色體都自行複製，形成相同的兩條染色體，這些染色體成對地排列的細胞當中，接著它們彼此逐漸分開，為細胞兩極的中心粒伸出的紡錘絲牽引而向細胞兩端移動，細胞質也隨之分裂成兩部分，於是染色體便均等地分配在兩部分細胞質之中，當兩個新的細胞形成後，這兩部分染色體又轉變為兩個新的細胞的染色絲（參閱圖 76）。有絲分裂是細胞分裂中最普遍的分裂方式，除了衰老細胞或病態細胞的分裂為無絲分裂之外，高等動物和植物體內的一些組織的增殖和受精卵的分裂都是有絲分裂。從有絲分裂的過程中可以看到，由於染色體的複製和均等分配，分裂後的子細胞含有與母細胞數目完全相同的染色體，它們的形狀、大小也大體上與母細胞保持一致。

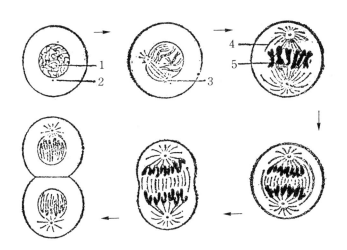

1 核仁　2 中心粒　3 星射線　4 紡錘絲　5 染色體
圖76　動物細胞的有絲分裂過程示意圖

　　1887 年後，斯特拉斯布格等人又相繼發現「減數分裂」的現象，這是以有性方式繁殖的動植物生殖細胞在成熟時的分裂過程。一個母細胞連續兩次分裂形成了四個子細胞，但在整個分裂過程中染色體只複製一次，因此這四個子細胞的染色體的數目都只有原來那個細胞的一半，這就是減數分裂。經過減數

分裂形成的成熟的生殖細胞與異性的同樣經過減數分裂形成的成熟的生殖細胞結合成為新的細胞後，染色體又恢復為原來的數目，所以由受精卵發育而成的子代個體的染色體數目與親代相等。

細胞分裂時染色體的行為，尤其是生殖細胞分裂時的染色體行為，很容易使人聯想到孟德爾學說中的遺傳因子的行為。本世紀初，美國生物學家薩頓 (Walter Stanborough Sutton, 1877～1916) 推測，細胞核中的染色體與孟德爾的遺傳因子之間應當存在著某種關係，遺傳因子可能存在於染色體之中。但是這個推測面臨一大難題，即生物體的遺傳性狀以及代表這些性狀的因子的數目遠遠大於生物體中細胞內染色體的數目，它們之間絕對不可能一一對應。

美國遺傳學家摩爾根 (Thomas Hunt Morgan, 1866～1945) 和他的學生從 1908 年起就開始研究染色體與遺傳因子之間的關係。他們選擇只有四對容易識別的染色體，生活週期僅兩週，產卵很多，繁殖又很快的果蠅作為實驗對象，透過雌性紅眼果蠅與雄性白眼果蠅雜交，觀察它們後代的性狀變化。他們發現子二代的紅眼果蠅與白眼果蠅的數目之比為 3:1，這與孟德爾的理論完全一致，但他們又注意到白眼果蠅必定為雄性，說明果蠅眼睛顏色的遺傳與它的性別有關，親代的白眼雄蠅只把它的眼睛顏色的特徵傳給孫男而不傳給孫女。透過反覆的實驗，摩爾根證實果蠅有一百多對遺傳性狀的情況和白眼、紅眼的情況相似，它們都與果蠅性別有關，他把這種現象叫做「基因連鎖」。（「基因」是一位丹麥生物學家提出的概念，指細胞中具有自我繁殖能力的遺傳單位，其含義與孟德爾的遺傳因子相似。）所謂基因連鎖，就是在遺傳過程中，決定一些性狀的基因與決定另外一些性狀的基因連接在一起的現象。先前的研究已經知道果蠅有四對染色體，其中一對決定果蠅的性別。（通常以 XY 表示雄性染色體，以××表示雌性染色體。）摩爾根透過實驗測出，果蠅的全部性狀恰好分為四個基因連鎖群，這個數目與果蠅性別染色體的數目相同，完全可以形成對應關係。既然實驗結果表明一條染色體上存在著多個基因，這就解決了上述染色體少而基因多而產生的困惑。

摩爾根的果蠅實驗是遺傳學史上又一個著名實驗，它的意義在於找到了生物遺傳規律的細胞學基礎，使遺傳學的研究從生物個體進入到細胞領域，向揭

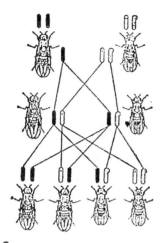

XX　　　　XY

雌　　　　　雄

圖78　顯微鏡下的果蠅的四對染色體

▯ 表示攜帶紅眼基因的 X 染色體

▮ 表示攜帶白眼基因的 X 染色體

▮ 表示不攜帶眼睛顏色基因的 Y 染色體

圖77　摩爾根果蠅遺傳實驗示意圖

示遺傳機制邁出了重要的一步。

　　摩爾根在他的實驗的基礎上於 1928 年提出他的基因論。他認為，生物體的種種性狀取決於生殖細胞中成對的基因，基因是染色體上分立的遺傳單位，它們形成一定數目的連鎖群，在生殖細胞成熟時，成對的兩個基因依孟德爾分離律而分離，於是每個生殖細胞只含一組基因；不同連鎖群內的基因依孟德爾自由組合律而重新組合；相應的連鎖群內的基因有時也發生有秩序的交換，交換的頻率可以提供有關連鎖群內基因線性排列的證據，同時也能表明基因之間的相對位置。

　　摩爾根這裡所說的基因有秩序的交換是指這樣一種情況：他在實驗中注意到，如果一個染色體上的所有基因都緊密地連鎖在一起，一個生物體就只能有它所含染色體數目那樣多的獨立遺傳單位，這對於基因的重組顯然是極大的約

束。因此他提出在減數分裂中成對的染色體會發生「單位交換」，即父本和母本染色體的片段組成新的染色體，基因亦隨之交換，至於有多少和那些基因發生交換則是隨機的。以大量實驗數據為基礎作統計分析，即可得知基因在染色體上的位置及其順序。摩爾根的助手斯特蒂文特 (Alfred Henry Sturtevant, 1891 ~ 1970) 於 1913 年得出了普通果蠅 X 染色體的第一張染色體圖，證實了基因在染色體上作線性排列。這時斯特蒂文特年僅 19 歲。

摩爾根的成就在遺傳學史上有劃時代意義，他因此成為 1933 年度諾貝爾生理學醫學獎金的得主，同時還得到其他許多榮譽。應當指出的是，孟德爾和摩爾根所研究的遺傳現象僅僅是生物遺傳中一些比較簡單的現象，即那些可以在質上明確加以區分的性狀的遺傳現象，實際上生物中還有大量遺傳性狀是不能僅從質上加以區分的，如小麥的千粒重就不能從其性質上區分為「重的」和「輕的」，只能從數量上加以區分。這類性狀遺傳的情形就要複雜得多。還有，一個基因決定一個性狀的說法也只是一種簡單化的說法，事實上一個基因不只決定一個性狀的遺傳，而大多數性狀的遺傳也並非只由一個基因所決定。不過，生物學家們亦已弄清多基因決定的性狀遺傳在本質上也服從孟德爾的規律。

第二節　從基因化學構成的研究到分子生物學的建立

基因論的創立雖然揭示了基因在遺傳中的作用及其在染色體中的排列，但是基因究竟是什麼和它如何確定性狀的遺傳，即它的化學構成以及它的作用機理等問題都還沒有給出回答。摩爾根在他的《基因論》一書中寫道：「基因之所以穩定，是因為它代表著一個有機化學實體」。摩爾根的大膽設想把人們的目光引向了更深的層次，對於揭開遺傳之謎是重要的啟示。

基因化學構成的探究我們在前章述及，上世紀 60 年代科學家們就從細胞核中分離出兩種核酸，即核糖核酸（RNA）和去氧核糖核酸（DNA），前者的鹼基是腺嘌呤（A）、鳥嘌呤（G）、胞嘧啶（C）和尿嘧啶（U），後者的鹼基是腺嘌呤、鳥嘌呤、胞嘧啶和胸腺嘧啶（T）。因兩種核酸都分別含有四種鹼基，其中每一種鹼基與一個戊糖和一個磷酸結合能形成一種核苷酸，所

以一個核酸大分子中就包含著四種類型的核苷酸。一個 RNA 或 DNA 分子一般都是由幾百個以至幾千個核苷酸所組成的多核苷酸鏈。

我們亦已知道蛋白質也是細胞的重要成份，已發現組成蛋白質的氨基酸單體有 20 種之多，一個蛋白質大分子又由成百上千個氨基酸組成，這些氨基酸的排列方式有非常多的可能，它們比起只由四種核苷酸組成的核酸大分子的可能排列方式要多得多，因此曾經有人以為蛋白質是構成基因的化學成份，似乎只有蛋白質才能包含如此複雜的遺傳信息。

關於基因的化學構成究竟是蛋白質還是核酸的問題，直到本世紀 40 年代才逐漸得到澄清。早在 1928 年，英國細菌學家格里菲思 (Fredrick Griffith, 1877 ～ 1941) 發現肺炎雙球菌有兩種類型，其中一種致病作用強（S 型），另一種則沒有致病作用（R 型）。如果給小白鼠注射已被殺死的 S 型菌，小白鼠是不會致病的，可是如果將 S 型死菌與 R 型活菌混合後給小白鼠接種，它就要染病而死亡，這時從死鼠體內分離出來的細菌中竟然有活的 S 型菌。這一事實表明，與 S 型死菌混合後的 R 型活菌發生了變化，它轉化成了 S 型活菌，轉化的原因顯然是 S 型死菌中某些物質的作用。至於是 S 型死菌裡面的什麼東西使 R 型菌發生轉化，格里菲思當時並沒有能夠回答。 1944 年美國細菌學家艾弗里 (Oswald Theodore Avery, 1877 ～ 1955) 和他的合作者繼續做格里菲思的實驗，他們仔細地研究了 S 型死菌濾液的成份，認定只有 DNA 能使 R 型菌轉化成 S 型菌並令其後代穩定地具有 S 型菌的遺傳性，蛋白質則沒有這種作用。但是一些人對此仍抱懷疑態度，不相信只由四種核苷酸組成的DNA 能攜帶數量如此之大的遺傳信息。

1952 年，原先也持懷疑態度的美國生物學家赫爾希 (Alfred Day Hershey, 1908 ～) 和蔡斯 (Martha Chase, 1927 ～) 利用噬菌體以放射性標記的方法[1] 來研究這個問題。噬菌體是一種病毒，由一個蛋白質外殼包著核酸（通

---

[1]他們所用的方法如下：以含有硫的放射性同位素 ^{35}S 的培養液培養大腸桿菌後，大腸桿菌的蛋白質即含有 ^{35}S，它使噬菌體受到感染，由此而產生的噬菌體後代的蛋白質亦含有 ^{35}S。用同樣的方法也可以得到其核酸含有放射性同位素 ^{32}P 的噬菌體。這兩種噬菌體也就分別帶上了放射性標記。

常是 DNA）組成，它能侵入細菌細胞並在其中大量繁殖，最後導致細胞的裂解。赫爾希等人使噬菌體蛋白質中的硫和 DNA 中的磷分別帶上放射性標記，讓這些噬菌體分別與大腸桿菌細胞發生作用，同時以儀器追踪放射性硫和放射性磷的去向，這就有可能弄清楚蛋白質和核酸這些大分子的行為。這種方法稱為同位素示法，在現代實驗中有廣泛的應用。他們在實驗中發現，噬菌體的行為有如一個注射器，當它吸附在大腸桿菌細胞上時就將它的核酸注入這個細胞，但它的由蛋白質構成的外殼則留在外面，它的 DNA 進入細胞後即令該細胞的體內組織大量複製病毒的組成部分，卻不產生原來細胞的組成部分，最後導致該細胞破裂。他們的實驗令人信服地證實了攜帶遺傳信息的是 DNA 而不是蛋白質。他們的成就一時轟動了生物學界。

這裡還需要說一下的是，現在我們知道在某些病毒遺傳信息的傳遞中，發揮決定性作用的是 RNA 而不是 DNA，我們將在下文述及。

DNA 分子結構的研究

DNA 既然已被確認為攜帶遺傳信息的物質，下一個問題自然就是要弄清楚 DNA 的化學結構以及攜帶遺傳信息的機理。作為科學的重大課題，它們為許多科學家所關注。

1944 年著名物理學家薛定諤的《生命是什麼？》一書出版，引起了遺傳學界的廣泛注意。薛定諤認為，遺傳學的真正問題在於遺傳信息如何譯成密碼，這些信息在傳遞過程中如何保持穩定，偶然性的變異又如何穩定下來等等。薛定諤推想，DNA 中的原子或原子群的排列與一般晶體不同，它並非某些單晶胞的週期性的排列，而是一種非週期性晶體，它的排列有非常多的可能性，正是在這樣的結構裡蘊藏著遺傳密碼，成為遺傳信息。薛定諤的思想給了人們很大的啟發，其後許多科學家都致力於蛋白質和核酸大分子結構的分析和研究。

1946 ～ 1950 年間，美國生物化學家查加夫 (Erwin Chargaff, 1905 ～) 對 DNA 進行了比較深入的研究。他以實驗證明，同一物種所有個體的 DNA 都相同，不同物種的 DNA 則各不相同。他經過認真的測定，發現 DNA 中四

種鹼基的含量並不是都相等的，而是所有嘌呤的當量與所有嘧啶的當量相等，其中 A=T，G=C。這一發現使人們想到，在 DNA 裡，A 與 T 和 G 與 C 之間可能存在著某種對應關係。

圖79　DNA雙螺旋結構示意圖

1950 年，原先從事物理學研究後來轉向生物學的英國人威爾金斯 (Maurice Hugh Frederick Wilkins, 1916 ～) 得到了第一張 DNA 的 X 射線繞射圖像。次年，英國結晶學家 R.E. 富蘭克林 (Rosalind Elsie Franklin, 1920 ～ 1958) 也加入了這項工作的研究。他們終於確認 DNA 大分子為螺旋形構造。美國生物學家沃森和克里克從 1951 年起便致力於 DNA 分子結構的研究，他們利用了威爾金斯和富蘭克林的成果，經過艱苦細緻的工作，於 1953 初提出了 DNA 的雙螺旋結構模型。他們認為 DNA 的分子是由兩條相當長的多核苷酸鏈圍繞著同一中軸右向旋轉而構成的雙螺旋，其結構就像一架螺旋形的梯子（參閱圖 79 ），梯子的外側是兩條由去氧核糖（以 ▲ 和 ▼ 表示）和磷酸（以 ● 表示）交替並列而成核苷酸主鏈，兩條鏈的內側以鹼基相聯結，但是兩鏈之間的鹼基只能以 A–T 或 G–C 相對應的方式聯結而形成鹼基對，成對的鹼基則由氫鍵連接，這種排列方式叫做鹼基配對原則。在 DNA 分子中，相互對應的鹼基稱為互補鹼基，兩條核苷酸鏈則稱為互補鏈。由於存在著鹼基配對關係，一條核苷酸鏈上的鹼基順序一經確定，另一條與之互補的核苷酸鏈上的鹼基順序也就相應地被確定。但是在由成百上千對鹼基構成的 DNA 分子中，每一對鹼基與其相鄰的上一對或下一對鹼基之間的排列順序卻完全是隨機的，這就是說，一個 DNA 分子中鹼基對的排列順序方式可以有許多種。若 DNA 分子鹼基的數目為 n，則其排列順序可有 4^n 種不同方式。假定某一個 DNA 分子由 100 個鹼基對組成，那

麼，這個 DNA 分子鹼基對的排列順序就有 $4^{100} \approx 1.6 \times 10^{60}$ 種方式之多。由此可見，核苷酸雖然只有四種，其排序方式卻非常多，這個數目之大足以使現存的數以百萬計的生物種中的 DNA 分子各自具有特定的、彼此不同的鹼基排列方式，其中包含著各自的遺傳信息。

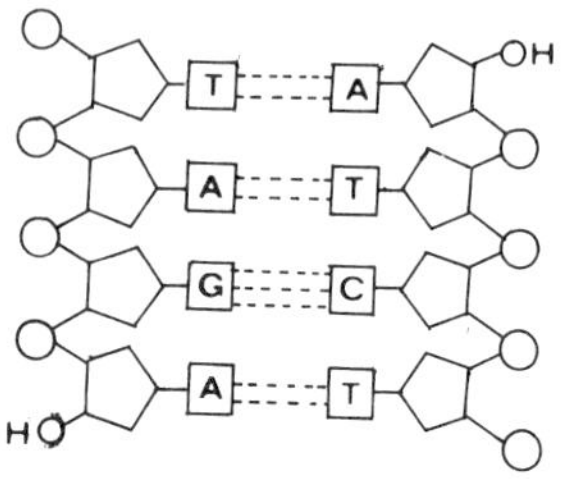

圖80　螺旋拉直後的DNA
　　　分子局部示意圖

在細胞核中還有 RNA 這種物質，它的結構與 DNA 有相似之處，不過它不是由兩條核苷酸鏈而是由一條核苷酸鏈組成的，其中的糖是核糖而不是去氧核糖，四種鹼基種有三種與 DNA 相同（A、G、C），有一種與 DNA 不同（U）。現在已經知道，RNA 是由 DNA 作為模板合成的，它的鹼基與 DNA 核苷酸鏈上的鹼基配對時的對應關係是 A–U 和 G–C。RNA 在遺傳信息的傳遞過程中有重要的作用，這些我們將在下文說到。

DNA 分子化學結構的探明是遺傳學研究的重大成果，這是揭開生物遺傳奧秘的關鍵性的一步，生命科學的研究從此進入分子生物學的新紀元。為了表彰沃森、克里克和威爾金斯的貢獻，1962 年度的諾貝爾生理學醫學獎金授予他們三人。令人遺憾的是同樣作出重要貢獻的富蘭克林已於 1958 年病逝。

DNA 自我複製過程的揭示

DNA 的分子結構表明它足以擔當遺傳信息攜帶者的角色，但是我們還必須探明它傳遞這些信息的機理。首先邁出這一步的還是沃森和克里克。還在完全揭示 DNA 分子結構之前，沃森就作出了他的猜測，寫下了這樣一個公式：「DNA → RNA →蛋白質」。據說他還把這個公式張貼在他辦公室的墙上。

克里克則於 1958 年提出「中心法則」，他認為遺傳信息可以從核酸傳遞給核酸，也可以從核酸傳遞給蛋白質，但不能從蛋白質傳遞給核酸。他們的這些看法都有不完善之處。遺傳信息傳遞過程的揭示是又經過許多人的努力才得以完成的。

我們已經知道，細胞核中的染色體主要是由蛋白質和 DNA 構成的，細胞分裂時染色體之所以能準確地自我複製，其根本原因在於 DNA 的準確自我複製。在細胞分裂的過程中，染色體裡 DNA 分子的兩條核苷酸鏈的某些部分（可同時有許多部分）從相互盤繞的螺旋狀態轉變成兩條平行的核苷酸鏈（參閱圖 81A）。隨著鹼基對的弱氫鍵斷裂，兩鏈分開（圖 81B），每條單獨的核苷酸鏈因而暴露出一排鹼基，它們起著模板作用，使細胞中游離的核苷酸按照鹼基配對法則與之結合（圖 81C）。模板支配著游離核苷酸的裝配順序，氫鍵在 A–T、G–C、T–A 和 C–G 這些互配鹼基對之間形成，隨後便聯成為一個新的核苷酸鏈（圖 81D）。接著，新形成的核苷酸鏈與原來的核苷酸鏈盤繞，新的雙螺旋 DNA 分子於是形成（圖 81E）。一個 DNA 雙鏈分子這就完成了兩個 DNA 雙鏈分子的複製過程。新的 DNA 分子都含有一條親本分子的核苷酸鏈和一條新的核苷酸鏈。這樣形成的新的 DNA 分子不僅與親代分子完全相同，它們彼此間也完全相同。 DNA 分子這種自我複製方式叫做半保留複製，它保證了一個細胞將它所包含的遺傳信息全部地、準確地傳遞到新產生的兩個子細胞中去。這也就是為什麼生物在世代更迭中遺傳性狀具有延續性和穩定性的原因。這裡所敘述的 DNA 複製過程及其機制，已由經過放射性同位素標記的細胞分裂過程得到可靠的驗證，並且有人在 1963 年用電子顯微鏡和放射自顯影相結合的方法成功地拍攝到了大腸桿菌 DNA 半保留複製過程的圖像。

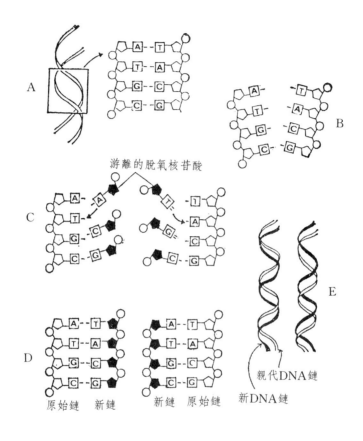

游離的脫氧核苷酸

原始鏈　新鏈　　新鏈　原始鏈

親代DNA鏈

新DNA鏈

A 雙螺旋解開

B 兩條核苷酸分離

C 游離的核苷酸與核苷酸鏈上暴露的鹼基配對

D 核苷酸聚合並形成新的多核苷酸鏈

E 兩個雙鏈的子DNA分子分別重新盤繞成新的雙螺旋

圖81　DNA複製過程示意圖

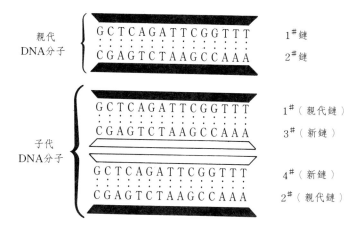

圖82　親代DNA分子與子代DNA分子的比較示意圖

蛋白質的合成與遺傳密碼的研究

　　生物學家們已經知道，千差萬別的生物體及其各個部分的構造和功能的差異，在於它們是由各不相同的蛋白質所構成，而蛋白質間的差異則是由它們所含氨基酸的類型、數目和排列順序不同所決定的。分子生物學的研究表明，在蛋白質合成的過程中，DNA 分子上鹼基的排列狀況決定了氨基酸的裝配順序，起著模板的作用。DNA 分子的鹼基排列順序實際上就是遺傳密碼。實驗又進一步表明，DNA 分子中四種鹼基是以三個鹼基為一組來編排密碼的，這種組合被稱為「三聯體」或「密碼子」。因為四種鹼基可以組成 $64(4^3=64)$ 種密碼子，似乎由這麼多種密碼子代表 20 種氨基酸的遺傳信息是多餘的，不過在 64 種密碼子中除了幾個不代表任何氨基酸外，其餘密碼子都分別與 20 種氨基酸相對應，一種氨基酸通常有一個以上的密碼子，而那幾個不代表任何氨基酸的密碼子在蛋白質合成的過程中起著「標點符號」的作用，它們指揮著合成過程的開始或終結。20 種氨基酸的密碼子已於 1967 年全部弄清。許多生物學家都為此作出貢獻，其中以美國生物化學家尼倫伯格 (Marshall Warren Nirenberg, 1927 ～) 所領導的研究組的工作至為重要。

　　DNA 存在於細胞核裡，而蛋白質的合成卻是在細胞質中進行的。DNA

在蛋白質合成中的模板作用要透過一系列中介物來實現，由它們把 DNA 所攜帶的遺傳信息轉化為蛋白質肽鏈上的氨基酸的排列順序，這種中介物就是 RNA。 RNA 有三種，它們在 DNA 遺傳密碼轉移和蛋白質合成中各自發揮不同的作用。

經過許多科學家的努力，蛋白質合成的過程現在已經完全明白了。今以一個蛋白質大分子（氨基酸多肽鏈）的合成為例加以說明。開始的時候，染色體中的 DNA 分子雙鏈打開，伸直，成為單獨的核苷酸鏈，細胞中游離的 RNA 核苷酸進入細胞核後，以核苷酸鏈暴露的鹼基為模板，依鹼基配對規律合成一條核苷酸鏈，這條核苷酸鏈稱為「信使 RNA」（ mRNA ），這個合成過程稱為遺傳信息的轉錄，這就是說 DNA 的遺傳信息已經轉錄到 mRNA 上了（參閱圖 83 ）。隨後， mRNA 與模板分離，並從細胞核轉移至細胞質中。不過 mRNA 所攜帶的密碼子並不與蛋白質中氨基酸的密碼子直接對應，它還得經過「轉移 RNA」（ tRNA ）的「翻譯」，這是使 mRNA 上的鹼基排列轉換成蛋白質上的氨基酸排列的過程。 tRNA 是一種較小的核苷酸鏈，它的一端結合著一個特定的氨基酸，另一端則含有一個未配對的碱基三聯體，這個三聯體所表達的密碼子與 mRNA 的密碼子是互補的，稱為反密碼子（參閱圖 84 ）。氨基酸有 20 種， tRNA 的種類至少也有 20 種。翻譯過程始自不同種的氨基酸與其相應的 tRNA 結合，這個過程又是在另外一種中介物「核糖體 RNA」（ rRNA ）的配合下完成的，只有在 rRNA 內經過一系列生物化學反應，並且必須借助某種酶① 的催化作用，氨基酸才能與 tRNA 實現連接。此時， rRNA 亦透過一系列生物化學反應與 mRNA 結合，並按一定方向沿 mRNA 移動，在移動中「閱讀」 mRNA 上的密碼。 tRNA 在「起始密碼」的指令下依鹼基互補配對法則逐個與 mRNA 連接。 rRNA 繼續向前移動，相鄰兩個 tRNA 上的氨基酸又借助酶的作用形成肽鍵而依序連接，蛋白質的合成於是正式開始。當 tRNA 失去它的氨基酸後即逐個退出。這個過程至 rRNA 到達

①酶也是一種由細胞產生的蛋白質，有很強的催化活性。它的種類極多，生物化學反應都需要與之相應的酶的參與。

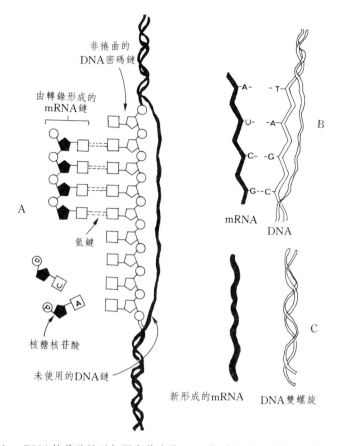

A　mRNA核苷酸鏈以打開和伸直的DNA核苷酸鏈為模板而形成。

B　新合成的mRNA核苷酸鏈與DNA核苷酸鏈分離。

C　DNA核苷酸重新卷曲成雙螺旋，mRNA離開細胞核進入細胞質。

圖83　DNA遺傳信息的轉錄（mRNA形成）示意圖

「終止密碼」而結束，一個多肽蛋白質便合成完畢並游離至細胞質中。在實際
過程中因為有許多 rRNA 和 tRNA 同時工作，所以會有許多蛋白質分子同時
合成。

　　弄清楚這整個過程，是一大批科學家長期辛勤勞動的結果。研究工作實際

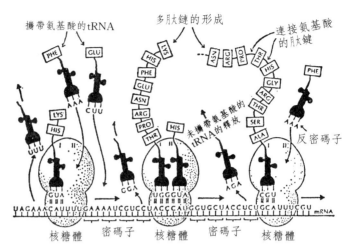

攜帶氨基酸的tRNA　　多肽鏈的形成　　連接氨基酸的肽鍵

未攜帶氨基酸的tRNA的釋放

反密碼子

核糖體　密碼子　核糖體　密碼子　核糖體

核糖體RNA（rRNA）正在mRNA上向前移動，並在「閱讀」mRNA上的密碼子。在每個密碼子上都有一個攜帶適當氨基酸的tRNA與其暫時鍵合。tRNA所帶氨基酸隨rRNA移動而與相鄰氨基酸形成肽鏈。

這個過程至rRNA到達「終止密碼」時結束，然後新形成的多鏈（蛋白質）被釋放到細胞質中。

圖84　蛋白質合成過程示意圖

上從本世紀 30 年代就開始了。 mRNA 及其功能的發現主要是法國生物學家雅各布 (Francois Jacob, 1920 ～)、利沃夫 (André-Michael Lwoff, 1902 ～)和莫諾 (Jacques Lucien Monod, 1910 ～ 1976) 的貢獻，他們於 1960 年提出了他們的看法，次年為另一批生物學家所證實。他們因此而獲 1965 年諾貝爾生理學醫學獎。在蛋白質合成的過程中應當有一種「連接物」的想法，最早是克里克提出的， 1957 年終於找到了 tRNA，使他的預言得到證實。 rRNA 的結構則是沃森首先研究清楚的，它的行為其後由布倫納 (Sydney Brenner, 1927 ～) 和雅各布等人以放射性標記技術確認。

　　蛋白質的合成過程儘管有許多中介物的參與，其中起主宰作用的還是DNA，它是裝配氨基酸的最終模板，組成蛋白質的氨基酸的種類、數目及其順序都是由 DNA 決定的。這個過程即克里克所提出的「中心法則」，也是沃

森的「DNA → RNA → 蛋白質」，它已由放射性標記的方法經過了實驗的證實。不過，1970 年夏天在相隔僅幾週的時間裡，兩位年輕美國病毒學家巴爾的摩 (David Baltimore, 1938 ~) 和特明 (Howard Martin Temin, 1934 ~) 在他們原先的導師杜爾貝科 (Renato Dulbecco, 1914 ~) 的協助下，分別發現了能使 RNA 病毒自我複製 DNA 的酶反轉錄酶，酶說明「中心法則」並非是絕對的。他們三人因此榮獲 1975 年度生理學醫學諾貝爾獎金。至於蛋白質成為核酸合成模板複製的事例則至今尚未發現過。

　　分子生物學的建立和發展，表明生物學的研究已經進入了分子水準，人類關於生物界的知識又在分子水準上實現了一次大的綜合。

第三節　生命現象認識的再深入

　　從分子水準上揭開生物遺傳的秘密，這是本世紀以來自然科學最重要的成就之一，是人類認識自然界的歷史上的又一次重大突破，對生物科學以至整個科學技術都必將產生難以估量的深遠的影響。從此，許多生物現象都可以也都需要在新的基礎上加以研究和認識，由此而產生的生物工程技術更為人類生活開創了前所未有的美好的前景。

細胞生物學的研究

　　我們在本書的第六章裡曾述及，上個世紀生物學家們發現細胞之後，人們對細胞的內含物以及細胞分裂現象已累積了不少知識。既然人們已經知道細胞是一切生物體構造和發育的基本單位，細胞研究受到科學家們的關注是理所當然的事。本世紀以來，隨著分子生物學的建立，科學家對細胞的研究也進入了分子水準，形成了生物學的一個新的分支細胞生物學。細胞生物學是運用現代物理學、化學、分子生物學的原理，以現代實驗手段來研究細胞的結構及其功能、細胞的生活史和它的生命活動的學科，包括細胞膜、細胞質和染色體的結構與功能的研究和細胞的生長、發育、分化、代謝、繁殖、運動、與外界的交換、衰老和死亡，以及遺傳、變異和進化等基本生命活動的研究等內容。我們

在這裡只準備簡略地說一下關於細胞膜結構和功能的研究，也許可以由此窺見細胞生物學的大致狀況。

1896 年英國細胞生理學家奧弗頓 (Charles Ernest Overton, 1865 ～ 1933) 在研究動植物細胞的滲透性的時候，就想到在細胞質之外有一層細胞膜存在，但是到了 1953 年人們才從電子顯微鏡裡看到了細胞膜。細胞膜把細胞與外部環境分隔開來，同時也就成為細胞與外界聯繫的通道，它直接關係到細胞與外界的物質轉運、能量交換、信息傳遞等多方面的功能。關於這些問題，科學家們已經做了大量工作，取得了不少成果。細胞膜的研究不僅對於生物學，而且對於醫藥學也有十分重要的價值。細胞膜的構造及其機理的揭示，還有助於人們研製人工膜，這對於人造血的研製、海水淡化技術以至某些稀有元素的提煉都有重要的意義。

以細胞生物學為基礎，細胞工程作為一門嶄新的技術正在興起，人們期望它能改變細胞的遺傳性，為遺傳育種提供新的技術和新的方法，達到有計畫地培育新品種甚至新物種的目標；人們也期望它能揭示細胞病理並推進癌細胞的研究，為增進人類健康和制服頑症效力。

神經生物學的研究

高等動物神經系統的活動，尤其是大腦的活動曾經長期使古人困惑，也被他們蒙上所謂「靈氣」的神秘色彩，我們在本書的第一章裡已曾述及。進入近代以後，解剖學的發展逐漸把種種「靈氣」拋到九霄雲外。最早描述了神經纖維的是我們在第五章裡提到過的荷蘭人列文虎克 (1718 年)。十九世紀後期，有人認為神經系統是一種網狀結構，也有人認為神經細胞是相互獨立的，只是很緊密地靠在一起，並不融合成網，他們把神經細胞定名為「神經元」，於是形成了神經網絡和神經元兩種見解，並展開了爭論。後來許多解剖實驗都表明神經元理論是正確的，到本世紀 30 年代神經元理論便為學術界所公認。

還在電學發展的初期，一些生物學家就開始研究神經的電活動過程。他們發現神經的活動過程與神經上的電傳導有直接的關係。當外界給予神經一個電刺激且其電位超過某一定數值時，神經即產生電傳導並處於興奮狀態，神經反

應的強弱與電刺激的頻率有關。隨後人們對神經電活動的機理作了許多探究。本世紀初有人提出這樣的見解：當神經受到刺激時，它與肌肉連接處附近便放出某些特定的化學物質，這在 20 年代初已為實驗所證實，其後神經生理學家們也就此進行了大量實驗研究。這些研究對於揭示生命活動過程以及在醫學和藥學上無疑都有重要的價值。

　　腦是人和脊椎動物中樞神經系統的主要部分，腦功能的研究自然就是神經生物學的重要內容，尤其是人腦的研究為科學家們所最關注。腦是自然界中最複雜的物體。以人腦為例，據估計人腦細胞有 10^{11} 個之多，其中每一個細胞平均接受來自 1000 個細胞的信息，經過它的加工處理後又要把新的信息傳遞給數以千計的細胞，這是一個非常複雜的過程。人腦的研究還不可避免地受到人自身的意識、內省的干擾，因此有人說研究人腦有如研究人如何把自身從地面上提起來一樣，似乎是根本不可能的事。不過人腦終究是客觀存在物，它不但可以研究，而且研究工作已經取得了不少成果，雖然對它的認識仍很膚淺，對它的認識也不會有止境。

　　對腦功能的探索始自「反射現象」的研究。所謂反射，是指感覺器官所接受的刺激與反應器官之間的必然的因果關係，這個概念在上世紀末即已有人提出。俄國生理學家巴甫洛夫 (1849 ～ 1936) 對反射現象的研究作出了傑出的貢獻。他於 1863 年發表了題為《腦的反射》的著作，提出了大腦反射學說。他認為人和脊椎動物機體自身的每一種活動都取決於神經系統。他把反射活動分為「非條件反射」和「條件反射」兩種類型。非條件反射是該種族所共有的、生來就具備的反射活動；條件反射則是個體所特有的、在後天生活中形成的反射活動，他以令人信服的實驗事實證明了他的觀點。巴甫洛夫以他的卓越成就於 1902 年榮獲首屆諾貝爾生理學醫學獎金。此時人們對反射活動過程的認識是：感覺輸入→中間神經元→運動輸出。這個模式其實並不完全正確。 1948 年，美國科學家維納 (Norbert Wiener, 1894 ～ 1964) 把「反饋」這個概念引進神經生理學，他認為生物體實際上時時處處存在著回饋作用，在運動輸出的同時，附近的感覺把運動情況重新饋入，自動調節運動的輸出，這樣才能使運動達到預期的目的，負回饋更是使生物體維持穩定狀態的必要條件。他的模式

是：

維納是控制論的創始人，他在控制論上的貢獻我們將在下文介紹。維納運用通訊和自動控制的觀點來考察神經的反射活動過程，給了人們很大的啓發，使神經生物學的研究提高到了新的水準。

腦功能定位的研究也是神經生物學的重要課題之一。上世紀解剖學家就已發現脊椎動物腦的分區現象，即腦的不同部位與生物體的不同功能相對應的現象。從上世紀後半葉開始，就有不少學者在研究人腦功能定位的問題。本世紀初以來對人的大腦皮層的研究逐步深入，透過各種實驗弄清楚了許多問題，如額葉後部的中央前回是軀體運動區，頂葉前部的中央後回是軀體感覺區等等。人腦是一個極其複雜的器官，隨著知識的累積和實驗技術的進步，腦功能定位研究仍在不斷發展之中。

此外，腦電活動的研究與應用，感覺生理學的探索等也都是神經生物學的主要領域，近幾十年來也都取得了不小的進展。

神經生物學的研究，尤其是人類神經生物學的研究有重要的實際意義。例如，分子神經生物學已經逐漸使人們認識到，包括人類在內的高等動物的學習與記憶伴隨著某些物質的運動過程，在學習和記憶過程中大腦裡的 DNA 含量和某些蛋白質組成要發生明顯的變化。科學家們期望進一步的研究能揭示其中的奧秘，那就有可能採取某些手段來增強人們學習和記憶的能力，也許還能實現記憶的轉移的目標。科學家們也正期望神經生物學的研究成果能夠移植到電子計算機的原理與技術上，製造出功能比以往的電子計算機好得多的機器，這方面的工作近年常有報導。

生物進化論的新認識

分子生物學興起之後，科學家們找到了從分子水準上確定生物的種屬從而比較準確地確定生物進化系統的方法，使得生物進化的事實在分子水準上再次被確認。過去的生物進化學說基本上都是從比較生物的外部形態和解剖學上的特徵而確定不同生物種屬之間的關係，進而認定它們的進化序列的。這樣的方法難有十分準確的標準，對於構造特別簡單的微生物更是無能為力。人們透過對近 100 種生物（包括動物、植物、真菌和細菌等）的細胞色素 C 中所含氨基酸的序列的測定，發現這些生物的親緣關係越近其氨基酸序列的差別越小。這就是說，我們可以對在不同種屬的生物中起相同作用的蛋白質或核酸的化學結構進行比較來確定生物的種屬，這種分類方法稱為分子分類學方法，它為分類學開闢了全新的、準確測定的途逕。運用這種方法所得到的生物進化系統與運用經典方法所得的結果基本上相同，也修正了以往的一些錯誤，並且還補充了經典方法無法分類的最簡單生物的分類。人們對生物進化的認識更為完整了。

達爾文的進化論固然取得很大的成功，但是有它的不完善之處。例如，達爾文過分地強調了物種之間和物種與環境之間的鬥爭，而事實上物種之間以及物種和環境之間還有和諧、合作和共存的一面；達爾文過分地強調同種繁殖過剩而引起的生存競爭，把這看作是物種進化的主要動力也是片面的，事實上即使沒有繁殖過剩物種也會發生變異；物種的進化與遺傳的關係也是一個複雜的問題，沒有遺傳自然也就不會有物種的進化，對此達爾文沒能作出科學的說明。因此，達爾文的進化論出現之後，它一方面受到來自物種不變論者的反對，另一方面也有不少生物學家提出了異議。物種不變論者的反對明顯地與科學背離，不久便消聲匿跡。生物學家們的不同看法則各有論據，形成了許多派別，有些派別發展了達爾文的學說，也有的派別否定達爾文學說，爭論至今仍在繼續，人們對生物進化的認識由此得以逐步深化。

本世紀以來，支持達爾文學說的研究工作主要有兩個方向，其一是從分子水平研究生物進化中的遺傳與變異的原理，其二是以群體為單位研究自然選擇

的作用，這兩方面都取得了不少的成果。

荷蘭遺傳學家德弗里斯 (Hugo de Vries, 1848 ～ 1935) 是孟德爾的研究成果的重新發現者，「新達爾文主義學派」的主要人物之一。他於 1903 年發表了《突變學說》一書，報告了他的實驗結果並提出了突變學說，其後有一些學者繼續研究這個問題，弄清楚了不少事實。所謂「突變」是指生物體的遺傳信息發生突然性的變化，這樣的變化有兩種情況。其一是基因的突變。來自一些外部因素，如輻射（宇宙線、紫外線、Ｘ射線和放射性輻射等），高溫或低溫以及某些化學因素和生物因素都會造成 DNA 中鹼基的變化，或者使某些鹼基丟失，或者使某些鹼基為另外一些鹼基所取代，或者是在鹼基序列中插入另外一些鹼基等，這些變化都會改變物種的遺傳信息。其二是染色體在複製前或複製後因斷裂而出現缺失、易位、倒位和重複等情形，使得染色體發生畸變導致遺傳信息的改變。達爾文只看到物種的連續的、緩慢的變化，沒有能認識到物種還有不連續的、突然性的變化。至於物種變化的內在機制，達爾文也沒能加以說明。突變學說在育種工作中現已廣為運用，科學家們以人為的方法（如使種子暴露於放射性元素的輻射中）誘發突變，然後選取其中有價值的新種加以培育，這就有可能得到新的優良品種。人類有多種疾病也是由於突變造成的，因此，突變的機理的揭示在醫學上亦有重要意義。屬於新達爾文主義學派的主要人物還有德國動物學家魏斯曼 (August Friedrich Leopold Weismann, 1834 ～ 1914)、丹麥生物學家約翰森 (Wilhelm Ludvig Johannsen, 1857 ～ 1927) 和摩爾根等人。現在人們認為新達爾文主義學派在理論上也是存在著缺陷的，它過分強調了個體的變異在生物進化中的作用，同時也過分地輕視了天擇的作用。

針對新達爾文主義學派的這些問題，本世紀 30 年代以後又出現了「現代達爾文主義學派」，它的代表人物是美國遺傳學家多布贊斯基 (Theodosius Dobzhansky, 1900 ～ 1975)。現代達爾文主義亦稱「綜合進化論」，後來又發展為「新綜合進化論」。多布贊斯基提出了「族群」的概念，他說族群就是生活在同一生態環境中能自由交配和繁殖的一群同種個體。這個派別的學者認為，物種的形成和進化的基本單位不是生物個體而是生物族群。突變所產生的

變異是無規律的、不定向的，對於物種來說不一定是有利的，甚至大多數是有害的，它只不過給天擇提供各種各樣的原始材料，只有透過定向的天擇才能保存有利的突變，逐漸形成為新物種。一個物種之所以能保存下來是因為它有比較多的後代，天擇就是選擇那些繁殖較多的類群。基因突變是偶然性的因素，天擇則是反偶然性的因素，它自動地調節突變與環境之間的關係，使偶然性納入必然性的軌道，由此而產生物種對環境的適應和進化。這一派學說得到許多生物學家的支持，不過這個學說有不少屬於推理的成份，對一些進化現象（如新器官的形成等）也不能作出說明。

　　我們在上文曾說及十八世紀拉馬克的後天獲得性遺傳的主張。在達爾文的進化學說廣為流傳之後，有一些學者仍然贊成拉馬克的觀點，形成了「新拉馬克學派」。他們認為生物進化的主要原因是環境使生物產生定向性的變異和獲得性遺傳，天擇只是輔助性因素。他們雖然也舉出了不少事例，但還是未能使大多數生物學家信服。他們在理論上也有過分強調環境的影響而忽視生物體與環境交互作用的傾向。

　　這裡我們還要提及一段應當回顧的插曲。蘇聯植物育種家米丘林 (1855 ～ 1935) 經 30 年的努力培育出了 300 多個果樹新品種，取得了很大的成果。他的思想是拉馬克學說和達爾文學說的綜合，他對孟德爾學說雖有所懷疑但後期也承認基因的存在。從本世紀 30 年代起，在蘇聯出現了以生物學家李森科 (1898 ～ 1976) 為首的學派。李森科借米丘林之名提出了所謂「米丘林生物學」，他揚言細胞內的一切物質都具有遺傳性，從而把獲得性遺傳的觀點推到了極端；他武斷地宣稱根本不存在繁殖過剩和生物的種內鬥爭；還從根本上否定遺傳物質的存在，說這是「不可知論」的產物。不同學派的爭論不足為奇，問題出在李森科得到了當時的蘇聯領導人以至蘇共中央的公開支持，並且把學術上的分歧硬推上「階級鬥爭」的舞臺。李森科一派被稱為是「無產階級的」，「辯證唯物主義的」，而它的對立面摩爾根派則被稱作是「資產階級的」，「反動的」和「唯心主義的」，一大批反對李森科的觀點的蘇聯學者因此被停止工作，遭受迫害，甚至慘死獄中。李森科則飛黃騰達，任職至蘇聯農業科學院院長。 1948 年這場莫名其妙的「階級鬥爭」達到了高潮。到 50 年代

中期，李森科及其追隨者的弄虛作假逐漸敗露，他們的研究工作一無成就也昭然若揭，到 1956 年這場鬧劇才算落幕。由於這一事件，原先頗有基礎的蘇聯遺傳學變得十分落後，李森科所領導的蘇聯農業科學技術也與世界水準拉開了很大的差距，直接影響了蘇聯的農業經濟，延緩了蘇聯社會的發展速度，損失相當慘重。 1952 年以後，這場風波也殃及我國大陸生物學界，致使不少生物學家受到了委屈，幸虧延續時間不很長，至 1956 年便得到了糾正。這個事件堪稱以政治干預學術而導致惡果的典型事例之一，應為後人訓。

從本世紀初開始，在遺傳學界中形成了稱為群體遺傳學的學派。群體遺傳學是孟德爾遺傳規律和數理統計方法結合的產物，最有代表性的是中性突變學說。這個學說認為，在生物群體中突變的多數或絕大多數是中性的，即這些突變所造成的遺傳變異對群體無所謂有利或者不利，所以也就不會產生天擇的問題。持此說的學者主張：生物的進化不是天擇的結果而是「基因漂移」的結果。中性突變在自然群體中經常出現，群體內的個體因隨機交配而使改變了的基因隨機地固定或隨機地消失（基因漂移），於是就形成了新物種。這個派別的觀點與達爾文的進化論相對立，被稱為「非達爾文主義」。達爾文主義者與非達爾文主義者兩派的爭論至今也沒有結束。也有許多學者認為應當把兩者結合起來，但是如何結合並沒有得到合理的解決。

生物進化涉及生物遺傳、生物與環境的關係等一系列十分複雜的問題，物種在自然界中的進化又是一個漫長的歷史過程，並非可以在實驗室中重現，因此學派林立，爭論不已的情況是不可避免的，也可以說這是人類對生物進化認識的必經之路。我們也看到在不同學派的爭論之中，人們對生物進化的認識正在逐步深化，可以預期生物進化的奧秘將要隨著科學的進步而更加明朗。

生命起源的探索

關於地球上生命起源的問題，人們有過多種看法。神創論與科學無關，但曾長期占居統治地位，隨著科學的進步它也就成為歷史了。自生說也曾有過相當影響。在本書第五章裡我們曾說及巴斯德的實驗，它以無可辯駁的事實證明了自生說並非自然界的真實。十九世紀中期以後又出現了「宇宙種胚說」，此

說認為地球上的生命源於來自宇宙的物質，它又分為兩派，一派是「隕石發生說」，主張這些物質隨著隕石來到地球；另一派是「輻射發生說」，主張這些物質因宇宙中的電磁輻射的驅動而來到地球。至於宇宙中的這些物質這如何產生的，他們都沒有回答。

本世紀以來又興起「化學發生說」，蘇聯生物化學家奧巴林 (1894 ～ 1980) 是此說的主要倡導者。地質學資料表明，地球形成至今已有 46 億年，大約在地球形成後的 10 億年中的某個時候地球上出現了生命，在此之前地球上先有了某些有機物。奧巴林根據地質學資料推斷那個時候地球大氣的組成，認為在那時的自然條件下，地球上的無機物直接轉化為最簡單的有機物——烴類化合物（即碳氫化合物）的可能性是存在的，他還論證了從碳氫化合物形成醣類和蛋白質的可能性。 1953 年美國化學家米勒 (Stanley Lloyd Miller, 1930 ～) 在一容器中按推測成份模擬原始大氣，在其中透過火花放電以模擬雷電，成功地從無機物直接得到多種有機小分子如甘氨酸、丙氨酸、乳酸、醋酸、尿素和甲酸等，從而部分地證實了奧巴林的設想，使科學家們大為振奮。其後許多科學家繼續進行類似的模擬實驗，先後合成了構成蛋白質的全部 20 種氨基酸和構成核酸的一些嘌呤、嘧啶和核糖，至於合成有機大分子的模擬實驗，則至今還未有圓滿的結果。地球生命是怎樣從無生命的物質中產生出來的問題至今仍然是一個還沒有解開的謎，不過它的謎底總有一天要被人們所揭開。

生態學的研究

生態學是從生物界的群種組合、生態系統和生物圈整體來研究生命現象以及生物與環境的關係的學科分支。生態學的概念最早是我們在第五章說到過的海克爾於 1866 年提出來的，他當時只是在思考動物界的問題，後來人們才把這個概念擴展至整個生物界。到了本世紀 60 年代以後，人們認識到人類所面臨的許多重大問題如人口急劇增長、環境惡化和環境污染等都與生態學的研究直接相關，它便成為科學家們所普遍關注的學科之一。

達爾文在研究生物的生存競爭的時候，就認真地思考過生物與環境的關係的問題。他在《物種起源》裡說到了生物物種之間的相互依存和相互製約的關

係①，已經論證過生物與環境之間的複雜的關係。

　　生態學把人與環境、與所有生物族群看作是一個系統，這個系統是經過很長的歷史年代形成的。在這個系統內部，所有生物群落與其生存環境之間，生物群落內不同族群之間總是不斷地進行物質、能量和信息的交換，並處於相互作用、相互影響的動態平衡之中，它的結構、功能，包括生物物種的組成，各種種群的數量比例以及能量的輸入和輸出等等都處於相對平衡和穩定的狀態，要是系統內部的某些結構和功能發生變化就必定會影響整個系統的平衡與穩定，比如某個物種的增長或者消亡就總是要使環境發生某種變化從而影響其他物種的生活狀況。人類要世世代代地在自然界中生存、繁衍和發展，無論是農業和工業生產規模的擴展，自然資源的開發與利用，城市的建設，交通運輸的發展等等也都不可避免地要影響我們生活的環境，影響到整個生態系統的平衡與穩定。如何才能使整個生態環境不至於被我們自己破壞到使我們不能生存和發展的程度，或者說如何才能使得整個生態環境更加適合於人類的生存和發展，這已經成為人類不得不正視的重大課題。尤其是近數十年來人們突然發現，人類活動對生態環境的污染和破壞已經到了相當嚴重的地步，形勢十分嚴峻，生態學的研究就更加受到重視。生態學的任務在於研究生物與環境的交互關係和研究生物彼此間的交互關係，弄清楚生態系統的機制，最終的目標是使人類成為生態系統中的自覺的成員，為自己保有一個能使自己生存和發展的良好的生態系統。生態學已經成為環境科學的基礎理論之一。

　　生態學的研究，不僅涉及生物學和自然科學許多學科如物理學、化學、地理學、海洋學、氣象學等，而且還涉及經濟學、社會學等許多社會科學學科。生態學研究的逐步深入，又形成了許多新的學科分支，如行為生態學、信息生態學、數學生態學、經濟生態學等等。現代生態學的研究廣泛運用環境考察、

①如他說到生長在英國的紅三葉草與一種土蜂和田鼠的關係。紅三葉草只能靠一種土蜂採蜜以傳播花粉繁殖後代，土蜂的生存又因蜂巢經常被田鼠的侵擾而受威脅。這就意味著田鼠數量的增多會造成紅三葉草的減少，而貓的數量的增加又意味著田鼠數量的減少和紅三葉草數量的增加，如此等等，生物族群在自然界中形成了錯綜複雜的不可分割的聯繫。

實驗室研究、數理統計、數學模型等種種先進的方法和手段，已經取得許多成果，在環境保護、建設規劃等各方面發揮了積極的作用。

第四節　生物工程技術的興起

在本世紀上半葉生物學經歷了深刻的變革並迎來了巨大發展之後，人們對生物的認識已經深入到生命現象的機理，這就創造了利用生命活動的各種機制來為人類服務的可能性，生物工程技術從此應運而生。目前正在研究並已取得進展的主要有下列幾個方面：

細胞工程技術及其應用

細胞工程技術亦即細胞水準上的雜交技術，主要包括細胞融合技術和細胞間的遺傳物質轉移技術。細胞融合技術是分離出單個細胞後，再分離它們的原生質（即細胞內的物質），然後使兩個不同種的細胞的原生質融合形成為異核體，以此為基礎培育新品種。遺傳物質轉移技術是透過細胞核移植或遺傳物質注射等方法以改變其遺傳特性，從而培育新品種的技術。細胞工程技術已經取得可喜的成果。人們運用細胞融合技術製造出了早期診斷癌和內臟功能障礙的單克隆抗體，「向日葵—豆」和「土豆—番茄」的培育已初獲成功，小麥與蠶豆、小麥與玉米、水稻與豌豆的體細胞雜交實驗也正在進行之中。如果這樣一些生物品種的培育取得完全的成功並投入生產，對於人類所帶來的好處是難以想像的。

遺傳工程技術及其應用

遺傳工程技術亦稱基因工程技術，即 DNA 重組技術和人工組裝基因技術，這是有目的地利用和改造生物遺傳特性的技術。這裡涉及一系列複雜的技術問題，如在 DNA 重組技術中，人們必須採取適當的方法將所需要的基因片段從 DNA 分子上分離和切割出來，又得將來自不同生物體中的 DNA 片段拼接起來，然後再把拼接起來的 DNA 轉移到適當的細胞中去，這時還需要找到

合適的「運載工具」。這些技術在本世紀 50 ～ 60 年代已經逐步地得到解決。從 1977 年起，歐美科學家相繼在實驗室裡取得許多成果，他們把人類的某些基因片斷植入細菌、酵母或哺乳動物的細胞之中，成功地製造出了人胰島素、人生長素和干擾素等產品，1982 年運用遺傳工程技術生產的胰島素便已作為商品投入市場。現在已有多種產品實現了規模化工業生產，在一些疾病的治療上發揮了很好的作用。1980 年日本科學家利用這種技術使大腸桿菌生產大豆所含的蛋白質。大豆在自然環境中需要一個季節才生產出來的蛋白質，大腸桿菌只要三天就能生產出來。中國科學家躁代也掌握了 RNA 的人工合成技術以及其他許多技術。科學家們正在研究把固氮生物的固氮基因移植到生長於稻、麥根部的細菌中，期望它能為這些作物固定空氣中的氮，如果這種設想得以實現，整個肥料工業就將完全改觀。最近有報導稱，美國威斯康辛大學的專家們把細菌基因注入白雲杉的試驗初獲成功，已長出了一批改良性白雲杉樹苗，他們希望由此得到能抗病蟲害和木質更好的白雲杉新種。人們正在期望有更多的實驗室成果儘快轉化成為實用性的生產技術以為人類造福。

做生學的研究與應用

做生學就是模擬生物的特徵和功能的理論和技術。生物體的結構、功能以及它們的能量轉換和信息傳遞機制等都是經過長期的汰劣、進化逐步形成的，有其天然的合理性和優異性。運用現代方法弄清楚它們的機理，以工程技術的手段把它們移植到各個方面，無疑有重要的價值。做生學誕生於本世紀 60 年代初，30 年來發展迅速，已逐漸擴展為機械做生、建築做生、物理做生、電子做生、化學做生、人體做生等許多領域。對水生動物的運動狀態和對昆蟲、鳥類飛行的流體力學研究，給艦船和飛行器的設計提供了具有重要的參考價值的資料；對生物體結構的力學研究，使得建築設計有了新的依據；對某些生物的特殊的感覺能力的研究，如狗的嗅覺、響尾蛇對紅外線的敏感性、水母對風暴的預測能力等，有助於設計製造特殊性能的物理儀器；對感覺器官、神經細胞、神經網絡和腦的研究，為電子技術和計算機技術開拓了廣闊的思路，機器人和人工智能的研究現在已經成為熱門課題；化學做生則以模擬生物體內的化

學反應過程、物質輸送過程等為目標，亦已取得不少成果。總而言之，生物體的難以數計的特殊的結構和功能，實在是人類取之不盡、用之不竭的知識寶庫，做生學的研究及其應用前景無可限量。

※　　　　　　　※　　　　　　　※

　　本世紀以來生物科學的進步遠非以往數千年可比，無論是它的廣度和深度都達到了前所未有的境界，有人把這個巨大的變革稱之為生物學革命。從古代到近代，生物學以收集、描述和整理材料為特徵逐漸發展成為以進化論為標誌的「歷史科學」和以細胞學說為標誌的實驗科學；從近代到現代，生物學又從個體水準發展到分子水準，同時也從個體水準發展到整個生態的水準，並且由定性描述向定量分析發展，形成了以分子生物學和生態學為標誌的實驗科學和理論科學，有人把它們分別稱之為「微觀生物學」和「宏觀生物學」。生物科學研究領域在擴展的過程中產生了為數眾多的學科分支，這個趨勢仍在繼續，研究的方向既越來越細致也越來越綜合，同時也與其他學科相互滲透，產生了大量邊緣學科，如生物數學、生物力學、生物物理學、生物化學、生物控制論、生物信息論、做生學、生物工程、遺傳工程等等。生物科學應用的範圍過去主要是農業、畜牧業、醫藥衛生等領域，如今已經擴展到了工程技術、信息技術以及環境科學技術、人口控制和人口素質的提高等許多方面。相對於物理學、化學這些基礎學科來說，近半個世紀以來生物學發展的速度更為迅速，人們有理由預期，生物科學必將有更大和更加迅速的發展，很有可能成為下一個世紀的帶頭學科，對人類社會所產生的影響也將更加深刻，更加廣泛和更加顯著。

　　學科的相互滲透無疑是生物科學發展的巨大推動力。我們看到，如果沒有數學的運用就不會有孟德爾的遺傳定律，就不可能揭示遺傳密碼的秘密；如果沒有物理學和化學的滲透，沒有從光學顯微鏡到電子顯微鏡的應用，沒有分析化學的方法和手段的幫助就不可能產生分子生物學，而且物理學家和化學家也都直接為它做出貢獻，如著名物理學家薛定諤在遺傳學上的傑出成就即為典型事例。可以認為這也是生物科學日趨成熟的一個標誌。現在已經很難設想一門學科能夠自我封閉地持續發展了。其實，自然界本來是一個整體，我們把它們

劃分為各不相同的學科只不過是為了研究上的方便，如果人為地使它們割裂開來，把它們看作是互不相關的門類，我們的認識也就無從深入了。

生命現象是自然界中最複雜的現象，人們對它的認識既有賴於對物理、化學這些物質基本運動形式的認識，但它又不是這些運動形式的簡單的、機械的綜合。生命科學的進展既必須以物理學、化學的進展為前提，又有其自身發展的規律。生命現象的研究固然必須大量運用物理學和化學的理論、方法和手段，但是生物體是活的機體，它與無生命的物質世界有著本質上的區別。人類自身是生物界中的一員，人類研究生命現象又難免不帶上主觀的因素，大有「不識廬山真面目，只緣身在此山中」的困惑，這就更增其複雜性。因此我們看到，在生命現象的研究中哲學思維往往會左右著人們認識的途逕和方向，如活力論、機械論、預成論、漸成論、物種不變論、生物進化論以及生物遺傳與環境的關係的爭論等等，都不可避免地帶上各種各樣哲學色彩。不過科學終究是科學，它只能按照科學的規律向前發展，在發展的過程中不斷地排斥那些與它不相容的錯誤的東西，同時也使人們的哲學思想更加豐富，更準確地反映客觀真實，反過來又在更高的層次上幫助人們認識客觀世界。不同學派的爭論對於生物學的發展是必然的，也是有益的，一些歷史上的爭論至今未曾結束亦不足為奇，今後也仍然會出現不同學派的紛爭，以任何理由壓制學派的爭論都是十分愚蠢的，它必定會造成嚴重的後果，正如我們所看到的在蘇聯發生的「李森科事件」那樣。

現在，許多學者都認為下一個世紀將是生命科學的世紀，這就是說，生命科學將要成為最活躍的，對人類社會影響最大的學科。這種預測不無道理。我們看到生命科學正經歷著重大變革，控制論、信息論和系統論的出現亦已表明了研究生命現象的思路和方法上的革新，有關情況我們將在本書第二十章裡述及。我們期望著生命科學更加輝煌的前程。

複習思考題

1. 試簡述孟德爾的遺傳規律及其意義。

2. 簡述基因論的基本內容。

3. 試簡述 DNA 的發現及其意義。

4. 你從蘇聯的「李森科事件」得到什麼啟示？

5. 試述什麼是生態學以及生態學研究的意義。

6. 試簡述生物工程的內容及其意義。

第13章

二十世紀天文學和地質學的進展

　　進入二十世紀以後，天文學的發展比以往任何時候都更為迅速，天體物理學逐漸成為天文學的主流。全新的觀測手段使天文考察達到 150 億光年空間深度的天象，追溯到 150 億年前的宇宙事件。天文學再次成為自然科學最活躍的前沿之一，它正在為闡明地球、太陽、太陽系的來龍去脈，星系的起源與演化，宇宙的過去和未來等當代重大課題作出貢獻。

　　由於人類社會對自然資源的需求劇增，測試技術的快速進步以及多學科的結合，現代地質學也進入了新的時代。從大陸漂移說到板塊構造理論的建立以及對地球早期歷史的研究，人們對地球的認識產生了飛躍。不少地質學家認為地質學正在經歷一場巨大的變革。

第一節　二十世紀天文學的重要進展

　　現代天文學的進步在很大程度上與物理學的進步直接相關，無論是觀測手段的更新還是各種假說的建立都離不開物理學的知識和理論。二十世紀物理學的快速發展，使得天文學更增添無比活力，許多物理學家也直接參與天文學的研究，既從廣闊的宇宙中獲取更多的物理知識，也推動了天文學前進的步伐。天文學的進步與技術進步，尤其是光學儀器製造技術、無線電電子技術以及近幾十年來太空技術的進步幾乎是直接聯繫在一起的，這些技術每前進一步都擴展天文學的視野，給人們帶來新的知識。

恆星研究的再深入

恆星視差的發現使人們可以利用它來測算恆星與我們的距離，上個世紀已經有人作過這方面的工作，他們測得除太陽以外離我們最近的恆星是半人馬座 α 星，它距離我們約為 4.3 光年① 。不過運用這種方法測定恆星距離有其侷限性，超過 300 光年的恆星視差已小於 $\overset{\text{v}}{0}.01$，已難於測得到較為準確的數值。後來又有人利用測量恆星亮度的方法來測算它們的距離，測距範圍有所擴大。在本書的第七章裡我們提過上個世紀天文學家已利用多普勒效應測算恆星遠離我們的速度。多普勒效應告訴我們，當光源背離我們運動時，我們所觀測到的它的光譜線便有向紅端移動的現象，光源離開我們的速度越大它的紅移量也越大。 1929 年，美國天文學家哈勃 (Edwin Powell Hubble, 1889 ～ 1953) 等人又發現星系的光譜線紅移與它們和我們的距離存在著粗略的正比關係，現在人們稱之為「哈勃關係」。這樣，根據恆星光譜的紅移量以及哈勃關係，就能夠大略地測定所有發光天體與我們的距離了。如前所述，現時已知離我們最遠的天體遠達 150 億光年，這當然只不過是我們目前「視線」所及的距離，隨著技術的進步，這個距離還會不斷地擴展。

關於恆星的光度，以往的天文學家已多所研究。本世紀初人們發明了更好的儀器，恆星光度的測量比過去更為精確。但是由於恆星與我們的距離差異極大，我們在地面上所測得的光度與恆星的真實光度不可免地存在著差異。不過人們已能測定恆星的距離，據此以求出它的真實光度也就不是很難的事了。

恆星體積的大小和它的質量當然也是天文學家所十分關心的問題。對此天文學家們也已經找到了相應的測算方法。數據表明，恆星的大小相差極遠，它們有一些半徑不過 10 公里，有些卻是太陽半徑② 的 1000 多倍。恆星質量的差異也很大。現在已知的數據是：質量最小的只有太陽質量③ 的百分之幾，而最

---

① 光年即光行走一年所經歷的距離，1 光年 $\approx 9.4605 \times 10^{12}$ 公里。

② 太陽半徑約為 696000 公里。

③ 太陽質量為 1.989×10^{33} 克＝1.989×10^{27} 噸。

自然科學概論

大的為太陽的 100 多倍，多數在太陽質量的 0.1～10 倍之間。由恆星的體積和質量就可以知道它們的密度。恆星密度的差異更大得驚人。一些溫度較低、顏色偏紅而體積巨大的「紅巨星」，其密度只有水的幾十萬到幾百萬分之一，這在地球上就被人們稱為是「真空」。一些溫度較高、顏色偏白而體積較小的「白矮星」的密度則可達水的幾千萬倍，一立方釐米這樣的物質的質量就有好幾十噸，我們生活在地球上的人類對此簡直無法思議。不過大多數恆星的密度均在水的密度的 $\frac{1}{100}$～10 倍之間。

　　恆星時時刻刻都在向外界輻射能量，這些能量究竟從何而來？現代天文學家認為有兩種途逕。其一是引力收縮。天體都是大量物質的凝聚，這是萬有引力的作用所造成的，引力使天體收縮的時候就要釋放出能量。其二則來自核反應。放射性和元素蛻變的發現，尤其是愛因斯坦的質能關係式的提出，為恆星能源的探討提供了理論依據。我們在上文說過，1938 年，美國的貝特和德國的魏茨澤克這兩位物理學家各自獨立地提出了太陽和恆星能量產生的現代理論。他們認為，在恆星的內核裡高溫、高密和高壓的條件下，四個氫原子核要聚合為一個氦原子核，這時出現了質量虧損並釋放出能量。四個氫核的質量數為 1.0079 × 4=4.0316，一個氦核的質量數為 4.0026，它們之間有 0.0290 的差數，按質能關係式 $E=mc^2$ 計算，1 克氫轉化為氦時將釋放出約 6×10^{18} 爾格的能量，這的確是大得驚人的數字。

　　天文觀測手段的變革我們在上文已經述及光學望遠鏡對於天文學的發展所作出的巨大貢獻，但它畢竟只能觀測到電磁輻射中只占很小比例的可見光部分，對於其他波段它便無能為力了。本世紀初，無線電通訊事業發展迅速，無線電波的發射和接收技術有了長足的進步。人們在實驗中注意到在接收遠處傳來的無線電波的時候總是伴隨著一種難以排除的微弱的干擾。1931 年，美國電信工程師央斯基 (Karl Guthe Jansky, 1905～1950) 終於弄清楚這種干擾來自太空。次年他又斷定這是來自銀河系中心方向的電磁輻射。上個世紀麥克斯韋創立的電磁理論揭示了電磁波很寬的波譜，央斯基的發現使人們想到，除了光波波段之外，其他波段也有可能用於探測太空，從此開闢了利用射電波研究太空的新紀元，人們製成了接收宇宙空間的電磁輻射的射電望遠鏡，打開了人

圖85　英國在1956年建成的直徑為76米的射電望遠鏡

類認識宇宙的一個很大的「窗口」，一門嶄新的學科——射電天文學從此誕生。可見光只占電磁輻射很小的一部分，大型光學透鏡或反射鏡的製造在工藝上相當困難，而射電望遠鏡所能觀測的範圍則十分寬闊，大型射電望遠鏡的製造相對於大型光學望遠鏡來說也比較容易得多，因此，射電天文學幾十年來發展極為迅速。 70 年代德國人建成了直徑為 100 米的射電望遠鏡，它的短波觀測範圍可至釐米波。後來美國人更建成了直徑達 305 米的射電望遠鏡，其性能更為優越。由於射電望遠鏡所接收的是波長範圍很寬的無線電波所以它無論白天或是黑夜都可以工作，既不受地球上天氣的影響，（如厚密的雲層、雨天等），也不會被宇宙中的塵埃所遮擋，利用無線電電子技術也可以使它得到非常高的靈敏度，能夠接收到極為微弱的無線電波。

　　自從射電天文學誕生以來，人們發現宇宙中有許多發射電磁波的射電源，迄今為止已知的射電源達 3 萬多個。射電望遠鏡使人們的眼界大開，從此人們「看」到了距離地球 100 多億光年的星系，發現了一系列前所未知的現象。與此同時，光學望遠鏡也有了長足的發展，各國競相研製大口徑光學望遠鏡，也取得了許多觀測成果。一臺口徑為 8 米的光學望遠鏡已在智利北部的高山上建造之中。

現代天文學的四大發現

　　天文學家借助於光學望遠鏡和射電望遠鏡，於本世紀 60 年代在天文現象上取得了四項意義重大的發現，這就是脈衝星、類星體、微波背景輻射和星際有機分子的發現。

　　「脈衝星」是不斷地向外發射短週期脈衝輻射的恆星，這是英國天文學家休伊什 (Antony Hewish, 1924 ～) 等人於 1967 年首次發現的，他們在 3.7 米的波長上接收到了脈衝週期為 1.337 秒的射電信號。後來的十餘年裡天文學家又相繼發現了好幾百顆這種星體，它們的射電脈衝週期在 0.03 ～ 4.3 秒之間。天文學家們認為，脈衝星是具有很強磁場的、密度極高的、其外部由中子組成的星體，它們有很高的自轉速度，其自轉速度與射電脈衝週期相對應。脈衝星的發現為星體演化和高能天體物理學的研究開闢了新的途逕。休伊什因他的發現而榮獲 1974 年度諾貝爾物理學獎金。

　　1960 年美國天文學家桑德奇 (Allan Rex Sandage,1926 ～) 等人發現了一種前所未知的天體，它與已知天體的性質都很不相同，但是他們未能認證它的輻射譜線。 1963 年，當時在美國工作的荷蘭天文學家施密特 (Maarten Schmidt, 1929 ～) 首次判明了這種天體的譜線，確認這是一種具有很大紅移量的天體，定名為「類星體」。現在多數天文學家認為很大的紅移量表明它們與地球的距離極為遙遠，是現時已知的最為遙遠的天體。現在已有記錄的類星體已超過 1000 個，它們大多都有比較強的紫外輻射，其中有的是強射電源，更多的是弱射電源，也有些探測不到射電。類星體的許多性質天文學家們仍不甚明白，多種說法尚在探討之中。

「微波背景輻射」是指存在於整個宇宙空間的、各向同性的、在微波波段的電磁輻射，這是美國射電天文學家彭齊亞斯 (Arno Penzias, 1933 ～) 和威爾遜 (Robert Woodrow Wilson, 1936 ～) 於 1964 年偶然發現的。當時他們建立了一個靈敏度極高的定向接收系統來探測宇宙，發現從天空中任何方向都接收到一種強度完全相同的微波波段電磁輻射，他們認定這種輻射並非來自太陽系、銀河系或者某個河外星系，而是存在於整個宇宙背景之中，因此稱它為宇宙背景輻射。後來，他們又確認這種輻射相當於溫度為 2.7K 的輻射。彭齊亞斯和威爾遜因此而獲 1978 年度諾貝爾物理學獎金。

「星際分子」是指存在於銀河系或河外星系① 星際空間裡的無機分子和有機分子。大量星際分子是 60 年代以後透過射電探測而發現的，現已發現的星際分子有 50 多種，其中大部分是有機分子，已知質量最大的是由 11 個原子組成的氰基辛四炔 (HC_9N)。關於星際分子的形成及其演化過程現在還不大明瞭，只有一些猜測性的說法。無論如何，星際分子，尤其是星際有機分子的發現引起了科學家極大的興趣，因為這不僅對於進一步探索天體的演化有著重要的意義，並且亦必將有助於揭開地球上生命起源的奧秘。

太陽和太陽系的新知識

二十世紀對太陽研究的最重要的進展是關於太陽能源的認識，在本書的第十章裡我們對此已有所述及。太陽不僅發射可見光，而且還發射多種波長的電磁波，如 γ 射線、 X 射線、紫外線、紅外線以及其他波段的電磁輻射，經過計算可知太陽表面每秒鐘大約發射出 3.83×10^{33} 爾格的輻射能量，這些能量主要來源於太陽內部的核反應。天文學家推算太陽在剛形成時，氫約占其質量的 78%，這就是說太陽若以氫為「燃料」，它可以保持目前的輻射能量約 100 億年，現在一般認為太陽的年齡才約 50 億年。

由於探測手段和技術的進步，本世紀以來人們對太陽系各成員的認識也經歷了許多變革。

---

① 河外星系指銀河外面的星系。

　　1959 年蘇聯人發射了月球探測器，成功地拍攝了在地球上永遠看不到的月球背面的照片① 。 1969 年美國的阿波羅 –11 號太空船更直接把人送上了月球，取回了月面岩石和土壤，並在月面上裝置了多種探測儀器。其後美國人又五次登上月球，月面結構特徵、月面物質的化學組成及其物理特性等等都已相當詳細地暴露在人們的眼前。現在已經確證月球是一個沒有大氣、沒有水和沒有生命的世界，那裡並非天堂卻恰如地獄。

　　人們對水星的狀況也有了更多的知識。自 1974 年起，美國人發射的探測器多次飛越水星，得到了許多珍貴資料。現已得知，水星的外貌與月球相似，其上布滿了環形山。水星上有極為稀薄的大氣，有一個與地球類似的內核，其中含有約 70 ～ 80% 的鐵。水星表面上白晝和黑夜的溫差極大，白晝可達 350℃，而黑夜則降為為 –274℃，相差達 574 度。

　　金星是距離地球最近的行星。蘇聯和美國自 1961 年以來相繼發射了十多個探測器飛向金星，有些探測器還實現了在金星表面上的軟著陸，得到了不少有價值的資料。現已探明金星上有濃密的大氣層，其中二氧化碳含量在 97% 以上，氧的含量極少，大氣壓約為地球的 90 倍。由於「溫室效應」，金星表面溫度達 482℃。金星上沒有任何類似生活在地球上的動物和植物的存在。

　　火星也是與地球鄰近的行星，歷史上人們對它曾有過許多猜測，例如說火星上有「運河」或「灌溉渠」，表明它有高級生命活動等等。 1964 ～ 1977 年美國人接連向火星發射了八個探測器，也有多個探測器實現了在火星表面上的軟著陸，獲得了大量可靠的資料。現在已經知道，火星上也有大氣層，但十分稀薄，它的成份主要是二氧化碳，還有少量的一氧化碳和水汽。我們看到火星呈紅色，是因為它的大氣中含有大量二氧化鐵塵埃所致。火星表面晝夜的溫度為 27℃ ～ –111℃。火星也是一個十分荒涼的世界，沒有植物和動物，生命現象存在的可能性極小。火星探測計畫現仍在進行之中。

　　70 年代美國人發射的探測器對木星的探測，發現它有一個在地球上觀察

①因為月球的自轉週期與它圍繞地球旋轉的公轉週期相等，所以它的一面總是背向地球，人們在地球

　上永遠只能看到它對著地球的一面，卻永遠看不到它背著地球的那一面。

不到的光環，已確認並正式命名的衛星有 16 顆之多。木星也有濃密的大氣，其中含氫約 10%，還有氦、氨、甲烷、水和硫化氨以及多種有機化合物和複雜的無機聚合物，厚度達 1000 公里。木星的表面是流體而不是固體，內部則有一個由鐵和硅構成的固體核。它的大氣外層溫度約 −240℃，底層約 27℃，中心溫度大約是 30000℃。

土星早就以它美麗的光環引起天文學家的興趣。 70 年代後期美國的宇宙探測器臨近土星時對它作了廣泛的考察。現在已知它有 21 ～ 23 個衛星，實際數目可能還要多一些，其中最大的一顆衛星的大小與地球相當。土星有一個不大的固體的核，它的大氣以氫、氦為主要成份，還含有甲烷和其他氣體。土星的一些衛星也有大氣，由甲烷、乙烷、乙炔等組成。

此外，對天王星、海王星和冥王星的觀測也獲得了不少有價值的資料，對太陽系其他家族成員如彗星、流星和隕石的研究也有許多成果。

現代恆星演化理論

恆星的形成與演化始終是天文學家們極有興趣的課題。恆星演化的研究首先涉及到恆星分類的問題。十九世紀末有人提出一種利用恆星的光譜進行分類的方法。

1905 年和 1907 年丹麥天文學家赫茨普龍 (Ejnar Herzsprung, 1873 ～ 1967) 先後發表了兩篇文章討論恆星的顏色與其光度之間的統計關係。 1913 年美國天文學家 H.H. 羅素也獨立地提出了同樣的看法。他們以恆星的光度為縱坐標，以其顏色（反映其表面溫度）為橫坐標繪圖，據此以研究恆星在此圖上的分布規律。後來人們把這種圖稱為「赫羅圖」。在赫羅圖上，包括太陽在內的大部分恆星排列在從左上端到右下端的斜帶內，該斜帶稱為主星序，即主要的恆星序列；在主星序的右上方有一些光度大而溫度低的紅巨星；主星序的左下方則散布著一些光度低而溫度高的白矮星。天文學家認為，赫羅圖實際上表明了恆星的演化過程。

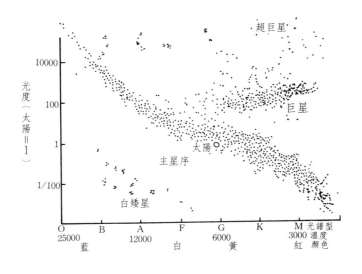

圖86　赫羅圖

　　1958 年美國天體物理學家史瓦西 (Martin Schwarzschild, 1912 ～) 發表了《恆星的結構與演化》一書，系統地闡述了他根據赫羅圖所描畫的一顆恆星一生的發展史。史瓦西的觀點大略如下：

1. 引力收縮──恆星形成階段

　　恆星是由彌漫於宇宙中的物質因引力凝聚而成的。開始的時候，彌散於星際間的物質的分布並不均勻，密度較大處便成為引力中心，星際物質逐漸向該處聚攏形成為星際雲。星際雲因引力作用而收縮，起初收縮得比較快，星際雲在收縮過程中轉化為恆星胎，後來的收縮速度轉慢，恆星胎逐漸轉變為恆星。

2. 主序星階段

　　在恆星形成的過程中，它的能源主要來自引力收縮，但在恆星形成之後，恆星內部的氫核融合則成了它的主要能源，此時恆星進入了主序星階段。在這個階段裡，恆星的輻射壓力、氣體壓力與恆星的自吸引力趨於平衡，恆星基本上既不收縮也不膨脹，這是恆星一生中時間最長的相對穩定時期。不同質量的恆星停留在主星序上的時間各不相同，質量越大的恆星停留的時間越短，質量

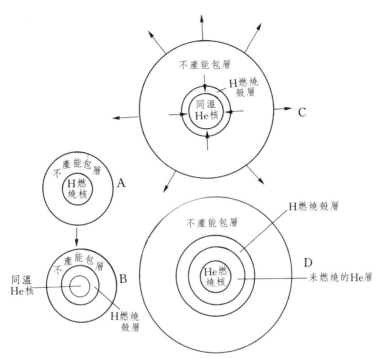

圖87　主序星向紅巨星演變過程示意圖

越小的恆星停留的時間越長。

3. 紅巨星階段

位於主序星階段的恆星內部有很高的溫度，越靠近它的中心溫度越高，這是因為氫核融合反應主要在它的中心部分進行。隨著時間的推移，靠近中心部分的氫逐漸耗盡而形成為氦核，氦核的周圍則仍然是進行著氫核融合的殼層。當氦核的質量達到恆星質量的 10 ～ 15% 時，其核心部分又因引力而收縮，溫度隨之升高，至中心溫度達到 1 億度時，3 個氦核聚合為 1 個碳核的核融合就要發生。這時星體的內部膨脹，吸收熱量，而星體的表面積擴大，溫度降低，這就成了我們所說的紅巨星。

4. 高密恆星──恆星演化的最後階段

當紅巨星內部所有能夠發生核反應的物質都耗盡的時候，恆星內部便失去

了能量的來源，它的末日也就來臨了。恆星的末期表現為三類天體：白矮星、中子星和黑洞。在恆星的核能耗盡後，其質量小於 1.44 個太陽的，就成為白矮星，現在已經觀測到的白矮星有 1000 顆以上。質量在 1.44 ～ 2 個太陽之間的，成為「中子星」。中子星的存在首先出自理論上的預言，人們認為現已發現的幾百顆脈衝星就都是中子星。有人運用廣義相對論研究中子星的結構，認為它們的直徑一般只有幾十公里，而密度則大得驚人，它的外殼的密度約為 10^{11} ～ 10^{14} 克／釐米 ^{3}，裡層密度約為 10^{14} ～ 10^{15} 克／釐米 ^{3}，內部密度則更高達 10^{16} 克／釐米 ^{3}。在恆星核能耗盡後，其質量超過兩個太陽的將成為「黑洞」。黑洞原來也是廣義相對論所預言的一種天體。 1939 年美國理論物理學家奧本海默 (Julius Robert Oppenheimer, 1904 ～ 1967) 從廣義相對論推斷，當一個大質量的天體的外向輻射壓力抵抗不住內向的引力時，它就要發生塌縮現象，而塌縮到某一臨界大小時便因巨大的引力作用而形成一個被稱為「視界」的邊界，在視界之外的物質和輻射可以進入視界之內，但是視界之內的物質和輻射卻不可能逸出視界之外。因為對於任何探測手段來說它完全是「黑」的，所以人們把這種天體稱為黑洞。黑洞的存在現時還沒有最後證實，目前認為最有可能是黑洞的天體為天鵝座 X−1，它的質量約為太陽的 5.5 倍。 70 年代中期又有人推斷黑洞不是完全「黑」的，它也可能向外輻射，甚至會出現劇烈的爆發。

關於恆星的演化過程，人們只能根據觀測所得到的資料作出合理的推測，隨著觀測資料的豐富和理論的進展，天文學家對它的認識還將不斷地修正和發展，這是需要天文學家們持續探索的重要課題。

現代宇宙學的研究

宇宙模型的探究既是十分古老又是常新的課題，因為構思宇宙模型不得不借助許多假設，這些假設又總是隨著人們知識的豐富、更新而改變和發展。現代天文觀測大大地擴展了人們的眼界，現代物理學和化學又給了人們思考問題的新理論和方法，過去的認識顯然必須修正。宇宙概念的涵義自古以來也在不斷地變化，現代天文學所研究的宇宙，是指目前我們所觀測到的廣漠的空間以

及存在於其中的所有天體和彌漫於這個空間裡的所有物質，在概念上與哲學家們所討論的宇宙概念並不完全相同，這是我們所應當注意和加以區別的。

現代宇宙模型的研究開始於愛因斯坦的工作。我們已經知道，廣義相對論指出時間、空間的性質與物質直接相關，時間與空間也不可分離，愛因斯坦據此認為宇宙中的物質使時間和空間都發生了「彎曲」。他於 1917 年發表了《對廣義相對論的空間考察》一文，提出了現在稱為「有限無邊靜態宇宙模型」。所謂「有限無邊」的意思，是說宇宙空間是一個彎曲的封閉體，它的體積是有限的。① 他所說的「靜態」是就宇宙的整體空間而言，並非說宇宙的各個部分都全然靜止不動。愛因斯坦的假說給了人們很大的啓發，不過他的靜態觀點並不為天文學家們所信服。 1922 年就有人指出愛因斯坦的模型可能是不穩定的，並且提出了建立膨脹的敞開的宇宙模型的主張。此後相繼出現了多種假設，其中主要的有如下述。

1927 年比利時天文學家勒梅特 (Georges Lemaître, 1894 ～ 1966) 提出了大尺度空間隨時間而膨脹的看法，建立了「膨脹宇宙模型」。此時天文觀測有了很大的進步，天文觀測表明河外星系普遍有光譜紅移現象，這就是說它們都在不斷地遠離我們而去。根據哈勃關係，星系遠離我們的速度與它們和我們的距離成正比，即離我們越遠的星系它們遠離我們的速度越快。這樣，河外星系的紅移現象無疑給了膨脹宇宙模型以有力的支持。不過，天文學家們在進一步的研究中也提出了疑點，河外星系的譜線紅移究竟能不能以多普勒效應來解釋？能否以此來確證所有河外星系都在遠離我們？一些新的觀測資料已經說明哈勃關係應當作某些修正。因此，膨脹宇宙模型也還有許多需要進一步研究的問題。

1948 年美國物理學家伽莫夫 (George Gamow, 1904 ～ 1968) 等人又提出了一個與膨脹宇宙模型有些類似的大爆炸宇宙模型，因為它能較多地說明現時所觀測到的事實，所以成為目前影響最大的宇宙學說。這個模型認為，宇宙始

---

①愛因斯坦的宇宙是包括時間和空間在內的四維宇宙，以四維來思考「有限無邊」是完全可能的，正如我們以二維的觀點來看一個巨大的球體，這個球體就是有限而無邊的。

自然科學概論

於約 200 億年前爆炸的一個高溫、高密度的「原始火球」，它由光子和其他基本粒子所組成，它的起始溫度高達 10^{32}K，爆炸 1 分鐘後它的溫度降為約 10^{10}K，這時基本粒子開始結合成原子核，溫度緩慢下降，幾十萬年後降至約 10^9K，形成了氫、氦等原子，繼續降至約 10^6K 後核反應逐漸停止，宇宙則繼續膨脹，至溫度為幾千度時輻射減退，這時宇宙間的物質主要為氣態物質，其後瀰散於空間中的物質慢慢聚集為星雲，進一步演化成為各種各樣的天體。伽莫夫和他的支持者預言，大爆炸中所產生的輻射在遙遠的宇宙空間裡必定仍然存在，大約相當於 10K。 60 年代， 2.7K 宇宙背景輻射的發現給了人們很大的鼓舞，因為它使大爆炸宇宙模型的這個預言成為真實。當然，大爆炸宇宙模型也同樣存在著許多尚待解決的疑難問題，雖然它有許多支持者，但終究還只是一種假設。

我們記得，當人們的知識從宏觀領域進入微觀領域的時候，在認識上曾經發生過許多困惑。面對宇宙這樣在時間和空間上大尺度的對象，在人們的認識裡是不是也存在著類似的問題？也就是說，以我們所知的宏觀和微觀領域裡的知識來考察宇宙這樣的異常龐大的對象，會不會出現當年人們以宏觀世界的知識對待微觀世界所產生的種種問題？這無疑是值得注意的事情。 60 年代初，中國著名天文學家戴文賽 (1911 ～ 1979) 就此提出了與微觀和宏觀並列的「宇觀」的概念，認為應當以一種與微觀和宏觀都不相同的觀點來考察宇宙，不過宇觀的含義現在人們還並不清楚。

我們提到過，天文學家們所討論的宇宙是以天文觀測手段所能觀測到的範圍內的一切，這與哲學家們所討論的宇宙的含義不完全相同，以往曾有一些人分不清這兩個概念的涵義，由此而對現代宇宙學所討論的問題橫加指責，這是沒有道理的，實際上是對科學無知的一種表現。在蘇聯和在中國大陸也都曾經發生過這種令人啼笑皆非的情況，但願這種事情永遠成為過去。不過，現代天文學理論所提出的許多哲學問題，的確是對一些傳統哲學觀念的衝擊，我們期望學術界能給予更為合理的、更為準確的概括，這對於科學和哲學的發展無疑都有積極的意義。

第二節 二十世紀地質學的重要進展

二十世紀以來，地質科學活動的規模空前擴大，探測的手段不斷更新，人們認識到了更多、更豐富的地質現象，地質學的理論性更強，它在實踐中的作用也更大了。

大陸漂移說及其疑難

二十世紀之前，人們普遍認為地殼雖然會有升降，但大陸在地球上的位置是固定的，不會變化的，大洋盆地也是如此，這就是「大陸固定說」。上個世紀主張地球冷縮說的達納就是著名的大陸固定論者。不過，也有些學者早就注意到世界地圖上非洲西海岸與南美洲東海岸的鋸齒狀擬合，由此而猜測這兩塊大陸原先可能是連接在一起的，後來才分離成為兩塊大陸，這就是說大陸曾經發生過橫向的移動。但是猜測終究是猜測，並沒有科學上的根據。到了二十世紀，地球冷縮說的一些觀點受到懷疑，以此為基礎的大陸固定說也隨之動搖。德國氣象學家和地球物理學家韋格納 (Alfred Lothar Wegener, 1880 ～ 1930) 也是受到非洲和南美洲海岸線的吻合這一事實的啟發來思考這個問題的。他還進一步研究這兩個大陸的地質構造、古氣候、古生物等方面的情況以尋找根據，終於 1912 年發表了題為《從地球物理學的基礎上論地殼的輪廓（大陸和海洋）的生成》的著名演說，又於 1915 年寫成《海陸的起源》一書，正式提出了「大陸漂移說」。

韋格納大陸漂移說的主要觀點是：大陸為較輕的剛性矽鋁質所組成，它漂浮在較重的矽鎂質之上，有如冰山漂浮在水上。距今大約 2.5 億年前，地球上的大陸是一塊完整的、單一的大陸，它的位置約在今天的北極到非洲的周圍。到了大約 2 ～ 0.7 億年前，原始大陸分裂為若干塊並且各自逐漸漂移，最後才成了今日各個大洲和大洋的面貌。韋格納的學說比較圓滿地解釋了今日大西洋兩岸的輪廓、地形、地質構造、古生物群落的相似性等一系列現象，引起了科學界的關注。

　　然而韋格納的學說存在著一大疑難，這就是巨大的大陸漂移機制的問題。韋格納認為，使大陸產生漂移的力量來自兩個方面：一是因地球自轉而產生的，把大陸由兩極推向赤道的力；二是因太陽和月亮的吸引而產生的自東向西推動的力。但是一些學者經過計算指出，這兩種力都遠不足以推動大陸的漂移。大陸漂移說因而受到持大陸固定說的學者的猛烈攻擊。韋格納的學說的某些論據的確很不充分，他對大陸漂移機制的解釋也不能令人信服。從那時候直至本世紀 40 年代的幾十年內，大陸漂移說幾乎銷聲匿跡。

　　不過，那時也還有一些人在為尋找大陸漂移的驅動力而思考著，蘇格蘭地質學家霍姆斯 (Arthur Holmes, 1890 ～ 1965) 就是其中之一。 1928 年霍姆斯就此提出了「地函對流說」。地函是堅硬的地殼下面的厚約 3000 公里的層圈，他設想固體的地函可以發生熱對流。地函流在上升的過程中遇到大陸屏障就向兩邊分流而去，巨大的力量將陸塊扯開並使之分離而隨地函漂移。當兩股地函流相向流動而匯合時將向下流動，它的擠壓力和向下運動的力量使陸塊下沉而造成了海洋和地槽。這樣，在霍姆斯看來，地函就不是韋格納所說的漂浮大陸的「海洋」而是攜帶大陸的「傳送帶」了。霍姆斯對他自己的說法其實並沒有充分的信心，他在他的著作的結尾處寫道：「此類純屬臆想的概念，特為需要而設。在其取得獨立的證據之前，不可能有什麼價值。」霍姆斯的假說發表之後也曾被視為「異端邪說」，受到過多人的指責。然而，他所「臆想」的

左：地幔對流成為板塊運動的動力　　　右：板塊的擠壓

圖88　地幔對流機制示意圖

一些證據後來竟然在海洋裡找到了。

海洋地質的三大發現

　　海洋地質，尤其是深海海洋地質的調查研究比陸地地質的調查研究要困難得多。上個世紀海洋地質調查已經開始進行，1872～1876年間英國調查船「挑戰者號」環球航行11萬公里，收集了海洋物理、海洋化學、海底地貌和海底沉積物等方面的大量資料，編成了50卷的調查報告，這是海洋綜合調查的開端。本世紀30年代以後，出於軍事上和漁業上的目的以及石油和其他礦產資源開發的需要，系統的海洋調查工作的規模不斷地擴大。與此同時，觀察和探測技術也有了飛速的進步，如回聲探測技術、深海鑽探技術、放射性同位素探測技術、地震探測技術、古地磁測定技術以及運用地球人造衛星實現的遙感遙測技術等不斷湧現。50年代以後更展開了大規模的國際合作，如「世界地磁測量」、「國際地球物理年」、「國際地殼上地函計畫」、「地球動力學計畫」等等。這些活動為海底地貌、海底地質和海底地磁提供了十分豐富的資料，被海水所深深覆蓋著的洋底越來越清晰地展現在人們的眼前。洋底地質調查碩果纍纍，其中最重要的是全球裂谷系、洋底熱流異常和洋底磁條帶這三大發現。

　　1925～1927年間德國調查船「流星號」的調查才使人們知道，洋底並不像過去人們所想像的那樣是平坦的盆地，那裡實際上存在著一系列山脈。後來科學家們又弄清楚了大西洋上的冰島以及由此向南斷斷續續地分布的大批島嶼，其實都是海底山脈露出水面的山頂。在1957～1958年的「國際地球物理年」活動中，各國調查船合作以回聲探測技術探測洋底，證實了存在著一個遍及全球，橫跨各大洋盆地，延伸達65,000公里的海底山脈。由於這條山脈的絕大部分都分布在大洋的中部，因此人們稱它為「洋中脊」。洋中脊突兀於海底世界，相對高差平均約為1～2公里，寬度在200～400公里左右。海底山脈不僅比陸地上的任何山脈都大，而且它的物質組成及其具體形態亦與陸地上的山脈不同。在海底山脈裡找不到任何沉積岩的踪跡，它完全由火成岩組成，岩石的年齡比大陸上的岩石年輕得多，最老的也不超過1～2億年。從形狀上

看，它的中軸線部位並非最高之處，有很多段落的中軸線竟然是深谷，谷底寬度約為數十公里，這就是所謂的「全球裂谷系」。按照原先的想像，遠離大陸的大洋深處應當是非常寧靜的，但人們發現洋底頻繁地發生地震，而且震央基本上都位於洋中脊處。

圖89　大洋中脊和中央裂谷橫斷面示意圖

　　從地球內部流向地表並散逸到空間中的熱量稱為「地熱流」，表徵其強度的單位是熱流量，通常以微卡／釐米^2·秒表示。地球整個表面熱流量的平均值約為 1.25 微卡／釐米^2·秒。洋底熱流量的探測發現，那裡的平均熱流量比原先預想的高許多，其數值約為 1.30 微卡／釐米^2·秒，大洋中脊處的熱流量更高，一般達 2.5 ～ 3 微卡／釐米^2·秒，少數地方更達 10 微卡／釐米^2·秒。這種異常情況說明必定是有熱物質從地函流向洋底。

　　人們早就知道，帶磁性的岩石之所以具有磁性，是因為這些岩石形成時它被地球磁場所磁化的緣故，它的磁場方向必定與當時地球磁場的方向一致。1909 年科學家在法國發現了不同時代所形成的帶有磁性的岩石的磁場方向嚴格地相反，其後人們又相繼在日本、英國和美國等許多地方發現了同樣的現象。這就表明地球磁極在歷史年代裡曾經發生過多次倒轉。現在我們知道，在地球的整個歷史上，它的磁場極性曾經發生過幾百次逆轉。本世紀 50 年代美國「先鋒號」調查船在美國西部深海測量海底地磁，發現洋底岩石的磁場存在著東西向的有規律的變化，磁場的強度強弱相間並且磁場方向依次正逆變化。進一步的探測更發現，海底岩石磁場的這種變化以洋中脊為中線呈東西對稱狀態。這就是「洋底磁條帶」。洋底磁條帶及其與洋中脊平行的現象使地質學家們想到它們兩者之間的關係。 1963 年，那時還在攻讀博士學位的英國劍橋大

學研究生瓦因 (Frederich John Vine, 1939 ～) 和他的年輕的導師馬修斯 (Drummond hoyle Matthews, 1931 ～) 經過分析後認為，洋底磁條帶很可能是沿洋中脊噴發出的岩漿在凝固時所打上的那時地球磁場的印記。他們的假說引起了地質學家們的廣泛注意。

全球裂谷系、洋底熱流異常和洋底磁條帶這三大發現都來自大洋深處，它們所揭示出的洋底的地質過程使人們豁然開朗，引起了地質思想的變革。

海底擴張說的提出

海底擴張說是 1960 年美國地質學家赫斯 (Harry Hammond Hess, 1906 ～ 1969) 提出來的。他認為洋底地質構造是地函對流的直接表現，洋底地殼在不斷的新陳代謝之中。他構想了這樣一個圖像：地函對流的上升點在洋中脊，地函向兩側分流時把地殼拉開，由此而產生了中央裂谷，地下的岩漿在中央裂谷處溢出，形成新的洋底地殼，洋底地殼不斷生成並且受到地函流的拖曳，持續地向兩側擴張。地函的下降處在海溝①，老的洋底地殼在這裡被帶進地球內部，重新參與循環。他推算每隔兩三億年全部洋底地殼就要更新一次。他當時想到他的假說還缺乏充分的事實論據，把它戲稱為「地質詩」。瓦因—馬修斯假說的出現，無疑是對赫斯的海底擴張說的有力的支持。經過許多地質學家的共同探討以及更大規模的洋底地磁測量，海底擴張說的論據更加充足了。人們認識到，洋底磁條帶正是海底擴張的記錄。岩漿自洋中脊裂谷溢出後逐漸冷卻，獲得了與當時地球磁場方向相同的磁性，新的岩漿繼續湧出，已凝固的岩石則被推離中脊的兩邊而去，在這個過程中地球磁場多次倒轉，這樣就形成了這些磁條帶。經過推算，現在人們認為太平洋洋底每年擴張約 5×2 釐米，大西洋大約是每年 1×2 釐米。

---

①海溝大多位於大洋盆地的邊緣，是地球表面最低窪的地區，其深度一般大於 6 公里，最深的馬裡亞納海溝深度超過 11 公里，寬度一般小於 100 公里，延伸可達數千公里。

板塊構造說的誕生

上述三大發現和海底擴張說都表明，原先以為沉寂的大洋其實都在運動之中，以洋中脊為中心線的海底擴張必然要引起大陸的運動，大陸漂移的機制得到了說明，大陸漂移說從此復活了。1968～1969年間，美國的摩根 (William Jason Morgan, 1935～)、勒比雄 (Xavier Lepichon,) 和英國的麥肯齊 (Dan Peter McKanzie, 1942～) 等幾位青年地質學家差不多同時形成了大陸板塊運動的想法，他們聯名撰寫了一系列論文闡述他們的學說，稱之為「板塊構造說」或「新全球構造理論」。

板塊構造說的基本內容如下：地球上的岩石圈並非一個完整的無裂縫的整體，它實際上存在著多條裂隙，所謂板塊就是四週為巨大的斷裂帶所割開的層狀岩石圈塊體。勒比雄把整個地球岩石圈劃分為六大板塊，即太平洋板塊、歐亞板塊、印度洋—澳洲板塊、非洲板塊、美洲板塊和南極洲板塊。這六大板塊

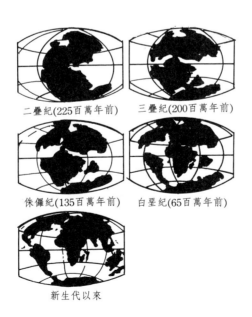

二疊紀(225百萬年前)　　三疊紀(200百萬年前)

侏儸紀(135百萬年前)　　白堊紀(65百萬年前)

新生代以來

圖90　大陸板塊運動情況的推測

還可以劃分為若干個次一級的板塊，如有人把以中國大陸為主的亞洲東部和東南部從歐亞板塊分出，稱為中國板塊等等。板塊的運動造成了大陸的漂移。一般來說，每一板塊內部的地殼都比較穩定，而板塊的邊界處則是地質構造運動最活躍的區域，板塊之間的相對運動是全球地質構造運動的基本原因。板塊邊界按其作用力的狀態可以分為三種情況：擠壓性狀態，即兩板塊相對運動而相互擠壓；引張性狀態，即兩板塊相背離去而相互牽引；剪切性狀態，即兩板塊之間有相對旋轉運動。板塊在運動過程中造成了裂谷、地槽、海盆和摺皺山脈，板塊運動是造成地震的重要原因之一。

板塊構造說提出後產生了巨大的回響。它能夠說明許多地質現象，使人們大為振奮，但是它仍然留下不少疑問。板塊構造的原始模式是以相對簡單的海洋地質為基礎的，它是否符合複雜得多的大陸地質的狀況？板塊運動的機制還只能說是一種猜測，是否能有足夠的證據予以完全證實？儘管許多問題的研究現時尚在繼續，但是大陸可以漂移，海底在不斷地更新這些觀念已成定論，為地質學界所普遍接受。不少地質學家把板塊構造學說與哥白尼的日心地動說和達爾文的生物進化論相媲美，認為這是地球科學史上的一次重大革命。

地球早期歷史的研究

在本書的第七章裡我們說到過，人們對地層的研究曾經是與對古生物的研究聯繫在一起的，因為過去確認地層的年代基本上是以其中所含古生物化石作為依據的。但是這種方法不適用於早期形成的地層，即寒武紀之前的地層的研究，因為那個時候地球上或者是還沒有生物，或者是生物剛剛萌發，留下的生物化石十分稀少。本世紀 50 年代之後，以測定放射性同位素方法確認岩石年代的技術以及航天技術的興起，才為人們研究先寒武紀地層提供了的有效的手段。先寒武紀地層是指約 6 億年之前的地層，那裡含有大量鐵礦，先寒武紀地層的研究對於探索地球的起源、各種礦產的起源和地球上生命起源也都有重要價值，因此深為地質學家們所關注。

我們已經知道，測定一些放射性同位素的含量，利用已知的這些同位素的半衰期數據，我們就能夠推算出岩石的年齡。這在 50 年代以後成為普遍應用

的確定地層年齡的手段。美國的「阿波羅計畫」使太空船六次登上月球，取回了月岩和月壤。經過研究得知月球是大約與地球同時形成的。由於月球的質量較小，約在 30 億年前它就停止了演化，因此月岩的年齡都在 30 億年以上，而地球上的岩石年齡都在 30 億年以下。這樣，研究月岩就能夠大致得知地球上 30 億年前的岩石的狀況。這些手段從前都是難以想像的。

　　現在地質學家們認為地球的年齡大約為 45.5 億年，先寒武紀約占地球歷史的 87%。經過幾十年的研究，人們已經積累了不少關於先寒武紀地層的資料，在 1977 年舉行的一次國際會議上地質學家們共同製定了先寒武紀地層分類的原則，標誌著先寒武紀地層研究進入了新的階段。雖然目前先寒武紀地層研究尚處於廣泛收集資料的時期，但是地質學家們都對它抱有很大的希望。

　　　　　　❀　　　　　　　　❀　　　　　　　　❀

　　本世紀以來，天文學和地質學進展之速遠非前世所及，這是它們自身知識累積的必然，也是其他基礎學科（尤其是物理學）以及各種技術的發展所致。無論是天文學還是地質學，其明顯的表現是學科的分支越來越細也越來越綜合，並且產生了大量邊緣學科，形成了學科體系。二十世紀之前，天文學剛剛從天體運行的數理描述和天體力學的研究跨入天體物理的探索，現在天體物理學已經發展成為內容龐大而豐富的學科分支，天體起源和演化的物理機制的研究成了現代天文學的前沿，表明了人類對天文現象認識的飛躍。地質學的情況也頗為相似。自從十七世紀地質學形成以來，它經歷了收集資料和對一些地質現象作某些猜測的階段，現在人們已經走向探究地質現象的機制的階段了。

　　天文學和地質學的研究與物理學、化學、生物學這些學科不同，天文現象和地質現象不可能在實驗室裡重現，只能依靠天文觀測和地質調查所獲得的資料來加以分析和研究，實驗室裡的工作充其量不過是一種可供參考的補充。因此，天文學和地質學的發展在很大程度上依賴於探測的手段，探測手段每前進一步都會給它們帶來新的進展。天文學的研究對象跨越數以百億年計的時間和以百億光年計的空間，地質學所及的範圍遍及整個地球和幾十億年的時間，要把握如此廣闊的空間和時間不得不運用人們的理性思維，由此也就必定會不斷地產生不同的學派，不僅過去如此，將來也必定如此。一種學說只要它還沒有

被事實所徹底證偽，它就有存在的價值，不應當也不可能廢棄。比如說大爆炸宇宙模型的確有許多說法按人們的一般觀念難以理解，甚至難於接受，但無可否認的是它容納了現時我們所認識到的許多天文事實。又比如板塊構造學說雖然已有許多論據，然而它也存在著不少問題因而受到某些學者的責難。這些都是科學發展的正常情況，我們對此應有正確的認識。

現代天文學和地質學所研究的許多課題與人們的實際生活似乎越來越遠，也許會有人提出這樣的疑問：花費大量人力、財力和物力研究這些問題是否值得？的確，像大爆炸宇宙模型、大陸漂移的機制等等這些問題的研究誰也說不上它們現在有什麼用，也難以預測它們將來會有什麼用。自然科學所要解決的問題並非全都是因為我們看到了它們有什麼用處，或必能預測它們將來有什麼用處，許多人們所關心的課題都是自然科學自身合乎邏輯地發展而來的，並不是因為它有某種用處才出現的。自然界是一個有機整體，對自然界的認識在任何一個方向的深入，都會增加人們對自然界整體的知識，這就是它們的「用」。我們在本書前面幾章裡也看到，一些似乎是與實際全不相關的純粹理論的發展，在某個時候也可能會突然發現它們有想像不到的用處，知識的儲備對於人類的前程是至為重要的。況且我們也曾說過，追求自然界的真知從來就是人類的本性。

複習思考題

1. 簡述現代天文學對恆星演化的認識。
2. 簡述大爆炸宇宙模型的基本內容。
3. 簡述大陸漂移說與大陸固定說之爭。
4. 簡述板塊構造學說的要點及其依據。

第14章

現代數學概況

　　我們曾經說過，十六～十九世紀數學的成就超過了以往幾千年。十九世紀末葉以來數學的發展更加迅速，我們從數學學術活動的盛況中便可見一斑：經常刊登數學學術論文的刊物到十九世紀末即達 590 種， 1897 年在瑞士的蘇黎世舉行了第一屆國際數學學術會議，參加者達到了 200 人之多。這些都表明了數學研究活動空前活躍，研究的規模也在迅速擴大。從那時到現在的一百年間數學發展的速度更快。這時期數學發展的趨向是，一方面數學更加理論化，它所研究的對象更加抽象；另一方面數學與自然科學和其他知識領域的關係更為密切，它更加深入到社會生活的各個方面。這兩種同時並存的趨向，看起來似乎相互矛盾，背道而馳，然而這正表明數學發展到了更高的水準，它更加成熟了。

第一節　「數學危機」與數學理論的進展

　　與其他一些學科相似，十九世紀至二十世紀之交，在世界數學史上也發生了影響著數學發展的一些重大事件。

「數學危機」與對數學的重新認識

　　類似於物理學和化學的情形，本世紀初數學史上也出現了所謂的「數學危機」。其實，在數學的歷史上已經出現過兩次「危機」，我們在這裡對此稍作回顧。

第一次「危機」發生在公元前的古希臘。我們在第一章裡說到過，畢達哥拉派把「數」視同聖物，他們所認識的數是一個一個可以數得出來的整數。當他們研究直角三角形三邊之長的關係時，卻發現有些直角三角形的三邊之長不可能同時用整數來表示，即是說它們的三邊之長是不可通約的，或者說，如果其中兩邊之長用整數來表示，則第三邊之長便出現「無理數」。這就與他們的數的觀念發生嚴重衝突。據說這是公元前 400 年左右一位畢達哥拉派的學者發現的。也許是因為他褻瀆了數的聖潔，或者是由於他洩露了不應示人的秘密，這位學者被他的派別的同伴們處死了。後來古希臘人喜歡用線段表示數以避開這個矛盾，有關數的問題常常都用幾何學的方法來處理，這也就成為古希臘幾何學比較發達的重要原因之一。我們在第八章裡說過，人們承認無理數是數已經是十六世紀的事了。

第二次「危機」是由微積分學的發明而引起的。我們在第八章介紹微積分的時候提到過，微積分的實用價值很吸引人，但是它似乎是建立在不大嚴格的推導的基礎之上的，高次項的刪除和出現了 $\dfrac{0}{0}$ 這樣的分數，還有其他一些問題，當時都沒有從理論上給予闡明。開始時人們對這些問題沒有給予太多注意，但到十九世紀 20 年代以後許多數學家簡直就無法容忍了。微積分在實用上的有效性和它在理論上的不嚴密性發生了嚴重的矛盾，人們弄不清楚這是怎麼一回事，這就是第二次「數學危機」。又經過半個多世紀不少數學家們的努力，重新研究了許多有關概念和建立了一些新的概念之後，微積分學的嚴格的理論基礎得以確立，危機才算是消除了。可是這場危機剛剛渡過，緊跟著又出現了第三次「危機」。

我們在敘述本世紀初物理學的狀況時，曾經介紹過那時一系列新發現衝擊著經典物理學的基礎的情形。法國著名學者龐加萊 (Jule-Henri Poincare, 1854～1912) 是最早覺察到經典物理學遇到了「危機」的學者之一，他認為必須對傳統的物理學觀念重新加以思考，並且深刻地認識到這場物理學的危機意味著物理學的變革。他敏銳的洞察力以及他在物理學方面的研究工作對於促進物理學革命都有積極的意義。然而龐加萊在數學領域裡的表現卻恰恰相反。作為一位重要的數學家，他出席了 1900 年 8 月在法國巴黎召開的第二屆國際數學家

會議，在會議上他躊躇滿志地宣稱數學的「完全的嚴格性已經達到了」。他所指的就是由微積分而產生的疑難已經妥善解決，數學基礎理論的完備性已經完全恢復，數學家們一向追求的數學理論的邏輯上的嚴密性已經不存在什麼問題了。然而，龐加萊宏論的話音才落不久，英國著名數學家和哲學家 B. 羅素 (Bertrand Arthur William Russel, 1872 ～ 1970) 於 1903 年提出了一個數學上的悖論，一下子就把許多數學家嚇呆了。

　　B. 羅素提出的悖論尖銳地指出了集合論① 基本理論上的自相矛盾，問題既簡單又十分明白，卻是當時所有數學家都不曾考慮過的，包括在集合論上有過重要貢獻的龐加萊在內。這個問題是這樣：若 R 屬於 R 的集合，則 R 是 R 的元素，於是 R 不屬於自身，即 R 不屬於 R。反過來說，若 R 不屬於 R 的集合，則 R 不是 R 的元素，這樣 R 就屬於它自身，也就是 R 屬於 R。不管是那一種說法，在邏輯上都出現了無法相容的矛盾。其實，在 B. 羅素之前不久，已經有另外兩位數學家提出過其他兩個集合論的悖論，只是還沒有引起人們的警覺罷了。這些悖論的提出對於許多數學家來說無異是當頭一棒，它迫使數學家們又不得不重新考慮對數學的認識的問題。數學究竟是什麼？為什麼數學會出現這樣的問題？這就出現了二十世紀初的「數學危機」。這些根本性的問題引起了數學家們激烈的爭論，在爭論中形成了不同的派別，其中主要的有邏輯主義、形式主義和直覺主義三派。

　　邏輯主義派認為數學即邏輯。在他們看來，數學是沒有什麼具體內容的邏輯結構，它只是邏輯的空殼，並不包含任何物理上的意義，甚至也沒有幾何的實際內容。B. 羅素就是這個派別的主要代表人物。他曾這樣說過，「我們決不知道其中說的是什麼，也不知道所說的是真還是假」。這種看法顯然比較片面，事實上也不可能把全部數學都歸結為邏輯。B. 羅素在他的晚年也承認邏輯主義的主張不可行。現在持這種比較極端觀點的人越來越少了。不過這個派別也有它的歷史功績，它推動人們認真地思考和研究數學與邏輯的關係，從而

①具有某種相同屬性的事物的全體稱為某一集合（亦稱「集」），從數學的角度研究集合的性質及其
　運算的學科稱為集合論。

產生了數理邏輯這一學科分支，數理邏輯現在已經成為電子計算機科學技術的重要的理論基礎。甚至可以這樣說，要是沒有數理邏輯的研究也就不會有今日的電子計算機科學技術。

我們已經知道，無論是歐氏幾何學還是非歐幾何學，都各自建立在一些無需證明的公理和公設之上，只要從這些公理和公設出發而建造的數學體系不發生自身不相容的矛盾，就都能夠得到數學家們的承認。形式主義派的著眼點正在於此。持此派觀點的人們認為，數學的基本概念本來就沒有什麼涵義，無所謂正確或者錯誤，真或者假，只要由公理所構造出來的系統是自洽的，不存在矛盾，那麼它就是合理的。這個派別的早期主要人物是德國數學家希爾伯特(David Hilbert, 1862 ～ 1943)。他的後繼者們曾致力於使全部數學都公理化，即把它們都構造成類似歐氏幾何學那樣的公理體系，但是他們的努力至今也沒有能夠實現。

直覺主義派所強調的是人的直覺。持此種觀點的數學家主張以直覺來判別數學理論的真偽，他們認為凡是能直覺地理解的便是合理的，反之就是不合理的。這個派別在「數學危機」出現之前就已存在，早期主要代表人物是德國數學家克羅內克 (Leopold Kronecker, 1823 ～ 1891)，他曾經這樣說過：「上帝創造了整數，其餘都是人做的工作。」他認為只有整數這樣的自然數是真實的，「無理數是不存在的」。他的這些極端的說法只能被認為是一種倒退，無助於揭示數學的本質。

由這次「數學危機」而引起的爭論到現在也還沒有結束，各派都有各自的道理，也都有各自說不清楚的問題，誰也說服不了誰。

如同「物理學危機」或者「化學危機」一樣，「數學危機」並非數學自身的危機，數是客觀的存在，有其內在的規律，從來不會產生什麼危機，「數學危機」只不過是人們對數學的認識上所產生的危機罷了。由於自然科學如量子力學、相對論和其他領域以及技術科學以至社會各方面的需要，也由於數學自身發展的動力，數學作為一門科學不但沒有因為出現「危機」而停止前進的步伐，卻是更加速向前了。由「危機」而發生的爭論實際上也是推動數學發展的重要力量之一。

「希爾伯特問題」的提出

世紀之交還發生了一件對現代數學的發展有重要影響的事件。在 1900 年的第二屆國際數學家會議上，希爾伯特熱情洋溢地發表了一篇著名演說。他以非凡的洞察力，根據十九世紀數學研究的成果與當時的數學發展趨勢，列舉了 23 個尚待解決的數學問題，其中一些是純粹理論問題，一些是當時其他學科所迫切需要解決的數學問題。這些問題都是他經過深思熟慮之後提出來的，涉及數學基礎理論和數論、代數、分析等現代數學的大部分重要領域。他的演說深深地打動了到會的數學家們的心，使他們認識到研究這些問題的重要性，並決心為解決這些問題而努力。正如當時人們所預料那樣，「希爾伯特問題」有承前啟後的作用，成了二十世紀數學發展的指南，它們在一定程度上左右了本世紀許多數學家的研究工作。此後的近百年裡，不少人都在為解決這些問題而勤奮地工作。至今，這 23 個問題還只解決了大約一半，其餘的或者只有部分的進展，或者是還沒有一點頭緒。

第二節　現代數學的幾個主要分支

本世紀以來，原先已經形成的數學的各個分支都有了長足的進步，新的分支更是層出不窮，數學始終是最活躍的學科領域之一，它所發揮的作用也達到了前所未有的境界。我們在本書裡只打算對當今數學幾個最重要和最有影響的分支的概況作簡略的介紹，對其中實用性較強的數理統計學、運籌學和優選學等稍為多說一些，但都儘量不涉及其中複雜的數學運算。

抽象代數學

我們知道，代數學原以處理實際問題為己任，解各種各樣的代數方程是傳統代數學所研究的主要內容。經過數學家們的長期努力，解方程的問題已基本上得到解決，代數學的研究從此轉向了比較抽象的代數結構方面的問題，進入了「抽象代數學」（或稱「近世代數學」）階段。現在我們通常把前此的代數

學稱為「初等代數學」（亦稱「古典代數學」）。抽象代數學在十八、十九世紀之交已經萌芽，真正形成學科體系則還是本世紀 20 年代的事。

概括地說，抽象代數學所研究的是非特定的任意元素集合和定義在這些元素之間的、滿足若干條件或公理的代數運算，或者說它所研究的主要是各種代數結構的性質的問題。迄今為止，數學家們所研究的有「群」、「環」、「域」、「模」、「格」、以及「泛代數」、「同調代數」、「範疇」等這樣一些代數結構。關於這些問題我們不打算在此介紹。

抽象代數學使得代數學的研究越來越抽象，但是它的一些成果及其方法也有了實際的落腳點，在電子計算機科學技術和其他一些工程技術中有廣泛的應用，並且形成了代數編碼學、語言代數學、代數語義學、代數自動機理論等等許多分支。

解析數論

數論是研究數的規律，尤其是整數的性質的分支學科，它在古代已經起步，例如在歐幾里得的《幾何原本》裡就有數論的內容，本世紀初數論的研究進入了新的階段，即解析數論的階段。解析數論是以分析的方法來研究數論的數學分支。它所研究的問題大致有三類：(1)用分析證明整數的一些定性的性質，其中最著名的就是「哥德巴赫猜想」。德國數學家哥德巴赫 (Christian Golbach, 1690 ～ 1764) 於 1742 年提出了這樣一個猜想：「每個大於或等於 4 的整數能表示成兩個質數之和。」這個猜想引起了研究數論的數學家們廣泛的興趣，許多人都想給予證明，但到現在還沒有完全解決，不過本世紀以來已取得了不少進展，中國數學家陳景潤 (1933 ～) 在這方面的出色的工作為世界數學界所注目。①(2)用分析建立定量的結果，例如質數系列裡小於或等於 x 的質數的個數等等問題。(3)用算術性質分析和闡明解析的問題。這些問題屬於

①凡是大於 1，又只能被 1 和它自身除儘的整數稱為「質數」，例如 2、3、5、7、11、13、17、19、23、29……都是質數。陳景潤所證明的是：「每個大偶數都是一個質數及一個不超過兩個質數的乘積之和。」

「純粹數學」，亦即屬於數學的基礎理論，對推動數學的發展有積極的意義，但在數學領域之外還沒有具體的用途。

拓撲學

拓撲學原是幾何學的一支，十九世紀末以來已發展成為數學中的重要的基礎分支學科。拓撲學所研究的是不同圖形的拓撲性質的刻劃以及拓撲的分類等問題。所謂圖形的拓撲性質，指的是幾何圖形在連續變形（如彎曲、拉大、縮小，但不能割斷或粘合）時仍然保留不變的那些性質。例如描繪在橡皮膜上的圖形，當橡皮膜伸縮變化但不破裂或折疊時，圖形就具有一些不變的性質，這就是拓撲性質。拓撲學在本世紀初形成為數學的一個分支，30 年代以後發展至為迅速，並且還相繼產生許多次級學科如代數拓撲學、微分拓撲學、幾何拓撲學等等。拓撲學的理論和方法的發展對數學的其他分支有不小的影響，同時在理論物理學、化學、生物學和語言學等領域都有許多應用，它已成為現代數學相當活躍的分支。

微分幾何學

微分幾何學的任務主要是以分析的方法來研究空間的幾何性質，這方面的研究早在十七世紀微積分學誕生之後就已經開始，到十九世紀已有一定程度的發展，二十世紀以後更有了長足的進步。尤其值得一說的是德國數學家黎曼於 1854 年創立的以分析方法處理非歐幾何空間的「黎曼幾何學」，當時人們還不知道它有什麼實際意義，後來卻成了愛因斯坦廣義相對論的不可缺少的數學工具。由於黎曼幾何在相對論中的成功運用，更引起了數學家們對微分幾何學的關注，從而又促進了微分幾何學的發展。現在微分幾何學也已成為包括許多次級學科的相當活躍的數學領域。

泛函分析

泛函分析是本世紀 30 年代以後才形成的，可以看作是多維分析學。過去所研究的函數一般是一維（線）、二維（平面）和三維（立體）的函數，或者

說是包含一個、兩個或三個變數的函數，泛函分析所研究的函數則是包含三個以上變數的函數。泛函分析是從微分方程、積分方程、函數論以及量子物理學的研究中逐漸發展起來的。希爾伯特是泛函分析的主要創建者之一。現在泛函分析亦已形成了許多分支，不僅在數學中有廣泛的應用，而且成為連續介質力學、量子物理學、控制論、最優化理論和許多工程技術科學的重要數學工具。

突變理論

1972 年法國數學家託姆 (René Thom, 1923 ～) 的《結構穩定性和形態發生學》一書出版，他在這部著作裡系統地闡述了突變現象的數學模型，標誌著突變理論的誕生。我們知道，自然現象和技術過程存在著大量突變現象，所謂突變現象就是不連續的變化，或者說是從一個狀態到另一個狀態的跳躍式地變化的現象，例如火山爆發、細胞分裂、橋梁斷裂、微觀粒子的能級躍遷等等都是。以往的數學工具只能描述連續性的變化，或稱平滑式的變化，對於非連續性的、跳躍式的變化便無能為力。突變理論的任務就在於尋找描述突變過程的數學模型。突變理論的研究已經取得了一些成果，數學家們得出這樣的結論，突變過程共有七種類型，稱為折疊型、尖頂型、燕尾型等等。目前這些理論已在物理學和技術領域裡有了初步的應用。突變理論現在也是從突變的角度來研究系統的重要理論，有關問題我們在第二十章裡還要說到。

數理邏輯

我們知道，數學與邏輯的關係本來就十分密切，比如歐幾里得幾何學就是以嚴密的邏輯建立起來的幾何學體系。數理邏輯亦稱符號邏輯，是運用數學的方法來研究邏輯，亦即研究正確思維所遵循的規律的一門學科，數理邏輯還以數學中的邏輯問題、數學理論的形式結構和數學所使用的方法作為自己的研究對象。數理邏輯源起於萊布尼茨，他曾在一篇文章中這樣寫道，「普遍的數學就好比是想像的邏輯」，它應當能夠描述「在想像範圍內精密確定的一切東西」。依他的看法，運用這樣的邏輯，從簡單的元素出發直到複雜的結構，便可以建立起任何的思想大廈。他還設想這種邏輯可以運用代數式的方法來運

算，從而把邏輯推理轉化為代數運算。萊布尼茲只是提出了一些想法，第一個成功地建立邏輯演算的學者則是英國數學家布爾 (George Boole, 1815 ～ 1864)，他於 1847 ～ 1854 年間創立了運用於邏輯運算的布爾代數。布爾代數近幾十年來在自動化技術、電子計算機技術等許多領域都得到了廣泛的應用，有關的一些情況在本書的第十六章裡將要說到。數理邏輯發展成為數學的一個重要分支是本世紀的事，現在它的內容已經概括從以傳統的演繹邏輯為對象的最狹義數理邏輯到包括歸納邏輯在內的最廣義的邏輯，對於邏輯學、數學和計算機科學技術的發展都發揮了重要的作用。上文已經提到過，數學中的邏輯主義學派對於數理邏輯學的建立和發展有重要的貢獻。

模糊數學

在實踐中，我們常常會遇到一些遠不是「非此即彼」這樣簡單明瞭的事物，它們的界限往往不十分清晰，甚至十分模糊，許多比較複雜的事物都是如此，在人文的、社會的現象裡這類事物更比比皆是。例如我們說某事情的組織程度比較好或者比較差，某國家的科學技術水準比較高或者比較低等等，對於這類問題我們是不可能用一種什麼尺度去作精確測量的，研究這類問題的數據大多只能用主觀打分、估測和統計的方法獲得，這些數據本來就有很大的模糊性，如果把這些本質上是模糊的數據作為精確數據來處理，所得到的結果反而不能準確地反映該事物的實際情況。所以，運用數學方法處理這類問題時絕非越準確越好，原先以精確地描述事物為特徵的數學及其方法在處理這類問題上無能為力。 1965 年，美國控制論學者扎德 (Loft Asker Zadeh, 1921 ～) 提出了處理這類問題的「模糊集合」的概念，開創了模糊數學的研究，標誌著數學的一個新的分支模糊數學的誕生。

模糊集合與通常的集合概念不同，以往我們所說的集合是指具有某一相同屬性的事物的全體，它們的屬性是清晰的，是界限分明的，模糊集合所概括的事物的屬性則是模糊的，是界限不那麼分明的，是處於「全部屬於」和「全不屬於」的中間狀態的。模糊集合所表明的是這些事物的「隸屬程度」的問題，而不是這些事物的非此即彼的問題。這就把數學從處理絕對存在或絕對發生

（概率爲 1）和絕對不存在或絕對不發生（概率爲 0）這樣兩種絕對狀態轉向處理連續值的邏輯上來。以此爲基礎，數學家們建立了模糊集合的運算、變換等理論以及刻劃模糊集合的隸屬函數，爲描述模糊現象找到了一套理論和方法。模糊代數、模糊拓撲、模糊概率、模糊統計、模糊邏輯、模糊推理等隨之而誕生。模糊數學現在已經成爲許多數學家所關注的領域，它在電子計算機科學技術、系統工程、人工智能以至於圖像識別、天氣預報、計算機診病、社會經濟研究等許多方面已得到了廣泛的應用。

概率論的建立使得數學不僅能處理必然性事件，而且也能處理偶然性事件；模糊數學的產生更使得數學不僅能處理界限分明的事件，而且也能處理界限模糊的事件，它表明瞭人類對客觀事物的認識和處理能力的進一步的深化，因此有人把模糊數學的誕生稱爲數學發展史上又一次重大突破。其實，人類自身就具有認識和處理模糊性事物的能力，感官從外界所得到的大多是模糊的信息，經過大腦的加工形成模糊的概念和判斷，進而作出模糊推理，然後得到模糊的識別和決策，這是人類的思想和行爲的基本特徵。模糊數學的出現表明瞭人類對自身的認識和思維過程的研究已臻科學化，它的意義當遠不止於數學的範圍。

數理統計學

數理統計學是以概率論爲基礎的一個數學分支，它的任務在於研究如何有效地收集、整理和分析帶有隨機性的數據，以對所考察的問題作出推斷或者預測，爲人們的決策和行動提供建議。數理統計學在十九世紀末雖已發軔，但到本世紀上半世紀才趨於成熟，英國學者費希爾 (Ronald Aylmer Fisher, 1890 ～ 1962) 是現代數理統計學的主要奠基人之一。費希爾不僅在數理統計學上有重要貢獻，由於他把數理統計的方法運用於遺傳學和優生學的研究並取得了重要成果，因此他也成爲這些領域的著名學者。

我們在研究一些客觀現象時，常常會遇到這樣一種情況，某一事物作爲一個整體包含著爲數眾多的個體，我們不可能逐個地考察它所包含的所有個體，只能從中抽取若干個個體加以研究，但是我們在抽取個體和對其研究時又不可

避免地要受到各種偶然性因素的制約，這時就只能運用數理統計的方法。數理統計學所要解決的就是尋找透過受到隨機性影響的部分材料得出對該事物整體的瞭解或者對其作出某種預測的方法。

試舉一些簡單的事例略作說明。假定某廠生產某種產品，現在我們需要知道其中某批這種產品的合格率，我們並非都可以採取逐個檢測的辦法達到我們的目的。比如這批產品的數量很大，我們就不可能對其逐一加以檢驗，這樣做在經濟上也很不合算；或者是對產品的檢測手段是有破壞性的，我們就更不能逐個加以檢測。這時我們只能從這批產品中隨機地抽出若干件加以檢測，由此而估算出整批這種產品的合格率。又如，某種產品的生產受到多種因素的制約，其中有一些我們是無法控制的，甚至還是不大瞭解的，為了提高這種產品的合格率，我們必須在所能控制的因素中尋找出比較理想的生產數據。這時我們得用試驗的方法，試驗所選取的數據是隨機的，試驗的次數也不可能太多，但是我們希望能夠從這些試驗的結果確定我們大批量生產的數據，這也得靠數理統計的方法來幫忙。總之，數理統計與一般的數據處理的不同，它的特點之處在於數理統計所要解決的是從帶有隨機性（包括抽樣的隨機性以及檢測中不可避免的誤差等等）的少數事例去探明某事物的總體狀況的問題，它在實用上有很大的意義。

數理統計方法包含著許多環節，其中主要的有建立數學模型、收集整理數據和統計推斷、預測等。

建立數學模型是指對於所研究的問題的總體狀況作出某種數學上的假定。例如我們需要研究某種產品尺寸大小的合格率，我們可以假定該產品的尺寸在 a 與 b 當中的某個數值（如 $\frac{a+b}{2}$）者為最多，大於和小於這個數值的依次減少，形成某種函數分布，如「常態分布」。不過，實際情況十分複雜，我們所假定的數學模型往往需要根據實測數據加以修正，許多時候只能從數據出發來認定它的分布函數。數學模型將是我們作出推斷和預測的主要依據。

搜集數據的方法一般有兩種，如上所述，一是抽樣檢測和觀察，二是透過特定的試驗來取得數據。抽樣觀察的方法適用於所研究的總體是一些有形的個體所構成的情況。這裡也涉及一系列技術問題，比如我們需要研究某地區農民

的經濟狀況，我們就可以抽取該地區若干農戶的經濟狀況來加以研究。至於抽取多大的比例才是恰當的，採取怎樣的抽取方法才能使得所抽出的農戶在全地區內有最大的代表性等等，這就需要運用數理統計中的一個分支抽樣方法。有些總體中的個體並不是現實存在的，而是必須透過試驗才能表現出來的，並且試驗條件在一定限度內是人所能控制的，這時就得用試驗的方法來取得數據。例如，某種產品的質量與許多因素有關（材料、設備、工藝等等），在這裡所考察的總體是在這些條件同時起作用的情況下所生產的全部產品。我們所說的特定試驗就是選取若干組不同條件來進行生產，其目的在於尋求最有利的狀態。那麼，選取什麼樣的條件使其最具代表性，試驗次數應如何安排，如何使試驗所得數據便於統計分析等這一系列問題都必須事先加以研究。對這些問題的討論便構成了數理統計學的另一個分支實驗設計。

透過檢測或試驗所得的數據叫做「樣本」，從樣本對所研究的總體作出結論就是「統計推論」。以上述農戶經濟狀況調查為例。比如我們從抽樣所得數據可以算出這些農戶年均收入為 5000 元，這個結果固然也有參考價值，但還不是我們所說的統計推論，因為這個結論並沒有考慮到我們抽樣中的隨機性。要是我們透過計算得出諸如「可用 99% 的概率斷言該區農戶年均收入在 4800 ～ 5200 元之間」的結論，這就是統計推論，它比前面的說法更具科學性。

預測也是數理統計的一項重要內容。預測與推論不同，推論的對象雖然是未知的但是確定的，而預測的對象則是未來某個時刻或在某種設想的條件下將要出現的，它的對象既是未知的，也是不確定的。例如根據某種產品若干年來的銷售記錄以及其他因素，預測這種產品三、五年後的市場容量就是如此。在許多實際問題中，推論往往只是我們研究過程的中間環節，預測才是我們研究的最終目的。

從上述可知，數理統計學是一門實用性很強的，應用範圍十分廣泛的數學分支，它的形成和發展大大地擴展了人類認識客觀事物的能力。

運籌學

運籌學興起於本世紀 40 年代。第二次世界大戰期間，武器和各種軍事裝

備日益精良，進步極快，但武器的運用卻出現了滯後的狀況，最突出的是雷達系統的運用和反潛艇作戰方面。為此，英美等國都組織了一批學者就此進行研究，這些人員中既有數學家、物理學家，也有生理學家和軍事家，他們的任務是透過數學的分析和運算，作出綜合的安排，以達到最合理地、最有效地利用武器和發揮人員的作用的目的，也就是運用數學來研究和表達有關安排、使用、調度、控制、籌算和規劃等，以解決諸如雷達的布置、高炮火力的控制、護航艦隊的部署、深水炸彈的布放、敵方潛艇的偵察等等當時最為迫切的問題。他們的工作取得了很好的效果。戰後，人們把這些經驗和方法移植到經濟和其他領域，運籌學從此產生。到現在為止，關於運籌學還沒有一個一致公認的定義。我國學者稱之為運籌學，是取其「運籌帷幄之中，決勝千里之外」的意思。運籌學或者也可以簡單地稱之為運用和籌劃的科學。運籌學的理論和實踐近年來都有很大的發展，並且形成了規劃論、圖論、庫存論、搜索論、排隊論、決策論和對策論等一系列分支，下面我們選取其中部分略作介紹。

1. 規劃論

規劃論亦稱數學規劃，它是運籌學中發展最迅速的一個分支，它所研究的是如何用最少的人力、物力去完成確定任務的問題，或者說是研究最大限度地發揮給定的人力、物力完成儘可能多的任務的問題。規劃論又有線性規劃、非線性規劃、參數規劃、隨機規劃、動態規劃等許多分支。在實際運用中，如物資調運、巡迴路線（比方郵遞員的送信路線）、裝卸工人的調配、車輛的透過能力、生產中的下料等問題都可以用規劃論的方法來加以研究。這類問題在數學上可以歸納為：在滿足既定要求下，按照某一衡量指標尋求運行的最佳方案。試舉一個運輸問題的事例。假定貨物和運輸單價均為定值，現在需要把這批貨物從倉庫運往若干個距離不等的銷售點以供銷售，在保證供銷平衡的條件下，要求規劃出貨物的最合理的流量和流向並使總運費為最少，這就需要運用規劃論的方法。在這些事例中，事先要求滿足的條件稱為約束條件，衡量指標稱為目標函數，規劃論就是研究某一目標函數在一定的約束條件之下的最大（或最小）值的問題。

2. 庫存論

庫存論亦稱存貯論，它所研究的是各類存貯問題的最優方案。社會生活中有許多存貯活動，例如工廠要存貯一定數量的原材料，商店要存貯一定數量的商品，血庫要存貯一定數量的血漿等等，這些物資的存貯要占用一定的空間，長期積壓又會影響資金的流通和造成物資的損失，但是存貯量過少也會造成工廠停工待料，商店銷售不暢而影響經濟效益，血庫缺血而危及病人生命等等問題，庫存論的任務就在於運用數學的方法來找出進貨時間間隔以及以何種方式進貨和每批進貨量多少這幾個方面問題的最優方案，其目標是既滿足需要又得到最好的經濟效益。庫存大體上有兩種模型，其一是確定性模型，其二是隨機性模型。庫存論所需要處理的有這樣一些因素：需求、貨物補充時間、每次進貨的固定費用（如手續費等）、貨價、存貯費、短缺將造成的損失等，這些因素或許是確定的或許是隨機性的。以上述各項數據為基礎，建立適當的數學模型，經過綜合分析就有可能得出存貯的最優方案。

3. 排隊論

在現實生活中有許多排隊現象，小的如排隊購票、購物，大的如輪船等候靠泊碼頭，火車等候卸貨，飛機等候跑道降落等等。排隊現象既包含著隨機性，又存在著排隊者的利益衝突。比如說，輪船到達港口的時間和碼頭是否有泊位就有隨機性，而哪一艘輪船先靠碼頭卸貨對於輪船和碼頭更為有利就存在著利益上的矛盾。研究和處理這類問題的數學工具就是排隊論。排隊論亦稱隨機服務系統理論，它適用於所有隨機服務系統的研究。任何一個服務系統都包含三個基本組成部分，即服務對象到來的規律、為服務對象服務的次序和服務的措施。規劃服務系統性能的主要數量指標是服務對象等候的時間、服務機構的持續繁忙時間以及服務對象排隊的長度。排隊論的任務是運用數學的方法尋找上述三個基本組成部分的模型，從而得出一個從總體效果上來說最為合理的方案，即從總體上來說服務對象排隊的時間最短，服務機構的持續繁忙時間不太長和服務對象的排隊時間不太長的營運方式和科學的管理方法，這對於各種公用服務系統無疑都有重要的經濟價值和社會價值。

4. 決策論

人們在日常的各種活動中經常需要對一些事情作出決策，也就是說在當事

人的面前會同時出現多種不同處理方案的選擇，為求得最為理想的結果，就需要合理決策。決策論又稱決策分析，是一種隨機運籌方法，它的任務在於運用數學和統計的方法幫助人們在有些因素還不確定的情況下作出決策。需要人們決策的問題總是具備這樣一些因素：只有一個明確的決策目標，至少存在一個客觀條件（或稱自然狀態），至少有兩個可供選擇的方案，不同方案在各種自然狀態下的損益值可以計算出來。比如說一個運輸車隊準備裝貨發車，其時天未下雨，但當天的天氣預報是下雨的概率為 0.3，不下雨的概率為 0.7，這些貨車究竟是否應當帶雨布出車？如果帶了雨布而遇雨，貨物就不會受損失；如果帶了雨布而天不下雨，因裝載雨布而減少了貨車的容量，將要受到若干經濟損失；如果不帶雨布而遇雨使貨物受損，又將會有若干經濟損失；要是不帶雨布而又沒有下雨，經濟效益自然最好。在這個事例裡，我們的目標當然是最好的經濟效益，自然狀態有下雨和不下雨兩種，可供選擇的方案有四個，各個方案的經濟損益都是可以計算出來的。對於這樣的問題就可以運用決策論的方法來作出決定。決策可分為確定型、風險型、不確定型機種。決策分析的內容和步驟大體上是確定目標、擬定方案、造損益值表、建立數學模型、綜合分析和選擇最優方案。決策論的思想和方法能幫助我們在作出決策時減少主觀性和增強科學性，它的意義和效用不言而喻。

　　5. 對策論

　　　決策論所研究的只是決策者一方根據客觀情況而選擇最優方案的問題，實際生活中卻經常存在著相互競爭的現象，競爭的雙方（或者多方）常常是各有長處各有短處，彼此存在著利害的衝突，彼此都力求在競爭中獲勝，在這類活動中如何決策才能比較有把握地取勝，這便是對策論所研究的問題。或者說，對策論是從策略的觀點出發，研究在具有競爭性的活動中如何取勝的學科。我國歷史上有一個著名的在競賽中以弱勝強的事例，可以說就是對策論的很好的運用。《史記》記載，戰國時期，齊威王曾邀大將田忌賽馬，限定上、中、下三等馬各選出一匹參賽。田忌自知他的馬比齊王的馬都略遜一籌，若以同等馬匹相比，他必敗無疑。但是田忌和他的門人經過研究後，以他的下等馬對齊王的上等馬，有意輸掉一場，又以他的中等馬對齊王的下等馬和以他的上等馬

對齊王的中等馬而贏得了兩場，最後的結果是田忌以 2:1 獲勝，大出當時人們的意外。田忌固然還沒有對策論的概念，但是他所運用的就是對策論的方法。這個故事所描述的是一個比較簡單的事例，實際上我們所遇到的問題往往要複雜得多。對策問題必定存在著三個要素，即競爭的各方（稱為局中人）、競爭各方的策略（稱為策略集合）和競爭各方的得失（稱為支付函數）。對策的類型也可以分為多種。對策論的方法大體上也是以策略集合為基礎，建立適當的數學模型，經過綜合分析，然後找出最優方案。不過競爭經常表現為一個過程，在這個過程中各種因素都會發生隨機性的變化，因此在實際情形中局中人還得不斷地調整自己的策略才有取勝的可能。

由上述簡要介紹可知，運籌學是一門實用性很強的學科，它實際上已經成為現代管理科學的重要理論基礎，尤其是電子計算機廣泛應用以來，數學模型的建立和運算變得快捷和容易，更加增強了運籌學的實用價值。不過，運籌學建立的時間不長，有不少問題仍然需要探索，人們期望它在實踐中繼續豐富和完善，在社會生活的各個方面發揮更大的作用。

優選學

在科學試驗、工程設計、工藝措施以及規劃、管理、決策等許多方面都存在著選擇最優方案的問題，優選學所研究的就是運用數學手段最迅速地、合理地確定最優方案的理論、模型和方法。中國數學家華羅庚 (1901 ～ 1985) 在發展和推廣優選學方面作出了重要貢獻。他經過研究，選定了機種理論上可靠而又易於推行的優選法在中國大陸廣為傳播，取得了良好的效果。優選法的種類很多，可以分為單因素優選法和多因素優選法兩大類，單因素優選法又有對分法、0.618 法（亦稱黃金分割法）等，多因素優選法也有爬山法、調優法等多種。在這裡我們簡要地介紹一下華羅庚所著意推廣的 0.618 法。

假定某廠需要酸洗鋼材，按以往的經驗和從理論上計算，酸液的稀釋應在 1000 ～ 2000 倍之間，現在希望透過試驗得出最理想的稀釋倍數。對此我們當然可以在 1000 ～ 2000 倍之間任意選取數據逐一進行試驗，不過這樣做既費時又費事，在經濟上也很不合算，如果運用 0.618 法就便捷得多了。

(a)首先我們可以在 1000 ～ 2000 之間的 0.618 處作試驗，即第一次試驗的稀釋倍數定為

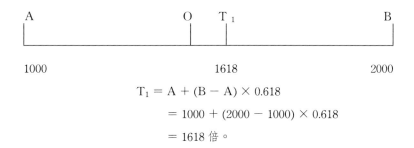

$$T_1 = A + (B - A) \times 0.618$$
$$= 1000 + (2000 - 1000) \times 0.618$$
$$= 1618 \text{ 倍。}$$

(b)然後再求得 T_1 與試驗範圍的中點 O 對稱的 T_2 的數值，以此為倍數進行第二次試驗，即第二次試驗倍數為

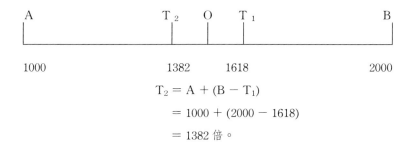

$$T_2 = A + (B - T_1)$$
$$= 1000 + (2000 - 1618)$$
$$= 1382 \text{ 倍。}$$

(c)比較這兩次試驗的結果後，如果 T_1 的效果比 T_2 好，就捨棄小於 T_1 部分，取 T_2 ～ B 即 1382 ～ 2000 倍這個範圍（反之則捨棄大於 T_2 部分，取 A ～ T_1 即 1000 ～ 1618 倍範圍），這就比原先的試驗範圍小多了。

繼續在這個縮小了的範圍內用同樣的方法選取試驗點 T_3 和 T_4，於是又得

到了更小的範圍 $T_2 \sim T_3$ 或 $T_4 \sim B$。經過若干次同樣的方法便可以比較迅速地獲得我們所需要的比較理想的數值。在這個事例裡我們所需要知道的不過是稀釋酸液倍數的某一個較小的範圍罷了。

從上述事例可以看到，優選法能夠幫助我們減少試驗的盲目性，使我們能夠用最少的試驗次數獲取我們所需要的結果。

由於華羅庚的積極推廣，優選法已在中國許多部門得到應用，取得了很好的經濟效益。

現代數學的內容十分豐富，多彩多姿，我們在本書裡不可能作全面介紹，只望能使讀者見其一斑而略知全貌罷了。

❋　　　　　　　❋　　　　　　　❋

數學源於社會實踐，社會實踐是推動數學發展的力量，不過歷史一再告訴我們，數學作為一門科學建立以後，它就有自己的發展規律，要按照自己的邏輯向前發展，許多數學問題並非直接來自社會實踐，而是由數學自身提出來的，但反過來它又會成為推動社會實踐進步的巨大力量。我們看到，數學越是向前發展這種現象就越是明顯了。

數學一方面表現為高度抽象的理論性學科，另一方面又表現為應用範圍廣泛的工具性學科。世界上一切事物都是質和量的統一體，這就決定了數學和它的方法可以應用於一切事物。但是，只有數學發展到相當的水準，它才有可能應用於一切事物，同時也只有應用數學的理論和方法來弄清楚事物的質和量的關係，我們才有可能真正地把握事物。應當說這樣的目標人們還遠沒有達到，這將是一個無窮無盡，永無止境的過程。不過我們也可以說人們已經在一定程度上做到了。比如說，過去數學基本上只能處理相對來說比較簡單的自然界的現象，現代數學則不但能處理較為複雜的自然界的現象，也能處理一些社會現象了，這無疑是人類認識能力的巨大進步。

科學的數學化是科學發展的必然趨勢。自然科學的數學化由來已久，自然科學的發展離不開數學的運用，有關情況我們在上文已經清楚地看到。進入本世紀以後，自然科學數學化的趨勢更加明顯。物理學中的相對論、量子力學的許多概念只能用數學來表達，如果缺少了適當的數學工具它便難於發展，化學

和生物學也越來越依賴數學的運用。至於現代技術科學，如果沒有相應的數學工具的支持簡直是寸步難行。比如說，要是沒有數理邏輯的發展，電子計算機科學便無從談起。現在，數理統計學、運籌學等在研究人類社會活動方面正在發揮越來越大的作用，這表明人們對社會現象的研究也日趨科學化了。當然，社會現象是人的群體的活動，它不僅比自然現象複雜得多，並且與自然現象有本質的上不同，數學在研究社會現象上的運用不可能像在研究自然現象裡運用那樣簡單和直接，但是如果我們不注意或者不認真地研究數學在社會現象上的運用，我們對社會現象的認識和理解是不可能真正地深入和完善的。近年來國外社會科學數學化的進程相當迅速，而　國起步比較晚，應當引起我們的特別注意。

　　數學的運用不僅使我們能夠比較準確地把握客觀事物，更常常能提高我們對事物的預見的能力。我們在本書的第四章裡曾經說到，無線電波的發現源於麥克斯韋的電磁理論，他的電磁理論是以一組微分方程來表述的，他之所以列出這一組微分方程，首先考慮的是它在數學形式上的對稱性，然後才去思考它的物理內容。假定沒有微積分學，沒有微分方程，沒有麥克斯韋從數學形式上的思考，人們是否能夠在那個時候發現無線電波，從而開闢了無線電技術這樣一個在現代社會如此重要的領域恐怕還是個問題。我們在上文說到的數理統計和運籌學的重要效用之一正是為了提高我們的預見性。當然，數學不是萬能的，它所給我們提供的預見也不一定就是必然的現實，它只能給予我們一些假說或假定，至於是否正確還需要實踐的檢驗，但它在我們的認識過程中的重要作用已是無庸置疑的了。

　　現代數學是一個十分龐大的學科體系，許多老的分支仍在繼續發展，新的分支又在不斷地湧現。純數學有了很大的進步，應用數學也生機勃勃，邊緣學科更是大量出現，如計算物理學、生物數學、經濟數學、數學語言學等等。電子計算機技術的日益成熟，使數學研究獲得了前所未有的十分有效的手段，電子計算機不僅能幫助人們快速、準確地進行計算，而且能夠利用它的推理功能

來作數學定理的證明，「四色問題」① 的解決，中國數學家吳文俊 (1919～) 的幾何定理電子計算機證明都是極好的例證② 。電子計算機在數學領域的廣泛運用正在推動數學進入一個新的發展時期。

複習思考題

1. 簡述數理統計學的基本內容。

2. 簡述運籌學的基本內容。

3. 試簡述你對數學在科學技術領域中的作用的認識。

4. 試簡述你對數學在管理科學中的作用的認識。

①在平面或球面上繪製地圖時，為了區別海洋和陸地以及陸地上的不同區域，需要在不同部位塗上不同的顏色。還在上個世紀人們就已經知道，只要用五種顏色就能夠把相鄰部分區別開來。不過，1840 年間有人提出猜想，人為用四種顏色就足夠了，這就是「四色問題」。四色問題從數學上說屬於拓撲學的範疇，它吸引了不少數學家，人們都想用數學的方法去證明它，但許多人長期努力都沒有成功。 1976 年美國數學家阿佩爾 (Keith Kenneth Appel, 1934～) 和 W. 哈肯 (Wofgang Haken, 1928～) 借助電子計算機解決了這個難題，證明暸四色猜想的正確，轟動了整個數學界。

②吳文俊於 70 年代後期，從理論上證明暸平面幾何與初等微分幾何的機器證明，並且在計算機上加以實現，取得了很大的成就。

第15章

無線電電子學、半導體和激光科學技術的崛起與它們的未來

物理學的進步為人類利用各種物理現象開闢了十分廣闊的前景，無線電電子技術、半導體技術和激光技術可以說是本世紀以來對人類社會生活影響最大的幾項技術了。這些技術的出現和發展都是以物理學理論為前導而逐步展開的，現在都已經成為十分活躍的技術領域，其發展前途未可限量。

第一節　無線電電子科學技術的形成和發展

我們在本書第四章裡說到過， 1887 ～ 1888 年間德國物理學家赫茲在實驗室裡產生了電磁波並且驗明瞭它的性質，證實了麥克斯韋電磁理論的預言，從此開闢了無線電技術的時代。 1894 年俄國物理學家波波夫 (1859 ～ 1906) 受赫茲等人的啟發製成了一台無線電接收機，兩年後他又製成了性能較好的無線電收發報機，在相距 250 米的兩座建築物之間傳送了世界上第一份簡短的無線電報，開創了無線電技術應用的新紀元。 1897 年意大利發明家馬可尼 (Gug- lielmo Marconi, 1874 ～ 1937) 利用風箏作收發天線，在 14 公里距離的遠處實現了無線電通信。 1899 年他又以大型天線使通信距離達到 45 公里。 1901 年他更使無線電信號越過大西洋，實現了隔洋通信。馬可尼因他的成就榮獲 1909 年度諾貝爾物理學獎金。

無線電技術是以其遠距離通信的功能開始闖入人類社會生活的，不過它日

後的發展很快就大大地超出通信這個範圍了。

真空管的發明

馬可尼的實驗只是為人們實現無線電通訊開闢了道路，無線電技術的真正的廣泛應用，還有待於真空管和其他電子器件的發明。

1883 年，美國發明家愛迪生 (Thomas Alva Edison, 1847 ~ 1931) 發現，若在普通電燈泡中裝上一塊與燈絲不相連的金屬片，當燈絲通電發熱時，金屬片附近會出現藍色的光澤。這種現象被稱為愛迪生效應，這是由於熾熱的燈絲發射出電子所造成的，即熱電子發射現象。 1904 年，英國物理學家兼工程師弗萊明 (John Ambrose Fleming, 1849 ~ 1945) 經過研究，利用這種現象製成了世界上第一個真空二極管。如圖 91 所示，若金屬片的電位高於燈絲，由金屬片與燈絲組成的迴路將有電流透過，反之，若金屬片的電位低於燈絲時該迴路便不會有電流透過。這就是說，如果在燈絲與金屬板間加上交變電壓，那麼只有金屬板為正電壓時該迴路才允許電流透過，金屬板為負電壓時便不會有電流透過，這就是整流效應，這個二極管就是一個整流管。弗萊明把他所發明的真空二極管用作檢測無線電波的濾波器，取得了很好的效果。

真空二極管的發明，還只是電子技術所邁出的頭一步，更加重要的一步是

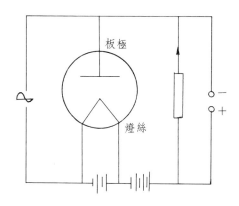

圖91 真空二極管工作原理圖

美國學者德福雷斯特 (Lee de Forest, 1873 ～ 1961) 於 1906 年所作的貢獻。如圖 92 所示，德雷斯特在弗萊明的真空管的燈絲外加上一個金屬罩，它因燈絲的加熱而發射電子，稱為陰極（亦稱板極），原來的金屬板稱為陽極（亦稱屏極），在陽極與陰極之間再加上一個金屬網，稱為柵極，這就構成了一個真空三極管。三極管工作時，陽極上所加的電壓高於陰極，當柵極電壓也高於陰極電壓時，從陰極發射的電子能夠穿過柵極到達陽極；而當柵極電壓低於陰極時，則電子因負電壓的阻擋不能夠到達陽極。德福雷斯特發現，柵極電位的微小變化都會引起陰極和陽極間電流的大幅度變化。這就是說，如果在柵極加上交變電信號，這些信號在陽極上將會被放大。後來經過許多人的改進，真空三極管就成為具有放大功能的重要的電子放大器件。其後人們又發現，借助反饋電路，三極管還可以組成電磁波振盪器。三極管一旦出現，無線電技術的廣闊道路就打開了。

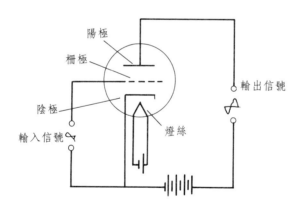

圖92　真空三極管工作原理圖

　　真空三極管的發明是無線電電子技術的里程碑，其後人們又研製成由更多電極組成的真空管以改進它的性能和適應不同的用途，這些真空管又稱為電子管，它們是早期無線電技術的最重要的器件。電子管加上其他電子元器件（如電阻、電容、電感等）組成的電子線路，構成了初期無線電電子設備的基本內容。

三極管的發明者德福雷斯特是一位很有成就的發明家，他一生中取得了300多項專利。他還先後創辦過十多個企業。但他卻是一位不善於經營的企業家，他的企業全都失敗了，還常常弄到十分潦倒的地步。

無線電電子學的形成和發展

我們現在所說的無線電電子學實際上包含著兩個方面，即無線電學和電子學。無線電學的任務在於研究電磁波（無線電波）的特性、它的傳播行為及其應用，包括研究電路的理論與製備各種無線電設備的理論和技術，研究利用電磁波傳送各種信息的理論和技術，研究電磁波各種可能應用的理論和技術等；電子學的任務則在於研究電子的行為和運動規律，特別是具有各種功能的電子器件的製作原理、製造技術和應用技術等。它們所研究的內容雖不盡相同，但關係至為密切，有些時候也難以區分，因此常並稱為無線電電子學。

無線電電子學最早應用的領域是無線電報和無線電話。在無線電報出現之前，有線電報已在實際上應用多年了。有線電報的研究始於十八世紀。 1835年，原先從事印刷和繪畫，後來轉而研究電報機的美國人莫爾斯 (Samuel Finley Breese Morse, 1791 ～ 1872) 發明瞭以短長斷續相間的信號組合來代表不同字母的傳遞方法，即現今國際通用的「莫爾斯電碼」，使電報的傳送變得簡單易行。 1836 年英國物理學家惠斯通 (Charles Wheatstone, 1802 ～ 1875) 等人獲得了第一個電報技術的專利。從十九世紀中葉起，有線電報便在歐美大陸廣為應用，連接大洋兩岸的海底通信電纜也開始敷設了。至二十世紀初，全球有線電報線路已達 900 萬公里。有線電報改變了人類傳遞信息的面貌，使得信息瞬間即可跨過山嶽和大洋，傳遞到遠距離的接收者手中，對人類社會的進步發揮了重要的作用。但是有線電報必須依靠線路傳送，在使用上有很大的限制。從波波夫到馬可尼，無線電電報通信逐步成為現實，利用無線電波傳播電報，既節省了敷設和保養線路的大量費用，又不受空間限製，其優越性遠非有線電報可比，它首先在海洋船舶上使用，隨後擴展到各個方面，幾乎取代了有線電報的地位，而有線電報也因電子技術的運用而大大改觀。

有線電話的研製也是從十八世紀就開始了。 1861 年德國技師賴斯

(Johann Philipp Reis, 1834 ～ 1874) 製成了世界上第一部電話機，但令人遺憾的是他的成果在當時未為人們所賞識，只被看作是一種「玩藝兒」而被埋沒了。 1876 年美國波士頓大學教授貝爾 (Alexander Graham Bell, 1847 ～ 1922) 重新發明電話機並獲得了專利，其後愛迪生等人又對其作了改進，有線電話立即開始走向實用。 1877 年美國波士頓《世界報》刊登了第一份由電話傳送的新聞稿，標誌著有線電話已為公眾所接受。 1878 年英國開辦了第一家商業性電話公司，同年美國自波士頓至紐約的長途電話開通，有線電話從此迅速普及。無線電技術誕生之後，遠距離電話通訊又開始大量運用無線電波傳送，形成無線電話與有線電話並駕齊驅的局面，有線電話也因大量採用各種電子技術而提高到新的水準。

　　無線電技術在電報和電話通訊上顯示了它的優勢之後，無線電廣播繼而興起。其實在電子管發明之前人們已經開始了利用無線電播送音樂的嘗試，不過效果不好，並無實用價值。電子管出現之後，無線電發射與接受設備的性能得到很大的改進，才逐漸使無線電廣播得以實現。 1919 年英國最早開始了無線電廣播的試播，次年年初美國匹茲堡市 KDKA 無線電台正式定時向公眾播放節目，無線電廣播從此逐步普及到了全球。

　　電視技術的概念產生於十九世紀中葉，它所以能夠成為現實的關鍵在於光電現象的發現和應用。光電現象是 1877 年赫茲發現的，後來愛因斯坦在理論上給予闡明，我們在本書第十章裡已曾述及。如果我們把一個圖像分解為許多單元（稱為「像素」），使這些單元逐個轉化為電信號並依次傳送出去，接收裝置在收到信號後再使電信號復原為光信號，並按序使之組成圖像，這就完成了圖像的無線電傳播。最早實現圖像無線電傳播試驗的是德國工程師尼普科夫 (Paul Gottlieb Nipkow, 1860 ～ 1940)，這是 1883 年間的事。那時還沒有電子管，更沒有攝像管和顯像管，人們都是用機械方法進行掃瞄的，圖像傳播的效果不好，並且只能傳送靜止的黑白圖像。至 1929 年，英國廣播公司 (BBC) 曾進行過黑白圖像的傳送實驗，運用的還是機械掃瞄的方法，因其效果不佳而不為公眾所歡迎。不過，無線電電子學的進展很快就使這個難題得到比較好的解決。 1923 年原籍俄國的美國發明家茲沃雷金 (Vladimir Kosma Zworykin,

1889 ～ 1982) 發明瞭光電攝像管， 1932 年人們又對它加以改進，再加上電子掃瞄系統和電子束顯像管的發明，電子掃瞄傳送和接受圖像於是成為可能。電子束非常細小，電子掃瞄又是以很高的速度進行的，這就不僅能夠得到比較清晰的圖像，而且能夠使圖像的傳播從靜態圖像發展成為活動畫面，真正的電視技術從此誕生。 1936 年英國廣播公司首次播出了質量較好的電視圖像， 1939 年美國也開始了黑白電視的播送，電視技術從此迅速普及。彩色電視的研製從本世紀 20 年代後期便開始了。第一台機械與電子混合式彩色電視系統於 1940 年由原籍匈牙利的美國工程師戈德馬克 (Peter CaR$_L$ Goldmark, 1906 ～ 1977) 研製成功。 1946 年美國無線電公司製成了第一套全電子管彩色電視系統。 1951 年彩色顯像管在美國問世。同年美國開始試播彩色電視節目，但因質量不好，數月後不得不暫時終止。後來技術上不斷有所改進，到 1963 年美國人重新播放彩色電視，受到各界的歡迎，彩色電視從此迅速進入社會。彩色電視利用使紅、綠、藍三個基本顏色的分解與重新混合的辦法來傳播和復原彩色圖像，把電視技術提高到了新的水準。中國的電視工業後來居上，近年發展異常迅速，電視機的產量已居世界首位，電視網已覆蓋全國。

雷達也是無線電技術早期的重要應用領域之一。雷達為英語 radar 的音譯，它的英文全名是 radio detection and ranging，意為「無線電檢測和測距」。雷達的基本概念形成於本世紀初，第二次世界大戰前後得到迅速發展。它的原理是：高頻率電磁波有很好的方向性，當一束頻率很高的（頻率在 1 兆赫以上）電磁波向外發射時，如果遇到了能反射電磁波的物體（如金屬物體），電磁波將要被反射回來，透過檢測反射波就可以得知該物體的存在。因為電磁波在空氣中傳播的速度為定值，測定脈衝電磁波從發出到接收的時間差，也就能夠知道該物體與我們的距離了。這在軍事上無疑有十分重要的價值。第一台可用於探測空中的飛機的雷達是 1935 年英國人研製成功的。第二次世界大戰期間，雷達技術有了長足的進步，成為監測遠距離敵方飛機的主要手段。戰後雷達技術進入許多民用領域，如飛機和船舶的導航，氣象情報的收集，射電天文望遠鏡上的運用等等。

無線電技術以其「無線」的特點首先在信息傳遞方面打開局面，後來它的

應用遠遠超出了通信的範圍，上文所述雷達技術就已非原來意義上的通信，自動化技術以及電子計算機的發明和運用的影響就更為深遠。當半導體科學技術興起以後，無線電電子技術的發展更是日新月異，以無線電電子技術為基礎的種類繁多的電器設備現已深入到人類社會的所有角落。

第二節　半導體科學技術的興起與進步

電子管的問世對人類社會所帶來的變化斷非當初的發明者所能料及，當它在許多領域發揮著奇蹟般的功能的時候，人們又考慮到它還有許多不足之處。由於無線電設備越來越複雜，所用的電子管數量也就越來越多，比如一部雷達往往要用 300 ～ 400 個電子管。電子管的工作要靠燈絲發熱，但燈絲的工作壽命有限，一般只有幾千小時，部分電子管失效整機就不能工作，電子管的數量越多，因個別電子管損壞而造成整機故障的可能性就越大。大量電子管要耗費相當大的電流，電子設備的散熱也成了很麻煩的問題。所用的電子管數量越多，電子設備也越來越笨重。這一系列問題逐漸成了無線電電子技術繼續發展的嚴重障礙，半導體和晶體管技術的出現恰恰彌補了這些缺陷，為無線電電子技術開闢了新的天地。

固體能帶理論的建立

我們已經知道，原子中的電子分布在核外多層軌道上，最外層電子（價電子）離核最遠，受核的束縛力最弱。這些電子一旦獲得足夠的能量，它就可以越出原來的軌道以至於脫離原子，成為不受原子核束縛的自由電子。金屬的導電能力之所以比較強，是因為它們的最外層電子比較容易擺脫原子核的束縛而在金屬體內自由活動的緣故。所謂絕緣體，則是它的最外層電子不大容易擺脫原子核的束縛，致使其中的自由電子極少因而難於導電。半導體處於上述兩種情況的中間狀態。

我們在本書第十章和第十一章裡都曾討論過原子內部的電子的行為，人們進一步研究構成固體的原子中電子的行為時，又獲得了一些新的知識。固體物

質中的原子與原子之間的距離十分靠近，它們的內層電子仍然組成圍繞各原子核運動的封閉殼層，與孤立的原子沒有兩樣，然而它們的外層電子軌道會發生交疊，即原子中的電子不僅受到自身原子核的作用，還要受到相鄰原子中的原子核的作用，更會轉移到相鄰原子的軌道上去，形成電子的共有化運動。由於最外層電子的軌道交疊最多，所以價電子的共有化運動最為顯著。原子間的價電子的共用就形成了我們所說的共價鍵。以現在常用的半導體材料矽為例，它的最外層有四個電子，每兩個相鄰的矽原子可以各貢獻一個電子共用，所以每個矽可與相鄰的四個矽原子形成四個共價鍵，如圖 93 所示。

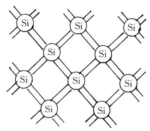

圖93　矽的共價鍵原子示意圖

　　1928 年美國物理學家布洛赫 (Felix Bloch,1905 ～ 1983) 運用量子力學理論研究組成晶體的外層電子運動的行為，建立了固體能帶理論。我們已經知道，原子中的能量不是任意的，而是量子化的，即其中的電子的能量只能處於某些能級之上，不可能處於這些能級之間的任意處。然而構成共價鍵的電子因同時受到相鄰原子的作用，所以有比較多的能級，並且這些能級非常接近，人們把這種幾乎連成片的能級稱作「能帶」。價電子的能量可以在該能帶內的各能級之上，其餘能量範圍是不允許價電子存在的，稱作它的「禁帶」。在一般情況下，電子首先占據能量最低的能級，然後依次占據較高的能級。這些被電子填滿的能級所組成的能帶稱為「滿帶」，其中能量最高的滿帶有時也稱為「價帶」。比價帶能量更高的能級所構成的能帶稱為「導帶」，處於導帶中的電子能量較高，很容易脫離原子的束縛而參與導電。一種固體物質是導體、絕緣體還是半導體，取決於它的價帶是否為電子所填滿。如果價帶沒有被電子填滿，或者價帶與導帶發生重疊，它的電子就容易成為自由電子參與導電，這就

是導體。如果價帶為電子所填滿，導帶中不存在電子，禁帶又比較寬，它就是絕緣體。如果價帶為電子所填滿，導帶中沒有電子，但是禁帶比較窄，這就是半導體。能帶結構的狀況與溫度有直接的關係，上面所說的只是就絕對零度的情形而言。在溫度高於絕對零度時，由於熱運動，被電子填滿了的價帶中的一些電子也能獲得能量而越過禁帶躍遷到導帶上。被激發到導帶上的電子數目既與溫度有關，也與禁帶的寬度有關。在室溫的情況下，絕緣體所能被激發到導帶上的電子非常少，而半導體則相當多。當半導體的電子從價帶躍遷到導帶上時，半導體也就表現出導電性，不過比起導體來，它的導電能力還是很差的。

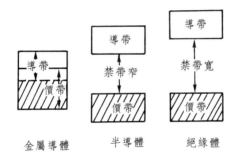

圖94　導體、絕緣體和半導體能帶結構示意圖

　　半導體價帶中的電子如果受到熱運動或其他外界能量的激發而躍遷至導帶上時，就在價帶的某個能級上留下一個空位，這種空位稱為「空穴」。空穴的出現是因為缺少了一個帶負電的電子，所以我們也可以把它看成是「帶正電」的。空穴不會總是空著，它很容易被附近的價電子所填充。這時，這個價電子原先所處的能級又出現一個新的空穴，這個新的空穴同樣會被它附近的價電子所填充，於是產生了空穴不斷出現和不斷消失的情況，有如空穴在半導體中移動。我們已經知道，電子在半導體中的移動從宏觀上來看，即表現為半導體的導電性能，而空穴在半導體中的移動也同樣表現為半導體的導電性。因此人們把半導體的導電功能歸於電子和空穴這兩種東西，它們被統稱為「載流子」。在一定的溫度下，從價帶被激發到導帶上的電子和價帶上所出現的空穴是不會越來越多的，因為無規則運動的電子不僅會由價帶躍遷到導帶，而且也會與價

帶中的空穴相遇而使一對載流子消失。所以對於一定的溫度來說，它的導電性能是一定的。

固體能帶理論給人們揭示出半導體的導電機理，從而成為半導體科學技術的理論基礎。

晶體管原理和晶體管的發明

高純度半導體的導電性能一般說來都比較差，但我們可以採取一些方法來提高它的導電性能，如有選擇地往半導體中摻進某種雜質（稱為「摻雜」）就是一種常用的方法，這種方法能使半導體的導電性能增加上百萬倍。摻雜有兩種類型，一種雜質的作用是利用它來俘獲半導體中的電子以使其增加空穴；另一種雜質的作用則在於釋放自由電子。比如在四價的硅中摻入少量三價的硼，硼原子與相鄰的硅原子成共價鍵結合時缺少一個電子，處於價帶上的電子很容易被吸引過來從而使半導體中出現空穴，這就加強了半導體的導電能力；反之，如果在硅中摻入少量五價的磷，磷原子與相鄰的硅原子成共價鍵結合時多出一個電子，這些電子能直接參與導電，也產生加強半導體導電能力的作用。我們把主要靠空穴導電的半導體稱為 P 型半導體，把主要靠電子導電的半導體稱為 N 型半導體。

半導體導電性能以及改變其導電性能的方法的研究，使得晶體管的研製成為可能，不過距離晶體管的發明還有一段路程。

1945 年美國貝爾實驗室以科學家肖克萊 (William Bradford Shockley, 1910 ～)、巴丁 (John Bardeen, 1908 ～) 和布喇頓 (Walter Houser Brattain, 1902 ～) 為核心的研究組開始了晶體管的研製工作。 1947 年他們製成了第一個具有放大功能的點接觸型晶體管，不過這種晶體管的性能並不太好，離開實用還有相當的距離，雖然如此，卻是邁出了十分重要的一步。 1948 年 6 月，美國貝爾實驗室首次向公眾展示了一台用晶體管製成的收音機。在美國很有影響的《紐約先驅論壇報》就此發表的一篇報導評論說：「這一器件（指半導體器件）還在實驗室階段，工程師們都認為它在電子工業中的革新作用是有限的。」然而這家報紙和它所說的工程師們是大錯特錯了，半導體器件給人類帶

來的是技術革命的新浪潮，為人類開闢了新的時代！

　　1949 年肖克萊研究組邁出了關鍵性的一步，他們提出了 PN 結整流理論，為晶體管的研製奠定了理論基礎。 PN 結整流理論的大意如下（參閱圖 95 ）：如果把一塊 P 型半導體和一塊 N 型半導體連接在一起，由於 N 型半導體有多餘的電子， P 型半導體有多餘的空穴， P 型區的空穴將透過界面向 N 型區擴散， N 型區的電子也將透過界面向 P 型區擴散。擴散的結果，使得靠近界面處的 P 型半導體因失去空穴而帶上負電荷，靠近界面處的 N 型半導體則由於失去電子而帶上正電荷。這些正負電荷的積累就形成了一個電場，其方向由 N 區指向 P 區，它所產生的電場力將阻擋電子和空穴的繼續擴散。這個在 P 型半導體和 N 型半導體的界面處形成的電荷層叫做阻隔層，又稱為 PN 結。

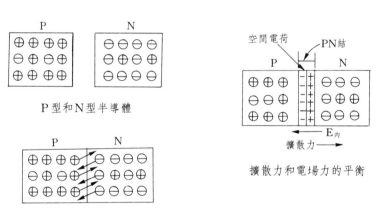

P 型和 N 型半導體

PN 結載流子的擴散

擴散力和電場力的平衡

圖95　PN結內部電子和空穴運動示意圖

　　若在 PN 結兩端加上正向電壓，即 P 型半導體接電池的正極而 N 型半導體接電池的負極，這時在 PN 結中所產生的外電場方向與其內電場方向相反。在外電場的作用下，阻隔層變薄，電子和空穴的擴散運動又得以繼續，其外部表現就是 PN 結處有電流透過。若使電池反向相接，即 P 型半導體接電池負極而 N 型半導體接電池正極，則外電場與內電場同向，阻隔層因而加寬，增

強了阻擋電子和空穴擴散的作用，電流就難以從 PN 結透過，或者說它的外部表現為電阻很大。簡單地說來，就是在 PN 結加正向電壓時電流很容易透過，加反向負電壓時電流很難透過。這種單向導電的特性就是 PN 結的整流作用（參閱圖 96）。

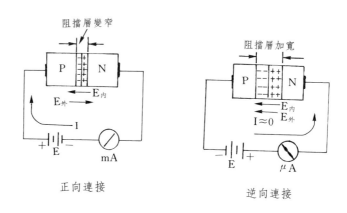

圖96　PN結單向導電示意圖

　　肖克萊研究組發現了 PN 結的整流作用之後，半導體很快就被用作整流器件，它的功能與真空二極管相同，只是它允許透過的電流比真空二極管要小。在電流不太大的情況下工作，它就比真空二極管優越得多了。

　　半導體二極管的發明只是半導體應用的頭一步，更為重要的是半導體三極管（通常稱爲晶體管）的發明。

　　早在 1928 年就有人研製過半導體三極管，但因缺乏理論指導而不甚成功。PN 結理論建立和點接觸型晶體管出現之後，肖克萊的研究組就致力於研製能付諸實際應用的半導體三極管。1949 年肖克萊提出了製造面接觸型晶體管（亦稱面結型晶體管）的理論，為半導體三極管的研製打開了真正通路。1951 年他們終於研製出了 PNP 型和 NPN 型面結晶體管，半導體科學技術從此一日千里。

　　面結型晶體管由一塊具有兩個 PN 結的半導體單晶所構成。如果在半導體單晶 PN 結的 N 型區一側連接另一個 PN 結，那麼在這塊半導體單晶上，它

的兩邊是 P 型區而中間是 N 型區，這就構成了 PNP 型晶體管。如果在 PN 結的 P 型區一側連接另一個 PN 結，這就成為 NPN 型晶體管。不論是 PNP 型還是 NPN 型，它們都有兩個 PN 結，分成三個區域。按其作用的不同，這三個區域分別叫做發射區、基區和集電區，與這三個區域相連的電極則分別稱為發射極、基極和集電極，這三個極通常用符號 e、b 和 c 來表示。發射極與基極之間的 PN 結叫做發射結，集電極和基極之間的 PN 結叫做集電結。（參閱圖 97）

我們已經知道，當 PN 結加上正向電壓時就會有正向電流透過，正向電壓越大正向電流也越大，正向電壓的微小變化就足以引起正向電流的明顯變化。下面我們以 NPN 型晶體管為例，簡要介紹晶體管的工作原理（參閱圖 98）。

通常情況下，我們給發射結加上正向電壓，在集電結上加上反向電壓，並且反向電壓總比正向電壓大許多。由於發射結的外電場為正向，所以發射區（N 型半導體）的電子很容易越過阻隔層（發射結）而進入基區（P 型半導體）。同樣，基區的空穴也很容易進入發射區。不過，基區很薄，摻雜濃度也較小，空穴數目不多，所產生的影響可以忽略。加在集電結上的是反向電壓，擴散到集電結附近的電子在外電場的作用下很快進入集電區，成為集電極電流的主要部分。這樣，發射極電流實際上由集電極電流和基極電流兩部分組成（請注意電流的流向與電子的流向相反而與空穴的流向相同）。如果我們保持發射結的正向直流偏壓不變，同時在發射極電路中串接一個交變信號，在集電極電路中串接一個電阻，這就構成了一個晶體管放大器。其工作原理如圖 99所示。

當在發射極電路串接了交變信號之後，發射結的電壓即為原先的直流電壓與信號的交變電壓之和，它隨著信號交變電壓的變化而變化，這個電壓的變化又引起發射極電流的變化。在一般情況下，集電極電流的變化近似地等於發射極電流的變化。因為在發射結上所加的是正向電壓，所以發射結的交流電阻是很小的，通常只有幾十歐姆，而在集電結上加的是反向電壓，它的反向電阻很大，串接在集電結電路中的電阻（R_L）也可以用得很大，通常在 1 兆歐姆（1兆歐姆 ＝ 10^6 歐姆）左右。這樣，發射極電路中電流的微小變化都必將引起集

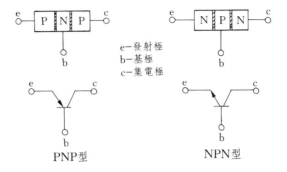

e—發射極
b—基極
c—集電極

PNP型　　　　　NPN型

圖97　半導體三極管結構示意與符號表示

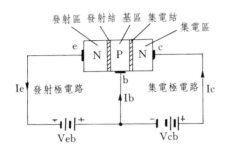

圖98　半導體三極管基本工作電路圖

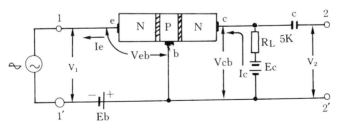

圖99　晶體管的放大原理

電極電路中交變電壓的大變化，即獲得了信號電壓的放大。這就是晶體管放大器的基本原理。晶體管放大器電路結構還有其他形式，這裡不再多述。

　　上文所說的晶體管現在稱為「雙極型晶體管」，其後又發明瞭「場效應晶體管」，它的基本原理也出自肖克萊，1958 年由美國通用電氣公司和晶體管公司首先投產。場效應晶體管由三種材料構成，它以一片半導體材料作為襯底，在其上連接一層很薄的氧化物絕緣膜，再上面是一層金屬，因此也稱為金屬—氧化物—半導體場效應晶體管，簡稱 MOS 晶體管。（MOS 為 metal-oxide-semiconductor 的簡寫。）MOS 晶體管的體積比雙極型晶體管更小，加上結構簡單，製造工藝簡便，還有一些雙極型晶體管所不具備的性能，因此它的發展至為迅速。

　　與上文所說真空管的發展過程相似，半導體三極管的發明使得半導體器件在無線電電子技術中得到了廣泛的應用。從此，半導體器件便在很大程度上取代了真空管的地位，發揮了它近乎神奇的作用。肖克萊、巴丁和布喇頓三人榮獲 1956 年諾貝爾物理學獎金，他們當之無愧。

　　當然，晶體管如同任何其他事物一樣有它的侷限性，我們說它在很大程度上取代了真空管的地位，也就是說它並沒有完全取代真空管的地位。半導體器件不能適應大功率的工作狀態，那裡至今仍然是真空管發揮作用的領域。

集成電路的誕生、發展和它的前景

　　半導體器件以它的體積小、輕便、耗電少、耐震和原則上沒有壽命限製等許多優點迅速擴展了無線電電子學的應用領域，電子技術以迅猛之勢深入到人類社會生活的各個方面。但是，隨著電子設備的更加複雜化，每台設備所用的電子元件大幅度地增多，它的穩定性和可靠性又成了大問題。要是任何一個晶體管或其他器件以及它們的任何一個接點損壞或者發生故障都要影響整機的運轉。於是有人想到，如果能夠在一塊底片上同時製作二極管、三極管、電阻和電容等元件，並把它們按一定的設計連接起來，構成一個完整的電路以取代為數眾多的分立元件，那就將大大增強設備的穩定性和可靠性。這種在一塊底片

上製成的，包括許多晶體管和其他元件的電路，就是我們現在所說的「集成電路」。 1952 年英國雷達研究所科學家杜默 (Geoffrey William Dummer, 1909~) 最早提出了這樣的設想。集成電路的製造涉及到大量相當複雜的技術難題，許多科學家和工程師為此作出了努力。

世界上第一塊在一片半導體材料上製成的集成電路是美國得克薩斯儀器公司物理學家基爾比 (Jack Kilby, 1923~) 於 1958 年研製成功的，它一出現就引起了科學技術界的廣泛注意。次年美國仙童公司的物理學家諾伊斯 (Robert Norton Noyce, 1927~) 等人也製成了半導體集成電路，他們的工藝更為成熟，從此奠定了半導體集成電路製造技術的基礎。三十多年來集成電路技術的發展至為迅速，如今集成電路已經成為電子器件中的寵兒。現在人們通常把電子管稱為第一代電子器件，把晶體管稱為第二代電子器件，把集成電路稱為第三代電子器件。

人們最早製造的是以雙極型晶體管為主體的集成電路，稱為雙極型集成電路。雙極型集成電路中的電阻是在半導體材料上擴散某些雜質而成的，叫做擴散電阻。用這種方法製造高阻值電阻相當困難。當 MOS 晶體管出現之後，研製 MOS 型集成電路的工作也就開始了。在 MOS 型集成電路中，所有的電阻都可以用 MOS 晶體管來代替，工藝上簡便得多，而且所占芯片面積也小得多。在製造雙極型集成電路時必須採用專門的工藝措施來解決元件的隔離問題，而 MOS 型集成電路的結構自身就能夠保證各元件之間的電絕緣，這也節省了芯片的有效面積。由於 MOS 型集成電路的這些優越性，它的發展極為迅速。第一塊 MOS 型集成電路於 1962 年由美國仙童公司研製成功，它只包含 16 個 MOS 晶體管，兩年後他們即製成了包含有 447 個 MOS 晶體管的集成電路，所含晶體管的數目已經超過發展較早的雙極型集成電路。

現在人們把在一塊半導體底片上所製作出的元件數目稱為集成電路的集成度。按照不同的集成度，集成電路可分為小規模、中規模、大規模和超大規模集成電路。一般規定，每片的集成度少於 100 個元件或少於 10 個門電路（門電路的含義將在下章敘述）的叫做小規模集成電路，集成度在 100～1000 個元件或 10～100 個門電路的叫做中規模集成電路，集成度在 1000 個元件或

100 個門電路以上的叫做大規模集成電路，而集成度在 100000 個元件或在 10000 個門電路以上的則稱為超大規模集成電路。集成度越高，集成電路的性能越為優越，效用也越大，不過製作工藝也越加困難。努力提高集成電路的集成度一直是這些年來科學界和工程技術界的奮鬥目標。現在批量生產的半導體存貯器中，集成度最高的是 4 兆位動態隨機存取存貯器，16 兆位的這類存貯器也將於不久後投產，預計下世紀初將有可能製成 10 億位的動態隨機存取存貯器。集成度的上限現時也是科學界所關心的重要課題之一。最近日本日立製作所宣稱，他們與英國劍橋大學合作研究一種新型的「單一電子存貯器」，有可能突破半導體高度集成化的限度，製成高達 160 億位的半導體存貯器。

　　按集成電路用途的不同，人們把集成電路分為模擬集成電路和數字集成電路兩大類。在電子技術中，人們常以電路中電壓的高低或電流的大小來模擬諸如重量、長度、速度等物理量，模擬集成電路就是對模擬量進行各種電處理的電路。模擬集成電路因用途各異而品種繁多，它已大量用於模擬信息處理方面，如廣播、電視和視聽等許多領域。數字集成電路亦稱邏輯電路，它的功用在於使輸入信號轉換成二進製數碼並進行邏輯運算，這是目前生產量最大、用途最廣的集成電路，是當今用於數字運算和信息存貯的基本電路，現已大量用於電子計算機以及其他各種電子設備。按其工藝結構來劃分，集成電路又可分為半導體集成電路、薄膜集成電路和混合集成電路。半導體集成電路是以一片半導體單晶為基礎材料運用平面工藝製成的集成電路，我們上文所說的基本上就是這種集成電路。它的製作工藝簡單，利於大規模工業化生產，但也有其侷限性，在某些比較特殊的領域裡難於應用。薄膜集成電路是在一塊絕緣片基（通常爲陶瓷片）疊上一層厚度不超過 1 微米（1 微米 = 10^{-6} 米）的金屬或氧化物，然後在其上製作晶體管、電阻、電容等元件。它的元件的數值可以做得比較精確並且容易調整。但是這種集成電路不便於大規模工業化生產，在工藝上也還沒有達到實用水準。混合集成電路是把單片半導體集成電路與分立元件混合組成一個更為複雜電路的集成技術，亦稱二次集成電路。不過混合集成電路工藝更加複雜，成本很高，價格昂貴。

　　集成電路從它的誕生到現在不過三十餘年，其發展速度之快卻是驚人的，

在各種技術的發展史上可謂無與倫比。它現在已經成為電子工業的核心技術。由於集成電路的廣泛應用，高水準的電子產品不僅深入到生產活動和科學研究的一切領域，而且深入到文化教育和家庭生活之中，被認為是當代技術革命的重要表現。集成電路的生產水準和生產規模已經成為衡量一個國家發展程度的重要指標之一。集成電路的工藝技術和生產能力仍在不斷發展和擴大之中，前途未可限量。中國集成電路工業起步較晚，近年來亦已形成一定的研製能力和生產規模，但與世界先進水準相比尚有很大差距。推進我國的現代化，集成電路是必須十分關注的關鍵性技術之一。急起直追，迅速趕上世界集成電路技術的先進水準，實為當務之急。

今日的電子世界

從 1906 年德福雷斯特發明真空三極管時起，電子技術經歷了電子管、晶體管和集成電路三個時代，到現在還不及一個世紀，今天的世界竟成了電子技術的世界。如今電子技術的應用已遍及人類社會生活的一切方面。當代的電子技術產品大致可分為下列幾大類：

有線通信	有線電話、有線電報、載波設備等。
無線通信	無線電通信、無線電廣播、導航、測向、氣象探測設備等。
電子應用設備	X 射線、超聲波、醫療電子設備、電子顯微鏡、電子計算機、自動化設備等。
電子測量儀器設備	各種科學研究和生產應用測量儀器設備。
日用電子設備	收音機、電視機、錄音機、錄影機、以及其他家用電子設備。

製造這些電子設備所需電子元件有數千種之多。由製造電子元件和電子設備所構成的電子工業，現在已經成為規模龐大的、充滿活力的生產體系和各國國民經濟的重要支柱。電子工業是典型的知識密集型工業，它集科研與生產為

一體，這是它與傳統工業部門的一大差別。各大企業集團為了占領市場都在科研上展開激烈的競爭，科研投入的資金往往十分驚人。如目前世界上最大的電子企業美國國際商用機器公司 (IBM) 每年的科研費用都在數十億美元。

　　電子技術以實現遠距離通信為起點，如今已遍及人類生活的一切方面，它的應用範圍可謂無所不及，而且還在繼續擴展和深入。電子技術應用的最突出的方面是電子計算機技術以及與此相關的自動化技術，有關問題將在下章介紹，對它所產生的影響現在還難以作出全面的評價。這些技術使得人的體力勞動和腦力勞動在相當程度上可以由機器來代替，在生產和科學研究上發揮著人們原先難以想像的作用，成為又一次技術革命的標誌。電子技術設備如今也已經是人類交流信息和文化教育活動以至家庭生活的不可缺少的組成部分。廣播、電視、電話、電報、電子傳真、電子郵件等成了現代社會生活的信息傳遞、文化娛樂活動和社會教育的基本手段，電子技術產品大量進入家庭，大大地改變和改善了人類日常生活的面貌。電子技術在軍事上的應用已在很大程度上改變了戰爭的形式，電子對抗也已經成了軍事行動的重要內容。如果把二十世紀稱為電子時代是恰如其分的，二十世紀人類社會各方面所發生的巨大變化幾乎沒有什麼與電子技術無關。在未來的世紀裡電子技術必將發揮更加巨大的威力也是意料中的事。

第三節　發展中的激光科學技術和光纖通訊技術

　　激光科學技術是本世紀 60 年代才起步的，現在已經成為當今最活躍的科學技術領域之一。激光科學技術的出現，賦予古老的光學以新的生命力，標誌著人類對光現象的認識和利用進入了新的階段，引起了光學應用技術的革命性的進展。

　　光導纖維通信技術是激光科學技術和電子科學技術綜合應用的新成果，它的誕生和發展對於現代資訊社會的到來是巨大的推動力量。

受激發射原理與激光器的發明

　　激光是人為地製造出來的一種光學現象，它在自然界中並不存在，激光產生的原理是愛因斯坦奠定的。激光或稱為雷射，它的意思是：「基於受激發射放大原理而產生的一種相干輻射」①。

　　1917 年愛因斯坦在研究黑體輻射時，提出了關於光的發射和吸收可經由自發輻射、受激輻射和受激吸收三種基本過程的假設，但在此後很長的時間裡，關於受激輻射的研究沒有引起人們足夠的重視。

　　我們已經知道原子內部有不同的能級，圍繞核運動的電子都處於各個能級，離核近的能級低即能量較小，離核遠的能級高即能量較大。能量最低的狀態稱為基態，比基態高的狀態稱為激發態。在通常情況下，粒子（原子或分子）都處於基態，即其中的電子都往盡量低的能級填充，因為只有這時它才是最穩定的。但是當粒子受到外界的作用（如電磁波或熱運動的作用）時，它吸收了外來的能量後，內部能量狀態就要發生變化，其中一些電子將會從低能級躍遷到高能級，粒子便處於激發態。激發態不是粒子的穩定狀態，它總要回到基態上，同時釋放出多餘的能量。如果這些能量以電磁波的形式釋放出來，我們就稱這一過程為輻射躍遷。輻射躍遷有不同的情形，如果是高能態粒子自發地回復到基態同時發出電磁波，這時就是自發輻射。普通物體的光輻射，如燈光、太陽光都屬自發輻射。因為粒子自身的能級多種多樣，所以自發輻射的頻率、傳播方向和偏振方向都是隨機的，它們並不一致。如果作用於粒子的外界電磁波處於某一頻率（ν）時，情形就不同了。依普朗克的公式，外界電磁波（光）的光子能量 $h\nu = \triangle\varepsilon$，每一個光子給予粒子的能量都是 $\triangle\varepsilon$，粒子回復到基態時所輻射的能量也只能是 $\triangle\varepsilon$。這也就是說它受激後的輻射電磁波頻率也必定為 ν。受激輻射不僅其頻率與入射電磁波相同，它的傳播方向和偏振

---

①激光在英語中稱為 laser，是取 light amplification by stimulated emission of radiation 中幾個主要字的頭一個字母所組成，其意可譯為「基於受激發射而產生的光放大」。從前曾音譯為「萊塞」、「萊澤」等，亦有譯為「鐳射」的。

也與入射電磁波完全相同。當然，被激發的粒子必須有一能級差為△ε，這個過程才能實現。既然因受激而產生的輻射的性質與入射電磁波完全相同，也就可以看作是入射電磁波被放大了。這就是「量子放大原理」，亦即受激發射放大的物理機制。（參閱圖 100）

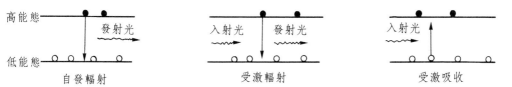

高能態

發射光

入射光　發射光

入射光

低能態

自發輻射　　　　　　　　受激輻射　　　　　　　受激吸收

圖100　自發輻射與受激輻射和受激吸收原理示意圖

　　受激發射的機理早已闡明，但是為什麼激光技術要在半個世紀以後才問世呢？這是因為實際情況比我們上面所說的要複雜一些。粒子與外界電磁波的作用除了要產生受激發射之外，還有另外一種情形，就是粒子吸收了電磁波的能量之後要躍遷到高能態，即受激吸收。愛因斯坦在提出他的理論的時候指出，受激發射與受激吸收的概率是相等的。在通常熱平衡的條件下，處於低能態的粒子數目總是要比處於高能態的粒子數目多，也就是說受激吸收在一般情況下總是大於受激發射。所以就總體而言，必定是使外來電磁波減弱而不是使它增強，亦即不會使原來的電磁波放大，不會產生我們所說的受激輻射。因此，如果不能找到一種使處於高能態粒子的數目大於處於低能態粒子數目的方法，或者說實現粒子能態的反轉分布，是不可能獲得受激輻射的。

　　第二次世界大戰以後微波① 技術向民用和科研領域轉移。美國物理學家湯斯 (ChaRLes Hard Townes, 1915 ～) 等人在研究微波與物質相互作用時，找到了一種打破熱平衡分布，使高能態粒子多於低能態粒子的方法，並觀察到了微波受激發射信號，從而在 1954 年實現了微波受激發射放大，製成了微波激射器。這一成就使科學家們大受鼓舞。 1958 年湯斯和另一位美國物理學家肖

────────────────────────

①頻率在 300 ～ 3000000 兆赫的電磁波稱爲微波，雷達所使用的就是微波。

洛 (Arthur Leonard Schawlow, 1921 ～) 提出了可以在光頻波段實現受激發射的想法和研製激光器的建議。與此差不多同時，蘇聯物理學家巴索夫 (1922 ～) 和普羅霍羅夫 (1916 ～) 也獨立地提出了類似想法。激光誕生的條件已經逐漸成熟，許多實驗室就此展開了激烈的競賽。勇奪先聲的是美國物理學家梅曼 (Theodore Harold Maiman, 1927 ～)，他於 1960 年 6 月製成了以紅寶石為工作物質的世界上第一台激光器，寫下了激光技術史的頭一頁。同年 12 月美國 IBM 公司也宣布激光器研製成功，他們所用的工作物質是含痕量鈾原子的氟化鈣晶體。第二年 2 月，美國貝爾實驗室的科學家賈萬 (Ali Javan, 1926 ～) 所領導的小組也公布了他們研製成功的另一種激光器，他們的激光器不是以固體為工作物質，而是以氦和氖混合氣體作為工作物質。同年 9 月又報導了美國物理學家 R.N. 霍爾 (Robert Noel Hall, 1919 ～) 研製半導體激光器取得成功。在沉默了四十多年之後，激光技術有如潮水般湧現了出來。激光技術來到人世，湯斯、巴索夫和普羅霍羅夫功不可沒，他們三人因此同獲 1964 年諾貝爾物理學獎。

激光器的工作原理和激光器的發展

激光器一般由工作物質、諧振腔和激勵能源三部分組成（參閱圖 101 ）。工作物質可以是固體，如晶體、玻璃等；也可以是氣體，如惰性氣體、二氧化碳等；還可以是液體，如某些染料等。激勵能源可以是光源、電磁波發生器等，它的作用在於向工作物質輸入能源，使工作物質的粒子數處於反轉狀態，它好比一個巨大的泵，源源不斷地把低能態粒子抽運到高能態上去，所以有時也把它叫做泵浦源。光學諧振腔一般由兩塊光學反射鏡（其中一面可部分透光）按一定的方式組合而成，工作物質放在諧振腔的兩面反射鏡之間。諧振腔的作用主要有兩個方面，其一是使工作物質發出的光在反射鏡間多次往返而持續放大，其二是使那些與諧振腔軸向不平行的光經反射後逸出腔外，以保證獲得方向嚴格平行的受激發射光。

激光器的工作過程大致如下（參閱圖 102 ）：工作物質在激勵能源在作用下，不斷地使處於低能態 1 的粒子抽運到高能態上去，比如從能態 1 抽運到能

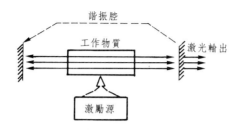

圖101　激光器組成示意圖

態 3 處。由於高能態 3 的粒子很不穩定，或者說它的壽命很短，這些粒子會很快轉移到能態 2 上，在能態 2 上的粒子壽命較長，因此粒子大量地聚集在能態 2，致使能態 2 上的粒子數多於在能態 1 上的粒子數，從而實現了能態 2 和能態 1 之間的粒子數反轉分布。這裡的激勵光源如同抽水泵，能態 2 則好比蓄水池。粒子數的反轉分布出現之後就產生了受激放大。開始時受激發射的光強度很弱，但反射鏡的每一次反射，都使它得到加強，當激光在諧振腔內往返足夠次數，使得光放大的程度等於或大於腔內各種損耗時，就能夠在諧振腔內建立起穩定的光振盪，其中一部分將透過那面具有一定透光率的鏡子輸出腔外，這就是我們所得到的激光。

　　激光器的種類很多。按其激勵方式的不同，可以分為光激勵激光器、電激勵激光器等。按所輸出激光的波長範圍不同，可以分為遠紅外激光器（波長為

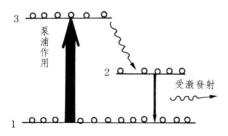

圖102　激光器工作原理示意圖

25 ～ 1000 微米）、中紅外激光器（波長爲 2.5 ～ 25 微米）、近紅外激光器（波長爲 0.75 ～ 2.5 微米）和可見光激光器（波長爲 4000 ～ 7500 埃）等。儘管激光器可以分爲多種類別，最重要的還是它的工作物質的不同，工作物質確定了之後，它的激勵方式、輸出的波長範圍也就基本上確定了。按所用工作物質的不同，現在的激光器可以分爲固體激光器、半導體激光器、氣體激光器和液體激光器幾個大類。

從 60 年代初到現在，激光器技術有了長足的進步。激光頻率由原先幾個發展到了現在的幾千個，並且有了頻率連續可調的激光器；脈衝激光輸出的能量從幾毫焦耳發展到了幾千～幾十萬焦耳，連續輸出的激光輸出功率則從毫瓦數量級發展到千瓦～萬瓦數量級，大功率脈衝激光器的輸出功率甚至可達 10 億千瓦以上。

激光的特性與激光的應用

激光不同於普通光，它具有與普通光不同的特性，這就是它的高亮度、高方向性和高單色性，而且它的相干性極好。由於這些獨具的優越的特點，從它一出現人們就立即使它投入實際應用。

光源的亮度在物理學上以每單位發光表面向空間單位立體角所發射的功率來表示，其單位爲瓦／米 ^{2}・球面度。下表給出太陽亮度和激光亮度的比較（單位均爲瓦／米 ^{2}・球面度）：

太陽光	10^7
普通氣體或固體激光器所產生的激光	$10^9 \sim 10^{14}$
大功率脈衝固體激光器所產生的激光	$10^{18} \sim 10^{21}$

從這裡可以看到，激光的亮度比太陽的亮度大得多。再加上激光的高方向性和高單色性，這就不但意味著它能夠把能量不發散地輸送到很遠的距離，同時也意味著它可以使能量高度集中。以往使用光學透鏡也可以使光束會聚，但由於光束中含有多種波長的光，因色散的存在不可能使波長不同的光會聚到一個點上。激光作爲單色光不存在色散的問題，因而可以高度會聚於一點。利用這些

特性，人們早已運用激光來進行各種材料和產品的加工，如激光打孔、焊接、切割、退火、淬火、劃線、光刻、表面處理和細微加工等。在醫療上激光可以用作精巧的不出血的「手術刀」。利用激光的高強度和它很好的相干性，全息照相術① 已經成為現實並在許多領域中運用。超高亮度的激光能夠燒毀遠距離的物體，因此激光武器的研製各國都在加緊進行，它將會成為迅速燒毀遠距離目標（如人造衛星、導彈和飛機等）的有效武器。激光還有可能成為可控熱核反應的「點火」手段，利用它所產生的高溫來引發核融合。

過去的光源所發出的光都是非定向性的，光的能量分布在空間很大的發散角範圍之內。雖然可以採取聚光的方法，但是效果並不十分理想。例如聚光較好的口逕為 1 米的探照燈的光束傳送到 1 公里遠時，光斑直徑即已達 10 米左右。假定一個一般單橫模激光器所產生的激光透過口逕亦為 1 米的望遠鏡向遠處發射，它的光束傳送到 1000 公里以後，光斑的大小也不過幾米。激光束的高定向性表明它具有在極遠的距離上傳送光能、傳遞信息和控製指令的能力。因此它已被用於遠距離激光通信、測距、導航和遙控等許多方面。人造衛星激光測距、宇宙飛船的激光對接控制等都是十分成功的事例。

在激光誕生之前，單色性最好的光源是氪 ^{86} 光譜燈，它的光譜波長 λ =6057 埃，譜線寬度 $\triangle \lambda$ =0.0047 埃，$\dfrac{\triangle \lambda}{\lambda}$ 為 10^{-6} 數量級。普通單頻氦—氖氣體激光器所發出激光的 $\dfrac{\triangle \lambda}{\lambda}$ 值則可達 10^{-10} ～ 10^{-13} 數量級。$\dfrac{\triangle \lambda}{\lambda}$ 值越小，表明它的單色性越好，可見氦—氖激光的單色性比氪燈光源好 10^4 ～ 10^7 倍。激光的高單色性再加上它極好的相干性，已經使它成為精密測量的十分有效的手段。以光來作長度測量，主要是利用光的干涉現象。當一束光發出後被反射回來時，如果這束光是相干光的話，我們將會看到干涉條紋及其變化，由此便可以計算出反射物體與光源的距離。光的單色性越好，測量的精度越高。

---

①全息照相就是記錄包括強度與位相的全部光信息在內的照相技術。它的原理早在 1947 年爲英國科學

　家伽柏 (Dennis Gabor, 1900 ～ 1979) 所闡明，但因當時缺乏足夠強度的光源，在技術上不大成功。

　激光器出現以後它才成爲一種實用技術。全息照相能夠獲得被攝物體的立體圖像，在許多領域有廣

　泛的應用。伽柏因此而獲得 1971 年度諾貝爾物理學獎。

過去用氪^{86}光源作精密測量，最大量程不超過 1 米，測量誤差在 1 微米左右。如果用氦—氖激光測長，量程可以擴展到 1 ～ 1000 公里， 1000 公里量程的誤差不大於 100 ～ 0.1 微米。要是用單色性更好的激光來測量地球到月球的距離，亦即約 38 萬公里的距離，其誤差僅幾釐米。利用高單色和可調諧激光，還可以對一些物理、化學和生物過程進行高選擇性的光學激發，從而達到對這些過程進行控制的目的和成為研究這些過程的手段。在這方面，利用激光分離同位素的研究有重大意義，它可以使分離和濃縮鈾^{235}的技術大為簡化，效率得以大幅度提高。以高單色激光作為光頻相干電磁載波，可同時傳送、存貯和處理大量信息，激光計算機亦已在研製之中。

激光的應用範圍現仍在不斷地擴展。激光與光導纖維相配合而發展起來的光纖通信正在迅速改變全球的信息傳輸的面貌。

光導纖維與光纖通信、光纖傳感的出現和前景

以光來傳遞信息很早就有，如古代的烽火和近代海上船舶的燈光信號就是。激光出現之後不久，人們也曾試驗利用它來傳遞信息。但是光在空氣中傳播要受到氣候條件（如雨、雪、霧等）的影響，所傳播信息也難於保密。於是人們想到，如果能使光在透明的纖維裡傳送信息，將會使信息傳遞技術出現全面的革新。從無線電通信中我們知道，每個通道所能傳遞的信息量是由它的頻帶寬度（即頻率的範圍）所決定的。比如，無線電話的頻帶寬為 300 ～ 3400 赫，一個電視節目所占頻帶寬約為 6 兆赫。光的頻率為 10^{14} ～ 10^{15} 赫，比微波頻率高出 10^5 的數量級，以光來傳遞信息能夠包容更多的通道，所能傳播的信息量比無線電波大得多。從本世紀 30 年代起就有人試圖利用光導纖維來傳送信息，不過沒有取得成功。

研製現在通用的光導纖維的想法是從 50 年代開始的。隨著玻璃和塑料工藝技術的發展， 60 年代人們製成了一些光導纖維，在醫用內窺鏡中得到應用。不過這種光導纖維的光損耗比較大，不可能作遠距離傳輸。 1966 年在美國標準電信實驗室工作的英籍華裔物理學家高錕 (ChaRLes Kuen Kao, 1933 ～) 從理論上指出，如果採取適當的方法除去光導纖維中的雜質，它的傳光能

力將會大幅度地提高，有可能用於激光通信。其後許多企業和實驗室都為此而競爭。 1970 年美國康寧公司研製出了損耗為 20 分貝／公里的光導纖維，從而揭開了光纖在激光通信中應用的序幕。其後低損耗光纖的研製有了很大的進展，到了 1978 年，便製成了損耗僅為 0.047 分貝／公里的光纖，標誌著光纖製造技術進入了新的階段。

　　光導纖維由芯子、包層、塗敷層和外套四部分構成（參閱圖 103 ）。芯子材料主要是二氧化硅，其中摻有極微量的其它材料如二氧化鍺等，摻雜的用意在於提高它的光折射率，芯子的直徑有多種規格，大約在 3 ～ 60 微米之間。芯子外面的包層一般用純二氧化硅製成，有時也摻入極微量的三氧化硼或氟，目的在於降低它的光折射率，使它的折射率與芯子有細微的差別，其差在 0.003 ～ 0.019 之間，包層的外徑則在 150 ～ 200 微米之間。塗敷層常用硅酮或丙烯酸鹽，它的作用在於保護光纖以及增加它的機械強度。外套一般為塑料管，也是為了保護光纖並以不同的顏色區別不同的光纖。許多根光纖繞在一起就組成光纜，光纜中光纖的數目不等，有 4 根、 6 根、 12 根以至 144 根等多種規格。

　　當光從光纖一端的芯子處射入，遇光纖彎曲處時，因芯子與包層折射率不同而發生全反射，經過輾轉反射，光線在光纖內呈「之」字形前進，光線便能夠達到光纖的另一端。這就是光纖傳光的機理。

　　上文已經說及，光在光纖中傳播時的損耗是光纖質量的關鍵。 60 年代中期以前的光纖損耗為 1000 分貝／公里，即光在其中傳播 1 公里後它的功率只

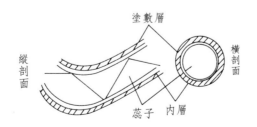

圖103　光纖結構及光纖傳光示意圖

有原來的 10^{-100}，這樣的光纖當然不可能在通信中使用。目前光纖的損耗率已經降低到 0.2 分貝／公里甚至更低，因此可以實現遠距離的無中繼傳輸，其性能已經超過使用普通同軸電纜的微波地面傳輸。

　　光纖通信是使信號成為光信號而在光導纖維內部傳輸，因此它的保密性能特別好，外界根本不可能獲取其中的信息。光信息的傳遞又不會受到外界的電磁等干擾，光纖之間的信息也不會相互干擾，所以可靠性也特別高。光纖的重量輕，體積小，而且製造光纖的主要原料——二氧化硅（石英）在自然界中的儲量很多。還有上文所說的光纖通信的容量大、能耗低等許多優點。既然光纖通信具備這樣許多優點，它一出現就受到人們的青睞。 1976 年美國亞特蘭大開通了第一條由 144 根光纖組成的通信光纜，長僅 1 公里。 1978 年日本第一條全長 53 公里的無中繼通信光纜開始試驗運行。此後光纖通信的發展甚為迅速。目前世界各國都在競相敷設光纜，遠距離光纖通信正在全球變為現實。中國光纖通信起步雖晚但發展相當快，北京—武漢—廣州遠距離光纖通信線路已經開通，並且延伸至南寧和海口，全長達 4700 公里，是目前世界上最長的一條光纜。一個規模龐大的光纖通信網絡即將在中國大陸上形成。

　　光纖通信固然有很多優越性，但無線電通信的不需要敷設電纜，接收地點又不受限製這些優點依然存在，因此光纖通信並沒有也不可能完全取代無線電通信。光纖通信與無線電通信將會發揮各自的優勢並行發展。而在遠離大氣層的空間中的人造衛星、航天飛機等物體間的通信裡，無需光纜的激光通信也將發揮它特殊的作用。

　　光導纖維除了在通信中有獨特的作用之外，還在傳感技術上顯示了它的優越性。無論在科學研究或一些技術領域裡，人們往往需要及時地知道一些物理參數如溫度、壓力、磁場、電場、位移、速度、加速度等等。有些場合人不能直接到達或者可能對人體造成傷害，這時就需要運用各種傳感器。傳感器可以說是人類感官的延長，它不僅產生人類的耳目的作用，而且能突破人類的生理界限，感受到人類感官所不能感受到的外界信息。光纖以它的優越性能在傳感技術中發揮出了重要的作用。例如，測量核輻射劑量的光纖傳感器的靈敏度比通常的劑量計要高出 10000 倍以上；光纖加速度傳感儀的理論靈敏度可達

10^{-6}g；光纖位移傳感器能夠測出 10^{-8} 釐米的位移量；光纖溫度傳感器足以探測百分之一度的溫度變化等等。

✳　　　　　　✳　　　　　　✳

　　從本世紀初第一個電子管問世以來還不到百年，看不見、摸不著的小小的電子給人類社會生活帶來了多麼巨大的變化！當初人們發現電子，證實了它是物質構成的一部分，哪裡會想像到它能有如此大的用場？物體導電性能的差異更是早在十八世紀就為人們所知曉，但那時又有誰能想到導電性能或絕緣性能都不好的半導體會出現什麼奇蹟？然而，小小的電子在硅片中的運動竟然神奇地、深刻地改變了人類生活的幾乎所有方面。激光原先也純粹是「紙上談兵」的事，但是僅僅十多年的時間它就使光纖通信走向全球各個角落，即將成為人類社會賴以生存和活動的「神經系統」。現代科學和技術所表現出來的巨大威力前所未見。

　　值得注意的是，無論無線電電子技術、半導體技術還是激光技術，它們的產生和發展都不是以往實踐經驗的總結，而是理論遠遠走到了前頭，都是人們先從理論上預見到它們的存在，然後透過實驗證實它們的存在，再後才是想方設法地利用這些存在的。我們說它們不產生於人們原先的經驗，並不是說人們的實踐經驗沒有價值。正如我們曾經說過的那樣，理論上所預言的東西在未經證實之前還只是一些假說，假說的證實既需要以往的知識，也需要以往的經驗。即使假說被證實之後，它們也還只停留在科學理論的形態，它們如何轉化為可以為人們所利用的技術，這些技術又如何才能成為社會產品為社會所用，這是一個需要解決許多難題的過程，並且又會提出更多理論上的問題需要人們進一步探討和研究。科學和技術的歷史發展過程常常表現為這種錯綜複雜的交互作用。不過話又得說回來，科學越是向前發展，理論超前的現象就越是明顯，越為普遍。這也就是說，一種嶄新的技術的出現在越來越大的程度上要依靠科學的進步，而科學理論上的成果往往看來是「無用的」，或者是「脫離實際的」，然而一旦有了技術上的落腳點和生長點，它們的作用和意義又往往會大大地超出人們的意料。事情之所以如此並不難理解。科學所面對的是整個大自然這個實際，科學家的努力意在尋求其中的道理，明其理就有可能用其理，

也才有可能充分地用其理。所以真正的科學理論都不會是「脫離實際」的，也不會是「無用」的。

有史以來還沒有任何一種技術的發展有如電子技術那樣的氣勢。不到百年的時間在歷史上不過短暫的一瞬，然而它竟魔術般地既改變了人類生活的面貌，也完全改變了它自己的面貌。比如，50～60年代的電子管收音機現在就已經成為古董，價格便宜得多、輕巧得多、能耗小得多、性能也高得多的半導體或集成電路收音機已經普及。電視在本世紀初還屬於科學幻想，如今已經走進了差不多所有家庭。新一代的數碼錄音、數碼電視也已經商品化，正逐步占領市場。各種電子產品都在以極高的速度更新換代。電子工業技術的規模和水準是當今衡量一個國家科學技術水準和國力的基本指標之一，成為各國在世界舞台上角逐的重要方面。我們在本章裡所述的半導體科學技術實際上是電子科學技術的基礎，主要是為電子技術服務的，激光科學技術則必須以電子技術作為依託。至於計算機技術和自動化技術對於電子技術的依賴就更不待言了。電子技術的確已經成為當今之世的牽動全局的關鍵性的技術。

在無線電電子技術的發展過程中還有一個值得注意的現象，就是它一直吸引著大量業餘愛好者，其盛況為以往各種技術所未有。大量業餘愛好者的出現既是電子技術迅速普及的表現，反過來也大大促進電子技術發展。事實上有不少發明創造就是由這些業餘愛好者首先完成，後來才逐漸定型而成為工業產品的。這固然是由於電子技術有便於業餘試驗和研究的特點，但這也告訴我們，在群眾中普及科學和技術知識對推動科學技術的發展和社會進步有何等重要的意義。

從無線電電子技術、半導體技術和激光技術的發展中，我們還可以看到，它不僅表現為人類與自然界的競爭，也表現為人類社會中的競爭。在現代社會裡，一種全新的技術的誕生，一種具有廣泛價值的技術的進步，對於一個企業、一個國家、一個民族的生存和發展往往會成為至關重要的大事，敏感而適時地抓住機遇者將能獲勝，否則就要造成難於挽回的遺憾。我們看到，在半導體科學剛剛起步的時候，蘇聯人在這個領域裡應當說是頗有實力的，但是他們卻只注重發展電子管，沒有把主要注意力放在晶體管的研製方面，因此而錯過

了時機，以至於在電子技術和電子計算機技術上與世界先進水準拉開了很大的、難以彌補的差距。這樣的教訓我們也是應當吸取的。

複習思考題

1. 試簡述無線電科學技術的發展對人類社會生活的影響。

2. 簡述什麼是 P 型半導體，什麼是 N 型半導體以及 PN 結理論的內容和它的意義。

3. 簡述什麼是集成電路以及集成電路技術的意義。

4. 試簡述電子技術的未來發展趨勢。

5. 簡述激光產生的原理和激光的特性。

6. 簡述光導纖維的傳光機理以及光纖通信的優點。

7. 你從無線電科學技術、半導體科學技術和激光科學技術的產生和發展得到什麼啟示？

第16章

電子計算機科學技術的興盛和它的影響

　　電子計算機科學是數學與電子技術相結合的產物。計算機的用途原先只是為了解除繁雜的數字計算之苦，把一部分工作讓機器去完成，使計算變得簡便和容易。但是電子計算機的發展已使它的功能遠遠超出了這個範圍，成了人類腦力的延伸。人們把電子計算機稱為「電腦」，就是反映了這種變化。當然，電腦是人類智慧的產物，它與人腦有著本質的不同，它雖然具備人腦的一些功能，但它卻不會超越人類的智慧。電子計算機堪稱現代社會的驕子，它一出現便深為人們所喜愛，在不到半個世紀的時間裡，即以其不可阻擋之勢遍及人類社會的所有角落，深刻地改變著人類社會的生活狀況。

第一節　電子計算機前史

　　計算工具的應用由來已久。遠古時代人們「結繩記事」，那根繩就是一種資訊記憶體，也可以用於計算。我國古人所用的算籌和算盤，也是計算工具的早期形態。我們在本書第一章裡提到過的記里鼓車以及後來出現的鐘表，按其結構來說就是一種累加計數器。對數發明之後不久研製成功的計算尺，也曾經在很長時間裡成為常用的計算工具，給科學研究人員和工程技術人員帶來莫大方便。隨著計算的任務越來越多和越來越複雜，加上各種技術條件的進步，計算機的產生乃歷史的必然。電子計算機的出現，是從機械計算機、機電計算機一步一步地走過來的。只有到了電子技術相當充分發展以及相應的理論逐漸成熟之後，它才會發展成為今天的電子計算機。

機械計算機的產生

最早製造機械計算機的人是法國數學家帕斯卡。他的父親以會計為業，他從小便立志製造一種計算機械，使他的父親由繁重的計算中解脫出來。在十九歲那年（1642 年），他終於研製出了世界上第一台計算機。他的計算機的組件主要是一些齒輪，進位的方法有如鐘表機制，可以用它來作加法和減法，雖然比較笨拙，但它一出現，就引起許多人的注意。

數學家萊布尼茲受到帕斯卡的工作的啟發，進一步提出直接用機器進行乘法運算的想法。1676～1694 年間在一位機械師的協助下，他研製出了兩台計算機，其中一台保存至今。他的機器運用了設計比較巧妙的梯形軸，比帕斯卡的裝置好得多，能夠比較方便地作乘法和除法運算。據說他曾把他的機器的一個複製品贈送給中國的康熙皇帝，不過此事在我國文獻未見任何記載。

在帕斯卡和萊布尼茲之後，歐洲曾有許多人繼續研製機械計算機，不過很長時期內並沒有什麼進展，原因在於技術條件還不大成熟。一百多年之後這種類型的機械計算機才正式生產。1821 年法國人託馬（ChaRles Xavier Thomas，生卒年代不詳）製成了機械計算機 15 台投入市場，從此開創了計算機製造業。後來在很長時期之內，機械計算機都是人們數字運算的得力助手，直到電子計算機逐漸普及為止。

巴貝奇的貢獻

十八世紀末，法國政府進行度量衡制度的改革，為此必須重新制定三角函數表和其他數學用表。這是一件非常繁雜的工作，只靠幾位數學家難以在短期內完成。於是人們把複雜的計算步驟分解為一系列簡單的加減運算，編好一定的程式，組織 100 名左右並不很精通數學的婦女按既定程式來計算，很快就完成了任務。這個成功的經驗引起了許多數學家的關注。

英國數學家巴貝奇（ChaRLes Babbage, 1792～1871）從法國人的經驗中得到了啟發。他想，以往研製計算機所遇到的最大的難處在於如何使機器從事複雜的運算，要是讓機器按事先編好的程式去做一系列簡單的運算，也就有可

能使它完成複雜的任務。經過十年的努力，他在這樣的理念引導下於 1822 年製成了稱為「差分機」的機械計算機，取得了初步的成果。他隨即向英國政府申請資金用於研製更為複雜的「分析機」，得到了 17000 英磅的巨額資助。巴貝奇在研製這種機器的時候，還受到了當時已在法國應用的自動控制提花織機的啓發。自動提花織機是在我國古代提花織機的基礎上改進而成的，它運用穿孔卡片實行控制以織成各種圖案的織物。巴貝奇設想他的機器可以運用類似的方法使它按照預先設定的程式進行運算。他的思想非常可貴，然而以純粹機械的方式使計算機按他的設想運轉卻是不可能實現的。到 1842 年英國政府停止了對他的資助，他的工作更是無法進行。不過，巴貝奇並非失敗者，他的設想從邏輯結構上來說與今天的電子計算機大致相同，到本世紀 40 年代為人們所重新認識，為計算機科學的真正起步作出了重要貢獻。

機電計算機的研製

進入二十世紀以後，電的應用日漸廣泛，於是人們想到可以利用電器元件來製造計算機。 1941 年德國工程師楚瑟 (Konrad Zuse, 1910 ～) 運用繼電器與機械組件相結合，製成了稱為 Z−3 的機電計算機，這是一台真正的通用程式控制計算機。不過當時正值第二次世界大戰，他的工作沒有引起德國政府的注意，後來在空襲中他的機器也被炸毀了。大約與此同時，美國數學家艾肯 (Howard Hathaway Aiken, 1900 ～ 1973) 也開始了機電計算機的研究工作，他在 IBM 公司的支持下，於 1944 年 8 月製成了自動程式控制計算機 MARK−1。 MARK−1 的性能實際上不如 Z−3，但是它的影響比 Z−3 大，在它的運行期間完成了許多計算，引起了人們很大的關注。隨後，艾肯以及其他一些美國科學家和工程師繼續製成了多台機電計算機。

機電計算機的研製在計算機史上只是過渡性的一幕，它很快就被電子計算機所取代了。

第二節　電子計算機的興起

當人們還在研製機電計算機的時候，電子計算機的研製工作也開始了。因為這時電子技術已經成熟，人們自然考慮到可以利用電子技術來解決計算的問題。雖然還存在著一系列如何使電子線路從事我們所需要的運算的難題，不過解決這些難題的條件也成熟了。

二進位和布爾代數的運用

我們通常所用的計數方法是十進位，即所謂逢十進一，而如果要讓電路來進行十進位的運算相當困難和麻煩，因此人們想到讓機器用二進位來運算。二進位計數法是逢二進一，現在已經成為電路運算所普遍應用的計算方法。我們在上文所提到的 Z－3 機所用的就是二進位。

如果以我們通用的數碼來表示，二進位只有 0 和 1 這兩個數碼。運用二進位，我們同樣可以作各種數字運算，它的運算法則是由萊布尼茲創立的。二進位與十進位的數值可以相互對應和換算。它們的對應關係有如下表：

二進位	0	1	10	11	100	101	110	111	1000	1001
十進位	0	1	2	3	4	5	6	7	8	9

二進位	1010	1011	1100	1101	1110	1111	10000	……
十進位	10	11	12	13	14	15	16	……

對於我們日常使用上來說，二進位顯然很不方便，但是在電路中它反倒是很恰當的。機器識別的信號是各種各樣物理元件所表示出來的物理參數，如電壓的高低、電脈衝的有無、電晶體的導通與截止、電路的開與關等等，這些參數許多時候都只有兩種狀態，即這些物理元件的兩種不同的穩定狀態，因此在這裡採用二進位就是最方便和最有利的了。我們熟識的十進位與機器運行的二

進位所存在的差異不會給我們造成實際的困難，只要輸入和輸出時加以轉換就行了，而且這樣的轉換也可以完全由機器自身來做。

在本書的第十四章裡我們曾提及數學與邏輯的關係，在上一章又講到過邏輯積體電路，我們現在就來看看邏輯—數學—電路之間的情形。

所謂邏輯，就是指「結果」與「條件」之間的關係的某種規律性。我們說到過十九世紀英國數理邏輯學家布爾以數學的方法研究邏輯問題，創立了一種代數，稱為「邏輯代數」（通常叫做「布爾代數」）。他用等式表示邏輯判斷，把邏輯推理看作是等式的變換，於是邏輯過程就轉化為數學運算。布爾代數在誕生之時它只不過是一種理論，現在卻成了電子計算機運算的基本方式。邏輯代數和通常的代數一樣，也是先從簡單的事實引出一些公理，再從這些公理推導出一些定理，然後運用這些公理和定理去分析和解決各種複雜的問題。在邏輯代數中，變量只能取兩個值，即 0 和 1，用以表示兩種相互矛盾的現像或狀態。若 A 不等於 0，則 A 等於 1；若 A 不等於 1，則 A 等於 0。從這裡我們馬上可以看到，布爾代數運用於電子線路是非常合適的。邏輯代數有三種基本運算，即「邏輯乘」、「邏輯加」和「邏輯非」，在電子線路中與其對應的就是「且邏輯閘」、「或邏輯閘」和「非邏輯閘」。

邏輯運算與邏輯閘

在實際生活中常有這樣一類事件，只有同時具備某種條件時，才能得到一定的結果。如圖 104 所示，只有在開關 A 和 B 同時閉合，電燈 S 才會點亮。在這裡，燈亮和開關的關係就是「且邏輯」關係，「且」即「共同」之意。如果開關的閉合狀態用 1 表示，開關的斷開狀態用 0 表示，電燈亮用 1 表示，電燈不亮用 0 表示，那麼我們運用邏輯代數可以列出下式子：

$0 \times 0 = 0$，$1 \times 0 = 0$，

$0 \times 1 = 0$，$1 \times 1 = 1$。

這一組式子所表示的就是這兩個開關與電燈是否點亮的邏輯關係，其運算方法

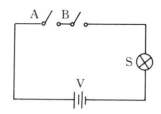

圖104　且邏輯閘示意圖

和普通代數相似。這種邏輯運算稱為「邏輯乘」，和它相對應的電路就是且邏輯閘。在電路圖中，且邏輯閘的符號如圖 105 所示，其左方為輸入端，右方為輸出端。它的邏輯關係可以寫成邏輯式：

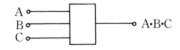

圖105　且邏輯閘符號

在現實中還有另一種情形，即只要諸條件中的一個條件具備就可以達到某一目的。如圖 106，只要開關 A 和 B 中有一個閉合，電燈就能點亮。這時電

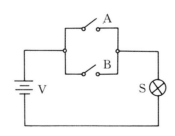

圖106　或邏輯閘示意圖

燈點亮與開關的關係稱為「或邏輯」關係。運用邏輯代數可以列出如下式子：

在布爾代數中，這種運算稱為「邏輯加」，它與普通代數不儘相同。（請注意其中的 1 ＋ 1=1。）與此相對應的電路是或邏輯閘。在電路圖中，或邏輯閘的符號如圖 107 所示，其左方為輸入端，右方為輸出端。它的邏輯關係可以寫成：

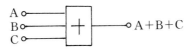

圖107　或邏輯閘符號

現實中還有另外一種情形，只要某一種條件出現，就是對某種事件的否定。這就是所謂「邏輯非」。在邏輯學中，我們常以 $\bar{A}$ 代表非 A。邏輯非指的是：若 A=0，則 $\bar{A}$=1；若 A=1，則 $\bar{A}$=0。邏輯非在電路裡很容易實現，一般的「倒相電路」即是。與邏輯非相對應的電路稱為非邏輯閘，它的符號如圖 108 所示，它的左方為輸入端，右方為輸出端。請注意這種電路與上述電路稍有不同，它只能有一個輸入端。它的邏輯關係可以寫成這樣的邏輯式：

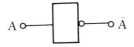

圖108　非邏輯閘符號

我們說過，邏輯乘、邏輯加和邏輯非是布爾代數的基本運算，既然這些運算都可以由電路來實現，這就是說電子線路完全能夠實現布爾代數的各種運算。由此可見，以電子線路來處理數字邏輯推理的條件是完全成熟了。

電子計算機的起步

當真空管出現之後，一些科學家就敏銳地覺察到可以用電子技術來取代繼電器和其他機械組件來製造計算機，它的運算速度和可靠性必定比機電計算機

好得多。1939 年楚瑟即曾謀劃與他人合作製造一台有 1500 個真空管的、每秒能運算 10000 次的計算機，但因沒有能得到政府的支持而無法進行。美國物理學教授阿塔納索夫 (John Vincent Atanasoff, 1903 ～) 從 1937 年起也開始籌劃研製一台有 300 多個真空管的計算機，但也由於費用等的困難，到 1941 年只完成了一些組件就夭折了。

第一台電子計算機① 是在 1945 年年底完成的。它的主要設計者是美國物理學家莫奇利 (John William Mauchly,1907 ～ 1980)。據阿塔納索夫說，莫奇利曾從他那裡瞭解到他的設計思想。第二次世界大戰期間，美國賓夕法尼亞大學的莫爾學院與美國陸軍阿伯丁研究所共同負責每天為陸軍提供六張火力表，每張表都要計算幾百條彈道，而一個熟練人員用機械計算機計算一條彈道就要用 20 個小時，任務極其繁重，因此人們都在考慮改進計算機以提高工作效率的問題。當時在該大學工作的莫奇利於 1942 年 8 月提出了研製電子計算機的方案。次年 6 月美國軍械部決定撥款 15 萬美元給予支持。(最後實際費用超過 48 萬美元。) 當時年僅 23 歲的剛剛穫得碩士學位的埃克脫 (John Presper Eckert, 1919 ～) 勇挑重擔，出任總工程師，出色地完成了任務。這台機器被命名為「電子數值積分和計算機」(Electronic Numerical Integrator and Computer，簡稱 ENIAC)，它用了大約 18000 只真空管，70000 個電阻和 10000 個電容，它每秒能作 5000 次加法運算，運算速度比機電計算機快 1000 倍，比人工計算約快 20 萬倍。

ENIAC 的研製工作尚在進行的時候，研製組成員之一、原籍匈牙利的美國數學家諾伊曼 (John Von Neuman, 1903 ～ 1957) 仔細地研究了 ENIAC 的優點和缺點，據此提出了新的設計思想。ENIAC 雖然有存貯數字的記憶體，但是它的運算程式卻存貯於其他電路之中，進行數字計算時每次都必須由人工重頭設置所有的指令，僅僅為了幾分鐘或一小時的運算，準備工作就得用一兩

①建成第一台電子計算機的也有可能是英國人。他們在第二次世界大戰期間為了破譯敵方密碼而製成了一台電子計算機 CLOSSUS，比 ENIAC 誕生早好幾年，但由於英國政府保密而鮮為人知。1976 年英國才開始對 CLOSSUS 減密，然而有關這台機器的詳情至今仍被英國政府列為秘密。

天的時間，真可謂慢牛配快馬。諾伊曼考慮，如果把事先設計好的程式與資料一起置於記憶體之中，就可以使全部運算成為真正的自動過程。再有，ENIAC 是以十進位進行運算的，極為不便。諾伊曼想到採用二進位的方法，認為這必將大大提高機器的運算速度。1945 年諾伊曼完成了他的設計方案並開始了命名為「離散變量自動電子計算機」(Electronic Variable Automatic Computer, 簡稱 EDVAC) 的研製工作。遺憾的是當 ENIAC 接近完成的時候，參與研製 ENIAC 的人員因發明權的爭執而使研製組陷於分裂，致使 EDVAC 的研製工作也難於進行。諾伊曼的計畫竟然落在了英國人後面，直到 1952 年 EDVAC 才得以竣工。

世界上第一台內貯程式的電子計算機是英國劍橋大學數學實驗室於 1949 年建成投入運行的，領導這項工作的是英國科學家威爾克斯 (Maurice Vincent Wilkes, 1913 ～)。他曾到莫爾學院聽過計算機理論與技術的課程，諾伊曼的很有價值的思想首先在威爾克斯所設計的計算機上實現了。這對於諾伊曼來說怕是不無遺憾的事。

其實，諾伊曼亦非程式內存的思想的首創者，在他之前巴貝奇就已經有過這樣的想法，而許多基本概念則是屬於英國數學家圖靈 (Alan Mathison Turing, 1912 ～ 1954) 的。圖靈於 1936 年發表了《關於理想計算機》一文。他所研究的不是具體的計算機的問題，而是計算機的一般性的理論。他從數學上作出證明，認為應當存在一種「通用的理想計算機」。所謂通用，是說一旦程式編好以後，機器就能自動地進行它所能完成的任何算術運算和邏輯運算。在他的理想計算機裡，指令和資料都採取同樣的方式存貯於機器之中。1942 年他曾被英國秘密派往美國考察計算機研製工作的狀況，其後於 1945 年寫成一份著名的報告，對大型通用計算機的內部邏輯結構以及實現運算的方法和撰寫程式的方法都有詳細的討論。

第三節　電子計算機的進展與展望

電子計算機經過步履惟艱的幼年時期之後，便迅速邁開大步，以不可阻擋

之勢走向人間，成為現代社會的寵兒。

電子計算機的進展可以從硬體和軟體兩個方面來考察。所謂硬體是指電子計算機的中央處理器、記憶體、輸入和輸出控制系統以及包括電源在內的各種外部設備；軟體包括作業系統程式、應用程式和編譯程式等，它是指示機器工作的手段。硬體是機器存在的物質形態，軟體是使用者所設計的機器的運作程式和方式。機器一旦製成，它的硬體不易更換和改變，但是它所做的工作則需要人給它作出指令，機器按照這些指令運行，指令是可以隨時更改的，根據不同的需要，人可以在機器所能做的範圍內給它不同的指令，讓它依照不同方式完成不同的任務。

電子計算機的硬體設備

電子計算機的硬體部分因機器的規模和用途的不同而不盡相同，但它的基本組成是一致的，其中主要的是中央處理器、記憶體和輸入輸出裝置三大部分。中央處理器和主記憶體構成了電子計算機的主機，外部記憶體以及輸入和輸出裝置等則稱為電子計算機的外圍設備。

1. **中央處理器**（簡稱 CPU，即 central processing unit 的縮寫）

中央處理器是電子計算機硬體的主體，它是解釋和執行指令的元件，由算術邏輯單元和控制單元器等組成。

算術邏輯單元是執行各種基本運算的裝置，它的基本運算有兩種，即算術運算和邏輯運算。算術運算就是按照普通算術規則進行加、減、乘、除等的運算；邏輯運算則泛指算術運算以外的運算，包括邏輯乘、邏輯加、邏輯非以及比較、移位等。因為減、乘、除的運算在機器內部都可以歸結為加法和移位這兩種操作，所以能夠完成加法運算並具有邏輯運算能力的加法器又是算術邏輯單元的核心。算術邏輯單元的性能在相當大的程度上決定整機的性能。

控制單元可以說是整部機器的神經中樞，它的任務是擷取指令、解碼和執行指令，是它使機器的各部分聯繫起來和使機器按照指令自動地運行。控制單元由許多元件組成，至少包括指令計數器、指令暫存器、運算碼解碼器、時鐘脈衝產生器和運算控制元件等。指令計數器亦稱指令地址計數器，其作用有

二：一是指出當前要執行的指令應從記憶體的哪個地址去擷取；二是自動形成下一條指令的地址。指令暫存器的作用是寄存從記憶體取出來的指令，即準備執行的那條指令。運算解碼器的用途在於將指令的運算碼譯成相應的控制信號以控制相應的運算控制線路。時鐘脈衝產生器則像是交響樂隊的指揮，它給運算控制元件定拍子，使其依一定的時間順序發出運算所要求的系列控制信號，令機器有節奏地工作。運算控制器是 CPU 中最複雜的部分，它綜合運算碼解碼器所輸出的指令和時鐘脈衝產生器的節拍，按一定的順序發出控制信號來完成指令所規定的運算。

　　通常用以表示 CPU 性能的技術指標的是它的「字長」和速度。字長是指它所能運算的一個數有多少位元，位元數越多計算的精確度就越高。字長的數目取決於暫存器的正反器的個數，有多少個正反器就有多少位元的字長。一般電子計算機的字長有 8 位元、16 位元、32 位元和 64 位元等多種。CPU 的速度一般以它每秒運算加法或乘法的次數來表示，有時也用它每秒執行指令的次數來表示。應當注意的是，整機的運算速度並不完全取決於 CPU 的運行速度，更為重要的是記憶體的存取速度。

　　2. 記憶體

　　記憶體即是計算機的記憶裝置，用以存放原始資料和處理這些資料的程式及其中間結果。記憶體又分為內部記憶體和外部記憶體。內部記憶體（亦稱主記憶體）直接與 CPU 相聯繫，其中的指令和資料可以由 CPU 隨機存取。內部記憶體的容量比外部記憶體小，但它的存取速度比外部記憶體快，用於存貯常用的程式和資料。外部記憶體一般置於主機之外，它的存貯容量大但存取速度較慢。內部記憶體與外部記憶體互相配合和補充，就能較好地解決存貯容量與存取速度的矛盾。按其功能，記憶體又可以分為唯讀記憶體和隨機存取記憶體兩類。唯讀記憶存放的是不能更改的、固定不變的程序和資料。隨機存取記憶體存放的是可以更改的，也就是可以隨時存入或取出的程式和資料。記憶體的每一個存貯單元都有固定的編號，稱為該單元的地址。一般記憶體的記憶單元數量為 2 的某個次方（即 2^n）。我們通常把 2^{10}（$2^{10}=1024$）個單元稱為 1K。如記憶體的記憶單元數為 2^{16}（$2^{16}=65536=1024 \times 64$）即稱它的記憶單

元數為 64K。對於不同的機器，它的每個單元所能存放的二進位數並不完全相同，通常把一個 8 位二進位數稱為一個位元組，記憶體的存貯容量以它所能存貯的位元組數來表示，一般以 KB、 MB 或 GB 為單位， $1GB=10^3MB=10^6KB$。如果每個存貯單元存放一個位元組， 1KB 的存貯容量即可存放 1024 個位元組。目前使用的內部記憶體均為半導體記憶體即記憶積體電路，外部記憶體則多用磁帶或磁碟。磁帶的存貯容量大，為大、中型機所用，微電腦僅用磁碟。磁碟又有硬碟和軟碟兩種，硬碟的存貯容量大而且存取速度快，軟碟的存貯容量較小速度也較慢。硬碟安裝在機器內部不能隨意調換，軟碟則可以隨時插入磁碟機以供使用，也可以隨時取出調換或保存，有很大的靈活性。現時常用的硬碟的存貯容量有數十、數百 MB 以至 1GB 以上的；軟碟有直徑為 13.35 公分（ $5\frac{1}{4}$ 英寸）的存貯容量為 360KB （雙面雙倍密度軟碟）和 1.2MB （雙面高密度軟碟）以及直徑約 9 釐米（ $3\frac{1}{2}$ 英寸）的容量為 1.44MB 機種，在一般機器中硬碟與軟碟並用，互為補充。以激光存取的光碟近年有很大的發展，它的容量比磁碟大得多，一般 5 英寸光碟的存貯容量為 650MB，它已在一些方面取代了軟碟作為外部記憶體地位。

3. 輸入和輸出裝置

輸入裝置是用來輸入原始資料和處理這些資料的指令的設備，它用機器所能識別的語言將資訊輸入機器內部。目前廣泛使用的是由鍵盤、軟碟或磁帶以及顯示器等組成的資料收集裝置。操作者由鍵盤打入外部指令和資料（或載入存貯原磁碟等媒體中的資料），透過顯示器加以檢查，檢查無誤後即可命令機器執行。近年發展起來的光學字符識別裝置和語音識別裝置的效能更高。光學字符識別裝置是能夠直接讀入字符和標記的裝置，有如人類的眼睛；語音識別裝置則是能夠直接聽取讀音的裝置，有如人類的耳朵。這些裝置的運用更便於人機對話。

輸出裝置的功能與輸入裝置相反，它的任務在於把機器內部的電脈衝轉變成為人所能識別的方式輸送出來，它是向操作者顯示機器運算結果的裝置。輸出裝置也有多種形式。一般情況可以由顯示器顯示出來，如果需要文字記錄則可以讓打列表機把它打印出來。列表機即是使機器內部的字符編碼轉換成人們

所認識的字列印出來的設備。近年發展的語音輸出裝置更可以把機器內部的字符編碼轉化成人類的語言並以語音輸出。

　　電子計算機硬體設備的發展極為迅速，新的思想和新的設計層出不窮，日新月異，上文所述僅為當前的狀況。不管目前各種機器的設計有何不同，它們的基本結構和運行過程均可以下列方塊圖表示：

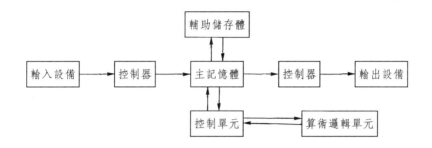

圖 109　電子計算機各功能元件相互關係方塊圖

電子計算機的語言與電子計算機的軟體

　　人把自己的一部分工作交給計算機去做，機器完成任務後要把結果交給人，這裡就存在著人與機器交流的問題。人類之間的資訊交流需要運用語言，人與機器的交流也必須運用語言。因為電子計算機只能識別二進位代碼，所以機器的語言是由二進位代碼編成的。只有向機器發出以二進位代碼編成的指令或資料，機器才能按既定程式運行。但是，由二進位代碼構成的語言並非人所習慣的語言，一個程式要包含許多指令，一個指令又往往要有許多個語句，要人直接運用二進位代碼與機器對話就非常困難，也非常容易出錯。甚至程式的編製者過了一段時間之後再讀自己編寫的程式，也往往記不清自己所寫的每一個語句的確切含義。因此必須找出一種能供人機對話的比較簡便的方法，便於人機對話的特殊語言「程式語言」由是而產生。

　　早期出現的是稱為「組合語言」的計算機語言。組合語言是一種符號語言。人們設計一系列符號使之與機器語言一一對應，當這些符號輸入機器時，

由其中的組譯器轉譯為機器語言而使機器運作，這樣就避開了人使用機器語言之弊。不過，組合語言的運用離不開具體的機器的指令系統，也就是說在運用時還得熟悉指令系統的各個細節，這在使用上仍然很不方便。現在把這種語言稱為低階語言，實際上已不使用。

如果能使機器直接接受人們日常所使用的語言（自然語言）那當然是最理想的情況，但這在實際上又有很大的困難，人們只能創造一些比較接近自然語言（實際上都是英語）的語言，這些語言稱為高階語言。50年代以來許多人都為此而努力，根據不同的需要，創造出了種類繁多的高階語言。目前最為通行的有下列機種：

FORTRAN

它的原意是 Formula Translation，即公式翻譯程式設計語言，創立於1956年。這是第一種被廣泛使用的高階語言，現仍在科學計算上普遍應用。

ALGOL

它的原意是 Algorithmic Language，即算法語言，創立於1960年。這是第一種具有嚴格理論基礎的、運用形式語法規則描述的程式語言。它的出現標誌著計算機語言的研究開始成為一門科學。

COBOL

其原意為 Common Business Oriented Language，即面向商業的通用語言，創立於1960年。它與英語很接近，現在除了在商業上應用之外，也廣泛用於各種資料處理。

BASIC

其原意是 Beginner's All-purpose Symbolic Instruction Code，即初學者通用指令代碼，創立於1964年。現在這種語言的使用最為廣泛，幾乎所有的個人和小型計算機都配有 BASIC 語言。

PASCAL

即 Philips Automatic Sequence Calculator，菲利浦自動程式計算機語言，創立於 1971 年。它有簡明和結構化的特點。

C

這是 1972 年發展起來的一種很有前途的語言，它的通用性強，可用於編譯程式、資料庫管理以及各種應用軟體，還具有可移植性、易用性和目標質量高等許多優點。

Ada

這是美國國防部主持研製的一種語言，於 1978 年初步設計完成。其名稱取自英國著名詩人拜倫的獨生女兒艾達拜倫 (Augusta Ada Byron, 生卒年代不詳) 的名字，以紀念她對程序設計思想的貢獻。這種語言在資料結構、模組結構等方面有不少新的概念和方法，原來主要是用於軍事即時控制，其後推廣到數值計算、系統程式設計以至人工智慧等方面。它既適用於大中型機，也可以用個人電腦。

我們知道，機器只能執行由機器語言編製的程序的指令，不能直接執行任何非機器語言的指令。通常人們把用機器語言編製的程式稱為「目的程式」或「目標程式」，把用其他語言編製的程序稱為「來源程式」。為了作好來源程式與目的程式之間的翻譯工作，還得設計好翻譯程式。如果源程式是用高級程式語言編寫的，它就稱為「編譯程式」。一般計算機出廠交付用戶使用時，同時也交付該機器應用某些語言時所需用的編譯程式。

隨著電子計算機應用範圍的擴大，一般計算機都配置有一系列的程式，總稱為程式系統。其中最重要的是作業系統程序，它由許多具有控制和管理功能的子程式組成，其作用是使機器合理地運行。此外，還有用以檢查硬體設備以及確定故障位置的診斷程序；把十進位數換算成二進位數以供機器運算，或把二進位數換算成十進位數以顯示和列印出來的服務性程式；為查詢、轉換、插

入和刪除資料提供方便的資料管理程式等等。所有這些程式都是系統程式的子程式，為同一種型號的計算機用戶所共享。人們又把程式系統稱為軟體。說其「軟」，絕非是可有可無的意思，只是為了表明這是一種可以更換的設備，以區別於 CPU、記憶體、輸入和輸出設備等不易更換的硬設備。硬設備是計算機的物質基礎，軟設備則是人們用以指示和安排硬設備的運作的手段，只有在它們相互配合的情況下，計算機才能按照人們的意志完成既定的任務。沒有硬體就等於說沒有計算機，而沒有軟體計算機則有如一堆無用的廢鐵，也不成其為計算機。軟體給了計算機以「生命」，決定著它的行為，同樣的硬體在使用不同的軟體的時候，可以在不同的狀況下完成不同的工作。

電子計算機的「軟體危機」

一個時期以來，硬體的發展可謂日新月異，而在軟體的研製上則出現了一系列難題。人們總是希望計算機能快速地幫助自己解決所需要解決的問題，對於一定的硬體來說，軟體的設計就是關鍵。軟體的進展跟不上硬體發展的速度，這就是所謂「軟體危機」。軟體理論和編製軟體方法的研究因而成為電子計算機科學技術的重要的研究課題。計算機是否能夠解決人們所需要解決的所有問題？是否能夠以最高的速度來解決它所能解決的問題？這些都是人們十分關心的問題。

人們原先期望電子計算機能夠運算一切複雜的難題，但是後來發現這不過是一種空想。研究結果發現，對於某些過於複雜的問題，即使計算機的硬體再好，它的運算速度再提高幾個數量級，它也無能為力，因為我們不可能設計出相應的軟體。於是人們知道電子計算機的能力事實上存在著一定的限度。「計算機的可算性理論」就是專門研究這個限度的學科分支。人們又弄明白，雖然某些過於複雜的問題，電子計算機難以運算，但是人們可以運用自己的大腦對問題的答案作某些猜測，然後再讓計算機去檢驗這些猜測是否正確，這樣的事情計算機往往可以做到。這種人機結合的方式也不失為解決某些複雜難題的一種可行途徑。

電子計算機的應用範圍越廣，所要解決的問題越複雜，所需用的程式也相

應地越來越多，越來越複雜，程式編製的工作也就越來越繁重。傳統的程式編製工作都是人工完成的，一個程式往往有成千上萬個語句，甚至是幾十萬到幾百萬個語句，得花費很長的時間和花費很多資金才能夠完成，程式的規模越大越複雜，出錯的可能性就越多，甚至出錯成為不可避免的事。如美國阿波羅登月飛行中就曾多次發生計算機軟體出錯的情況。60 年代後期人們就已充分認識到這個問題的嚴重性，不少科學家就此進行了認真的研究和嚴肅的討論。此後程式設計的方法研究主要有兩個方面，其一是努力加強軟體設計的理論基礎，其二是努力使軟體編製工作工程化，即採取製定規範、加強管理等一系列措施。70 年代以後，這兩個方面都已經取得了積極的成果，不過問題並沒有完全解決，「軟體危機」雖有所緩解但還沒有消失。

電子計算機的發展歷程

電子計算機技術的發展速度十分驚人，從第一台通用電子計算機呱呱墜地至今不到 50 年，電子計算機的面貌已全非。大致是每過 8 ～ 10 年，機器的運行速度提高 10 倍，可靠性提高 10 倍，成本則降低 10 倍。電子計算機的發展歷程大致可以分為五個階段，通常被稱為五代：

第一代 (1946 ～ 1959)。從 ENIAC 誕生到 50 年代初，電子計算機還只是停留在實驗設計室單機研製的階段。1951 年美國第一台批量生產的電子計算機投入運行，標誌著電子計算機進入工業化生產階段。到 50 年代末，全世界所生產的電子計算機約 5000 台左右。這一時期電子計算機都採用真空管作為邏輯元件。機器的程式部分從最初的外插型逐步轉變為內存結構，運行速度為每秒幾千次至幾萬次，先是使用汞延遲線作記憶體，後改用磁鼓，再後又以磁芯作記憶體。這時期機器的可靠性比較差，體積很大，能耗很高，價格昂貴。以 ENIAC 為例，它重約 30 噸，安裝面積達 9×15 公尺^2，耗電 150 千瓦，運行中常因真空管燒壞而不得不停機檢修。這樣一些龐大的機器只能用於軍事或政府部門。

第二代 (1959 ～ 1964)。這一時期以採用電晶體作邏輯元件為特徵，記憶體普遍採用磁芯，機器的運行速度可達每秒幾十萬次。由於大量使用電晶體，

機器的體積大大縮小，能耗也大幅度降低，價格亦隨之急劇下降，但因均為分立元件，機器的可靠性仍差。第一台成批工業化生產的電晶體電子計算機是1959 年美國 IBM 公司製成的。此時期一些工業、農業和商業部門已開始使用電子計算機。

第三代 (1964 ～ 1975)。第三代電子計算機以美國 IBM 公司 360 系列計算機於 1964 年研製成功為標誌。 IBM 公司研製這種型號的機器耗資達 50 億美元，是研製原子彈的「曼哈頓工程」所耗資金的 2.5 倍，為有史以來最大的一項私人企業投資。這時期計算機的主要特點是普遍使用積體電路作邏輯元件，半導體記憶體淘汰了磁芯記憶體，機器的運行速度可達每秒幾千萬次。由於積體電路的採用，機器的可靠性大大提高，體積更小，能耗更低，價格也更便宜。在這 10 年裡，迷你電腦發展迅速，微電腦更是爆炸性地發展，電子計算機從此開始了逐漸普及的階段，商業管理、過程控制、實驗室資料處理和教育等許多方面成了迷你電腦的主要應用領域，微電腦開始進入辦公室和家庭。

第四代 (1975 ～)。實際上第三代和第四代並沒有明確的界線，一般把大規模積體電路的廣泛應用看作第四代電子計算機的標誌。 1975 年美國寶來公司製成了一台每秒運行 1.5 億次的機器； 1976 年美國克雷實驗公司又製成了每秒運行 2.5 億次的計算機（這台機器的主機占地面積僅 7 公尺 ^{2} ）。在這些超級電腦不斷出現的同時，小型和微電腦的發展更是突飛猛進。

第五代 (1980 ～)。在研製大規模積體電路計算機的同時，80 年代後人們又開始了被稱為第五代電子計算機的超大型積體電路計算機的研製工作。所謂第五代與第四代電子計算機事實上也難以劃分。從功能上說，人工智慧電子計算機是第五代計算機發展的主攻方向之一，這方面現在已經取得許多積極的成果。

電子計算機的現狀和發展趨勢

電子計算機科學技術方興未艾，80 年代以來無論機器的性能、價格、應用範圍等各個方面都發生了很大的變化。電子計算機發展的現狀和趨勢大致可有下列幾個方面：

1. 巨型化

一般稱運算速度在每秒 5000 萬次以上的計算機為超級電腦。巨型機的功能特別強，適於完成特別複雜的、資料量特別大的任務。據統計，計算機的性能與其使用價值的平方大致成正比關係，也就是說即使價格昂貴一些，但它的使用價值卻大得多，這對於一些大型科學工程來說在經濟上是合算的。因此，各國都在競相研製超級電腦。當前的目標是製成每秒運行幾十億次到百億次的超級電腦。中國大陸不久前研製成功的銀河—II型通用超級電腦的運行速度亦已超過每秒 10 億次。超級電腦現在主要用於核子物理研究、核子武器設計、航太飛行器設計、國民經濟預測與決策、中長期天氣預報、衛星圖像處理和情報分析等方面。

2. 小型和微型化

迷你電腦產生於 1960 年，它的規模比大型電腦小，功能也較弱，但價格要便宜得多，很適宜於擔負一些規模不算太大的任務，有利於計算機的普及。近年來超級迷你計算機發展也很快，它們的性能已經達到甚至超過了原先的低檔大型電腦。微電腦是 1971 ～ 1972 年開始工業化生產的，這是電子技術發展到大型積體電路階段的產物，有單片機、單板機和多板機機種。單片機的處理器、記憶體和輸入輸出接口都積體在一塊芯片之上，可以嵌入各種設備、儀表之中。單板機由微處理芯片和若干塊其他支持芯片安裝在同一塊印刷線路板上，以構成一台計算機。多板機則為單板機模塊與附加記憶體模組、輸入輸出接口模組等同組在一塊底版上的計算機。微電腦的主要特點是體積小、價格低、可靠性高、使用和維護都比較簡單，因此它有極大的靈活性，應用範圍最為廣泛，市場很大，近年來發展也至為迅速。現在不少微電腦的功能已接近或超過過去的迷你電腦。可以預期，不僅迷你電腦仍將繼續發展，微電腦的發展速度將更為可觀。

3. 網路化

1960 年前後，計算機系統發展了分時工作方式，也就是說可以有多個用戶同時使用一台計算機作各自的工作而不相互干擾，這對於提高計算機的效率，尤其是大型計算機的效率無疑大有好處。但同時使用一台計算機的用戶都

得在同一地點，這仍然使它的使用效率受到限製。於是人們設想，如果能以線路延伸它的輸入和輸出設備，就能夠讓不同用戶在各自的地點使用同一台計算機。70年代以後，這種設想已逐漸成為現實。現在透過電話線路就可以使各地的用戶與計算機聯繫起來，更可以利用人造衛星通信的方式使遠距離的用戶與計算機聯繫起來，設置在不同地點的計算機也都可以透過網路聯繫，相互傳遞資訊和交換各種資料，這就構成了以計算機為中心的資訊傳遞網路。現在計算機網路已經有相當大的規模，既已建成了許多地區性的網路，也有了不少全球性的網路。計算機網路的出現，有利於多用戶的硬體、程式和資料等的資源共享，成為今日資訊社會的重要標誌。在今後一個時期裡，計算機網路還必將有更大的發展。

4. 智慧化

早在1950年圖靈就說過，他相信到本世紀末，人們可以談論機器思維而不會遭到反對。他在題為《計算機能思維嗎？》的著名論文中給「機器思維」下了這樣的定義：「如果機器在某些現實的條件下，能夠非常好地模倣人回答問題，以致使提問者在相當長時間內誤認為它不是機器，那麼機器就可以被認為是能夠思維的。」當然，機器的「思維」能力都是人賦予的，是事先設定的推理能力的表現，它不可能超越人的思維能力，但是我們完全可以把它看作是我們的大腦的延伸，利用它來替代我們的一部分思維。我們還可以運用各種傳感器使機器具有一定的「感知能力」如視覺、聽覺和觸覺等；又可以使機器具備一定的「學習能力」，即自動積累知識的能力；亦可以使機器能夠行動，包括說、寫這樣的能力。這就是「人工智慧」。自60年代以來，人工智慧的研究已經有了不少進展。現在不少電子產品已經具備了自我檢測、自我診斷和自我修復的功能。從前人與機器的關係是人去操作機器，或者說是人要主動地適應機器，現在人們希望機器能夠主動地適應人，這就需要有更好的「人機對話」的手段和方式，這方面的研究已經有了不少進展。計算機之間的「機機對話」在不久的將來亦可望實現。計算機「專家系統」的研製已經有了許多成果，這是利用計算機模擬各個專業的專家對問題的判斷和決策過程，它已在軍事、地質勘探、生物化學分析、遺傳工程研究、空中交通管制、醫療診斷和教

育等許多領域發揮了很好的作用。計算機輔助設計（CAD）、計算機輔助製造（CAM）和計算機輔助測試（CAT）等都已相當廣泛地被採用。自動翻譯、自動資訊檢索、自動程式設計、數學定理證明以至於智慧型機器人等等許多方面已經取得了十分可喜的成果。毫無疑問，智慧化電子計算機一定會有更大的發展，更好地為人類服務。

未來的光計算機

光計算機的設想和研究工作，自激光出現後的第三年就開始了。人們考慮，利用激光技術，同樣可以製成計算機所必須具備的記憶體、處理器和傳輸系統。比起電子計算機來，光計算機的存貯量會更大，運算速度也將更快。光記憶體可以在二維平面也可以在三維太空中存貯資訊，它的存貯容量預計比電子計算機高出百萬倍。它的運算速度有可能達到每秒百億次以至千億次。激光器的光放大功能可以與電晶體的電放大功能相比擬，它也同樣能夠組成各種邏輯光路。半導體激光器的進展，已經使得激光器實現微型化。把激光振盪器、激光放大器、激光衰減器、透鏡、稜鏡、光柵、偏振器、濾光片、光電和電光轉換器、光強和光頻調製器等光學元件以薄膜形式製作在同一襯底上構成微型積體光路已經逐漸變為現實，它的作用類似於積體電路。利用激光使某些材料（碲硒化合物、某些有機化合物或光磁材料）的光學特性發生變化來存貯資訊，又透過激光從中擷取資訊的技術已經成熟。光碟存貯容量之大使現時廣泛應用的磁碟大為遜色，它的容量仍可望有大幅度的提高，最近有消息說日本電信電話公司已經開發了有 1.5GB 存貯容量的光存貯系統。光碟作為商品已大量上市。激光唱片、影碟等已為大眾所熟識。以光碟製成的「多媒體」可以同時記錄文字、資料、聲音和影像，檢取也極為方便，非任何其他儲存體所能比擬。實用的光計算機現在還沒有研製成功，不少問題尚待解決。不過，由激光器、透鏡組、光學濾波器、色散光柵、顯示器等構成的光模擬計算機已投入使用，它能使原來模糊不清的影像還原為清晰的影像，在處理自高空拍攝的影像（如由飛機或人造衛星拍攝的地面影像）方面發揮了很好的作用，它的影像處理功能比電子計算機同類功能好得多。可以預期，光計算機的研製工作在不久

的將來必會有大的突破，使計算機科學技術達到新的境界。

第四節　電子計算機與人類社會

我們知道，人類以其能製造工具和使用工具區別於其他動物。過去人類所製造的工具都是為了加強自己的體能和延長自己的感官，人類賴此得以生存和發展，創造出了繁榮昌盛的人類社會。電子計算機與以往的工具不同，它不是人類身體一般器官的擴展，而是人類腦力的延長，其意義不亞於遠古時代的工具發明，理應把它看作是人類社會發展進入一個新的階段的標誌。

電子計算機應用的主要領域

就當前的情況說來，電子計算機的應用大致可有下列幾個主要方面：

1. 資料處理

開始的時候，計算機的用途只是數字計算，隨著它的邏輯處理能力的提高，資料處理便成為現代電子計算機應用中最廣泛也是最主要的領域，約占計算機應用的 70 ～ 80%。資料處理又稱資訊加工。在電子計算機裡，文字可以轉化成代碼由機器作邏輯運算，所以它並非只能處理各種數字，也能處理各種文字。電子計算機所處理的資料通常有數字性資料和文字性資料兩類。數字性和文字性資料的共同表現形式是一系列數字、符號字母以及各種文字。人們可以把採集來的各種資料透過輸入裝置輸入機器（資料輸入），根據事先確定的編碼由機器對這些資料加以分類、組織和存貯（資料加工和存貯），也可由設計好的程式對這些資料進行各種算術和邏輯的運算如統計、分析等（資料運算）。已輸入機器的資料及其運算結果可以隨時經由輸出裝置擷取（資料檢索），所輸出的資料也能夠由機器按規定排列成一定的次序（資料排序）。資料輸出可以是數字、文字、表格或報表等。資料處理已大量應用於各種企業和事業單位，如計畫管理、生產調度、金融財務、庫存管理、圖書資料管理、檔案管理、售票管理等許多方面，已經成為現代化管理的重要手段。透過計算機網路，各種資料及其運算結果還可以作遠距離的傳輸，實現網路化管理和資訊

資源共享。電子計算機資料處理的逐漸普及已經使許多企業和事業單位帶來非常可觀的社會效益和經濟效益。現代一些大規模的企業、事業或者工程計畫，如果沒有計算機資料處理的支持甚至是難以進行了。例如歷時 11 年的美國阿波羅登月計畫，參加者為 2000 個企業和 120 所大學、實驗室的 2 萬人，要是沒有計算機管理就簡直無法進行。

2. 數值計算

電子計算機仍然承擔著大量複雜的數值計算任務。隨著計算機的運算速度和穩定性的提高，過去許多難以解決的數值計算問題現在都可以由計算機來解決。在一些規模巨大而且十分複雜的科學技術領域的數值計算方面，它的效用更為顯著。甚而有人認為，電子計算機簡直就是許多現代科學技術的基礎。例如宇宙火箭的發射和人造衛星的升空，事先都必需運用計算機對火箭和衛星的質量、火箭的推力、火箭發射的角度和飛行軌道、各個級別火箭的點火時間、衛星脫離火箭的時間、衛星的軌道等等許多參數作十分周密的計算，否則是不可能成功的。這些複雜的計算要是沒有電子計算機的幫助也就難以進行。

3. 即時控制

即時控制亦稱過程控制，也就是生產過程或科學實驗過程的自動控制，這是自動化技術的核心。在電子技術出現之前，人們已採用過一些機械式的自動控制裝置，但由於技術上的限制，應用範圍十分有限。當電子技術，尤其是電子計算機技術發展起來之後情形就大不相同了。電子計算機與控制理論、系統理論相結合，使得自動控制技術無論在廣度和深度上都出現了新的局面。在各種生產過程或科學實驗過程中，計算機可以透過感應器自動收集和檢測各種資料，經過運算處理後按照事先設定的標準狀態或最佳狀態對過程直接加以調節和控制。自動控制在生產中已經帶來了非常巨大的效益，它大大減輕了操作人員的體力和腦力，大幅度地提高產品的合格率和生產效率，從而降低了產品的成本。微電腦的發展，使即時控制在中小型企業也得以應用，甚至連一些儀表和機器的組件中都可以裝上微處理機。現在自動控制已從單機控制向多機綜合控制發展，成套裝置或整條生產線的自動控制，以至於一個生產系統的自動控制也已得以實現，智慧型的自動控制亦已取得了很大的進展。

4. 文字處理

隨著人類社會活動的增加和文化的積累與發展，文字處理也就成為一個問題。印刷技術的起源，上文我們已述及。製造機械打字機的設想據認為產生於1714年，但是打字機的第一份專利是1829年在美國取得的。直至電子計算機出現之前，文字處理的狀況長期並無大的變化，只是機械化程度有所提高，例如機械打字機進化為機電打字機等等。當人們發現電子計算機可以作文字處理工作，特別是微電腦逐漸普及之後，微電腦也就開始取代傳統打字機的地位，成為文字處理的重要工具。以微電腦與其他機具配合，文字排版的工作也可以由電子計算機來實現了。從此開闢了文字處理電腦化的時代。這裡需要特別說一下漢字處理的問題。漢字作為一種方塊文字，字量又多，以往在機器處理上存在著許多難題，過去雖然也使用漢字打字機等手段，但比起拼音文字來說效率差得多，如果運用計算機來處理情況就很不一樣了。比起其他文種來，漢字有一些自己的特點，如每一個字一個音，這個音多數是由一個聲母和一個韻母構成的，少數則只有一個聲母；漢語的詞彙又大多是由兩個漢字組成的。這些特點對於運用計算機來處理十分有利，對於計算機的語音識別無疑也十分有利。近年來漢字計算機處理技術有很大發展，我國學者創造了多種快速漢字輸入法，輸入速度與其他文種相比毫不遜色，甚而過之。北京大學教授王選(1937～) 所發明的漢字激光照排技術從根本上改變了漢字排版的面貌，已經在中國大陸內外迅速推廣。有如印刷術的發明，文字處理技術的革命性變化對人類社會進步的意義同樣深遠。

上文所述，只不過是電子計算機應用的幾個主要方面，事實上，它的應用範圍遠不只這些，而且還在不斷地擴展。

電子計算機的社會影響

電子計算機可以說是人類歷史上最偉大的發明之一，它對人類社會產生了多方面的巨大的影響。

電子計算機以及與其相應的自動化技術和資訊技術的飛速進步，是當代社會生產力以前所未有之勢向前發展的重要技術因素，它所帶來的經濟效益難估

量，對於社會結構也產生了深刻的影響，其直接表現就是勞力結構發生了顯著
的變化，即白領工作人員所占比例的急劇增長。據統計，1976 年美國就業人
員中白領工作人員已占 61%。這表明瞭腦力工作者的增加和體力工作者的減
少，也就是意味著工作者整體所受教育程度及其文化素質的提高，這一變化無
疑具有深遠的歷史意義。

　　現在人們常說當今的社會是「資訊社會」。這是因為資訊已經成為社會最
重要的財富之一，現代社會的活力和動力在很大程度上有賴於資訊的傳播與交
流。這是本世紀以來人類社會所發生的最突出的變化之一。這個變化之所以產
生與電子計算機的出現和廣泛應用有著直接的關係。電子計算機以其存貯和處
理資訊的特有的功能與現代各種資訊傳輸手段相配合，成了資訊社會的技術上
的支柱。要是沒有電子計算機，資訊社會這個概念也就難以想像。目前，世界
上已經形成了以電子計算機為核心的全球資訊網路，其規模和作用都在迅速擴
展之中。我們可以文獻資訊網路的現狀作一簡單考察。本世紀以來，出現了所
謂「文獻爆炸」的現象，文獻數量的劇增，使得文獻的管理和利用發生很大困
難，各學科的交叉滲透更增加了利用文獻的難度，而及時地、全面地穫得所需
資訊又已經成為政治、經濟、科學、技術各個領域競爭的極為重要的一環，沒
有計算機資訊檢索網路，這個尖銳的矛盾的解決幾乎是不可能的。現在世界上
已開通的聯線資訊檢索系統有五百多個。以目前最大的美國 DIALOG 系統為
例，它巨大的電子計算機系統擁有 482 個資料庫，包括自然科學、工程技術、
人文科學、社會科學、市場、金融、廣告、各種統計資料以至於各國政治動
態、人物等等幾乎一切方面的資訊，它通過人造衛星在內的各種通信管道與世
界各地溝通，無論何時何地都可以用微電腦作為終端機，經過通信線路與其連
接，以對話的方式檢索其中的所有資訊，一般情況在幾分鐘之內便能夠得到所
需的全部資訊。近年開通的國際網路 INTERNET 更使全球所有計算機都得
以聯線，瞬間便可以傳遞各種資訊。

　　電子計算機所產生的社會影響既深且廣，我們在這裡不過是擇要而述罷
了。

　　電子計算機製造業已經成為近數十年來發展最快的產業。美國電子計算機

產業的規模最大，80 年代中期它的產值已超過鋼鐵、汽車這些傳統產業而成為第一大產業。電子計算機的產量及其使用狀況，已經成為衡量一個現代國家實力的重要指標。

❀　　　　　❀　　　　　❀

電子計算機的歷史不過短短的數十年，應當說電子計算機科學技術還很年輕。可是，年輕的電子計算機科學技術現在已經成為當代社會進步的最有力的槓桿，成了當代社會進步的重要標誌，有史以來還沒有任何一種技術能在這樣短的時期之內產生過如此巨大的作用，現在要對它作出全面的評價還為時尚早。隨著智慧型計算機、光計算機科學技術的發展，它必將帶來更加令人驚異的局面。當然，電子計算機也好，光計算機也好，到底都是人創造的，它與任何其他存在物一樣都有其侷限性，它必將繼續發展，甚至還會以更為驚人的速度發展，但它不會是萬能的。曾經有人表露過一種恐懼，以為到了某個時候，「智慧」的計算機將會統治人類，使人類成為它們的奴隸。其實，計算機的「智慧」只是人類一部分智慧的物化，是人類的創造物，況且計算機的「智慧」必定更大大地促進人的智慧，設想計算機的「智慧」可以超越人類的智慧是沒有根據的。

電子計算機的發展歷史又一次證明科學的無比威力。電子技術起步的前因我們在前章已經述及。邏輯代數的出現或者說邏輯的代數化在初創之時，看來近乎一種數學遊戲。但是沒有電子的發現，沒有半導體理論的研究，沒有布爾代數，今天電子計算機的一切簡直無從說起。科學技術越是進步，科學理論的超前現象就越是明顯，在這裡是最清楚不過了。當然，科學的思想和理論在具備了足以轉化為技術的條件，並實現了這樣的轉化之後，它才能發揮出如此神奇的作用。科學→技術→產品這樣一種發展模式，現在幾乎成為帶有普遍性的規律了。正如我們所看到的，一些大的企業集團在擴展它的生產規模的同時，都不惜投入巨大的人力、財力和物力從事基礎理論和技術開發的研究，以爭取在科學和技術上的領先地位。產業集團的競爭在相當大的程度上表現為研究領域裡的競爭，誰在這方面落後，就都將失去競爭能力而終將失敗。

在電子計算機的競爭中，蘇聯人的教訓是十分值得記取的。我們在前章已

經說過，蘇聯人在晶體管的研製上因失策而錯過了時機。其實電子計算機剛起步的時候他們並不落後，1947 年他們就製成了第一台電子計算機，次年，名為的電子計算機開始批量生產，這些都是真空管計算機。可惜的是，當時蘇聯一些科學家在相當一段時間裡對發展電晶體計算機持懷疑態度，直至 CTPE-JIA (1962～1963) 年蘇聯尚且停留在真空管計算機與電晶體計算機平行生產的階段，到 1964 年才完全停止真空管計算機的生產。直至 60 年代末蘇聯人也還未能建立起自己的現代化計算機工業體系。進入 70 年代後，他們雖然意識到了問題的嚴重性而企圖急起直追，但為時已晚。儘管作出了很大的努力，至今獨聯體各國的電子計算機工業與世界水準仍然有著很大的距離。由此可見，在現代社會的激烈競爭中，自我封閉和科學決策上的失誤將會造成多麼嚴重的後果。蘇聯人在決策上失誤的一個重要原因，是他們那時在科學上極其缺乏民主氣息，決策往往出於少數人的武斷。政治干預學術也是重要原因之一。那時他們一些領導人十分錯誤地認為控制理論和數理邏輯是「唯心主義」而橫加批判，致使許多在這些方面很有才華的科學家無法從事他們的正常工作，失去了為電子計算機科學技術貢獻力量的機會。我們不能把這只看作是某一個國家的損失，而應當看作是人類的科學技術事業的損失。但願這類歷史上的糊塗劇在世界上任何地方都不再重演。

　　由於社會歷史的原因，中國大陸電子計算機科學技術的起步很晚，1958年和 1959 年才先後製成第一台小型和中型真空管計算機，60 年代中期電晶體計算機研製成功，70 年代小型積體電路計算機開始批量生產，80 年代以後微電腦得到了快速的發展，超級電腦的研製工作也取得了重要的成果，計算機工業體系逐步建立了起來。總的來說，中國大陸電子計算機科學技術發展速度是比較快的，在計算機理論和計算機硬體、軟體的研究上也取得了不少成果，但與世界先進水準相比仍然有不小的差距。

複習思考題

1. 試簡述邏輯代數的基本運算方式及其在電子計算機應用上的意義。

2. 簡述什麼是二進位記數法以及為什麼電子計算機要運用二進位運算方法。

3. 簡述電子計算機硬體和軟體的含義和它們的相互關係。

4. 簡述什麼是電子計算機程式和程式語言。

5. 試簡述電子計算機的發展歷程。

6. 試簡述當前電子計算機發展的主要趨勢。

7. 試簡述電子計算機應用的主要方面。

8. 試簡述電子計算機對人類社會的影響。

9. 試述你從電子計算機發展的歷史得到什麼啟示。

第17章

材料科學技術和能源科學技術的今天與明天

材料和能源是人類賴以生存和生活的基本物質條件。材料和能源固然都取於自然，不過從遠古時代起人們就不僅是簡單地、直接地利用自然界所存在的物質和能源，尋找和開發新的材料和能源一直是人類社會發展之必由之路，材料和能源的發展狀況始終是人類社會進步程度的重要標誌。進入二十世紀以來，為滿足社會不斷增加和日益複雜的需求，材料和能源的研究和開發進入了新的時代，既取得豐碩的成果，又提出了大量需要進一步解決的問題。尤其是面臨一些自然資源日益枯竭的嚴峻形勢，材料和能源理所當然地成為當代科學技術界十分關注的焦點。

第一節　現代的材料與材料科學技術

在本書的第一章裡我們曾述及，人類早期幾乎是使用一切能夠容易得到的材料以製造所需的工具。不過，從那個時候開始，人們也就知道並非任何材料都可以製成合用的工具，比如不是任何一種石塊都可以製成石斧，只有質地適合的石塊才有可能經過加工成為石斧，這在實際上就開始了對材料的觀察和探究了。在其後漫長的年代裡，人們所利用的材料種類越來越多，也越來越複雜，自然而然地累積了大量關於材料的知識。不過材料科學的形成卻是本世紀初的事，因為這個時候社會對材料的需求更高，同時物理學、化學這些基礎學

科的研究逐漸深入，把材料作為專門對象來加以系統研究的必要性和可能性也就都具備了。至於材料科學這個名稱則是到了本世紀 50～60 年代才出現的。材料科學是以力學、固體物理學、熱力學、化學、晶體學等為基礎，結合冶金、化工等技術科學，從總體上研究材料的種類、功能、基本結構和性能之間的關係以及新材料的研製和應用的科學。

日積月累，人類所利用的材料種類不斷增加，尤其是上個世紀以來工業生產發展的需要，促進了新材料的發明和原先已經使用的材料的進一步開發，材料的品種更是與日俱增。現在已登記的材料近四十萬種之多，而且仍在迅速增長。本世紀一些新的技術領域的開拓，如電子工業、原子能工業、激光技術和激光通信、航空和航天技術、環境科學技術等等對材料又提出了許多前所未有的要求，更大大地刺激了材料科學的發展，於是各種新型材料有如潮水般湧現。

現代材料的種類可以有多種區分的方法，如果以其化學成份來劃分，可分為金屬材料、無機非金屬材料、高分子材料和複合材料等；要是以它的功能來劃分，又可分為建築材料、電力工業材料、電子工業材料、航空和航天工業材料、光學工業材料、超導材料等等。我們在這裡準備按其化學成份來作概括的介紹。

關於高分子材料，我們在本書的第十一章裡已有所介紹。合成橡膠、合成纖維和塑料三大合成材料已經成為當代材料的重要組成部分，數十年來產量的增長速度遠在其他材料之上，按它們的總體積計算，到 1982 年已經超過鋼鐵。因此有人說材料的發展進入了高分子的時代。不過，高分子材料並不能夠完全取代其他材料，金屬材料和無機非金屬材料仍然占有很重要的地位。關於高分子材料的情形我們在本章裡不再重述，現將其他種類材料的概況按其化學組成分類擇要略述如下：

金屬材料

金屬資源豐富，又有優越的性能，自古以來就是人類普遍使用的天然材料。我們曾經說過，銅和鐵是古代文明賴以建立和發展的最重要的材料，這是

因為它們是古人用以製造生產工具的基本材料。隨著社會的發展,與人類社會息息相關的金屬材料的品種也就更多了。現在一般把金屬材料分為「黑色金屬」材料和「有色金屬」材料兩大類。所謂黑色金屬指的是鐵、錳和鉻,因其色灰黑而名。其餘的金屬則統稱為有色金屬。社會對金屬需求量最大的當推黑色金屬,目前的產量約占金屬總產量的 90% 左右。

1. 黑色金屬

在黑色金屬中占居主要地位的是鋼鐵。鋼鐵的應用由來已久,它的資源豐富,價格低廉,工藝性能優越,用途廣泛,至今仍然是製造機具和作為結構的主要材料,與人們日常生活的關係亦至為密切。鋼鐵業是現代工業的重要支柱,它的生產能力和生產水準仍然是當今衡量一個國家國力的主要指標之一。

鋼鐵實際上是鐵和碳這兩種元素所形成的合金系列的總稱。不同種類鋼鐵材料的主要區別在於其中含碳量的差異。含碳量低於 0.04% 的是我們通常所說的熟鐵,它有較好的韌性和塑性;含碳量在 2.0 ～ 3.5% 之間的稱為生鐵,亦稱鑄鐵,它硬而脆,幾乎沒有塑性,但有較高的強度;含碳量在 0.8 ～ 1.7% 之間的就是鋼,鋼兼有熟鐵和生鐵的優點,它強度高,韌性和塑性也都比較好,因此主要的機械零件以及工程結構大多採用鋼材製成。為了改善或提高鋼鐵的某些性能,人們還可以按不同需要在鐵碳合金的基礎之上加入其它一些元素,冶煉成不同種類的合金鋼或合金鐵。一般使用的元素有鉻、鎳、錳、鎢、鈦、釩以及矽、硫、磷等。目前世界上生產的鋼材種類數以千計,常用的有合金結構鋼、彈簧鋼、高速工具鋼、滾珠軸承鋼、不鏽鋼等等。隨著現代技術的發展,對於鋼鐵更有了許多新的特殊的需求。如高速鐵路需要特別耐磨和耐撞擊的鋼軌材料;海洋開發需要耐腐蝕和耐高壓的鋼材;大跨度的橋樑需要強度和剛性都特別好的鋼材;太空技術則要求使用重量輕而強度高的鋼材等等,新的鋼鐵品種正因各種需要不斷地增加。鐵的豐度在金屬中名列第二,約占地殼總重量的 5%,含鐵化合物的礦石有數百種之多。現在,日本、中國和美國是世界上產鋼最多的國家。1993 年日本以 9960 萬噸居首位;中國大陸達到 8868 萬噸;美國則為 8700 萬噸。中國大陸雖已走進世界產鋼大國的行列,但在生產技術水準以及品種和質量上與發達國家相比仍有不少差距,若依人均占

有量計算，水準還是很低的。預計本世紀末全世界鋼的年產量可達 15 億噸左右。

同屬黑色金屬的錳和鉻都是冶煉合金鋼的重要原料。在鋼中加入少量錳便可以大大提高它承受摩擦和碰撞的性能，加入少量鉻既能夠增加它的硬度而且能使其成為耐腐蝕的不鏽鋼。這也就是當前錳和鉻的主要用途。

2. 普通有色金屬

有色金屬種類繁多，黑色金屬之外的 80 多種金屬元素都是有色金屬，常用的有鋁、銅、鎂、鎳、鎢、鈷、鉬、錫、鉛、鋅、金、銀、鉑、鈦等。這些金屬的資源除鋁之外都不如鐵豐富，有些還相當稀少，它們的價格比鐵高，但各有其特殊的性能，為現代工業技術所不可缺，然用量比鐵少得多。我們選其中一些在現代社會中有特殊地位的金屬簡述於後。

鋁是當前有色金屬中用途最廣泛的一種，鋁製品幾乎深入到人們生活中的每一個角落。現代家庭裡使用的烹飪器皿和廚房用具的很大部分是鋁製品；各國使用的硬幣也大多是用鋁合金製造的；鋁還是建築、管道、儲油罐、飛機、船舶、車輛以至於家具、電器的常用材料。鋁的蘊藏量十分豐富，居所有金屬的首位，它在地殼中的含量比鐵高許多，約占地殼總重量的 8%。地球上幾乎到處都有鋁的化合物，普通的泥土中就含有不少氧化鋁。不過要從氧化鋁中提煉出鋁來卻費了一番周折。1827 年德國化學家維勒首次從氧化鋁離析出金屬鋁。1855 年法國化學家德維爾 (Henri Etienne Sainte-Claire Deville, 1818 ～ 1881) 改進了維勒的工技，用金屬鈉使氧化鋁還原為金屬鋁。但是當時金屬鈉的價格十分昂貴，製成的金屬鋁售價更是驚人，成為比黃金還要貴重的金屬。三十年後，美國化學家 C.M. 霍爾 (ChaRLes Martin Hall, 1863 ～ 1914) 發明了用電解法提煉鋁，才使鋁的價格降了下來。後來又經過許多人的改進，電解法煉鋁技術日臻完善，加上電力工業的發展使電的費用日廉，鋁的價格於是大降，產量從而大增。鋁質輕，且其表層與空氣接觸後很容易生成透明的氧化鋁薄膜，這層薄膜產生保護的作用，使其不易被腐蝕並且外觀明亮，這都是它的優點。不過鋁質較軟，強度欠佳。後來人們發現，在鋁中加入少量銅或鎂，就能使之成為比較堅韌的鋁合金，因而大大開拓了鋁的用途。1905 年全世界鋁

的產量不過一萬噸，現在年產量約在 200 萬噸左右，成為在產量上僅次於鋼鐵的金屬。

鈦的經歷與鋁有些相似。早在 1791 年人們就已經發現了鈦。原先人們以為地球上鈦的儲量很少，因此把它列為「稀有金屬」，後來才知道含鈦的礦物達 70 種之多，它在地殼中的儲量為銅、鎳、鉛、鋅總和的 16 倍，其豐度在各種元素中占第九位。但是鈦在高溫下總是與氧、碳、氮等元素緊緊地結合在一起而難於分解，並且當它處於不純狀態時，既易於與其他物質發生化學反應，質地又比較脆。因此，在很長的時期裡，這種難提煉而性能又不大好的金屬似乎沒有什麼實用價值。直到 1910 年，當美國冶金學家第一次製得大約 0.2 克純金屬鈦的時候，才認識到鈦的不尋常的性能。鈦的比重為鋁的 1.7 倍，是鐵的 3/5；鈦的硬度比鋼高；它的熔點為 1675℃，不但比鋼高，甚至比號稱「不怕火」的黃金還高出 600 度，也就是說它有優良的耐高溫性能；鈦還有極強的耐腐蝕能力，在強酸、強鹼甚至在王水中也不會被腐蝕；它的抗氧化性也特別好；它還有良好的塑性和韌性。鈦的這些特殊的性能立即引起人們的注意。但是鈦的提煉十分困難，這不僅是因為它的熔點高，而且它的化學性質在高溫下十分活潑，這就必須在隔絕空氣與水氣的條件，即在真空或者惰性氣體的環境中提煉。為此人們花費了許多精力加以研究，直到 1947 年才逐步解決了鈦的工業生產技術問題，該年鈦的產量為 2 噸。其後鈦工業的發展至為迅速，現在世界年產量已以數十萬噸計。目前，工業生產的鈦大部分用於航空、航天工業和化學工業以及潛艇、導彈的製造，它已經在許多領域裡一定程度上取代了合金鋼的地位。鈦在醫療上還有特殊的用途。我們知道人體對植入的一般異物都有排斥作用，但對鈦及其合金並不排斥，因此可以用它來製造心臟閥和人工關節等。現在人們正在尋找提煉鈦的新方法，以期使它的成本能夠大幅度地降低。如果這個願望能夠實現，鈦也就有可能像鋁那樣在生產和生活各個領域裡發揮更大的作用。國外有人預言，鈦有可能成為「未來的鋼鐵」。

鎂也是資源比較豐富的一種金屬，它在地殼中的豐度占第八位，約為地殼總重量的 2.5%。鎂的性能與鋁有些相似，它的比重比鋁還小，只有鋁的 2/3。雖然純鎂的強度不好，但鎂鋁、鎂鋅、鎂錳、鎂鋰合金都有較高的強度

和良好的塑性。鎂合金很適用於製造飛機、導彈、航天器、汽車、輕便工具和家用器具以及一些機器零件。在鑄鐵中加入少量鎂，能夠大大加強鑄鐵的延展性和抗裂性。鎂在化工領域裡還有廣泛的應用。近年鎂的產量也正在大幅度地增長。

常用的有色金屬還有銅、鋅、鎳、錫、鉛、金、銀等，這裡不再多述。此外，自然界中還蘊藏著人們通常稱為「稀有金屬」的種類繁多的有色金屬。

3. 稀有金屬

稀有金屬與普通金屬其實並沒有確定的界線，我們不能把稀有金屬的「稀有」理解為它們在自然界中含量「稀少」。一百多年前，鋁就曾經被認為是「稀有金屬」；上文說過，鈦也曾被誤以為「稀有」，實際上它們在地殼中的含量都相當豐富。現在我們一般所說的稀有金屬，是指那些發現比較晚，形成獨立礦物比較少，分佈很分散，難於提取又不易提純的那些金屬。例如鈦仍然常常被歸入稀有金屬之類。

現時被稱為稀有金屬的金屬有 50 多種，可以分成幾類，它們有各自的特性和不同的用途。

鋰、鈹、銣、銫的原子量都比較小，因此被稱為「輕稀有金屬」。 1932 年科學家們發現，用慢中子轟擊鋰6($^6_3$Li) 可以產生氦和氚，所以鋰是一種很有前途的熱核反應燃料。鈹是唯一具有較高熔點的輕金屬，它還有良好的導電性、導熱性和高熱容，又有很好的高溫機械性能和很高的彈性係數，因此是一種重要的結構材料和熱學材料，在核反應爐中也有重要的應用。因此這兩種金屬都成了當代原子能工業的重要原材料。銣和銫的光電性能較好，是製造光電器件的好材料，亦各有用途。

鎢、鉬、鈦、鋯等屬於「難熔稀有金屬」，它們的熔點都很高，是製造合金鋼和高溫構件的重要材料；它們的電性能也很優越，所以在電子工業中有重要的用途。例如鎢的熔點是 3410℃，在所有金屬中是最高的，早就被用作電燈泡的燈絲，現在還是製造合金鋼的主要原料之一。鎢合金工具具有耐磨、抗腐蝕、耐高溫等優越特性，在工業中有十分廣泛的應用。中國大陸鎢的儲量在世界上占居首位，總儲量為國外儲量的三倍還多。充分利用和發揮鎢資源的優

勢，對促進國家社會發展有積極的意義。鉬以它的高溫強度和耐腐蝕性著稱，它的主要用途是作為冶煉鐵和非鐵合金的合金劑，也是提高鋼鐵淬硬性的最有效的元素之一。鋯不但耐高溫、耐腐蝕，還能夠承受中子轟擊，不易因此造成機械損傷，所以是構建核反應爐的重要材料，在原子能工業中裡有重要的應用價值。

稀有金屬中有一大類稱為「稀土金屬」，包括鈧、釔、鑭、鈰、鐠、釹、釤、銪、釓、鋱、鏑、鈥、鉺、銩、鐿和鑥等 17 種元素，這些元素的物理和化學性質很相似，並且總是混合在一起難以分開。稀土金屬在地殼中的儲量實際上並不稀少，它們的儲量超過了鉛、錫、銀、汞、鋅儲量的總和。含稀土元素的礦物種類很多，已知的達 250 多種，其中含量較多的有 60 種，最主要的是獨居石。世界上最大的獨居石礦位於我國內蒙古地區，我國稀土金屬的蘊藏量在世界上首屈一指，約占世界蘊藏量的 80%，稀土元素在我國並不「稀」，甚至可以說是很富。稀土金屬礦往往與其他礦藏共生，稀土金屬礦與其他礦藏的分離不很容易，並且，稀土元素與其他元素的分離，稀土金屬的應用等，也都涉及許多理論和技術上的難題，近年在這些方面的研究雖已取得不小進展，但稀土金屬的開發利用還很有限，潛力尚甚為廣闊。稀土金屬作為合金劑能改善合金的性能，因而有「冶金工業維生素」之稱，例如在生鐵裡加進鈰即能使之具有韌性，可以替代鋼來製造機器的曲軸、齒輪等零件，達到降低機器的成本的目的。稀土金屬的鈷化物是很好的永磁材料，在電子工業中的應用很有前途。稀土金屬是製造彩色熒光屏的很好的原料。稀土金屬又可以用來製造核反應爐中的控制棒和作為反應爐的結構材料。稀土金屬與有機化合物結合所形成的金屬有機化合物在生物學、醫藥學上也有重要的研究價值。作為稀土金屬礦藏儲量第一大國，進一步研究、開發和利用稀土金屬無疑是我國材料科學的重大課題和迫切任務。

此外，鈾、釷等被稱為「放射性稀有金屬」，這些都是核反應爐的重要燃料；鍺、鎵、銦等稱為「稀散金屬」，是製造半導體器件的基本材料，有關的一些情況在本書上文已有所述及，此處不再贅述。

無機非金屬材料

我們通常所說的無機非金屬材料，主要是指陶瓷、玻璃、水泥和耐火材料。由於它們都含有二氧化矽，因此又稱為「矽酸鹽材料」。

1. 陶瓷

我們已經說過陶瓷應用的歷史非常久遠，但在很長的歷史時期裡陶瓷製造技術的進展並不大。本世紀初經過化學家們的分析研究，弄清楚了陶瓷和陶瓷原料的成份及其結構，陶瓷作為一種材料也終於進入了它新的時代。陶瓷有很好的力學性質，它耐高溫，電絕緣性能好，抗化學腐蝕，價格也便宜，這些優點使它不僅仍然是普遍使用的日用器皿的材料，而且在工業生產技術中也得到廣泛的應用。 1924 年德國科學家製成了一種名為「燒結剛玉」的氧化鋁陶瓷，其硬度僅次於金剛石，後來人們在此基礎上研製出一系列以氧化鋁陶瓷製造的金屬切削刀具，這些刀具不但能切削硬度很高的鑄鐵，還能切削硬度更高的合金鋼，它的性能在許多方面比硬質合金刀具都好。 1957 年和 1960 年，美國科學家先後研製出了半透明氧化鋁陶瓷和透明氧化鋁陶瓷，又在陶瓷材料發展史上掀開了重要的一頁。透明陶瓷有玻璃般的透明度，它的許多性能都比玻璃好，是當今不少尖端技術所必需的材料。如紅外制導導彈的整流罩、立體工業電視的觀察鏡等都必須使用透明陶瓷，現在超音速飛機的風擋、高級轎車的防彈窗、坦克的觀察窗等也多用透明陶瓷製造。氮化矽是本世紀研製成功的另一種新型陶瓷，它除了具有一般陶瓷的性能之外，抗冷熱急變的能力還特別強，是一種用途廣泛的工程陶瓷材料。碳化矽陶瓷也是一種非常好的高溫結構材料，其抗彎強度在 1400℃ 的高溫下仍能保持在 5000 ～ 6000 公斤／釐米^{2}以上，現已成為製造高溫燃氣渦輪發動機關鍵零件所使用的材料。經過近一個世紀的努力，科學家們已使陶瓷的面貌發生了根本性的變化，現在各種新型陶瓷仍在不斷地湧現，它們的用途必將更加廣泛。

2. 玻璃

玻璃製造技術亦已有幾千年的漫長歷史，但本世紀幾十年來的進展大大超過了以往的年代。普通玻璃是以石英石 (二氧化矽， SiO_2) 為主，加入純鹼

(Na$_2$Co$_3$) 作為助熔劑和石灰石 (CaCo$_3$) 作為穩定劑，在 1500℃ 左右的高溫下燒製而成的。在燒製過程中，原料被熔化成液體後，又在較短時間內快速地冷卻，使其內部的分子還沒有來得及結晶就在液體狀態下凝固，因而它的分子結構有如液體那樣雜亂無章，所以可以把它看作是一種有類似於液體性質的固體材料。本世紀 50 年代末，平板玻璃的生產工藝得到了重大革新，這就是英國人花費了數百萬英鎊研製成功的浮法工藝。這種工藝不僅使平板玻璃的成本大為降低，還使產量猛增 25%。現在浮法工藝已為各國所普遍採用。玻璃瓶的製造在本世紀初就擺脫了純粹手工方式，生產效率提高了幾千倍。過去的玻璃品種比較單一，不能完全滿足現代社會的需要，人們為此又開發出了許多新的品種。如光學性能優異的光學玻璃；熱膨脹係數很小因而能耐驟冷驟熱的，適於作化學儀器的硼玻璃和鉀玻璃；透明度高、導電率低、耐熱性好、熱膨脹係數小，價格又便宜，可以用作各種燈泡、燈管、真空管、顯像管外殼的多種特殊玻璃；專門用於製造光導纖維的玻璃；可以用作烹飪用具的微晶玻璃等等。此外還有導電玻璃、磁性玻璃、半導體玻璃等許許多多性能特殊的玻璃材料。玻璃已經從以往僅僅作為日用器皿和裝飾品的一般材料轉變成為生產技術、科學研究等許多方面不可缺少的重要材料。

　　3. 水泥

　　水泥是一種遇水凝結而硬化的材料。現代矽酸鹽水泥的主要成份是鈣、矽、鋁、鐵等的氧化物的合成物，以石灰石、黏土等作為原料經過煅燒、研磨，再加入少量石膏而成。古羅馬人就曾經製造和應用水泥，他們所構建的宏偉建築與他們這項發明直接相關。可惜的是古羅馬人製造水泥的技術後來失傳了。到了 1568 年水泥的製造技術才在法國重新出現，不過那時只把水泥用來建造橋樑和燈塔的水下基座，不曾使用它來建造一般的房屋。現代水泥的生產工藝技術一般認為是英國工匠阿斯普丁 (Joseph Aspdin, 1779 ～ 1855) 於 1824 年發明的。十九世紀末一位英國建築工人在水泥中加入鐵條以增加它的強度，後來法國人又改進了這項工藝，逐漸發展成為今日普遍使用的鋼筋混凝土。鋼筋混凝土的出現開闢了建築技術的新紀元。近一個世紀以來，水泥的製造工藝有了很大的改進，依不同需要更產生了許多新的品種。煉鐵高爐的廢棄

物高爐渣數量極大，往往堆積如山成為社會公害，鋼鐵工業越是發展問題也就越嚴重。後來人們發現，高爐渣經過處理後與普通水泥摻合可以製成混合水泥，這樣既利用了廢物，減少了公害，又不影響水泥的質量，還降低了成本，可謂一舉數得。現在許多國家所生產和使用的多半是這種混合水泥。由於各項建設事業的需要，近年我國水泥工業發展十分迅速，自 1985 年以來一直保持著水泥生產第一大國的地位， 1993 年大陸產量為 3.5674 億噸，台灣地區為 0.2397 億噸，但仍然未能滿足實際需求。

4. 耐火材料

耐火材料指的是能耐 1580℃ 以上高溫的材料，它在工業生產中有重要的應用。鋼鐵和有色金屬工業的冶煉爐，蒸汽機和發電廠的鍋爐，煉焦工業的煉焦爐以及製造水泥、玻璃、陶瓷、磚瓦的窯爐等都必須使用耐火材料作內襯絕熱層。因耐火材料在使用過程中會要腐蝕而損壞，所以實際消耗量相當大。耐火材料的主要成份是氧化鋁、氧化矽和氧化鎂等，不同種類的耐火材料耐溫不同，一般在 1700 ～ 2000℃ 左右。

複合材料

所謂複合材料，是指由兩種或兩種以上不同材料結合而成的材料。單一材料在使用上都難免存在某些欠缺，一般來說，金屬材料容易鏽蝕，矽酸鹽材料和無機金屬材料較脆，高分子材料則不耐高溫等等，使不同材料結合起來從而綜合它們的優勢，就可以大大提高它們的整體性能。如由水泥和砂石組成的混凝土雖然堅硬但韌性不足，在其中加上鋼筋正好使之得到彌補，鋼筋混凝土就是一種複合材料。複合材料近數十年來深為人們所重視，這是因為許多現代新興技術對於材料往往有十分苛刻的要求。近年來發展比較迅速的複合材料主要有玻璃鋼、碳纖維複合材料和陶瓷複合材料等。

1. 玻璃纖維複合材料（玻璃鋼）

所謂玻璃鋼，實際上是一種玻璃纖維增強塑料，它的比重只有鋼鐵的 $\frac{1}{5} \sim \frac{1}{4}$，它的強度則可與鋼材相媲美，因而得此名，是目前產量最高、用途最廣的複合材料。把玻璃纖維紡成紗，再織成布，層層重疊地放在熱熔的樹脂

裡熱壓成型，就成為玻璃鋼。玻璃纖維有很強的剛度和抗拉強度，但不耐彎曲，樹脂則耐彎曲，兩者配合而成的玻璃鋼具有耐高溫、抗腐蝕、電絕緣、抗振抗裂、隔音隔熱和加工方便等許多優點。玻璃鋼的用途日益廣泛，現已遍及航空、航天、機械、化工、建築、電器設備、船舶、車輛和日常生活的各個方面。玻璃鋼是人造衛星、導彈和火箭的外殼的比較理想的材料；它不反射無線電波，微波透過性好，因而很適合於製造雷達罩；它的絕緣性能好，用於製造電機、電器設備和儀表的零組件不僅能夠提高其可靠性，並且在高頻電的狀況下仍能正常工作；它的耐腐蝕性能又有利於用作各種管道、泵、儲罐等等。

2. 碳纖維複合材料

碳纖維並不是直接以碳製成的纖維，而是用聚合物纖維（如聚丙烯腈纖維等）在隔絕氧氣的條件下經過高溫處理而成的，因為它的基本組成元素是碳，所以稱為碳纖維。碳纖維的強度比銅高 6 倍，比玻璃纖維高 4 倍，它的比重則比鋁還要輕。一根手指般粗細的碳纖維繩就足以弔起幾十噸重的火車頭。用製造玻璃鋼相似的方法使碳纖維與樹脂結合成為碳纖維複合材料（碳纖維增強塑膠），其性能比玻璃鋼更加優越。現在碳纖維增強塑膠已經在化工、機電、造船等方面，尤其是在航空和航天工業技術上得到廣泛的應用。碳纖維與陶瓷製成的複合材料也有極好的發展前途。我們知道一般燃氣輪機的熱效率只有 25～ 30%，如果使燃氣輪機的進口溫度從通常的 1000℃提高到 1400℃，它的熱效率就能夠上升到 50%。但是 1000℃已經接近現在使用的耐高溫合金的極限。若是能夠採用氮化矽或碳化矽這樣的高溫陶瓷來製造燃氣輪機的葉片，燃氣輪機的進口溫度提高到 1400℃也就不成為問題了。不過高溫陶瓷性脆，不能經受燃氣的 3000 公里／小時速度的沖擊和 30000 轉／分鐘的轉速的旋轉。如果用碳纖維—高溫陶瓷複合材料來製造燃氣輪機葉片，就可以很好地解決這個難題。而且，由於碳纖維—高溫陶瓷複合材料相當輕巧，用它製成的噴射飛機渦輪葉片，其重量只有用鈦金屬製造的葉片的一半。這就是說，碳纖維—高溫陶瓷複合材料在飛機和火箭上的應用，能夠達到減小本身重量而增加運載量的目的，這當然是很誘惑人的事，因此深受飛行器設計師們的歡迎。

智慧材料

智慧材料的研製是近年材料科學的焦點之一。所謂智慧材料是把光纖、傳感器甚或微電腦嵌入某些結構材料之中，使其具有「神經」或者「大腦」的功能。比如把光纖嵌入製造機翼的材料中，當飛機機翼出現某種險情時可以即時將有關資訊傳送出來，並且自動報警。人們也正在研製內嵌微電腦的橋樑結構材料，希望它能在橋樑的一些部位出現裂縫的時候具有自動修復能力。這樣一些具有「智慧」的材料將從根本上改變傳統的材料的概念，不過目前還沒有成為現實，人們正期望在不久的將來有所突破。

材料科學基礎研究的進展

材料五花八門，千差萬別，但它們有一些共同的規律，有一些共同性的問題需要探討，這就是材料科學的研究內容。材料科學是一門綜合性科學，它以物質結構的理論為基礎，更需要各種實驗方法和實驗手段的支持，同時又有許多社會的因素需要考慮。社會上越來越多和越來越複雜的需求則是它強大的推動力。

早在上世紀中期，科學家在顯微鏡下觀察經過拋光或腐蝕的金屬表面時，發現了金屬表面的顯微結構，從此開始了金屬內部結構和它的拉力、延展性以至於其他性能的關係的研究。儘管現在所使用的儀器和方法已經有了很大的變化，顯微結構的觀察仍然是研究金屬材料的重要手段之一。

熱力學在上個世紀建立起來以後，科學家們就開始了材料的熱力學平衡狀態的研究。人們發現，當材料處於某一熱力學平衡狀態時，它便具有某種確定的和均勻的濃度分布與化學結構，也稱為具有某種確定的「相」，相與材料的性能直接相關。一種材料可能有單相、兩相或者多相，當溫度發生變化時，還可能發生相變。因此，研究材料的相及其變化規律也就成為材料科學研究的重要內容。

關於材料的機械性能的研究也是材料科學的一個重要方面。在外力的作用下，材料的力學狀況反應出這種材料的各種機械性能，這些性能必須透過專門

的儀器，在各種特定的情況下加以測試才能確定。為此，人們設計了許多專用的測試儀器和測試方法，形成了一些專門的技術。

材料的物理性質，包括它們的磁學性質、電學性質、光學性質和熱學性質等等也是材料科學工作者所關心的問題，人們因此也需要研究各種相應的測試方法和手段。

研究材料的各種性能，其目的不僅在於準確地瞭解和合理地利用現有各種材料，也在於研製和開發新的材料，以適應時代不斷地增長和變化著的需要。

材料的應用涉及到許多社會因素，例如各國的資源蘊藏和分布狀況，社會的經濟狀況及其發展態勢，材料的開發對於自然環境以及人類健康的影響等等，所以材料科學的研究還必須與許多社會問題聯繫起來而不能僅僅考慮材料自身的科學機理和技術，這也是它的複雜的一面。

現代社會對材料的需求在量上有增無已，在性能上更是花樣翻新，材料科學的研究已越來越受到社會的重視。可以預期，隨著材料科學技術的進展，傳統材料的開發利用將不斷開拓，新型材料將不斷湧現，自然界將更加敞開它的胸懷，對人類社會作出更多的奉獻。

第二節　能源開發的現狀與能源科學技術的進展

能源的開發與利用與人類社會發展的重要關係無待多言。人類社會越是向前發展，能源的開發利用越顯其重要性。能源開發利用的廣度和深度，也是衡量一個現代國家的科學技術狀況、生產發展水準和生活富裕程度的主要標誌之一。

人類最早利用的能源可以說是太陽能和火。人類從來就沐浴著太陽的光輝，從太陽那裡得到光和熱，把太陽看作是生命的源泉，利用太陽曬乾什麼東西的事情也是早就有的。不過人類以往對太陽能並沒有真正的認識。火是物質急劇氧化過程中所釋放出來的熱能，雖然古人還不知道火的道理，但人類很早就能夠控制和利用火，並且能夠以人工的方法亦即使人體的機械能轉化成為熱能的方法來產生火，人工取火標誌著人類利用能源的一次飛躍。畜力、風力和

水力也很早就為人類所利用，它們是古代社會生產發展的重要推動力量。十八世紀以後，煤逐漸成了主要能源，以煤為燃料的蒸汽動力使社會生產得以大幅度的提高，加速了社會發展的進程。後來電力的出現，又迎來了一次影響深遠的技術革命。二十世紀的能源狀況發生了更大的變化，石油和天然氣的利用日益廣泛，廉價的石油成了現代社會繁榮和進步的支柱。社會的發展對能源的需求與日俱增，其增幅至為驚人。從本世紀初到 50 年代，世界能源的需求量約增加了一倍，50 年代到 80 年代又增加了一倍，現在大約是每年遞增 7 ～ 8%，即大約每十年就增加一倍。傳統能源的急劇消耗，迫使人們對它給予高度關注。據估算，全世界已探明的煤炭、石油、天然氣等能源的總量大約只夠人類用 100 年。已有能源的合理利用和新能源的研究和開發，已經成為關係到人類的生存和發展的至關重大的課題，這就是當今能源科學技術所面臨的形勢和任務。

能源的來源

人類不可能創造能源，只能夠開發和利用自然界中的能源。我們現在所能夠開發和利用的能源，它的來源無非下列三個方面：

1. 來自太陽

我們已經知道，太陽時時刻刻都向外輻射大量能量。目前人類所利用的能量實際上絕大部分都源於太陽。太陽以它的光和熱使地球上的無數生命得以維持和繁衍，許多太陽能轉化為化學能在生物體內存儲下來。地球上的煤炭、石油、天然氣等礦物燃料就是遠古時代埋在地下的生物遺體經過漫長的地質年代所形成的。所以，這些礦物燃料實質上就是由古代生物所固定下來的太陽能。此外，我們所利用的水能、風能和海洋能也都是由太陽能轉換而來的。據科學家們測算，每一秒鐘從太陽輻射到地球上的能量大約相當於燃燒 500 多萬噸煤所釋放出來的能量，也就是說太陽在一年裡有約相當於 170 萬億噸煤的熱量投射到地球上來，這是個非常巨大的數字，現時全世界每年所消耗的能量還不到它的萬分之一。不過，到達地球表面的太陽能也只有很小一部分經過轉化而在地球上存儲下來，其餘絕大部分都轉變成熱散發到宇宙太空中去了。

2. 來自地球內部

地質學告訴我們，從地面向下，隨著深度的增加，溫度也不斷地增高，地球實際上是一個大熱庫。地下冒出的溫泉和火山噴發的熾熱熔岩就是地熱的表現。地熱資源的儲量很大，有人估算地熱的總量大約相當於現時全世界每年消耗能量的 400 多萬倍。現在人類還只開發利用了地熱資源中極小的一部分。

3. 來自核能

地熱的產生其實有一部分也是來自核能，即地球內部的核變化過程，這裡所說的核能是指由人運用適當的方法利用核反應所產生的能量，即人工核分裂和核融合時所釋放出來的巨大能量。有關問題我們在本書的第十章裡已有所述。

人類現在所能利用的能源不外乎來自上述三個方面。我們看到，實際上我們以往所利用的主要只是由生物體固定下來的太陽能和轉換成水能的太陽能，其他方面尚很少開發或不曾開發。這就表明能源的開發的前途還非常廣闊，還有很大潛力。

能源的分類

從不同角度來考察，能源可以有不同的分類方法。

1. 一次能源和二次能源

按能源轉換和利用的層次，人們把能源分為一次能源和二次能源。所謂一次能源是指從自然界直接取得的、未經加工的能源，如水能、地熱能和從地層裡開採出來的原煤、原油、天然氣、天然鈾礦等都是。一次能源大多不能直接利用或不便於直接利用，往往需要轉換成二次能源再行利用。現代通常所使用的二次能源有電能、各種石油製品、煤氣、焦炭等，其中最重要的是電能，這是因為電能傳輸便捷迅速，也最容易使它轉化為其他形式以供利用。

2. 可再生能源和不可再生能源

從能源的來源來考察，我們又可以把它們分為可再生能源和不可再生能源兩種。太陽能和由太陽能轉換而成的水能、風能、海洋能等稱為可再生能源，因為它們可以不斷地由太陽產生，而太陽的壽命還很長。另外一類能源如煤

炭、石油、天然氣、核反應燃料等則是經過非常長的地質年代才能形成或者是隨著地球的誕生而存在的，對於人類來說消耗掉一些就少了一些，不可能用任何方法再產生出來，所以稱為不可再生能源。由於不可再生能源的急劇消耗，可再生能源便越來越為人們所重視，世界能源結構出現了從以不可再生能源為主向以再生能源為主過渡的趨向，不過這將是一個十分漫長的過程，據專家估計，完成這一過渡估計要用 100 年的時間。

3. 傳統能源和新能源

傳統能源亦稱常規能源，即人類社會以往所廣泛應用的能源，如煤炭、石油、天然氣和水能等。所謂新能源並非過去自然界中不存在的能源，而是指現代才著眼開發的能源，如太陽能、地熱能、風能、海洋能、生物質能、核能等，新能源的開發利用是當今最受人們關注的問題。下面我們按傳統能源和新能源的分類，對它們分別作一概述。

傳統能源的現狀與展望

傳統能源中最主要的是煤炭和石油，它們占有現代應用能源的 90% 以上，其次是天然氣和水能。

1. 煤炭

煤炭是大量有機沉積物在地層中緩慢分解並產生化學變化而形成的，實際上是多種組分和在性質上不完全相同的有機礦產。煤炭有泥碳、棕褐煤、黑褐煤、煙煤和無煙煤等不同品種，其中煙煤和無煙煤的含碳量較高，因而利用價值較高，用途也最廣泛。在常規能源中煤炭的蘊藏量最豐富，據估算全球的蘊藏量約為 13 萬億噸，以目前技術水準來說有經濟開採價值的約為 6000 億噸。

人類利用煤炭的歷史久遠。起初，煤炭只用來取暖、烘烤食物等。考古資料顯示，我國是最早開採和利用煤炭的國家。約在兩千年前我國人民已經把煤炭用於冶煉金屬，這在世界上亦處於遙遙領先的地位。後來人們知道，煤炭除了可以直接燃燒之外，還可以用高溫乾餾的方法煉成含碳量非常高的焦炭，以焦炭冶金就能大大提高生產效率，在煉焦過程中還可以得到可燃的焦煤氣以及高溫煤焦油、粗苯和氨等許多化工原料。因此煤炭不僅是一種燃料，而且也是

一種化工原料，利用它可以生產人造石油、化學肥料、合成橡膠、合成纖維、塑膠、塗料、醫療藥物、農藥、香精、炸藥等不下數百種化工產品。這就使人們認識到，如果只是把煤炭當作燃料燒掉而不加以綜合利用，是對自然資源的極大浪費。

　　自蒸汽機廣泛應用以來煤炭消耗量漸增，本世紀上半葉可謂煤炭的黃金時代，採掘量扶飈直上。但此後的數十年裡，因石油在使用上有許多優點，石油的消耗量後來居上，逐漸躍居能源的首位，煤炭的產量則增長漸緩。不過人們也慢慢地認識到，按現在的速度開採，石油資源幾十年後將要枯竭，而煤炭的儲量比石油豐富得多。科學家們預言，進入二十一世紀以後將要迎來煤炭的另一個黃金時代。因此，煤炭資源的進一步合理的開發利用，就成為當今能源科學技術的重大課題之一。

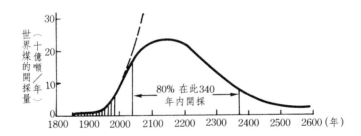

圖中陰影部分為已開採量；虛線是按目前產量增長率將要達到的情況；實線為實際產量的預測。

圖110　世界煤炭消費量與產量預測

　　在煤炭的第二個黃金時代到來之前，預料煤炭科學技術將會有所突破。近年來，科學家們正在積極地研究煤炭的液化、氣化和綜合利用有關的各種問題。煤炭除了一部分暴露於地表和埋藏不深之外，大多都深埋地下，有些煤層還比較薄，因而在開採上有不少問題甚或在經濟上不大合算。所謂煤炭的液化和氣化，是使煤炭的有效成份在地層裡轉變成為可以直接利用的液體或氣體狀態，然後用管道輸送到使用地點。這不僅大大減輕運輸煤炭的負擔，而且為煤

炭的綜合利用創造極為良好的條件。

我國是煤炭資源比較豐富的國家之一，現今已探明的煤炭儲量為 6000 多億噸，有不少極富開採價值的大煤田。中國大陸已保持世界產煤第一大國的地位多年， 1993 年原煤產量達到 11.41 億噸。不過其煤炭資源的開發利用技術水準，與先進國家相比仍有很大差距。積極開展煤炭科學技術研究，合理地開發和利用豐富的煤炭資源，對於國民經濟的發展無疑有十分重要的意義。

2. 石油

我國是世界上最早開採和利用石油的國家。我們在本書的第一章裡已經說過，早在宋代時我國人民就已煉製石油。石油受到世人的普遍重視是二十世紀以後的事。在現代社會裡，無論生產和生活都離不開石油製品。近數十年來世界經濟的迅速增長，與廉價的石油廣泛應用密不可分。

石油是埋藏於地殼裡的複雜的液態烴類混合物，是大量有機物質在古地質年代沉積轉化而成的，其主要來源可能是單細胞植物，如藍—綠海藻類和單細胞動物如有孔蟲類等。現已探明的世界石油儲量大約還有 3000 億噸，但其中大部分由於地質條件的原因而難於開採。可採儲量僅為 1000 億噸，目前世界年開採量已達 30 多億噸，可見數十年內便將達到在地球上無油可採的地步。因此，想方設法尋找新的油田，努力提高石油的採收率和更合理地利用石油資源就成為石油科學技術當前的迫切任務。

一個時期以來，許多國家在石油勘探上都投入了很大力量，千方百計地尋找新的石油資源，其中最引人注目的是海底油田的發現和開發。現在海底石油的勘探和開採技術已經相當成熟，近海石油產量已經占了石油總產量的 1/4。目前石油採收率一般只有 30% 左右，近年雖有所提高，但最高也只能達到 40%。這就是說，埋藏在地殼中的石油有一大半我們還沒有辦法開採出來，如果能把採收率提高一倍的話，那就意味著石油的可採儲量提高一倍，這當然是十分誘人的目標，人們正在為提高石油採收率而努力，但成效尚不顯著。至於原油的深度加工和綜合利用已經成果纍纍，並在實踐中取得了很大的經濟效益，有關的一些情況我們在本書的第十一章中已有所述。

中國大陸過去曾被認定為貧油國家。但在 50 年代以來依靠自己的力量相

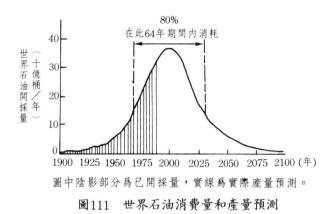

圖中陰影部分爲已開採量，實線爲實際產量預測。

圖111　世界石油消費量和產量預測

繼發現了一批油田，從此摘掉了貧油的帽子，發展起了自己的石油工業，現在已經成為石油生產大國，1993 年原油產量達到了 1.4492 億噸，排行世界第五。但對於大陸這樣一個發展中的人口眾多的大國來說，應當認為我們目前的石油產量還是很低的，從國民經濟的發展上來看還必須作出很大的努力。繼續尋找新的石油資源，積極地開發已知資源和提高石油的採收率，提高原油加工和綜合利用的技術水準，是當前必須十分認真地對待的大問題。

　3. 水力

　　水力作為一種能源也早就為古人所用，我們說過，遠在漢代我國人民就已廣泛應用多種水力機具，水力機具的使用在古羅馬也相當普遍，但是水力資源的大規模開發利用還是最近半個多世紀的事。

　　與其他常規能源相比，水力有許多特殊的優點。水力是一種可再生能源，一經開發便可長流不息地為人類效力。水力還可以說是一種廉價的能源。建設水電站的投資可能較大，建設工期也較長，但水電站不需要燃料，運行成本低，一般說來，一座水電站運行數年的經濟效益就足以再建造一座同等規模的水電廠。水電廠的建設還能促進水利事業的發展，帶來防洪、灌溉、航運、水產養殖、工業給水等一系列除害興利的綜合效益。充分利用水力資源以節省煤炭、石油這些不可再生能源和更大限度地發揮它們作為化工原料的作用，也給

人們帶來巨大的好處。此外，水力又是「乾淨」的能源，它不會污染環境而造成公害。由於水力資源的這許多優點，所以開發水力資源已成為許多國家十分關注的大事。尤其是 70 年代出現世界能源危機以後，水力資源更是倍受重視。美國、日本、德國、英國、意大利和法國等發達國家已利用的水力資源達到了可開發量的 40 ～ 95%。不僅許多水力資源比較豐富的發展中國家把開發水力作為能源利用的重點目標，即使未開發水力資源已經不多的發達國家也不惜代價地加緊開發所剩無幾的水力資源。

中國是一個水力資源得天獨厚的國家，水力的理論蘊藏量達到 6 億 8 千萬千瓦，居世界第一位，如果把其中可利用的水力資源都開發起來，就相當於每年十幾億噸煤炭的產量。加以大陸許多江河的地質和地形條件對於開發水力資源都十分有利，在這些江河上建設水電廠的工程量少，施工期短，所需投資也相對少。但是大陸目前水力資源的利用尚處於很低的水準，已開發量只占可開發量的百分之幾。這就說明水力資源的可開發潛力很大，需要努力去做的事情還很多。長江三峽水利樞紐工程的建設已經揭開了序幕，當是大陸水力資源大規模開發的顯示。不過像這樣規模空前的水利樞紐的建設所涉及的環境、生態、地質、社會、經濟等各方面的問題很多，必須十分謹慎從事，對於可能出現的各種問題務必充分地加以研究，力求找到妥善的解決辦法，否則也會帶來難以補救的不良後果。

新能源的開發與前景

傳統能源的開發可以說是已經見到它的盡頭了，新能源的開發因此成為十分迫切的任務。經過了幾十年的奮鬥，新能源的開發已有了些眉目，不過還面臨著許許多多理論上和技術上的難題，尚且任重而道遠。

1. 太陽能

上文已經述及，太陽的能量來自太陽內部的熱核反應。據科學家們的測算，太陽上的核反應每秒鐘消耗掉約 420 萬噸物質，也就是說太陽向宇宙太空輻射能量的功率是 380×10^{21} 千瓦。不過這些能量的大部分都發散到宇宙空中去了，地球所受到的太陽輻射只占其中很小的一部分，大約只有其總量的

2.2×10^9 分之一。雖說所占比例很小，但其數值仍然十分巨大，大約是 173×10^{12} 千瓦，其中大約一半為大氣層所吸收和反射，到達地球表面的另一半大約又有 1/3 被反射到太空中去，為地球表面（包括陸地和海洋）吸收的大約是 605×10^{11} 千瓦，約相當於每分鐘燃煤 350×10^6 噸的熱量。各地因地理位置以及季節和氣候條件的不同，不同地點和在不同時間裡所接受到的太陽能有所差異，地面所接受到的太陽能平均值大致是：北歐地區約為每天 2 千瓦．小時／米^2，大部分沙漠地帶和大部分熱帶地區以及陽光充足的乾旱地區約為 6 千瓦．小時／米^2。如以一所中等住宅的屋頂為 100 米^2 計算，即使在北歐地區，這所住宅每天所能得到的太陽能也達 200 千瓦．小時（即通常所說的 200 度），足夠一個普通家庭日常使用。這些能量我們現時還基本上並沒有加以利用。據統計，目前人類所利用的太陽能尚不及能源總消耗量的 1%。

太陽能的利用固然有十分廣闊的前景，但是要充分利用太陽能也有許多實際困難。投射到地球上的太陽能在太空和時間上都很分散，怎樣才能最大限度地收集和儲存這些能量，以使其成為可供利用的穩定而持續的能源，這就是太陽能科學技術需要研究的重要課題。

現代太陽能的利用，可以分為把太陽能轉換成熱能或轉換成電能兩種方式，從技術上說現時前者較為成熟。太陽能熱水器、炊事器、淋浴設備、製冷設備、消毒器、蒸餾器、乾燥器、泵水灌溉裝置以及海水淡化裝置等都不需要太複雜的技術，已經有不少各種類型的產品投入市場，現在的問題是如何提高其熱效率和使這些設備經久耐用，以及在價格上能為人們所接受。事實上這些設備是一次投資長期使用，而太陽能則是免費的。

普通的太陽能熱水器構造比較簡單，一般由透明蓋板、吸熱器、隔熱材料和框架組成，由於它的能量轉換效率不高，所以都做得比較大。人們已經研製出一種專用黑色塗料，塗上這種塗料的吸熱器能夠用較小的面積獲得較多的能量。如果希望從太陽能直接得到較高的溫度，例如要求溫度在 100℃以上，這時就需要使用聚焦裝置使太陽輻射集中到很小的面積上，通常使用的是拋物面型反射聚光鏡，太陽爐等太陽能炊事器就屬於這一類。

太陽能發電是當前各國正在致力研究並期望有所突破的重大課題。把太陽

能轉化為電能也有兩種途徑，其一是使太陽能先轉化為熱能然後再用熱能發電，其二是使太陽能直接轉化為電能。太陽能熱發電的原理可以用塔式太陽能熱發電廠略加說明（參閱圖112）。在地面上設置大量定日鏡（一種能夠自動跟太陽的反射鏡），又在其間的適當位置上建立一座高塔，蒸汽鍋爐安裝在塔頂上。各定日鏡均使太陽光聚焦，集中照射到塔頂的鍋爐上，高溫使鍋爐產生蒸汽，高溫蒸汽經過管道傳送到地面驅動汽輪發電機組便可發電。美國人在新墨西哥州建成這樣一座試驗性太陽能熱發電廠，它設有220面定日鏡，反射鏡的總面積達37.5米^2，其接收塔高60米，集熱功率為5兆瓦。規模更大的試驗性太陽能熱發電廠也正在一些工業發達國家運行之中。為瞭解決夜間和陰雨天得不到太陽輻射能的問題，人們採用了「熔鹽儲能」的方法，即把晴天所獲得的太陽能輸入到某種易熔的鹽類（如硝酸鹽等）裡令其吸熱熔化，當不能繼續得到太陽能的時候，鹽類凝固同時釋放出它所吸收的熱能，這樣就可以避免發電過程中斷。

太陽能發電的另一種方式是實現太陽能—電能的直接轉換，其關鍵設備是

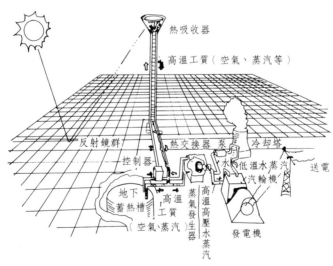

圖112　太陽能熱發電廠示意圖

太陽能電池。太陽能電池用半導體材料製成，現在轉換效率較高的是矽太陽能
電池，它的轉換效率為 12 ～ 15%，此外還有硫化鎘電池、碲化鎘電池、砷化
銦電池和砷化鎵 － 砷化鋁鎵電池等。太陽能電池已經在人造衛星等航天器上
實際使用，如美國於 1973 年發射的太空實驗室就帶有 147840 個小型太陽能電
池，總發電量為 11.5 千瓦。中國大陸發射的人造衛星上也裝備了自行研製的
太陽能電池。把太陽能直接轉換為電能無疑是利用太陽能的比較理想的方法，
不過太陽能電池的造價還比較高，在地面上現在還只有小規模的應用。我們可
以設想，如果在日照豐富的廣闊的沙漠地帶鋪設太陽能電池，那將會產生多麼
巨大的經濟效益。據測算，如果在非洲撒哈拉沙漠 1% 的地面上鋪設矽太陽能
電池，我們就能得到比現在全世界能源消耗量還大得多的能量。因此，研製價
格便宜而效率又高的太陽能電池已經成為現代科學技術的重要課題之一。最近
日本夏普公司宣布，他們已研製成轉換效率為 20% 的單晶矽太陽能電池。美
國人正在研究建設人造衛星太陽能電站的計畫，他們設想把裝有太陽能電池陣
列的人造衛星發射到赤道上空的軌道上運行，所產生的電能以微波的形式傳送
到地面，這樣的電站容量可達 3 ～ 5 × 10^6 千瓦。如果這個計畫能夠實現將是
人類莫大之福。

　　太陽能的利用現在雖然規模尚小，在技術上也還處於較低的水準，但可以
預期不久的將來在技術上將有大的突破，大規模地開發利用太陽能的年代不會
太遙遠。

　　中國也是太陽能比較豐富的國家，近年來太陽能的開發利用研究亦已取得
不少可喜的成果。太陽灶已在大陸許多地區的農村裡使用。太陽能乾燥設備和
太陽能熱水器也在生產和生活上取得了良好的效益。在西北地區已經建成了一
批試驗性的利用太陽能的「太陽房」，這種住房不需要其他能源就可以達到冬
暖夏涼的目的。太陽能電池的研製也有了很大的進展。太陽能必將在國民經濟
發揮越來越大的作用。

2. 地球熱能

　　上文已經說過，地球是一個巨大的外面冷裡面熱的實心橢球體。據專家測
算，在地球表面的大部分地區，從地表向下每深入 100 米，溫度約升高 3℃，

地殼下 35 公里處的溫度大約是 1100 ～ 1300℃，地核的溫度則更高達 2000℃以上。估計每年從地球內部傳到地球表面的熱量，約相當於燃燒 370 億噸煤所釋放的熱量。如果只計算地下熱水和地下蒸汽所儲存的熱量總量，就是地球上全部煤炭所儲藏的熱量的 1700 萬倍。可見地球熱能也是非常巨大的能源。世界上第一座利用地熱發電的試驗電廠於 1904 年在意大利建成，1913 年意大利建成的 250 千瓦地熱發電機組正式發電，至今已有九十年的歷史，但是地熱資源受到普遍重視只是本世紀 60 年代以後的事。目前世界上許多國家都在積極研究地熱資源的開發和利用，地熱發電總容量已達數百萬千瓦。

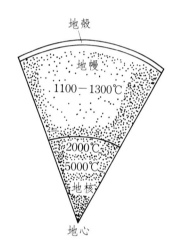

圖113　地球內部溫度示意圖

　　地熱源大致可以區分為四類，即乾蒸汽田、濕蒸汽田、熱水層和熱岩層。乾蒸汽田儲存的主要是水蒸汽；濕蒸汽田儲存的是 180 ～ 370℃的熱水，當這些熱水噴出地表時因壓力突降，其中一部分即變成蒸汽，因而成為蒸汽與熱水的混合物，故稱為「濕蒸汽」；熱水層一般指含有 50 ～ 80℃熱水的地層；熱岩層則是臨近熾熱岩漿的岩層，那裡所儲藏的熱能最多，估計為上述三類總和的 10 倍。

　　地熱也是十分廉價的能源，這是因為它的能量來自「天然的地下鍋爐」，不需要任何燃料，既省去燃燒系統，更省去燃料的運輸系統。地熱也不存在環

境污染的問題，不必為此而花費資金。現在地熱能主要用來發電，不過非電應用（即直接利用地熱）的途徑也十分廣闊。

　　乾蒸汽田產出的蒸汽一般都用作直接發電。但這些蒸汽常常含有大量腐蝕性氣體和有害雜質，因此需要對它先行淨化處理，也可以只把地下蒸汽作為熱源，用它來加熱清潔的水，再用這些清潔的水的蒸汽來推動汽輪機發電，即所謂「二次蒸汽發電」。對於濕蒸汽田，人們通常採用水汽分離法使蒸汽與水分開，然後再用蒸汽來發電。

　　一般地下熱水由於溫度較低，不能直接用來發電，但也可以採用「降壓擴容法」或「低沸點工質法」等方法使其產生蒸汽來發電。前者是令地下熱水在密閉的容器中降壓而沸騰，產生蒸汽；後者是使地下熱水的熱能透過熱交換器傳給低沸點工質（常用的有氯乙烷、氟利昂 −11 等），再由這些工質的蒸汽來發電，工質處於密閉環境中，可以反覆使用。不適於用來發電的地下熱水也可以有其他用途，如城市取暖、農業溫室栽培、溫水水產養殖等。

　　利用熱岩層的熱資源的試驗也在進行之中。人們設想，可以在臨近岩漿的地點開鑽深度達 4000 ～ 6000 米的深井，在其下用爆破方法造出地下洞穴，注水於洞穴內使水在高溫下轉變成為蒸汽然後加以利用。由於熱岩層所儲熱能特別大，一旦這些設想變為現實將帶來極大效益。

　　我國地熱資源也比較豐富，高溫地熱資源主要分布在西藏、雲南西部和台灣等地，中低溫地熱資源則遍及全國，已探明的就有 2400 多處，尤以東部沿海地區為多。 1970 年在廣東省豐順縣建成了大陸第一座地下熱水（水溫為 92 ～ 96℃）試驗電廠，裝機容量 200 千瓦。西藏羊八井地下濕蒸汽熱電站亦已於 1977 年開始運行，後來又有所擴展，現在裝機容量為 3000 千瓦，為拉薩市提供了廉價的電源。地熱的非電利用也已經有不少成功的經驗。進一步開發地熱資源的前途非常寬廣。

　　3. 風能

　　風能原來也是古人經常使用的能源，例如帆船就是靠風能航行的，以風為動力的農機具在各國的使用自古以來就很普遍。不過，以往風能的開發十分有限。到如今面臨能源緊缺態勢的時候，可再生的風能又再度引起了人們的關

注。

風能的利用必須有合適的地理和氣象條件，還有季節性的制約，加以風能密度較低，風速多變，這些都是不利因素。但據專家們估計，地球上可資利用的風能比水能要大 10 倍，這樣巨大而「免費」的能源對人們還是有很大的吸引力。

現在許多國家都在積極研製新式風力發電機。目前世界上已有許多功率數千至數萬瓦的風力發電機在運行，最大的風車葉輪直徑達到 54 米。不過風車的直徑不可能做得太大，風力發電機的單機容量因而受到一定的限制，要維持均衡供電還得採取電能儲存等措施，大型風機抵禦強風的能力也是難題。因此大規模地利用風能發電仍然有一系列技術問題需要解決。

我國風力資源也比較豐富，據大陸國家氣象局估計，全國風能資源約 1600×10^6 千瓦，其中可開發利用的約為 160×10^6 千瓦。 50 年代以來，由於國家積極推廣，各種小型風力機在大陸許多地區得到廣泛的應用，容量為幾十瓦到一萬多瓦的許多中小型風力發電機正在運行。目前，風力資源的開發規模仍然很小，潛力還很大。

4. 海洋能

海洋能包括潮汐能、波浪能、海流能和海水溫差能等，這些都是可再生能源。

海水的潮汐運動是月球和太陽的引力所造成的，經過計算得知，月球所產生的最大引潮力可使水面升高 0.563 米，太陽所產生的最大引潮力可使水面升高 0.246 米，也就是說，在日月的共同作用下，潮汐的最大漲落為 0.8 米左右。由於近岸地帶地形等因素的影響，某些海岸的實際潮汐漲落還會大大超過一般數值，例如我國杭州灣的最大潮差為 8 ～ 9 米，北美蒙克頓港附近甚至可達 19.6 米。潮汐的漲落蘊藏著很可觀的能量，據測算全世界可利用的潮汐能約 10^9 千瓦，大部集中在比較淺窄的海面上，如英吉利海峽約 8×10^7 千瓦，馬六甲海峽約 5.5×10^7 千瓦。大陸海岸線上全部潮汐能約 1.9×10^8 千瓦，錢塘江口的潮汐能在 7×10^6 千瓦以上。遠在唐代我國就有人利用潮力來碾磨五穀。潮汐能發電是從本世紀 50 年代才開始的，其原理就是利用海水漲落所

造成的水位差來發電。現已建成的最大的潮汐發電站是法國朗斯河口發電廠，它的總裝機容量為 34.2×10^4 千瓦，年發電量 5×10^8 千瓦·小時。中國大陸從 50 年代末開始興建了一批潮汐發電廠，目前規模最大的是 1974 年建成的廣東省順德縣甘竹灘發電廠，它的裝機容量為 5000 千瓦，年發電量 12×10^6 千瓦·小時。浙江和福建沿海是建設大型潮汐發電廠的比較理想的地區，專家們已經作了大量調研和論證工作，一旦條件成熟便可大規模開發。

　　大海裡有永不停息的波浪，據估算每一平方公里海面上波浪能的功率約為 $10 \sim 20 \times 10^4$ 千瓦，這些能量也能夠設法加以利用。 70 年代末中國大陸已開始在南海上使用以波浪能作動力的浮標航標燈，這種浮標的發電裝置在波高 0.4 米，每秒波動 3 次的情況下出力為 40 瓦。 1974 年日本建成的波浪能發電裝置的功率達到 100 千瓦。許多國家目前都在積極地進行開發波浪能的研究工作。

　　海流亦稱洋流，它實際上也是由太陽輻射能造成的。海流好比是海洋中的河流，它有一定寬度、長度、深度和流速，一般寬度為幾十到幾百海浬之間，長度可達數千海浬，深度約幾百米，流速通常為 1 ~ 2 海浬，最快的可達 4 ~ 5 海浬。太平洋上的一條名為「黑潮」的暖流寬度 100 海浬左右，平均深度為 400 米，平均日流速 30 ~ 80 海浬，它的流量為陸地上所有河流之總和的 20 倍，可以想像得出它蘊藏著多麼巨大的能量。台灣海峽、南海等海域大約有 $5000 \sim 10000 \times 10^4$ 千瓦海流能可資利用。現在一些國家的海流發電的試驗裝置已在運行之中。

　　水是地球上熱容量最大的物質，到達地球上的太陽輻射能的大部分都為海水所吸收，它使海水的表層維持著較高的溫度，而深層海水的溫度基本上是恆定的，這就造成海洋表層與深層之間的溫差。依熱力學第二定律，存在著一個高溫熱源和一個低溫熱源就可以構成熱機對外作功，海水溫差能的利用就是根據這個原理。如果使表層海水在低壓或真空鍋爐內沸騰而產生蒸汽，帶動發電機發電，又引入深層低溫海水，透過冷凝器使用過的蒸汽凝結成水，實現水汽循環，就能充分地利用這種溫差能。本世紀 20 年代就已有人作過海水溫差能發電的試驗。 1956 年在西非海岸建成了一座大型試驗性海水溫差能發電廠，

它利用 20℃ 的溫差發出了 7500 千瓦的電能。我國南海北部表層海水的全年平均溫度為 25 ～ 27℃，南部表層水溫更是終年都在 28℃ 左右，很適宜於建設海水溫差發電廠，那裡豐富的海水溫差能源正等待我們開發。

5. 生物質能

按廣義上說來，煤炭和石油的能量也都來自生物體，是遠古生物存儲下來的能，我們這裡所說的是狹義的生物質能，即指由現在的植物以及動物糞便所存儲起來的能，以往人們也常把它們作為燃料，但其使用效率是很低的。現在人們正在研究生物質能的進一步開發，如大陸農村相當廣泛地利用秸稈和動物糞便所製造的沼氣即是。秸稈、糞便和其他有機廢棄物經過發酵之後所生成的沼氣 (CH_4) 是優質可燃氣體，它所含的熱能比原先的秸稈等物要高出許多，產氣後的剩餘物還是極好的有機肥料。沼氣既可以作為家用燃料，也可以用作汽車和拖拉機的燃料，亦能用來發電。大陸主要農作物的秸稈年總產量約為 40 億噸，這是一個很大的數量，可以把它看作是巨大的能源。大陸在這些生物能的利用上已有許多經驗，為世界各國所重視。

6. 核能

核能的一些情況我們在第十章裡已有述及。核能與傳統能源相比，其優越性極為明顯。

1 公斤標準煤燃燒所釋放的熱量	約 7000Kcal
1 公斤石油燃燒所釋放的熱量	約 10000Kcal
1 公斤鈾 ^{235} 完全分裂反應所釋放的能量	約 175 億 Kcal
1 公斤氘、氚混合物融合反應所釋放的能量	約 810 億 Kcal

從上列比較中可知，1 公斤鈾 ^{235} 裂變所產生的能量大約相當於 2500 噸標準煤燃燒所釋放的熱量。現代一座裝機容量為 100 萬千瓦的火力發電廠每年約需 200 ～ 300 萬噸原煤，大約是每天 8 列火車的運量。同樣規模的核電廠每年僅需含鈾 ^{235} 3% 的濃縮鈾 28 噸或天然鈾燃料 150 噸。所以，即使不計算把節省下來的煤用作化工原料所帶來的經濟效益，只是從燃料的運輸、儲存上來

考慮就便利得多和節省得多。據 1993 年的統計數字,全世界已投產的核電裝置已達 35729.2 萬千瓦。

據專家們的測算,地殼裡有經濟開採價值的鈾礦資源不會超過 400 萬噸,所能釋放的能量與地球上石油資源的能量大致相當。如果按目前速度以比較簡單的方式任其消耗,充其量也只能用幾十年。不過,科學家們知道,在鈾^{235}裂變的過程中,除了產生熱能之外還產生多餘的中子,這些中子的一部分可與鈾^{238}發生核反應,經過一系列變化之後能夠得到鈈^{239},而鈈^{239}也可以作為核燃料。要是把釷^{232}放置於核反應爐中,釷^{232}與中子反應,最終會變成鈾^{233},鈾^{233}也可以用作核燃料。運用這些方法就能大大擴展寶貴的鈾^{235}資源。自然界中釷的儲量比鈾多幾十倍,因此有相當大的發展前景。利用上述核反應現象設計製造的核反應爐不僅基本上不消耗「燃料」,而且還能做到增加「燃料」。這種核反應爐稱為「滋生反應爐」。在增殖反應爐中鈾^{235}所產生的慢中子比普通核反應爐高出 30 ～ 40 倍。現在已有一些這樣的核反應爐在運轉。只要人類有了足夠的能源,就更可以開發分布在海水和貧鈾礦等礦物中的幾百億噸鈾和更多的釷,形成良性循環。那裡的鈾和釷又足夠人類使用數千年。

我們知道核聚變所產生的能量比核裂變要大得多,1 公斤氘、氚混合物聚變所產生的能量,大約相當於 11600 噸標準煤燃燒時所釋放的熱量,如果可控熱核反應發電的設想得以實現,其效益非常可觀。普通水中就有氘,一升海水含氘約 3 毫克,其能量約相當於 300 升汽油。地球表面的 2/3 以上為海洋,海水之多可以說是取之不盡。現在人們都在期望可控熱核反應能夠早日實現。

核能利用中的一大問題是安全問題。核電廠正常運行時不可避免地會有少量放射性物質隨廢氣、廢水排放到周圍環境,必須加以嚴格的控制。現在有不少人擔心核電廠的放射物會造成危害,其實在人類生活的環境中自古以來就存在著放射性。據測算,即使人們居住在核電廠附近,他所增加的放射性照射劑量也不過相當於經常觀看彩色電視或每年乘坐飛機往返北京—廣州一次,或者每年吸 1/4 支香煙的劑量,可謂微不足道。現在世界上已經累積了幾千爐年(一座核反應爐運行一年稱為一爐年)的運行經驗,發生事故的事例極少。迄今為止最嚴重的事故是發生於 1986 年 4 月蘇聯切爾諾貝利核洩漏事故,造成

了慘重的人員傷亡和周圍環境的污染，現已查明這是本來可以避免的操作錯誤所致。事實證明，只要認真對待，措置周密，核電廠的危害遠小於火電廠。據專家估計，相對於同等發電量的電廠來說，燃煤電廠所引起的致死癌症人數比核電廠高出 50 ～ 1000 倍，遺傳效應也要高出 100 倍。

中國大陸核電起步較晚，現正處於急起直追之中。有國外許多經驗和教訓可以借鑒，這對我們十分有利。位於浙江省的秦山核電廠和位於廣東省大亞灣核電廠正在順利建設之中，至 1993 年末，秦山核電廠容量為 30 萬千瓦的一號機組已經並網發電，大亞灣兩台容量為 90 萬千瓦的機組亦已開始發電。台灣核電的規模更大一些，至 1993 年已投產 514.4 萬千瓦。

❊　❊　❊

材料和能源是人類社會賴以生存和發展的基本條件，社會越是向前發展，它們的地位和重要性就越是突出。如果沒有充足的能夠適應社會需要的材料，沒有充足的能夠使用的能源，現代社會不僅無以發展，就是簡單的維持也成為不可能的事了。雖然自遠古的年代開始，人類就一直與各種材料（如石塊、樹枝、泥土）和自然界的能源（如陽光、動植物食物）打交道，但那時人類的行為實際上還處於朦朧狀態。後來隨著社會的進步，物理學和化學這些學科知識逐漸增長，人類對材料和能源開始有了科學的認識，能夠有意識地主動地開發和利用各種材料和能源，人類社會於是從自然界中得到了更大、更多的恩惠。但是正當人們為自己的成就而興高彩烈的時候，卻又突然發現自然界的資源並非是可以任意取用而又取之不盡的，尤其是消耗量急劇增長的能源似乎快要枯竭了，危機感教育人們必須認真看待這些自然資源。應當承認，意識到自然資源的珍貴是人類一大進步，材料科學和能源科學的興起和興旺，在相當程度上正是這種醒悟的表現和反映。

面對自然資源急劇消耗的形勢，人類的對策唯有：㈠千方百計地尋找和開發新的資源；㈡儘最大努力節省正在利用的自然資源。材料科學和能源科學的目標在相當程度上就是為瞭解決人類面臨的這兩大問題。從材料方面說來，人類可用的物質還比較多，但是形勢也是嚴峻的，如傳統的金屬礦產的開採不會永無止境，一些自然界裡蘊藏不太豐富的礦產越來越少，以石油和煤炭作原料

的化工材料也將資源枯竭，為此必須尋找出相應的對策。能源方面的問題更是突出。新能源的開發，尤其是可再生能源的開發已經成為刻不容緩的歷史任務。節約能源也是當今最為迫切的問題之一。現在能源的利用效率還是相當低的，據專家們測算，即使是技術先進國家，能源使用的轉換效率也不過 50% 左右，要是包括生產、運輸、儲存到最後使用各個環節，能源全效率則只有 30% 左右，這就是說至少有 2/3 的能源實際上是白白地浪費掉了。如何最大限度地提高能源的轉換效率和節約寶貴的能源，也已經是急不可待的問題了。

　　材料科學和能源科學都是綜合性的學科，物理學、化學以至生物學這些學科是它們的理論基礎，同時也是它們的研究方法和研究手段的依據。由於材料和能源的狀況與人類社會的各個層面的關係至為密切相關，材料和能源的問題往往也成為社會問題，因此材料和能源的研究也不得不考慮到它們的社會背景、社會影響、社會效果等一系列因素。例如，近幾十年來塑膠製品的大量生產和應用，給人類社會的生產和生活帶來了莫大的利益。可是現在人們發現，由於大量使用的聚乙烯、聚氯乙烯塑膠製品已經產生了為數極多的廢棄物，這些東西在自然環境中難於分解，如今已成為污染自然環境的一個不得不使人們嚴重關注的問題。又如大量煤炭、石油的使用所造成的大氣污染以及它們所帶來的對人類健康的影響亦已成為一大社會問題。能源的合理佈局、合理使用以至於開發的次序等也不可能不受到社會、政治等多方面因素的制約。因此，材料科學和能源科學所涉及的不僅僅是純粹的自然機理和技術、工藝上的問題，同時還必須充分地考慮到社會方面的種種問題，這也是它們與其他學科不大相同的特點之一。

複習思考題

1. 試簡述什麼是材料科學技術以及材料科學技術的意義。

2. 簡述現代材料的種類以及材料的發展趨勢。

3. 試簡述什麼是能源科學技術以及能源科學技術意義。

4. 簡述能源的來源及其種類。

5. 試簡述新能源的種類以及新能源開發利用的重要意義。

6. 試簡述節約能源的迫切性和重要性。

第18章

太空科學技術和海洋科學技術
的進展與展望

　　人類自古以來都生活在陸地之上，為了捕撈海產品或地域之間的往來，也製造了許多能在海洋上航行的船舶，雖然具有了在海洋上活動的一定的能力，但是本世紀之前，人類只不過是擴大了在海洋上活動的範圍，對海洋所知和對海洋的開發利用實際上都極為淺顯。人們發明了氣球以至於飛機，使人類能夠離開地面「上天」了，但實際上並沒有離開地球的大氣層，沒有能真正的到「天」上去。本世紀下半葉科學技術的發展不僅大大開拓了人類的眼界，也使人類的活動穫得了更多的自由，現在人類已經能夠走出地球而進入宇宙太空，真的「上天」，並且從「天」上得到了巨大的經濟效益了。人類也進一步認識到，占地球表面 2/3 以上的海洋其實是人類發展的希望所在，進軍海洋的態勢於是蔚捲全球，那裡豐富的寶藏也向人類敞開更加寬闊的胸懷。

第一節　太空科學技術的勃興

　　遨遊太空曾經是古人的夢想，為此人們還編造出了不少離奇的神話故事。1957 年 10 月 4 日蘇聯人發射了世界上第一顆人造衛星， 1961 年 4 月 12 日蘇聯人又首次發射了載人衛星，人類宇宙航行終於成為現實。這是人類歷史邁出的劃時代的一步，其意義不只是使幻想成真，更重要的是使人類從此在宇宙太空裡得到了更大的自由，其影響的深遠絕不會亞於第一次實現了摩擦生火或者

第一次收穫農作物。

什麼是太空科學技術

太間科學是當代最年輕的科學門類之一。 1965 年美國國家太空總署編撰的《太空科學大詞典》給太空科學下了這樣的定義：「凡是用探空火箭、人造衛星、月球和行星探測器等太空飛行器（不論其載人與否）向一些領域貢獻新知識的，這樣一些新的科學領域就叫做太空科學。」具體一點說，太空科學就是主要利用太空飛行器來研究發生在宇宙太空的天文、物理、化學和生命等自然現象及其規律的科學，它包括太空物理學、太空天文學、太空化學、太空地質學、太空生命科學以及太空探測的理論與方法等許多分支。需要注意的是，這裡所說的太空，指的是地球以外的太空，或者更準確一些說是大氣層以外的廣漠無垠的整個宇宙太空，包括近地太空、太陽和行星際太空、恆星際太空等。對於這個廣闊的太空，人們過去也有過許多探測手段如各種望遠鏡，亦已得到不少有關的知識，不過依靠在地面上的觀測和推理所得來的知識終究有很大的侷限性，這些知識是否真實還需要經過檢驗，把測量儀器以至於使人進入宇宙太空直接進行檢測當然就是最好檢驗的方法了。例如過去人們對月球和火星上的狀況曾有過許多猜測，到了人們把科學探測儀器發送到靠近或者到達月球和火星上，甚至是人類直接到了月球上面，那些猜測的真實性和準確性也就完全明白了。進入外層太空不僅可以探測宇宙，還能夠反過來從宇宙太空裡探測人類生活的地球。也許會有人懷疑這樣做是不是多此一舉。其實我們在本書的第一章裡就曾說及，如果把立足點移到地球之外來考察地球上的事，有可能使得事情更為簡單，更加清楚明瞭，古希臘人歐多克索所倡導的以天文測量的方法來解決大地測量上的難題就是極好的例證。就目前科學技術水準和人類社會的實際需要來說，現在就能夠帶來經濟效益的主要還是從宇宙太空裡對地球的探測。要使火箭、人造衛星、航天飛機這些航天器以至於人自身進入宇宙太空，要能夠對宇宙太空的各種對象進行探測和從宇宙太空中探測地球，要能夠把探測所得的結果、資料及時地、準確地為我們所知，這一切都涉及到大量技術問題，需要人們一項一項地加以解決，這就是太空技術所面對的課題。以往

人們只能夢想遊弋太空而不能成為現實，除了相應的科學知識還不具備之外，在技術上也無從著手，只是到了本世紀的下半葉，人類才有這種能力。太空技術是一種綜合性的技術，包括太空飛行器的研製、太空控制與導航技術、太空通信技術、太空生命保障技術和太空系統工程等許多方面。

我們說太空科學技術還很年輕，是說它還不算十分成熟，許多事情仍然在探索之中，新的想法、新的理論、新的技術正層出不窮，日新月異，這就表明太空科學和太空技術是當代最富有活力，發展前途至為寬闊的學科之一。

太空飛行器的研究與發展

火箭是我國古代的重要發明之一，那個時候的火箭技術當然還很原始，但是它的原理卻成了今日火箭技術的基礎。我們知道牛頓曾經推論，如果在高山上設置一門大炮，只要它發射出的炮彈有足夠的速度，炮彈將會圍繞地球飛行而不落到地面上。牛頓那時所說的不過是依據力學原理所作的推想罷了。後來人們經過計算得知，如果拋擲物體的速度達到 7.91 公里／秒，牛頓的推想就能實現，這個速度現在稱為「第一宇宙速度」。要是拋擲物體的速度更高，達到 11.2 公里／秒，它就能夠擺脫地球的引力而進入太陽系太空，這個速度稱為「第二宇宙速度」。若物體的速度達到 16.6 公里／秒，它就終將擺脫太陽系的束縛而走向太陽系以外的太空，這個速度稱為「第三宇宙速度」。不過這一切都得有相應的火箭技術，否則，所有宇宙航行也還都只是空話。

開闢現代火箭研究道路並為此作出主要貢獻的是兩位著名的科學家，他們是差不多生活在同一時代的俄國人齊奧爾科夫斯基 (1857 ～ 1935) 和美國人戈達德 (Robert Hutchings Goddard, 1882 ～ 1945)。

齊奧爾科夫斯基曾經這樣說過：「地球是人類的搖籃。人類決不會永遠躺在這個搖籃裡，而會不斷探索新的天體和太空。人類首先將小心翼翼地穿過大氣層，然後再去徵服太陽系太空。」他於 1895 出版了《關於地球與天空的夢想》一書，次年又發表了他最重要的論文《用噴氣裝置探索宇宙太空》，奠定了現代火箭技術的基本原理。他所提出的著名的火箭速度公式至今仍然是火箭設計的理論基礎之一。這個公式指出，火箭排氣速度的大小是決定火箭末速度

（即火箭最後達到的速度）的關鍵因素；當火箭的排氣速度為定值時，如果要想提高火箭的末速度，就必須儘量提高火箭的總重量（即包括燃料在內的重量）與其結構重量（即火箭的自重）之比。為此他提出了建造多節火箭的建議。他還提出了以液體作為火箭燃料的設想，並且建議使用液態氧作氧化劑，以液態氫作為燃燒劑。齊奧爾科夫斯基於 1933 年曾經試驗發射過一枚液體燃料火箭。

不過，第一個使液體燃料火箭穫得成功的是戈達德。戈達德是在不知道齊奧爾科夫斯基的工作的情況下獨立地研究火箭推進原理的。他於 1914 年就曾設計了一枚兩節火箭。 1919 年他發表了題為《達到極高空的方法》的著名論文，預言能使火箭脫離地球而到達月球。但是他的預言當時並沒有為社會所理解，次年美國的《紐約時報》上還發表了一篇嘲笑他的文章，譏諷他是「月球上的人」。然而戈達德並未因此而灰心，他在相當困難的情況下繼續他的研究工作，終於在 1926 年 3 月 16 日成功地發射了世界上第一枚液體燃料火箭。在戈達德去世之後他才得到他應有的榮譽， 1962 年美國國家太空總署的研究機構正式命名為「戈達德宇航中心」，其後《紐約時報》也公開承認當年的錯誤，鄭重宣布撤消那篇有損戈達德的文章。

本世紀 30 年代以後，歐洲許多國家也都開始了火箭技術的研究，其中以德國人的工作最為人注目。在德國政府和軍方的支持下，以布勞恩 (Wernher von Braun, 1912 ～ 1977) 為首的科學技術人員經過許多研究和試驗，於 1934 年 12 月發射了兩枚試驗性的液體火箭。 1944 他們又研製成功了 V–2 火箭，這是一種攜帶炸藥的武器，它長 14 米，重 13 噸，最大飛行高度 80 公里，最大飛行速度 7.5 公里／秒，最大射程 300 公里。布勞恩所領導的研究組使當時德國的火箭技術在世界上處於遙遙領先的地位。第二次世界大戰期間，法西斯德國共向英國發射了 4300 枚 V–2 火箭，給英國造成了很大的威脅和破壞，不過這並沒有能夠使納粹免除覆滅的命運。

第二次世界大戰結束之時，以布勞恩為首的研究組投降美軍，蘇聯方面也從德國得到許多火箭專家以及他們的研究資料，從此開始了美、蘇兩大國在火箭技術上的競賽。由於美國人過分迷信他們的核威攝力量而在洲際導彈的研製

上稍有遲疑，致使發射第一顆人造衛星的榮耀為蘇聯人所得。

　　美蘇競相發展太空技術，開始時主要是政治上和軍事上的需要。當蘇聯人得知美國人計畫於 1957 年底發射人造衛星的情報時，在自己的準備工作不十分充分的情況下，趕忙於該年 10 月 4 日發射第一顆重量為 83.6 公斤的人造衛星，給美國造成了很大的壓力。美國人不甘示弱，緊跟著於 1958 年 1 月 31 日發射了一顆重僅 8.22 公斤的人造衛星。隨後， 1961 年 4 月 12 日蘇聯又搶先發射了載人人造衛星，蘇聯人加加林 (1934 ～ 1968) 成了進入宇宙太空的第一人，他在地球太空軌道上運行了 108 分鐘後安全地返回地面。接著美國總統宣布在十年內實現載人登月計畫「阿波羅工程」。這是一項極為龐大的計畫，據說參與該計畫的總計約有 2 萬家公司、 200 多所大學以及 80 多個研究機構，總人數超過 30 萬人，耗資達 255 億美元。「阿波羅工程」於 1961 年 5 月開始實施， 1967 年實現了太空船登月， 1969 年 7 月 21 日「阿波羅 11 號」太空船首次把兩名宇航員送上了月球，美國人謝潑德 (Alan Bartlett Shepard, 1923 ～) 是第一個踏上地外星球的人。「阿波羅工程」先後發射火箭 17 次，於 1972 年宣告結束。「阿波羅工程」對於太空科學技術有很大的促進作用，雖然付出了很大代價，包括人員傷亡在內，但是火箭技術、太空通信技術、地外星體探測技術、人員太空保障技術等都從此逐漸完善了，而且計畫的實施使人們得到了關於月球的大量資料，天體研究進入新的階段。其後美蘇兩國又相繼發射了許多行星探測器，人類對太陽系得到了更多的知識。有關的一些情況我們在本書第十三章裡已有所述。

　　中國大陸自行設計、製造和發射的第一顆人造衛星於 1970 年 4 月 24 日升空，這顆衛星的重量為 173 公斤，其後又陸續發射了一批具有各種功能的人造衛星，成為世界上幾個擁有這方面技術的國家之一，並且已開始了為國外客戶發射衛星的商業性經營。最早發明和使用火箭的中國人如今又走到了世界航天技術的前列，至 1993 年底已發射衛星 31 顆，載人航天計畫也正在進行之中。

太空站與太空梭

　　70 年代以後，一個接一個的發射計畫耗費了大量資金、人力和物力，促

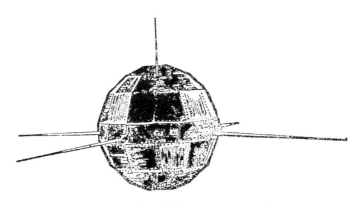

圖114　中國的第一顆人造地球衛星

　　使人們重新考慮繼續發展太空計畫的技術策略。如果使航天器能夠重複使用，或者在太空裡設置永久性的太空站，那就必定能夠更好地推進太空事業，於是有了建設太空站和建造航天飛機的計畫。

　　80 年代之前，蘇聯人的主要目標是發展太空站（亦稱航天站），而美國人的重點則在於研製航天飛機。1971 年 4 月 19 日蘇聯人發射了第一個太空站「禮炮 1 號」。美國人緊緊跟上，於 1973 年 5 月 14 日也發射了太空站「天空實驗室」。蘇聯人後來又陸續發射了 6 個「禮炮號」太空站。太空站是環繞地球運行的半永久性實驗室，可以長時間地在太空載人運行，是用作科學和應用研究的極好的飛行器。太空站的壽命越長，人在太空站中一次生活和工作的時間越長，發射往返的次數就越少，太空活動所需費用也就越低，這是人們所追求的目標。現在俄國和美國都在地球軌道上保有自己的太空站，俄國太空人保持著在太空連續生活和工作天數的最高記錄。美俄兩國在運送太空人和物資的運載飛船與太空站的對接方面亦已取得了許多成功的經驗。

　　太空梭是一種有人駕駛的宇航器，它合運載工具和飛行器為一體，兼有火箭、太空船和飛機三者的特點，它可以代替火箭作運載工具，克服了火箭不能重複使用的缺點；它可以像太空船和衛星那樣在軌道上飛行，並且能夠返回地面，克服了飛船和衛星難以在太空中維修的缺點；它還可以像飛機那樣機動飛

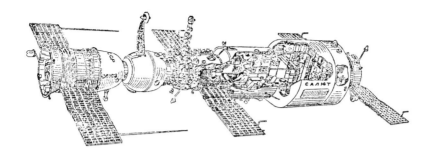

左爲「聯盟號」，右爲「禮炮號」。

圖115　蘇聯的「聯盟號」飛船與「禮炮號」空間站對接的情形

行、滑翔和降落，又克服了飛機不能離開大氣層的缺點。因此，太空梭是一種比較理想的太空工具，在科學上和軍事上都有重大價值。 1972 年美國總統下令研製太空梭，投資 70 億美元，動員了許多人力物力為此而努力。 1981 年 4 月 12 日美國「哥倫比亞號」太空梭首次進了宇宙太空。雖然 1986 年 1 月發生了美國「挑戰者號」太空梭發射後在空中爆炸的悲劇，一度給太空梭蒙上了陰影，但太空梭的研製工作並沒有因此而終止。現在俄國、中國以及其他一些國

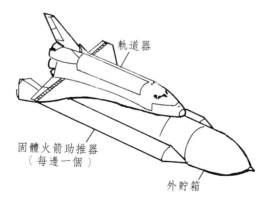

軌道器

固體火箭助推器
（每邊一個）

外貯箱

圖116　美國的航天飛機

家的太空梭亦在研製之中。

太空科學的現狀

太空飛行的實現是太空科學發展的必要條件。近半個世紀以來各種飛行器攜帶科學儀器以及載人升空，有一些還到達行星附近甚至降落其上， 1972 年美國人還首次向恆星際太空發射了探測器「先驅者 10 號」，這些活動為太空科學穫取大量可供研究的資訊，使人們得到了許多新的知識。

目前太空物理學所研究的主要是太陽和行星際太空的各種物理現像，包括地球和行星的大氣層、電離層、磁層① 以及它們之間的相互關係等。太陽風②原先只是一種假說，現在已經得到完全的證實。在太陽磁場結構，太陽的異常活動對地球大氣層和太空環境的影響，地球磁層與其他行星磁層的比較，地球大氣與其他行星大氣的比較和地球電離層與其他行星電離層的比較等方面的研究工作，也都取得了很多成果。

太空天文學與以往的天文學不同之處，在於把各種類型的天文望遠鏡安裝在太空飛行器上，利用太空環境的優越條件進行觀測，據此以研究天文現像。太空觀測再一次開拓人們的眼界，得到了大量新的知識，是天文學的又一次飛躍。現代天文學的許多成就都與太空天文學的發展相關。

太空化學又稱宇宙化學，它所研究的是太空的化學過程、宇宙物質的化學組成及其演化等問題。弄清楚這些問題對於太陽系的起源、天體的起源以及生命的起源都有十分重要的意義，現在科學家們已為此積累了許多很有價值的資料。

太空地質學的任務在於研究月球、行星和它們的衛星等天體的物質成份、結構及其形成和演化的歷史。「阿波羅工程」從月球上取回來了許多月壤、月

---

①在天體周圍被太空等離子體包圍並且受到該天體磁場控制的區域，稱爲該天體的磁層。

②太陽風是從太陽外層大氣連續地向外流動的高速等離子體流。彗星的尾部總是背向太陽的現像就是太陽風所致，人們正是從這一現像出發提出了存在太陽風的假說。現在測知，地球軌道附近太陽風的速度約爲 450 公里／秒，密度爲每立方釐米幾個粒子。

岩樣品，現在人們對月球的地質狀況已有了相當多的認識。對金星、火星和水星等行星的探測亦已收集到了不少這些行星表面的資料，弄清楚了不少問題。

研究宇宙太空中的生命現像和探索地外生命以至於尋找地外文明，都是太空生命科學的使命。進入宇宙太空的人和其他生物在微重力和宇宙輻射環境以及生活節律變化的情況下，生理上會產生何種變化，這是當前科學界十分關心的問題，由此又產生太空生理學、太空生物學、太空醫學和太空生命保障系統研究等一系列分支學科，這些方面現在也已經有了不小的進展。

太空技術的應用

美蘇兩國不惜代價地競相發展太空技術，首先是出於政治和軍事上的需要。間諜衛星幾乎能夠偵察到對方所有一切地面上和海洋上的軍事活動，因此很快就成為兩個超級大國軍備競賽的重要手段。美國的「星球大戰計畫」更是利用外層太空在全球稱霸的龐大計畫。不過，從太空活動中發展起來的新技術，如衛星通信、太空遙感等都有重大的科學價值和經濟價值，為科學技術的發展和人類認識自然與改造自然開闢了新的領域。

70 年代以後，太空技術的許多方面開始走向民用，主要是在太空通信和太空遙感探測與監測這兩個方面。各國相繼發射了許多通信衛星、地球資源衛星和氣象衛星，大大地改變了通信技術、資源探測技術和氣象預報工作的面貌。

1. 衛星通信

理論計算表明，如果把衛星發射到赤道上空離地面 35786 公里的軌道上，它的運行週期便與地球的自轉週期完全相同，在地面上觀察這顆衛星有如它就固定在空中某一位置上，這樣的衛星稱作「同步定點衛星」。一顆同步定點衛星發送的無線電波可以覆蓋地球表面的 40%。如果在赤道上空適當位置設置三顆這樣的衛星，由它們轉發地面上的超短波或微波無線電波，就能夠覆蓋除了兩極部分地區之外的所有區域。這樣的無線電通信方式比起以往所能運用的任何方式都優越得多。美國於 1965 年 4 月 6 日發射了第一顆半實用、半試驗性的同步定點衛星，從此開始了衛星通信事業。現在通信衛星的應用已經十分

廣泛，有國際通信衛星、國內或區域通信衛星、軍用通信衛星、海事衛星、廣播衛星和用來跟踪在中低軌道上運行的飛行器的跟踪和資料中繼衛星等等，它們分別承擔著不同的通信任務。

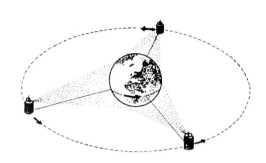

圖117　全球通信的衛星配置圖

2. 太空遙感探測與監測

　　遙感技術是本世紀 60 年代才發展起來的一門綜合性探測技術，現在人們充分利用太空船、人造衛星、太空站和太空梭等飛行器，透過電磁波從高空探測地面和近地的各種資訊，這就是我們所說的太空遙感技術。太空遙感系統一般包括運載工具、遙感儀器、資訊和圖像處理以及分析和應用四部分。遙感儀器近年來有很大的發展，除了採用可見光攝影的方法之外，更充分利用紫外波段和 γ 射線，同時也利用紅外波段和微波波段，這就大大擴展了探測的範圍。遙感所得資訊通常有三種記錄方式，即膠片圖像、磁帶記錄和數字資料。對所得到的記錄還需要經過校正、變換、分解和組合等處理過程，才能最終獲得人們可以直接閱讀的圖像或資料。從太空探測地球，比起從地面上探測地球有很大優越性。人造衛星的軌道高度一般為數百公里到一、二千公里，在衛星上拍攝一張地面的照片所覆蓋的面積達幾千平方公里，甚至可以把半個地球都拍攝在一張底片之上。以往要對某一地區作實地測量得花費許多時間，遇到地形、地貌複雜的地域更是如此，現在利用衛星遙感，測遍整個地球也不過是十多天的事情。遙感所利用的電磁波波段寬闊，人眼不能感知的物體也能使其暴露無

遺，甚至對地下的一些情況也能夠探測到。太空遙感技術目前主要用於對地球的探測和監測。當前世界各國都在遙感技術的研究和應用上投入很大的力量，它為人們帶來的經濟效益也非常可觀。據美國人的估計，一顆地球資源探測衛星每年所帶來的經濟效益可以數十億美元計。對於幅員廣闊的發展中國家來說，地球資源衛星的經濟價值更為明顯。太空遙感技術已經使地質探勘、地理、水文和海洋調查等過去相當繁雜的工作的面貌發生了革命性的變化，從前人們只能一點點地摸清小範圍裡的情況然後再彙集起來得到大區域的知識，現在人們可以一下子看到大區域裡的情形，然後再根據需要有選擇地仔細研究某些地點的情況。遙感還能夠使人們發現在大範圍上觀察才能發現的某些特徵，這對於礦產、石油和地下水的開發，地震的預報以至於水壩的選址等都有重要的參考價值。遙感還能全面地、及時地、連續地監測氣象狀況以幫助人們作出氣象預報，監測農作物的長勢、病蟲害的情形、估計農作物的產量，監測森林的狀況和發現森林火災，監測漁情以指導海洋捕撈作業，監測地面環境污染的狀況以利於採取對策等等。中國大陸的遙感技術近年來發展也十分迅速，在地質調查、石油探勘、地圖測繪、環境監測、區域開發規劃、土地資源調查、鐵路選線、電站選址、文物考古等許多方面都收到了很好的經濟效益和社會效益。

太空開發

1981 年在羅馬召開的國際宇航聯合第 32 屆年會上，科學家們把陸地稱為人類的第一環境，海洋稱為第二環境，大氣層稱為第三環境，外層太空稱為第四環境。這四個環境各自都有豐富的資源可供人類開發利用。太空技術的興起為人類開發和利用太空資源創造了必要的條件和使之成為可能。

太空環境與地球上的環境有很大不同，那裡是「得天獨厚」的真空和失重環境，為我們提供了加工在地球上難以加工的某些產品的極好場所。人們在太空站和太空梭裡已經就此作過許多試驗性的研究。試驗結果表明，在失重環境裡生成的晶體十分完美；一些在地面上完全不相容的金屬在那裡可以融合成為合金並呈現了一系列新異的物理和化學特性；在真空環境裡還能夠生產出純度極高的半導體材料和醫藥材料等等。人們設想將來完全可以在太空裡設立工

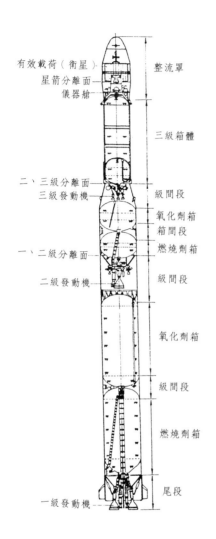

有效載荷（衛星） 整流罩
星箭分離面
儀器艙

三級箱體

二、三級分離面 級間段
三級發動機

氧化劑箱
箱間段
燃燒劑箱

一、二級分離面

二級發動機 級間段

氧化劑箱

級間段

燃燒劑箱

尾段

一級發動機

**圖118 中國「長征3號」運載
火箭的部位安排圖**

廠生產這樣一些特殊的產品。

　　阿波羅太空船從月球取回的數百公斤月壤和月岩樣品表明，月球是一個礦藏豐富的天體，那裡具備作為太空生產和太空工程的原料基地的條件。如果在月球上建立太陽能發電站以獲得充足的能源，便可以就地取材，在太空裡進行生產活動，這樣做有可能比在太空站上作同類工作經濟得多。因此有科學家建議下個世紀初人類應當重登月球，進一步研究這個設想的可行性。

　　太空的開發現時雖然還處在研究和試驗階段，但是我們完全有理由相信，隨著太空技術的發展和太空活動的進一步展開，人類對太空的認識必將更加豐富和深入，「第四環境」必將成為人類施展自己才華的新環境。

第二節　海洋科學技術的成就及其前景

　　人類開發和利用海洋已是歷史久遠的事。還在遠古時代人們就知道到海灘上撿拾海產品和從海裡捕魚。近海航行也早就開始了。我國人民早在春秋時期就利用海水煮鹽。不過，古人對於海洋實際上所知甚少，同時又受到技術水準和生產條件的限制，數千年來對海洋的開發利用僅限於近海海域的捕撈、養殖、製鹽和航運這些比較簡單的活動。從上個世紀開始的海洋考察、海洋調查給了人們許多關於海洋和海底知識，從而逐步建立了海洋科學，大規模的海洋開發利

用才真正開始。現在海洋科學日漸興旺，海洋的開發利用越來越受到世人的重視，許多國家都為此投入了很大的力量，把它與原子能的利用、太空開發等同列為重點發展項目，人類正迎來一個海洋大開發的時期。

海洋開發與海洋科學

我們知道，陸地面積僅占地球表面的 29.22%，而海洋面積則占 70.78%。當今人類正面臨人口劇增的嚴峻形勢，即使採取各種措施來控制人口的增長，但仍然無法避免人口增長這一現實。人口的增長導致人均占有陸地面積的減少和食物、能源、原材料消耗的增加，人類賴以生存的各種資源的供求矛盾更加突出。能源和材料的問題前章已有所述及，就是從前以為是取之不盡的淡水資源，如今亦已使人類處於相當尷尬的境地了。這一切都促使人們不得不把目光投向寬闊的海洋。這就是海洋科學技術受到人們的重視的原因。

海洋科學是一門綜合性很強的科學，它以物理學、化學、生物學、地質學等學科為基礎，其任務在於研究海洋的自然現象、性質及其變化規律以及與海洋開發利用有關的各種問題，它的研究對象包括海水、溶解和懸浮於海水中的物質、生活於海洋中的生物、海底沉積和海底岩石圈以至海面上的大氣邊界層和河口海岸帶等。海洋中發生的自然過程，大體上可以分為物理過程、化學過程、地質過程和生物過程四種類型，因而海洋科學也有四個基礎分支學科，即海洋物理學、海洋化學、海洋地質學和海洋生物學，它們還各有許多分支。

1872 ～ 1876 年間，英國海洋調查船「挑戰者號」在大洋航行了 12 萬多公里，穫得了大量關於海洋的資料和資料，把海洋作為獨立研究對象從此正式開始。 1942 年，挪威科學家斯韋爾德魯普 (Harald Ulrik Sverdrup, 1888 ～ 1975) 與其他兩位學者寫成的巨著《海洋》一書出版，被認為是海洋學確立為一門科學的標誌。斯韋爾德魯普在海洋學的建立上作出了重要貢獻，因而被譽為海洋學的奠基人。

現代海洋科學的迅速發展，得益於國際間的最充分的合作。 1957 年國際科學聯合會下屬的「海洋研究科學委員會」(Scientific Committee on Oceanic Research, 簡稱 SCOR) 和 1960 年聯合國教科文組織的「政府間海洋

圖119　英國海洋調查船「挑戰者號」

學委員會」(Intergovernmental Oceanographic Commission, 簡稱 IO) 的建立及其一系列活動，尤其是國際合作進行的海洋調查，對海洋科學的發展有很大的促進作用。目前政府間國際海洋科學組織已有五、六十個之多，民間的國際組織也有七、八十個。

海洋調查與海洋研究的進展

英國「挑戰者號」海洋調查船於 1872 年 12 月 6 日啟航，從此揭開了海洋系統調查的序幕。隨後各國競相向海洋派出自己的調查船，其中以 1925 ～ 1927 年德國的「流星號」、 1947 ～ 1948 年瑞典的「信天翁號」、 1950 ～ 1952 丹麥的「鎧甲蝦號」和 1949 ～ 1958 年蘇聯的「勇士號」的海洋考察最為著名。海洋與多國相連，海洋調查又費資耗時，海洋調查研究工作謀求國際合作是勢所必然。本世紀 30 年代大陸棚油田的發現，第二次世界大戰期間潛艇的頻繁活動以及 50 年代海上石油探勘的大發展，既是海洋調查和海洋科學技術進步的表現，又促使人們把更多的目光投向海洋。 50 年代以後，在海洋

研究科學委員會和政府間海洋學委員會的組織和協調下，國際合作的海洋調查活動更以相當大的規模積極地展開，其中比較重要的有「海洋探勘與研究長期擴大方案」、「國際地球物理年」(1957～1958)、「國際印度洋考察」(1959～1965)、「熱帶大西洋國際合作調查」(1963～1965)、「黑潮及臨近水域合作研究」(1965～1977)、「深海鑽探計畫」(1968～1983)、「國際海洋考察十年」(1971～1980) 等，可謂高潮迭起。這些大規模的海洋調查活動大大地豐富了人們關於海洋的知識，對各國的海洋科學技術以及海洋開發事業都起了積極的推動作用。中國大陸的海洋調查工作起步較晚，第一艘海洋調查船「金星號」於 1956 年才投入使用，但數十年來發展相當迅速，現在已有包括萬噸級調查船在內的海洋調查船一百多艘，總噸位占世界第四位。這些調查船在我國近海以及一些遠海區域進行了大量很有成效的工作，並且參加了許多國際合作項目。

航海儀器和海洋探測技術和手段的進步，更使得海洋調查增添活力。現代海洋調查已廣泛使用聲納① 、立體攝影、紅外照相和海底電視等技術手段。60 年代以後電子計算機的應用更大大地提高了海洋調查的工作效率，過去整理各種調查資料要花費許多時日，現在調查船在返航的途中就可以把所有資料和資料整理完畢。太空技術現在也應用到海洋調查和海洋監測上來。各國所發射的地球資源衛星和氣象衛星都擔負著海洋觀測的任務，1978 年美國還發射了世界上第一顆海洋觀測專用衛星。從人造衛星上人們可以隨時穫得海水表層溫度、鹽度、水質狀況、海平面高度、海流邊界、海洋生物狀況以至海底地形等許多資訊。

現在海洋科學已經發展成為一個分支學科眾多的龐大的學科體系。海洋物理學的研究所及，有海洋流體動力學、海洋熱力學、海洋氣象學、海洋聲學、海洋光學、海洋電磁學等；海洋化學既研究海洋中各種宏觀化學過程，更著重

---

①「聲納」音譯自英文 sound navigation and ranging 的縮寫 sonar，意為「聲音導航和測距」。這是使聲波向水下發出，經過水下目標的反射，再接收其回聲，從而探明水下目標情況的儀器設備，其作用有如在太空裡使用的雷達。

研究與開發利用海洋化學資源有關的化學問題；海洋地質學研究的是海底地形、海底沉積、海底構造、洋底岩石以及海底礦產資源等；海洋生物學又有海洋生物分類學、海洋生物形態學、海洋生物區系分布研究、海洋生態學、海洋生物生理學、海洋生物化學等許多分支。經過各國科學家多年的艱苦努力，上述各個方面都取得了不少成果，海洋的面貌正被人們逐步地揭露出來，其中尤以對海洋資源的新知識引人注目。

海洋是巨大的資源寶庫

海洋調查和海洋科學研究使人們認識到，海洋確實是一座巨大無比的資源寶庫。

據生物學家的統計，地球上生物資源的 80% 在海洋裡，海洋中有 16 ～ 20 萬種動物，1 萬多種植物，其中許多種類都可供食用、藥用或者作為工業原料。在不破壞生態平衡的條件下，海洋每年約可提供 30 億噸富含蛋白質的水產品。有人推算，海洋給人類提供食物的能力為所有陸地耕地農產品的 1000 倍。現在世界人口所消費動物蛋白的 15% 左右就來自海洋。當前全世界每年從海洋裡穫得的水產品將近 1 億噸，而南極周圍海域的磷蝦估計就有 10 ～ 50 億噸之多，如果那裡的生態平衡不被破壞的話，磷蝦的年捕獲量可達 5000 ～ 7000 萬噸。人們還知道，海藻的營養價值很高，其中有 70 多種可供食用；人們又發現，有 230 多種海藻富含人類所需要的各種維生素以及其他可供藥用的成份，可以從中提取和分離出許多種價值很高的藥物；從海藻中還可以提取藻朊酸鹽，這是用途廣泛的、重要的化工原料，現在世界年產量已達數萬噸。

陸地上已發現的 100 多種元素，有 80 多種在海水裡都能找到，其中不少種類的儲量十分可觀。據測算，每立方公里海水約含有 3750 噸固體物質。食鹽 ($NaCl$) 是海水中含量最大的物質，一般海水含鹽度為 33 ～ 37%，估計海水中食鹽總量約為 5 萬萬億噸。海水中鎂的含量也相當豐富，估計其總量約 1767 萬億噸。此外還有鉀（550 萬億噸）、溴（92 萬億噸）、鍶（11 萬億噸）、硼（6 萬億噸）、氟（2 萬億噸）、鋰（2500 萬噸）、銣（1800 萬

噸）、碘（820 萬噸）、鉬（137 萬噸）、鋅（70 萬噸）、鈾（40 萬噸）等多種元素。因此有人把海水稱作「液體礦床」。雖然許多天然存在的元素在海水裡都能分析出來，不過就目前的技術來說大多數在經濟上並不合算。海水的總量約為 1.318×10^9 億噸，占地球總儲水量的 97.2%。面對陸地上的水資源危機，海洋裡的極為豐富的水資源就顯得特別有價值了。

　　海底的礦產資源對於人類有很大的吸引力。海洋探勘已經發現，許多大陸架①（亦稱大陸棚）裡都蘊藏著石油和天然氣。據估計，大陸架裡的石油儲量在 2500 億噸以上，約占全球石油可能儲量的 31%。目前已探明的海洋石油儲量超過 200 億噸，天然氣也在 17000 億米 ^{3} 以上。大陸架上還有大量礫石（主要成份是石英）和海濱砂。海濱砂不僅是重要的建築材料，而且還含有黃金、鉑、錫石 (SnO_2)、黑鎢礦 $(FeWO)$、鈮鉭鐵礦 $(Fe[Nb,Ta]_2O_8)$、鉻鐵礦 $(FeCr_2O_4)$、金紅石 (TiO_2)、鈦鐵礦 $(FeTiO_3)$、獨居石（$[Ce,La,Dy]PO_4$）、磁鐵礦 (Fe_3O_4)、鋯石 $(ZrSiO_4)$、紅寶石 (Al_2O_3) 等多種礦產，被認為是僅次於海底石油的海洋第二大礦產資源。1874 年英國海洋調查船「挑戰者號」在南太平洋 4760 米深處首次採集到海底錳結核，其狀有如馬鈴薯，直徑在 1 毫米～ 20 釐米不等。後來查明錳結核廣泛分布於世界各大洋 3000 ～ 6000 米深的洋底表層，估計儲量可達 3 萬億噸，被稱為世界上最大的金屬礦藏。錳結核含有 30 多種金屬元素以及一些稀有元素，其中富含錳，鎳、鈷、銅也不少，其蘊含量都比陸地上已探明的儲量高許多。據估算，全部錳結核中的錳含量約 2000 億噸，為陸地儲量的 40 倍；鎳約 164 億噸，為陸地儲量的 328 倍；鈷約 58 億噸，為陸地儲量的 1000 倍；銅約 88 億噸，為陸地儲量的 40 倍。按目前世界年消耗量估算，這些金屬可供全世界使用上千年乃至數萬年。況且錳結核是一種沉積礦物，它的儲量還在不斷地增長，僅以太平洋估算，它的年增長量即達 1000 萬噸。

　　海底的另一種重要礦藏是重金屬泥礦，這是美國海洋調查船於 60 年代中

①從海岸低潮線向深海方向延伸，到坡度急劇增大的邊緣地帶爲止，此區域裡的海底稱爲大陸架或大陸棚。

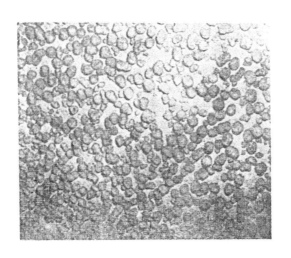

圖120　海底的錳結核

期在紅海首先發現的，爾後人們又相繼在其他海域找到了幾十處這樣的礦藏。重金屬泥是由海洋中脊裂縫處噴出的高溫熔岩經過海水的沖洗、析出，然後堆積而成的，以每週幾釐米的速度在不斷地增長。重金屬泥含有金、銀、銅、鋅等幾十種稀貴金屬，而且金、銀等金屬的品位非常高，所以有「海底金銀寶庫」之稱。據測算，僅紅海中部海淵一處海底表層 10 米厚的沉積物中，就蘊藏著鐵約 2400 萬噸，鋅約 290 萬噸，銅約 10^6 萬噸，鉛約 80 萬噸，銀約 4500 噸和金約 45 噸，這些金屬儲量的規模都比大陸上已探明的大型礦床的儲量大許多倍。

　　海洋裡除了蘊藏著物質資源之外，還蘊藏著豐富的能源，我們在前章已經述及。

海洋資源開發現狀

　　大規模的海洋調查既是海洋開發的需要，又為海洋開發開闢道路。 60 年代以來，海洋開發的勢頭猛增。 1975 年世界海底石油和天然氣產值即達 550 億美元，海洋漁業等的產值為 220 億美元；到 1980 年，世界海洋開發總產值就猛增至 2500 億美元，是 1975 年的兩倍還多。海洋開發事業有如旭日初升，

方興未艾。雖然尚有大量科學上和技術上和問題需要研究和解決，難題仍多，但前景十分樂觀。

1. 海洋生物資源的開發

海洋生物資源的利用可以說是人類的傳統產業。上文已說及，目前人類所利用的海洋生物資源還只是其中一小部分。以海洋捕撈業來說，雖然世界各國都已著意向深海和遠洋發展，但是作業範圍也只及大洋表面的 10% 左右，也就是說絕大部分海域尚未開發，這就表明海洋生物資源的開發潛力極大。不過，值得十分注意的是現在時常發生濫捕某些魚類以及由於海洋污染而造成的破壞海洋生態環境的嚴重問題。海洋生態環境一旦遭到破壞就不容易恢復，其後果將是使海洋生物資源枯竭。因此，合理捕撈和努力保護海洋生態環境已經成為必須高度重視和認真對待的全球性大問題。海洋植物即海藻的開發利用由來已久，估算全世界海藻的年增長量約為 1300 ～ 5000 億噸，現在也只是開發了其中非常小的一部分。近年來許多國家在發展遠洋捕撈的同時，都在大力發展包括海洋動物和海洋植物在內的海洋養殖業，這是充分利用海洋資源的一種很好的方法。有學者認為，有如遠古時代人類從直接利用野生動植物為主轉向以種植業和畜牧業為主那樣，海洋生物資源的利用應當從以捕撈為主轉向以養殖為主，這才是合理利用海洋生物資源的長久之計。60 年代以來，不少國家都提出了建設「海洋農場」、「海洋牧場」，發展「栽培漁業」，使「海洋漁業農牧化」等等看法和措施，日本、美國等許多國家已為此投入了大量資金，取得了良好的經濟效益。我國海岸線上有約 2000 萬畝港灣和灘塗，這是發展「海洋農牧業」的極為優越的條件，目前我國的海產養殖業亦已有一定的規模並累積了相當豐富的經驗。

2. 海水化學資源的開發

海水所含豐富的化學資源的開發首推食鹽的生產。食鹽不僅是人類的飲食所必需，而且被稱為「化學工業之母」，事實上現在世界上所生產的食鹽一多半是作為化工原料來利用的。目前從海水裡提取的食鹽約占世界食鹽總產量的 1/3。提取食鹽之後所剩下的苦鹵還可以提煉鎂鹽、鉀鹽和溴。現在世界上鎂產量的 60% 左右就來自海水，溴產量相當大的一部分也來自海水。利用海水

中的鉀鹽製造鉀肥也是許多國家都很關注的研究課題。現在各國生產海鹽主要利用太陽能蒸發的方法，全世界海鹽的年消耗量不過幾千萬噸，因此可以認為海鹽是用之不竭的。我們說到過海水中還蘊藏著許多其他種類的金屬礦物，但是由於技術上和經濟上的原因，那些礦物的提取現在還沒有提到日程上來。

3. 海水淡化

面對陸地上淡水資源日益短缺的形勢，海水淡化無疑是最好的出路。自本世紀 50 年代後期始，海水淡化技術得到了迅速的發展，現在在一些嚴重缺水的國家裡，海水淡化已經成為重要的工業部門，有不少日產淡水數萬噸的海水淡化工廠在運轉，全世界每日淡化水量達數百萬噸。淡化海水所消耗能量相當可觀，但是如果充分利用工廠廢熱或者地熱和太陽能，成本就能大大降低，不少國家已經建成這樣的海水淡化工廠。南極洲附近海面上有大量冰山，它們是淡水凝結而成的，水質也比較好。現在人們正在考慮利用冰山淡水資源的方法，如果技術上的問題得到解決，將能大大緩解淡水資源匱乏給人類帶來的困擾。

4. 海洋石油和其他礦產資源的開發

在目前的海洋開發產業中最引人注目的還是海洋石油和天然氣，這與能源危機給予人們巨大壓力直接相關。一些國家已被判定陸上沒有油田或者貧油，一些國家的陸上可採儲量正急劇減少，這就更迫使人們到海洋裡去尋找石油。現在海上石油探勘活動已遍及南極洲以外所有大陸架，有的還深入到大陸坡① 。海上鑽井的數目每年都以很大的速度增長，鑽井的水深也迅速提高，目前的技術已使人們能夠在超過 2000 米水深處鑽井。現在海洋石油的產量已逾 6 億噸，約占世界石油總產量的 1/5。不過，開發海洋石油的風險較大，這主要是因為在海上找油比在陸地上困難得多。例如英國開發北海油田時，從 1965 ～ 1981 年的 16 年間僅探勘費用就花了 50 億英磅，其成功率只有 1/12，也就是說有 45 億英磅似乎是白白扔進大海去了。可是一旦找到石油，它便將為人們帶來巨大的經濟效益。北海油田於 1975 年開始產油，現在年產石油 1 億噸

---

①自大陸架向深海延伸，坡度突然增大，這部分海底稱為大陸坡。

自然科學概論

左右，從此英國便迅速由一個石油進口國轉變成為石油出口國，石油年產值達到 100 多億英磅，大大改善了英國窘迫的經濟狀況。在我國北起渤海南至南海的整個淺海區域裡，已經發現沉積盆地 10 多處，種種跡象表明那些海域裡可能有良好的油氣資源，海洋石油的探勘和開發工作已經以相當的規模展開。1966 年底在渤海上開鑽了中國第一口海底油井，得到了工業油流。近年南海上的油田開發也進展順利。可以預期我國的海洋石油開發業必將有更大的發展。

在目前海洋礦產資源開發產業中，海濱砂的地位僅次於石油和天然氣。海濱砂分布廣，儲量大，開採方便，選礦技術簡單，所需投資較小，因此在許多國家早已形成產業。目前開採的主要品種為金、鉑、金剛石、鐵砂、錫石、鋯石、金紅石、鈦鐵礦和獨居石等。海底富藏的錳結核的開採至今尚未形成規模，這主要是因為技術上的困難和投資較大。日本人於 1978 年開始試驗開採北太平洋上 5000 米深處的錳結核，最高開採速度達到每小時 40 噸，這是相當可觀的數字。至於海底重金屬泥資源，由於技術上和經濟上的原因，目前尚未具備開採價值。

人類活動領域的擴大，是人類社會進步的表現。二十世紀下半葉以來，太空和海洋向人類敞開了更加博大的胸懷，人類如今真的可以實現神話故事中「大鬧天宮」和「大鬧龍宮」的幻想，向「玉皇大帝」和「龍王爺」顯示自己的威力，充分揭露「天宮」和「龍宮」中的秘密，並從那裡索取自己的所需了。當然，目前人類在太空和海洋裡的活動範圍和活動能力還很有限，並非可以為所欲為，不過隨著科學技術的進步，可以預期人類開發利用太空和海洋的步子將會邁得更大。

太空和海洋的開發利用必須有對太空和海洋的比較充分的認識為前提，為此既需要有物理學、化學、生物學、天文學、地質學這些基礎學科的知識作為理論上的依據，有現代工業和各種現代技術的支持，也必須有對太空和海洋的廣泛而深入的觀測、調查和研究為其開路，人類已經就此付出了巨大的人力、物力和財力，包括人員的犧牲在內，應當認為這是必要的和值得的。量力而

行，慎重又勇敢地開拓人類生存和發展的環境，這是人類作為自然界中的成員的責任，也是人類所絕對必需。

太空和海洋科學技術的研究和發展，決非少數科學家所能做的事，要是沒有社會和政府的廣泛支持必定寸步難行。許多國家尤其是發達國家在太空和海洋科學技術上投入了極大力量，這是近半個世紀以來太空和海洋科學技術得以出現今天的盛況的重要原因。太空和海洋都超越了國家界線，太空和海洋科學技術的發展必需要有國際間的合作，同時又必定存在著各國的激烈競爭，既在科學技術上競爭，也在政治上和軍事上競爭。科學技術上的競爭是好事，這是促進科學技術發展的動力。從人類的未來著想，具有良知的人們都不希望看到太空和海洋成為人類之間相互爭鬥、相互殘害的場所。但願太空和海洋永遠成為人類和平共處、共同發展的最廣闊的，最能顯示人類的才幹的環境。

複習思考題

1. 簡述什麼是太空科學技術。
2. 試簡述發展太空科學技術的意義。
3. 試簡述海洋開發的重要性和必要性。
4. 簡述海洋資源的主要方面及其開發現狀。

第19章

環境科學技術的興起及其意義

　　前章已經述及，人類所處的環境包括陸地、海洋、大氣層和外層太空這四個環境。這四個環境都是環境科學所研究的對像。環境之所以成為問題而必須加以研究，是因為人類賴以生存和發展的環境都已在不同程度上受到人為的破壞甚至於發生了威脅人類自身的嚴重情況。應當承認，人類對環境問題的認識並非出於自覺，而是受到了自然界的懲罰之後才逐漸有所醒悟的，值得慶幸的是亡羊補牢，為時尚不為晚。

第一節　環境問題的提出與環境科學技術的建立

　　環境是與中心事物相對的概念，與某一中心事物有關的周圍事物，就是這個事物的環境。我們這裡所說的環境是指以人類為中心的周圍事物，環境問題即是圍繞人群的太空，以及其中可以直接或間接影響人類生活和發展的各種自然要素和社會要素的總體所存在的問題。

　　隨著社會的進步，人類認識自然和改造自然的能力日益增強，在自然界裡獲得越來越多的自由，這當然是極大的好事，但它卻很容易使人們造成一種錯覺，似乎人類可以在自然界中為所欲為，所謂「人定勝天」這樣的「豪言壯語」就反映了這種想法。人必定能勝天（即自然界）嗎？其實不一定。自然界是客觀的存在，有它的客觀規律，這是絕對不會因任何人的主觀意志而有所改變的。人類所能做的只能是「順其自然」，也就是承認自然界的客觀性，遵循其客觀規律，在這樣的前提下充分地發揮自己的主觀能動性，使其為我所用，

在這個意義上或者可以說人能勝「天」。要是妄圖超越這個範圍，任意蠻行，以為自然界不過是人類可以隨意擺布的奴僕，那就必定要受到自然界的無情的懲罰，是必敗無疑。這樣的歷史教訓實在是太多也太沉重了。

社會是人類的集合體，是人類自己建造的，但是從它存在的時候起，社會以及各種社會現像也就成為客觀的現實，構成了客觀存在的、無法擺脫的客觀環境，人在特定的社會環境中生活，同樣受到它正面的或是負面的影響和制約。社會環境及其變化同樣有其客觀規律，創造好的社會環境無疑也是人類所追求的目標。

環境問題的提出和環境科學的建立，正是反映了人類對自己所處的自然環境和社會環境以及它們與人類自身的關係的問題上的覺醒。

自然環境與社會環境

人類是自然界的產物，從來都在自然界中生活，人類又是社會性的群體，必須在人類社會中生活，因此人類所處的環境既有自然屬性也有社會屬性，也就是說人類既生活在自然環境之中，也生活在社會環境之中，人類與他們所賴以生存的自然環境和社會環境都有著錯綜複雜的關係。

自然環境就是人類周圍的自然界，或者說是環繞著人群的太空中可以直接影響人類生活和生產的一切自然形成的物質和能量的總體，其構成包括大氣、土壤、岩礦、植物、動物以至於太陽輻射等等，這是人類賴以生存和活動的物質世界。地球表面各處的環境要素不同造成了各地區的自然環境的差異，例如低緯度地區接受太陽輻射較多便形成熱帶環境，高緯度地區則接受太陽輻射較少而成為寒帶環境；雨量充沛地區形成濕潤的森林環境，雨量稀少地區形成乾旱的草原和荒漠環境；高溫多雨地區的土壤因雨水的長期沖淋作用而呈酸性，半乾旱草原的土壤則多為中性或鹼性等等。自然環境中的各種環境要素又是相互影響和相互制約的。例如溫濕地區的城市和工業設施向大氣層所排放的大量二氧化碳要使那裡的雲和霧增多，雨水的酸度增加，酸雨對地表的侵蝕則造成土壤和湖泊的酸化，影響植物和水生動物的生長，從而改變了那裡的自然環境。

　　自然環境可以有不同的分類方法，如按生態系統可以分為陸生環境和水生環境，水生環境還可以分為淡水環境和鹹水環境等等。環境科學所要著重考察的是因人類活動而造成的自然環境的差異的問題。從這個角度來看，我們可以把自然環境分為原生環境和次生環境。原生環境是指受到人為影響較小的環境，那裡的物質系統基本上按照它的原始狀態運行，如原始森林、沙漠深處、大洋的中心區域等就都是原生環境。次生環境是指在人類活動的影響下，那裡的物質系統發生了比較大的變化的環境，如耕地、種植園、漁場、礦山、交通要道、工業區、城市等等。隨著地球上人口的增加，人類活動領域的擴展，自然資源的不斷開發，生產的規模持續增長，地球上的原生環境日漸縮小而次生環境則日益擴大，這是一個不可避免的和不可逆轉的，並且是在加速進行的過程。弄清楚原生環境和次生環境的現狀及其變化，儘最大的努力來保護人類賴以生存和發展的自然環境，這是我們所必須認真對待的事情。

　　社會環境亦稱文化—社會環境，這是指人類在自然環境中經過長期的社會勞動，加工和改造了的自然物質、物質生產體系以及積累起來的物質文化所形成的環境體系。社會環境是人類物質文明和精神文明標誌，它隨著人類文明的演進而不斷地豐富和發展。現在學術界對於社會環境的內涵和區分方法尚有不同的認識。有人把社會環境按其性質分為：(1)物理社會環境，包括街道、建築物、工廠等；(2)生物社會環境，包括經過馴化、馴養的動植物；(3)心理社會環境，包括人的行為、風俗習慣、法律、語言等。另外又有人把社會環境按其社會功能分為：(1)聚落環境，包括院落、村莊、城市等；(2)工業環境，包括工廠、鐵路、礦山等；(3)農業環境，包括耕地、牧場、林場、漁場等；(4)文化環境，包括學校、圖書館、博物館、文化娛樂場所等；(5)醫療環境，包括醫院、療養場所等。不論以何種方法區分，社會環境指的是人文環境，是人類自己創造的、人類日常活動的主要區域，人類創造了自己的社會環境卻也深受社會環境的制約。社會環境雖然是人類建造的，但卻是在自然界中運用自然界裡的物質建造的，社會環境不可能脫離自然環境而存在，自然界的規律在那裡同樣發揮作用，它是人類物質生活方式的反映，也必定受物質生活方式的制約。從另一個角度說，自然環境的改變是人類社會活動所造成的，人類的社會環境從各

個方面無時無刻不影響著自然環境。社會環境與自然環境存在著錯綜複雜的關係。如何保護和改善人類的社會環境同樣是現代人所面臨的問題。

環境問題的提出

環境問題自古有之，只是過去人們沒有意識到罷了。我們在本書的第一章中曾述及古代兩河流域文明，我們看到幾千年前的古人在那裡創造了多麼令人讚嘆的文化。古代兩河流域文明所依託的是幼發拉底河和底格里斯河下游肥沃的平原，那個時候那裡是非常適宜於耕作的地區。但是古代文明的發展卻導致該地區的林木砍伐淨盡，造成了嚴重的水土流失，終於使那裡肥沃的土地日漸沙化而成為貧瘠之地。可以說，兩河流域的沃土哺育了燦爛的文明，而人類的不文明行為卻毀滅了這塊沃土。中華文化的發祥地之一的黃河流域的情形也差不多如此。現在我們知道，黃河中上游一帶也曾是森林茂密、土地肥沃的區域，同樣是由於濫伐林木、過度開墾，水土流失，才成了今日千溝萬壑的貧瘠的黃土高原。地中海沿岸、非洲北部和印度北部的一些古代文化發達地區也都有類似的情形。

如果說古人知識欠缺，歷史應當原諒他們的話，那麼科學發達的現代又如何呢？我們列舉幾件曾令世界震驚的，由於環境污染而造成的嚴重公害事件，也就可以略見一斑。1930 年發生在比利時的「馬斯河谷事件」一週內有 60 人死亡；1943 年發生在美國的「洛杉磯光化學煙霧事件」數月內死亡 400 人；1952 年發生在英國的「倫敦煙霧事件」四天中死亡人數較常年多出約 4000 人；1953～1956 年間發生在日本的「水俁事件」導致汞中毒者達 283 人，其中 60 人死亡。已經查明公害事件遠不只這些，沒有查明的有多少以及它們所造成的後果有多大就更說不清楚了。後來人們知道這些事件的罪魁禍首是：(1)因燃燒煤炭和石油的排放物所造成的大氣污染；(2)因工業生產把大量化學物質排入水中所造成的水體污染；(3)因工業廢水、廢渣排入土壤所造成的土壤污染。歸結為一句話，那都是人類破壞了自己生存的環境所造成的。後來人們又逐漸弄明白，1873～1962 年間倫敦至少發生過 6 次重大的大氣污染事件，1961～1976 年間美國曾發生過 130 起水污染事件，這些事件都使得成千上萬

人患病，許多人死亡。這類公害事件的因和果的關係還是比較容易覺察到和比較容易弄清楚的，至於對全球氣候有調節作用的熱帶雨林的繼續破壞，賴以阻擋過量紫外輻射的大氣臭氧層出現空洞並且日益擴大等等所造成的後果，則是長期的、大範圍的，不是那麼直接、即時就能完全覺察到的。由此可見，即使到了二十世紀，人類對破壞自己的生存環境以及由此所造成的後果仍然很缺乏認識，就此而言，實在比古人強不了多少。況且現代技術破壞環境的能力要比古人大得多，其後果也要嚴重得多。

還在十七世紀工業革命初興時期，由於人們大量地以煤炭作為燃料，當時工業最發達的英國就籠罩在由燃煤所造成的煙霧之中，這就是倫敦以「煙霧之都」而聞名於世的由來。 1661 年英國人伊夫林 (John Evelyn, 1620 ～ 1706) 寫了一部名為《驅逐煙氣》的書獻給英皇，指出煙氣的為害並提出了一些防治對策，但是他的努力沒有什麼效果，英國的大氣污染是越來越嚴重了。到了十九世紀末至二十世紀初，為煙霧所困擾的工業城市更多，如美國的匹茲堡也被稱為「煙城」。二十世紀以後石油和天然氣的生產與消費量猛增，又出現了前所未有的石油污染問題。化學工業的迅速發展，有害化學物質對大氣和水體的污染隨之日益嚴重。 50 年代以後美、蘇兩國大規模地在大氣層中進行核試驗，加上核工業初興，核反應爐事故和廢棄物處理不當之事也時有發生，放射性物質對人類又構成了嚴重威脅。有機農藥如 DDT 和 666 等的大量使用，曾使農業穫益不少，但其中的有害物質隨著食物鏈逐步地濃縮到高等動物和人體內的事實也令人們驚愕不已。

1962 年美國女生物學家卡森 (Rachel Louise Carson, 1907 ～ 1964) 發表了《寂靜的春天》一書，描述了有機農藥污染所帶來的嚴重景象。她透過對污染物遷移和轉化過程的描述，闡明瞭人類與大氣、海洋、河流、土壤、動物和植物之間的複雜而密切的關係。這部書深刻而生動的描寫打動了許多人的心，它一出版便引起了許多人對環境問題的關注。

1968 年 4 月， 10 個國家的 30 多位自然科學家、人文學家、經濟學家、教育家為探討世界經濟增長所帶來的問題，特別是生態平衡等問題，聚集到羅馬，共同商定建立了非官方的、純學術性團體「羅馬俱樂部」。羅馬俱樂部的

工作頗有成效。1972年在他們的組織和支持下，由美國麻省理工學院的梅多斯 (Dennis Lynn Meadows, 1942 ～) 領導一批青年學者合作寫成的《增長的極限》一書出版。這部書針對一些人認為人類社會可以無限增長的看法，尖銳地指出地球不可能接受人類社會的任意增長，如果人口仍以指數式增長，經濟上也盲目地追求增長，隨著人口的急劇增加和資源的枯竭以及環境的繼續破壞，到頭來必將達到極限而招致人類社會的衰敗。作者們認為：「不要盲目地反對進步，但要反對盲目的進步。」作者們還預言，若是依照當時的速度繼續增長，全球性的災難很可能在 100 年之內來臨。這部書引起了爆炸性的反響，一時間西方學術界和輿論界就此展開了激烈的辯論。也有人針鋒相對地發表了題為《沒有極限的增長》的著作，主張「強大的經濟和眾多的人口必定會產生出眾多的知識創造者，會使人類擁有防止和控制威脅生活和環境的強大武器。」這場辯論的結果使人們認識到，盲目的樂觀和盲目的悲觀同樣是十分有害的。儘管梅多斯等人的論點有些偏激，但是他們給人類敲響了警鐘，功不可沒。羅馬俱樂部的學者們認為，造成「人類困境」的原因是：(1)人類濫用技術的能力對自然界任意開發，打破了自然界的自我調節機制和動態平衡，使自然界喪失再生能力；(2)技術急劇進步而人類的社會組織與政治組織未能與之相適應地進化，因而存在著極為複雜的矛盾；(3)人類困境是人類的內部危機，人類使環境急劇地變化但人類自身卻無法適應急劇地變化的環境。他們的大聲疾呼使人們的頭腦清醒了許多，原來人們正在津津樂道社會進步的同時，十分嚴峻的環境問題就擺在眼前，人類有可能陷入自己製造的無以自拔困難境地！

　　人類自己造成的，由來已久的環境問題終於被人們認識到了。現在人們所說的環境問題指的就是：由人類活動所引起的環境改變和改變了的環境對人類的反作用所產生的問題。

環境科學的建立與發展

　　環境科學這一名稱最早只是針對載人太空船中為保障太空人生存的特定的人工環境提出來的，後來才擴展為現在的意義。1968 年國際科學聯合會設立了環境問題學術委員會。1972 年 6 月，聯合國召開了第一次政府間的環境問

題國際會議「人類環境會議」，發表了著名的《聯合國人類環境會議宣言》，同年 12 月聯合國決議成立「聯合國環境規劃署」(United Nations Environment Programme, 簡稱 UNEP)，次年這個機構開始工作。環境問題從此成為全球關注的重大問題。受聯合國人類環境會議秘書長的委託，英國經濟學家沃德 (Barbara Ward, 1914 ～ 1981) 和美國微生物學家杜博斯 (Ren Jules Dubos, 1901 ～) 在 58 個國家的 152 位專家的協助下編成《只有一個地球：對一個小小行星的關懷和維護》一書，作為提供給會議的背景材料。這部書不僅從整個地球的前途，而且從社會、經濟、政治各個角度來評述經濟發展和環境污染對不同國家所產生影響，要求人類「學會明智地管理地球」，它對於環境科學的建立有重要影響，人們現在把它看作是環境科學的「緒言」。從此以後，環境科學的著作便大量問世。

　　目前學術界還沒有關於環境科學的公認的定義，一般認為：環境科學是一門研究人類環境質量及其保護和改善的科學。

　　環境科學的主要任務是：

　　(1)探索全球環境演化的規律，包括環境的基本特性、環境的結構形式和環境演化機理等問題，其目的是使環境向有利於人類的方向發展和避免它向不利於人類的方向發展。

　　(2)揭示人類活動與自然生態之間的關係，亦即研究在人類生產和消費系統中，物質和能量的輸入與輸出之間的相對平衡的問題。人類的生產和消費活動必須從環境中獲取包括物質和能量在內的資源，其中有些是可更新資源（如土地資源、生物資源、可再生能源等），有些是不可更新資源（如礦產資源、不可再生能源等），如何保持可更新資源的再生增殖能力使其能持續利用，如何最合理地開發利用不可更新資源，都是人類面臨的大問題。人類在生產和消費活動中必定要向環境排入廢棄物，如何使廢棄物的排入不超過環境的自淨能力，以避免造成環境污染和環境破壞，這也是人類面臨的大問題。

　　(3)研究環境變化對人類生存的影響。環境變化有物理的、化學的、生物的和社會的各方面因素，這些因素之間又有錯綜複雜的相互關係，弄清楚它們對人體的影響，才能為保護人類的生存環境和制定各種環境標準以及控制污染物

的排放量提供依據。

(4)研究區域環境污染的綜合防治技術措施和管理措施，包括污染源的治理、區域性污染的綜合治理以及區域規劃合理化以預防污染的措施等。

環境科學在發展過程中出現了越來越重視綜合研究的動向，同時又產生了許多分支。從50到60年代，人們還只是從自然科學和工程技術的角度來考察和研究環境問題，關注的中心是生態系統，即著重研究環境的自然過程。後來人們逐步地認識到，只考慮環境的自然過程並不能充分揭示環境的狀況和尋求有效的對策，必須把生態系統和人類社會系統作為一個整體來研究，也就是說既重視自然環境，也重視社會環境，並且重視這兩者的複雜關係，才有可能準確把握我們所面對的環境問題和找到相應的對策。環境科學的研究越是深入，出現的分支學科也越多。目前主要的分支學科有環境地學、環境生物學、環境物理學、環境化學、環境醫學、環境工程學、環境管理學、環境經濟學和環境法學等，環境科學已經成為相當龐大的學科體系。

環境科學的研究手段和研究方法也在不斷發展之中。例如在環境質量評價中，已逐步建立了一套將環境的歷史與現狀相結合的研究方法；將區域性的研究與大範圍以至全球性的研究結合起來的方法；將靜態研究與動態研究結合起來的研究方法等等。在充分利用現代技術和儀器設備以及時和準確地獲得資料的同時，又廣泛運用數學方法如數理統計、數學模型等等。

環境問題雖然十分古老，但環境科學卻非常年輕，它還不算十分成熟，是一門正在迅速發展之中的學科。

上文說到許多國際組織在促進環境科學的建立上發揮了很大的作用，在促進環境科學的發展上許多國際組織同樣發揮了很大作用。聯合國環境規劃署多年來卓有成效地進行工作，現在設有「全球環境監測系統」、「國際環境資料源查詢系統」、「國際潛在有毒化學品登記處」、「人類基本需要和外限評價工作隊」和防止沙漠化的工作部門等許多機構。這些機構積極地、卓有成效地展開了環境教育、環境科技人員的培訓和技術援助等工作。1972年的第二十七屆聯合國大會透過決議，將聯合國人類環境會議的開幕日6月5日定為「世界環境日」，要求聯合國系統和各國政府於每年的這一天組織各種活動，向公

眾宣傳保護和改善人類環境的重要性，又規定聯合國環境規劃署於每年這一天發表世界環境現狀的年度報告。受聯合國環境規劃署的委託而由國際自然和自然資源保護聯合會負責起草的《世界自然資源保護大綱》於 1980 年 3 月 5 日公布。許多國家都按照《大綱》的原則和方法制定了本國的資源保護法規以及相應的措施。

　　1987 年 2 月聯合國世界環境與發展委員會在日本東京召開了第八次委員會，會議透過了題為《我們共同的未來》的報告。這個報告以大量歷史資料和統計數字全面地闡述了當今人類面臨的 16 個嚴重環境問題，這些問題是：

　　(1)人口激增；

　　(2)土壤流失和土壤退化；

　　(3)沙漠化日益擴大；

　　(4)森林銳減；

　　(5)大氣污染日益嚴重，酸雨成災；

　　(6)水污染加劇，人體健康狀況惡化；

　　(7)大氣「溫室效應」加劇；

　　(8)大氣臭氧層遭破壞；

　　(9)大量物種滅絕；

　　(10)濫用化學製品造成嚴重的後果；

　　(11)海洋污染嚴重；

　　(12)能源消耗與日俱增；

　　(13)工業事故增多；

　　(14)自然災害增加；

　　(15)軍費開支巨大；

　　(16)貧困加深。

　　報告強烈呼籲人類珍惜現在尚存但為時不多的改變未來的機會，不要把生態破壞的問題留給下一代去解決。這個報告被認為是繼《人類環境宣言》之後人類認識和解決環境問題的又一個里程碑，對進一步增強人們的環境保護意識和推動環境科學技術的發展有重要的影響。

作為發展中國家，並且是發展較快的國家，環境問題在我國一向受到重視。中國大陸的第一次環境保護會議是在 1973 年 8 月 5 ～ 20 日在北京召開的。1979 年 3 月中國環境科學學會成立，其後還建立了許多分支學會並積極開展學術活動，取得了不少成果。

人類只有一個地球，環境問題是全球性的問題，研究、保護和改善環境是人類的共同責任，因此全球性的合作是絕對必須的。二十年來在這方面已有良好的開端，但願在各國人民的通力合作下，我們的地球能夠成為永遠適合人類生存和發展的地球。

第二節　環境品質控制與環境治理

環境研究的最終目的在於保護和改善人類賴以生存的環境，環境品質控制和治理就是我們所要採取的措施。應當承認，人們對環境的研究還很不夠，而在環境品質控制和治理上所需要處理和解決的問題更多。

環境質量評價與環境品質控制

環境品質一般是指：在一個具體環境內，環境的總體或環境的某些要素對人群的生存和繁衍以及社會經濟發展的適宜程度，其中也包含人類與環境相互協調的程度。例如根據人體對空氣的要求，我們就認為大氣被污染的地方環境品質不好，空氣清新的地方環境品質好；以人類生活舒適的要求而言，嘈雜的地方環境品質不好，恬靜的地方環境品質好；從經濟生活的角度上說，我們就認為水、土和氣候適宜，資源豐富，交通方便的區域環境品質好，反之則不好，如此等等。

因為環境品質的優劣是根據人的要求評價的，所以環境的品質與對環境的評價是聯繫在一起的，環境品質是環境品質評價的結果。我們評價環境的品質，既可以從環境的綜合品質上來考察，也可以從各環境要素的品質來考察。因此，對於環境品質的評價可以有城市環境品質、生產環境品質、文化環境品質和大氣環境品質、水環境品質、土壤環境品質、生物環境品質等等許多不同

角度的評價。

　　環境品質評價可以區分為不同的類型，按時間上來劃分有如下三種類型：
(1)環境品質回顧評價。這是根據各種資料和資料對某一區域過去較長一段時間
內的環境品質作出回顧性的評價，其目的是瞭解該區域環境狀況的發展變化過
程。(2)環境品質現狀評價。即對某區域近期環境品質的評價，意在瞭解當前該
區域的近期環境狀況，為制定控制環境污染和採取防治措施提供依據。(3)環境
品質影響評價，亦稱環境品質預斷評價。這主要是在建設一些規模較大的工程
項目（如機場、港口、水庫、大型工礦企業等）之前，預斷這些項目將會給環
境帶來什麼樣的影響。環境品質影響評價現在越來越受到各國的重視，這是因
為防患於未然比起事後的治理，不管從哪方面來說都更為有利。

　　為了正確地評價環境品質，就必需確立環境品質評價標準的體系。世界各
國大多都制定和頒布了各種標準，如水品質標準、大氣質量標準、土壤品質標
準、生物品質標準等。中國政府歷年來也頒布了許多環境品質評價標準。

　　採取各種手段來控制環境的污染和環境的破壞，努力使其符合品質標準，
這就是環境品質控制。從歷史發展上看，環境品質控制大體上經歷了三個時
期。60 年代中期面臨嚴重的環境污染狀況，許多國家不得不採取應急措施，
為此頒布了一系列政策和法令，採取政治與經濟結合的手段治理污染源。這些
措施取得了一定的成效，但終究非治本之道。60 年代末期開始進入防治結
合、以防治為主的區域性污染綜合防治階段，使環境品質控制從治理環境污染
的結果更多地轉向控制環境污染的原因方面，取得了更為顯著的效果。70 年
代中期以後人們更加強調環境的整體性，強調人類與環境的協調，強調環境管
理、全面規劃、合理佈局和資源的綜合利用等等，並把環境教育作為解決環境
問題的重要手段和根本措施。三十年來的這些變化，實際上反映了人們對環境
問題的認識的深入和環境科學研究的進展。

環境監測

　　環境監測是指間斷地或連續地測定環境污染的程度，觀察和分析它的變化
及其對於環境的影響。環境污染的情況十分複雜，污染的性質有些是有形的，

如大氣的污染、水的污染、土壤的污染等，有些是無形的，如噪音污染、電磁波輻射污染、放射性污染等；污染的範圍有的是局部性的或區域性的，有的則是大範圍的甚或全球性的；污染所產生的影響有的是急性的、短期的，有的是慢性的、長期的，有的則是潛在性的。因此環境監測必須採取與之相應的手段和方法。一般說來，需要在特定範圍內設置若干環境監測點，組成人工的、半自動的或全自動的環境監測網，有目的地、系統地採集樣品或資料，定期進行分析研究，對環境品質及其變化作出科學評價，據此以製定防治對策。

目前許多國家都已建立了大氣污染和水污染的固定或流動監測站。鑒於一些污染物已造成全球性的大氣污染和水體污染，世界衛生組織 (World Health Organization, 簡稱 WHO) 和世界氣象組織 (World Meteorological Organization, 簡稱 WMO) 於 1970 年開始制定全球大氣監測計畫，確立了統一測定和採樣方法的大氣監測程序，逐步在各成員國中實施。世界衛生組織在聯合國環境規劃署的協助下，於 1974 年開始制定全球水質監測計畫，1976 年又製定了全球水質監測規劃。中國大陸先後於 1979 年和 1980 年成為全球大氣監測計畫和全球水質監測計畫的成員國，積極參與了有關活動。

存在於環境中的化學污染物大多含量很低，往往在微量（百萬分之一數量級）到痕量（百萬分之一以下數量級）的範圍之內；物理性質的污染，則有聲、光、熱、電磁場、核輻射等多種複雜形態，對這些污染狀況進行監測都必需有相應的監測技術和儀器設備。生物污染狀況的監測更為複雜。現在各國都不惜為此投入大量資金、人力和物力。太空技術發展起來之後，利用火箭和人造衛星進行監測也成了一種重要的方法。

中國大陸在 50 年代就提出了綜合利用「三廢」（廢水、廢氣和廢渣）的問題並採取了一系列措施，這可以說是環境污染綜合防治的思想的體現。60年代末以來綜合防治越來越受到世人的重視。1972 年中國大陸又在聯合國人類環境會議上提出「全面規劃，合理佈局，綜合利用，化害為利，依靠群眾，大家動手，保護環境，造福人民」的環境保護基本方針。現在世界各國都十分重視原料和燃料的綜合利用與各種資源的合理開發，同時限製污染物的排放，以使環境污染防治做到經濟、合理和有效，達到保護和改善環境品質的目的。

例如在農村利用人畜糞便和植物秸桿製取沼氣，既獲得了能源，又消除了污染，並且為改良土壤增加了有機肥料，這就是環境污染綜合防治的極好措施。

區域環境污染的綜合防治

區域環境污染綜合防治是改善和提高區域環境品質的重要手段和基本途徑，其基本思想是：從區域環境的整體出發，以區域環境容量為基礎，綜合考慮發展經濟與保護環境的關係，儘量採用人工措施與自然淨化相結合的方法，綜合運用各種防治措施，更著重加強環境的規劃和管理，以期達到實現區域環境的既定目標。這裡涉及到行政、經濟、法律和工程技術諸方面的問題，必須經過系統分析，運用環境系統工程的理論和方法，才有可能制定出最佳的區域環境綜合治理方案。電子計算機的應用，數學模擬方法以及控制論和系統工程技術的發展，為環境污染綜合防治的研究提供了有效的理論和技術手段。

環境規劃

環境規劃是在對一個地區進行環境調查、監測、評價和區劃之後，預測該地區經濟發展將引起的環境變化，據此提出調整該地區的工業部門結構和合理安排該地區的生產佈局為主要內容的規劃，這是保護和改善環境的戰略性部署，是解決發展經濟與保護環境之間的矛盾的基本方法，其目的是在社會發展的同時有計畫地、自覺地保護環境，以使社會發展得以永續。

60 年代末期以後，許多國家都在傳統的國民經濟和社會發展規劃中引進了環境規劃。環境規劃主要有三種類型：(1)污染控制規劃，包括工業污染控制規劃、城市污染控制規劃、水域污染控制規劃、農業污染控制規劃等。(2)國民經濟整體規劃，即在國民經濟發展規劃中有計畫、按比例地安排相應的環境規劃。(3)國土規劃，即是從全局的和長遠的利益出發，對國土的開發、利用與環境的治理和保護作出統籌安排，確定生產力配置和人口配置的原則，為國民經濟長遠規劃提供依據。國土規劃一般包括區域規劃、流域規劃以及一些專題規劃（如沙漠治理規劃、植樹造林規劃、珍貴稀有生物資源的保護利用規劃等）。

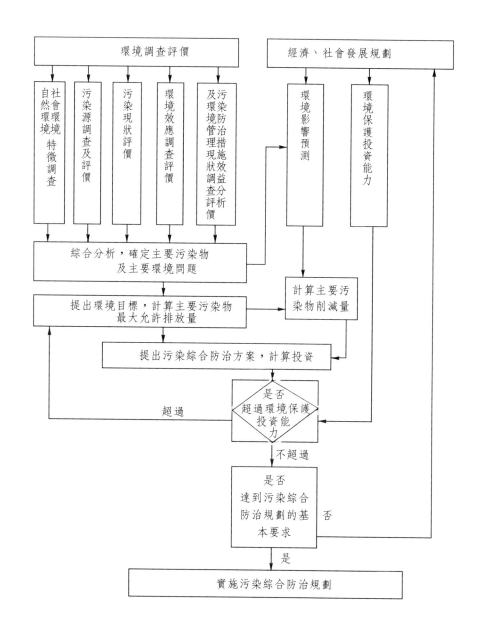

圖121　區域環境污染綜合治理的規劃程序示意圖

自然科學概論

環境管理

1974 年聯合國環境規劃署和聯合國貿易和發展會議在墨西哥聯合召開了「資源利用、環境和發展戰略方針討論會」，會議提出發展是為了滿足人類的需要，但又不能超過生物圈的承載能力的看法，認為協調環境和發展目標的方法就是環境管理。環境管理從此越來越受到人們的重視。

環境管理就是運用行政、法律、經濟、教育以及技術措施，協調社會經濟發展和環境保護之間的關係，處理好國民經濟各部門、各社會集團和個人有關環境問題的相互關係，使社會經濟發展在滿足人們的物質和文化生活需要的同時，防治環境污染和維護生態平衡。

環境管理既涉及大氣、水體、土壤、生物、噪音、電磁輻射、核輻射等各種環境要素，又涉及政治、經濟、社會、科學技術等各個領域，因此是高度綜合的、相當複雜的事情，必須要國家和社會以至個人的相互協調和合作才有可能做好。由於不同區域的環境狀況各不相同，所以環境管理一般都是區域性的措施。

環境管理的主要內容有三個方面：(1)環境計畫管理。包括對工業交通污染防治計畫、城市污染控制計畫、流域污染控制規劃、自然環境保護計畫以及環境科學技術發展計畫、環境保護宣傳教育計畫等的管理。(2)環境品質管理。包括制定各種環境質量標準、各類污染物排放標準及其監督檢查方法；調查、監測和評價環境品質狀況以及預測環境品質變化的趨勢等。(3)環境技術管理。包括確定防治環境污染和環境破壞的技術路線與技術策略；確定環境科學技術的發展方向；組織環境保護的技術諮詢和資訊服務等。

環境管理主要有下列手段：

1. 行政手段

這是環境保護部門經常大量使用的手段，包括研究和制定環境政策、組織制定和檢查環境計畫；運用行政權力，將某些地區劃為自然保護區、重點治理區、環境保護特區等；對一些污染環境嚴重的工礦企業採取限期治理以至勒令停產、轉產或搬遷；採取行政制約手段，如發放與環境保護有關的各種許可

證，審核環境影響報告書等。

2. 法律手段

這是環境管理中的一項十分必要的強制性措施。對於那些違反法規，污染和破壞環境，危害人民健康和財產的單位或個人，按照環境法規給予批評、警告、罰款或責令賠償損失，必要時依法給予懲處。

3. 經濟手段

對積極防治污染但在經濟上有困難的企業、事業單位給予資金援助；對排放污染物超過規定標準的單位按法規徵收排污費；對利用廢棄物質生產的產品減、免稅收或給予其他物質上的優待等等經濟手段，也是環境管理的重要措施。

4. 教育手段

這是環境管理中不可缺少的手段。儘一切可能利用各種宣傳媒介向公眾傳播環境科學知識、環境保護的意義以及環境保護的政策、法令、法規；在學校中進行環境科學知識教育和培養環境科學技術人才等等。努力提高全民的環境意識可以說是環境管理成敗的關鍵。

5. 技術手段

技術手段的種類繁多，如推廣無污染工藝和少污染工藝；因地制宜地採取綜合治理和區域治理技術；登記、評價和控制可能造成環境污染的物品的生產、進口和使用等等。

環境管理是一項綜合性極強的社會事業，斷非只是設立環境管理部門，指定一些人專門管理即可成其事，若是沒有全社會的共同負責和一致努力，那是任何管理措施都不會奏效的。

※   ※   ※

環境問題，無論是自然環境還是社會環境所出現的問題，都是人類自己造成的，解鈴還需繫鈴人，問題終歸得由人類自己來解決。環境問題的起因是人類在發展自己文明的過程中的不文明行為，認識到環境問題的存在而急切地採取相應的措施，也正是人類文明進化的表現。在環境問題上的覺醒，應當說是本世紀以來人類最重要的進步之一。但是，覺察到環境問題的存在是一回事，

是否能夠採取有效措施制止環境的繼續惡化並且使環境得到改善，那又是另一回事。盲目的悲觀和盲目的樂觀同樣都是十分無益和極其有害的。人類的歷史也就是人類不斷地改造自然環境和創造社會環境的歷史，人類存在三百多萬年以來已經不知經歷過多少磨難，只要清醒地正視嚴峻的現實，依靠和發展自己的聰明才智，不失時機地為保護和改善環境而努力，人類就有可能逐步擺脫環境危機，走向新的境界。

應當承認，環境問題雖然已經使人們震驚，但是環境意識還不能說都已經在人們頭腦裡普遍地、牢牢地樹立。事實上我們看到的是，一方面人們大喊環境危機，一方面又在繼續破壞環境。森林面積在繼續縮小，大氣污染和海洋污染還是有增無已，生物物種減少的趨勢沒有得到遏制，濫用化學製品的狀況並無多大改善，核輻射污染還是時有發生。不僅傳統的破壞環境行為沒有終止，技術的新進展帶來新的污染更值得人們注意。例如電子計算機的「病毒」污染所造成的危害即為一例。太空技術的發展使得外層太空出現了許多由火箭殘骸和廢棄人造衛星所構成的「太空垃圾」，它將會產生什麼樣的後果現在還不十分清楚。至於像基因工程這樣一些新技術又會給環境帶來怎樣的影響以及應當採取何種防範措施，也還是尚須探討的問題。所以我們說，人類要生存和發展就永遠要正視環境問題，就必需不斷地研究自己所處的環境，就必需千方百計地保護和改善自己所處的環境。

當前值得注意的一個動向是，環境問題已經逐漸發展成為政治問題，「綠色和平運動」的活躍和歐洲一些國家的「綠黨」的產生即其表現。但願共處一個地球的人類在環境問題上得到越來越多的共識，能夠同心協力地為人類的今日和明日著想。環境的保護和改善本來沒有國界，近半個世紀以來的國際合作是有成效的，覺醒了的人類自應更加珍惜和發展國際合作，為了一個共同的目標而齊心協力。

環境問題在發展中國家往往更為突出和更為嚴重，這是因為發展中國家經濟、技術、文化、教育和科學都相對落後，發展速度又往往相對較快的緣故。不過從另一個角度說，發展中國家在保護和治理環境方面卻有較好的機遇。發達國家在發展過程中所蒙受的環境污染所造成的災難，是由於當時人們都還沒

有環境意識，也沒有治理環境的方法和經驗所受到的懲罰，而治理被破壞了的環境，在人力、物力、財力上都是巨大的開支。發展中國家完全有可能吸取他們的教訓和經驗，充分利用現代科學技術的優勢，避免他們所走過的彎路，許多事情都可以防範於未然，也能夠把事情做得更好，關鍵在於高度的環境意識和高水準的環境科學技術以及高瞻遠矚的政策和策略。

環境問題所涉及的領域至為廣闊，環境科學技術與以往傳統的科學技術很大的不同之處在於它的高度綜合性。環境科學技術與哲學、社會科學、人文科學、自然科學和技術科學幾乎所有領域無不相關。環境科學的建立表明人類對客觀世界的認識進入了一個新的層次。

需要補充說明的一點是，人口問題其實也是環境問題中的一大問題，尤其是在中國這樣一個人口最多的國家裡，問題至為突出。我們在本書裡沒有就此展開闡述，但請讀者予以充分的注意。

只要人類存在，環境問題就永遠存在，環境科學技術就必須不斷地發展和進步。

複習思考題

1. 簡述什麼是環境問題以及你對環境問題的認識。
2. 簡述什麼是環境科學以及環境科學的研究內容。
3. 簡述什麼是環境品質。
4. 簡述環境污染綜合防治的含義。
5. 簡述環境管理的基本手段。

第20章

控制論、資訊論和系統論的建立及其影響

　　前章我們述及材料科學、能源科學、太空科學、海洋科學和環境科學等學科的產生，表明科學的發展出現了許多學科綜合而形成新學科的趨勢。本章所述的資訊論、控制論和系統論同樣說明了這種趨勢。有所不同的是，資訊論、控制論和系統論都是在研究某些自然現象時提出了一些新的概念，發展了一些新方法，形成新的理論體系，然後這些理論和方法擴展到各個學科中去，無論在社會科學、人文科學、自然科學或是技術科學裡都得到了廣泛而有效的應用。這是近代科學橫向整體化的具體表現。現在人們常把這類型的學科稱為應用科學。

第一節　控制論的建立及其應用

　　控制的思想實際上古已有之。本書的第一章裡曾提到我國西漢時期有一種指南車，它之所以能夠「指南」，運用的就是控制的原理。古羅馬著名學者希羅 (Heron of Alexandria, 活躍於公元一世紀) 也曾製造過一些精巧的自動機械裝置。其後的中外文獻也都記載過不少這類奇妙的裝置。不過古人都還沒有形成控制論的思想，那些令人讚嘆的設計只是某些能人在實踐中的巧思罷了。正因為如此，這類器物並不多見，而且大多出現在不久之後就又都失傳。我們在第四章裡提到過瓦特發明的蒸汽機轉速離心式控制器，可以說是控制論原理

在近代的重要應用。類似的設計雖然也還有一些，但是控制論作為一種理論是現代的產物，它的歷史只有半個世紀。

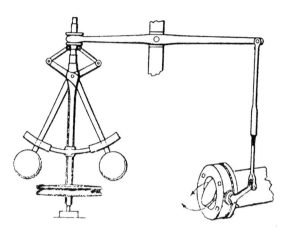

圖122　蒸汽機轉速控制器圖

控制和控制論

顧名思義，控制論就是研究控制的理論。什麼是控制呢？控制的概念是與事物發展的多種可能性聯繫在一起的。我們在介紹經典物理學的時候曾經說到，牛頓力學的成就一度使人們陷入機械論，似乎所有事物的起始狀態確定了之後，它後來的發展狀況就都是唯一的，是確定無疑的。後來人們才逐漸明白牛頓力學所描述的只是物體的簡單機械運動的狀況，對於複雜一點的事物來說，它的運動變化過程要複雜得多，除了遵循必然性之外，還會有各種各樣偶然性作用的參與，由於這些隨機因素的存在，事物的狀態及其發展往往存在著多種可能性。出於某種目的，我們要求事物在多種可能性中向我們所希望的既定目標發展，或者是使該事物保持某種穩定狀態，這時就需要對該事物加以控制。所以，控制是與事物發展的多種可能性，或者說是與事物發展的不確定性直接相關的。如果一切都是必然的、唯一的、確定的，那就無須對其實行控制了。控制論所研究的是控制的問題，但它所研究的不是某一具體系統的具體控

制方法或控制技術的問題，而是探討一般系統的控制的普遍性質及其方法諸問題，因此控制論具有十分普遍的意義和極為廣闊的應用範圍。

控制論的建立

控制論的創始者就是我們在第十二章裡曾經提到過的維納，他說：「控制論的目的在於創造一種語言和技術，使我們能有效地研究一般的控制和通信問題，同時也要尋找一套恰當的思想和技術，以便通信和控制問題的各種特殊表現都能借助一定的概念加以分類。」

維納是美國最卓越的科學家之一。他是一位神童，11 歲就上大學，14 歲便取得了學士學位。他一生著述甚豐，共留下了 14 部著作和 240 多篇論文。他的《控制論：或關於在動物或機器中控制或通訊的科學》一書於 1948 年出版，標誌著控制論作為一門科學的誕生。控制論 (cybernetics) 這個詞也是他創造的。維納原先主要從事數學研究，成績斐然。控制論的思想在他的頭腦中很早就萌發了。1935 ～ 1936 年他曾來華，在清華大學電機系和數學系擔任教授，並與清華大學電工學家李鬱榮 (Yuk Wing Lee, 1904 ～) 合作研究電話理論和改善濾波器的問題。後來他在自傳中說，這次中國之行是他作為數學家和作為控制論專家的分界線。維納一向主張建立和加強不同學科之間的聯繫以促進學科的相互滲透。他說：「在科學發展上可以得到最大收穫的領域，是各種已經建立起來的部門之間被人忽視的無人區。」他正是在這樣的思想指導下取得巨大成功的。他本人一直與許多在不同領域裡很有成就的科學家保持密切的聯繫，經常與他們交流思想和討論各種學術問題，這些科學家中比較著名的除了李鬱榮之外，還有生理學家羅森勃呂特 (Bertrand Arthur Steans Rosenblueth, 1900 ～)、麥卡洛克 (Warren S. MacCulloch, 1898 ～ 1969)，數理邏輯學家皮茨 (Reid William Pitts, 1909 ～)，計算機設計家布什 (Vannevar Bush, 1890 ～ 1974)，心理學家克留弗 (Robert Edward Klufe, 1922 ～)，數學家諾伊曼，經濟學家摩根斯頓 (Oskar Morgenstern, 1902 ～ 1977) 和工程師比奇洛 (Julian Homely Bigelow, 1913 ～) 等。在創建控制論的過程中，這些學者都在不同程度上作出了自己貢獻。這一個科學家群體的活動不僅在控制論，而且

在資訊論和系統論以及電子計算機科學的發展上也都有深刻的影響。

維納的控制論思想是在第二次世界大戰期間逐漸成熟起來的。二次大戰期間，空軍成了非常重要的打擊力量，作戰飛機的飛行速度越來越快，作為攻擊飛機主要手段的高射炮瞄準越來越困難，傳統的以肉眼瞄準方法，很難即時準確預測並使高射炮彈到達飛機將要到達的位置。當時德國在歐洲戰場占有空中優勢，給盟軍造成嚴重的威脅，迫使英美不得不下大力氣來改進自己的防空體系。維納為此曾先後兩次參加火炮自動瞄準系統的研究工作，這是他提出控制論的直接動機。高射炮自動瞄準系統的功能，是自動地對飛機的飛行路線迅速作出預測並給出各項參數，同時指揮高射炮發射炮彈，使其命中目標。這就是把原來由人做的事情交給機器來做，讓機器構成一個預測和自動控制系統。由雷達和電子計算機等構成的機器系統比人敏捷得多，這就大大加強了防空武器體系的威力。

維納在研製高射炮自動瞄準系統的過程中，注意到自動控制裝置與人和動物的行為的相似性，他與羅森勃呂特和比奇洛對這個問題進一步從理論上加以研究，於 1943 年共同發表了題為《行為，目的和目的論》一文，指出「一切有目的的行為都可以看作是需要負反饋的行為」。他們透過「行為」把「反饋」和「目的」聯繫起來，也就找到了自動控制裝置模擬人的有目的的行為的機制，這是世界上第一篇關於控制論的論文。後來，維納在《控制論》一書中更加明確地提出了控制論的兩個基本概念資訊和反饋，從而揭示了機器、動物和人所遵循的共同規律資訊與控制規律，由此出發而構成了控制論的科學體系。

控制論第一次把資訊與控制放在一起來研究，在生物系統與機器系統之間架起了一座橋樑。控制論不是把生物與機器在物質和能量的傳遞上聯繫起來，而是在資訊的傳遞上把它們聯繫起來，從資訊傳遞這個角度來研究它們的共同規律。因此維納把控制論稱為「關於動物和機器中控制和通信的科學」。不過控制論的發展很快就超越了這裡所說的「動物」和「機器」的範圍，擴展到研究生物、社會和機器中的控制和通信等許多方面了。

控制論衝破了生物與非生物的界線，又衝破了自然現象和社會現象的界限，既賦予生物系統和社會系統以資訊和反饋這些以往只用於機器的概念，又

賦予機器以目的和行為這些似乎只是生物系統和社會系統所獨有的概念,具有濃厚的哲學色彩,因而也引起了哲學界的爭論,這本是科學發展的常事。不過我們看到,50 年代初期,蘇聯哲學界在官方的支持下對控制論橫加批判,無端指責控制論是「機械論」和「偽科學」,粗暴的干預使得控制論難以在蘇聯存身,其結果是蘇聯的自動控制技術始終落在世界先進水準的後面。這也是以哲學取代科學和以行政干預學術而造成惡果的典型事例之一。

反饋與控制

任何控制系統要保持或達到既定目標,都必須採取一定的行為。輸入和輸出就是系統的行為。具體一點說,行為是系統在外界環境作用(輸入)下所作出的反應(輸出),輸入的變化所引起的系統輸出的變化。系統的行為與系統的既定目標之間經常會出現偏差,識別和糾正這些偏差的基本途徑是反饋。反饋的意義在於使系統輸出的結果轉化為下一步輸入的原因,其目的是在輸入與輸出、原因與結果的不斷轉化過程中,使系統得以保持穩定或逐漸趨向它的既定目標。凡是回授與原輸入起相同作用,其效果使輸出在相同方向上增強的,稱為正反饋,反之則稱為負反饋。反饋過程是原因與結果的不斷的相互作用,以完成一個既定目的的過程。因此,反饋是任何控制系統行為的關鍵所在,這是控制論的核心思想。反饋是控制論中最基本的概念之一。

反饋在生物學中指的是一個系統(分子、細胞、獨立的機體或種　)內能夠影響該系統的連續活動與生產效率的反應,它的實質是透過生物學反應的末端產物進行的對該反應的控制。在機器系統中反饋是指輸出的一部分回授到輸入端,以修正或改正該系統隨後的輸出。在其他系統中的反饋亦同此理。

生物體總得生活在一定的外部環境之中,生物系統與外界環境的聯繫既有物質上和能量上的聯繫,也有資訊上的聯繫。生物的行為是有目的的。生命系統的目的性行為依靠的是與外界環境的資訊聯繫,即依靠資訊的輸入和輸出,據此以實現其系統內部通信以及使其行為達到既定目標。比如,一個正常的人要用手去拿他面前的一件東西,他總是先用眼睛盯著那件東西然後伸手去拿,同時不斷地目測手與該東西的距離和方位,隨時把偏差的資訊反饋給大腦,由

大腦發出指令調整手的動作而達到既定目的。這個事例所說的是人的有意識的行為，其實非意識的機體的自我調節也是如此。例如人體的正常生理狀態要求恆定的體溫，但是外部環境的溫度經常與體溫不一致並且總在隨機變化，直接影響著人的體溫，這些資訊不斷地反饋到神經中樞，神經中樞據此不斷地發出指令來加以調節，從而使體溫得以穩定。

機器的自動控制其實也是如此。比如最簡單的電冰箱的溫度自動控制，它的原理與人體體溫控制並沒有兩樣，它是透過傳感器把冰箱內部的溫度變化狀況反饋到它的控制系統而實行溫度控制的，如果冰箱溫度高於某一設定溫度，冷卻裝置便開始工作，直至冰箱內部溫度達到設定溫度時為止。又如船舶在航行中總要受到水流、風向、風力等各種隨機性因素的影響，要達到目的地就必須不斷地測定「目標差」以調整航向，這就是依靠目標差這個資訊反饋來實現航向控制，從而駛往目的地。

市場經濟的自我調節實際上亦是如此。如果某種商品生產過多而充斥市場，導致該產品滯銷積壓，市場價格下跌，其資訊反饋到廠家那裡，廠家就要使該項產品減產，於是又恢復該產品的市場正常供需關係，這是市場的負反饋控制。我們仔細考察一下就不難發現，資訊反饋其實是一切有自我調節功能的事物都具備的功能。

正反饋和負反饋的作用完全不同，穩定系統的自動控制過程都是靠負反饋來完成的。以上面所說的事例為例，如果某個時候人的體溫因某種外部因素的影響而超過了正常的溫度，即出現了正的溫差，這個資訊反饋後系統將使體溫相應地下降；反之，若是出現了負的溫差就將使體溫相應地升高，這就是負反饋。航船在航行中要是向西偏離了某一角度，舵手將使航向偏東某一角度從而使航船回到正常的航線上來，這也是負反饋。試想如果上述事例出現了正反饋，那麼人體的溫度就會是持續地升高或者持續地降低，航船偏離航向就要越來越大，系統的平衡狀態就將不復存在，就將失去控制。但是我們並不是說正反饋只有消極的、破壞性的作用。實際上有些系統有時候所需要的是正反饋。例如我們要實現原子彈爆炸就要求出現連鎖反應，這就是一種正反饋。又如某種產品市場的銷售情況很好，廠家就繼續增加這種產品的產量，這也是正反

饋。正反饋和負反饋常常是互補的，需要人們很好地把握，靈活地運用。比如說，我們利用核分裂發電（即原子能發電），就既需要利用正反饋以實現連鎖反應，同時也必須運用負反饋控制其反應速度，使其能量逐步地釋放出來而不至於發生爆炸。廠家若要維持工廠的正常運轉，當發現某種產品的供需關係趨於平衡時，就必須適當地控制這種產品的產量，這也是負反饋。所以正反饋和負反饋各有各的功能和用途。一般說來，負反饋是保持系統的平衡和穩定所必須，而正反饋則是促使系統演變或進化的因素。

由反饋實現的系統控制可以圖 123 表示：

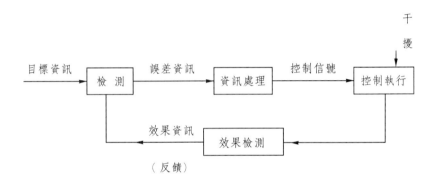

圖 123　一般控制論模型示意圖

維納透過有生命的生物系統與無生命的機器系統相類比，找到了它們之間所共有的反饋控制規律，從而打破了生命與非生命這兩類似乎截然不同的事物的界限，甚至打破了自然事物與社會事物的界限，使人們對客觀事物的認識和思考問題的方法都進入了新的境界，這無疑是人類認識史上的一大進步。

控制論方法

控制論揭示了控制系統的一般規律，同時也就給人們提供了分析研究控制系統的一般方法。所以控制論是一門具有很強的方法論特徵的學科，它能夠為我們研究各種現象和處理各種問題時提供方法上的啓示。控制論方法所涉及的問題十分廣泛，學術界對其中不少問題也有許多不同的見解，我們在這裡只就

功能模擬法和黑箱方法略作介紹。

1. 功能模擬方法

控制論的特點之一是它所研究的是系統的行為和功能，而不追究系統的其他特徵，換句話說，它只考慮系統「做什麼」的問題，而不探究系統「是什麼」的問題。或者說，控制論的功能模擬方法是一種模型類比的研究方法，它只考慮系統行為功能的相似性，而不問系統的結構是否相同。我們在研究客觀事物的時候，常常會遇到這樣一些情況：有些事物已經事過境遷；有些事物涉及的因素過於複雜；有些事物採取直接實驗的方法難免使其受到破壞等等，總而言之是有不少事物我們無法直接對它進行實驗研究，這時就可以用模型代替原型，透過研究模型而獲得關於原型的知識。所謂系統的功能，是指系統對外界作用（輸入）所作出的反應（輸出）的能力。比如人腦和電腦雖然結構完全不同，但同樣具有邏輯運算功能。電腦採用二進位的「1」和「0」來進行算術運算；採用「是」與「否」的邏輯規則來進行邏輯運算。在人腦的神經系統中，神經元有「興奮」和「抑制」兩種狀態，神經脈衝的傳遞服從「是」與「否」的邏輯規則，也完全可以用二進位的「1」和「0」來表示。由於電腦與人腦的行為有這些相似之處，因此就可以用電腦來模擬人腦的功能。以電腦模擬人腦的行為和功能，現在已經成為研究人腦的重要途逕之一。對人腦的進一步的認識，又能夠幫助人們設計製造出性能更好的電腦。我們已經知道，人腦的一些比較簡單的邏輯功能，現在已經完全可以由電腦來實現了，或者說是已經可以運用電腦來完成人腦的一些工作了。這裡還需要指出的是，控制論所研究的是系統的目的性行為，因此控制論的功能模擬方法所要解決的也是系統的目的性行為的問題。我們在介紹電子計算機科學技術一章中說到，人工智慧是當前非常吸引人的、前途十分廣闊的發展方向，控制論功能模擬方法在這個領域裡的運用的重要價值可想而知。

2. 黑箱方法

所謂「黑箱」是指這樣一類研究對象，我們對它的內部結構既不瞭解又無法直接探知，它對於我們來說彷彿是一個既不透明又打不開的黑箱子。這類研究對像是很多的，研究「黑箱」的方法以往在一些領域裡也常有所用。例如中

國傳統醫學就把人體視同「黑箱」，著重考察的是人體與外界的交流，診病運用的是「望、聞、問、切」，並不要求瞭解人體的內部結構；我們要研究人腦的活動，不可能把腦子打開來研究，打開了的腦子也就不可能活動了，因此腦子就是「黑箱」，只能用「黑箱方法」來研究；要研究地殼的內部結構，我們最多只能鑽一些深度有限的探井來探測，無法整個打開來考察；兩軍對壘時，敵方的軍力部署、作戰計畫等也不可能全部暴露無遺，這些也都是「黑箱」，也都只能運用黑箱方法來處理。

　　黑箱方法雖然由來已久，但是把黑箱作為一個科學概念來認識和研究則是在控制論誕生之後。黑箱概念是控制論科學家艾什比 (William Ross Ashby,1903 ～ 1972) 提出來的。黑箱方法的含義，簡單地說就是透過對系統的外部行為的分析來探求系統內部結構的方法，或者說是從系統的輸入和輸出的狀況來獲取系統內部資訊的方法。艾什比在他的《控制論導論》這部名著中詳細地論述了控制論的黑箱方法，他認為黑箱方法應當有如下內容和步驟：(a) 雖然對黑箱的性質和內容不作任何假定，但必須假定我們可以對它作某種影響（輸入）和能夠觀察它的反應（輸出），同時把觀察者與被觀察的事物看成是一個系統，即不僅把被觀察的事物作為研究對象，而且把觀察者與被觀察事物的關係也作為研究對象。(b) 因為對一個系統來說可能有多種輸入方式和輸入內容，所以必須先規定對黑箱的輸入，然後觀察與規定輸入相對應的輸出，注意其可重複性。根據實際情況可以設計多組不同的輸入，從而得到多組相應的輸出。(c) 詳細記錄輸入、輸出資料。(d) 尋找輸入、輸出資料之間的關係，這樣的關係可能有多組不同的表達式。(e) 從輸入、輸出之間的關係推導該事物的內部結構。

　　黑箱方法不涉及系統內部結構及其相互作用的細節，而是從系統總體行為上去描述和把握系統，預測系統的行為，這對於研究複雜系統如生物系統、社會系統、經濟系統等特別有效。比如一個社會系統總是由許多人組成，他們在血緣、經濟、政治、文化等各個方面又有著千絲萬縷的難以辨明的關係，如果運用傳統的分析方法，即透過瞭解每一種聯繫從而認識總體，不僅工作量極為龐大，甚至是不可能做到的。採用黑箱方法則只需要觀察、研究有限的輸入和

輸出變量，就有可能對它作定量的研究了。

在科學實踐中，黑箱法和功能模擬法常常是並用的，人們的認識過程可以圖 124 表示。

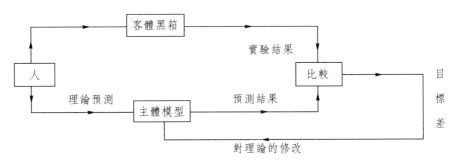

圖 124　黑箱法與模型法綜合運用示意圖

在科學史中我們可以看到，許多科學成果事實上都是運用這樣的認識方法而得來的。例如孟德爾在研究生物遺傳現象時，他並沒有追究生物遺傳的具體機制，只是在實驗中探求遺傳的規律，這就是運用黑箱方法。在孟德爾之後，生物學家們設想了基因的理論模型，才一步一步地打開黑箱，終於揭開了遺傳的秘密。

黑箱方法的最理想的結果是把「黑箱」打開，使我們能夠直接瞭解並把握系統的內部結構及其聯繫，這種打開了的「箱子」，即我們能夠直接觀察其內部結構的系統，在控制論中稱為「白箱」。「白箱方法」也是控制論的一種方法，這就是在認識了系統的結構之後，把其中的結構關係按一定的關係式表達出來，使我們能完全控制和預測這個系統此後的行為。不過絕對的「白箱」並不多見，大多時候它只不過是相對地「白」罷了。

從上述介紹可知，控制論方法以系統，尤其是複雜系統為研究對象，其目的在於揭示系統的結構、行為和功能，使我們能夠預測和控制該系統的行為，它在實驗中有很大的效用。

控制論的應用及其分支

控制論以系統的行為和功能為研究對象，它的應用範圍自是十分廣泛，在不少領域裡已經逐漸形成一些學科分支，現擇要略述於後。

1. 工程控制論

1954 年，我國著名科學家錢學森 (1911 ～) 在美國發表了《工程控制論》一書，這是工程控制論的奠基性著作。 1980 年，錢學森在《工程控制論（修訂版）》序言中寫道：「工程控制論在其形成的時候，就把設計穩定與制導系統這類工程實驗作為主要研究對象。」「工程控制論首先建立，是控制工程系統的技術的總結，即從工程技術提煉到工程技術的理論，即技術科學。」「……我們又發現生物生命現像中的一些問題也可以用同樣的觀點來考察，從而建立了生物控制論。再進而發展到經濟控制論以及社會控制論。」或者我們可以把他的表述說得簡單一點，工程控制論是把控制論的基本理論和方法運用於工程技術而形成的專門學科，它所研究的是比較複雜的工程系統的自動控制的問題。由於實際的需要，工程控制論四十年來發展十分迅速，不過工程控制論應當包含那些內容，學術界的認識至今還不一致，大體上說有線性系統和非線性系統理論，最佳控制理論，自適應、自學習和自組織系統理論，系統辨識理論，大系統理論和模糊性理論等，這些理論都涉及到許多數學問題，我們在此不打算詳作介紹。工程控制論的應用所取得的效果十分顯著，它在太空技術上運用（如宇宙飛船的姿態控制和著陸）的成功就是比較典型的事例。工程控制論正越來越受到工程技術界的關注。

2. 生物控制論

上文已經說到，控制論本來就是技術科學和生物科學相互滲透的產物，控制論在生物科學的應用是很自然的事。我們知道，過去生物科學研究所採用的基本上是分析的方法，解剖學成為生物科學的基礎就是這個緣故。分析方法在生物研究上是必要的，非此不能對生物體作深入細緻的考察和研究。但是這種方法存在著不可避免的缺陷，因為生物體終究是有機的整體，它並非各個部分的機械的總和，更不是已失去活力的各個部分的總和。僅僅運用分析的方法，

不用說窺一斑不能見全貌，就是窺全斑也是不能識全貌的。對一個生物體如此，對生物的群體更是如此。因此把生物體以至生物群體作為系統來研究就是必需的了，這是生物科學進一步發展的必經之途。

1943 年麥卡洛克和皮茨首次以數理邏輯和神經系統相類比，建立了以數理邏輯為基礎的神經網路模型，隨後維納和比奇洛把反饋機制引進經大腦皮層反射的有意識活動的研究，羅森勃呂特和維納把負反饋機制引進生物體的內穩態研究，這些都標誌著生物控制論的形成。目前生物控制論的主要研究方向有生物系統分析、生物系統辨識以及神經控制論等。生物系統分析的任務在於運用系統分析的方法，研究生物系統的特性以及生物系統各組成部分在系統中的作用並建立其數學模型，包括生物反饋系統和生物信號分析等方面的內容。生物系統辨識是指生物體內系統（如心血管系統、呼吸系統、肌肉和骨骼系統、神經和感覺系統等等）的辨識和建立模型的研究。神經控制論主要研究動物和人的神經系統中資訊的傳遞、變換和處理等問題，包括神經元和神經網路模型的研究、感覺資訊處理研究和腦模型研究等。

生物控制論現在亦已取得了許多可喜的成果，對於衍生學、人工智慧等學科都有重要的促進作用。

3. 經濟控制論

把控制論的應用範圍推廣到社會系統，是維納在 1950 年發表的，作為控制論通俗讀物的《人有人的用處控制論和社會》一書中首次提出來的。關於在社會系統研究中運用控制論的必要性和可能性的問題，學術界曾展開過激烈的爭論。後來經過約 30 年的實踐，控制論在社會系統研究，尤其是在經濟系統的研究上取得了許多成果，控制論在社會領域裡的有效性和可行性已為學術界所公認了。經濟控制論到現在也還沒有統一的、嚴格的定義，一般認為這是一門運用控制論的基本概念、理論和方法來研究經濟活動和經濟管理的邊緣學科，包括經濟資訊理論、經濟反饋理論、經濟耦合理論、經濟競爭的控制理論等。由於近幾十年來世界經濟活動和經濟研究的活躍，經濟控制論的內涵及其應用範圍仍不斷地在擴充。

經濟控制論的研究對象是經濟控制系統。經濟控制系統和我們上文所述的

工程控制系統、生物控制系統相比，有很多不同的特點。經濟控制系統包含著
人的因素，人不是經濟控制系統的旁觀者而是決策者和執行者，因此人的行為
特徵和心理因素等在其中有不可忽略的十分重要的作用；經濟系統受到外部因
素影響的情況特別複雜，例如政治鬥爭、技術進步、氣候異常等等許多隨機性
的因素都會對其產生大的影響，所以經濟控制系統有很大的模糊性；經濟控制
系統一般都比較複雜，往往包含許多相互關聯的子系統從而構成大系統，經濟
系統的效益又往往要經過一段時間之後才能表現出來（遲滯效應）。由於存在
著這些特點，經濟控制系統的研究以及對其實施控制就相對困難和複雜。經濟
控制系統的研究同樣是採取建立模型以達到實施控制的目的。比較典型的模型
有線性生產模型、供求均衡模型和生產函數模型等，這些模型在實踐中都表明
瞭它們的效用，深為經濟學界所重視。

4. 智慧控制論

什麼是智慧？這也是至今難以給出準確定義的概念。一般可以認為，智慧
是推理能力、獲取知識和運用知識的能力、決斷的能力和自適應行為和能力等
等的總和。智慧控制論所研究的就是智慧的人工模擬問題，也就是說設法把人
的智慧引進機器控制系統，從而形成高級的控制系統智慧控制系統，即平常所
說的人工智慧系統。現代意義的人工智慧研究，是本世紀 50 年代後期電子計
算機科學技術已有一定程度發展以後的事，因為只有電子計算機才提供了實現
人工智慧的可能性。關於機器能否具有智慧的問題在學術界曾經有過不同的看
法。一種觀點認為，如果認定思維是人類所獨具的能力，那麼智慧也就是人類
所獨有的屬性，任何人造的系統都不可能具有這種屬性；另一種觀點則認為，
如果說計算、加工、決定、判斷等能力在機器上存在著某種限制的話，那麼人
類也必定受到同樣的限制，持這種觀點的學者認為必定能夠製成與人的智慧相
當的智慧機器。現在大多數學者讚成這樣的看法：計算機有可能做人的智慧所
能做的許多事情，但它最終也不能取代人。人工智慧涉及到一系列哲學問題，
也引發了一系列爭論，不過這並沒有影響智慧控制論作為一門科學的前進步伐。

人工智慧的研究範圍十分廣闊，目前主要有下列課題：問題求解、自然語
言處理、感覺和模式識別、信息儲存與檢索、機器人控制、專家系統和知識工

程等，現在在許多方面已取得不少十分有意義的成果，有一些情況我們在本書第十六章中已有所述及，我們在這裡還可以補充一些比較典型的事例。在問題求解方面，50 年代中期一些美國科學家開始了利用電子計算機證明數學定理的嘗試，1959 年美籍華裔科學家王浩 (Wang Hao, 1921 ～) 利用計算機證明瞭 B. 羅素等人所著《數學定理》一書中的幾百條定理，總共只用了 10 分鐘的時間，他的工作轟動了學術界；1960 年一些科學家編製了「通用問題求解程序」，使得不定積分、三角函數、代數方程等十機種不同性質的課題都可以由電子計算機來解決；1976 年美國科學家阿佩爾、W. 哈肯和 R. 科赫 (Robert Jacob Koch, 1926 ～) 用電子計算機解決了一百多年懸而未決的著名定理四色定理的證明，更激發了人們研究計算機人工智慧的問題。中國數學家吳文俊的工作上文亦已述及。智慧機器人的研究方面亦有很大進展，各種類型的機器人已大量湧現，它們可以用「眼睛」和「耳朵」輸入資訊，然後經由它的「大腦」推理，發出相應指令驅動它的執行「器官」以完成既定任務，它們還可以具有透過「學習」以提高其性能的功能。這些機器人可以在高空、水下或者存在著核輻射等危險的環境中代替人完成特定的作業，有很大的實際效用。專家系統則是把專家們在解決各種問題時的經驗、技巧和策略等進行模擬，編成各種各樣的程序，賦予電子計算機以「專家」的智慧。「計算機教師」、「計算機醫生」、「計算機秘書」等許多類型的專家系統也已在實際應用之中。

智慧控制為人類研究智慧開闢了通路，一門新的學科「智慧科學」正在形成之中。時代的進步使得資訊處理的問題日益突出，人類智力的侷限性也日益暴露，突破人類智力的侷限性已成為時代的要求，部分腦力自動化是必然的趨勢，智慧的研究因此成為科學家所面臨的歷史任務。錢學森於 1981 年提出了相當於智慧科學的「思維科學」這一概念，他認為邏輯學、形象思維學、靈感學都是思維科學的基礎學科，而語言學、文字學、密碼學、人工智慧、計算機軟體技術、圖像識別技術等都是思維科學體系中的應用技術。他的見解富有啓發性，為學術界所注目。

從上述介紹可知，控制論經過幾十年的發展，現在已經成為包括許多分支學科，並且與其他各學科有著複雜聯繫，在許多領域裡都有重要應用的科學體

系。就目前的認識，我們可以把這些關係示意如圖 125。

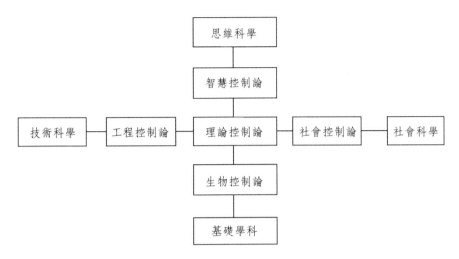

圖 125　控制論各分支及其與各學科的關係示意圖

第二節　資訊論與資訊科學的形成和發展

我們在講述控制論的時候就已經涉及到資訊的一些問題，資訊這個詞現在已是人所共知。不過究竟什麼是資訊，資訊有什麼特徵，資訊運動的規律等等問題就不是那麼容易說清楚了。資訊論的研究對像就是資訊，資訊論就是運用數學的方法來研究資訊的計量、傳送、變換和儲存諸問題的一門學科。資訊論也誕生於本世紀 40 年代，後來更逐漸發展成為資訊科學，為「資訊社會」的來臨作了必要的準備。

資訊和資訊的主要特徵

資訊是知識的源泉，一切真知都是從資訊中提煉出來的。接收和處理資訊是一切生物的本能，更是人類生存和發展之所賴。人類社會的進步使人們深深地認識到人類自身所具有的獲取和處理資訊的能力已經遠遠不能適應發展的需要，探究如何提高並進一步完善人類的資訊能力，成了現代科學家所關心的重

大課題。美國著名數學家香農 (Claude ElwoodShannon, 1916 ～) 於 1948 年發表了《通信的數學理論》一文，標誌著以資訊為研究對象的資訊論的產生。

　　什麼是資訊？對於這個已經用得很廣泛的詞彙還必須作一些探討。有人把資訊與資料等同起來，似乎資料就是資訊；也有人說凡是能觸動人的思維的東西就是資訊，如此等等。這些說法都不確切，甚至可以說是一些誤解。不過，關於資訊這個概念現在也還沒有為學術界所公認的嚴格定義，有人統計，現在各家各派給資訊所下的定義已有百種之多，但對資訊的一些基本看法學者們是一致的。一般認為：資訊是客觀存在的事物經由媒體發生的資料、報導、數據、信號中所包含的一切可以傳遞和交換的知識內容，是表現事物存在方式、運動狀態和相互聯繫的特徵的一種表達和陳述。或者簡單一點說，資訊是指具有新內容或新知識的消息。由此可見，資料可以包含資訊，但並不等於資訊。資料好比一輛車子，它可以裝載著許多資訊，也可能是一輛空車，其中沒有裝載任何資訊。例如我們看到一則商品廣告，如果它使我們得到關於這種商品的，我們過去所不知道的或不大瞭解的新的知識，我們就獲得了這種商品的一些資訊。要是同樣一則商品廣告反覆出現，那麼它最多只能產生加深我們對這種商品的印象的作用，卻沒有給我們任何新的知識，那就是它對我們來說已經不包含任何資訊。我們每天看報紙，聽廣播，看電視，可以從中得知許多新聞，也就是得到了許多資訊。假定報紙和電台、電視台所報導的內容天天相同，那就是沒有「新聞」，我們也就不能從那裡得到任何資訊了。我們大家都關心氣象預報，因為它能給我們提供未來的氣象資訊，若是每天都預報「明日太陽將從東方升起」那就是毫無意義的事，這樣的預報雖然絕對準確卻是眾所週知，它不包含任何資訊。所以，資訊不僅是它自身內容的規定，而且與它的接受者直接相關，也就是說，資料裡是否包含資訊或者其中包含著多少資訊，都與接受者對該事物所知的程度相關。

　　資訊的主要特徵有以下幾個方面：

　　(1)資訊是客觀的存在，資訊的存在具有普遍性。資訊作為一種客觀存在現在沒有人會懷疑，它來源於物質，來源於物質的運動，也來源於人類的精神活動，但它不是物質本身，不就是物質的運動，也不就是人類的精神活動。資訊

不能離開它的物質載體，不能沒有物質的運動使其得以傳播，也不能不對人的精神活動產生一定影響。由此就產生了資訊的本質究竟是什麼的問題，因為以往一般認為世界的存在就是物質和物質的運動，如今認識到既非物質亦非物質運動的資訊也是世界的普遍的客觀存在，人們必須對此作出解釋。幾十年來學術界就此展開了許多討論和爭論。維納在《控制論》中寫道：「資訊就是資訊，不是物質也不是能量。不承認這一點的唯物論，在今天就不能存在下去。」維納雖然沒有給資訊的本質作出科學的說明，但是他的見解富有啓發性。關於資訊的本質屬性的探討已經成為當代哲學家的重大課題之一，學者們仍在研討之中。儘管資訊本質的問題還沒有令大家都滿意的界說，但是關於資訊的普遍存在這一點誰都沒有疑義。宇宙中無論是微觀領域還是宏觀領域，無論是非生命界還是生命界，無論是物質世界還是精神世界，也無論是過去、現在還是將來都普遍地存在著資訊。資訊普遍存在的特徵反映了宇宙間一切事物普遍聯繫的一個重要方面。

(2)資訊是事物系統有序性的表徵。維納在《控制論》中這樣說：「資料集合所具有的資訊是該集合的組織性的度量。」任何事物系統都有一定的組織性，也就是說是有序的，這種性質通常以資訊的形式表現出來。例如我們在本書第十二章中說到過，DNA 所攜帶的遺傳資訊就是以鹼基三聯體（密碼子）的一定的序列來表現的，而密碼子又是四種鹼基中的任意三種不同的組合和排列。又如我們通常以語言和文字來表達資訊，而語言就是不同語彙的有序的組合，文字也是不同的筆劃或字母的有序的組合，要是這一切均為無序狀態，那就不會有語言和文字，也不可能表達任何資訊。我們在介紹控制論的時候已經說及資訊反饋在系統的穩定以及系統的目的性行為中的作用，這也表明資訊在事物的有序性中的作用。

(3)資訊具有可以為接受者所識別、檢測、儲存、傳遞、分析、變換和利用的性質，並且具有可以為接受者分享的性質。如 DNA 在生物遺傳中的行為，電訊通信的過程，情報資訊的處理、傳遞與檢索等都表明瞭資訊的可以為接受者識別與利用的性質，如果不具備這樣的性質，也就不成其為資訊。物質和能量都遵守「守恆定律」，它們在運動變化中不會增值，資訊在運動中的情況卻

完全不同，資訊不遵循「守恆定律」。比如一條新聞可以同時使許多人獲得資訊，一項生產技術資訊可以一下子為許多廠家所採用，一代生物體可以把它的遺傳資訊傳遞給許多後代，一個教師可以同時向許多學生傳授知識而他自己並沒有失去這些知識。資訊可以為接受者分享是資訊的價值之所在，是資訊與物質和能量的重要區別之一。

(4)資訊具有隨時間的推移而演變，並且不斷地增長的性質。這是宇宙中一切事物都處在運動、發展和變化之中的反映。隨著時間的推移，一些資訊的壽命將會結束，即失去其作為資訊的存在，例如一些古生物的遺傳資訊早已消失。但是只要宇宙存在，資訊不但不會枯竭，而且必定在不斷地增長，比如生物的遺傳資訊會越來越複雜；人類社會的資訊正在急劇地增長，面臨著所謂「資訊爆炸」的局面等等。資訊的急劇增長正是人類面臨的一大難題。

雖然我們現在還沒有關於資訊的公認的嚴格的定義，但是上述這些特徵也許可以大體上使我們瞭解什麼是資訊了。

資訊概念的建立無疑是人類認識史上的一大進步。人類早就知道傳遞和利用資訊，如原始狀態的語言和「結繩記事」，後來逐步發展了文字以至印刷術，從以鼓聲或烽火傳遞資訊到以電報、電話傳遞資訊等等，但是究竟什麼是資訊以及有關資訊的規律卻從來沒有深究。如今人類已經認識到，資訊是與物質（材料）和能量（能源）並列的、使人類得以生存和發展的三大資源之一，並且是人類可以共同享用的、不斷增殖的「可再生資源」。沒有相應的資訊，物質和能量只不過是人類以外的自在，有了相應的資訊人類才有可能使物質和能量為人類所用。而且隨著社會的進步，資訊不僅在量上繼續增長，它的社會效用和社會影響也急劇地擴大，以至於人們常說現代社會正在步入「資訊社會」。

狹義資訊論的建立及其要點

資訊的研究始於通信工程技術，最早的目的只在於提高通信系統傳輸資訊的效率及其可靠性。1924 年美國學者奈奎斯特 (Harry Nyquist, 1889 ～ 1976) 發表了題為《影響電報速度的某些因素》的論文，其後哈特萊 (Robert von

Louis Hartley, 1888 ～ 1959) 又於 1928 年發表《資訊傳輸》一文。奈奎斯特提出電信信號的傳輸速率與通道的頻帶寬度之間存在著比例關係；哈特萊則首次把資料和資訊這兩個概念區別開來，並提出用資料出現的概率的對數來度量其中所包含的資訊。他們的工作被認為是資訊論研究之始。資訊論的真正奠基人是香農，他於 1948 年發表了《通信的數學理論》這篇著名論文，1949 年又與另一位美國著名學者韋弗 (Warren Weaver, 1894 ～) 合作寫成一部同名著作，同年香農還發表了題為《在噪音中的通信》的論文，這些論著使資訊論作為一門科學得以確立。此外，維納的《控制論》和他於 1949 年發表的《平穩時間序列的外推、內插和平滑化》一文，以控制論的觀點研究在噪音干擾中的信號處理問題，提出「維納濾波器理論」，維納的合作者李鬱榮於 1947 年發表了《通訊統計理論》一書，美國統計學家費希爾從經典統計理論的角度研究資訊理論，提出了單位資訊量的概念。他們也都為狹義資訊論的建立作出積極的貢獻。狹義資訊論經過許多學者的共同努力，於是逐步形成了自己的學科體系。

　　狹義資訊論的要點如下：

　　(1)香農認為，通信的實質就是「在通信的一端精確地或近似地複製另一端所挑選的資料」，這就是說，通信是資訊的傳輸，即將經過選擇的資料由發信者傳送給收信者的過程。基於這樣的想法，他給出了一般通信系統模型（見圖 126 ）。

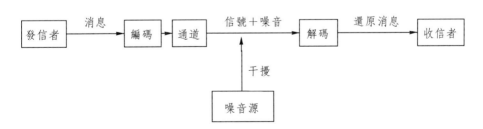

圖 126　一般通信系統模型

　　「信源」亦稱資訊源，即資訊的源頭，資料由此開始傳遞。信源發出的資

料可以有不同的形式，如語言、文字、資料、圖像等。「編碼」是把信源發出的資料變換成為適合在通道中傳輸的信號，例如在電報傳輸時一般都使用莫爾斯碼。「信道」就是資料傳輸的通道，信道的種類很多，如有線信道、同軸電纜、光導纖維和無線信道（自由太空、電離層）等。信道的問題主要在於它的傳輸速度和容量，也就是它能否以最大的速率傳送最大資料量的問題。資料以信號的形式經由信道傳輸到對方時，還必須經過「解碼」，使信號還原成為原來的資料然後到達接收者那裡。接收者可以是人，也可以是機器如收音機、電視機、電傳機、傳真機、電腦等。消息在傳輸的過程中不可避免地會受到外界的干擾，這些干擾稱為「噪音」（例如我們有時在電視屏幕上看到的「雪花」就是一種噪音干擾），所以接收者所接收到的資料實際上必定是原有的資料和噪音的混合，這就造成信號的失真。因此，設法排除干擾和儘量減少資料的失真也是通信中的一大問題，濾波就是這方面的技術措施之一。

香農的一般通信系統模型揭示了通信系統的結構和它各部分的聯繫，為通信系統的研究開闢了道路。

(2)上文已說及，哈特萊早在 1928 年就提出了以資料出現的機率的對數來度量其中所含的資訊的意見，香農十分重視哈特萊的見解，著力於使資訊的研究從定性走向定量化。香農認為，通信的任務在於單純地複製資料，不需要對資訊的語義作任何判斷和處理，只要接收端把發送端發出的消息從形式上複製出來，也就同時複製出它的語意內容了。比如說發佈這樣一條資料：「中國大陸於 1984 年成功地發射了第一顆通信衛星。」我們只要把這一串字符經過編碼發送出去，接收者經過譯碼就能瞭解這條資料的內容，在通信過程中不必考慮諸如「是中國大陸而不是別國發射的衛星」或者「發射的是通信衛星而不是氣象衛星」等等這些語意因素。排除了資訊中的語意因素，使資訊形式化，就為定量地度量資訊，在資訊研究中充分運用數學方法創造了條件。

香農認為，應當把資訊看作是消除不確定性的東西。對此我們可以略作解釋。人們之所以要通信，不外下列兩種情形：一是自己有某種資料要通知對方，同時估計到對方不知道這個資料或者對這個資料還缺乏足夠的認識和瞭解；另一種則是自己有某種疑問須要詢問對方，同時估計到對方能夠解答自己

的疑問。不論上述哪一種情形，其中的「不知道」、「缺乏認識」、「疑問」等等就是「不確定性」，通信的目的就在於消除這種不確定性。通信中的資訊量的大小顯然與不確定性的消除直接相關。如果通信的結果沒有消除任何不確定性，我們就認為這個通信過程的資訊量為零；它所消除的不確定性越多，我們就認為它所包含的資訊量越大。根據這樣的認識，香農建立了度量資訊的數學公式。

我們知道，所謂不確定性是與「多種結果的可能性」相聯繫的，在數學上事物出現可能性的大小是用概率來表示的。香農從數學上證明瞭，某狀態 x_i 的不定性數量（或所含資訊量）h 與其出現的概率 P 有如下關係：

$$h(x_i) = -\log_2 P(x_i) \quad (i = 1,2,3\cdots\cdots n)$$

由公式可知，若 $P(x_i) = 1$，則 $h(x_i) = 0$；若 $P(x_i) = 0$，則 $h(x_i) = \infty$。這就是說，若某一狀態的出現完全確定，其資訊量為零；而該狀態的出現越是出人意外，其資訊量就越大。整個系統所含的資訊量可以公式表示為

$$H(x) = \sum_{i=1}^{n} P(x_i)h(x_i) = -\sum_{i=1}^{n} P(x_i) \cdot \log_2 P(x_i)$$

這就是著名的香農資訊量公式。香農的資訊概念只與機率有關，因此這個公式也稱為機率資訊量公式。公式中的對數以 2 為底，$h(x_i)$ 的單位為 1 比特／狀態。若 n = 2，且 $P_1 = P_2 = \frac{1}{2}$ 時，則 H(x) = 1 比特。由此可見，一個機率相等的二擇一事件具有 1 比特的不確定性，所以我們可以把一個等機率的二中擇一事件所具有的資訊量定為資訊量的單位。如果某一事件能夠分解成 n 個可能的二中擇一事件，它的資訊量就是 n 比特。要是公式中的對數以 e 為底，則資訊量的單位稱為奈特；若以 10 為底，其單位稱為哈特萊。資訊量的這些單位之間可以互換。

在物理學中，不確定性可以用「熵」① 來表徵，即一個系統的熵值的大小反映該系統無序和有序的程度，某系統的熵值越大，該系統越是處於無序狀態，反之則處於比較有序的狀態。我們在討論控制論的時候說到過，維納認為

資訊是系統有序性的表徵。他還說：「資訊量是一個可以看作機率的量的對數的負數，它實質上就是負熵。」「一個系統的熵就是它的無組織的度量。」一個系統從外部獲得資訊，也就是從外部得到了負熵，它的熵值減小，系統的組織程度增加，系統趨於有序，這實際上正是維納的控制論思想。把物理學中熵的概念引進資訊論研究，不僅加深了人們對資訊及其作用的理解，並且使人們可以利用物理學的一些成果及其方法來思考和處理資訊論的問題，對資訊論的發展產生了重要的作用。

以上所述就是香農所創立的資訊論的要點。香農的資訊論給了人們通信系統的一般模型和定量計算資訊量的方法，使資訊論成為一門科學。隨著資訊論的發展，香農的資訊論後來被稱為狹義資訊論。

資訊論的發展與資訊科學的興起

香農以通信系統模型為對像，運用機率和數理統計的方法，從量上來描述資訊的傳輸和提取方面的問題，創建了狹義資訊論，為通信理論研究作出了傑出的貢獻，也為通信工程技術打開了新的局面。狹義資訊論在解決通信中信道的傳輸效率，設計合適的編碼系統，提高資訊傳輸的可靠性等方面發揮了很好的作用，因此人們也稱它為通信的理論。不過狹義資訊論有它的侷限性，它還需要進一步發展。

香農的合作者韋弗把資訊理論所研究的問題分為三個層次：第一個層次是技術問題，或稱「語法問題」；第二個層次是「語意問題」，即資訊的含意問題；第三個層次是「語用問題」，即資訊的價值問題，或稱有效性問題。我們在上文已經說過，香農所關心的只是第一個層次的問題，即技術問題。他所研究的只是符號與符號之間的統計關係，人們稱之為「統計資訊」。香農迴避了

---

①熵的概念在本書第四章已有所述及，它是表徵物質系統熱學狀態的物理量。某一系統的熱學狀態為一定時，其熵值也為一定值。從分子運動論的觀點上說，一個系統的熵值變大表明它的分子運動混亂程度增加，即該系統趨向於熱平衡。一個孤立系統內部所發生的過程總是要使該系統的熵值增加，亦即系統趨向於無序狀態。

自然科學概論

資訊的語意和語用這兩個方面,是為了使其便於定量處理,而在實際上它們又往往是迴避不了的。香農對此並非無所考慮,不過處理語義和語用問題比語法問題要複雜得多,那個時候人們也還沒有找到適當的方法。

由於資訊可以有語言、文字、資料、圖像以至於某些動作等多種形式,所以我們應當注意「語意」和「語用」中的「語」,並非單指我們日常所說的口頭語言,而應作廣義的語言來理解。

從信源發出的以任何一種語言表達的資訊,都必定包含著一定的意義,這就是語義。從信源發出的資訊要是只從其信號上來考察,我們是不一定都能準確地理解它的語意的。比如我們說這麼一句話:「我們說了就算。」這句話在日常生活中實際上有兩種完全不同的意思。其一是「說了就是算數的」,這是十分肯定的、不能反悔的意思;其二是「說過了就算」,這是某事說過了就當作它不存在、不必在意的意思。人們在直接交談時總會注意到對方這句話與他前後的話的聯繫,並且注意到對方說這句話時的語氣,因此不會發生誤解。如果把這個事情交給沒有識別語意功能的機器來做,那就很可能出差錯而產生誤解了。因此語意問題在機器的資訊處理上是不能忽視的。現在我們各種電子計算機情報檢索系統必須使檢索詞規範化,絕不能使檢索詞出現分歧就是這個道理。若是檢索詞沒有嚴格的規範,機器檢索就不可能實現。又如運用電子計算機進行文字翻譯,要是機器不能識別語意,翻譯的結果必定成為胡言亂語。語義資訊的研究有相當大的難度,最困難的問題在於如何使其定量化。現在語意資訊的研究雖有進展,但語意的定量化至今也還沒有成功。

在實際通信中,發信者所發送的消息對於接收者來說應當是有一定用途的。語用指的就是由信源發出的消息對於接收者的效用或其價值的問題。從信源發出的消息,對於不同的接收對象,在不同的時間、地點以及其他不同的條件,其價值會有很大的差異。例如,北京的天氣預報對於在北京地區生活的人都是有價值的,對於在北京地區野外工作的人來說就更有價值,但是對於生活在外地的、並沒有打算到北京來的、和北京沒有什麼關係的人來說,那就沒有多大的價值。語用研究或稱「有效資訊研究」,現在已經取得了一些進展。1968 年有人在香農的資訊結構中引入了「有效分佈」的概念,首次提出了統

一資訊的量和質的量度。其後一些學者繼續研究這個問題，把有效資訊推廣為「廣義有效資訊」。不過，關於有效資訊的問題學者們至今仍有許多不同的看法。語用研究雖有所進展，但許多問題還在探討之中。

香農的狹義資訊論只適用於通信工程技術，只考慮語法的問題，語意和語用的研究是對狹義資訊論的突破，表明資訊論的研究已經超越狹義資訊論而進入了廣義資訊論階段。

香農的資訊論是建立在機率論的基礎之上的。機率論所研究的問題是界限明顯的隨機過程，但在實際上許多事物並非都是界限分明的。比如我們說某人「又白又胖」，但是一個人的「白」和「不白」，「胖」和「瘦」並沒有非此即彼的明顯的界限，怎樣才算「白」，怎樣才算「胖」，只能靠人們的主觀判斷來認定。又如我們說奧運會上「好手如雲」，但「好手」和「非好手」之間也不會有非此即彼的分明界限。有關這類問題我們在本書第十四章裡已有所述及。模糊數學的創立者扎德於1968發表了一篇題為《通信：模糊算法》的論文，提出了運用模糊數學來處理模糊資訊的觀點。扎德在這篇文章中說，他「所要介紹的概念在性質上雖然是模糊的，而不是精確的，但最終將證明它在很多問題，例如資訊處理、控制論、系統辨識、人工智慧，或更一般地說，在包含不完全或不肯定的資料的決策過程中都是有用的」。在扎德之後，不少學者繼續探討模糊資訊的問題，取得了不少成果。不過，模糊資訊理論現在也還只是處於初期發展階段，需要解決的問題尚多。

現在，資訊論的研究和應用已經大大地超出香農當年所限定的通信工程中的技術問題了，它已經不僅擴展到無線電科學技術的許多方面，而且滲透到了電子計算機科學技術以至於生物學、醫學、心理學、語言學、社會學、經濟學、圖書情報科學和管理科學等十分廣泛的領域，成為一門新興的綜合性學科資訊科學。儘管作為一門科學它還很年輕，還不大成熟，但是它生機勃勃，前途無量。

資訊方法

　　資訊方法的基本思想，是認為任何事物系統與其外部環境都必定存在著資訊的交流，我們只要設法從外部獲取它的資訊，並且設法探明這些資訊與該事物系統狀態的對應關係，我們也就有可能透過這些資訊瞭解該系統的狀態。從資訊的觀點來看，事物系統與外部環境的資訊交流不一定是恆定的，也可能是動態的，因此從事物系統外部所獲得的該系統發出的資訊的變化，也必定能夠反映系統內部的運動變化，從此我們就有可能瞭解該系統的內部動態，從而進一步揭示這個系統的內部結構和它的機制，這種方法在控制系統的研究中尤其有效。我們這裡所說的事物系統，既可以是自然界中的無生命系統或有生命系統，也可以是社會生活中的各種系統。由於資訊方法撇開了系統的具體形態，因此可以在各種看來很不相同的系統之間發現它們的共同規律，使人們對事物的認識進入更高的層次。資訊方法的出現，無疑是為我們提供了研究各種以往難於下手的事物系統的可行的方法，也是一種在更廣闊的範圍上揭示事物規律的方法，在實踐上有重要的意義。例如資源衛星太空遙感所運用的就是資訊方法。我們只要確認地面上的森林、農作物或者地下各種礦藏所發出的資訊與它們的狀況的對應關係，並且設法在太空裡透過遙感手段取得這些資訊，然後對這些資訊加以分析和研究，我們就能夠瞭解它們的狀況。

　　資訊方法大致可以分為資訊的獲取、資訊的傳輸、資訊的加工處理和處理結果的輸出這四個步驟，扼要介紹如下：(a) 首先是設法獲取我們所需要的資訊。例如在太空遙感中我們所要獲得的是地面或地下那些我們需要探測的對象所發出的，足以表徵其狀況的輻射。(b) 其次，是使得到的資訊經過傳輸以便於處理。傳輸方式通常有「太空傳輸」和「時間傳輸」兩種。把資訊從一個地點傳送到另一個地點就是太空傳輸，如把衛星所得資訊傳輸到地面站；所謂時間傳輸就是把資訊儲存和累積起來，使其能跨越時間為我們所用，儲存方式可以是數據、圖像或其他任何方式，儲存資訊的物質載體也可以有各種形式，如磁記錄、光記錄等等。例如我們從資源衛星所獲得的，主要是從不同地區和在不同時間裡依不同波段所攝到的圖像。(c) 資訊的加工處理。這是資訊方法的

核心部分。所謂加工處理就是對所獲得的資訊進行分析和研究，例如對資源衛星所得圖像進行分析研究，以弄清楚這些圖像所反映的那些資源的實際狀況。加工處理既可以由人工進行，也可以由機器來做，現在許多時候是由電子計算機來完成的。其中重要的問題是我們原先所認定的研究對像與其所發出的資訊的對應關係是否準確。 (d) 資訊經過加工處理後，我們就能得到有關我們的研究對象的認識，這些認識作為新的層次的資訊輸出，我們對該事物的研究任務也就基本完成。不過實際情況往往不那麼簡單，比如說，我們所認定的研究對象與其所發出資訊的對應關係不一定準確，在資訊傳輸的過程中還不可免地受到噪音的干擾等等。所以，對於最後輸出的資訊還必須加以核對，其偏差再反饋回輸入端以使整個過程得以修正，才有可能得到我們所需要的比較準確和可靠的結果。資訊方法過程可以圖 127 表示。

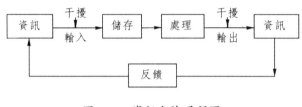

圖 127　　資訊方法過程圖

資訊科學的社會影響和「資訊社會」

　　資訊在客觀事物中普遍存在，人類在認識和改造客觀世界的過程中無時無刻不與資訊發生各種各樣的關係，認識和改造客觀世界的過程同時也是資訊活動的過程，資訊及其運動規律的揭示是人類的認識又登上一個新的台階的標誌。

　　資訊科學起源於通信技術，如今資訊技術已成為門類眾多的技術的統稱。無線電電子技術的主要內容以及電子計算機技術的全部可以說都是資訊技術，因為它們實際上都是圍繞資訊的產生、檢測、變換、儲存、傳遞、處理、顯示、識別、提取、控制和利用這樣一系列資訊活動而展開的。近幾十年來資訊技術發展的氣勢和規模為歷史上任何一種技術所未見，它已大範圍地、深刻地

改變了人類社會的生產活動、經濟生活和文化生活的面貌。資訊產業作為現代社會的支柱產業之一已經形成，並正以驚人的速度在發展。

資訊科學的進展使人們認識到資訊的普遍意義之後，資訊的理論和方法便迅速越出通信領域而成為認識和處理一切客觀事物的重要的理論和方法，給人類增添了認識客觀事物的才智，幾乎在所有領域裡都發揮了它不可取代的作用。隨著資訊科學的更趨成熟和完善，它的作用和價值必將更加顯著。

我們知道，資訊具有隨時間不斷地增長的性質。人類對所有客觀事物的認識構成了社會資訊的基本積累，這是人類獨有的財富，是人類社會得以延續和進步的基礎之一。我們在上文提到，人們把材料、能源和資訊並稱為現代社會的三大支柱是很有道理的。材料和能源是人類賴以生存和發展的物質條件，但是如果我們缺乏開發和利用它們的知識，材料和能源都只不過是自然界裡的客觀存在，我們對它們不能有所作為。只有我們掌握了開發和利用它們的知識，它們才有可能為我們所用，這就是說資訊是人類所絕對必需，既需要從前人那裡得到資訊，也需要從旁人那裡得到資訊。其實，不僅在自然界的開發利用上如此，在社會生活的各個方面亦都如此，政治、經濟、文化等各個方面的進步也都必需得到各種資訊。我們說過，一個系統必須引進負熵才能保持它的有序，負熵就是資訊。一個社會也必須引進負熵（資訊）它才有可能保持穩定和發展，正如一個人如果不注意學習（獲取資訊）就會陷入無知而不能進步一樣。

人們常說現代社會正在進入「資訊社會」。究竟什麼是資訊社會其實並沒有明確的界說。有人認為，過去社會的發展主要依靠的是人類的體力勞動技能，資訊社會則將是智力和知識占主導地位的社會，社會的財富將主要依靠智力和知識，或者說主要依靠資訊來獲取。這些說法不無道理，是否準確也尚須研討，在這裡我們不準備多說。但是，人類社會所累積的資訊的急劇增長以及資訊技術的飛速進步，已經使社會生活產生巨大的變化，大家也都看到這樣的趨勢還在加速，它必將更加全面和更加深刻地改變人類的社會生活內涵以至生活方式。美國於 1993 年開始實施的、預計耗資數千億美元的「資訊高速公路計畫」，將由幾百萬公里光纜組成極其龐大的電子計算機資訊網路，它將深入

到每個企業單位和家庭，使人們得以在任何一個地點通過網路傳送或獲取包括文字、資料、語音、電視、電影、音樂等任何形式的資訊，其傳輸速度之快將十分驚人，例如傳送全部 33 捲英文版的《不列顛百科全書》僅需 4.7 秒。據說這個計畫 10 年後將可部分實現，它給人們展示了資訊社會的十分誘人的前景。

在可見的將來，資訊技術的進步將與資訊的積累同步增長，人們獲取資訊的能力與「資訊爆炸」的形勢將能逐步適應，資訊在生產活動、科學研究、經濟生活以及其他一切社會活動中的作用將會越來越重要，穫取和利用資訊的能力及其效果將成為一切事業得失成敗的關鍵。因此，提高對資訊的認識（即所謂「資訊意識」），增強穫取和利用資訊的能力，已經成為所有現代社會成員不可不十分關注的大事了。

第三節　系統論與系統科學的產生及其意義

「系統」這個詞已是我們的日常用語，我們在上文也經常提到系統，但是究竟什麼是系統，應當怎樣來認識和處理一個系統，其中有許多問題都需要研究，系統論所要回答的就是這些問題。系統論已成為當代重要的基礎學科之一。由系統論發展而來的系統工程技術也是當前相當興旺的、在實際生活中很有效用的一種技術。

系統論的創立

系統的思想其實古已有之。亞里士多德就說過「整體大於各孤立部分之和」這樣的話。中國傳統醫學的理論基礎也是把人體作為一個有機系統來看待和處理的。不過，把系統作為研究對像還是本世紀的事，系統論的建立還經歷了一番波折。

系統論的創始人貝塔朗菲 (Ludwig von Bertalanffy, 1901 ～ 1971) 原籍奧地利，他原先從事理論生物學的研究，在新陳代謝、細胞化學和組織化學等方面很有成就。早在本世紀 20 年代他就對生物學中的機械論和活力論展開了批

判，成為生物學機體論的主要代表人物之一。他指出：「因為活的東西的基本特徵是組織，對各部分和各過程進行研究的傳統方法不能完整地描述活的現象，它沒有包括協調各部分、各過程的資訊。因此，生物學的主要任務應當是發現在生物系統中（在組織的一切等級上）起作用的規律。可以相信，試圖尋找理論生物學原理的本身表明，這將在根本上改變世界的面貌。」從這一段話裡，我們可以清楚地看到他創立系統論的基本思想。1937 年貝塔朗菲在一次哲學討論會上首次提出系統論的概念，但由於他的觀點不為那時的生物學界所理解，致使他的論文沒有能夠獲得正式發表的機會。直到 1945 年春，他的題為《關於一般系統論》的論文才得以在德國的一個刊物上發表，但那時第二次世界大戰戰事正酣，這篇重要的論文又幾乎不為人知。戰後貝塔朗菲到美國講學並加入加拿大國籍，1949 年他在美國重新發表了《關於一般系統論》一文的摘要，這才引起學術界的注意。1954 年貝塔朗菲發起成立了「一般系統論學會」（後改名為「一般系統研究會」），隨後又出版《一般系統論年鑑》，表明貝塔朗菲所提出的一般系統論已開始了它的發展歷程。1968 年貝塔朗菲的題為《一般系統理論：基礎、發展與應用》一書出版，這部著作成了一般系統論最主要的代表作。直到 70 年代以後，系統論研究才真正受到學術界的普遍重視。

系統概念與系統分類

貝塔朗菲說，「系統是由兩個以上要素組成的、具有整體功能和綜合行為的統一集合體」。「系統的定義可以確定為處於一定的相互關係中並與環境發生關係的各組成部分（要素）的總體」。後來又有許多學者從不同的角度給系統下過多種定義。我們現在一般的說法是：系統是由兩個以上可以相互區別的要素所構成，各要素之間存在著一定的聯繫和相互作用，形成特定的整體結構並具有確定功能的有機整體。

系統作為一個重要範疇，它反映了客觀事物最普遍的本質聯繫和存在方式，這就是說系統具有普遍性。不論是自然現象、社會現像還是思維現象，無一不以系統形式而存在。客觀事物的發展，也都是普遍地以系統的形式發展，

即表現為要素、層次、結構、環境等各因素的相互關係的綜合的變化。

　　系統的存在必有其內部結構和表現出某種功能。系統內部各要素相互聯繫與相互作用的方式，就是這個系統的結構，系統與外部環境的相互聯繫與相互作用的秩序和能力，就是這個系統的功能。系統結構與系統功能是不可分的。系統功能對系統結構既有絕對依賴的一面，也有相對獨立的一面。按照貝塔朗菲的說法，系統結構是「部分的秩序」，系統功能是「過程的秩序」。

　　世界上的系統千差萬別，為了對它們進行研究就得對它們加以分類，從不同的角度出發我們也可以有多種不同的分類方法。

　　如按系統的實際內容來劃分，我們可以把系統分為： (a) 天然系統和人造系統。天然系統指自然界中本來就存在的，與人類的活動無關的系統，如太陽系、地球、自然生態系統等。人造系統指人類活動所造成的系統，如城市、道路、工廠、田園、電子計算機、人造衛星等。 (b) 自然系統、社會系統和思維系統。自然界中的無生命和有生命系統通稱自然系統。經濟、政治、軍事、法律、教育等都是社會系統。語言、文字、邏輯、思維方式與方法等即屬於思維系統。 (c) 物質系統與概念系統。由各種物質要素構成的系統如大氣、海洋、生物、機器等都是物質系統。以各種概念要素構成的系統，如哲學體系、科學體系、法律體系等都是概念系統。

　　若按系統的數學模型來區分，我們又可以把系統分為： (a) 封閉系統和開放系統。封閉系統是指與環境沒有輸入、輸出關係的系統。開放系統則指與環境有輸入、輸出關係的系統。 (b) 靜態系統和動態系統。靜態系統亦稱無記憶系統，是指那些在任一時刻的輸出只與該時刻的輸入有關，而與此前或此後的輸入無關的系統。反之即為動態系統，動態系統亦稱有記憶系統。 (c) 線性系統和非線性系統。若一個系統的輸入與輸出大體上成正比關係的，稱為線性系統，反之即為非線性系統。 (d) 連續系統和離散系統。從系統的動態過程與時間的關係上來考察，若系統的輸入、輸出和狀態變化是時間的連續函數的，稱為連續系統；若不是連續函數，而是各離散時刻的值的，則稱為離散系統。 (e) 確定系統和不確定系統。確定系統是指實時輸入和實時狀態能明確地、唯一地規定下一個狀態和實時輸出的系統，反之就是不確定系統。

　　系統還有許多分類方法。不管何種分類方法，無非都是要從某些方面來確認系統的基本特徵以便於研究罷了。事實上人們在研究系統時，都可以根據需要對研究對像作出適當的分類。

貝塔朗菲的一般系統論

　　貝塔朗菲認為，不同領域、不同系統都具有某些「相似性或同構性」，因此有可能找到不同系統、不同學科之間的共同語言和術語，這就是一般系統論的任務。在這個意義上，我們可以說一般系統論就是關於研究一般系統的理論和方法。

　　貝塔朗菲一般系統論的基本觀點如下：

　　1. 系統的整體性

　　系統是若干事物的集合，系統反映了客觀事物的整體性，但又不是簡單地等同於整體。因為系統除了反映客觀事物的整體性之外，它還反映整體與部分、整體與層次、整體與結構、整體與環境的關係。這就是說，系統是從整體與其要素、層次、結構、環境的關係上來揭示整體性的特徵的。要素的無組織的綜合也可以成為整體，但是無組織狀態不能成為系統，系統所具有的整體性是在一定組織結構基礎上的整體性，要素以一定的方式相互聯繫、相互作用而形成一定的結構，才具備系統的整體性。我們知道貝塔朗菲是從研究生物學走向研究系統論的，生物系統的整體性表現得最為明顯，貝塔朗菲對系統的整體性也特別重視。他曾說：「一般系統論是關於整體的一般科學。」整體的概念無疑是一般系統論的核心。

　　2. 系統的有機關聯性

　　系統是要素的集合，但是系統的性質不是要素性質的總和，系統的性質為要素所無；系統所遵循的規律既不同於要素所遵循的規律，也不是要素所遵循的規律的總和。不過系統與它的要素又是統一的，系統的性質以要素的性質為基礎，系統的規律也必定要透過要素之間的關係（系統的結構）體現出來。不存在沒有要素的系統，也沒有脫離系統而存在的要素。存在於整體中的要素，都必定具有構成整體的相互關聯的內在根據，所以要素只有在整體中才能體現

其要素的意義，它一旦失去了構成整體的根據也就不成其為這個系統的要素。歸結為一句話就是：系統是要素的有機的集合。

3. 系統的動態性

系統的有機關聯性不是靜態的而是動態的，即是隨時間不斷地變化的。貝塔朗菲從生物系統出發來考慮系統的特性，指出靜態不能保持系統的穩定，動態是系統穩定的必要的前提，比如生物體保持體內平衡的重要基礎就是新陳代謝，如果新陳代謝停止了就意味著生物體的死亡，這個作為生物體的系統就不復存在。系統的動態性原則包含兩個方面的意思，其一是系統內部的結構狀況是要隨時間而變化的；其二是系統必定與外部環境存在著物質、能量和資訊的交換。貝塔朗菲認為，實際存在的系統都是開放系統，動態是開放系統的必然表現。

4. 系統的有序性

系統的結構、層次及其動態的方向性都使得系統具有有序性的特徵。系統的存在必然表現為某種有序狀態，系統越是趨向有序，它的組織程度越高，穩定性也越高。系統從有序走向無序，它的穩定性便隨之降低。完全無序的狀態亦即系統的解體。

5. 系統的目的性

目的性這個概念也是從生物學裡借用而來的，為了避免誤解（主要是避免與古人的「目的論」混同），也有人把它稱為「預決性」。貝塔朗菲認為，系統的有序性不是無方向的，而是有一定方向的，即一個系統的發展方向不僅取決於偶然的實際狀態，還取決於它自身所具有的、必然的方向性，這就是系統的目的性（或稱預決性）。他強調系統的這種性質的普遍性，認為無論在機械系統或是其他任何類型的系統中它都普遍存在。

貝塔朗菲一般系統論的這些基本觀點對於我們分析研究任何一個系統都有積極的意義。我們知道，貝塔朗菲的許多觀點是從生物系統推廣到一般系統的，他認為生物系統的許多性質實為一般系統所共有。把握住這一點，貝塔朗菲一般系統論的基本思想也就不難理解了。

系統論的發展

自貝塔朗菲提出一般系統論之後，許多學者也從不同的思路來研究系統，產生了其他派別的一般系統論，這些派別並非是相互排斥的，可以認為是相互補充的。現在新的學派仍然在不斷地出現。目前影響較大的有耗散結構理論、協同學和超循環理論等，現將其大意簡述於後。

1. 耗散結構理論

比利時科學家普里戈金於 1969 年在「理論物理與生物學」國際會議上提出了耗散結構理論，立即引起了學術界的廣泛注意，本書的第十一章裡已有述及。

我們在本書第四章裡所介紹的熱力學和統計物理學，現在稱為經典熱力學和經典統計物理學，經典熱力學和經典統計物理學理論都是以平衡態（或準平衡態）和可逆過程為基礎的。所謂平衡態，是指一個系統在不與外界發生物質和能量交換的情況下，經過一段時間後將達到其宏觀性質不隨時間而變化的狀態，這是一種理想化了的，孤立的和封閉系統的狀態。熱力學第二定律的熵增加原理又告訴我們，一個系統隨著時間的推移必定從有序走向無序，走向無組織化，即系統總是處於退化的過程之中。但是客觀存在的許多系統卻是從無序走向有序，總是趨向組織化，亦即是總在進步之中的，例如生物系統、社會系統等等都是如此。這些系統不斷地與外部環境交換物質、能量和資訊，它的發展趨向是從無序走向有序，即所謂具有定向的自組織性。這就出現了經典熱力學所指出的事物退化的趨向，而一些系統的事實上的進化的趨向這樣一對矛盾。「進化與退化矛盾」曾經使科學家們十分困惑，它表明經典熱力學顯然不適用於這些領域。普里戈金所提出的耗散結構理論的用意就在於發展經典熱力學理論，把熱力學理論從平衡態和準平衡態推向遠離平衡態，從而使進化系統從無序轉向有序的途徑得到理論上的說明。

所謂耗散結構指的是遠離平衡狀態下的新的有序結構，這是需要耗散物質和能量才能維持的結構。耗散結構理論所研究的就是遠離平衡態的開放系統從無序到有序的演化規律的一種理論。

為什麼一個遠離平衡態的開放系統有可能從無序轉變為新的有序狀態呢？普里戈金認為，一個系統的熵的變化 dS 都由兩部分組成。其中一部分是系統內部熵的變化 dS_i，另一部分是系統與外界交換物質和能量所引起的熵的變化 dS_e，即

$$dS=dS_i + dS_e$$

根據熱力學第二定律，系統內部的熵總是向著增加的方向變化，即 $dS_i > 0$。對於孤立的和封閉的系統，它與外界沒有物質和能量的交換，因此 $dS_e=0$，所以 dS 必定為正值（dS ＞ 0），即系統總是走向無序。開放系統的情況則不同，它在與外界交換物質和能量時，dS_e 可能是正值也可能為負值。如果 dS_e ＜ 0，dS 也就有可能出現負值（dS ＜ 0），也就是說這個系統的熵值將要變小，表明系統走向有序。

普里戈金還研究了形成耗散結構的條件以及耗散結構的穩定性等問題。耗散結構理論的提出使人們大受鼓舞。普里戈金也因此榮穫 1977 年度諾貝爾化學獎金。不過，耗散結構理論也還有許多問題尚待解決，它仍處於不斷完善的發展過程之中。

2.協同學

協同學導源於現代物理學和非平衡態統計物理學，是德國科學家 H.哈肯 (Hermann Paul Joseph Haken,1927 ～) 於 1976 年出版的《協同學導論》一書中提出來的。H.哈肯原是理論物理學家，在雷射理論研究上卓有成就。H.哈肯在研究雷射系統時，注意到它是一種典型的遠離平衡態而由無序轉化為有序的系統。當光泵的能量較低時，工作物質所發出的光的位相和方向都是無規則的，這時並不出現雷射，即呈無序狀態，而當光泵能量達到某定值時，雷射便產生了，即成為有序狀態。他經過一番考察，注意到其他領域也有類似的情況。H.哈肯認為，一個系統從無序向有序的轉化，不完全取決於該系統處於平衡態或非平衡態，也不完全取決於它接近平衡態或遠離平衡態。一個由大量子系統構成的系統在一定的條件下，它的子系統有可能透過協同的作用使得這個系統在宏觀上產生時間結構、空間結構以及一定的功能，即該系統具有自組織的性質，從無序自行轉化為有序。協同學所研究的就是非平衡的開放系統在

外界參量的影響下，內部各子系統的協同作用如何使其在宏觀尺度上形成時間、太空和功能有序的問題，H. 哈肯還為此建立了相應的數學方法。協同學的理論能夠很好地說明一些物理領域中的自組織現象，但在說明生物界和社會活動中的自組織現象時，還有許多尚待解決的難題。協同學的出現也引起了學術界很大的興趣，成為當前許多學者十分關心的理論之一。

3. 超循環理論

協同學理論產生於物理現像的研究然後推廣至其他領域，超循環理論則是從生物現像的研究而產生和推廣的。超循環理論的創始人是德國生物物理學家艾根 (Manfred Eigen, 1927 ～)。艾根之前已有不少學者提出各種理論來研究生物資訊起源和進化的問題。 1971 年艾根總結了大量生物學實驗事實，提出了超循環理論。生命的發展過程可以分為化學進化和生物進化兩個階段，在這兩個階段之間有一個生物大分子的自組織階段，這種分子自組織的形式就是超循環。循環是常見現像，生物化學裡有一類循環稱為反應循環，如催化劑酶 A 先與物質 B 結合形成 AB，在反應中 AB 轉化為 AC，最後 AC 分解為生成物 C 和酶 A，這就是一個循環。在反應循環中包含有催化劑的稱為催化循環。艾根所說的超循環是由自催化循環聯繫起來的循環。在這樣的循環系列中，每個單元既能自我複製，又能對下一個單元起催化作用。艾根認為，生物遺傳密碼的複製就是由這樣的超循環來保證的。核酸序列的每一段都可以自我複製，同時又透過它所編的密碼影響下一段的複製。在複製的過程中有時會出現錯誤，這就是突變，突變為生物進化所必需。超循環的組織形式一旦出現就會穩定地保持下去。艾根的理論和他所建立的方程組，使得人們有可能運用數學工具來研究生物進化的過程，極富啟發性。因此，超循環理論不僅為生物大分子的形成和進化提供了一種模型，而且使人們想到這種理論有可能推廣到其他複雜系統的研究，尤其是系統的演化規律、系統的自組織方式等方面的研究。

除了上述這些理論之外，還有托姆的突變論、福雷斯特 (Jay Wright Forrester, 1918 ～) 的系統動力學等多種理論，我們在此不準備多述。

系統方法

系統論給我們揭示出系統的一般性質，同時也就給我們提供了一種研究系統的方法，亦即把事物看作一個系統，以系統的觀點來研究事物的方法。古人研究客觀事物主要依靠直觀和猜測，他們大多比較注重事物的整體性，注重事物之間的相互聯繫，據此以認識事物。那時人們只能得到對事物的籠統的、大致的認識，難於深入地、準確地把握事物。近代科學興起所依靠的主要是分析的和實驗的方法，著眼於探求事物的各個因素及其運動變化的細節，使人們對事物的認識達到新的境界。由於近代科學的成功，使人們產生一種錯覺，以為只有分析的方法才是認識事物的唯一正確的方法，其實這種認識是很片面的，這也是形形色色的機械論之所以出現的重要原因之一。系統論所強調的是事物的整體性，它使人們認識到分析方法並不能從整體上把握事物，看起來這似乎是在認識方法上向古人的回歸，但這絕非簡單地回到古人認識事物的軌道上去，而是人類認識史上的一個螺旋性的飛躍，是否定之否定。現代的整體觀念不同於古人的籠統的整體觀念，它是建立在對整體中的各要素及其相互聯繫的認識基礎之上的整體觀念。立足於系統思想基礎上的系統方法並不排斥分析方法。系統方法與分析方法相結合，互為補充，我們才能真切地把握事物。

系統方法就是從系統的角度，以系統論的觀點來研究事物的方法，或者詳細一點說，就是以系統思想為出發點，著重從整體與部分之間、整體與外界環境之間的相互聯繫、相互作用中綜合地考察對像，並建立適當的模型和定量地處理它們之間的關係，從而準確地把握對像的研究方法。我們知道系統具有普遍性，這是說任何事物都可以看作是一個系統，因此我們都可以運用系統方法來加以研究，對於比較複雜的事物，系統方法當然更具價值。我們在上文說到過的控制論方法和資訊方法都把事物作為一個系統來處理，並不著眼於分析其細節，所以實際上也都是系統方法。在系統方法的基礎之上，現在已經形成了系統工程這樣專門的工程技術，在各個方面發揮了重要的作用。現在我們再從系統論的角度對系統方法略作介紹。

系統方法原則上可以運用於各種系統。目前最有成效和最普遍的是用在人

造系統的研究上。人造系統是為了達到某一既定目標而人為地設計的，系統方法的主要作用就在於它能夠幫助我們實現系統的最優化。

一般說來，研究人造系統的方法有下列一些原則：整體性原則、層次和結構性原則、動態性原則和綜合優化原則等。整體性原則是系統方法的出發點，層次和結構性原則以及動態性原則是系統方法的核心，綜合優化原則是系統方法的目標。假定我們的研究對像是一個大型水利樞紐工程，作為一個系統，它包括有大壩、水庫、電站、河道、庫區地質、庫區生態環境及該地區的經濟文化狀況等等諸多相互關聯和相互影響的要素，它們構成了一個整體；在這個整體裡又有河流的主幹、支流等等不同的層次，有洩洪、灌溉、發電、航運等等子系統；由於氣候和經濟活動等各種因素的變化，這個系統及其內部關係又總是在不斷地變化；經過通盤的考慮和細緻的研究，尋找出這個水利樞紐的設計、建設和管理的綜合最優方案，這就是系統方法的目標。

按照一般情況，研究人造系統的方法有如下步驟：(a)確定系統所要達到功能的總目標；(b)收集和研究分析與該系統有關的一切資料；(c)為實現和達到已確定目標擬定若干實施方案；(d)對所擬定的方案進行模型模擬；(e)從模擬比較中經過測算評估，選擇最優方案；(f)根據選出的最優方案確定系統的組織結構及其關係。

隨著系統方法應用的發展，更產生了專門研究和籌劃人造系統的嶄新的工程技術——系統工程技術。

系統工程的形成與發展

系統工程是當代發展最迅速的工程技術之一。系統工程技術與以往的工程技術不同，它不以製造某種物質產品為自身的目標，而表現為一種方法，是一種軟體工程技術。迄今為止，系統工程還沒有公認的嚴格的定義。我們可以這樣說：系統工程是把對象作為系統來處理的一種工程技術，是組織管理各類人造系統的規劃、研究、設計、製造、試驗和運用的具有普遍意義的科學方法。我們還可以這樣來描述系統工程的特點：(a) 系統工程是一種綜合的組織管理技術；(b) 系統工程的研究對象是複雜系統；(c) 系統工程的內容是組織、協

調系統內部各要素的活動，使各要素為實現整體目標發揮適當的作用；(d) 系統工程的目標是使系統整體目標最優化。

　　系統工程實際上在本世紀初即已萌芽。我們在本書第十四章中提到的排隊論可以說就是系統工程的一種數學方法。排隊論在電話通信工程中的成功運用，對於系統工程的形成有重要的促進作用。美國管理工程師泰勒 (Frederick Winslow Taylor, 1856 ～ 1915) 繼承了前人對勞動工時的研究，他透過實驗發現，減輕勞動者的勞動強度能使產量大幅度地提高，計件工資和超產獎勵能更好地調動勞動者的積極性，他據此確立了製定勞動定額和合理安排工序的方法，初步形成了從系統的角度研究提高勞動生產率的途徑。 1911 年泰勒發表了《科學管理》一書，此書被認為是系統工程學的早期著作。「系統工程學」這個名稱最早是美國貝爾電話公司的工程師們於 1940 年提出來的。 1957 年，美國學者古德 (Harry Herbert Goode) 和麥克霍爾 (Robert Engel Machol, 1917 ～) 合著的《系統工程》一書出版， 1965 年麥克霍爾又發表了《系統工程手冊》，表明系統工程學已正式形成。

　　50 年代末以來，系統工程便逐漸成為許多管理部門用於決策的重要手段。 1958 年美國在研製北極星導彈時應用了系統工程的計畫評審技術 (performance evaluation review technique, 簡稱 PERT)，使整個研製週期縮短了兩年。美國於 1961 年開始實施的極其複雜的「阿波羅工程」也採用了 PERT 技術和關鍵線路法 (critical path method, 簡稱 CPM) 等技術，使得各項研究計畫準確地如期完成。此期間，日本人從美國大量引進系統工程方面的資料和技術，在發展日本經濟上也取得了良好效果。系統工程的效用從此引起各國的廣泛注意，發達國家於是爭相推廣。 60 年代以後系統工程被引進到金融管理事業，出現了電子銀行，自動提款機開始取代銀行職員的手工勞動， 70 年代又實現了各銀行間轉帳和支付業務以及票據交換的自動化，到 80 年代歐美已全部實行銀行業務的自動化，這一系列變化使西方金融活動的效率大大提高而管理費用則大大減少，推動了經濟的發展，效益極為顯著。與這種形勢相適應的是系統工程的理論和方法發展更為迅速，逐漸成為內涵豐富的學科體系。

系統工程方法與系統工程的應用

由於社會的發展，人們在實際生活中所需要處理的系統越來越大也越來越複雜，使得它的設計、決策和管理人員的工作越來越困難，往往是難於下手，顧此失彼，甚至是束手無策。系統工程的意義和價值在於它給人們提供一整套理論和方法，使人們得以有條不紊地進行工作，並且能爭取達到最優的目標。

系統工程的理論和方法花樣繁多，但它們的基本思想是一致的，美國通信工程師和系統工程專家 A.D. 霍爾 (Arthur David Hall, 1924 ～) 的三維結構方法即很有代表性。所謂三維即「時間維」、「邏輯維」和「知識維」。他的方法就是以三維構圖來展示系統工程的各項內容，這在建立大型而複雜的工程模型上很有效用。時間維把工程從規劃到更新分為七個階段，即規劃、計畫、系統開發、製造、安裝、運行和更新。邏輯維所展示的是工程的每個階段所經歷的七個步驟，即明確問題、設計評價指標體系、系統綜合、系統分析、最優化、決策和實施計畫。知識維所表明的則是完成各階段各步驟所需要的各種專業知識、技能和技術素養。這樣一個三維結構圖足以充分展示系統工程的整套工作程序，人們可以據此有條不紊地進行整個工程的規劃、設計和管理。

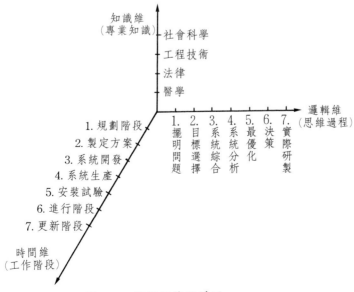

圖 128　霍爾三維結構圖

計畫評審技術 (PERT) 和關鍵線路法 (CPM) 是系統工程中最常用的一種方法，我們也在此略作介紹。 PERT 的要點是把一個複雜工程的各工序及其銜接關係用網路圖形來表達，然後透過對網路圖形的分析，找出影響工程的關鍵工序和關鍵路線，進而協調整個工程進度。

　　試舉某單位籌備一個運動會的例子加以說明。籌備工作網路如圖 129 所示。由圖可見，整個籌備工作由 10 個工序組成，至少

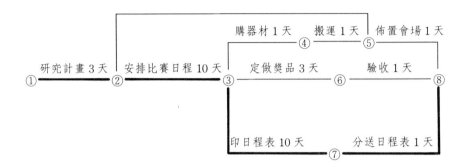

圖 129　計畫評審技術 (PERT) 舉例

需要 24 天才能完成，它的工序可構成幾條並行線，即①→②→⑤→⑧，①→②→③→④→⑤→⑧，①→②→③→⑥→⑧和①→②→③→⑦→⑧四條線。為了保證籌備工作按期完成，就必須找出其中的關鍵線路和關鍵工序。其方法如下：

　　(a)確定各工序的最早開工時間，即緊前工序所需時間加上該工序所需時間。例如工序①→②沒有緊前工序，它的最早開工時間是 0；工序②→③和②→⑤的緊前工序是①→②，這兩個工序的最早開工時間是 0 + 3=3 天；同理。③→④、③→⑥和③→⑦的最早開工時間是 3 + 10=13 天，其餘類推。(b)確定最晚完成時間，該工序到此時必須完成。其計算方法是緊後工序最晚完成時間減去該工序所需時間。例如②→⑤的最晚完成時間為 24−1=23 天；②→③的最晚完成時間是 23−10=13 天，其餘類推。(c)計算時差，即考察該工序有無機動時間。將該工序的最晚完成時間減去最早開工時間和該工序所需時間即為時

差。若時差為零，表明該工序沒有機動時間，必須按期完成，否則將要影響整個工程進度。時差為零的工序就是關鍵工序，把各時差為零的工序連接起來的線路就是關鍵線路。計算所得資料如下表所列：

工　　序	①↓②	②↓⑤	②↓③	③↓④	③↓⑥	③↓⑦	④↓⑤	⑤↓⑧	⑥↓⑧	⑦↓⑧
最晚完成時間	3	23	13	22	23	23	23	24	24	24
最早開工時間	0	3	3	13	13	13	20	21	16	23
工序所需時間	3	1	10	7	3	10	1	1	1	1
時　　差	0	19	0	2	7	0	2	2	7	0

從表列資料可見，①→②，②→③，③→⑦，⑦→⑧各工序的時差均為零，這些工序都是關鍵工序。由此可以確定①→②→③→⑦→⑧為該工程的關鍵路線，在圖 129 中我們已用粗線標出。

當關鍵工序和關鍵路線確定之後，我們就可以知道關鍵路線中的關鍵工序應當成為完成整個工程的重點所在，必須在人力、財力和物力各個方面給予重點保證。

從上述例子我們看到 PERT 和 CPM 是一種能夠很好地幫助我們設計和管理工程的方法。不過需要說明的是，我們在這裡所舉的例子是一個比較小和比較簡單的工程事例，實際上的工程往往要大得多和複雜得多。解決較大和較複雜的工程同樣可以運用 PERT 技術，但是依靠人工就不一定能做到，常常需要運用大、中型電子計算機才有可能繪製出網路圖形和確定其關鍵工序以及關鍵路線。

系統科學的形成

系統的客觀存在原是人們的常識，但自從貝塔朗菲提出他的一般系統論，把系統作為對象來加以研究之後，人們才得到了關於系統的科學的知識。科學

知識與一般常識不同，它不僅使人們更深刻、更真切地認識事物，還必定要成為人們改造客觀世界的強大武器。一般系統論的提出到現在還不過半個世紀，系統的觀念與方法已經發揮了以往難於想像的效用。反過來說，要是沒有系統論的思想和方法，本世紀以來那許多空前龐大和十分複雜的計畫是否能夠如此順利地得以實現，恐怕是不無疑問的事。

關於系統的研究和系統方法的運用正方興未艾，這在一方面是人類社會活動的廣度和深度都在急劇地擴展的反映；從另一方面說，相應的數學工具以及電子計算機技術手段的出現，也產生了很大的推動力。我們在闡述本世紀以來數學的進展時，曾提到過突變論、運籌學這些數學分支，其實我們也可以把它們看作是關於系統的理論與方法，而大型以至巨型電子計算機的發展，則在相當大的程度上正是為了複雜的大系統的研究與管理之需。

現在，系統的研究和系統方法的運用已經發展成為內涵豐富而複雜的知識體系。貝塔朗菲在他的晚年提出了系統科學的概念，表明這個知識體系正在形成。我國科學家錢學森在系統科學上貢獻殊多，他對系統科學的學科體系作了深入的研究，發表了一系列見解，深為科學界所注意。錢學森把系統科學放到很高的地位，認為系統科學是與自然科學、社會科學相並行的一個學科門類或學科群。他說系統科學包含著三個層次：(1)工程技術層次，即系統工程。按系統類型的不同又有各類系統工程，如工程系統工程、經濟系統工程、社會系統工程等；(2)技術科學層次，即直接為系統工程提供理論基礎的學科群，包括控制論、運籌學、資訊論等。(3)基礎科學層次，即以揭示系統的性質和一般規律為任務的學科系統學。錢學森的看法很有啟發性。除此之外，還有許多學者提出了不同的看法。但不管各種說法有多少不同，系統科學作為一個相當規模的學科群的存在是大家都無異議的事了。

應當承認，雖然系統科學的許多理論和方法已經發揮了很大的效用，但就其整體而言現在還很不成熟，尚待進一步的發展和完善。毫無疑問，系統科學作為一門新興學科必將有更大的發展並將更加發揮積極的作用。

❋　　　　　　❋　　　　　　❋

本章所述的控制論、資訊論和系統論有不少共同之處。因此過去一些人常

把它們並列，統稱為「三論」，其實這樣的說法不大準確。我們從上文的闡述中可以看到，這三個論並不是同處於一個層次之上的。控制論和資訊論實際上也都是以系統為研究對像，控制論所著眼的是控制系統及其機制，而資訊論所關心的則是系統的資訊活動及其有關問題。按照錢學森的說法，控制論和資訊論同屬系統科學的技術科學層次，我們以為這是很有道理的。事實上只有從系統的觀點來思考控制論和資訊論的有關問題，我們才有可能把握和理解它們。

　　系統論、控制論和資訊論都產生於科學技術領域，但隨後又都迅速地超越了原先的科學技術領域。並且不僅是它們的應用範圍的一般的擴大，更值得注意的是它們的理論所覆蓋的範圍遠遠超出了原先的科學技術領域，以至於我們現在已經很難說它們是自然科學，是技術科學，是社會科學還是思維科學了。因此有了所謂橫斷科學的說法，又有錢學森的系統科學與自然科學和社會科學並列的說法。這是十分值得注意的、在科學發展史上前所未有的現象。其實，世界上的事物是共通的，它們都有許多共同的性質和規律，我們在前面一些章節裡已經看到了許多不同學科的共通之處，只是在這裡表現得更為突出罷了。

　　我們在討論系統概念時曾述及，傳統的分析方法固然是重要的，但是如果把人為的分析結果當作客觀世界的真實，不懂得或者不善於運用同樣重要的綜合的方法，那就仍然不可能真正地認識和理解客觀事物。這三個學科的建立都是學科的綜合的成果。我們看到，它們的創始者都是學識廣博的跨學科的學者，或者是看來專業很不相同甚至相距甚遠的一群專家，這絕非歷史的偶合而是歷史的必然。這一事實表明科學的發展已經進入了一個新的階段，即學科的大綜合，在更寬闊的範圍裡尋找事物共性的階段。它也告訴我們，當今之世如果人們只侷限於某一比較狹窄的學科領域之中，已很難有大的作為了。不斷地改善自己的知識結構，自覺地增強獲取新知識的能力，應當成為當代人們的共識。

　　系統論以及控制論和資訊論都深具哲學的和方法論的特徵，因而有十分普遍的意義。它們為人們重新描繪了客觀世界的圖景，同時在方法論上給了人們很大的啟示，從而形成了一種不同於以往的嶄新的思維方式，表明人類認識史正在經歷一個新的里程。它們把大量哲學問題拋到了哲學家們的面前，向哲學

家們提出了嚴重的挑戰。比如說這三個論都突破了生物與非生物的界線，也突破了自然現象與社會現象的界限，在許多問題上與過去一些傳統的哲學觀念相悖，對此應當有那些新的認識；大家雖然都已經承認物質、能量和資訊三者並列為世上一切事物運動、變化和發展的基本要素，但是如何從哲學上理解不遵從守恆定律的資訊的屬性，如此等等。這一系列問題都是哲學家們所必須回答的，但是迄今為止還不能說已經得到了大家公認的比較滿意的答案。

這三個論的方法論性質已使它們成為當代軟科學的重要理論基礎和重要組成部分。軟科學的興起是人類活動的廣度與深度急速發展所必須，其中影響最大的是一系列管理科學。可以這樣認為，如果沒有系統論、控制論和資訊論也就沒有當代的管理科學，或者說，這三個論是使得管理科學之所以成為科學的理論和方法的基礎。我們說過，現代數學的許多分支和電子計算機科學技術都與這三個論密切相關，並且是同步發展起來的。系統論、控制論和資訊論以及現代數學和計算機技術，就是現代管理科學的基本框架。管理科學的意義及其作用已越來越為人們所認識，它必將成為推動人類社會發展的越來越重要的、強而有力的槓桿。

複習思考題

1. 簡述什麼是反饋以及反饋在系統控制中的作用。

2. 試簡述控制論的意義。

3. 簡述什麼是資訊以及資訊的主要特徵。

4. 試簡述你對資訊社會的看法。

5. 簡述什麼是系統和貝塔朗菲一般系統論的基本概念。

6. 簡述系統方法的要點。

7. 簡述什麼是系統工程及其意義。

8. 簡述你從控制論、資訊論和系統論的興起和發展中得到什麼啟示。

結束語

　　這部書不可能給予讀者全面的、系統的自然科學知識，它只能為讀者勾畫自然科學的總體的、大略的輪廓，也許還能給讀者提供進一步研習各自感興趣的問題的線索。在對自然科學的來由、現狀及其發展趨向作了粗線條的縱向和橫向的掃瞄之後，或者我們還可以得到下列一些概括的認識。

　　從自然科學的發展歷史來看，我們知道自然科學在取得獨立的形態而存在之前，人類關於自然界的知識經歷了不完全相同的發展階段。

　　遠古時代的關於自然界的知識，完全與人們的生產技能和生活本領結合在一起，我們考察古人的生產和生活狀況就能得知他們的知識水準及其發展狀況。嚴格說來，那個時候人們關於自然界的知識與現在我們所說的自然科學知識有根本性的差異。那時的知識都是感性的、直觀的、純粹經驗性的，甚至是與人類的本能混雜在一起的。

　　後來人們的知識增多了，抽象思維能力發展了，出現了腦力勞動者，又經過漫長的歲月，逐漸產生了比較系統的理性知識並形成為理論，這就是早期的哲學。原先的哲學實際上等同於無所不包的知識體系，關於自然界的理性知識也囊括其中。這時人類在生產和生活中所得到的關於自然界的感性知識也越來越豐富了，其表現就是技術的進步和改造自然能力的提高。從此，人類關於自然界的知識分成了兩支，一支是抽象的哲理性的探討，一支是具體的實踐經驗

的總結，前者是哲學家們的事業，後者則是工匠們的貢獻。工匠們的實踐主要是為了謀生，並非出於對自然界知識的特殊愛好。哲學家們思考自然的哲理，大多是理性上的追求，很難說是因為它們有什麼實際效用，中外莫不如此。兩者並行，也創造了豐富多彩的畫面，然而這不過是自然科學尚在襁褓中的形態，還不是真正意義的自然科學。

自然科學之成為自然科學，它必須同時從哲學和技術中分離出來，取得自身獨立的資格。這個事情最早出現在經歷了文藝復興和資本主義誕生之後的歐洲不足為奇。文藝復興運動高舉理性主義的旗幟，它幫助人們掙脫中世紀時期強加在頭腦中的枷鎖；資本主義使得社會生產力以前所未有的速度增長，技術進步成了經濟發展的槓桿，於是務實的思潮在知識分子中興起，「知識就是力量」的呼聲越來越響亮，成為社會上多數人的共識。自然科學作為獨立知識體系而存在的條件也就逐漸成熟了。

以往的哲學的根基在於推理，在於思辨；技術的探究則在於經驗，在於實踐，兩者基本上互不相通，各不相關（這在中國古代尤為突出）。自然科學與它們不同，它把推理、思辨和經驗、實踐合為一體，形成了與哲學和技術相異的思維方式與研究方法。伽利略強調實驗（包括思想實驗），又主張嚴密的邏輯推理，是要創造一種與以往完全不同的認識自然界的方式和方法。牛頓呼籲「當心形而上學」①，宣稱「不需要假設」②，其實他並不是真的不需要任何哲學和假說，只不過是表明要從以往的哲學中解脫出來罷了。經過許多前人們的努力，自然科學才逐漸獲得自己的獨立形態，成為今天我們所說的自然科學。

值得注意的是，我們看到自然科學之所以沒有能在古代中國的土地上發展為成熟形態的重要原因之一，正是中國古人沒有能夠從技術和哲學中分離出自然科學來。儘管古代中國的技術和哲學都很發達，與其他國家和地區相比毫不

①牛頓所稱的「形而上學」是泛指一般哲學。

②實際上科學的發展不能沒有假說，牛頓所要擯棄的不是科學上的假說，而是以往那些哲學上的假說。比如牛頓所提出的萬有引力概念就是科學的假說。

遜色，在不少領域裡更是大大地領先，但是自然科學卻沒能取得獨立存在和發展的地位，其後的自我封閉、盲目自大和故步自封更使自己難有作為，以至於在三四百年的時間裡處於落後的狀態。不無遺憾的是，中國古人的這種不利於自然科學生長和發育的傳統觀念和認知方式，不能說現在已經完全從中國的土地上消失了，甚至可以說在一定程度上仍然禁錮著不少人的頭腦。

自然科學既從哲學中脫胎和從技術中昇華而來，它必然立即對人們的哲學思想和社會的技術進步產生巨大影響，顯而易見的直接後果，就是長期統治歐洲的中世紀經院哲學徹底崩潰，同時是歐洲的社會生產力以前所未有的速度向前發展。換句話說，自然科學從一開始就表明瞭它是促進思想解放和生產力發展的巨大力量。

自然科學爭取到自己應有的地位，絕非有如田園漫步那樣遐意，而是一段歷盡艱辛，經過血與火的洗禮，代價十分沉重的路程。從 R. 培根到伽利略和布魯諾 (Giordano Bruno, 1548 ～ 1600)①，許許多多知名和不知名的勇者前赴後繼，為真理而獻身，這才一步一步地打開局面。我們說自然科學的誕生是人類社會的一場深刻的革命並不為過。在這裡我們絲毫沒有貶低社會革命的作用和意義，只不過認為這兩者是相互相承的，是互為因果的。沒有社會革命，自然科學難於立足；若是沒有自然科學的革命，社會也難於獲得新的生機。從另一個角度上說，自然科學革命以其不同於以往的思維方式為社會革命提供了摧毀舊社會的思想武器；同時又以其關於自然界的知識推動技術的發展，改變了社會生產力的面貌，從而摧毀舊社會的經濟基礎。也可以這樣認為，自然科學革命是那個時候歐洲社會革命的一個十分重要的、不可缺少的組成部分。事實上，自然科學革命正是在歐洲社會革命的大潮中興起和完成的，它也是當時歐洲社會革命的必然產物和結出的碩果。所以我們說，科學是一種在歷史上起推動作用的、革命的力量，而且它本身就是徹底革命的。

自然科學作為科學而存在，是要有一定的社會條件的，它既是歷史革命的

---

①布魯諾是意大利著名學者，他堅信並積極宣傳哥白尼的日心地動說，他的思想和行爲與教會尖銳對立，因而屢受迫害。1600 年 2 月 17 日羅馬教皇直接下令將他燒死在羅馬的鮮花廣場。

產物，同時又是推進歷史的革命力量，它一旦存在，就成為改造社會的強力的槓桿，而且任何力量都不能阻擋它前進的步伐。

二

　　自然科學和其他任何事物一樣，它一旦穫得獨立的形態（或者説形成爲一個「系統」），就要按照自己的內在規律而發展（或者説以其自身的「自組織性」「趨向有序」）。正如我們所看到的，其發展動力來自兩個方面：一是人類自古以來對知識的苦心追求，二是社會實踐的需要。

　　我們說過，不斷地探索自然、認識自然是人類區別於其他動物的本性，在很多時候這是出於實用的目的，但也有很多時候則只是為了追求真理。為真理而奮鬥的力量崇高而巨大無比。伽利略忍受屈辱而又孜孜不倦地探索，牛頓以他驚人的才智把天上的運動與地上的運動統一起來，麥克斯韋尋求統一的電磁理論方程組，都並非出於實用上的需要；量子力學和相對論的建立，細胞學說和板塊構造的探索，半導體的性質和宇宙模型的研究，也不是由於某種實際的需要才開始的，這類事例我們看到許許多多。不僅基礎性的理論如此，一些現在看來實用性很強的理論也是如此。例如法拉第等人研究電與磁的轉化，並沒有想到要開創一個電氣的時代；赫茲等人試圖證實電磁波的存在，他所考慮的不是以無線電技術來改變社會的面貌；齊奧爾科夫斯基和戈達德等人提出進入宇宙空間並為之而努力，也不知道太空技術將會給人類帶來多少經濟效益，這樣的事例亦不勝枚舉。

　　從另一方面看，社會的需要，尤其是生產技術的需要，當然是自然科學的極為強大的動力。例如，制定曆法促成和推動了天文學的建立與發展，蒸汽機的發明和應用是熱力學研究的源起，礦產的開發是使地質學成為科學的內在力量，通信的實際需要使無線電電子學蓬勃發展並且導致資訊論的建立，繁重的計算任務是電子計算機科學產生的原因等等，這類事例也比比皆是。也有一些科學理論開始的時候並沒有引起人們多大注意，一旦有了實際的用途才得到長足的發展，例如半導體理論、激光理論等等都是。生產需要之外的其他方面社

會需要，也是推動自然科學發展的力量，如為了保障人類的身體健康，於是有人體生理學、醫學和藥學的建立及其進步，同時也成為生物學、化學、環境科學前進的動力；軍事上的需要對於自然科學的影響在本世紀以來更是明顯，正如我們所看到的，無線電電子學、原子能科學、電子計算機科學、太空科學、海洋科學、控制論、資訊論、系統科學等等學科的興起與發展都與軍事活動密切相關。

　　既要充分地認識人類追求真理的力量，也要看到從社會實際需要而來的推動力量，我們才有可能全面地瞭解自然科學以及它的來由和它的生命力之所在。自然科學所給予人們的是關於自然界及其規律的知識，這些知識是人類改造自然和改造社會的力量的源泉，但是我們切不可以狹隘的實用主義的眼光來看待自然科學。作為真知，它總是「有用」的，不過不一定馬上就會在生產或其他方面有直接的、實際的用途。有些時候我們可以預見它將會有些什麼用途，有些時候我們簡直就無法預測它將會有些什麼用途，而一旦發現了它的用途並付諸實現之後，人類又往往不知從中得益多少。我們必須承認和尊重自然科學自身的運動和發展的邏輯，這才有利於自然科學的發展。古希臘輝煌的學術到了羅馬統治時期之所以衰落，其重要原因之一就是羅馬人（當然主要是統治階層）以為古希臘人的理論「無用」而將其丟棄。例如古羅馬著名政治家和學者西塞羅 (Marcus Tullius Cicero, 前 106 ～ 前 43) 就這樣說過：「希臘人對幾何學尊崇備至，所以他們的哪一項工作都沒有像數學那樣獲得出色的進展。但我們把這項方術限定在對度量和計算有用的範圍內。」他們只看到希臘人的數學有某些實際用途，而無視其中的理性主義的精髓，這不能不說是歷史的遺憾。不過從另一方面說，從事自然科學工作的人如果都只迷戀於「象牙之塔」而根本不注意實際生活中的種種問題，絲毫不關心科學知識的實際效用，那也難於使科學得到社會的承認和取得在社會上立足與發展的條件。就像亞里士多德所津津樂道的那樣：「他們（引者按——他指的是古希臘的學者們，也包括他自己）探索哲理只是為想脫出愚蠢，顯然，他們為求知而從事學術，並無任何實用的目的。」古希臘人的重理性輕實用的傾向，無疑是使得古希臘學術到了羅馬時期就失去生機的重要的內在原因。

自然科學之作為科學，它的發展動力既來源於實際的需要，又來自對真理的追求。只有實際經驗的總結，無以形成科學體系，無從發揮科學的功能；反之，自然科學若不關心改造自然的實際，它就難以取得自身生存和發展的外部條件。

三

　　自然科學的社會功能是多方面的，最容易看到的自是自然科學知識在技術上的成功運用。不過，科學與技術之間的關係錯綜複雜，並非都是一目了然的。

　　縱觀人類的整個歷史我們可以看到：從猿到人是自然界提供了機遇的生物進化過程，並非任何有意識的行為；從以採集和狩獵謀生到以種植和畜牧創造自己之所需，人類所依靠的主要是自己的體力和早期萌發的智慧，歸功於人的一雙手和經驗的累積；以科學知識，即以對自然界的真知來創造和改善自己的物質生活和精神生活，這是自然科學出現和發展的結果。到了這個時候，人類與自然界的關係便發生了質的變化，人類真正成為自然界中的驕子。 1976 年以後美國的「白領」在數量上超過了「藍領」，這一事實之所以引起了學術界的普遍關注，是因為它意味著人類歷史又將走上一個新的台階。就社會整體而言，智力所創造的物質財富將超過體力勞動所穫，這也是歷史之必然。

　　科學所造就的生產力已經深刻地改變了世界的面貌，還將以更快的速度和在更大的規模上改變世界的面貌。不僅人類過去的許多幻想已經或正在變為現實，甚至許許多多過去幻想不到的事情也已經變成現實。科學的威力已為人們所共識，人們也都把社會進步的希望寄託在科學的進步之上。不過，就科學與技術的關係而言，有一些問題還是需要我們進一步弄清楚的。

　　我們說科學與技術的關係至為密切，還常常把科學和技術並稱為「科學技術」或簡稱為「科技」，但是科學不等同於技術。如果把它們混同起來，那就必定既不能正確地認識和理解自然科學，也不能正確地認識和推進現代技術。

　　我們已經知道，在自然科學還沒有真正形成的時候，人類關於自然界的許

多知識來自技術經驗的總結，那些知識與技術渾然一體，而現代意義的科學知識卻不是技術經驗的一般的總結，它的一些來由甚至與技術毫不相關。現代科學有時可以粗分為基礎科學和應用科學兩大類型，不過實際上它們是常常不容易區分清楚的。基礎科學以研究自然界的基本現象和基本規律為己任，如物理學、化學和生物學的大部分內容都屬於這一類；應用科學所研究的則偏重於可供實際應用的自然界的知識，如無線電學、電子計算機科學、材料科學、能源科學等學科的許多內容即是。相對而言，應用科學與技術比較靠近，但是應用科學的成果也並非就等於技術，它也不是技術經驗的一般總結，它常常表現為基礎科學和技術科學的中間環節。

再說，我們必須明白，並非我們有了某些科學上的真知，就是得到了某種相應的技術，就必定能夠使它在技術實踐中發揮效用。自然科學知識要成為人類所能夠運用的技術和技能，在大多數情況下是需要經過一系列轉化過程的，這個過程有時甚至相當艱難，需要人們耗費許多時間和精力，這是因為往往還有大量問題需要人們去研究和解決。例如，牛頓在研究萬有引力原理時，實際上已經推出了發射人造衛星的可能性，而人造衛星的升空則是三百多年以後的事；激光的機理發現了半個世紀以後，人們才製成激光器從而開創激光技術。又如愛因斯坦從相對論中推導出了令人驚異的質能關係式 $E=mc^2$，後來人們又發現鈾核的裂變出現了質量虧損，釋放出可觀的能量，於是產生了利用原子能（核裂變能）的想法。但是要把這樣一種想法付諸實現，還得解決一系列理論和技術上的問題，如鈾礦的開採、鈾的濃縮、放射性物質的儲運、放射性防護等等，要是對這些問題沒有相應的理論知識和妥善的解決辦法，原子能仍然只是科學上的一種認識，不可能轉化成為可供利用的技術。有些時候轉化的條件尚不具備，一些科學知識也就只能停留在理性知識的形態。例如，超導現象的發現，可望在電力傳輸和應用上開創新的局面，然而至今在理論上和技術上都還未能突破；熱核反應作為一種能源的前景至為可觀，現在也還只是處於研究和實驗階段，並非指日可待；分子設計無疑是極為誘人的目標，但要付諸實現，尚需解決的難題仍多；人們早已預測到基因工程將會給人類社會帶來怎樣的效益，然而至今基因工程技術產品投效市場的還很少，大多還處在實驗室研

究階段。而且，這些科學知識即使在轉化為技術上有所突破，要使它們能夠在社會上形成一定規模的生產力，產生一定的社會效益，那也不是輕而易舉的事，也還要經過許許多多科學家和工程技術人員的努力。

從科學發展的歷史上我們還可以清楚地看到，科學越是進步，科學理論超前於技術發展的現象就越為顯著，比如無線電、半導體、激光等等許多現代社會的技術支柱，就都不是從經驗裡總結出來，或者是在技術上先提出了某些需求才建立有關的理論的，而是先有了科學理論才在技術上尋求其應用，才形成為某種技術的。進入二十世紀以後，這已成為相當普遍的現象。應當認為，科學理論超前的現象是人類認識史上的總的趨勢，是人類智力進步的充分的表現，人類正是賴此得以更好地發揮自己的主觀能動性，更加有效地改造自然，為自己創造更加美好的生活。如果誤以為那些超前的科學理論是「脫離實際」，那就大錯特錯了。

我們還必須注意到這樣一種情形，那就是有許多科學知識我們現在還看不出它轉化為技術的途徑，甚至還看不出轉化為技術的可能性，卻是科學發展所不能不關注的重要課題，例如基本粒子的理論知識、關於恆星和宇宙的知識等等。人們研究這些問題並非考慮到它們轉化為技術的前景，至少目前人們還想不到它們轉化為技術的前景。人們想要弄清楚的是自然界的究竟，所面對的是自然界這個實際。如果只是以其技術價值或其他實用價值來衡量，那就只能妨礙科學前進了。

所以我們說，科學和技術的關係至為密切，現代技術幾乎都是從科學知識轉化而來的，現代科學是現代技術的基礎。我們必須十分敏感地關注科學知識轉化為技術的可能性，儘最大的努力使儘可能多的科學知識轉化成為可供應用的技術，但是科學並不就是技術，也不能要求科學知識都轉化成為技術。如果只從技術的角度來看待科學，如果簡單地以市場經濟活動，或者以純粹商品價值的觀點來看待所有科學研究活動和科學研究成果，據此以制定政策，處理有關科學活動的種種問題，其後果必將是阻滯科學的發展，到頭來就必定要毀壞現代技術的根基。

推動技術進步固然是自然科學社會功能十分重要的一個方面，不過，作為一種變革社會的力量，它的作用遠不只此，自然科學在社會思想和文化方面所表現的巨大社會作用在某種意義上說更為深刻。

自然科學脫胎於古代哲學，但它從哲學裡分化出來以後，並非從此割斷了與哲學聯繫，事實上哲學作為世界觀和方法論對於自然科學的發展有著十分巨大的作用，反過來說，自然科學的發展也給哲學研究提出了大量過去未曾出現過的問題，成為推動哲學進步的基本力量。我們看到，伽利略之所以成為近代自然科學的先驅，不僅在於他的具體的科學成就，也在於他的科學思想和科學方法，這就是他在科學領域裡所運用的哲學。我們也知道，近代自然科學的興起與 F. 培根的哲學思想和他所強調的歸納法是難以分開的。實際上，人們在思考問題的時候，不論自覺還是不自覺，總是在運用某種哲學思想和方法，自然科學家當然不會例外。至於自然科學，尤其是現代自然科學給哲學所提出的許多問題，我們在本書裡已略有述及，這些問題已經引起了哲學家們的高度重視，成為當代哲學活力之所在，由此產生了許多現代哲學流派，不少問題也還在爭論之中。既然哲學是人類對各種事物的認識的高度概括和總結，自然科學知識的進展必然影響著人們的哲學思想，影響著人們的世界觀和思考問題的方式和方法，在人類的意識形態上打下深深的烙印。可以這樣認為，沒有今天的自然科學也就不會有今天的哲學。不過值得注意的是，歷史上用既定的哲學觀點來看待新出現的自然科學問題的情形屢見不鮮，遠的不必多說，本世紀上半葉在蘇聯所發生的許多「批判」以至迫害事件；中國大陸也曾發生過一系列的所謂「學術批判」，就都是比較典型的事例①。把科學問題混同於哲學問題，

---

① 例如，曾經有人指責牛頓的經典力學為「形而上學」，高喊「打倒牛家店」；宣稱摩爾根的遺傳學說是「唯心主義」，是「不可知論」；把愛因斯坦的相對論當作「相對主義」來批判，說它「否定了絕對真理」；妄稱現代宇宙學的理論「違反辯證法」等等。

或者以哲學思考取代科學研究，以某些既定的哲學觀點來評判科學，決定科學上的是非，甚至以某些行政手段來干預學術上的爭論等等，毫無疑問都是一種倒退，既不利於科學的發展，也在實際上堵塞了哲學前進的道路，因而為害極大。這種無知和愚蠢的惡作劇應當永遠絕跡！

科學的任務在於探求自然界的真理，但是科學絕不可能窮盡真理，它只能一步一步地更加接近真理。在科學的途程中屢屢出現謬誤不足為怪，這是人類認識史上的正常現象。科學的真理取代了昔日的謬誤卻從其中吸取了有益的營養的事例並不少見。新的理論只不過指明了舊的理論的適用範圍，實際上是包容了舊的理論而並非簡單地否定了舊的理論的情形更多。我們對這些現象只能從歷史的角度給予恰當的評價，不考慮到各種因素而對前人的工作及其業績橫加指責，不但毫無道理，也毫無意義。科學的歷程就是人類擺脫無知並一步一步地接近真理的進程，前人的成敗得失，都是人類認識史上的真實圖景，如實地把它看作是人類精神文明最寶貴的遺產，善於從中學習，吸取前人的經驗和教訓，必定能使我們在認識事物的途徑和方法上變得更加聰明。

隨著自然科學的成長而逐漸形成的，已為社會所公認的「科學精神」，它的社會影響和社會作用是難以估量的。什麼是科學精神？如果用一句最概括的話來說，那就是實事求是的精神。綜觀一部科學發展的歷史，所有科學成就都是在這種精神的作用中取得和完成的。

科學精神是在科學家的群體裡，在科學研究的實踐中逐漸形成的一些科學的思維方式和行為規範，這是一種無形的卻是巨大的力量，它深刻地影響著科學家們的科學活動思想與行為。在科學領域裡，儘管有各種不同類型的工作，也產生了不同的學術派別，派別之間也會有許多難於休止的爭論，甚而還會出現各式各樣的「危機」，但是有一些準則是共同的，人們一旦違背了這些準則，其行為和結果就不會為科學家群體所承認，不會被認為是科學。這些準則主要是：尊重前人的成果又勇於創新，既重視繼承更重視發展，既堅信客觀世界之可以被認識又承認認識之永無止境；不盲從或迷信任何權威，一切以事實為依據，以實踐（包括可重複的實驗和觀察）作為檢驗真理的唯一標準；所有概念和理論在邏輯上都必須正確無誤而不自相矛盾，並且是經過檢驗之後才為

人們所承認；在真理面前人人平等，把學術爭論視為科學進步的常規等等。雖然沒有人就此給科學家們定下什麼規章或者何種條文，但真正的科學家對這些準則都無不自覺地遵守，實際上它們已成為科學永保活力及其崇高價值之所據。在科學的途程上，科學家也會犯這樣或那樣的錯誤，也會走入歧途，甚至會出現「偽科學」（如我們提到過的發生在蘇聯的「李森科事件」那樣的情形），但錯誤必定會由科學自身來糾正，弄虛作假行為則必定要為科學所排斥。如果我們把自然科學作為一個系統來考察，我們看到它是一個充滿活力的開放系統，它具有最強的自我約束、自我完善和自我發展的能力，其內部機制就是我們所說的科學活動的基本準則。在科學活動中所形成的科學準則是人類最寶貴的精神財富之一，由它所凝成的科學精神，其意義和作用早已遠遠超出科學活動的範圍。

無論是具體的自然科學知識，還是在自然科學發展過程中所逐漸形成的科學準則和科學精神，現在都已經滲透到了所有知識領域和人類的社會生活的一切方面。在現代社會中，「科學」這個詞實際上已經衍伸為含義相當廣泛的概念，人們常以是否「科學」來衡量事物的是與非，常以「科學化」來表示事物的準確性和正確性，其中除了包含著科學知識的運用的成分之外，也包括了科學家們所通用的科學準則的意思在內。

社會科學化是現代社會的重要標誌，是衡量現代社會進步程度的基本尺度之一。所謂社會科學化不僅僅是科學透過技術而改變社會物質生產的面貌，從而改變了人們的物質生活狀況，而且是科學活動和科學成果以其精神產品的形態，改變著人們的世界觀和認識、處理事物的方式與方法，從而改變著人們的思想、心理和行為。前者比較容易感受到，然而後者更為深刻。科學實際上已經成為現代社會思想文化的重要內涵，科學知識和科學精神則是現代精神文明最基本、最重要的組成部分。

一部科學發展的歷史，也就是一代又一代科學家為之奮鬥的篇章。需要注意的是，史書所記載的大多只是那些取得成功的科學家的事跡，事實上還存在著更多不成功甚至失敗的事例，也存在著更多更多不見經傳，但同樣作出不應被人們遺忘的無名英雄的業績。科學探索是對未知世界的追求，從來就是一種

絕無十分把握，卻又是十分艱苦的工作，既需要人們的智慧和巧思，更需要人們的毅力和勇氣，不知多少人為此嘔心瀝血，孜孜以求，耗盡了畢生的精力，甚而是慷慨悲歌，付出了鮮血和生命，這才寫下這些可歌可泣的詩篇。在追索科學真理的途程中，無論是成功者還是失敗者，都值得後人敬仰，其中許多偉大的精英堪稱人類的楷模，他們的業績永遠激勵著後人，也催促著人們更加勇敢、更加堅定地向前邁進！

應當承認，科學作為思想和文化的存在及其作用，至今並非都為人們所普遍認識，尤其是在我們這樣科學還不很發達的國家裡。然而，若不充分發揮科學的思想和文化功能，社會的進步和現代化就只近於空話了。

五

自然科學的進步是幾百年來社會進步之所賴，但反過來說，自然科學的進步又不可避免地受到社會各方面的因素所制約。自然科學的誕生固然是一場前赴後繼，慷慨悲歌的革命，自然科學發展的道路也不是筆直而又平坦的。努力為科學的發展掃清道路，為它的生存和發展創造良好的社會環境，是每一個現代社會成員的責任和義務。

科學所體現的是人類對自然界的真知，既然是真知就必具知識價值。按說，科學知識對於社會上所有的人來說，它本身的價值都是相同的，即無所謂對某些人「好」或對某些人「不好」，或者說它只屬於某些群體或階層而不屬於另外一些群體或階層，但實際情形上卻並不那麼簡單。

比如說達爾文創立生物進化論之始就遭到許多人的反對，一些人是出於宗教觀念，以為這是對上帝的「褻瀆」；也有一些人是由於心理上的原因，他們難於接受人類的祖先由猿猴演變而來這樣似乎是「不光彩」的事實。對科學成果的評價有時候也會受到種種政治因素的干擾，例如愛因斯坦的相對論就曾被狂熱的納粹分子稱為「猶太人的物理學」而加以鞭撻，蘇聯人也曾把許多科學成果當作「資產階級的科學」而一概排斥。這些以某種意識形態或政治觀念來看待科學成果的行為，現在看來未免可笑，但在歷史上卻並不少見。究其因，

在於那些人不明白這樣一個淺顯的道理：科學並非他們所認為的某種好或不好的意識形態或政治見解的產物。科學的成果和見解當然會對人們的意識形態產生某種影響，或者在政治上左右人們的情緒，但意識形態或政治觀點決不是判斷科學成果的價值與是非的標準和依據。

我們在上文說到過，科學成果不一定都能轉化為技術，或者不一定能即時轉化為技術，甚至還根本看不到轉化為技術的前景。這也會使一些抱狹隘的實用主義觀點的人把它們分為「有用的」或者是「無用的」，以此為依據而給予支持或者使其受到冷落。

科學成果轉化為技術之後，這些技術掌握在不同人群的手裡，用作不同的用途，也會產生不同的後果。例如原子能技術既可以提供能源為人類造福，也可以製造原子武器給人類造成災難；太空技術既可以開闢人類生存和發展的第四環境，也可以為「星球大戰」之類的目的服務。由此又會產生對現代技術以至現代科學的各式各樣的認識和看法。

自然科學的發展以及它所帶來的技術進步，正以越來越快的速度改變著社會的面貌，也越來越強烈地改變著人類的生活狀態、精神狀態和心理狀態，相應地也會產生了各式各樣的社會問題。值得注意的是在西方社會出現的一種「技術恐懼症」。技術進步帶來了規模空前的毀滅性的戰爭武器；新技術的層出不窮使許多人難於適應而造成失業的威脅；人們突然發現不少新的技術及其產品會危及人類的健康，破壞人類生存的環境，威脅人類的命運（如農藥殘留和濫用化學製品所造成的危害，大氣臭氧層的破壞、放射性和電磁波的污染）等等過去不曾想到的事。於是就產生了技術進步對人類來說究竟是福音還是禍害的疑問。還有諸如智能機器人的出現，一些生物技術如基因工程的發展對人類自身的影響等等，更涉及到一系列社會的倫理、道德方面的問題，也使不少人感到迷惑。一些思想極端的人因此懷疑甚至反對一切現代科學和技術，以為只有拋棄一切現代技術人類才有前途和出路。其實，如果從科學技術發展的歷史上來考察，這都不過是庸人自擾。我們回想機器工業初期，許多工人以為他們之所以受苦是機器之過，砸爛機器、破壞廠房之事時有發生；哥白尼學說初入中國之時，一些士大夫以為它「有違祖訓」，宣稱萬萬不能接受。曾幾何

時，這些迷茫與疑惑也都成為過去了。科學和技術發展的總的趨勢任何力量都無法阻擋，不過科學和技術的進步所引起的種種環境問題和社會問題，的確需要人們的密切關注和妥善地加以解決。

從另一方面說，科學是社會的產物，科學活動是一種社會行為，它依託於社會而存在，它的發展有賴於社會的支持和推動。

早期的科學活動都是科學家個人的事，科學交流也大多屬於科學家個人之間的交往。隨著認識領域的拓展和深入，科學研究的規模日漸擴大，科學活動已成為具有相當規模的社會活動，或者說科學活動社會化了。這不只是說科學社團的大量出現和越來越活躍，也不只是說科學活動已經越來越多地滲透到政治活動中去（如大規模的政府間的合作、近年來十分活躍的「綠色和平運動」等），還表現為社會上已經形成，並且正在迅速擴大的「科學產業」。科學的產業化是科學社會化的突出表現。現代的科學活動往往需要許多人合作，有組織地進行；往往需要許多價格昂貴的儀器設備；需要十分迅速、有效和準確的信息交流；也需要有一定的經濟環境、社會環境和政治環境，也就是說，現代科學事業必須要有相當的人力、財力和物力以及相應的外部環境的支持，這些都不是科學家個人和以科學家個人的手段所能解決的。因此現代科學更加要求得到社會的理解和扶持。現在，發達國家科學產業的規模還在急劇擴充，成了社會的基礎性產業。許多發展中國家也投入很大的力量來發展自己的科學產業。

人們不應當只是向科學索取，科學的進步是需要理解、支持和投入的。發達國家之所以發達，其根本原因之一在於科學發達，而科學發達在相當程度上是由社會對它的支持和投入所決定的。作為發展中國家，我們更應妥善地制定自己的科技政策，採取適當的手段和措施以保護和促進我們的科學事業，不失時機地充分利用現代科學成果和科學發展的大好形勢迎頭趕上。

六

現代科學的發展明顯地出現了這樣的趨勢：其一是學科的分支越來越細，學科的門類越來越多；其二是學科相互交叉的情況越來越複雜，湧現了大量所

謂邊緣學科，這些邊緣學科往往成為最活躍的生長點；其三是產生了許多綜合性的學科，所綜合的範圍越來越大，應用的範圍也越來越寬廣。應當認為這是科學發展的必然趨勢，是人類的知識領域更加寬闊、更加深入的表現，是人類對客觀世界認識能力提高到前所未有的高度的反映。客觀世界本來是一個整體，並不存在單一的或者各不相干的現象，人們把關於客觀世界的知識劃分為不同的學科是必要的，這樣做有利於我們具體地、深入地認識它的某一個側面的現象和規律，眾多學科的形成就是這種必要性的體現。但要是把這種人為的劃分當作客觀世界的真實面貌，那就必定難於準確地認識和把握客觀世界了。學科的交叉和綜合正是突破以往那種人為地把客觀對象割裂開來研究的格局，它表明了科學的進步。

還值得注意的是，我們不僅看到自然科學內部出現了錯綜複雜的交叉和綜合的現像，我們還看到人類的知識體系還出現了在更大範圍裡的交叉和綜合的情形。以往，自然科學、社會科學、人文科學和思維科學是截然不同的領域，不僅就其知識體系而言，而且在研究方法上也相去甚遠。現在，它們的界線變得越來越模糊了。例如我們在本書裡述及的環境科學，其中既包括了物理學、化學、生物學、地理學等多方面的自然科學知識，也包括了社會、經濟、政治、法律、歷史等社會科學和人文科學的內容，以至於我們實在很難說清楚它是自然科學還是社會科學、人文科學。我們討論過的控制論、資訊論和系統論，也很難用以往的學科大類來加以劃分，它們的應用範圍也大大超越了過去所理解的學科的界線了。

科學發展的現實告訴我們，作為現代社會的積極的成員，如果只是把我們的知識領域以及認識問題和研究問題的方法偏限於某些比較狹窄的學科範圍之內，必定是越來越難於有所作為的了。我們在上文提到過，現代社會的許多問題都在不同程度上與科學技術的發展相聯繫，不瞭解現代科學和技術也就難於理解和無從處理這些問題。由自然科學所發展起來的許多思想和方法，亦已大量地滲透到幾乎一切領域之中。所以我們說，對於並非專習理工的人，認真地學習一點自然科學知識，研究一下自然科學發展的歷史，瞭解一些在自然科學中形成的思考問題和研究問題的方法是絕對必要的。反過來也是一樣，對於專

習理工的人來說，如果對科學發展的過程不甚了了，則無以吸取前人的經驗和教訓；對自己專業以外的學科知識一無所知，就難以適應當代科學的發展趨勢，更遑論高瞻遠矚；對現代社會科學、人文科學以至於哲學的知識和方法所知甚少，同樣也難有大的建樹。因為我們知道，現代科學的發展和現代技術的運用，都會在不同程度上與種種社會問題相聯繫，也往往引伸出一些哲學問題，在推進科學技術的同時，如果不能同時認真地考慮到它的社會作用、社會影響和社會後果，不失時機地採取必要的措施和對策，那往往也是難以得到社會的理解和支持，甚至於寸步難行。

科學飛速進步，給所有的社會成員都提出了一個不得不認真考慮和認真對待的問題，那就是每個人的知識都在急劇地老化，都需要迅速地更新，稍有遲疑就有可能成為時代的落伍者。近年來「終身教育」之所以受到社會的普遍重視，正是為了適應這樣的形勢。人們催促「資訊社會」的來臨，在很大程度上也是為了能及時獲得所需資訊（或稱輸入「負熵」），以保持自身在現代社會中生存和發展的能力（或稱成為具有「自組織能力」的「開放系統」）。人以自己的才智改造著世界，使世界發生日新月異的變化，人自身也必須不斷地增長自己的才智，才能適應變化著的世界。

七

中國是一個有數千年延綿不斷文明的國家，這在世界上是獨一無二的。我們祖先所創造的古代科學技術曾經在世界上處於遙遙領先的地位，以自己的偉大發明在世界文明史上作出過巨大貢獻。然而，現代意義的自然科學（或者說發育成為成熟形態的自然科學）並不誕生在中國的土地之上。有關的一些問題我們在本書的第一章裡已有所討論。

我們說中國不是近代自然科學的發源地，近代自然科學是由西方傳到中國來的，這並不等於說中國人對近代自然科學的建立沒有任何貢獻，我們已經闡述過東方技術對歐洲的興起所產生的影響，而由東方傳到歐洲的技術主要就是中國的古代技術，這些技術也遠不只大家所熟知的造紙術、印刷術、指南針和

火藥這四大發明。但是我們總得如實地承認，中國人對近代自然科學的形成所發揮的作用是間接的而不是直接的。

我們應當實事求是地承認近三四百年來中國科學技術落後於世界先進水準的事實，盲目自大絕不可取。承認落後並不等於自餒，而在於激憤自強。從古代科技史裡我們可以清楚地看到，沒有哪一個國家或者地區永遠處於領先地位，唯善去己之短和取他人之長者貢獻最大和最多。回想明末清初近代自然科學開始東傳之時，我國許多文人學士不僅不能理解，甚而抱著懷疑和鄙視的態度，以為唯有中土文化才是「正宗」，「蠻夷」之邦不會有什麼好貨色，即使承認他們有好貨色也要拒之門外。「地圓說」始傳我國之時，一些士大夫就嗤之以鼻，說什麼思之「不覺噴飯滿案」。有人雖然信服，但又毫無根據地宣稱，這不過是中國古人的某些說法，在很早的時候傳到西方爾後演變而成，不必「喜其新而宗之」。由此更興起「西學東源」之說，此說也曾喧囂一時。哥白尼的日心地動說傳來之後，有人驚呼這是「上下易位，動靜倒置，則離經畔（同〈叛〉）道，不可為訓」。西方近代曆法傳入我國後，清初在朝廷的主持下經過幾次公開驗證，已證明瞭它的確比中國當時所用的曆法準確。面對無可爭辯的事實，竟然還有人高唱「寧可使中夏無好曆法，不可使中夏有西洋人」這樣的「謬論」，以自我封閉為風尚，可謂愚昧到了極點。事實上當時中國與西方的差距還不算太大，然而一次追趕世界科學潮流的機遇就這樣喪失了。鴉片戰爭之後，西方的堅船利炮打開了中國的大門，人們的頭腦清醒了許多。但是，那時人們也還只認識到我們在技術上落後了，並不曾想到落後的不僅僅是技術，於是有所謂「中學為體，西學為用」的說法，以為只要引進西方技術便足以富國強兵，對於作為近代技術基礎的近代科學依然所知極少，對於科學的文化價值更是全無所知。直至本世紀二十年代前後，國人才逐漸醒悟到科學的重要性，五四運動時期提出的「民主與科學」的口號即是這種反映。覺醒當然是好事，但畢竟太遲緩，整整經歷了三百多年，與西方的差距拉得很遠就是不可避免的了。

歷史的教訓十分深刻和異常沉重，其中的許多問題還有待我們的進一步研究和探討。

中華民族在科學技術上有過舉世公認的輝煌，表明中華民族有自立於世界民族之林的能力。近幾十年來，中華民族的優秀兒女在不少領域裡已經取得了許多令人矚目的成就，在一些方面還走到世界的前列，也充分證明了這種能力。覺醒了的中國人絕對不會甘心自己的落後，也絕對有能力再造輝煌。

中國古人考察自然事物的一些傳統的思維方式，與從西方發展起來的現代自然科學的思維方式不甚相同，它特別注重事物的統一性，強調事物之間的有機聯繫和辯證關係，強調事物規律的共通性，長於模糊推理和模糊判斷等，這在中國傳統醫學理論裡表現得最為充分。這些特點與西方科學注重解剖，注重分析，著意謀求對細節的準確認識，以嚴格的形式邏輯為基本思路等的風格迥異，在一定意義上正與現代系統論的本義相合，與學科的大交叉和大綜合的趨向亦一致。不少現代學者認為，中國的傳統思維方式是人類的極其寶貴文化遺產，對其進一步發掘和研究，使其融匯到現代科學中去以補其不足，有可能促使科學走向新的境界。這也是我們所應當密切關注的事。我們期待著在這方面能有所突破。

科學無國界，當今之世科學已經成為世界性的事業。只要我們保持清醒的頭腦，正視自己的短處，發揚我們的優勢，善取他人之所長以補己之不足，堅持不懈地、腳踏實地地向前走，我們有充分理由相信，中華民族必能重振昔日雄風，在推進世界科學事業上發揮越來越大的作用，對人類作出應有的貢獻。

複習思考題

1. 試簡述你對科學和技術的關係的認識。
2. 試簡述你對科學和哲學的關係的認識。
3. 試簡述你對自然科學的社會思想文化功能的認識。
4. 簡述你從自然科學發展的歷史中得到些什麼啟示。
5. 簡述你對學習自然科學知識的意義的認識和看法。

人名譯名對照

（按筆劃排列，包含生卒年）

4 劃

王夫之 (1619—1692)

王　充 (27—?)

王安石 (1021—1086)

王叔和 (魏晉間人，生卒年代不詳)

王　浩 (Wang Hao, 1921—)

王淦昌 (1907—)

王　禎 (元人，生卒年代不詳)

王　選 (1937—)

王　燾 (唐人，生卒年代不詳)

夫瑯和費 (Joseph Fraunhofer, 1787—1826)

戈達德 (Robert Hutchings Goddard, 1882—

1945)

戈德馬克 (Peter Carl Goldmark, 1906—1977)

瓦　因 (Frederich John Vine, 1939—)

瓦　利 (Cromwell Fleetwood Varley, 1828—

1883)

瓦　特 (James Watt, 1736—1819)

比奇洛 (Julian Homely Bigelow, 1913—)

比魯尼 (al-Bī rū-nī, 973—1048)

牛　頓 (Isaac Newton, 1642—1727)

扎　德 (Loft Asker Zadeh, 1921—)

公孫龍 (約公元前 330— 前 242)

巴　丁 (John Bardeen, 1908—)

巴托林 (Eramus Batholinus, 1625—1698)

巴克拉 (Charles Glover Barkla, 1877—1944)

巴貝奇 (Charles Babbage, 1792—1871)

巴甫洛夫 (1849—1936)

巴索夫 (1922—)

巴特勒 (Clifford Charles Butler, 1922—)

巴斯德 (Louis Pasateur, 1822—1895)

巴爾的摩 (David Baltimore, 1938—)

孔　德 (Auguste Comte, 1798—1857)

5 劃

范勝之 (西漢人，生卒年代不詳)

甘　德 (戰國時人，生卒年代不詳)

古　德 (Harry Herbert Goode)

古德伊爾 (Charles Goodyear, 1800—1860)

本　生 (Robert Wilhelm Eberhard Bunsen,

1811—1899)

切薩皮諾 (Andrea Cesalpino, 1519—1603)

石　申 (戰國時人，生卒年代不詳)

布　什 (Vannevar Bush, 1890—1974)

布瓦博德朗 (Paul Émile Lecoq de Boisbaudran, 1838—1912)

布里格斯 (Herny Briggs, 1561—1630)

布拉赫 (Tycho Brahe, 1546—1601)

布拉德雷 (James Bradley, 1693—1762)

布洛赫 (Felix Bloch, 1905—1983)

布　朗 (Robert Brown, 1773—1858)

布倫納 (Sydney Brenner, 1927—)

布喇格 (William Henry Bragg, 1862—1942)

布喇格 (William Lawrence Bragg, 1890—1971)

布喇頓 (Walter Houser Brattain, 1902—)

布勞恩 (Wernher von Braun, 1912—1977)

布萊克 (Joseph Black, 1728—1799)

布萊克特 (Patrick Maynard Stuart Blackett, 1897—1974)

布　爾 (George Boole, 1815—1864)

布　赫 (Leopold von Buch, 1774—1853)

布魯諾 (Giordano Bruno, 1548—1600)

布儒斯特 (David Brewster, 1781—1868)

布　豐 (Georges-Louis Leclerc de Buffon, 1707—1788)

厄拉多塞 (Eratosthenes of Cyrene, 約公元前 273— 前 192)

卡文迪什 (Henry Cavendish, 1731—1810)

卡皮察 (1894—1984)

卡爾達諾 (Girolamo Cardano, 1501—1576)

卡萊爾 (Authong Carlisle, 1768—1840)

卡　森 (Rachel Louise Carson, 1907—1964)

卡　諾 (Nicolas Léonard Sadi Carnot, 1796—1832)

卡羅瑟斯 (Wallace Hume Carothers, 1896—1937)

央斯基 (Karl Guthe Jansky, 1905—1950)

史瓦西 (Martin Schwarzschild, 1912—)

史密斯 (William Smith, 1769—1839)

弗里施 (Otto Robert Frisch, 1904—1979)

弗萊明 (John Ambrose Fleming, 1849—1945)

弗勒明 (Walther Flemming, 1843—1905)

弗蘭克蘭 (Edward Frankland, 1825—1899)

加加林 (1934—1968)

尼科爾森 (William Nicholson, 1753—1815)

尼倫伯格 (Marshall Warren Nirenberg, 1927—)

尼普科夫 (Paul Gottlieb Nipkow, 1860—1940)

尼爾松 (Lars Fredrik Nilson, 1840—1899)

皮　茨 (Reid William Pitts, 1909—)

皮亞齊 (Giuseppe Piazzi, 1746—1826)

6 劃

亥姆霍茲 (Hermann von Helmholtz, 1821— 1894)

安　培 (André-Marie Ampére, 1755—1836)

安德森 (Carl David Anderson, 1905—)

安德魯斯 (Thomas Andrews, 1813—1885)

米丘林 (1855—1935)

米舍爾 (Johann Friedrich Miescher, 1844—

1895)

米　勒 (Stanley Lloyd Miller, 1930—)

吉布斯 (Josiah Willard Gibbs, 1839—1903)

吉　伯 (William Gilbert, 1544—1603)

吉拉爾 (Albert Girard, 1765—1836)

托　姆 (René Thom, 1923—)

托　馬 (Charles Xavier Thomas, 生卒年代不詳)

托勒密 (Claudius Ptolemaios, 約公元 85—168)

艾弗里 (Oswald Theodore Avery, 1877—1955)

艾什里 (William Ross Ashby, 1903—1972)

艾　里 (George Biddell Airy, 1801—1892)

艾　肯 (Howard Hathaway Aiken, 1900—1973)

艾　根 (Manfred Eigen, 1927—)

西拉德 (Leo Szilard, 1898—1964)

西塞羅 (Marcus Tullius Cicero, 前 106— 前 43)

列　文 (Phoebus Aaron Theodor Levene, 1869
　—1940)

列文虎克 (Antoni van Leeuwenhoek,
　1632—1723)

朱載土育 (1536—1611)

朱　熹 (1130—1200)

伏　打 (Alessandro Giuseppe Antonio Anas-
　tasio Volta, 1745—1827)

休伊什 (Antony Hewish, 1924—)

伍德沃德 (John Woodward, 1665—1728)

伊夫林 (John Evelyn, 1620—1706)

伊巴谷 (Hipparchos of Nicaea, 約公元前 190—
　120)

伊本・西那 (ibn-Sīnā, 歐洲人稱他爲阿維森納
　Avicenna, 980—1037)

伊本・奈菲斯 (ibn al-Nafîs, 1210—1288)

伊本・海賽木 (ibn al-Haytham, 965—1039)

伊比鳩魯 (Epikouros of Samos, 約公元前 341—
　前 270)

伊萬年柯 (1904—)

多布贊斯基 (Theodosius Dobzhansky, 1900—
　1975)

多普勒 (Johann Christian Doppler, 1803—
　1853)

7 劃

沈　括 (1031—1095)

汪　猷 (1910—)

沃　森 (James Dewey Watson, 1928—)

沃爾夫 (Caspar Friedrich Wolff, 1734—1794)

沃　德 (Barbara Ward, 1914—1981)

邢其毅 (1911—)

坂田昌一 (1911—1972)

坎尼扎羅 (Stanislao Cannizzaro, 1826—1920)

杜　馬 (Jean-Baptiste-André Dumas, 1800—
　1884)

杜博斯 (René Jules Dubos, 1901—)

杜特羅歇 (René-Joachim-Henri Dutrochet,
　1776—1847)

杜爾貝科 (Renato Dulbecco, 1914—)

杜　默 (Geoffrey William Dummer, 1909—)

克里克 (Francis Harry Compton Crick, 1916—)

克留弗 (Robert Edward Klufe, 1922—)

克勞修斯 (Rudoff Julius Emanuel Clausius, 1822—1888)

克塞諾芬尼 (Xenophanes, 公元前 580?— 前 478?)

克魯克斯 (William Crookes, 1832—1919)

克羅內克 (Leopold Kronecker, 1823—1891)

李比希 (Justus von Liebig, 1803—1873)

李政道 (Tsung-Dao Lee, 1926—)

李森科 (1898—1976)

李鬱榮 (Yuk Wing Lee, 1904—)

李時珍 (1518—1593)

里希特 (Jeremias Benjamin Richter, 1762—1807)

貝可勒爾 (Antoine-Henri Becquerel, 1852—1908)

貝採利烏斯 (Jons Jocob Berzelius, 1779—1848)

貝塔朗菲 (Ludwig von Bertalanffy, 1901—1971)

貝　爾 (Karl Ernst von Baer, 1792—1876)

貝　爾 (Alexander Graham Bell, 1847—1922)

貝賽耳 (Friedrich Wilhelm Bessel, 1784—1846)

貝　特 (Hans Albrecht Bethe, 1906—)

貝特洛 (Pierre Eugene Marcellin Berthelot, 1827—1907)

貝歇爾 (Johannes Joachim Becher, 1635—1682)

吳文俊 (1919—)

吳有性 (1592—1672)

吳健雄 (Chien-Shiung Wu, 1915—)

呂布蘭 (Nicolas Leblanc, 1742—1806)

利沃夫 (André-Michael Lwoff, 1902—)

伽伐尼 (Luigi Galvani, 1737—1789)

伽利略 (Galileo Galilei, 1564—1642)

伽　柏 (Dennis Gabor, 1900—1979)

伽莫夫 (George Gamow, 1904—1968)

伽　勒 (Johann Gottfried Galle, 1812—1910)

伽羅瓦 (Variste Galois, 1811—1832)

希波克拉底 (Hippokrates of Cos, 公元前 460— 前 377)

希金斯 (William Higgins, 1762—1825)

希爾伯特 (David Hilbert, 1862—1943)

希　羅 (Heron of Aiexandria, 活躍於公元一世紀，生卒年代不詳)

希羅多德 (Herodotus, 公元前 484— 前 430)

狄拉克 (Paul Adrien Maurice Dirac, 1902—1984)

門捷列夫 (1834—1907)

8 劃

法布里齊烏斯 (Hidanus Fabricus, 1560—1634)

法拉第 (Michael Faraday, 1791—1867)

泡　令 (Linus Carl Pauling, 1901—)

泡　利 (Wolfgang Ernst Pauli, 1900—1958)

波波夫 (1859—1906)

波　德 (Johann Elert Bode, 1747—1826)

拉瓦錫 (Antoine Laurent Lavoisier, 1743—1794)

拉馬克 (Jean-Baptiste de Monet, chevalier de Lamarck, 1744—1829)

拉格朗日 (Joseph Louis Lagrage, 1736—1813)

拉普拉斯 (Pierre-Simon Laplace, 1749—1827)

拉　齊 (al-Ra-zi, 865—925)

花拉子密 (al-Khwārizmī, ?—805?)

林　奈 (Carl von Linnē, 1707—1778)

亞里士多德 (Aristoteles of Stageira, 公元前
384— 前 322)

亞當斯 (John Couch Adams, 1819—1892)

奈奎斯特 (Harry Nyquist, 1889—1976)

帕拉切爾蘇斯 (Paracelsus, Philippus
Theophrastus Bombastus von Hohenheim,
1493—1541)

帕斯卡 (Blaise Pascal, 1623—1662)

帕　潘 (Deis Papin, 1647—1712)

金　斯 (James Hopwood Jeans, 1877—1946)

舍恩拜因 (Christian Friedrich Schonbein,
1799—1868)

舍　勒 (Carl Wilhelm Scheele, 1742—1786)

崙福德 (Benjamin Thompson Rumford,
1753—1814)

居　里 (Pierre Curie, 1859—1906)

居里夫人 (Marie Curie, 原名 Maria Sklodowska,
1867—1934)

居維葉 (Georges Leopold Chreeien Frédéric
Pagobert Baron Cuvier, 1769—1832)

阿伏伽德羅 (Amedeo Avogadro, 1776—1856)

阿貝耳 (Niels Henrik Abel, 1802—1829)

阿那克西曼德 (Anaximenes of Miletus, 約公元前
610— 前 545)

阿那克薩戈拉 (Anaxagoras of Klazomenai, 約公
元前 500— 前 428)

阿波羅尼 (Apollonios of Perga, 約公元前 262—
前 190)

阿　倫 (John Frank Allen, 1908—

阿佩爾 (Keith Kenneth Appel, 1934—)

阿基米德 (Archimedes, 公元前 287— 前 212)

阿斯普丁 (Joseph Aspdin, 1779—1855)

阿塔納索夫 (John Vincent Atanasoff, 1903—)

阿爾克邁翁 (Alkmaion of Crotona, 公元前六 —
前五世紀間)

孟德爾 (Johann Gregor Mendel, 1822—1884)

9 劃

洪　堡 (Friedrich Wilhelm Heinrich Alexander
von Humboldt, 1769—1859)

洛貝爾 (Matthias de Lóbel, 1538—1616)

洛崙茲 (Hendrik Antoon Lorentz, 1853—1928)

兹沃雷金 (Vladimir Kosma Zworykin,
1889—1982)

施　旺 (Theodor Ambrose Hubert Schwann,
1810—1882)

施威德勒 (Egon von Schweidler, 1873—1948)

施陶丁格 (Hermann Staudinger, 1881—1965)

施密特 (Maarten Schmidt, 1929—)

施萊登 (Jacob Mathias Schleiden, 1804—1881)

施塔爾 (Georg Ernst Stahl, 1660—1734)

祖衝之 (429—500)

珀　金 (William Henry Perkin, 1838—1907)

玻耳兹曼 (Ludwig Eduard Boltzmann,
　1844—1906)

玻　恩 (Max Born, 1882—1970)

玻意耳 (Robert Boyle, 1627—1691)

玻　爾 (Niels Henrik David Bohr, 1885—1962)

胡　克 (Robert Hooke, 1635—1703)

范·馬魯姆 (Martin van Marum, 1750—1837)

范托夫 (Jacobus Henricus vant Hoff,
　1852—1911)

查加夫 (Erwin Chargaff, 1905—)

查　里 (Jacques-Alexandre-César Charles,
　1746—1823)

查里士 (James Challis, 1803—1882)

查德威克 (James Chadwick, 1891—1974)

柏拉圖 (Platon, 公元前 427— 前 347)

柳宗元 (773—819)

威爾克斯 (Maurice Vincent Wilkes, 1913—)

威爾金斯 (Maurice Hugh Frederick Wilkins,
　1916—)

威爾遜 (Robert Woodrow Wilson, 1936—)

耐普爾 (John Napier, 1550—1617)

迪　費 (Charles francois de Cisternay duFay,
　1689—1739)

拜　倫 (Augusta Ada Byron, 生卒年代不詳)

科塞爾 (Walther Ludwig Julius Paschen Hein-
　rich Kossel, 1888—1956)

科　赫 (Heinrich Hermann Robert Koch,
　1843—1910)

科　赫 (Robert Jacob Koch, 1926—)

香　農 (Claude Elwood Shannon, 1916—)

皇甫謐 (223—282)

侯德榜 (1890—1974)

哈　伯 (Fritz Haber, 1868—1934)

哈　肯 (Hermann Paul Joseph Haken, 1927—)

哈　肯 (Wofgang Haken, 1928—)

哈　恩 (Otto Hahn, 1879—1968)

哈　勃 (Edwin Powell Hubble, 1889—1953)

哈兹尼 (al-Hkāzini, 1115—1130)

哈根斯 (William Huggins, 1824—1910)

哈特索克 (Nicolaas Hartsoecker, 1656—1725)

哈特萊 (Robert von Louis Hartley, 1888—1959)

哈　維 (William Harvey, 1578—1657)

約　丹 (Ernst Pascual Jordan, 1902—1980)

約里奧—居禮 (Frédéric Joliot-Curie,
　1900—1958)

約里奧—居禮 (Iréne Joliot-Curire, 1897—1956)

約翰森 (Wilhelm Ludvig Johannsen,
　1857—1927)

10 劃

海克爾 (Ernst Heinrich Philiopp August Haeck-
　el, 1843—1919)

海森伯 (Werner Karl Heisenberg, 1901—1976)

海特勒 (Walter Heinrich Heitler, 1904—)

高　斯 (Carl Friedrich Gauss, 1777—1855)

高　錕 (Charles Kuen Kao, 1933—)

庫　崙 (Charles Augustin de Coulomb, 1736—1844)

朗　伯 (Johann Heinrich Lambert, 1728—1777)

朗繆爾 (Irving Langmuir, 1881—1957)

馬可尼 (Guglielmo Marconi, 1874—1937)

馬　呂 (Etienne-Louis Malus, 1775—1812)

馬修斯 (Drummond hoyle Matthews, 1931—)

馬略特 (Edmé Mariotte, 1620—1684)

馬斯登 (Ernest Marsden, 1889—1970)

馬　赫 (Ernst Mach, 1838—1916)

馬爾皮基 (Marcello Malpighi, 1628—1694)

馬爾薩斯 (Thomas Robert Malthus, 1766—1834)

秦九韶 (南宋人，生卒年代不詳)

泰　勒 (Frederick Winslow Taylor, 1856—1915)

泰勒斯 (Thales of Miletos, 約公元前 625— 前 547)

泰奧弗拉斯託斯 (Theophrastos of Eresos, 公元 前 371— 前 287)

荀　況 (約公元前 313— 前 238)

索末菲 (Arnold Johannes Wilhelm Sommerfeld, 1868—1951)

索　迪 (Frederik Soddy, 1877—1956)

索爾維 (Ernest Solvay, 1838—1922)

格里馬爾迪 (Francesco Maria Grimaldi, 1618—1663)

格里菲思 (Fredrick Griffith, 1877—1941)

格拉夫 (Regnier de Graaf, 1641—1673)

格　魯 (Nehemiah Grew, 1641—1712)

埃克脫 (John Presper Eckert, 1919—)

埃拉西斯特拉圖斯 (Erasistratos of Ceos, 活躍於 公元前 250 年前後，生卒年代不詳)

哥白尼 (Nickolaus Copernicus, 1473—1543)

哥侖布 (Christopher Columbus, 1446?—1506)

哥侖布 (Realdus Columbus, 1516—1559)

哥德巴赫 (Christian Golbach, 1690—1764)

恩培多克勒 (Empedokles of Akragas, 約公元前 495— 前 435)

恩格斯 (Friedrich Engels, 1820—1895)

特　明 (Howard Martin Temin, 1934—)

特雷維拉努斯 (Gottfried Reinhold Treviranus, 1776—1837)

倫　敦 (Fritz London, 1900—1954)

倫　琴 (Wilhelm Rontgen, 1845—1923)

徐光啓 (1562—1633)

徐宏祖 (號霞客 , 1586—1641)

留基波 (Leukippos, 約公元前 500— 前 440)

能斯脫 (Walther Hermann Nernst, 1864—1941)

韋　弗 (Warren Weaver, 1894—)

韋格納 (Alfred Lothar Wegener, 1880—1930)

韋斯普奇 (Amerigo Vespucci, 1451—1512)

韋爾納 (Alfred Werner, 1866—1919)

納　塔 (Giulio Natta, 1903—1979)

紐科門 (Thomas Newcomen, 1663—1729)

紐蘭茲 (John Alexander Reina Newlands, 1837—1898)

孫思邈 (?—682)

桑　格 (Frederick Sanger, 1918—

桑德奇 (Allan Rex Sandage, 1926—)

自然科學概論

Kelvin, 1824—1907)

湯　斯 (Charles Hard Townes, 1915—)

溫克勒爾 (Clemens Alexander Winkler, 1838—1904)

溫伯格 (Steven weinberg, 1933—)

勞　厄 (Max von Laue, 1879—1960)

富蘭克林 (Benjamin Franklin, 1706—1790)

富蘭克林 (Rosalind Elsie Franklin, 1920—1958)

斯託尼 (George Johnstone Stoney, 1826—1911)

斯旺麥丹 (Jan Swammerdam, 1637—1680)

斯韋爾德魯普 (Harald Ulrik Sverdrup, 1888—1975)

斯特拉波 (Strabo, 公元前 64— 公元 25)

斯特拉斯布格 (Eduard Adolf Strasburger, 1844—1912)

斯特拉斯曼 (Fritz Strassmann, 1902—1980)

斯特蒂文特 (Alfred Henry Sturtevant, 1891—1970)

斯特魯威 (1793—1864)

斯涅耳 (Willebord Snell, 1591—1626)

斯萊特 (John Clarke Slater, 1900—1976)

斯蒂文 (Simon Stevin, 1548—1620)

斯蒂諾 (Nicolaus Steno, 1638—1686)

博　耶 (Janos Bolyai, 1802—1860)

博　特 (Walther Wilhelm Georg Bothe, 1891—1957)

彭齊亞斯 (Arno Penzias, 1933—)

菲茨杰拉德 (Geoerge Francis FitzGerald, 1851—1901)

菲涅耳 (Augstin Jean Fresnel, 1788—1872)

菲　索 (Armand Hipplyte Louis Fizeou, 1819—1896)

菲爾紹 (Rudolf Carl Virchow, 1821—1902)

華倫海特 (Daniel Gabriel Fahrenheit, 1686—1736)

華羅庚 (1901—1985)

萊布尼茲 (Gottfried Wilhelm Leibniz, 1646—1716)

萊因斯 (Frederick Reines, 1918—)

萊德曼 (Leon Max Lederman, 1922—)

提丟斯 (Johann Daniel Titius, 1729—1796)

惠更斯 (Christian Huygens, 1629—1695)

惠斯通 (Charles Wheatstone, 1802—1875)

雅各布 (Francois Jacob, 1920—)

傅　科 (Jean-Bernard-Léon Foucault, 1819—1868)

焦　耳 (James Prescott Joule, 1818—1889)

奧巴林 (1894—1980)

奧本海默 (Julius Robert Oppenheimer, 1904—1967)

奧弗頓 (Charles Ernest Overton, 1865—1933)

奧伯斯 (Heinrich Wilhelm Matthaus Olbers, 1758—1840)

奧　肯 (Loronz Oken, 1779—1851)

奧勒姆 (Nicole Oresme, 1325—1382)

奧斯特 (Hans Christian Oersted, 1777—1851)

奧斯特瓦爾德 (Friedrich Wilhelm Ostwald, 1853—1932)

奧德林 (William Odling, 1829—1921)

費　馬 (Pierre de Fermat, 1601—1665)

費希爾 (Ronald Aylmer Fisher, 1890—1962)

費　密 (Enrico Fermi, 1901—1954)

費歇爾 (Emil Fischer, 1852—1919)

13 劃

道爾頓 (John Dalton, 1766—1844)

塞貝克 (Thomas Johann Seebeck, 1770—1831)

塞爾維特 (Michael Servetus, 1511—1553)

福雷斯特 (Jay Wright Forrester, 1918—)

蒂　博 (Jean Thibaud, 1901—1960)

瑞　利 (Lord Rayleigh, 即 John William Strutt, 1842—1919)

聖提雷爾 (Etienne Geoffroy Saint—Hilaire, 1772—1844)

達·芬奇 (Leonardo da Vinci, 1452—1519)

達·伽馬 (Vasco da Gama, 1460—1524)

達　納 (James Dwight Dana, 1813—1895)

達爾文 (Charles Robert Darwin, 1809—1882)

葛　洪 (約 284—364)

塔爾塔利亞 (Niccolo Tartalea, 1499—1557)

楚　瑟 (Konrad Zuse, 1910—)

楊 (Thomas Young, 1773—1829)

楊振寧 (Frank Yang, 1922—)

賈思勰 (南北朝時北魏人，生卒年代不詳)

賈　萬 (Ali Javan, 1926—)

賈　憲 (北宋人，生卒年代不詳)

路易斯 (Gilbert Newton Lewis, 1875—1946)

凱庫勒 (Friedrich August Kekule von Strado-nitz, 1829—1896)

愛丁頓 (Arthur Stanley Eddington, 1882—1944)

愛因斯坦 (Albert Einstein, 1879—1955)

愛迪生 (Thomas Alva Edison, 1847—1931)

鄒承魯 (1923—)

14 劃

赫拉克利特 (Herakleitos of Ephesos, 約公元前 540— 前 470)

赫　茲 (Heinrich Rudolf Hertz, 1857—1894)

赫胥黎 (Thomas Henry Huxley, 1825—1895)

赫茨普龍 (Ejnar Herzsprung, 1873—1967)

赫　斯 (Harry Hammond Hess, 1906—1969)

赫歇耳 (William Frederick Herschel, 1738—1822)

赫　頓 (James Hutton, 1726—1797)

赫爾希 (Alfred Day Hershey, 1908—)

趙忠堯 (1902—)

歌　德 (Johann Wolfgang von Goethe, 1749—1832)

蓋—呂薩克 (Joseph Louis Gay-Lussac, 1778—1850)

蓋　革 (Hans Johannes Wilhelm Geiger, 1882—1945)

蓋　倫 (Galenos, 129—199)

蓋爾—曼 (Murray Gell-Mann, 1929—)

蔡　倫 (?—121)

蔡　斯 (Martha Chase, 1927—)

圖　靈 (Alan Mathison Turing, 1912—1954)

維拉爾 (Paul Villard, 1860—1934)

維　勒 (Friedrich Wohler, 1800—1882)

維　恩 (Wilhelm Carl Werner Otto Fritz Franz
　　Wien, 1864—1928)

維　納 (Norbert Wiener, 1894—1964)

維埃特 (Francois Vieté, 1540—1603)

維爾納 (Abraham Gottlob Werner, 1749—1817)

維薩里 (Andreas Vesalius, 1514—1564)

15 劃

摩　根 (William Jason Morgan, 1935—)

摩根斯頓 (Oskar Morgenstern, 1902—1977)

摩爾根 (Thomas Hunt Morgan, 1866—1945)

齊格勒 (Karl Ziegler, 1898—1973)

齊奧爾科夫斯基 (1857—1935)

熱拉爾 (Charles-Frédéric Gerhhardt,
　　1816—1856)

鄭　和 (1371—1435)

篷貝利 (Rafael Bombelli, 1526—1572)

賴　斯 (Johann Philipp Reis, 1834—1874)

賴　爾 (Charles Lyell, 1797—1875)

歐多克索 (Eudoxos of Cnidos, 公元前 408—前
　　355)

歐　姆 (Georg Simon Ohm, 1787—1854)

歐幾里得 (Eukleides of Alexandria, 活躍於公元
　　前 300 年前後，生卒年代不詳)

墨　翟 (約公元前 468— 前 376)

黎　曼 (Georg Friedrich Bernhard Riemann,
　　1826—1866)

德貝賴納 (Johann Wolfgang Do bereiner,
　　1780—1849)

德布羅意 (Louis-César-Vitor-Maurice de Brog-
　　lie, 1875—1960)

德弗里斯 (Hugo de Vries, 1848—1935)

德尚庫託瓦 (Alexandre Êmile Béguyer de Chan-
　　courtois, 1819—1886)

德福雷斯特 (Lee de Forest, 1873—1961)

德維爾 (Henri Etienne Sainte-Claire Deville,
　　1818—1881)

德謨克利特 (Demokritos of Abdera, 約公元前
　　460— 前 370)

劉禹錫 (772—842)

劉　徽 (三國時魏人，生卒年代不詳)

16 劃

諾伊曼 (John von Neuman, 1903—1957)

諾伊斯 (Robert Norton Noyce, 1927—)

諾達克夫人 (Ida Noddack, 原名 Ida Eva Tacke,
　　1896—1978)

邁申納 (Austin Donald Misener, 1911—)

邁克耳孫 (Albert Abraham Michelson,

1852—1931)

邁特納 (Lise Meiter, 1878—1968)

邁　爾 (Julius Lothar Meyer, 1830—1895)

邁　爾 (Julius Robert Mayer, 1814—1878)

霍　納 (William George Horner, 1786—1837)

霍姆斯 (Arthur Holmes, 1890—1965)

霍　爾 (Arthur David Hall, 1924—)

霍　爾 (Charles Martin Hall, 1863—1914)

霍　爾 (Robert Noel Hall, 1919—)

盧瑟福 (Daniel Rutherford, 1749—1819)

盧瑟福 (Ernest Rutherford, 1871—1937)

錢學森 (1911—)

鮑　欣 (Gaspard Bauhin, 1560—1624)

鮑威爾 (Cecil Frank Powell, 1903—1969)

17 ～ 21 劃

戴文賽 (1911—1979)

戴　維 (Humphrey Davy, 1778—1829)

蕭克萊 (William Bradford Shockley, 1910—)

蕭　洛 (Arthur Leonard Schawlow, 1921—)

謝潑德 (Alan Bartlett Shepard, 1923—)

薛定諤 (Erwin Schro dinger, 1887—1961)

賽格雷 (Emilio Gino Segre, 1905—)

顏真卿 (709—785)

薩弗里 (Thomas Savery, 1650—1715)

薩拉姆 (Abdus Salam, 1926—)

薩　頓 (Walter Stanborough Sutton, 1877—1916)

魏伯陽 (東漢人，生卒年代不詳)

魏茨澤克 (Carl Friedrich von Weizsacker, 1912—)

魏斯曼 (August Friedrich Leopold Weismann, 1834—1914)

龐加萊 (Jule-Henri Poincare, 1854—1912)

羅巴克 (John Roebuck, 1718—1794)

羅巴切夫斯基 (1792—1856)

羅森勃呂特 (Bertrand Arthur Steans Rosenblueth, 1900—)

羅　素 (Bertrand Arthur William Russel, 1872—1970)

羅　素 (Henry Norris Russell, 1877—1957)

羅斯福 (Franklin Delano Roosevelt, 1882—1945)

羅徹斯特 (George Dixon Rochester, 1908—)

蘇　菲 (al-Sūfî, 930—986)

蘇　頌 (1029—1101)

攝爾西烏斯 (Anders Celsius, 1701—1744)

審 訂 後 記

　　在人類發展的歷程，「科學」綻開了璀璨的花朵，也引發深沉的自省。要多一層瞭解人類踩過的軌跡，要多一層瞭解人類可能的走向，對「科學」的認知，是不容忽略的。

　　潘永祥等諸位先生編撰的自然科學概論，對於人類與自然之間的過去、現在，乃至於未來可能的圖象，有周延且簡明的描述，其資料之豐富、架構之完備是值得肯定的。惟固於海峽兩岸長期的隔閡，一樣是中文，不止有簡、繁體之別，有些科學專門術語或生活習慣用詞，也有出入。要使這本書讀起來順暢，減少語詞的誤解，遂有五南圖書公司邀請審訂之舉。審訂者主要是就兩岸的術語、用詞的差異，加以斟酌調適，其基本原則敘列於下：

　　一、外國人名地名方面：以原編撰者之音譯名字為準，例如阿伏伽德羅 (Amedeo Avogadro)、查德威克 (James Chadwick) 等。

　　二、專門術語方面：依本地用法為原則，例如太空科學（空間科學）、太空梭（航天飛機）、核融合反應（核聚變）、滋生式反應爐（增殖反應堆）、繞射（衍射）、熔點（鎔點）、矽（硅）、鹼（碱）、混成軌域（雜化軌道）、塑膠（塑料）、環境品質（環境質量）、質數（素數）、常態分布（正態分布）、資訊科學（信息科學）、記憶體（存貯器）、程式（程序）…等。

　　三、習慣用詞方面：兩岸不同用法，權宜使用，以易明易懂為要，例如累積（積累）、占星（星占）、等速（勻速）、列印（打印）、出版、上市（面世）、提煉、純化（提純）、深入到經濟（滲透到經濟）…等。

　　四、其他

　　1.有些名詞用語，詞意清楚且已普遍被大眾接受者，則並行使用，例如激光

與雷射、發電廠與發電站、真空管與電子管等。

2. 海峽兩岸分治之後，有關大陸與台灣地區的科學發展，仍以該區域名稱「中國大陸」、「台灣地區」稱之。

自然科學領域廣闊，本書各章節之審訂，聘請相關之專家學者任之。第三、四、九、十、十五章物理方面由吳雄負責，第六、十二章生物方面由高明智負責，第七、十三、十八章地球科學方面由楊繼正負責，第八、十四章數學方面由鄧寶生負責，第十六、二十章資訊科學方面由洪茂盛負責，第五、十一、十七章化學方面以及第一、二、十九章等共同部分則由陳忠照負責統籌整合。原編撰者諸先生之學識俱爲可佩，吾等名爲審訂，實有先睹爲快之愉，惟時間匆促，多有不周，尚祈指正至盼。

陳忠照　謹識
國立台北師範學院
數 理 教 育 學 系
一 九 九 六 年 六 月

國家圖書館出版品預行編目資料

自然科學概論／潘永祥等編著.
--二版.--臺北市：五南，1996﹝民85﹞
面；　公分
ISBN 978-957-11-1185-8（平裝）
1.科學
300　　　　　　　　　85006598

1IB4
自然科學概論(修訂新版)

編 著 者 — 潘永祥 等
審 訂 者 — 陳忠照 等
發 行 人 — 楊榮川
總 編 輯 — 王翠華
主　　編 — 陳念祖
責任編輯 — 林映融
出 版 者 — 五南圖書出版股份有限公司
地　　址：106台北市大安區和平東路二段339號4樓
電　　話：(02)2705-5066　傳　真：(02)2706-6100
網　　址：http://www.wunan.com.tw
電子郵件：wunan@wunan.com.tw
劃撥帳號：01068953
戶　　名：五南圖書出版股份有限公司
台中市駐區辦公室/台中市中區中山路6號
電　　話：(04)2223-0891　傳　真：(04)2223-3549
高雄市駐區辦公室/高雄市新興區中山一路290號
電　　話：(07)2358-702　傳　真：(07)2350-236
法律顧問　林勝安律師事務所　林勝安律師
出版日期　1990年1月初版一刷
　　　　　1996年7月二版一刷
　　　　　2014年4月二版七刷
定　　價　新臺幣645元